高等学校土木类专业新工科数智化系列教材

# 钢结构设计

主　编　舒兴平
副主编　卢倍嵘　刘艳芝
主　审　王元清

湖南大学出版社
·长沙·

## 内容简介

本书是高等院校土木工程专业的教材，全书共12章，内容包括：绪论、多层与高层钢结构、大跨房屋钢结构、门式刚架轻型房屋钢结构、单层厂房钢结构、冷弯薄壁型钢结构、钢管结构、钢-混凝土组合梁、矩形钢管混凝土柱、圆形钢管混凝土柱、型钢混凝土剪力墙、钢结构的制作与安装。

本书可作为高等院校土木工程及相关专业学生的教材，也可供从事土木工程设计、施工、科研的技术人员参考。

**图书在版编目(CIP)数据**

钢结构设计/舒兴平主编．—长沙：湖南大学出版社，2024.11(重印)

ISBN 978-7-5667-3392-4

Ⅰ.①钢…　Ⅱ.①舒…　Ⅲ.①钢结构—结构设计　Ⅳ.①TU391.04

中国国家版本馆CIP数据核字(2024)第033938号

**钢结构设计**

GANGJIEGOU SHEJI

**主　　编：** 舒兴平
**策划编辑：** 卢　宇
**责任编辑：** 张佳佳
**印　　装：** 长沙市雅捷印务有限公司
**开　　本：** 787 mm×1092 mm　1/16　**印　　张：** 23.25　**字　　数：** 580千字
**版　　次：** 2024年2月第1版　**印　　次：** 2024年11月第2次印刷
**书　　号：** ISBN 978-7-5667-3392-4
**定　　价：** 58.00元

**出 版 人：** 李文邦
**出版发行：** 湖南大学出版社
**社　　址：** 湖南·长沙·岳麓山　**邮　　编：** 410082
**电　　话：** 0731-88822559(营销部)，88821315(编辑室)，88821006(出版部)
**传　　真：** 0731-88822264(总编室)
**网　　址：** http://press.hnu.edu.cn

版权所有，盗版必究

图书凡有印装差错，请与营销部联系

## 系列教材顾问

陈政清　沈蒲生　易伟建

## 系列教材指导委员会

（以下排名不分先后）

陈仁朋　施　周　赵明华　方　志　张国强
邵旭东　华旭刚

## 系列教材编写编委会

**主　任：** 邓　露　彭晋卿
**副主任：** 舒兴平　周　云
**委　员：**（以下排名不分先后）
黄　远　徐　军　李寿英　樊　伟　周石庆
马晶伟　李洪强　龚光彩　刘晓明　张　玲
王海东　曾令宏　颜可珍　许　曦　孔　烜
周　芬　朱德举　李　凯

# 前　言

根据高等学校土木工程学科专业指导委员会制定的专业培养方案，钢结构设计为土木工程专业的一门主干专业课。根据该专业委员会关于这门课程的教学大纲要求，结合《钢结构通用规范》（GB 55006—2021）、《钢结构设计标准》（GB 50017—2017）、《高层民用建筑钢结构技术规程》（JGJ 99—2015）、《空间网格结构技术规程》（JGJ 7—2010）、《门式刚架轻型房屋钢结构技术规范》（GB 51022—2015）、《钢管混凝土结构技术规范》（GB 50936—2014）、《组合结构设计规范》（JGJ 138—2016）、《钢结构工程施工质量验收标准》（GB 50205—2020）等国家和行业标准，本书对建筑工程中几种常用钢结构类型或体系及几种主要水平和竖向承重钢结构的设计方法进行介绍，重点介绍钢结构的布置原则、截面选择、计算简图的确定、荷载计算、内力计算、内力组合、构件和节点的强度计算、构件和结构的整体稳定性计算、板件的局部稳定性和有效截面的计算以及钢结构设计的构造要求等内容。

参加本书编写的人员有：湖南大学舒兴平、长沙理工大学李毅（第 1 章和第 4 章），湖南大学杜运兴、湖南工学院曾欢艳（第 2 章），湖南大学贺拥军、湖南城市学院王继新（第 3 章），中南大学周凌宇、王莉萍、江力强（第 5 章），湖南大学曹亮、周政（第 6 章），中南林业科技大学袁智深、浙江树人大学姚尧（第 7 章），湖南大学刘艳芝、湖南城市学院贺冉（第 8 章），湖南大学周云、国防科技大学刘希月（第 9 章），中南大学余玉洁、周期石（第 10 章），长沙理工大学蒋友宝、王福明（第 11 章），湖南科技大学卢倍嵘、湖南城市学院张再华（第 12 章）。

全书由舒兴平统稿、卢倍嵘和刘艳芝协助整理了全部书稿；清华大学王元清教授仔细审阅了本书，湖南大学沈蒲生教授对本书的编写给予了宝贵的指导。本书在编写过程中得到了湖南大学出版社卢宇老师和张佳佳老师的大力支持和帮助，在此对各位老师的倾心付出表示衷心的感谢；本书还引用了其他有关单位的资料，对此一并致谢。

本书可作为土木工程专业本科生的专业课教材，也可作为钢结构技术工作者和土建人员的学习参考书。

限于编者水平，书中不妥之处在所难免，敬请读者批评指正。

编　者

2023 年 12 月

# 目 录

# 第1章　绪　论
# (Introduction)

**本章学习目标**

了解钢结构的定义及分类；
熟悉钢结构的设计内容；
掌握钢结构的选型和布置原则；
了解钢结构的分析方法；
熟悉钢结构设计的学习方法。

## 1.1　钢结构的定义
## (Definition of Steel Structures)

**工程结构**（engineering structure）是指房屋建筑和土木工程的建筑物、构筑物及其相关组成部分的总称。**建筑工程**（building engineering）是指为新建、改建或扩建房屋建筑物和附属构筑物所进行的勘察、规划、设计、施工、安装和维护等各项技术工作和完成的工程实体。**土木工程**（civil engineering）是指除房屋建筑外，为新建、改建或扩建各类工程的建筑物、构筑物和相关配套设施等所进行的勘察、规划、设计、施工、安装和维护等各项技术工作和完成的工程实体。建筑物或构筑物是指房屋建筑或土木工程中的单项工程实体。

结构，广义的是指房屋建筑和土木工程的建筑物、构筑物及其相关组成部分的实体，狭义的是指各种工程实体的承重骨架。**钢结构**是指以钢材为主要建筑材料制成的各种工程实体的承重骨架。

钢结构应根据使用功能、建造成本、使用维护成本和环境影响等因素确定设计工作年限，应根据结构破坏可能产生后果的严重性，采用不同的安全等级，并应合理确定结构的作用及作用组合、地震作用及作用组合，采用适宜的设计方法，确保结构安全、适用、耐久。

钢结构应根据建筑物或构筑物的功能要求、现场环境条件等因素选择合理的结构类型。

## 1.2 钢结构的分类
(Classification of Steel Structures)

钢结构按高度或跨度可以分为以下几种常用类型或体系：

①多层与高层钢结构；

②大跨度钢结构；

③门式刚架轻型房屋钢结构；

④单层厂房钢结构。

钢结构还可以按照构件截面形式或组合方式分为以下类型：

①冷弯型钢结构；

②钢管结构；

③钢-混凝土组合梁；

④矩形钢管混凝土柱；

⑤圆形钢管混凝土柱；

⑥型钢混凝土剪力墙。

## 1.3 钢结构的设计内容
(Design Content of Steel Structures)

钢结构设计采用以概率理论为基础的极限状态设计方法，分别按**承载能力极限状态**和**正常使用极限状态**进行设计，用分项系数设计表达式进行计算，但钢结构的疲劳设计应采用容许应力法。按承载能力极限状态设计钢结构时，应考虑荷载效应的基本组合，必要时还应考虑荷载效应的偶然组合。按正常使用极限状态设计钢结构时，应考虑荷载效应的标准组合。计算钢结构或构件的强度、稳定性以及连接的强度时，应采用荷载设计值；计算钢结构疲劳时，应采用荷载标准值。

抗震设防的钢结构构件和节点可按现行国家标准《建筑抗震设计规范》（2016 年版）（GB 50011—2010）或《构筑物抗震设计规范》（GB 50191—2012）的规定设计，也可按《钢结构设计标准》（GB 50017—2017）的规定进行抗震性能化设计。

钢结构设计应包括下列内容：

①结构方案设计，包括结构选型、构件布置；

②材料选用及截面选择；

③作用及作用效应分析；

④结构的极限状态验算；

⑤结构、构件及连接构造；

⑥制作、运输、安装、防腐和防火要求；

⑦满足特殊要求结构的专门性能设计。

## 1.4 钢结构的选型与布置原则
(Selection and Arrangement Principles of Steel Structures)

### 1.4.1 钢结构的选型原则
(Selection Principle of Steel Structures)

进行钢结构设计时，首先要选择各类钢结构的形式。钢结构选型的基本原则：

①在满足建筑及工艺需求的前提下，应综合考虑结构合理性、环境条件、成本控制、材料供应、制作安装便利性等因素；

②常用钢结构体系的设计应满足受力性能好等要求。

### 1.4.2 钢结构的布置原则
(Arrangement Principles of Steel Structures)

钢结构类型或体系选定以后，要进行钢结构布置，即解决哪里设柱、哪里设墙、哪里设梁等问题。钢结构布置的基本原则：

①应具备竖向和水平荷载传递途径；

②应具有刚度和承载力、结构整体稳定性和构件稳定性；

③应具有冗余度，避免因部分结构或构件破坏而导致整个结构体系丧失承载能力；

④隔墙、外围护等宜采用轻质材料。

## 1.5 钢结构的分析方法
(Analytical Methods for Steel Structures)

钢结构的内力和变形可按结构静力学方法进行弹性或**弹塑性分析**。采用**弹性分析**结果进行设计时，截面板件宽厚比等级为 S1 级、S2 级、S3 级的构件可以考虑有塑性变形的发展。

钢结构的内力分析也可以采用一阶弹性分析、二阶 $P\text{-}\Delta$ 弹性分析或直接分析方法。二阶 $P\text{-}\Delta$ 弹性分析应考虑结构整体初始几何缺陷的影响，直接分析应考虑初始几何缺陷和残余应力的影响。

钢结构的计算模型和基本假定应与钢构件连接的实际性能相符合。

## 1.6 钢结构设计的学习方法
(Learning Methods for the Design of Steel Structures)

钢结构设计主要是对建筑工程中几种常用钢结构类型或体系及几种主要水平和竖向承

重钢结构的设计方法进行介绍。重点介绍钢结构的布置方法、截面选择、计算简图的确定、荷载计算、内力计算、内力组合、构件和节点的强度计算、构件和结构的整体稳定性计算、板件的局部稳定性和有效截面的计算以及钢结构设计的构造要求等内容。

在学习钢结构设计时，应该注意以下几点：

①钢结构基本原理课程以钢构件和连接节点的设计方法为主，而钢结构设计课程则重点对不同钢结构类型或体系的工作性能和设计方法进行介绍。通过本书的学习，学生可以在钢结构选型和设计方法方面打下较好的基础。

②根据结构的受力特点不同，钢结构可分为**平面结构体系**和**空间结构体系**。平面结构体系是指具有二维受力特性并呈平面工作状态的结构。平面结构体系构造简单，传力直接、明确，易于实现标准化、满足定型要求，可简化制作、安装，加快施工进度。缺点是形式单调，空间整体性差，需在受力平面外设置支撑系统。空间结构体系是指具有三维受力特性并呈空间工作状态的结构。空间结构体系较平面结构体系传力合理、均匀，结构的整体性强。缺点是某些空间结构形式复杂，制作和安装的难度大。

③钢结构的受力和变形性能与其组成构件的受力特点和节点的构造形式有密切的关系。梁-柱节点为刚接的纯钢框架结构，在水平荷载作用下，梁和柱均以**弯曲变形**为主，钢框架结构各层间的相对侧移因各层的水平剪力不同自底层向上逐层减少，类似于剪切变形的悬臂杆的变形，因此纯钢框架的整体变形以**剪切变形**为主。竖向支撑钢框架结构在水平荷载作用下，梁、柱和支撑构件均以承受轴向力为主，构件的变形也以轴向变形为主。由于竖向构件的抗拉压变形的累加作用，支撑框架结构的层间侧向位移由底层向上逐层加大，类似于以弯曲变形为主的悬臂杆的变形，因此竖向支撑钢框架结构的整体变形以弯曲变形为主。钢框架-支撑结构在水平荷载作用下，竖向支撑钢框架部分的整体变形以弯曲变形为主，纯钢框架部分的整体变形以剪切变形为主，两部分的变形是不协调的，但通过水平刚度很大的楼板可将整个体系的变形协调成介于弯曲和剪切变形之间的下弯上剪的变形，称为弯剪变形。同理，其他类型的钢结构体系也有其不同的受力变形特征。

④钢结构构件通常较为柔细，由这些构件组成的整体结构的刚度也较小，因此钢结构的**整体稳定**性问题较为突出。结构的整体失稳破坏是指结构在外荷载作用下不能维持其原有的平衡状态并丧失承载能力的现象。目前，考虑钢结构整体稳定的计算方法仍然是传统的计算长度设计法。**计算长度设计法**的步骤：采用一阶分析求解结构内力，按各种荷载组合求出各杆件的最不利内力；按第一类弹性稳定问题建立结构达到临界状态时的特征方程，确定各压杆的计算长度；将各杆件隔离出来，按单独杆件的受力特点进行构件的强度和稳定承载力验算，验算中考虑弹塑性、残余应力和几何缺陷的影响。计算长度设计法的最大特点是采用计算长度系数来考虑结构体系对被隔离出来的构件的影响，当各构件均满足稳定性要求时，结构体系的稳定性自然就满足了，计算过程比较简单。考虑钢结构整体稳定性问题的计算方法还可以采用**直接分析设计法**（也称为高等分析设计法），直接分析设计法是指既考虑几何非线性，又考虑材料非线性的全过程分析设计法。由全过程分析给出的结构承载能力，将同时满足整个体系和它的组成构件的强度和稳定性要求，不需要求解单个构件的计算长度或对单个构件进行验算，而是直接对结构进行分析和设计。

⑤结构体系的**动力特性**包括自振周期、振型和阻尼三部分，主要与结构体系的质量和刚度分布有关。由于钢结构的刚度较钢筋混凝土结构的刚度小，因此自振周期长，其阻尼

比也较小，在进行风振和地震反应分析时，要充分考虑这些性能。

⑥钢结构设计是主修建筑工程方向的土木工程专业学生的主干专业课，同时也是一门实践性非常强的课程。因此，在学习本课程时，还需将理论与实际紧密联系起来，在学习各种钢结构类型或体系的分析设计方法时，要结合实际不断创新，显著提升分析问题和解决问题的能力。

## 1.7 小结
(Summary)

① 钢结构是指以钢材为主要建筑材料制成的各种工程实体的承重骨架。钢结构设计应综合考虑使用功能、建造成本、使用维护成本和环境影响等因素。

② 钢结构既可以按高度或跨度进行分类，也可以按截面形式或组合方式进行分类。

③ 钢结构的设计内容包括：结构方案设计，包括结构选型、构件布置；材料选用及截面选择；作用及作用效应分析；结构的极限状态验算；结构、构件及连接的构造；制作、运输、安装、防腐和防火要求；满足特殊要求结构的专门性能设计。

④ 进行钢结构设计时，应合理地进行结构选型和结构布置。

⑤ 钢结构设计的内力和变形分析可以采用弹性分析方法。对构件板件厚宽比有要求时，需要进行弹塑性分析。

⑥ 钢结构设计课程重点对不同钢结构类型或体系的工作性能和设计方法进行介绍。根据结构的受力特点不同，钢结构可分为平面结构体系和空间结构体系。钢结构的整体稳定性问题突出，目前计算钢结构整体稳定性的方法有计算长度法和直接分析设计法。钢结构的阻尼比较小，自振周期较长，风荷载和地震作用下需要充分考虑钢结构的动力特性的影响。

## 思考题
(Questions)

1-1 什么是工程结构?

1-2 什么是建筑工程?

1-3 什么是土木工程?

1-4 什么是建筑物或构筑物?

1-5 结构的广义含义是什么?

1-6 结构的狭义含义是什么?

1-7 钢结构的含义是什么?

1-8 常用钢结构体系和类型有哪些?

1-9 钢结构设计包括哪些内容?

1-10 钢结构的选型原则有哪些?

1-11 钢结构的布置原则有哪些？
1-12 钢结构的分析方法有哪些？
1-13 什么是钢结构的平面结构体系？
1-14 什么是钢结构的空间结构体系？
1-15 纯钢框架的整体变形特点是什么？
1-16 竖向支撑钢框架的整体变形特点是什么？
1-17 钢框架-支撑结构的整体变形特点是什么？
1-18 什么是结构的整体失稳破坏？
1-19 什么是计算长度设计法？
1-20 什么是直接分析设计法？
1-21 结构体系的动力特性有哪些？
1-22 钢结构基本原理课程与钢结构设计课程有哪些不同？

# 第 2 章　多层与高层钢结构
# (Multistory and High-Rise Steel Structures)

**本章学习目标**

了解多层与高层钢结构分类、结构的荷载与作用；
熟悉多层与高层钢结构平面、立面及抗侧力构件布置原则、结构体系、结构分析方法；
掌握多层与高层钢结构设计基本要求、构件和节点设计。

## 2.1　概述
(Introduction)

在近现代建筑工程领域中，多层和高层钢结构是一种重要的结构类型。该结构具有自重轻、抗震性能优异、施工周期短、工业化程度高、环保效益显著等许多优点。然而，自新中国成立至 20 世纪 80 年代，由于国家经济发展的限制，高层钢结构在我国未能得到广泛应用，即使是多层钢结构也仅限于在工业厂房内使用。自改革开放以来，我国钢产量迅速提升，多层和高层钢结构开始在民用领域得到应用并得到快速发展。国内建成了一批标志性的多层和高层钢结构。本章将介绍多层及高层钢结构的特点、应用、设计要求及分析方法。

### 2.1.1　分类及应用
(Classification and Application)

多层和高层房屋建筑之间并没有严格的界线，表 2-1 为世界各国对高层建筑结构的划分。现在的趋势是将 10 层及 10 层以上或房屋高度大于 28 m 的住宅建筑以及房屋高度大于 24 m 的其他民用建筑归类为**高层建筑**，低于该标准的则为**多层建筑**。多层钢结构常用于工业厂房、仓库、办公楼、公共建筑和住宅等；高层钢结构则常用于办公楼、商业楼、住宅、公共建筑等。

表 2-1　世界各国对高层建筑结构的划分

| 国名 | 高度 $H$/m | 层数 $n$ | 超高层 $H$/m |
| --- | --- | --- | --- |
| 美国 | ＞22～25 | ＞7 | ＞100 |
| 英国 | ＞24 | — | |
| 法国 | ≥28，≥50（居住建筑） | | |
| 日本 | ＞31 | ＞8 | |
| 中国 | 《高层民用建筑钢结构技术规程》（JGJ 99—2015）：＞28（住宅建筑），＞24（其他高层民用建筑） | ≥10 | |
| | 《高层建筑混凝土结构技术规程》（JGJ 3—2010）：＞28（住宅建筑），＞24（其他高层民用建筑） | | |
| | 《建筑设计防火规范》（2018 年版）（GB 50016—2014）：＞27（住宅建筑），≥24（公共建筑） | | |
| | 《民用建筑设计统一标准》（GB 50352—2019）：＞27（住宅建筑），＞24（非单层公共建筑） | | |

## 2.1.2　结构的基本功能

## (Basic Function of the Structures)

多、高层结构的基本功能是抵御可能遭遇的各种荷载（作用），保持结构的完整性，以满足建筑的使用要求。对于多高层建筑，要承受的荷载主要包括：由建筑物本身及其内部人员、设施等引起的重力；由风或地震引起的侧向力。因此，多、高层建筑钢结构的基本功能是：

①在重力作用下，如图 2-1 所示，结构水平构件（楼板或梁）不发生破坏，结构整体不发生失稳。

②在侧向力作用下，如图 2-2 所示，结构不倾覆，结构不发生整体弯曲或剪切破坏，结构侧向变形不能过大以致影响建筑或结构的功能。

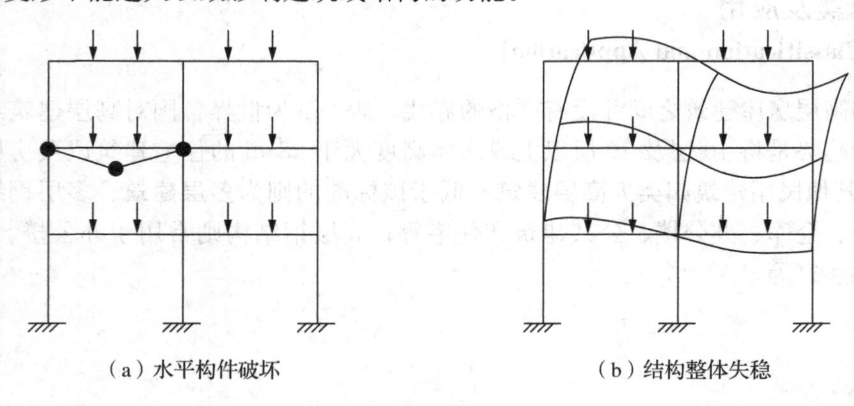

（a）水平构件破坏　　（b）结构整体失稳

图 2-1　抵抗重力作用

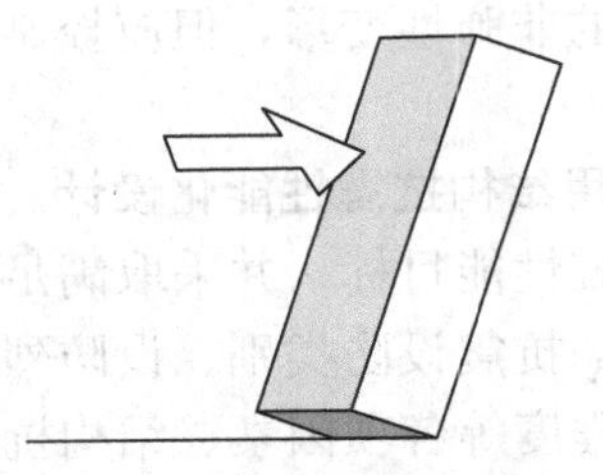
(a) 结构倾覆

(b) 结构整体弯曲或剪切破坏

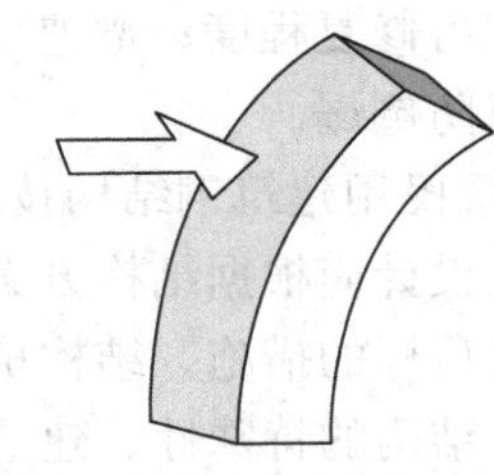
(c) 结构侧向变形过大

**图 2-2 抵抗侧向力作用**

## 2.2 荷载与作用
(Load and Action)

一般情况下，多、高层建筑钢结构需考虑的主要作用包括：结构自重、建筑使用时的楼面竖向活荷载、风荷载、地震作用、温度作用及火灾作用。

### 2.2.1 竖向荷载
**(Vertical Load)**

多、高层钢结构的竖向荷载主要是永久荷载（结构自重）和活荷载。楼面和屋面活荷载以及雪荷载等竖向荷载的标准值及其准永久值系数，应按《建筑结构荷载规范》（GB 50009—2012）的规定采用。

由于楼面均布活荷载可理解为楼面总活荷载与楼面面积的比值，因此，在一般情况下，所考虑的楼面面积越大，实际平摊的楼面活荷载越小。故计算结构楼面活荷载效应时，如引起效应的楼面活荷载面积超过一定的数值，则应在进行楼面梁设计时，对楼面均布活荷载进行折减。考虑到多、高层建筑中，各层的活荷载不一定同时达到最大值，在进行墙、柱和基础设计时，也应对楼面活荷载进行折减。其折减系数按《建筑结构荷载规范》（GB 50009—2012）的规定采用。

层数较少的多层建筑还应该考虑荷载的不利布置。与永久荷载相比，多、高层建筑的活荷载数值较小，可不考虑活荷载的不利布置，但当楼面活荷载大于 4 kN/m$^2$时，宜考虑楼面活荷载的不利布置。在计算构件效应时，楼面及屋面竖向荷载可仅考虑各跨满载的情况，从而简化计算。

### 2.2.2 地震作用
**(Seismic Action)**

（1）一般计算原则

多、高层钢结构应满足“三水准”抗震设防目标，即“**小震不坏，中震可修，大震不倒**”：遭遇多遇地震时，处于正常使用状态，可以视为弹性体系，采用弹性反应谱进行弹性分析；遭遇设防地震影响时，结构进入非弹性工作阶段，但非弹性变形或结构体系的损坏控制在可修复程度；遭遇罕遇地震影响时，结构有较大的非弹性变形，但应控制在规定的范围以防倒塌。

《高层民用建筑钢结构技术规程》（JGJ 99—2015）**采用结构抗震性能化设计**。结构抗震性能化设计应根据结构方案的特殊性选择适宜的结构抗震性能目标，并采取满足预期的抗震性能目标的措施。结构抗震性能目标的选定应综合考虑抗震设防类别、设防烈度、场地条件、结构的特殊性、建造费用、震后损失和修复难易程度等各项因素。结构抗震性能目标可分为A、B、C、D四个等级，结构抗震性能可分为1、2、3、4、5五个水准，每个性能目标均与一组在指定地震地面运动下的结构抗震性能水准相对应，具体情况可按表2-2划分。结构抗震性能水准可按表2-3进行宏观判别。

**表2-2　结构抗震性能目标**

| 地震水准 | 性能目标 | | | |
| --- | --- | --- | --- | --- |
| | A | B | C | D |
| 多遇地震 | 1 | 1 | 1 | 1 |
| 设防烈度地震 | 1 | 2 | 3 | 4 |
| 预估的罕遇地震 | 2 | 3 | 4 | 5 |

**表2-3　各性能水准结构预期的震后性能状况的要求**

| 结构抗震性能水准 | 宏观损坏程度 | 损坏部位 | | | 继续使用的可能性 |
| --- | --- | --- | --- | --- | --- |
| | | 关键构件 | 普通竖向构件 | 耗能构件 | |
| 第1水准 | 完好、无损坏 | 无损坏 | 无损坏 | 无损坏 | 一般不需修理即可继续使用 |
| 第2水准 | 基本完好、轻微损坏 | 无损坏 | 无损坏 | 轻微损坏 | 稍加修理即可继续使用 |
| 第3水准 | 轻度损坏 | 轻微损坏 | 轻微损坏 | 轻度损坏、部分中度损坏 | 一般修理后才可继续使用 |
| 第4水准 | 中度损坏 | 轻度损坏 | 部分构件中度损坏 | 中度损坏、部分比较严重损坏 | 修复或加固后才可继续使用 |
| 第5水准 | 比较严重损坏 | 中度损坏 | 部分构件比较严重损坏 | 比较严重损坏 | 需排险大修 |

注：关键构件是指该构件的失效可能引起结构的连续破坏或危及生命安全的严重破坏；普通竖向构件是指关键构件之外的竖向构件；耗能构件包括框架梁、消能梁段、延性墙板及屈曲约束支撑等。

通常情况下，应在结构的两个主轴方向分别计入水平地震作用，各方向的水平地震作用应全部由该方向的抗侧力构件承担。扭转特别不规则的结构，应计算双向水平地震作用下的扭转影响；其他情况，应计算单向水平地震作用下的扭转影响。9度抗震设计时，应计算竖向地震作用。多、高层结构由于高度较高，竖向地震作用效应放大比较明显，因此，高层民用建筑中跨度大于 24 m 的楼盖结构、跨度大于 12 m 的转换结构和悬挑长度大于 5 m 的悬臂构件，7 度（0.15$g$）、8 度抗震设计时应计算竖向地震作用。

（2）多层与高层钢结构的设计反应谱

按照《建筑抗震设计规范》（2016 年版）（GB50011—2010）的规定，建筑结构的设计反应谱以图 2-3 所示的地震影响系数曲线形式表达。这条地震影响系数曲线是阻尼比为 0.05 的标准曲线，当建筑结构的阻尼比不等于 0.05 时，就要对其进行修正，即对地震影响系数曲线的阻尼调整系数和形状参数进行调整。当建筑结构的阻尼比为 0.05 时，地震影响系数曲线的阻尼调整系数取 1.0，形状参数应符合下列规定：①直线上升段，周期小于 0.1 s 的区段；②水平段，自 0.1 s 至特征周期 $T_g$ 的区段，地震影响系数应取最大值 $\alpha_{max}$；③曲线下降段，自特征周期至 5 倍特征周期的区段，衰减指数 $\gamma$ 应取 0.9；④直线下降段，自 5 倍特征周期至 6.0 s 特征周期的区段，下降斜率调整系数 $\eta_1$ 应取 0.02。

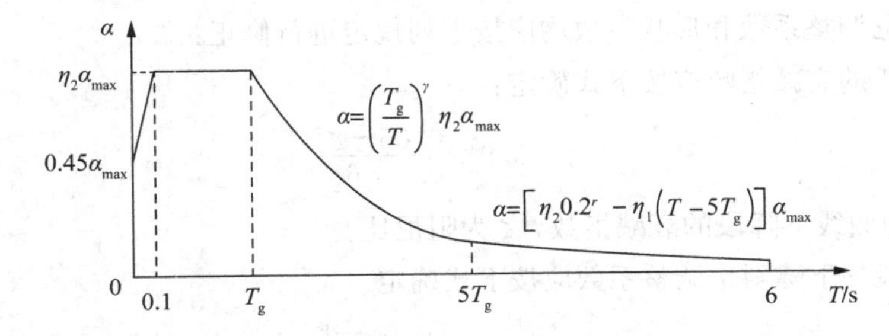


$\alpha$—地震影响系数；$\alpha_{max}$—地震影响系数最大值；$\eta_1$—直线下降段的下降斜率调整系数；$\gamma$—衰减指数；$T_g$—特征周期；$\eta_2$—阻尼调整系数；$T$—结构自振周期。

**图 2-3　地震影响系数曲线**

**地震影响系数 $\alpha$** 值应根据地震烈度、场地类别、设计地震分组和结构自振周期以及阻尼比确定。在验算多遇地震作用及罕遇地震作用下结构的承载力及水平位移时，抗震设计水平地震影响系数最大值 $\alpha_{max}$ 按表 2-4 的规定采用；对处于发震断裂带两侧 10 km 以内的建筑，还应乘以近场效应系数 1.5（5 km 以内）或者 1.25（5～10 km）。场地特征周期 $T_g$ 是计算地震作用的一个重要数据，它是反应谱曲线下降段的起始点，按表 2-5 的规定采用。计算罕遇地震作用时，特征周期应增加 0.05 s；周期大于 6.0 s 的多层与高层建筑钢结构所采用的地震影响系数应专门研究。

**表 2-4　水平地震影响系数最大值 $\alpha_{max}$**

| 地震影响 | 6 度 | 7 度 | 8 度 | 9 度 |
| --- | --- | --- | --- | --- |
| 多遇地震 | 0.04 | 0.08（0.12） | 0.16（0.24） | 0.32 |
| 罕遇地震 | 0.28 | 0.50（0.72） | 0.90（1.20） | 1.40 |

注：表中有括号的数值分别用于设计基本地震加速度为 0.15$g$ 和 0.30$g$ 的地区。

表 2-5 特征周期 $T_g$ 单位：s

| 设计地震分组 | S场地类别 | | | | |
|---|---|---|---|---|---|
| | $I_0$ | $I_1$ | Ⅱ | Ⅲ | Ⅳ |
| 第一组 | 0.20 | 0.25 | 0.35 | 0.45 | 0.65 |
| 第二组 | 0.25 | 0.30 | 0.40 | 0.55 | 0.75 |
| 第三组 | 0.30 | 0.35 | 0.45 | 0.65 | 0.90 |

多遇地震下的计算，高度不大于 50 m 钢结构对应的阻尼比可取 0.04；高度大于 50 m 且小于 200 m 时，可取 0.03；高度不小于 200 m 时，宜取 0.02。在罕遇地震下的弹塑性分析，结构的阻尼比可取 0.05。当多层与高层钢结构的阻尼比不等于 0.05 时，地震影响系数曲线的阻尼调整系数和形状参数均应按下列规定进行修正：

曲线下降段的衰减指数应按下式确定：

$$\gamma=0.9+\frac{0.05-\zeta}{0.3+6\zeta} \tag{2-1}$$

式中，$\gamma$ 为曲线下降段的衰减指数，$\zeta$ 为阻尼比。

直线下降段的下降斜率调整系数应按下式确定：

$$\eta_1=0.02+\frac{0.05-\zeta}{4+32\zeta} \tag{2-2}$$

式中，$\eta_1$ 为直线下降段的下降斜率调整系数，小于 0 时取 0。

阻尼调整系数应按下式确定：

$$\eta_2=1+\frac{0.05-\zeta}{0.08+1.6\zeta} \tag{2-3}$$

式中，$\eta_2$ 为阻尼调整系数，小于 0.55 时取 0.55。

### 2.2.3 风荷载
### (Wind Load)

风是空气从气压大的地方向气压小的地方流动而形成的。气流遇到建筑物时，就会在建筑物表面形成吸力或者压力，即风压。在实际测量中，一般记录的是风速，而工程计算中通常用到的是风压，所以要将风速转换成风压。

风压与风速之间的关系可以用伯努利方程表示：

$$\omega_1=-\frac{1}{2}\rho v^2(x)+c \tag{2-4}$$

通常普遍使用的风速与风压关系式是

$$\omega=\frac{1}{2}rv^2=\frac{1}{2}\frac{\gamma}{g}v^2 \tag{2-5}$$

式中，$\frac{1}{2}rv^2$ 为动压；$\gamma$ 为空气容重，$kN/m^3$；$g$ 为重力加速度，$m/s^2$。

风速是一个随机变量，因建筑物的地貌条件、测量高度、测量时间等因素而改变，不会重复出现。为便于将不同地区的风速与风压进行比较，有必要对风速作一定的规定。在规定的地貌条件、测量高度、测量时间及规定的概率条件下确定的风速称为**基本风速**，相应的风压称为**基本风压**。基本风压值是对所在地区平均风强度的一个基本度量。《工程结构通用规范》（GB 55001—2021）规定：基本风压应根据基本风速值进行计算，且其取值不得低于0.30 kN/m$^2$。基本风速应通过将标准地面粗糙度条件下观测得到的历年最大风速记录，统一换算为离地10 m高10 min平均年最大风速之后，采用适当的概率分布模型，按50年重现期计算得到。

由于实际结构的受风面积较大，体型又各不相同，风压在其上的分布是不均匀的，所以结构上的风压除了由最大风速决定外，还和**风荷载体型系数**、**风压高度变化系数**有关。

当多个建筑物，特别是群集的高层建筑，相互间距较近时，宜考虑风力相互干扰的群体效应，一般可将单独建筑物的体型系数$\mu_s$乘以相互干扰系数。上述系数可按《建筑结构荷载规范》（GB 50009－2012）或《高层民用建筑钢结构技术规程》（JGJ 99－2015）的有关规定采用。

当高层建筑主体结构顶部有突出的小体型建筑（如电梯机房等）时，应计入**鞭梢效应**。一般可根据小体型建筑作为独立体时的自振周期$T_u$与主体建筑的基本周期$T_1$的比例，分别按下列规定处理：当$T_u \leqslant T_1/3$时，可假定主体建筑为等截面并沿高度延伸至小体型建筑的顶部，以此计算风振系数；当$T_u > T_1/3$时，其风振系数按风振理论计算。

## 2.3 多层与高层钢结构布置原则

## (Regularity of Multistory and High-Rise Steel Structural Assembly)

### 2.3.1 结构的平面布置

### (Arrangement of Structural Plane)

多层与高层钢结构的平面布置宜符合下列要求：

①多层与高层钢结构及其抗侧力结构的平面布置宜简单、规则、对称，并应具有良好的整体性（图2-4）。简单、规则、对称的建筑平面可以减少建筑的风荷载体型系数，而且使水平地震作用在平面上的分布更均匀，减小水平荷载合力作用线与结构的刚度中心的距离，减少扭转对结构产生的不利影响，有利于结构的抗风与抗震。尤其是双轴对称平面，可以大幅度减小甚至避免建筑由风荷载或水平地震作用引起的扭转振动。

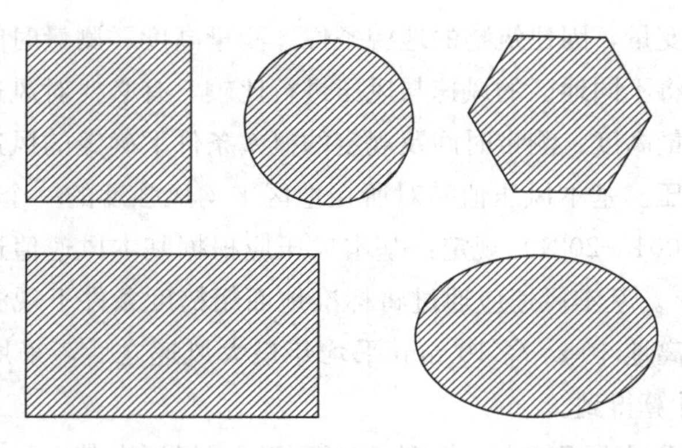

图 2-4　简单、规则的双轴对称平面

②为避免地震作用下发生强烈的扭转振动或水平地震力在建筑平面上分布不均匀，建筑平面的尺寸关系应符合表 2-6 和图 2-5 的要求。

③结构平面应尽量避免如表 2-7 所示的不规则结构类型。对于符合表 2-7 中任一类型的平面不规则结构，在结构分析计算时，需符合特殊要求。

表 2-6　$L$、$l$、$l'$、$B'$的限值

| $L/B$ | $L/B_{max}$ | $l/b$ | $l'/B_{max}$ | $B'/B_{max}$ |
|---|---|---|---|---|
| ≤5 | ≤4 | ≤1.5 | ≥1 | ≤0.5 |

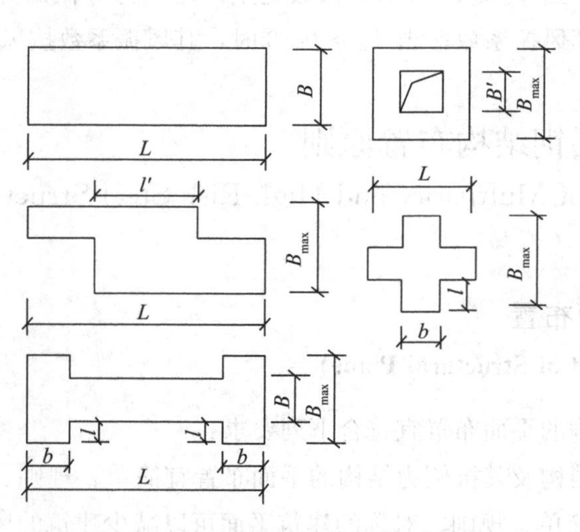


图 2-5　不规则结构凸角和凹角示意图

④一般情况下，多、高层钢结构应该调整建筑平、立面尺寸和刚度分布，选择合理的结构方案，避免设置防震缝。当建筑体型复杂、平面不规则时，应根据不规则程度、地基基础等因素，确定是否设置防震缝。在需要抗震设防的地区，对于特别不规则的建筑，一般需设防震缝。当在适当部位设置防震缝时，防震缝应将基础以上的结构完全断开，宜形成多个较规则的抗侧力结构单元。防震缝的最小宽度不应小于钢筋混凝土框架结构缝宽的 1.5 倍，可参考下列规定：框架结构的防震缝宽度，当高度不超过 15 m 时可采用 150 mm；

超过 15 m时，抗震设防烈度 6 度、7 度、8 度、9 度相应每增加高度 5 m、4 m、3 m、2 m，宜加宽 30 mm；框架-支撑体系结构的防震缝宽度可采用框架结构规定数值的 70%，筒体结构和巨型框架结构的防震缝宽度可采用框架结构规定数值的 50%，但均不宜小于 100 mm。

**表 2-7　平面不规则主要结构类型**

| 不规则类型 | 定义和参考指标 |
| --- | --- |
| 扭转不规则 | 在规定的水平力及偶然偏心作用下，楼层两端弹性水平位移（或层间位移）的最大值与其平均值的比值大于 1.2 |
| 偏心布置 | 任一层的偏心率大于 0.15 或相邻层质心相差大于相应边长的 15% |
| 凹凸不规则 | 结构平面凹进的一侧尺寸，大于相应投影方向总尺寸的 30% |
| 楼板局部不连续 | 楼板的尺寸和平面刚度急剧变化，例如，有效楼板宽度小于该层楼板典型宽度的 50%，或开洞面积大于该层楼面面积的 30%，或有较大的楼层错层 |

注：偏心率按《高层民用建筑钢结构技术规程》（JGJ 99—2015）的附录 A 计算。

⑤当建筑平面尺寸大于 90 m 时，可考虑设温度伸缩缝。伸缩缝仅将基础以上的房屋断开，其宽度不小于 50 mm。为了防止地基不均匀沉降导致房屋结构产生裂缝，在下列情况下可考虑设置沉降缝：地基土质松软，土层变化较大，各部分地基土的压缩性有显著差别；建筑物本身各部分高度、荷载相差较大或结构类型、体系不同；基础底面标高相差较大，如部分有地下室，部分无地下室，或基础类型、地基处理不一致。沉降缝应连同房屋及基础一起分开，其宽度不小于 120 mm。当所建房屋的高层与低层部分相差较大，但又不设沉降缝时，基础设计应保证有足够的强度和刚度以抵抗差异沉降，否则施工中应注意采取相应措施，如预留施工缝或后浇带。

在结构平面布置时，应优先考虑通过调整平面形状和尺寸，尽可能不设变形缝，以免构造复杂，构件类型增多。当必须设置变形缝时，可将温度缝、防震缝和沉降缝三者综合起来考虑，其中防震缝可兼起温度缝的作用，而沉降缝可兼温度缝和防震缝的作用。

### 2.3.2　结构的立面布置

**(Arrangement of Vertical Structures)**

为了满足建筑物抗风和抗震要求，多、高层钢结构房屋的立面形状应尽可能选择沿高度均匀变化的简单、规则的几何图形，如矩形、梯形、三角形或双曲线梯形。

多高层钢结构的竖向布置应使结构刚度均匀连续，若采用阶梯形或倒阶梯形立面，每个台阶的收进尺寸不宜过大，外挑长度不宜超过 4 m。竖向抗侧力构件的截面尺寸和材料强度宜自下而上逐渐减小，应避免抗侧力结构的侧向刚度和承载力突变。尽量避免表2-8所示的竖向不规则的主要结构类型。

**表 2-8 竖向不规则主要结构类型**

| 不规则类型 | 定义和参考指标 |
| --- | --- |
| 侧向刚度不规则 | 该层的侧向刚度小于相邻上一层的 70％或小于其上相邻三个楼层侧向刚度平均值的 80％；除顶层或出屋面小建筑外，局部收进的水平向尺寸大于相邻下一层的 25％ |
| 竖向抗侧力构件不连续 | 竖向抗侧力构件（柱、支撑、剪力墙）的内力由水平转换构件（梁、桁架等）向下传递 |
| 楼层承载力突变 | 抗侧力结构的层间受剪承载力小于相邻上一楼层的 80％ |

对于抗震设计的框架-支撑结构和框架-延性墙板结构，其支撑、延性墙板宜沿建筑高度竖向连续布置，并应延伸至计算嵌固端。除底部楼层和伸臂桁架所在楼层外，支撑的形式和布置沿建筑竖向宜一致。

当采用顶层有塔楼的结构形式时，要使刚度逐渐减小，不要突变。顶层尽量不布置空旷的大跨度房间，如不能避免时，也要考虑由下到上刚度逐渐变化。

对于高度超过 50 m 的高层钢结构建筑，宜设置地下室。当采用天然地基时，基础埋置深度不宜小于房屋总高度的 1/15；当采用桩基时，桩承台埋深不宜小于房屋总高度的 1/20。

多、高层钢结构建筑设计应根据抗震概念设计的要求明确建筑形体的规则性。当多、高层钢结构建筑存在表 2-7 或表 2-8 所示的某一不规则类型以及类似不规则类型时，属于不规则建筑；存在多项不规则或某项不规则超过规定的参考指标较多时，属于特别不规则的建筑。不规则的建筑方案应该按规定采取加强措施，特别不规则的建筑方案应进行专门研究和论证，采取特别加强措施，严重不规则的建筑方案不应采用。

复杂、不规则、不对称的建筑平面会带来难于计算和处理的复杂地震应力，如应力集中和扭转等。因建筑场地形状的限制或建筑设计的要求，建筑平面或立面不能采用简单、规则形状时，为避免地震作用下发生强烈的扭转振动或水平地震力在建筑平面上分布不均匀，对于不规则建筑，就需要在构造上对结构薄弱部位采取有效的抗震加强措施，在计算上采用符合实际的结构计算模型和考虑扭转影响，对于特别不规则的建筑，应进行专门研究，采取更加有效的加强措施或对薄弱部位采用相应的抗震性能化设计方法。

多、高层钢结构的**抗侧力构件布置**宜符合下列要求：

①支撑在结构平面两个方向的布置均宜基本对称，支撑之间楼盖的长宽比不宜大于 3。

②为减小剪力滞后效应，框筒结构的柱距一般取 1.5～3.0 m，且不宜大于层高；框筒结构若采用矩形平面，长边与短边的比值不宜大于 1.5。

③对于筒中筒结构，内筒的边长不宜小于相应外筒边长的 1/3，且内框筒与外框筒的柱距宜相同，以便于钢梁与内、外框筒柱的连接。

④在结构平面拐角处，应力集中现象比较严重，不宜布置电梯间和楼梯间。

## 2.4 多层与高层钢结构体系
(Systems of Multistory and High-Rise Steel Structures)

多层与高层钢结构除承受由重力引起的竖向荷载外，更重要的是要承受由风或地震作用引起的水平荷载。因此多层与高层钢结构一般根据其抗侧力结构体系的特点进行结构体系分类。基本的抗侧力结构体系包括：框架结构体系、框架-支撑结构体系、筒体结构体系和巨型结构体系，前三种体系的结构平面如图 2-6 所示。

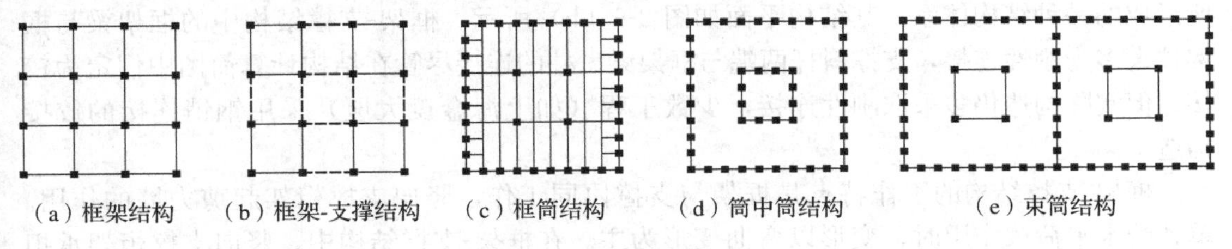


**图 2-6 结构类型**

### 2.4.1 框架结构
**(Frame Structures)**

框架结构是由梁与柱组成的结构，沿房屋的纵向和横向，均采用框架作为承重和抗侧力的主要构件，其结构平面如图 2-6（a）所示。按梁与柱的连接形式，框架结构可分为半刚接框架和刚接框架。一般情况下，尤其是地震区的建筑采用框架结构时，应采用刚接框架。某些情况下，为加大结构的延性或防止梁与柱连接焊缝的脆断，也可采取半刚性连接框架，但其外围框架一般仍采用刚接框架。如第 1 章所述，框架结构在水平荷载下的变形以剪切变形为主。

框架结构各部分刚度比较均匀，框架结构有较大延性，自振周期较长，因而对地震作用不敏感，抗震性能好。但框架结构的抗侧刚度小，侧向位移大，易引起非结构构件的破坏。由于框架在水平荷载作用下容易产生较大的水平位移，会导致竖向荷载对结构产生附加内力，使结构的水平位移进一步增加，从而降低结构的承载力和整体稳定性，这种现象称为 ***P-Δ*** 效应。钢框架构件的翼缘、腹板和加劲肋均较薄，梁柱节点并非理想的刚性节点，在框架梁柱节点域实际存在剪切变形，这种剪切变形会使钢框架产生不容忽视的水平位移，计算时应予以考虑。研究表明，节点域剪切变形对框架内力的影响较小，可以忽略。

框架结构的杆件类型少、构造简单，易于标准化和定型化。由于不设置柱间竖向支撑，因此建筑平面设计有较大的灵活性，并且可采用较大的柱距来提供较大的使用空间。钢框架结构最大适用高度可以达到 110 m，因此对于 30 层以下的办公楼、旅馆及商场等公共建筑，钢框架结构具有良好的适应性。在地震区，我国《建筑抗震设计规范》（2016 年版）（GB 50011—2010）规定高度不超过 50 m 的钢结构房屋可采用框架结构。这是因为框架结构不是很有效的抗侧力体系，当房屋层数较多、水平荷载较大时，为满足层间位移的要求，梁和柱的截面尺寸将很大，以至于大到超出了经济合理的范围。

### 2.4.2 框架-支撑结构
### (Braced Frame Structures)

(1) 中心支撑框架结构与偏心支撑框架结构

当框架结构达到较大高度时，其抗侧刚度较小，难以满足设计要求，或结构梁柱截面过大，失去经济合理性。为建造更高的高层建筑，在用钢量增加的同时提高其抗侧刚度，且避免梁柱截面过大，可在部分框架柱之间设置竖向支撑，形成竖向桁架，这种框架和竖向桁架就组成了经济、有效的抗侧力结构体系，即框架-支撑结构体系。由此可见，框架-支撑结构是以框架结构为基础，沿房屋的纵、横两个方向对称布置一定数量的竖向支撑，所形成的一种结构体系，其结构平面如图 2-6（b）所示。框架-支撑结构中的框架梁与框架柱大多为刚性连接，支撑斜杆两端与框架梁、柱的连接尽管在结构计算简图中假定为铰接，但实际构造仍多采取刚性连接，少数工程（如上海金茂大厦）采用钢销连接的铰接构造。

框架-支撑结构的工作特点是框架与支撑协同工作，竖向支撑桁架起剪力墙的作用。单独受水平荷载作用时，变形以弯曲变形为主。在框架-支撑结构中，竖向支撑桁架承担了结构下部的大部分水平剪力。罕遇地震中若支撑系统被破坏，还可以通过内力重分布，由框架承担水平力，形成两道抗震设防。

框架-支撑结构的支撑可分为**中心支撑**和**偏心支撑**两种类型。采用中心支撑或偏心支撑的框架-支撑结构可分别称为中心支撑框架结构或偏心支撑框架结构。中心支撑是指支撑斜杆轴线与框架梁柱轴线交会于一点，或两根支撑斜杆与框架梁轴线交会于一点或与柱子轴线交会于一点的支撑形式。根据斜支撑的不同布置形式，可形成**十字交叉支撑、单斜杆支撑、人字支撑、K 形支撑和 V 形支撑**等中心支撑类型（图 2-7）。中心支撑框架结构具有较大的侧向刚度，并较好地改善了结构的内力分布，提高了结构的承载力。但在水平地震作用下，中心支撑容易产生屈曲，尤其是在反复的水平地震作用下，中心支撑重复屈曲后，其受压承载力急剧降低，使得中心支撑框架结构的耗能性能较差。K 形支撑因受压屈曲或受拉屈服时会引起较大的侧向变形，易使柱首先出现破坏，因此抗震设防的结构不得采用 K 形支撑。采用柔性单斜杆支撑时，因其只能受拉不能受压，所以为承受反复的水平地震作用，应成对地对称布置（图 2-8）。

为了克服中心支撑框架结构的不足，偏心支撑框架结构得以发展，并在地震区高层建筑中得到较多的应用。在偏心支撑框架结构中，支撑至少有一端不在梁柱节点处与梁相交，从而在梁上形成容易产生剪切屈服的耗能梁段，其常见类型如图 2-9 所示。采用偏心支撑改变了支撑斜杆与耗能梁段的屈服顺序，即在罕遇地震时，一方面通过耗能梁段的非弹性变形进行耗能，另一方面使耗能梁段的剪切屈服在先，从而保护支撑斜杆不屈曲或屈曲在后。

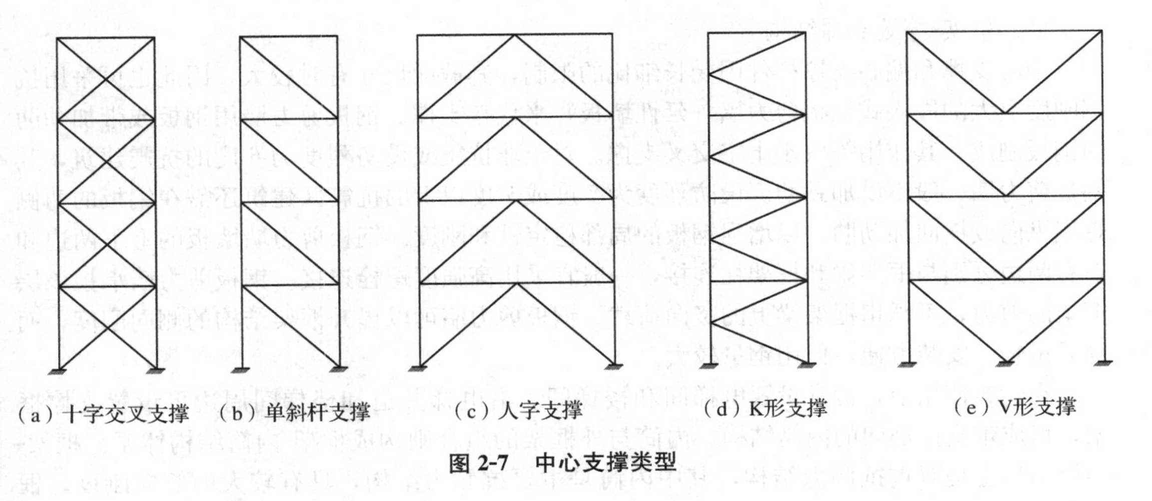


**图 2-7　中心支撑类型**

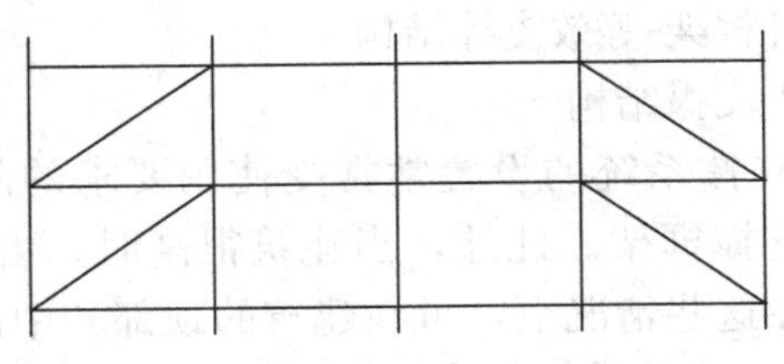

**图 2-8　单斜杆支撑成对对称布置**

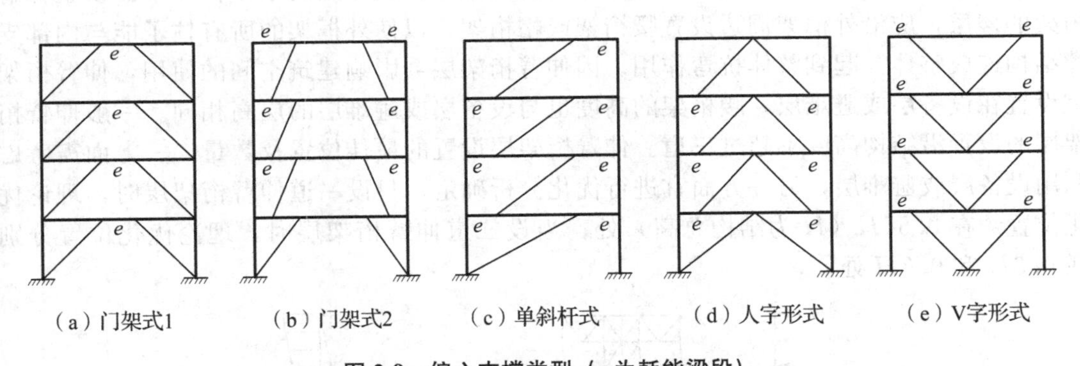


**图 2-9　偏心支撑类型（*e* 为耗能梁段）**

具有良好抗震性能的结构要求在刚度、承载力和耗能之间保持均衡。中心支撑框架虽然具有良好的刚度和承载力，但耗能性能较差。无支撑纯框架具有优良的耗能性能，但其刚度较差，要获得足够的刚度，所采取的设计方案又很不经济。为了同时满足抗震对结构刚度、承载力和能耗的要求，结构应兼有中心支撑框架刚度好、承载力较高的优点和纯框架耗能大的优点。在中、小地震作用下，偏心支撑框架的所有构件处于弹性工作阶段，这时支撑提供主要的抗侧力刚度，其工作性能与中心支撑框架结构相似；在大地震作用下，偏心支撑框架能保证支撑不发生受压屈曲，而让耗能梁段屈服消耗地震能量，这时偏心支撑框架结构的工作性能与纯框架结构相似。由此可见，偏心支撑框架结构是介于中心支撑框架结构和纯框架结构之间的一种抗震结构形式。

(2) 框架-等效支撑结构

中心支撑和偏心支撑杆件因受长细比的限制，其截面尺寸有时较大，因此也可采用抗侧刚度更大的嵌入式钢板剪力墙（延性墙板）来代替支撑。钢板剪力墙用钢板或带加劲肋的钢板制成，其作用等效于十字交叉支撑。对于非抗震或设防烈度为6度的抗震建筑，其钢板剪力墙一般不设加劲肋。设防烈度为7度或7度以上的抗震区建筑还需在钢板的两侧焊接纵向或横向加劲肋，以增强钢板的局部稳定性和刚度。钢板剪力墙墙板的上下两边和左右两边分别与框架梁和框架柱连接，一般宜采用高强度螺栓连接。钢板剪力墙承担该层框架的剪力，不承担框架梁上的竖向荷载。钢板剪力墙可以提升框架结构的侧向刚度，而且质量轻、安装方便，但用钢量较大。

在建筑使用上，常常设置电梯间和楼梯间。沿电梯井道和楼梯间周边可设置支撑框架，形成带支撑框架的内筒结构，内筒与外框架的组合则构成框架-内筒结构体系。框架-内筒结构也是双重抗侧力结构，其中内筒是主要抗侧力结构，具有较大的侧向刚度。框架-内筒结构也可看作是一种框架-等效支撑结构。

(3) 带伸臂桁架的框架-支撑结构

在框架-支撑结构中，支撑系统的设置常常受使用要求的限制，如受电梯间或楼梯间的限制不能布置有效的支撑框架。此外，当建筑很高时，由于支撑系统高宽比过大，抗侧力刚度会显著降低。在这些情况下，可在建筑的顶部和中部每隔若干层加设刚度较大的伸臂桁架（图2-10），使建筑外框架参与结构体系的整体抗弯，承担结构整体倾覆力矩引起的轴向压力或拉力，从而提高结构侧向刚度，减小结构水平位移。在设置伸臂桁架的楼层，应沿外框架周边设置腰桁架或帽桁架，以使外框架的所有柱子能与内部支撑结构连成整体，起到整体抗弯作用。因伸臂桁架层会影响建筑空间的使用，伸臂桁架宜设置在设备层或避难层，腰桁架的高度也与设备层或避难层的层高相同。一般伸臂桁架层的设置沿结构高度不超过三道。伸臂桁架层设置的最佳位置及数量，一方面需考虑利用设备层或避难层，另一方面宜进行优化分析确定。只设一道伸臂桁架层时，理论优化位置约在$0.55H$（$H$为结构总高）处；当设二道伸臂桁架层时，理论优化位置分别在$0.3H$和$0.7H$处。

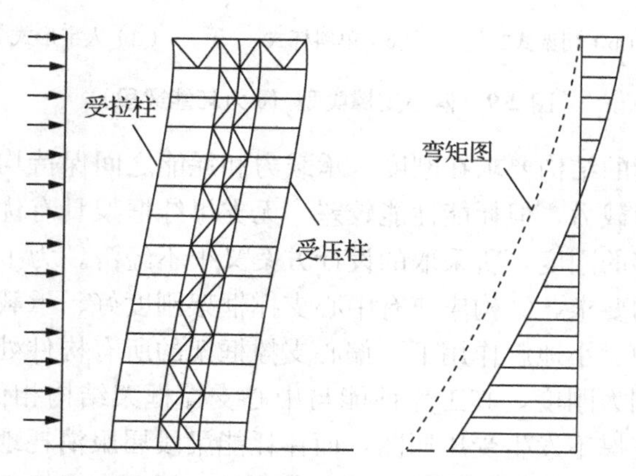


图 2-10　带伸臂桁架的框架-支撑结构

(4) 交错桁架结构体系

交错桁架结构的基本组成是柱子、平面桁架和楼面板，如图 2-11 所示。柱子布置在房屋的外围，中间无柱。桁架的高度与层高相同，长度与房屋宽度相同。桁架两端支承于外围柱子上，桁架在相邻柱列上为上、下层交错布置，楼板一端搁置在桁架的上弦，另一端搁置在相邻桁架的下弦。桁架采用平行弦空腹桁架或混合桁架，以便设置中间走廊或门洞。楼面板可采用压型钢板组合楼板、混凝土预制楼板或混凝土现浇楼板等。楼板可以是简支板，也可以是跨越桁架上弦的连续板。楼板必须与桁架的弦杆可靠连接，以保证层间剪力的传递和结构的空间整体作用。交错桁架结构体系可获得两倍柱距或更大的空间，在建筑上便于平面自由布置或灵活分隔。由于不设楼面梁格，建筑的净空增加，层高减小。

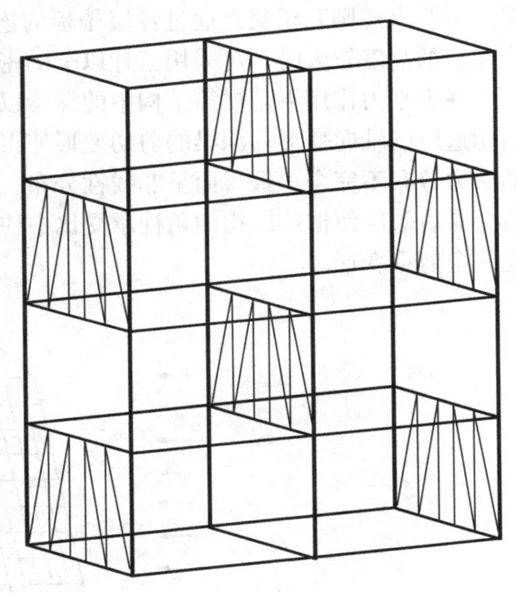

图 2-11　交错桁架结构

交错桁架结构是一种合理有效的抗侧力体系，其横向刚度较大，侧向位移较小，变形性能介乎框架结构与剪力墙结构之间，与框架-剪力墙结构类似。交错桁架结构的水平荷载所产生的剪力通过楼板及其与桁架弦杆的连接传给桁架的上弦，又通过斜腹杆传给桁架的下弦，再由下弦及其与楼板的连接传至下层楼板，最后一层一层地传给基础。由此可见，交错桁架的楼板犹如一刚性隔板传递着剪力。由于水平荷载是通过桁架与楼板向下传递的，因此柱子和桁架中仅产生很小的局部弯矩，柱子主要承受轴力。由于柱子主要承受轴力，使柱子的弱轴平行于房屋纵向、强轴在桁架平面内是有利的。这样，柱子和纵向连系梁、支撑组成框架能有效承受纵向水平荷载，从而提高房屋的纵向刚度。在水平地震作用下，由于柱子中的弯矩很小，柱子中不会出现塑性铰，塑性铰集中出现在桁架门洞节间的腹杆和弦杆上。该体系形成的塑性铰多，塑性发展的过程长，吸收与耗散能量的能力较好。

由于交错桁架结构体系的构件主要承受轴力，材料的性能能够充分发挥，因此与其他结构体系（如钢框架结构体系）相比用钢量较省。麻省理工学院的研究也表明，对于多高层旅馆和居住大楼，交错桁架结构的钢材用量比钢框架结构可减小 50%，比钢框架-支撑结构可减小 40%。美国新泽西州大西洋城 43 层的国际旅游饭店的初步设计采用了四种方案进行比较，钢框筒结构、混凝土框筒结构、混凝土框架-剪力墙结构与交错桁架结构的造价比分别为 1.40、1.10 和 1.25。由此可见，采用交错桁架结构具有显著的直接经济效果。

总之，框架-支撑结构由于设置柱间竖向支撑，不仅弥补了框架结构在层数较多时抗侧刚度小和不经济的缺点，还保证了建筑平面设计仍具有较大的灵活性，可采用较大的柱距和提供较大的使用空间。框架-支撑结构因具有双重设防的优点，适合在高烈度地震区使用，适用于 40～60 层以下的高层办公楼、旅馆及商场等公共建筑，如高 226.2 m、地下 3 层、地上 60 层的日本东京阳光大厦就采用了框架-支撑结构体系。

### 2.4.3　筒体结构
**(Tube Structures)**

(1) 框筒结构

框筒结构建筑平面的外圈由密柱和深梁组成的框架围成封闭式筒体，如图 2-6 (c) 所示。框筒结构的平面形状应为方形、矩形、圆形或多边形等规则平面。框架柱的截面可采用箱形截面或焊接 H 型钢截面，框架梁的截面高度可按窗台高度构成截面高度很大的窗裙梁。外围框筒的梁与柱采用刚接连接，形成刚接框架，框筒是框筒结构主要的抗侧力构件。内部的框架仅承受垂直荷载，所以内部柱网可以按照建筑平面使用功能要求灵活布置，不要求规则和正交。通过各层楼板的连系，外围框筒与内部框架柱的侧移趋于协调。当建筑的高度较大时，可采用三片以上的密柱深梁框架围成外围框筒。

在水平力作用下，框筒结构中的深梁以剪切变形为主，而柱子主要产生与框筒整体弯曲相适应的轴向变形。深梁的剪切变形使得框筒结构中柱子的轴力分布与实体的筒体结构的应力分布不完全一致，而呈非线性分布，这种现象称为**剪力滞后效应**，如图 2-12 所示。剪力滞后效应使框筒结构的角柱承受比中柱更大的轴力，并且框筒结构的侧向挠度呈现明显的弯剪型变形。

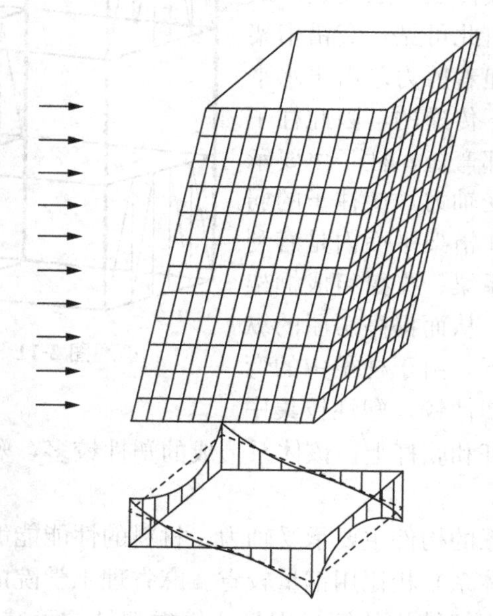

**图 2-12　框筒结构的剪力滞后效应**

一般来讲，框筒结构的剪力滞后效应越明显，对筒体效能的影响越严重。影响框筒结构剪力滞后效应的主要因素是梁与柱的线刚度比和结构平面的长宽比。当平面形状一定时，梁柱线刚度比越小，剪力滞后效应越严重，表明框筒结构的整体性越差。结构的平面形状对框筒结构的空间刚度影响很大，正方形、圆形和正三角形等结构平面形式，能较充分地利用框筒结构的空间作用。矩形结构平面的长宽比对剪力滞后效应有很大的影响，长宽比越大，剪力滞后效应越大，则框筒结构的整体性越差。因此，矩形平面框筒结构的长宽比不宜大于 1.5，否则长边中间部分的柱子不能发挥作用。

（2）筒中筒结构

筒中筒结构由两个以上的同心框筒所组成，结构平面如图 2-6（d）所示。相对于框筒结构，筒中筒结构在结构布置方面的不同点，就是利用楼面中心部位服务性面积（如电梯井）的可封闭性，将该部位的承重框架换成由密柱深梁所组成的内框筒。筒中筒结构中外筒的平面与框筒结构相同，而内筒可采用与外筒不一致的平面，如外圆内方等不同平面形状的组合。

外筒通常是由密柱和深梁组成的钢框筒，梁柱布置及截面形状等与框筒结构相同。外筒具有很大的整体抗弯刚度和抗弯能力，可承担很大的倾覆力矩，但采用密柱深梁型腹板框架，使得外筒结构的抗剪能力并不强。内筒可以采用由密柱和深梁所组成的钢框筒，但通常在钢框架间嵌置预制钢筋混凝土墙板；或者采用密柱深梁型翼缘框架和钢框架加散置钢筋混凝土墙板的腹板框架；在内框筒内增设竖向支撑，也是提高整个结构体系抗侧能力的有效措施。内筒的高宽比较大，承担倾覆力矩的能力较差，但由于内筒框架设置了抗侧结构，因此内筒也将承担较大的水平剪力。内筒与外筒通过刚性楼面梁板的连系而共同工作，从而共同抵抗侧向力。外筒与内筒相结合形成筒中筒结构后，既发挥了外筒的抗弯能力，又发挥了内筒的抗剪能力，优点互补，使筒中筒结构成为一种较理想的结构体系。

（3）束筒结构

束筒结构是由两个以上框筒并列组合连成一体而形成的框筒束，其内部为承重框架，其结构平面如图 2-6（e）所示。每一个框筒单元的平面形状，可以是三角形、半圆形、矩形、弧形及其他形状，由这些框筒单元所拼接成的束筒结构，其平面形状宜采用矩形、圆形或多边形等规则平面。有时为适应建筑场地形状、周围环境和建筑布置要求，也可采用不规则平面。也可以一个平面尺寸较大的框筒为基础，在其内部增设多榀腹板框架来构成束筒结构。增设的内部腹板框架可以是密柱深梁型框架、稀柱浅梁型框架加墙板、一片竖向支撑，或者是三者的组合体。束筒中任一框筒单元，可以根据需要在某一高度处中止，而不影响整个结构体系的完整性。不过，在中止框筒单元的顶层，应沿整个束筒的周边设置一圈桁架，形成刚性环梁。

如同一把筷子的抗弯刚度明显大于单根筷子的抗弯刚度之和一样，束筒结构具有更好的整体性和更大的整体侧向刚度。束筒结构体系是由若干个小筒体组成的大筒体结构，相当于在外筒内部的纵横方向增设了若干榀翼缘框架及腹板框架，使翼缘框架及腹板框架的剪力滞后现象均得到了较大的改善。由于增加了与外部翼缘框架相平行的内部翼缘框架，外筒的整体抗弯刚度和抗弯能力得到了提高。由于增加了腹板框架，结构的抗剪能力得到了提高。束筒结构体系的抗弯能力、抗剪能力和侧向刚度等性能较框筒结构和筒中筒结构显著提高。

钢筒体结构不仅具有很大的抗侧刚度和抗倾覆能力，而且具有很强的抗扭能力，因此适用于建筑层数较多、高度较大和抗震要求较高的情况。据统计，20 世纪 60 年代以后建造的高度在 250 m 以上的超高层建筑大都采用了筒体结构。

### 2.4.4 巨型结构
**(Mega Structures)**

（1）巨型框架结构

巨型框架结构的主框架由柱距较大的矩形空间桁架柱和空间桁架梁组成，而空间桁架梁或柱又由四片平面桁架组成。在主框架内设置普通框架（次框架）就构成了巨型框架结构体系（图 2-13）。巨型框架体系适用于较规则的矩形建筑平面。巨型框架的空间桁架柱一般沿建筑平面的周边布置，柱距和主框架横向跨度依据建筑使用空间的要求而定。沿纵向设置若干空间桁架梁把横向的主框架空间桁架梁连成一个整体，就组成了空间桁架层。沿建筑的竖向，一般每隔 12～15 层应设置一道空间桁架层，或利用设备层和避难层设置空间桁架层。次框架就设置在空间桁架层上，其构件截面与普通框架相同。

巨型框架体系的主框架将承受全部竖向荷载以及水平荷载产生的倾覆力矩和水平剪力，次框架仅通过与主框架的共同工作承受较小的剪力，因此在计算主框架时，可近似地忽略次框架对整体侧向刚度的贡献。次框架只承受本身各层楼层的竖向荷载和局部水平荷载，并将其传递给主框架。

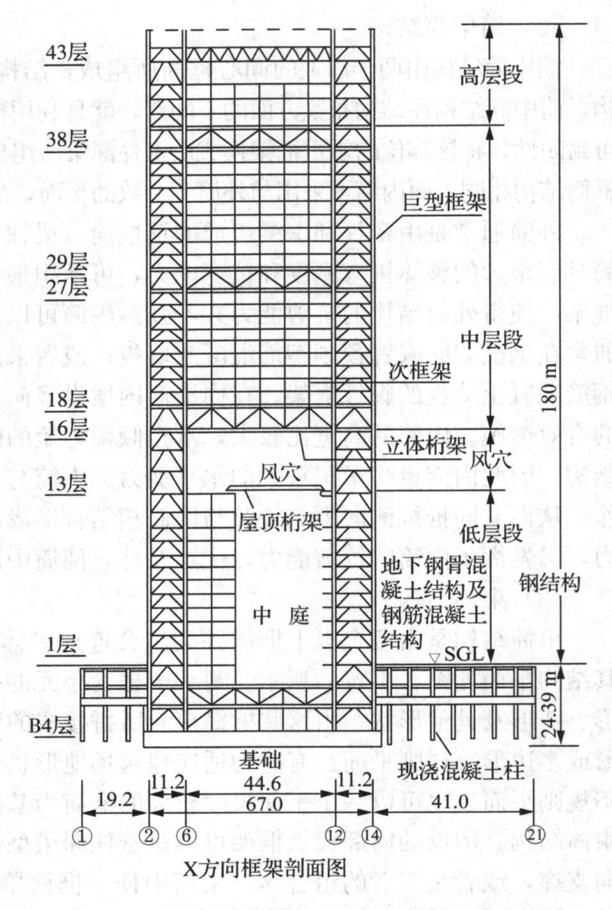


图 2-13　巨型框架结构（日本电器总公司大楼）

对于多功能高层建筑，常常要求在其下部若干层高度范围内设置大空间的无柱中庭、展览厅和多功能厅等，而外框-内筒体系或筒中筒体系等高层体系难以满足这种建筑功能要求，巨型框架结构却适用于这种多功能的超高层建筑。1990 年建成的日本电器总公司大楼采用了巨型框架结构，地下 3 层、地上 43 层，建筑高度180 m，设有 13 层高的中庭，在中庭上设有高 16 m、宽 44.6 m 的透风穴。

（2）巨型支撑结构

巨型支撑结构是在外框筒或框架结构的四个外立面设置巨型支撑而形成的一种结构体系（图 2-14）。巨型支撑跨越的宽度为建筑平面的宽度（或长度），跨越楼层的高度为 10～20 层，巨型支撑与主裙梁之间的夹角约为 45°。同一侧面的巨型支撑、主裙梁与角柱交于一点，相邻侧面的巨型支撑、主裙梁也交于该点，形成传力路线连续的空间桁架抗侧力结构。巨型支撑结构由建筑外圈的支撑筒体与建筑内部的承重框架所组成。支撑斜杆与所有柱子及主裙梁位于同一结构竖向平面内并连成整体，主裙梁位于两支撑斜杆的相交端，所有裙梁均与中间柱相连。根据受力特点，结构外圈的支撑外筒可以划分为“主构件”和“次构件”两部分。支撑斜杆、角柱及主裙梁是巨型支撑外筒的主要构件，每一楼层的中间柱和柱间的次裙梁是次要构件。

巨型支撑结构的外筒是承担全部水平荷载的抗侧力结构，内部结构仅承担竖向荷载，不承担水平荷载。一般支撑框架中的支撑作用主要是承受水平荷载作用下的水平剪力，但在巨型支撑结构中，巨型支撑不仅是承担水平荷载作用下的水平剪力的主要构件，也是与外筒中梁、柱构件共同承担竖向荷载的构件和对外筒中所有柱子进行变形协调的构件，从而能在很大程度上消除剪力滞后效应，使柱子轴力趋于均匀和柱子截面尺寸基本相同。巨型支撑结构可避免采用截面较高的裙梁和较小的柱距，却具有很大的抗侧刚度。

图 2-14　巨型支撑结构（美国芝加哥汉考克中心）

巨型支撑结构抗侧刚度大却无需采用大构件、小柱距，在建筑使用上提供了无遮挡的开阔视野和明朗的外观，适用于超高层建筑。1969 年建成的美国芝加哥汉考克中心，地上 100 层、地下 2 层，建筑总高度 344 m，兼有办公、公寓、商业和停车多种功能，就采用了巨型支撑结构。

一般情况下，高度不超过 50 m 的多高层钢结构建筑，可采用框架结构、框架-中心支撑结构或其他体系的结构；高度超过 50 m 且抗震设防烈度为 8 度、9 度时，宜采用框架-偏心支撑结构、框架-屈曲约束支撑结构或框架-延性墙板结构等。按经济合理原则，《高层民用建筑钢结构技术规程》（JGJ 99—2015）规定各种结构体系适用的最大高度如表 2-9 所示，适用的最大高宽比如表 2-10 所示。

表 2-9　多、高层钢结构各结构体系适用的最大高度

| 结构体系 | 6 度、7 度 (0.10$g$) | 7 度 (0.15$g$) | 8 度 | | 9 度 (0.40$g$) | 非抗震设计 |
|---|---|---|---|---|---|---|
| | | | (0.20$g$) | (0.30$g$) | | |
| 框架 | 110 | 90 | 90 | 70 | 50 | 110 |
| 框架-中心支撑 | 220 | 200 | 180 | 150 | 120 | 240 |
| 框架-偏心支撑<br>框架-屈曲约束支撑<br>框架-延性墙板 | 240 | 220 | 200 | 180 | 160 | 260 |
| 筒体（框筒、筒中筒、桁架筒、束筒）<br>巨型框架 | 300 | 280 | 260 | 240 | 180 | 360 |

注：①房屋高度指室外地面到主要屋面板板顶的高度（不包括局部突出屋顶部分）；

②超过表内高度的房屋，应进行专门研究和论证，采取有效的加强措施；

③表内筒体不包括混凝土筒；

④框架柱包括全钢柱和钢管混凝土柱；

⑤甲类建筑，6、7、8 度时宜按本地区抗震设防烈度提高 1 度后符合本表要求，9 度时应专门研究。

表 2-10　多、高层钢结构适用的最大高宽比

| 烈度 | 6 度、7 度 | 8 度 | 9 度 |
|---|---|---|---|
| 最大高宽比 | 6.5 | 6.0 | 5.5 |

注：①计算高宽比的高度从室外地面算起；

②当塔型建筑底部有大底盘时，计算高宽比的高度从大底盘顶部算起。

## 2.5　多层与高层钢结构分析方法 (Analysis Method of Multistory and High-rise Steel Structures)

### 2.5.1　结构计算要求 (Structural Computational Requirements)

(1) 一般要求

①在竖向荷载、风荷载以及多遇地震作用下，高层民用建筑钢结构的内力和变形可采用**弹性方法**计算。罕遇地震作用下，高层民用建筑钢结构的弹塑性变形可采用**弹塑性时程分析法**或**静力弹塑性分析法**计算。

②计算高层民用建筑钢结构的内力和变形时，可假定楼盖在其自身平面内为无限刚性，设计时应采取相应措施保证楼盖平面内的整体刚度。当楼盖可能产生较明显的面内变形时，计算时应采用楼盖平面内的实际刚度，考虑楼盖的面内变形的影响。

③高层民用建筑钢结构进行弹性计算时，若钢筋混凝土楼板与钢梁间有可靠连接，则可计入钢筋混凝土楼板对钢梁刚度的增大作用，两侧有楼板的钢梁其惯性矩可取为 $1.5I_b$，仅一侧有楼板的钢梁其惯性矩可取为 $1.2I_b$，$I_b$ 为钢梁截面惯性矩。进行弹塑性计算时，不应考虑楼板对钢梁惯性矩的增大作用。

④结构计算中一般不应计入非结构构件对结构承载力和刚度的有利作用。

⑤计算各振型地震影响系数所采用的结构自振周期，应考虑非承重填充墙体的刚度并予以折减。当非承重墙体为填充轻质砌块、填充轻质墙板或外挂墙板时，自振周期折减系数可取 0.9～1.0。

⑥高层民用建筑钢结构的整体稳定性应符合下列规定：

a) 框架结构应符合下式要求：

$$D_i \geqslant 5\sum_{j=i}^{n} G_j/h_i \quad (i = 1,2,\cdots,n) \tag{2-6}$$

b) 框架-支撑结构、框架-延性墙板结构、筒体结构和巨型框架结构应符合下式要求：

$$EJ_d \geqslant 0.7H^2\sum_{i=1}^{n} G_i \tag{2-7}$$

式中，$D_i$ 为第 $i$ 楼层的抗侧刚度，可取该层剪力与层间位移的比值；$h_i$ 为第 $i$ 楼层层高；$G_i$、$G_j$ 分别为第 $i$、$j$ 楼层重力荷载设计值，取 1.2 倍的永荷载标准值与 1.4 倍的楼面可变荷载标准值的组合值；$H$ 为房屋高度；$EJ_d$ 为结构一个主轴方向的弹性等效侧向刚度，可按倒三角形分布荷载作用下结构顶点位移相等的原则，将结构的侧向刚度折算为竖

向悬臂受弯构件的等效侧向刚度。

（2）结构弹性分析计算基本要求

①高层民用建筑钢结构的弹性计算模型应根据结构的实际情况确定，应能较准确地反映结构的刚度和质量分布以及各结构构件的实际受力状况，可选择空间杆系、空间杆墙板元及其他组合有限元等计算模型。

②高层民用建筑钢结构进行弹性分析时，应考虑重力二阶效应的影响。

③高层民用建筑钢结构进行弹性分析时，应考虑下述变形：梁的弯曲和扭转变形，必要时考虑轴向变形；柱的弯曲、轴向、剪切和扭转变形；支撑的弯曲、轴向和扭转变形；延性墙板的剪切变形；消能梁段的剪切变形和弯曲变形。钢框架-支撑结构的支撑斜杆两端宜按铰接计算；当实际构造为刚接时，也可按刚接计算。

④梁柱刚性连接的钢框架考虑节点域剪切变形对侧移的影响时，可将节点域作为一个单独的剪切单元进行结构整体分析，也可按下列规定作近似计算：

a）对于箱形截面柱框架，可按结构轴线尺寸进行分析，但应将节点域作为刚域。梁柱刚域的总长度，可取柱截面宽度的一半和梁截面高度的一半两者的较小值。

b）对于H形截面柱框架，可按结构轴线尺寸进行分析，不考虑刚域。

c）当结构弹性分析模型不能计算节点域的剪切变形时，可将上述框架分析得到的楼层最大层间位移角与该楼层柱下端的节点域在梁端弯矩设计值作用下的剪切变形角平均值相加，即得到计入节点域剪切变形影响的楼层最大层间位移角。任一楼层节点域在梁端弯矩设计值作用下的剪切变形角平均值可按下式计算：

$$\theta_{\mathrm{m}} \geqslant \frac{1}{n}\sum_{i=1}^{n}\frac{M_i}{GV_{\mathrm{p},i}}\ (i=1,2,\cdots,n) \tag{2-8}$$

式中，$\theta_{\mathrm{m}}$为楼层节点域的剪切变形角平均值；$M_i$为该楼层第$i$个节点域在所考虑的受弯平面内的不平衡弯矩，可由框架分析得出，即$M_i=M_{\mathrm{b1}}+M_{\mathrm{b2}}$，$M_{\mathrm{b1}}$、$M_{\mathrm{b2}}$分别为受弯平面内该楼层第$i$个节点左、右梁端同方向的地震作用组合下的弯矩设计值；$n$为该楼层的节点域总数；$G$为钢材的剪切模量；$V_{\mathrm{p},i}$为第$i$个节点域的有效体积。

⑤钢框架-支撑（墙板）结构的框架部分按刚度分配计算得到的地震层剪力应乘以调整系数，达到不小于结构总地震剪力的25%和框架部分计算最大层剪力1.8倍二者的较小值。

⑥体型复杂、结构布置复杂以及特别不规则的高层民用建筑钢结构，应采用至少两个不同力学模型的结构分析软件进行整体计算。对结构分析软件的分析结果，应进行分析判断，确认其合理、有效后方可作为工程设计的依据。

（3）结构弹塑性分析计算基本要求

①高层民用建筑钢结构进行弹塑性计算分析时，可根据实际工程情况采用静力或动力时程分析法，并应符合下列规定：

a）当采用结构抗震性能设计时，应根据《高层民用建筑钢结构技术规程》（JGJ 99—2015）的有关规定，预定结构的抗震性能目标。

b）结构弹塑性分析的计算模型应包括全部主要结构构件，应能较正确反映结构的质量、刚度和承载力的分布以及结构构件的弹塑性性能。

c）弹塑性分析宜采用空间计算模型。

d）高层民用建筑钢结构进行弹塑性分析时应考虑构件的下述变形：梁的弹塑性弯曲

变形，柱在轴力和弯矩作用下的弹塑性变形，支撑的弹塑性轴向变形，延性墙板的弹塑性剪切变形，消能梁段的弹塑性剪切变形，梁柱节点域的弹塑性剪切变形。采用消能减震设计时还应考虑消能器的弹塑性变形，隔震结构还应考虑隔震垫的弹塑性变形。

e）结构构件上应作用重力荷载代表值，其效应应与水平地震作用产生的效应组合，分项系数可取1.0。

f）钢材强度可取屈服强度$f_y$。

g）应计入重力荷载二阶效应的影响。

h）钢柱、钢梁、屈曲约束支撑及偏心支撑消能梁段恢复力模型的骨架线可采用二折线型，其滞回模型可不考虑刚度退化；钢支撑和延性墙板的恢复力模型，应按其受力特性确定，也可由试验确定。

②采用静力弹塑性分析法进行罕遇地震作用下的变形计算时，应符合下列规定：

a）可在结构的两个主轴方向分别施加单向水平力进行静力弹塑性分析。

b）水平力可作用在各层楼盖的质心位置，可不考虑偶然偏心的影响。

c）结构的每个主轴方向宜采用不少于两种水平力沿高度分布模式，其中一种可与振型分解反应谱法得到的水平力沿高度分布模式相同。

d）采用能力谱法时，需求谱曲线可由现行国家标准《建筑抗震设计规范》（2016年版）（GB 50011—2010）的地震影响系数曲线得到，或由建筑场地的地震安全性评价提出的加速度反应谱曲线得到。

③采用弹塑性时程分析法进行罕遇地震作用下的变形计算时，应符合下列规定：

a）一般情况下，采用单向水平地震输入，在结构的两个主轴方向分别输入地震加速度时程，对体型复杂或特别不规则的结构，宜采用双向水平地震或三向地震输入。

b）地震地面运动加速度时程的选取以及时程分析所用的地震加速度时程的最大值等，应符合《高层民用建筑钢结构技术规程》（JGJ 99—2015）的规定。

## 2.5.2 结构分析方法

**(Structural Analysis Methods)**

随着计算机在现代社会的广泛应用，采用有限元理论进行结构分析已成为最通用且精度较高的方法。对于多高层钢结构建筑，可将其构件（如梁、柱、支撑、楼层墙段、梁区格内楼板等）当作单元，分别采用不同性质的单元理论建立其单元刚度方程。将结构所有单元的单元刚度方程集成可建立结构总体刚度方程。结构的总体刚度方程实际为未知量很多的线性方程组，需利用计算机程序求解，从而得出结构中各单元节点的位移和内力。由于目前计算机的计算速度越来越快，以减少计算时间为目的，对结构进行简化的有限元分析的意义越来越小，除了一些特殊情况（如结构弹塑性分析、结构地震反应时程分析），一般结构进行弹性静力有限元分析时，可不对结构分析模型进行简化。

虽然有限元分析可以达到较为合理的解答，但对于较为规则的结构，对其进行简化的手算方法仍是极有意义的。首先，当无法直接判断计算机方法结果的准确性与合理性时，采用手算方法进行检验是较为可靠的。其次，结构初步设计时需要进行多个方案的比较，从中选出最好的方案。在众多的结构方案中，可先采用手算方法进行结构方案的合理判断与初选，定出2～3个方案后再采用计算机方法进行细致分析，从而定出最佳结构方案。

下面以框架结构为例，介绍近似手算分析方法。

1）竖向荷载作用下的近似计算

（1）弯矩及剪力的计算

为简化计算，采用下列假定：

①在竖向荷载作用下，框架的侧移忽略不计。

②每层梁上荷载对其他层的梁及非相邻层柱的内力影响忽略不计。

由上述假定，多层框架在竖向荷载作用下便可采用**分层法**计算。例如图 2-15（a）所示的 3 层框架可分解成图 2-15（b）所示的 3 个独立楼层计算简图，采用**弯矩分配法**分别进行计算。

分层法计算所得梁的弯矩即为其最后弯矩。而柱同时属于上下两个楼层，所以柱的弯矩为上下两层计算弯矩之和。分层法计算所得的结果，在框架各节点上的弯矩可能不平衡，但不平衡弯矩不致很大，分配完成。若节点不平衡弯矩较大，可对节点不平衡弯矩再进行一次分配。

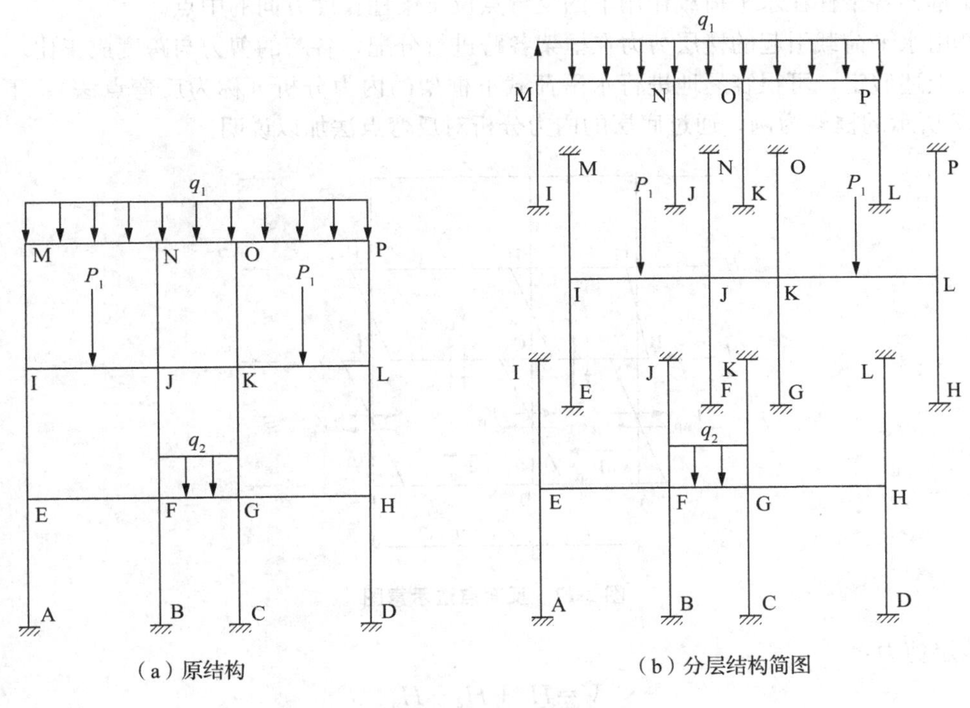


**图 2-15　分层法图示**

（2）轴力的计算

首先可将各楼层竖向总荷载按楼面积平均为楼面均布荷载，然后近似按各柱分担的楼面荷载面积，计算框架各柱在竖向荷载作用下产生的轴力。例如对于图 2-16 所示的柱布置情况，柱 A、柱 B 及柱 C 分担的楼面荷载面积（图中阴影部分）分别为 $a_2b_1/4$、$(a_1+a_2)(b_1+b_2)/4$、$(a_1+a_2)b_1/4$，则柱的轴力为柱所在楼层及以上各楼层（包括顶层）柱分担楼面荷载面积的所有均布荷载之和。

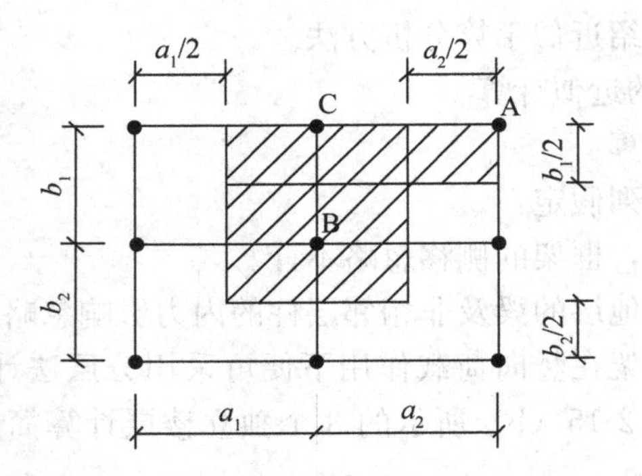


图 2-16　柱分担的竖向荷载面积

2）水平荷载作用下的近似计算

（1）弯矩及剪力的计算

为简化计算，采用下列假定：

①框架各梁柱在水平荷载作用下的反弯点位于梁柱长度方向的中点。

②由水平荷载引起的楼层剪力在框架各跨进行分配，各跨的剪力与跨度成正比。

由上述假定，可很容易地进行水平荷载下框架的内力分析（称为反弯点法）。下面以图 2-17 所示的框架为例，通过底层的内力分析对反弯点法加以说明。

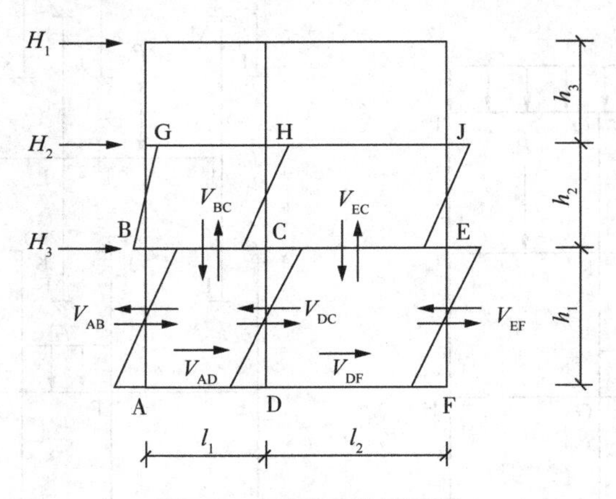


图 2-17　反弯点法示意图

楼层剪力：

$$V = H_1 + H_2 + H_3 \tag{2-9}$$

剪力在 AD 和 DF 间的分配为

$$V_{AD} = Vl_1/(l_1 + l_2) \tag{2-10}$$

$$V_{DF} = Vl_2/(l_1 + l_2) \tag{2-11}$$

各跨剪力分配至各柱为

柱 AB：

$$V_{AB} = V_{AD}/2 \tag{2-12}$$

柱 DC：

$$V_{DC} = (V_{AD} + V_{DF})/2 \tag{2-13}$$

柱 FE：

$$V_{FE}=V_{DF}/2 \tag{2-14}$$

计算柱的弯矩：

$$M_{AB}=M_{BA}=V_{AB}h_1/2 \tag{2-15}$$

$$M_{DC}=M_{CD}=V_{DC}h_1/2 \tag{2-16}$$

$$M_{FE}=M_{EF}=V_{FE}h_1/2 \tag{2-17}$$

各梁的弯矩：

$$V_{BC}=M_{BC}\bigg/\left(\frac{l_1}{2}\right) \tag{2-18}$$

$$V_{CE}=M_{CE}\bigg/\left(\frac{l_2}{2}\right) \tag{2-19}$$

节点 C 处满足平衡条件：

$$M_{CD}+M_{CE}=M_{CD}+M_{CB} \tag{2-20}$$

而 $V_{BC}=V_{CE}$，即各跨梁的剪力相等（可以证明，对于多跨框架这一结论也成立），从而使框架边柱承受由水平荷载引起的轴力。

（2）轴力的计算

尽管按上述方法可同时得出框架柱在水平荷载作用下的轴力，但由于是考虑楼层剪力平衡条件得到的，忽略了楼层倾覆力矩平衡条件，因此当结构较高时（或高宽比较大时），其柱轴力结果有可能偏小。建议按框架各楼层倾覆力矩计算水平荷载作用下框架柱的轴力。为简化计算，可采用仅框架边柱承受由水平荷载引起的轴力的假定。例如对于图 2-17 所示的底层柱，其边柱轴力为

$$N_{AB}=N_{FE}=[H_1(h_3+h_2+0.5h_1)+H_2(h_2+0.5h_1)+0.5H_3h_1]/(l_1+l_2) \tag{2-21}$$

第二层边柱的轴力为

$$N_{BG}=N_{EJ}=[H_1(h_3+0.5h_2)+0.5H_2h_2]/(l_1+l_2) \tag{2-22}$$

对于由水平荷载所引起的框架梁轴力，由于楼板的存在，一般可近似忽略。

## 2.6 多层与高层钢结构设计要求
(Design Requirements of Multistory and High-Rise Steel Structures)

多、高层钢结构设计在规定的荷载效应或荷载效应组合下应满足如下三方面验算要求：结构承载力验算要求、结构变形验算要求、结构舒适度验算要求。

### 2.6.1 构件的承载力要求
**(Requirements for Bearing Capacity of Member)**

（1）无地震作用时

非抗震设防的多、高层钢结构以及抗震设防的多、高层钢结构在不包含地震作用的效应组合中，结构各构件的承载力应满足下式要求：

$$\gamma_0 S\leqslant R \tag{2-23}$$

式中，$\gamma_0$为结构重要性系数；$S$为荷载效应组合设计值；$R$为结构构件承载力设计值。结构重要性系数$\gamma_0$应根据结构构件安全等级确定，如表2-11所示。

**表2-11　结构重要性系数**

| 结构构件安全等级 | 一级 | 二级 | 三级 |
|---|---|---|---|
| $\gamma_0$ | ≥1.1 | ≥1.0 | ≥0.9 |

建筑物中各类结构构件的安全等级宜与整个结构的安全等级相同，而整个结构的安全等级可依据结构破坏后果的严重性确定。对于破坏后果很严重的重要建筑，其结构安全等级为一级；对于破坏后果严重的一般建筑，其结构安全等级为二级；对于破坏后果不严重的次要建筑，其结构安全等级为三级。

（2）有地震作用时

进行多遇地震作用下多、高层钢结构的设计验算时，结构各构件的承载力应满足下式要求：

$$S \leqslant R/\gamma_{RE} \tag{2-24}$$

式中，$S$为包含地震作用的荷载效应组合设计值；$R$为结构构件承载力设计值；$\gamma_{RE}$为结构构件承载力的抗震调整系数，按表2-12采用。

**表2-12　承载力抗震调整系数**

| 材料 | 结构构件 | 受力状态 | $\gamma_{RE}$ |
|---|---|---|---|
| 钢 | 柱、梁、节点板件、螺栓、焊缝柱、支撑梁 | 强度<br>稳定<br>受弯 | 0.75<br>0.80<br>0.75 |
| 钢筋混凝土 | 轴压比小于0.15的柱 | 偏压 | 0.75 |
| 钢管混凝土 | 轴压比不小于0.15的柱 | 偏压 | 0.80 |
| 型钢混凝土 | 抗震墙 | 偏压 | 0.85 |
|  | 各类构件 | 受剪、偏拉 | 0.85 |

进行结构抗震设计时，对结构构件承载力加以调整提高（注意$\gamma_{RE}<1$），主要考虑到下列因素：

①地震作用是动力荷载，动力荷载下材料强度比静力荷载下高。

②地震是偶然作用，结构的抗震可靠度要求可比承受其他荷载的可靠度要求低。

## 2.6.2　结构变形要求

**(Requirements for Structural Deformation)**

1）重力荷载作用下构件容许挠度

为保证楼盖有较好的整体刚度和使用性能，要求在重力荷载作用下楼盖主梁和次梁的挠度不大于下列容许挠度：主梁$L/400$，次梁$L/250$（其中$L$为梁的跨度）。

2）风载作用下结构的侧移限值

风载作用下结构的侧移应满足下列要求：

①对于纯钢结构，最大层间侧移不宜超过楼层高度的1/250。

②对于钢-混凝土混合结构：当结构高度不大于150 m时，最大层间侧移不宜大于楼层高度的1/800；当结构高度大于250 m时，最大层间侧移不宜大于楼层高度的1/500；当结构高度为150～250 m时，最大层间位移限值按楼层高度的1/800～1/500的线性插值取。

③在保证主体结构不开裂和装修材料不出现较大破坏的情况下，最大层间位移限值可适当放宽。

④结构顶点平面端部侧移不得超过顶点质心侧移的1.2倍。

3）地震作用下结构的侧移限值

为满足“小震不坏，大震不倒”的抗震要求，应分别进行多遇地震与罕遇地震作用下的结构侧移验算。

（1）多遇地震结构侧移限值

多遇地震作用时，结构的侧移应满足下列要求：

①对于纯钢结构，最大层间侧移不得超过楼层高度的1/250。

②对于钢-混凝土混合结构：当结构高度不大于150 m时，最大层间位移不宜大于楼层高度的1/800；当结构高度大于250 m时，最大层间侧移不宜大于楼层高度的1/500；当结构高度为150～250 m时，最大层间位移限值可按楼层高度的1/800～1/500的线性插值取。

③在保证主体结构不开裂和装修材料不出现较大破坏的情况下，最大层间位移限值可适当放宽。

④结构顶点平面端部侧移不得超过顶点质心侧移的1.3倍。

（2）罕遇地震结构侧移限值

罕遇地震作用时，结构的侧移应满足下列要求，以防止结构倒塌：

①对于纯钢结构，最大层间侧移不得超过楼层高度的1/50。

②对于钢-混凝土组合结构，最大层间侧移不得超过层高的1/100。

《建筑抗震设计规范》（2016年版）（GB 50011—2010）规定，下列结构应进行弹塑性变形验算：

①高度大于150 m的结构。

②甲类建筑和9度时乙类建筑中的钢筋混凝土结构和钢结构。

③采用隔震和消能减震设计的结构。

下列结构宜进行弹塑性变形验算：

①如表2-13所列的高度范围且属于表2-8所列竖向不规则类型的高层建筑结构。

②7度Ⅲ、Ⅳ类场地和8度时乙类建筑中的钢筋混凝土结构与钢结构。

③高度不大于150 m的其他高层钢结构。

表 2-13 采用时程分析的房屋高度范围

| 烈度、场地类别 | 房屋高度范围/m |
| --- | --- |
| 8 度Ⅰ、Ⅱ类场地和 7 度 | >100 |
| 8 度Ⅲ、Ⅳ类场地 | >80 |
| 9 度 | >60 |

## 2.6.3 舒适度要求 (Comfort Requirements)

(1) 风作用下结构的舒适度

结构受风时，在顺风向和横风向均有风振现象，而风振导致结构振动，超过一定数值，会使在其中生活或工作的人群有不舒适的感觉。研究表明，人体对由振动造成的不舒适感主要与加速度有关，但多大的加速度会导致人体不适，且不同的个体差异较大，与人种、性别、年龄、体质等均有关系，表 2-14 是研究人员建议的人体风振反应分级标准。一般认为，满足人体舒适度的加速度限值宜取为 $0.01g$～$0.03g$（$g$ 为重力加速度），公寓建筑取低限，办公建筑取高限。

表 2-14 人体风振反应分级标准

| 结构风振加速度 | $<0.005g$ | $0.005g$～$0.015g$ | $0.015g$～$0.05g$ | $0.05g$～$0.15g$ | $>0.15g$ |
| --- | --- | --- | --- | --- | --- |
| 人体反应 | 无感觉 | 有感觉 | 令人烦躁 | 令人很烦躁 | 无法忍受 |

一般结构顶点加速度最大，因此可只对结构顶点进行舒适度验算。结构顶点加速度除与结构的阻尼比有关外，还与风的重现期有关。结构的阻尼比越小，结构的加速度越大；风的重现期越大，结构的加速度也越大。

(2) 风作用下结构顶点最大加速度计算

结构顺风向顶点最大加速度，可按脉动风引起的结构振动进行分析，并加以简化得到下列计算式：

$$a_{\mathrm{w}}=\frac{\beta_z\mu_s\mu_z\omega_0 A}{M_{\mathrm{tot}}} \tag{2-25}$$

式中，$a_{\mathrm{w}}$ 为结构顺风向顶点最大加速度，m/s$^2$；$\omega_0$ 为基本风压，kN/m$^2$；$\mu_s$ 为风荷载体型系数；$\mu_z$ 为风压高度变化系数；$\beta_z$ 为风振系数，按《建筑结构荷载规范》(GB 50009—2012) 的规定采用；$A$ 为建筑物总迎风面积，m$^2$；$M_{\mathrm{tot}}$ 为建筑物的总质量，t。

建筑结构在风作用下发生横向风振的机理比较复杂，目前主要通过风洞试验加以研究，经统计分析得出如下结构横风向顶点最大加速度计算式：

$$a_{\mathrm{tr}}=\frac{b_{\mathrm{r}}}{T_{\mathrm{t}}^2}\cdot\frac{\sqrt{BL}}{\gamma_{\mathrm{B}}\sqrt{\zeta_{\mathrm{t,cr}}}} \tag{2-26}$$

$$b_r = 2.05 \times 10^{-4} \left( \frac{V_{n,m} T_t}{\sqrt{BL}} \right)^{3.3} \tag{2-27}$$

式中，$a_{tr}$为结构横向顶点最大加速度，m/s²；$V_{n,m}$为建筑物顶点平均风速，m/s，$V_{n,m}=\sqrt{\mu_s \mu_z \omega_0}$；$\mu_z$为风压高度变化系数；$\gamma_B$为建筑物的总体重度（建筑物总重除以建筑物体积），kN/m³；$\zeta_{t,cr}$为建筑物横风向的临界阻尼比值；$T_t$为建筑物横风向第一自振周期，s；$B$、$L$分别为建筑物平面的宽度与长度，m。

按式（2-25）、式（2-26）计算结构顺风向和横风向的顶点最大加速度，均要用到结构的阻尼比，建议按结构类型不同取用下列值：钢结构 0.01，有填充墙的钢结构 0.02，钢-混凝土混合结构 0.04。

（3）风振加速度限值

进行结构舒适度验算的加速度限值建议：住宅、公寓建筑取 0.20 m/s²；办公、旅馆建筑取 0.28 m/s²。

（4）楼盖加速度限值

多高层钢结构建筑的楼盖结构应具有适宜的舒适度。楼盖结构的竖向振动频率不宜小于 3 Hz，竖向振动峰值加速度不应超过表 2-15 的限值。一般情况下，当楼盖结构竖向振动频率小于 3 Hz 时，应验算其竖向振动加速度。

**表 2-15　楼盖竖向振动加速度限值**

| 人员活动环境 | 峰值加速度限值/（m/s²） | |
|---|---|---|
| | 竖向自振频率不大于 2 Hz | 竖向自振频率不小于 4 Hz |
| 住宅、办公楼 | 0.07 | 0.05 |
| 商场及室内连廊 | 0.22 | 0.15 |

注：楼盖结构竖向频率为 2～4 Hz 时，峰值加速度限制可按线性插值选取。

（5）楼盖加速度计算

楼盖结构的竖向振动加速度宜采用时程分析方法计算。

人行走引起的楼盖振动峰值加速度可按下列公式近似计算：

$$a_p = \frac{F_p}{\beta \omega} g \tag{2-28}$$

$$F_p = p_0 e^{-0.35 f_n} \tag{2-29}$$

式中，$a_p$为楼盖振动峰值加速度，m/s²；$F_p$为接近楼盖结构自振频率时人行走产生的作用力，kN；$p_0$为人行走产生的作用力，kN，按表 2-16 采用；$f_n$为楼盖结构竖向自振频率，Hz；$\beta$为楼盖结构阻尼比，按表 2-16 采用；$\omega$为楼盖结构阻抗有效质量，kN，可按式（2-30）计算；$g$为重力加速度，取 9.8 m/s²。

表 2-16　人行走作用力及楼盖结构阻尼比

| 人员活动环境 | 人行走作用力 $p_0$/kN | 楼盖结构阻尼比 $\beta$ |
|---|---|---|
| 住宅、办公楼、教堂 | 0.3 | 0.02～0.05 |
| 商场 | 0.3 | 0.02 |
| 室内人行天桥 | 0.42 | 0.01～0.02 |
| 室外人行天桥 | 0.42 | 0.01 |

注：①表中阻尼比用于普通钢结构和混凝土结构，轻钢混凝土组合楼盖的阻尼比取该值乘以 2。

②对住宅、办公、教堂建筑，阻尼比 0.02 可用于无家具和非结构构件的情况，如无纸化电子办公区、开敞办公区和教堂，阻尼比 0.03 可用于有家具、非结构构件，带少量可拆卸隔断的情况，阻尼比 0.05 可用于含全高填充墙的情况。

③对室内人行天桥，阻尼比 0.02 可用于天桥带干挂吊顶的情况。

楼盖结构的阻抗有效质量 $\omega$ 可按下列公式计算：

$$\omega=\varpi BL \tag{2-30}$$

$$B=CL \tag{2-31}$$

式中，$\varpi$ 为楼盖单位面积有效质量，kN/m$^2$，取恒载和有效分布活荷载之和（楼层有效分布活荷载：对办公建筑可取 0.55 kN/m$^2$，对住宅可取 0.3 kN/m$^2$）；$L$ 为梁跨度，m；$B$ 为楼盖阻抗有效质量的分布宽度，m；$C$ 为垂直于梁跨度方向的楼盖受弯连续性影响系数，对边梁取 1，对中间梁取 2。

# 2.7　构件和节点设计
(Members and Joints Design)

## 2.7.1　构件设计
**(Members Design)**

1）框架梁

框架梁的抗弯强度、抗剪强度、整体稳定性可根据《钢结构设计标准》（GB 50017—2017）的有关规定计算。但应注意钢材的抗弯与抗剪强度设计值，在有震时需除以钢梁承载力的抗震调整系数 $\gamma_{RE}$；当在多遇地震作用下进行构件的承载力计算时，托柱梁的内力应乘以不小于 1.5 的增大系数。

在钢梁设计中，还必须考虑梁的局部稳定问题，防止梁发生局部失稳的有效方法是限制其板件的宽厚比。钢框架梁板件宽厚比的限值与截面塑性发展的程度有关。当钢梁上形成塑性铰后，该位置会产生较大的转动，板件的宽厚比限值的要求更加严格，所以钢梁板件宽厚比限值按不同抗震等级作了相应规定。另外，梁的腹板还要考虑轴压力的影响。工程中框架梁的板件宽厚比限值如表 2-17 所示。

表 2-17　框架梁板件宽厚比限值

| 板件名称 | | 抗震等级 | | | | 非抗震设计 |
|---|---|---|---|---|---|---|
| | | 一级 | 二级 | 三级 | 四级 | |
| 梁 | 工字形截面和箱形截面翼缘外伸部分 | 9 | 9 | 10 | 11 | 11 |
| | 箱形截面翼缘在两腹板之间部分 | 30 | 30 | 32 | 36 | 36 |
| | 工字形截面和箱形截面腹板 | $(72\sim120)\rho$ | $(72\sim100)\rho$ | $(80\sim110)\rho$ | $(85\sim120)\rho$ | $(85\sim120)\rho$ |

注：①$\rho=N/Af$，为梁的轴压比，$N$ 为梁的轴向力，$A$ 为梁的截面面积，$f$ 为梁的钢材强度设计值；
②表中数值适于 Q235 钢，当钢材为其他钢号时，应乘以 $\sqrt{235/f_y}$；
③工字形截面和箱形截面梁的腹板宽厚比，对抗震等级一、二、三、四级分别不宜大于 60。

2）框架柱

框架柱截面可以采用 H 形、箱形、十字形及圆形等，其中箱形截面柱与梁的连接较为简单，受力性能与经济效果也较好，因而是应用最广的一种柱截面形式。在箱形或圆形钢管中浇注混凝土形成的钢管混凝土组合柱，可大大提高柱的承载力且避免管壁局部失稳，也是高层建筑中一种常用的截面形式。框架柱一般应满足以下各方面的要求。

（1）框架柱的整体稳定与局部稳定

框架柱的整体稳定计算方法与《钢结构设计标准》（GB 50017—2017）的规定基本相同，但应注意钢材的设计值，在有震时需除以钢梁承载力的抗震调整系数 $\gamma_{RE}$。

按照强柱弱梁的要求，钢框架柱一般不会出现塑性铰，但是考虑材料的变异性、截面尺寸偏差以及一般未计及的竖向地震作用因素，柱在某些情况下也可能出现塑性铰。因此，柱的板件宽厚比也应该考虑塑性发展来加以限制，只是不需要像梁那样严格。框架柱板件宽厚比限制如表 2-18 所示。

表 2-18　框架柱板件宽厚比限值

| 板件名称 | | 抗震等级 | | | | 非抗震设计 |
|---|---|---|---|---|---|---|
| | | 一级 | 二级 | 三级 | 四级 | |
| 柱 | 工字形截面翼缘外伸部分 | 10 | 11 | 12 | 13 | 13 |
| | 工字形截面腹板 | 43 | 45 | 48 | 52 | 52 |
| | 箱形截面壁板 | 33 | 36 | 38 | 40 | 40 |
| | 冷成型方管壁板 | 32 | 35 | 37 | 40 | 40 |
| | 圆管（径厚比） | 50 | 55 | 60 | 70 | 70 |

注：①表中数值适用于 Q235 钢，当钢材为其他牌号时，应乘以 $\sqrt{235/f_y}$，圆管应乘以 $235/f_y$；
②冷成型方管适用于 Q235GJ 钢或 Q355GJ 钢。

（2）框架柱的计算长度与长细比

大多数框架柱不是孤立的单个构件，其两端受到其他构件的约束，框架柱屈曲时必然带动相连的其他构件产生变形，因此其长度计算是很复杂的。目前关于框架柱稳定分析有两种方法，即一阶分析理论和二阶分析理论。根据理论分析，得到的计算长度系数计算公式见《高层民用建筑钢结构技术规程》(JGJ 99—2015) 的有关规定。

框架柱的长细比和轴压比均较大的柱，其延性较小，且容易发生框架整体失稳。对框架柱的长细比和轴压比进行一些限制，就能控制二阶效应对柱极限承载力的影响。为保证框架柱具有较好的延性，地震区框架柱的长细比不宜太大。抗震等级为一级时，框架柱的长细比不大于 $60\sqrt{235/f_y}$，二级时不大于 $70\sqrt{235/f_y}$，三级时不大于 $80\sqrt{235/f_y}$，四级及非抗震设防时不大于 $100\sqrt{235/f_y}$。

(3) 强柱弱梁设计概念

高层钢结构采用强柱弱梁设计概念，在地震作用下，塑性铰应在梁端形成而不应在柱端形成，从而使框架具有较强的内力重分布和能量耗散的能力。为此，柱端应比梁端有更大的承载力储备。对于抗震设防的框架柱，在框架的任一节点处，柱的截面模量和梁（等截面梁）的截面模量应满足下式的要求：

$$\sum W_{pc}(f_{yc}-N/A_c)\geqslant \eta\sum W_{pb}f_{yb} \tag{2-32}$$

式中，$W_{pc}$、$W_{pb}$分别为柱和梁的塑性截面模量；$f_{yc}$、$f_{yb}$分别为柱和梁钢材的屈服强度设计值；$\eta$为强柱系数，抗震等级为一级时取 1.15，二级时取 1.10，三级时取 1.05；$N$为柱轴向压力设计值；$A_c$为柱的截面面积。

当柱所在楼层的受剪承载力比上一层的受剪承载力高出 25%或柱的轴压比不超过 0.4 或作为轴心受压构件在 2 倍地震力下稳定性得到保证时，可不按式 (2-32) 验算。

(4) 中心支撑

①支撑杆件长细比。

在轴向往复荷载的作用下，支撑杆件的抗拉和抗压承载力均有不同程度的降低，当支撑件受压失稳后，其承载能力降低、刚度退化、耗能能力随之降低；在弹塑性屈曲后，支撑杆件的抗压承载力退化更为严重。支撑杆件的长细比是影响其性能的重要因素，当长细比较大时，构件只能受拉，不能受压。长细比较小的杆件，滞回曲线丰满，耗能性能好，工作性能稳定。但支撑的长细比并非越小越好。支撑的长细比越小，支撑框架刚度就越大，不但承受的地震作用越大，而且在某些情况下层间位移也越大。按压杆设计时，中心支撑杆件的长细比不应大于 $120\sqrt{235/f_y}$；抗震等级为一、二、三级时，中心支撑杆件不得采用拉杆设计；非抗震设计和抗震等级为四级时，拉杆设计的长细比不应大于 180。

②支撑杆件的板件宽厚比。

板件宽厚比是影响局部屈曲的重要因素，直接影响支撑的承载能力和耗能能力，在反复荷载作用下比单向静载作用下更容易发生失稳，因此，有抗震设防要求时，板件的宽厚比限值应比非抗震设防时要求更严格。在罕遇地震作用下，支撑要经受较大的弹塑性拉压变形，为了防止板件过早地在塑性状态下发生局部屈曲，板件宽厚比规定得比塑性设计要求的小一点，对支撑的抗震有利。此外，板件宽厚比应与支撑杆件长细比相匹配。对于长细比小的支撑杆件，对宽厚比的规定应严格一些；对于长细比大的支撑杆件，对宽厚比的规定可适当放宽。但《高层民用建筑钢结构技术规程》(JGJ 99—2015) 没有考虑杆件长细比的影响，规定板件宽厚比如表 2-19 所示。

表 2-19 中心支撑板件宽厚比限值

| 板件名称 | 一级 | 二级 | 三级 | 四级、非抗震设计 |
|---|---|---|---|---|
| 翼缘外伸部分 | 8 | 9 | 10 | 13 |
| 工字形截面腹板 | 25 | 26 | 27 | 33 |
| 箱形截面腹板 | 18 | 20 | 25 | 30 |
| 圆管外径与壁厚比 | 38 | 40 | 40 | 42 |

注：表中数值适用于 Q235 钢，当采用其他牌号钢材时，应乘以 $\sqrt{235/f_y}$；圆管应乘以 $235/f_y$。

③支撑杆件受压承载力。

中心支撑的杆件可按端部铰接进行分析。当斜杆轴线偏离梁柱轴线交点不超过支撑杆件的宽度时，仍可按中心支撑框架分析，但应考虑由此产生的附加弯矩。中心支撑杆件宜采用双轴对称截面，当采用单轴对称截面时，应采取防止扭转的构造措施。在地震作用下，支撑构件反复受拉受压，屈曲后塑性变形很大，再受拉时，支撑构件不能被完全拉直。当支撑构件受压时，承载力降低，即出现退化现象。长细比越大，退化现象越严重，计算中必须考虑这种情况。因此，在多遇地震作用效应组合下，支撑斜杆受压承载力按下式计算：

$$N/(\varphi A_{br}) \leqslant \psi f/\gamma_{RE} \tag{2-33}$$

$$\psi = 1/(1+0.35\lambda_n) \tag{2-34}$$

$$\lambda_n = (\lambda/\pi)\sqrt{f_y/E} \tag{2-35}$$

式中，$N$ 为支撑斜杆的轴向力设计值；$A_{br}$ 为支撑斜杆截面面积；$\varphi$ 为轴向受压构件的稳定系数；$\psi$ 为受循环荷载时的强度降低系数；$\lambda$、$\lambda_n$ 分别为支撑斜杆的长细比和正则化长细比；$E$ 为支撑斜杆材料的弹性模量；$f$、$f_y$ 分别为钢材的强度设计值和屈服强度；$\gamma_{RE}$ 为支撑承载力抗震调整系数。

④人字形、V 形支撑和 K 形支撑。

对于人字形支撑和 V 形支撑框架，与支撑相交的横梁在柱间应保持连续。在确定横梁截面时，不应考虑支撑在跨中的支承作用。横梁除应承受大小等于重力荷载代表值的竖向荷载外，尚应承受跨中节点处两根支撑斜杆分别受拉屈服、受压屈曲所引起的不平衡竖向分力和水平分力的作用。

在地震作用下，K 形支撑可能因受拉支撑屈服或受压支撑屈曲引起更大的侧向变形，使柱发生屈曲或者倒塌，故不应在抗震结构中采用。

（5）偏心支撑

①耗能梁段的设计。

偏心支撑框架的支撑设置，应该使得支撑与柱或者支撑与支撑之间构成耗能梁段，因此每根支撑至少有一端与耗能梁段连接。偏心支撑设计的作用，是使耗能梁段进入塑性状态，而其他构件仍处于弹性状态。设计良好的偏心支撑框架，除柱脚有可能出现塑性铰外，其他塑性铰均出现在梁段上，在地震作用足够大时，能够发挥耗能梁段的非弹性受剪性能，保证耗能梁段屈服时支撑不屈曲。能否实现这一意图，取决于支撑的承载力和耗能梁段的承载力之间的关系如何。因此，《高层民用建筑钢结构技术规程》（JGJ 99—2015）

规定了偏心支撑的轴向承载力、耗能梁段的受剪承载力和受弯承载力的要求。

耗能梁段的屈服强度越高，屈服后的延性越差，耗能能力越小。为使耗能梁段具有良好的延性及耗能能力，要求钢材屈服强度不应大于 355 MPa。对耗能梁段的板件宽厚比的要求比对一般框架梁的要求略严格一些，耗能梁段及其所在跨的框架梁的板件宽厚比不应大于表 2-20 规定的限值。

**表 2-20　偏心支撑框架梁的板件宽厚比限值**

| 板件名称 | | 宽厚比限值 |
|---|---|---|
| 翼缘外伸部分 | | 8 |
| 腹板 | 当 $N/(Af) \leqslant 0.14$ 时 | $99\ [1-1.65N/(Af)]$ |
| | 当 $N/(Af) > 0.14$ 时 | $33\ [2.3-N/(Af)]$ |

注：表中数值适用于 Q235 钢，当为其他钢号时，应乘以 $\sqrt{235/f_y}$。$N/(Af)$ 为梁的轴压比。

②支撑斜杆设计

偏心支撑框架的设计要求是在足够大的地震效应作用下，耗能梁段屈服而其他构件不屈服。为了满足这一要求，偏心支撑框架构件的内力设计值，应按下列要求调整：偏心支撑斜杆的轴力设计值，应取耗能梁段达到受剪承载力时的支撑斜杆轴力乘以增大系数，其值为抗震等级一级时不小于 1.4，二级时不小于 1.3，三级时不小于 1.2；耗能梁段所在跨的框架梁内力设计值，应取耗能梁段达到受剪承载力时的框架梁内力乘以增大系数，其值为抗震等级一级时不小于 1.3，二级时不小于 1.2，三级时不小于 1.1；框架柱的内力设计值，应取耗能梁段达到受剪承载力时的柱内力乘以增大系数，其值为抗震等级一级时不小于 1.3，二级时不小于 1.2，三级时不小于 1.1。

偏心支撑斜杆的长细比不应大于 $120\sqrt{235/f_y}$，支撑斜杆板件的宽厚比不应超过《钢结构设计标准》（GB 50017—2017）规定的轴心受压构件在弹性设计时的宽厚比限值。支撑斜杆的受压承载力按《高层民用建筑钢结构技术规程》（JGJ 99—2015）规定计算。

### 2.7.2　节点设计
**(Joints Design)**

（1）节点域的稳定

为了保证柱和梁连接的节点域腹板在弯矩和剪力的作用下不致局部失稳，同时有利于在大地震作用下吸收和耗散地震能量，在柱与梁连接处，柱应设置与梁上、下翼缘位置位移对应的加劲肋，使之与柱翼缘包围处形成梁柱节点域，如图 2-18 所示。节点域在周边剪力和弯矩作用下，柱腹板存在屈服和局部失稳的可能性，故需要验算其稳定性和抗剪强度。

为了防止节点域的柱腹板受剪时发生局部失稳，节点域内柱腹板的厚度 $t_w$ 应满足下式的要求：

$$t_w \geqslant \frac{(h_b + h_c)}{90} \tag{2-36}$$

研究表明，节点域既不能太厚，也不能太薄。节点域太厚不能很好地发挥耗能作用，太薄将导致框架侧向变形过大。

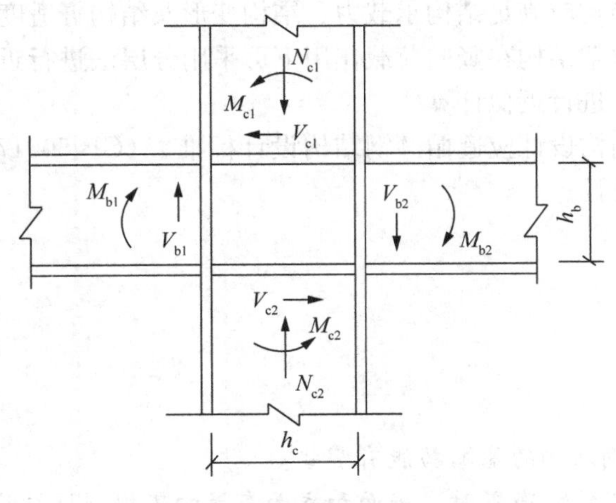


**图 2-18　梁的节点域**

（2）节点域抗剪承载力

钢结构的设计原则是强连接弱构件，节点连接应同时进行弹性阶段承载力验算和大震时极限承载力验算，当公式验算不能满足要求时，柱腹板应增加补强板。由柱翼缘与水平加劲肋包围的节点域，在周边弯矩和剪力的作用下，柱腹板存在屈服可能，其弹性阶段抗剪承载力按下式计算：

$$\tau=\frac{(M_{b1}+M_{b2})}{V_p}\leqslant\frac{4}{3}f_v \tag{2-37}$$

式中，$M_{b1}$、$M_{b2}$分别为节点域两侧梁的弯矩设计值；$V_p$为节点域的有效体积，$H$形截面$V_p=h_bh_ct_w$，箱形截面$V_p=1.8h_bh_ct_w$；$h_b$为梁的腹板高度，取翼缘中心线间距；$h_c$为柱的腹板高度，取翼缘中心线间距；$t_w$为柱在节点域的腹板厚度；$f_v$为钢材的抗剪强度设计值。

抗震设计时，节点域的屈服承载力应符合下式要求：

$$\psi\frac{(M_{pb1}+M_{pb2})}{V_p}\leqslant\frac{4}{3}f_{yv} \tag{2-38}$$

式中，$M_{pb1}$、$M_{pb2}$分别为节点域两侧梁的全塑性受弯承载力；$\psi$为折减系数，抗震等级为一级、二级时取 0.85，三级、四级时取 0.75；$f_{yv}$为钢材的屈服抗剪强度，取钢材屈服强度乘以 0.58。

## 2.8　小结
(Summary)

①多层与高层钢结构平面布置宜简单、规则、对称，并应具有良好的整体性；竖向布置应使结构刚度均匀连续，竖向构件的截面尺寸和材料强度宜自下而上逐渐减小，应避免结构的侧向刚度和承载力突变；抗侧力构件在结构平面两个方向的布置宜基本对称。

②多层与高层钢结构常用结构体系有框架结构、框架-支撑结构、筒体结构和巨型结构。

③多层与高层钢结构应满足结构承载力、结构变形及结构舒适度的验算要求。

④多层与高层钢框架结构在竖向荷载作用下可采用分层法进行近似计算，在水平荷载作用下可采用反弯点法进行近似计算。

⑤多层与高层钢结构设计应遵循《钢结构设计标准》（GB 50017—2017）的有关规定进行构件设计和节点设计。

## 思考题
## （Questions）

2-1　多层与高层钢结构的基本功能有哪些？

2-2　多层与高层钢结构布置时，平面和立面布置的不规则性结构类型有哪些？

2-3　多层与高层钢结构基本的抗侧力结构体系有哪些？各有何特点？

2-4　什么是框架结构的 $P\text{-}\Delta$ 效应？

2-5　多层和高层钢结构在不同荷载下的变形验算要求有哪些？

2-6　高层结构抗震设计中为何要求强柱弱梁？

2-7　框架-支撑结构体系中，中心支撑和偏心支撑的主要区别是什么？各有何受力特点？

2-8　偏心支撑钢框架设计时，应如何考虑耗能梁段？

2-9　剪力滞后对框筒结构受力有何影响？如何加以改善？

# 第3章 大跨房屋钢结构
# (Large-Span Building Steel Structures)

**本章学习目标**

了解大跨房屋钢结构的概念及特点；

掌握大跨房屋钢结构体系分类以及杆件和节点的设计与构造；

熟悉大跨房屋钢结构计算方法。

## 3.1 概述
## (Introduction)

大跨房屋结构一直伴随着人类的生产、生活而不断发展。远古时代，人类为了满足基本的生存空间需求，靠挖洞穴或者构木为巢来抵御各种自然灾害和猛兽的袭击，这些洞穴和木巢形成了大跨房屋结构的雏形。20世纪以来，特别是近二三十年期间，大跨房屋结构在结构体系、新型建筑材料、分析理论和设计方法、施工和建造技术等方面取得了飞速发展。这些为大跨房屋结构的发展奠定了坚实的基础。各种大型文化体育盛会的举办也为大跨房屋结构的飞速发展提供了良好契机。得益于钢材的轻质高强特性，现代大跨度房屋结构大多采用钢材来作为其主要受力构件。大跨房屋钢结构展现出了生机勃勃的发展前景，也成为衡量一个国家建筑科学技术水平的重要标准。本章主要介绍大跨房屋钢结构的基本概念及设计、计算方法。

## 3.2 大跨房屋钢结构概念及特点
## (Basic Concepts and Characteristics of Large-Span Building Steel Structures)

大跨房屋钢结构一般指屋盖跨度大于或等于60 m的房屋钢结构。它们是为了满足人类社会文化生活不断丰富的需求而产生的，与人类生活、生产需要紧密相连。大跨度房屋钢结构常用于大型公共建筑，如大会堂、影剧院、展览馆、音乐厅、体育馆、加盖体育场、市场、火车站、航空港等，它们受使用要求和建筑造型制约而形成了大跨度。同时，大跨度房屋结构也常用于工业建筑，特别是在航空工业和造船工业建筑中，如飞机制造厂的总装配车间、飞机库，以及造船厂的船体结构车间等，这些建筑采用大跨度结构是由装配机器（如船舶、飞机）的大型尺寸或工艺过程要求所决定的。

大跨度房屋钢结构的用途、使用条件以及对其建筑造型方面要求的差异性，决定了结构方案的多样性。在大跨度房屋钢结构中，几乎采用了所有的结构体系，也形成了不同的分类方法。按照传力途径，可以分为平面结构体系和空间结构体系两大类。前者可进一步细分为梁式结构、拱式结构、门式刚架、钢索与钢压杆形成的平面预应力结构等；后者有网架与网壳结构、悬索结构、膜结构以及各种空间结构与预应体系组合形成的杂交结构等。

在平面结构体系中，各平面结构由一些强度不大的纵向构件连接起来，如檩条或大型屋面板等。作用于屋面上的各类荷载经过这些屋面构件层层传递到主要承重构件上。显然，这类结构体系是不够经济的，因为屋盖结构中的构件只起了重复传递荷载的作用，不能分担主要承重构件所受的荷载。而在空间结构体系中，整体结构呈三维受力状态，各方向的构件在屋面荷载作用下共同受力，既取消了不必要的荷载层层重复传递，又能使内力在屋盖结构中分布比较均匀。因此，空间结构体系不但经济性好，而且整体刚度大，抗震性能也很好。

大跨度房屋钢结构主要在自重荷载下工作，因此，减小结构自重是在进行结构设计时要考虑的主要目标。从此观点考虑，大跨结构中宜采用高强度钢材或轻质铝合金材料。铝合金强度高、密度小，成为用于大跨建筑承重结构的非常有前景的材料，如 1997 年建成的上海国际体操中心主体育馆，为直径 68 m（最宽处直径 77.3 m）的穹顶网壳结构，就全部采用了铝合金建筑型材和板材。另外，大跨度房屋钢结构常常采用预应力承重结构及悬索结构，在这些结构中使用高强钢丝、钢绞线等施加预应力，这也是减轻结构自重、节约钢材的有效方法。除此之外，在大跨度房屋钢结构中应尽可能使用轻质屋面结构及轻质屋面材料，如屋面板应采用钢筋泡沫混凝土板、压型钢板、铝合金板或钢丝网水泥板等，而保温层应采用岩棉、纤维板以及其他新型轻质高效材料。

近 20 余年里，国内大跨度房屋钢结构得到快速发展，设计与施工手段逐步完善。全国各地陆续设计建造了一大批反映我国大跨度结构技术水平的建筑物。如四川省体育馆 73.7 m×79.4 m 采用了索网屋盖结构，哈尔滨速滑馆 85 m×190 m 采用了三向桁架结构，国家奥林匹克体育中心英东游泳馆 78 m×118 m 采用了斜拉组合结构，建筑面积 41 000 $m^2$ 的上海外高桥造船厂曲形分段车间（4 跨：48 m+45 m+42 m+36 m）和建筑面积 29 952 $m^2$ 的山东小松山推联合厂房（设置悬挂吊车 73 台）均采用了网架屋盖结构，成都双流国际机场维修机库跨度 142 m×87 m 采用了网架张弦梁组合结构、厦门太古维修机库跨度 151.5 m×70 m 采用了网架拉杆拱架组合结构等。

## 3.3 平面结构
(Plane Structures)

平面结构是指具有明显的平面形状且在荷载作用下呈**平面受力状态**的结构体系。常用的平面结构主要有以下几种。

### 3.3.1 桁架结构
(Truss Structures)

在大跨度房屋钢结构中，作为受弯的**梁式体系**，桁架是一种常见的结构体系。桁架的设计、制作与安装都比较简单。构成桁架的上弦、下弦、腹杆与竖杆只承受拉力或压力，从而可以充分发挥材料的作用，节约材料，减轻结构质量。

常用的桁架形式有三角形、矩形、梯形与拱形等。三角形屋架在大跨度屋盖中很少用，因为跨中的高度要做得很高。平行弦的矩形屋架也因为不利于屋面排水而很少采用。最常用的是如图 3-1 所示的梯形与拱形桁架。

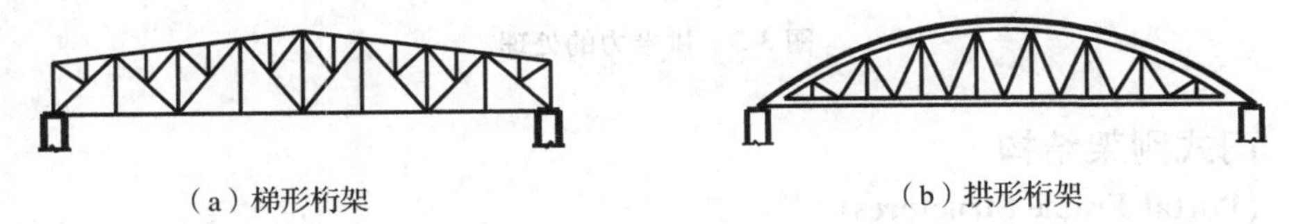

（a）梯形桁架　　（b）拱形桁架

**图 3-1　常用桁架形式**

### 3.3.2 拱结构
(Arch Structures)

拱在竖向均布荷载作用下，基本上处于**受压状态**，有利于充分发挥材料的受压性能，宜用钢筋混凝土之类的材料制成。但在大跨度时，为有效减轻结构自重，往往做成格构式钢拱。拱在大跨度屋盖中经常采用，特别是当建筑物要求墙体与屋顶连成一体时，落地拱尤为适用。

大多数情况下，拱的轴线采用抛物线，也可采用圆弧线、椭圆线、悬链线等。按结构组成和支承方式，拱可分为三铰、两铰和无铰三类，如图 3-2 所示。

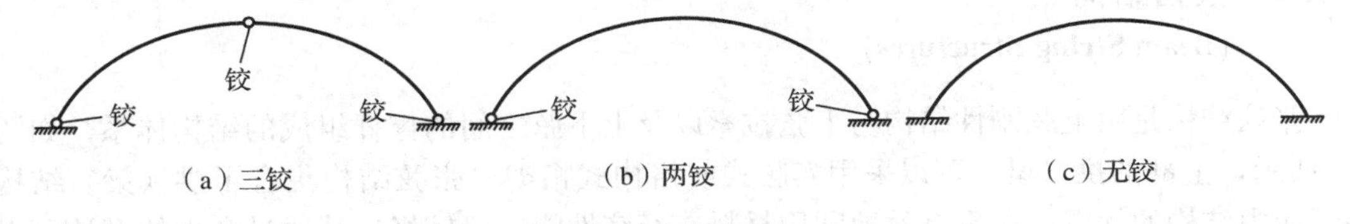


（a）三铰　　（b）两铰　　（c）无铰

**图 3-2　拱的形式**

拱在拱脚处会产生推力，在设计时必须保证能够可靠地传递或承受**水平推力**，这个问题有时会影响拱的选型。对于落地拱可由基础直接承受推力［图 3-3（a）］或者在拱脚处设立水平拉杆［图 3-3（b）］来减少基础的负担，有时也可在拱脚处设置三角形的钢筋混凝土框架［图 3-3（c）］将拱推力通过框架传给地基。非落地拱则应考虑利用两侧的框架［图 3-3（d）］或纵向水平边梁［图 3-3（e）］来承受拱的推力。

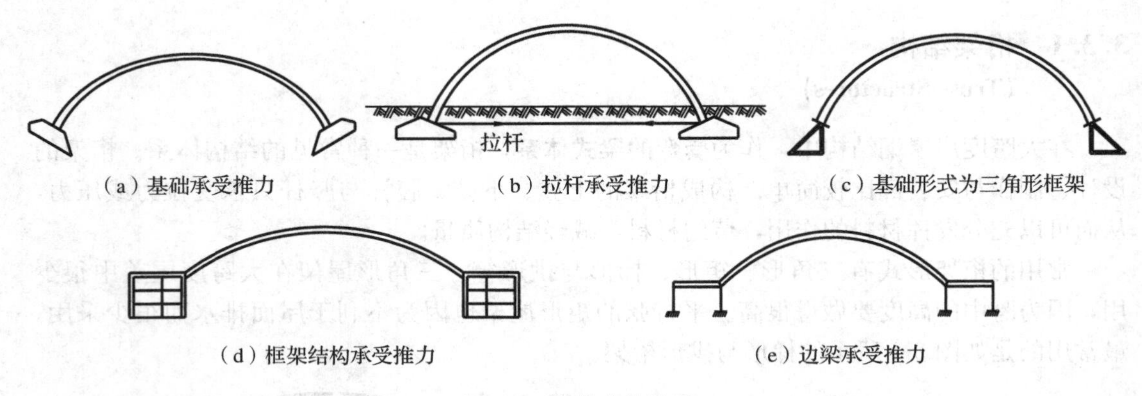


**图 3-3 拱推力的处理**

## 3.3.3 门式刚架结构
## (Portal Frame Structures)

大跨度的门式刚架大多采用钢结构，当跨度为 50～60 m 时，可以做成实腹式；当跨度更大时，就应做成格构式。如同拱一样，门式刚架也分为三铰、两铰和无铰三类（图 3-4），其优缺点和拱相同。

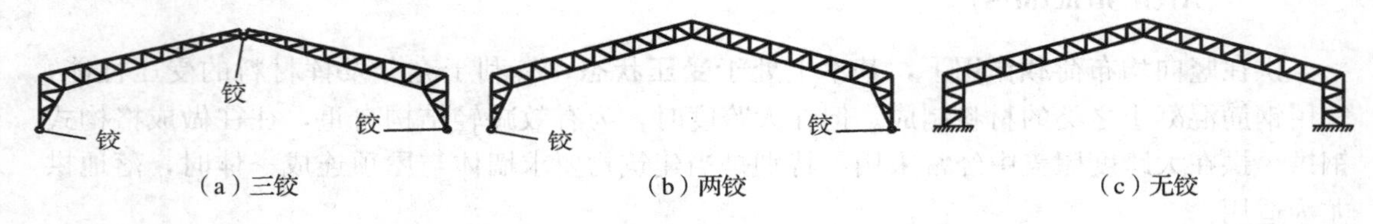


**图 3-4 采用不同铰的门式刚架**

## 3.3.4 张弦结构
## (Beam String Structures)

张弦结构是由上弦刚性结构与下弦拉索以及上下弦之间的撑杆组成的结构体系，如图 3-5 所示，上部的拱（梁）可以采用实腹式或格构式桁架。张弦结构集合了拱（梁）结构与**预应力结构**的优点，能更有效地利用材料，经济性能一般较好。其通过合理的设计可以实现**体内自平衡**，较好地减少支承结构的负担。下部索拱体系中对预应力拉索施加预应力时，拱受到向上的作用，而在外荷载作用下，拱受压可以抵消部分向上作用，刚性的构件与柔性索相互结合、相互补充，从而比单一类型结构更为经济合理。

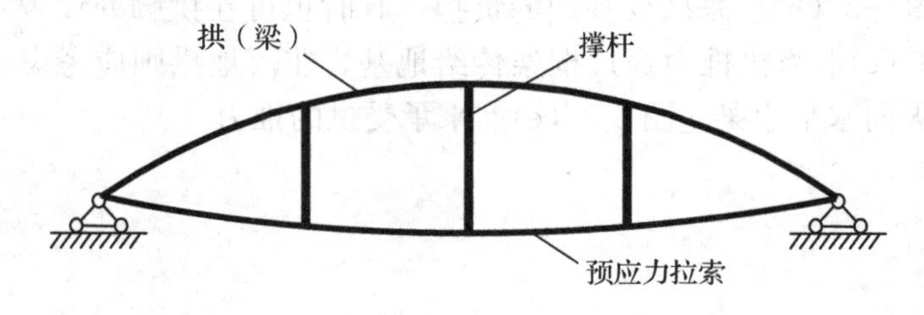


**图 3-5 张弦结构示意图**

### 3.3.5 索桁架

**(Cable Truss)**

索桁架是由在同一平面内两根曲率相反的索以及两索之间的撑杆组成的结构体系，如图 3-6 所示。与张弦结构不同，索桁架不是一种自平衡结构，其两条拉索两端的反力需要通过支座或其他结构构件来平衡。同时此种结构形态及受力性能受索中预张力影响较明显，施工精度要求较高。实际工程中在玻璃幕墙中作为支承体系应用较多。

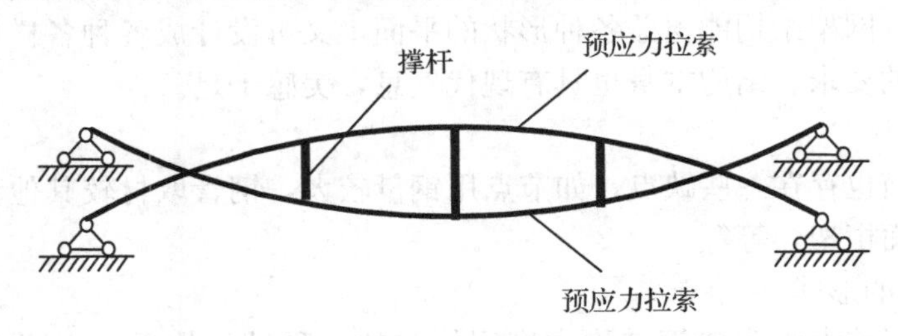


**图 3-6　索桁架示意图**

## 3.4　空间结构

(Space Structures)

空间结构是指具有三维空间的结构形体，在荷载作用下为**三向受力并呈空间作用**的结构体系。它具有受力合理、质量轻、造价低，以及形式活泼新颖、能够突出人类艺术创造力等优点。大跨房屋钢结构中的空间结构按照结构形式可分为**网架结构**、**网壳结构**、**张拉结构和杂交结构**等。其中，网架结构和网壳结构又统称为网格结构。

### 3.4.1　网架结构

**(Space Truss Structures)**

网架结构是由按照一定规律布置的杆件通过节点连接而成的**平板型或微曲面型**的空间杆系结构，主要承受整体弯曲内力。它大多由钢杆件组成，具有多向受力的性能，空间刚度大，整体性强，并有良好的抗震性能，制作安装方便，平面布置方便，是我国空间结构中发展最快、应用最广的结构形式。

1）网架结构的优缺点

（1）优点

①经济性好。网架结构是一种三维受力的结构体系，空间相交的杆件互为支承，将受力杆件与支撑系统有机结合起来，而且杆件又主要承受轴力作用，因而可以用较少的杆件跨越较大的跨度。

②适应性强。网架结构能适应不同跨度、不同载荷与支承条件、不同平面形状的要求，可用于公共建筑，也可用于工业厂房。

③安全性好。网架结构一般是高次超静定结构，刚度大，整体稳定性好，抗震性能

好，且具有较高的安全储备。

④设计、计算简便。我国已有许多计算网架结构的通用程序，有的计算机辅助设计软件可以直接绘制施工图，在手算方面也有不少用于不同类型网架的近似计算图表，这些都为网架的设计与计算提供了便利，大大缩短了设计周期。

⑤制作、安装方便。网架结构的杆件和节点比较单一，可在工厂中成批生产，并采用机械加工，所以网架的加工质量高，制作时间短。同时，由于杆件和节点的尺寸不大，因此便于储存、运输与安装。

⑥造型美观。网架结构能覆盖各种形状的平面，又可设计成各种各样的体型，满足建筑外观丰富多变的要求。结构本身也具有现代气息，美感十足。

（2）缺点

网架结构目前也存在一些缺点，如节点用钢量较大，钢管取材较其他型材困难，加工制作费用高于平面桁架，等等。

2）网架结构的形式

平板网架是当前大跨房屋钢结构中应用较多的一种结构体系，主要有如下一些结构形式。

（1）交叉桁架体系网架

交叉桁架体系网架是由平面桁架交叉组成的网架，这类网架的共同特点是上、下弦杆长度相等，且上下弦杆和腹杆位于同一垂直平面内，在各向平面桁架的交点处有一根公用的竖杆。按照各向平面桁架的相交方式，这类网架又可分为以下四种形式。

① 两向正交正放网架（图 3-7）。

② 两向正交斜放网架（图 3-8）。

③ 两向斜交斜放网架（图 3-9）。

④ 三向网架（图 3-10）。

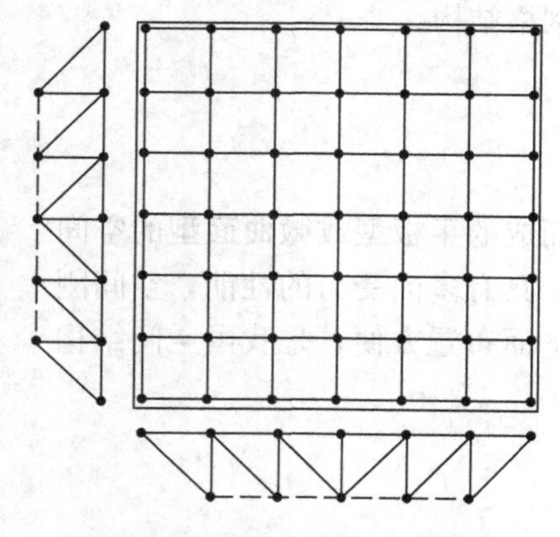

图 3-7　两向正交正放网架

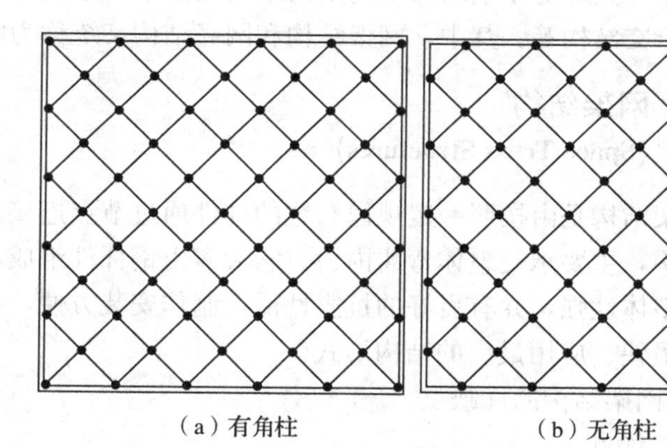

（a）有角柱　（b）无角柱

图 3-8　两向正交斜放网架

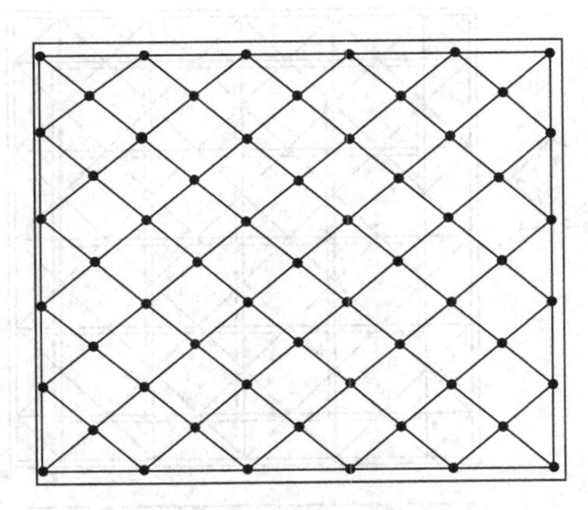
图 3-9　两向斜交斜放网架

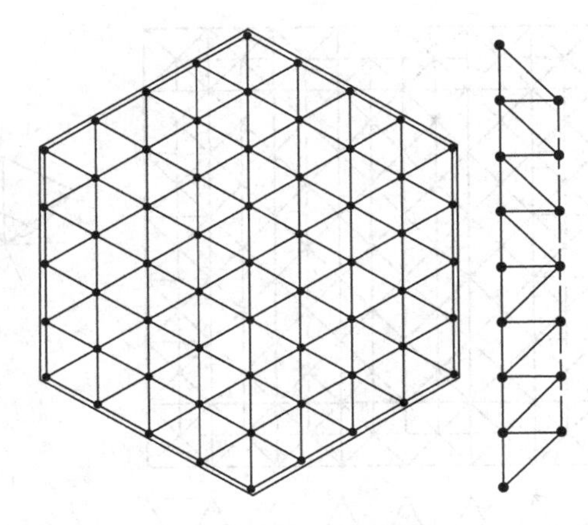
图 3-10　三向网架

(2) 四角锥体系网架

四角锥体系网架是由许多倒四角锥按一定规律组成的网架。这类网架按四角锥的不同摆放方式可以分为以下六种形式。

① 正放四角锥网架（图 3-11）。

② 正放抽空四角锥网架（图 3-12）。

③ 单向折线型网架（图 3-13）。

④ 斜放四角锥网架（图 3-14）。

⑤ 棋盘形四角锥网架（图 3-15）。

⑥ 星形四角锥网架（图 3-16）。

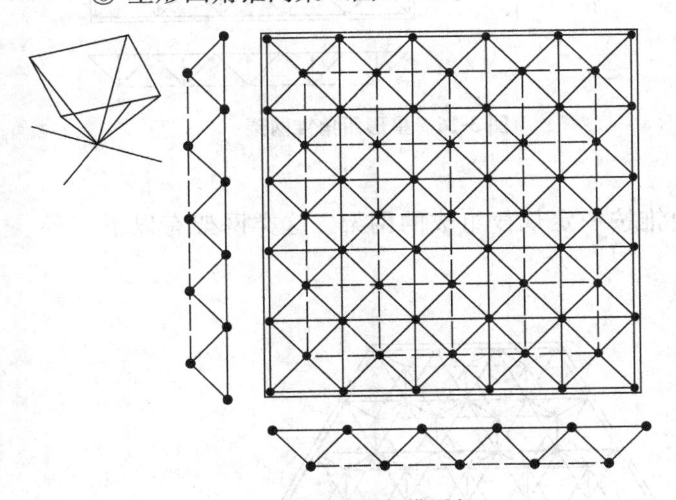
图 3-11　正放四角锥网架

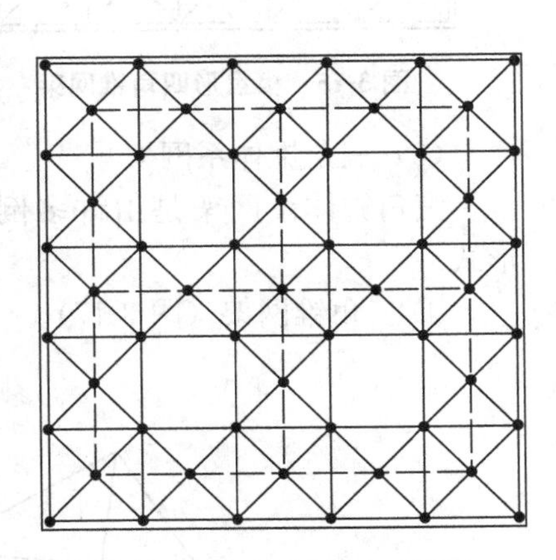
图 3-12　正放抽空四角锥网架

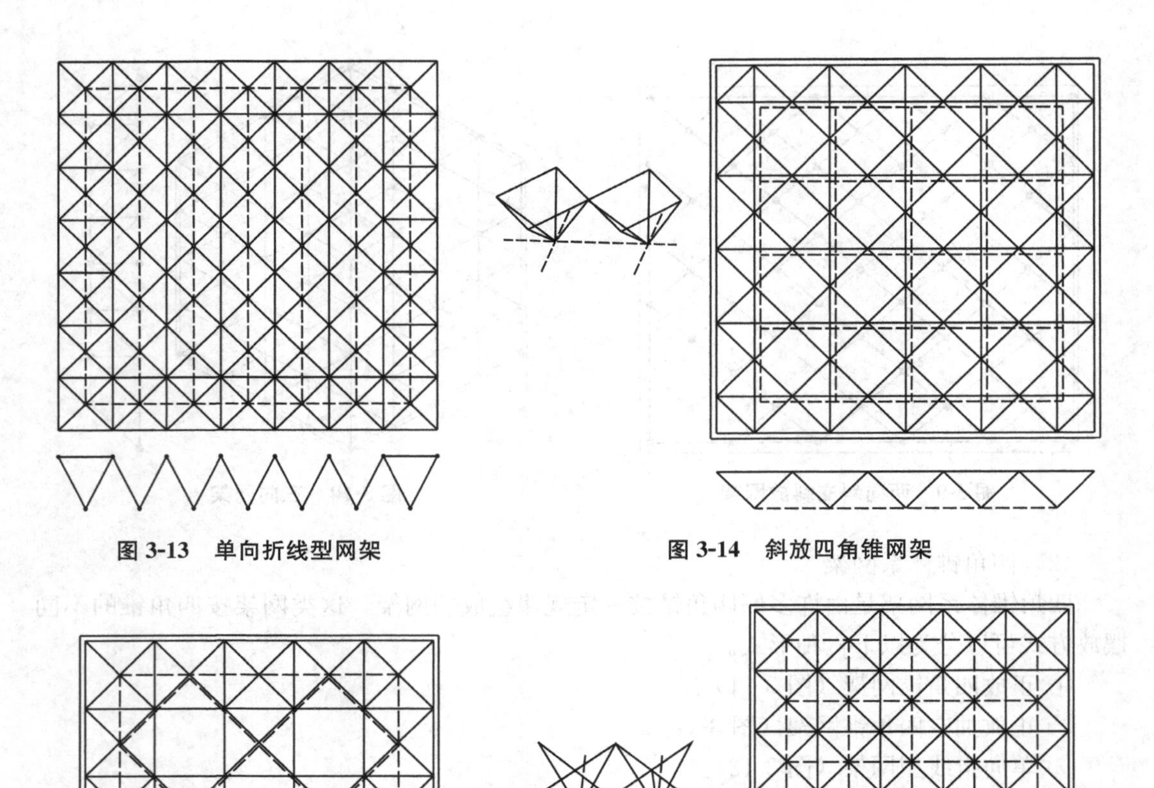

图 3-13　单向折线型网架　　图 3-14　斜放四角锥网架

图 3-15　棋盘形四角锥网架　　图 3-16　星形四角锥网架

(3) 三角锥体系网架

三角锥体系网架是由许多倒三角锥按一定规律组成的网架。这类网架有以下三种形式。

① 三角锥网架（图 3-17）。

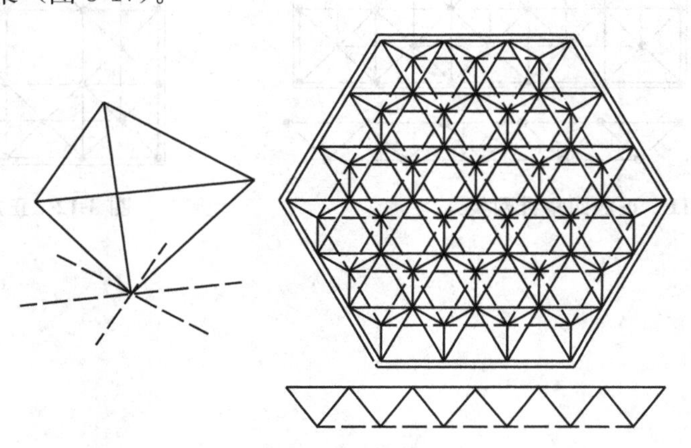

图 3-17　三角锥网架

② 抽空三角锥网架（图 3-18）。
③ 蜂窝形三角锥网架（图 3-19）。

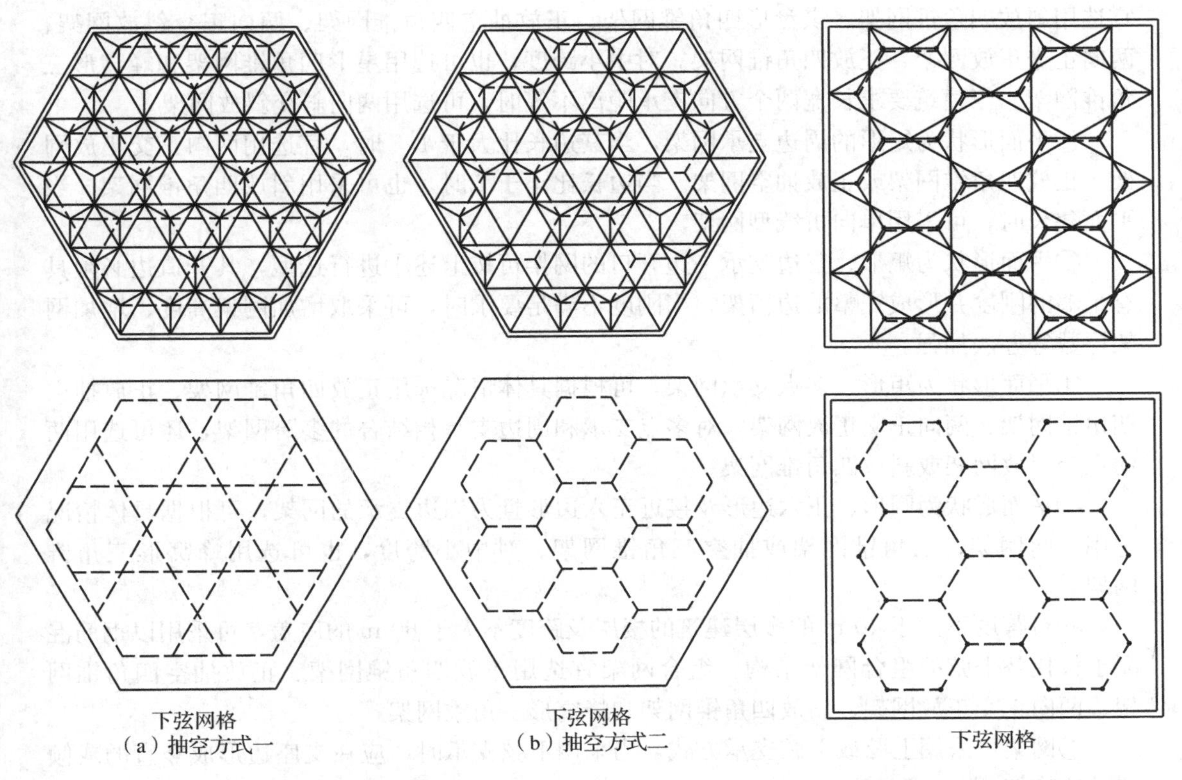


**图 3-18　抽空三角锥网架**

**图 3-19　蜂窝形三角锥网架**

（4）其他形式网架

由于网架结构的适应性好，在上述平板网架结构基础上，还可进一步生成三层网架（图 3-20）或其他类型的组合网架。

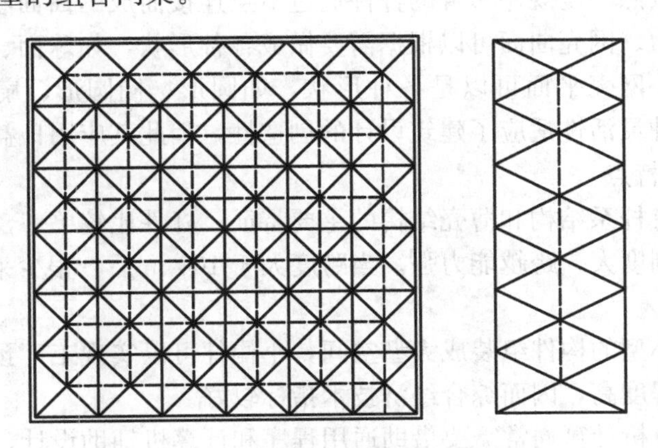

**图 3-20　正放四角锥三层网架**

3）网架结构的选型

网架结构的选型应结合工程的平面形状和跨度大小、支承情况、荷载大小、屋面构造、建筑设计等要求综合分析确定，网架杆件布置必须保证不出现结构几何可变的情况。

①平面形状为矩形的周边支承网架，当其边长比（长边/短边）小于或等于1.5时，宜选用斜放四角锥网架、棋盘形四角锥网架、正放抽空四角锥网架、两向正交斜放网架、两向正交正放网架、正放四角锥网架。对中小跨度，也可选用星形四角锥网架和蜂窝形三角锥网架。当建筑要求长宽两个方向支承距离不等时，可选用两向斜交斜放网架。

②平面形状为矩形的周边支承网架，当其边长比大于1.5时，宜选用两向正交正放网架、正放四角锥网架或正放抽空网架。当边长比小于2时，也可采用斜放四角锥网架。当平面狭长时，可采用单向折线型网架。

③平面形状为矩形、三边支承一边开口的网架可按上述①进行选型，其开口边必须具有足够的刚度并形成完整的边桁架，当刚度不满足要求时，可采取增加网架高度、增加网架层数等办法加强。

④平面形状为矩形、多点支承网架，可根据具体情况选用正放四角锥网架、正放抽空四角锥网架、两向正交正放网架。对多点支承和周边支承相结合的多跨网架，还可选用两向正交斜放网架或斜放四角锥网架。

⑤平面形状为圆形、正六边形及接近正六边形且为周边支承的网架，可根据具体情况选用三向网架、三角锥网架或抽空三角锥网架。对中小跨度，也可选用蜂窝形三角锥网架。

⑥对跨度不大于40 m的多层建筑的楼层及跨度不大于60 m的屋盖，可采用以钢筋混凝土板代替上弦的组合网架结构。组合网架宜选用正放四角锥网架、正放抽空四角锥网架、两向正交正放网架、斜放四角锥网架和蜂窝形三角锥网架。

⑦网架可采用上弦或下弦支承方式，当采用下弦支承时，应在支座边形成竖直的或倾斜的边桁架。

### 3.4.2 网壳结构
(Latticed Shell Structures)

网壳结构是由按照一定规律布置的杆件通过节点连接而成的**曲面状空间杆系结构**，主要承受整体薄膜内力。网壳曲面可以根据需要做成各种形状，如球面、柱面和双曲抛物面(马鞍形或扭面形)。网壳平面可以是各种形状，如圆形、椭圆形、扇形、矩形及各种组合。网壳结构的这种灵活性适应了建筑设计的创造性，因此其应用日益广泛。

1）网壳结构的特点

①网壳结构兼有杆系结构和薄壳结构的主要特征，杆件比较单一，受力比较合理。

②网壳结构的刚度大，跨越能力强。当跨度大于100 m后，很少采用网架结构而较多地采用网壳结构。

③网壳可以用小型的构件组装成大型空间，小构件可以实现工厂预制，且现场安装也比较简便，装配化程度高，因而综合经济技术指标较好。

④网壳结构的分析计算通常需要借助通用程序和计算机辅助设计，对设计人员的水平要求较高。

⑤网壳结构造型更加丰富多彩，无论是建筑平面还是空间外观，都可以较好地适应各种创作要求，当然这也会使建筑和结构设计更加复杂。

2）网壳结构的形式

网壳结构的分类有许多种方法。

按照曲面的曲率半径分类，可以分为正高斯曲率、零高斯曲率、负高斯曲率，如图3-21所示。

按照曲面外形分类，可以分为旋转曲面（球面、柱面）壳、移动曲面壳、组合曲面壳。

按照结构层数分类，可分为单层网壳、双层网壳。

按照网壳网格形式分类，可分为肋环型、肋环斜杆型、三向网格型、葵花形三向网格型、扇形三向网格型和短程线型等。

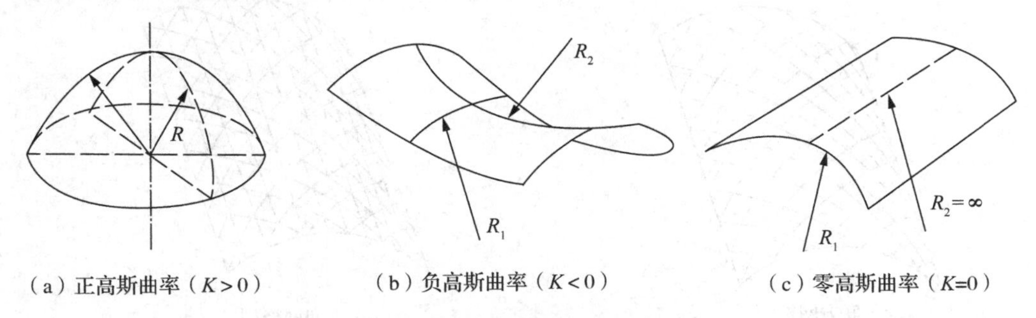


（a）正高斯曲率（$K>0$）　（b）负高斯曲率（$K<0$）　（c）零高斯曲率（$K=0$）

**图 3-21　网壳结构按曲率半径分类**

下面对常见的柱面和球面网壳进行简单介绍。

（1）柱面网壳结构

柱面网壳结构是指外形为柱面的单层或双层网壳结构，它也可以看作是由一条直母线绕轴线（圆曲线或其他曲线）旋转一周所形成的。柱面网壳的分类如图 3-22 所示。

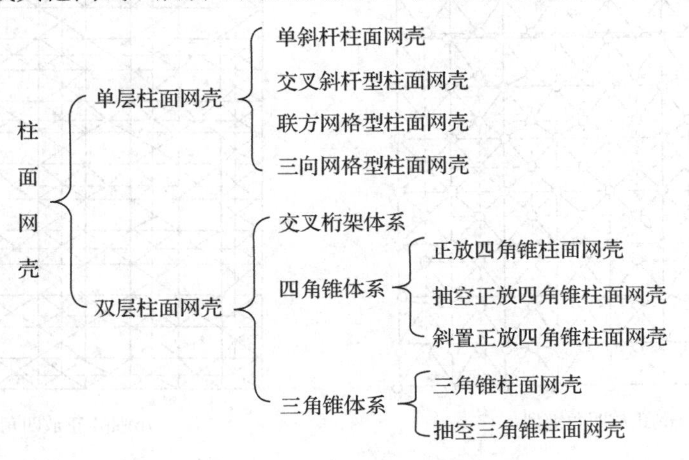


**图 3-22　柱面网壳分类**

部分单层柱面网壳的结构形式如图 3-23 所示。

双层柱面网壳上弦的网格形式可以按照单层上弦网格形式布置，而下弦和腹杆可按相应的平面桁架体系、四角锥体系或三角锥体系组成的网格形式布置。部分双层柱面网壳结构的网格形式如图 3-24 所示。

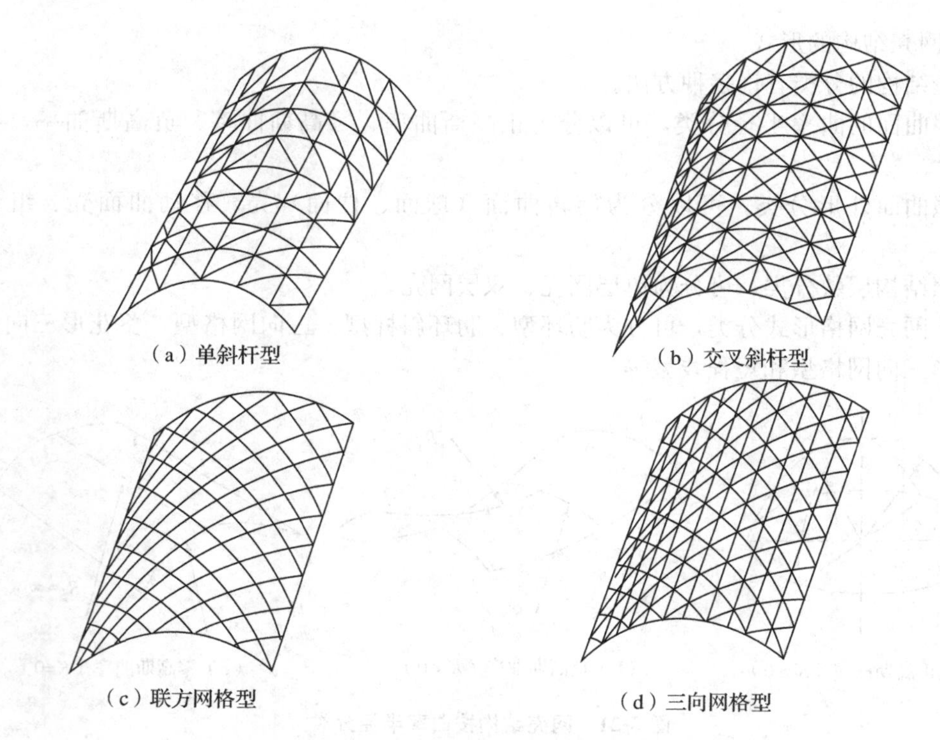


**图 3-23　单层柱面网壳结构形式**

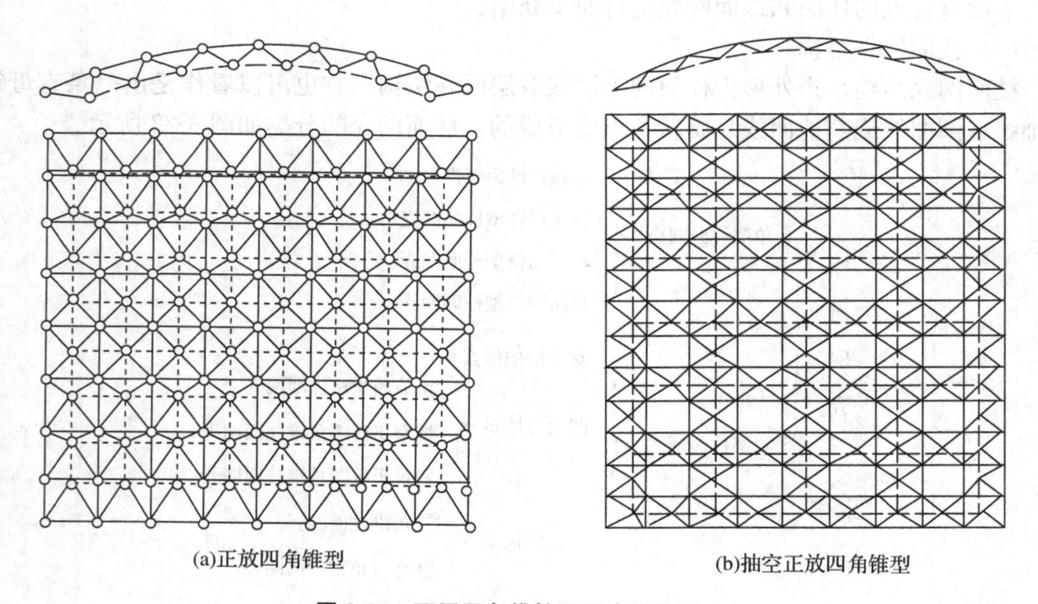


**图 3-24　双层四角锥柱面网壳结构形式**

（2）球面网壳结构

球面网壳结构是指外形为球面（椭球面）的单层或双层网壳结构，它也可以看作是由一条曲母线绕轴线（圆曲线或其他曲线）旋转一周所形成的。球面网壳的分类如图 3-25 所示。部分单层球面网壳的结构形式如图 3-26 所示。类似地，双层球面网壳可由交叉桁架体系和角锥体系组成，这里不再赘述。

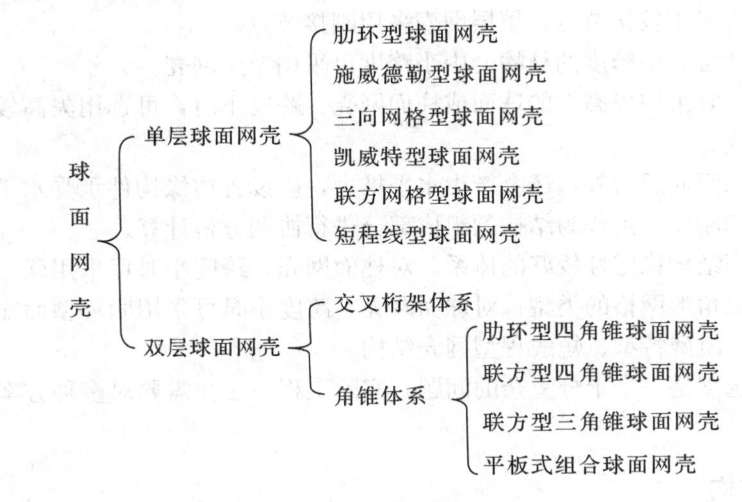


图 3-25　球面网壳分类

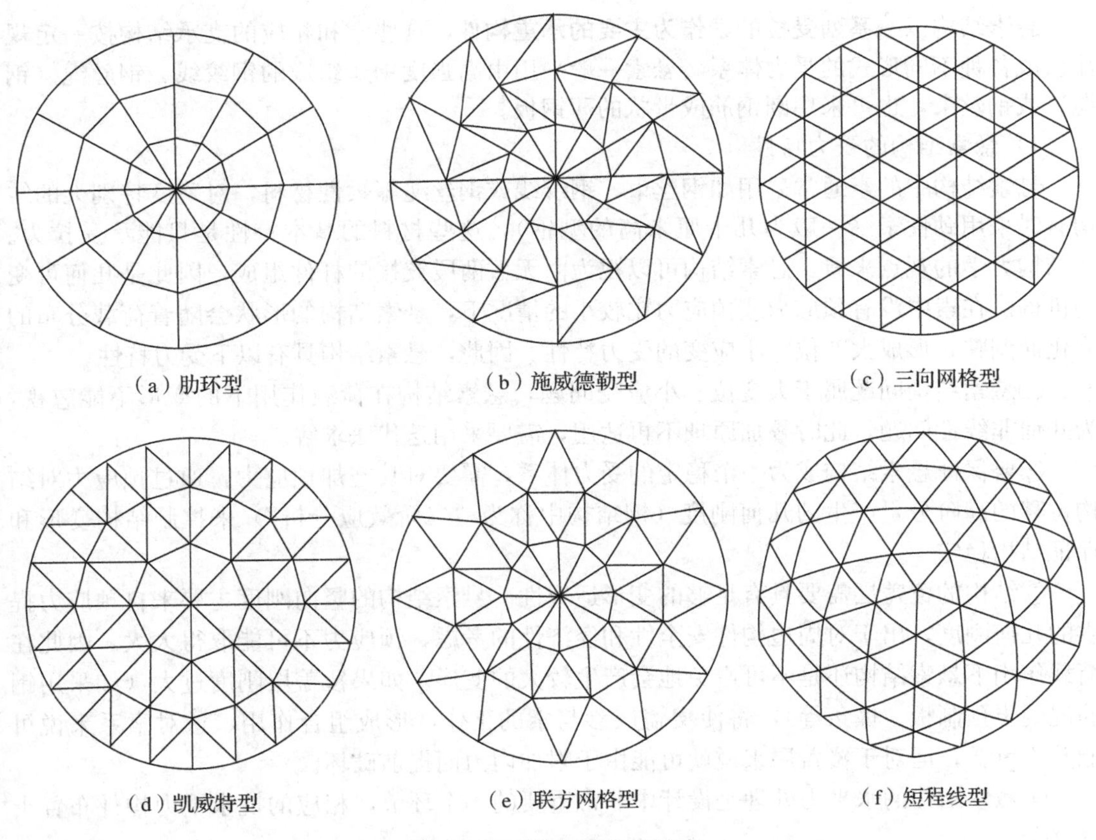


图 3-26　球面网壳结构形式

3）网壳结构的选型

网壳结构的选型应根据跨度大小、刚度要求、平面形状、支承条件、制作安装以及技术经济指标综合考虑。

①双层网壳可采用铰接节点，单层网壳采用刚接节点。

②双层网壳适合大中跨度的结构，中小跨度可采用单层网壳。

③跨度大时，宜采用矢高大的球面或柱面网壳；跨度小时，可选用矢高较小的双曲扁壳或双曲抛物面壳。

④网壳结构除竖向反力外，还会产生水平推力，应设置边缘构件承受水平推力。边缘构件应具有足够的刚度，可作为结构的组成部分进行协调分析计算。

⑤应优先采用结构稳定性较好的体系。对柱面网壳，跨度小时可采用联方型而在跨度大时采用可形成三角形网格的类型；对球面网壳，跨度小时可采用肋环型而在跨度大时可采用三向网格型、凯威特型、短线程型网壳结构。

网壳结构的选型是一个十分复杂的问题，实际工程中往往需要对多种方案综合比较分析才能确定。

### 3.4.3 悬索结构
(Cable-Suspended Structures)

悬索结构以一系列**受拉的索作为主要的承重构件**，这些索和相应的支承结构按一定规律组成各种不同形式的受力体系。悬索一般采用由高强度钢丝组成的钢绞线、钢丝绳（钢缆）或钢丝束，也可采用圆钢筋或带状的薄钢板。

1）悬索结构的受力特性

悬索结构中的索通常采用如钢丝束、钢绞线或钢丝绳等柔性材料，对跨度特别大的结构有时采用劲性索（一般为几十厘米高的型钢），这些材料的基本特性是只能承受拉力。从结构力学的观点来看，悬索结构可以视为由无数两段铰接的杆件组成，因此是几何可变的机构。在索中没有预应力或预应力比较小的情况下，悬索结构的形状会随着荷载分布的变化而调整，形成大变位、小应变的受力特性。因此，悬索结构具有以下受力特性。

①悬索结构问题属于大变位、小应变问题，悬索结构在荷载作用下的变形不能忽视，为几何非线性问题，此时叠加原理不再适用，需要采用迭代法求解。

②要保证悬索结构成为一个稳定的受力体系，需要对其施加预应力，通过预应力对结构位移的高阶分量产生的几何刚度（钢结构中称为“二阶效应分析”）来控制结构变形和保证结构稳定。

③结构的覆盖层需要具有足够的变形适应性。悬索结构的竖向刚度主要来自预应力提供的几何刚度，出于对周边构件安全性和经济性的考虑，预应力不可能取得太大，因此在荷载作用下悬索结构还是不可避免地会产生较大的变形。如果覆盖层刚度过大（如采用钢筋混凝土预制板、檩条等），将使覆盖层参与索的工作，形成组合作用，这对索系来说可能并不重要，但对于覆盖层来说就可能由于附加内力而提前破坏。

④悬索结构的水平力处理是设计中非常重要的一个环节，相应的抗水平力构件布置十分复杂。

2）悬索结构的形式

悬索结构的形式十分丰富。按照受力特点，大致可以将其分为以下几类。

（1）单层悬索体系

单层悬索体系又可以分为如下三种形式。

① 单向单层悬索体系（图 3-27）。

② 双向单层悬索体系（图 3-28）。

③ 辐射式单层悬索体系（图 3-29）。

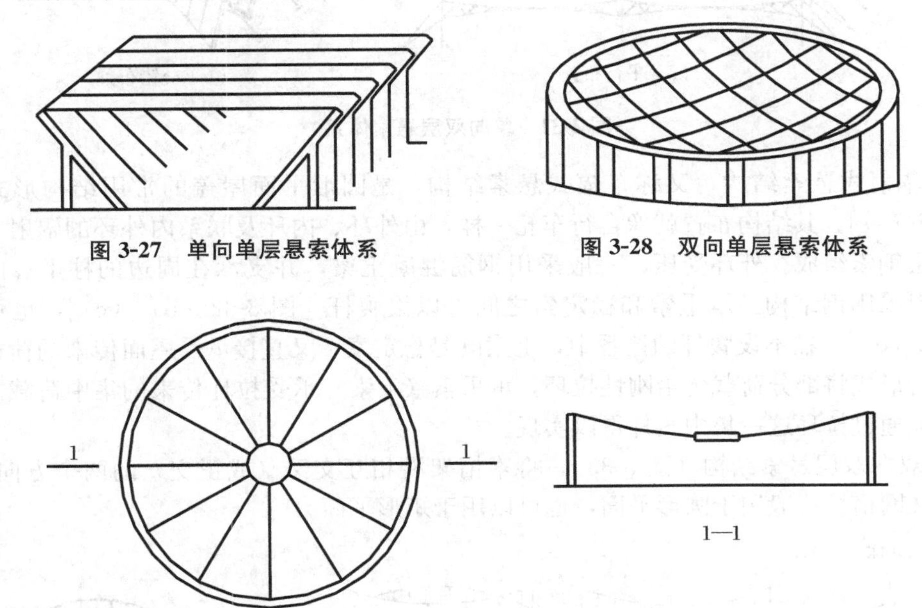


**图 3-27　单向单层悬索体系**

**图 3-28　双向单层悬索体系**

**图 3-29　辐射式单层悬索体系**

（2）双层悬索体系

双层悬索屋盖的基本构成单元是**索桁架**（图 3-30）。索桁架由承重索、稳定索和联系承重索与稳定索的腹杆组成，其中，负高斯曲率的为承重索，正高斯曲率的为稳定索。正是由于承重索和稳定索曲率相反，其通过腹杆传递的预应力可以互相平衡，因此索桁架中能维持预应力。正是由于预应力的存在，稳定索能和承重索一起抵抗竖向荷载的作用，从而提高整个结构的刚度。在动荷载作用下，这种体系也具有很好的抗震性能。

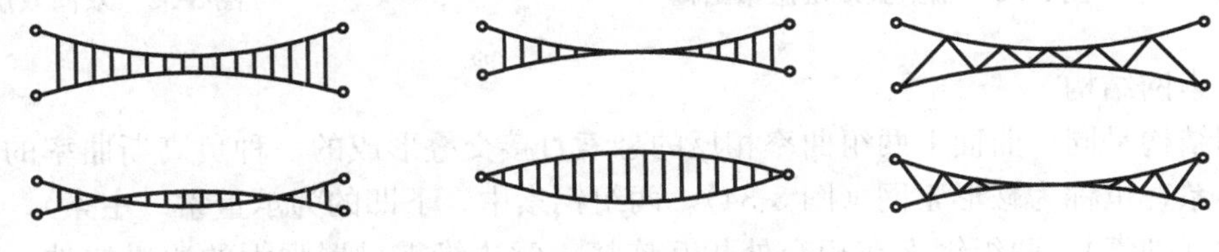

**图 3-30　索桁架的一般形式**

根据索桁架的平面布置方式，双层悬索体系可以分为如下三种形式。

① 单向双层悬索体系，是由一系列平行布置的索桁架组成。通常索桁架的承重索与稳定索位于同一水平面内［图 3-31（a）］，但也有将其交错布置的做法，以提高屋盖的纵向整体稳定性和刚度［图 3-31（b）］。

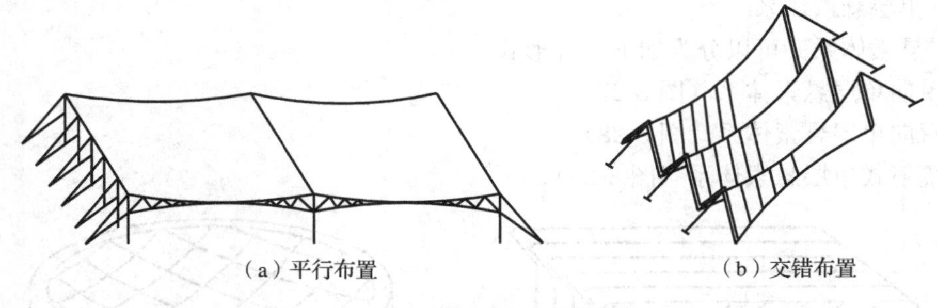
(a) 平行布置　　(b) 交错布置

**图 3-31　单向双层悬索体系**

② 辐射式悬索结构，又称车辐式悬索结构，是圆形平面屋盖的常用结构形式之一[图 3-32 (a)]。其结构布置就像自行车轮一样，由外环、内环及联系内外环的辐射方向布置的两层钢索组成。外环受压，一般采用钢筋混凝土梁，并支承在周边的柱上；内环受拉，一般采用钢结构。承重索和稳定索之间可以设腹杆 [图 3-32 (b) (c)]，也可不设 [图 3-32 (d)]。在不设腹杆的体系中，上索既是稳定索，又直接承受屋面传来的荷载，以支反力的形式将部分荷载传给刚性拉环，承重索（下索）承受拉环传来的集中荷载。其预应力施加通过拉环这一集中腹杆得以实现。

③ 双向双层悬索结构（图 3-33)，将索桁架沿相互交叉（或正交）的两个方向布置，形成交叉网格。一般用于圆形平面，也可以用于矩形平面。

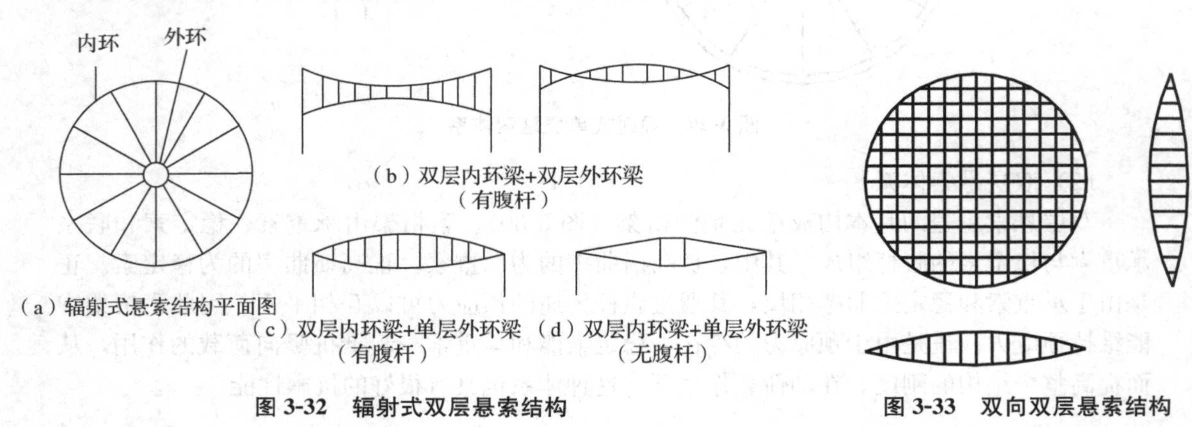

(a) 辐射式悬索结构平面图
(b) 双层内环梁+双层外环梁（有腹杆）
(c) 双层内环梁+单层外环梁（有腹杆）
(d) 双层内环梁+单层外环梁（无腹杆）

**图 3-32　辐射式双层悬索结构**　　**图 3-33　双向双层悬索结构**

(3) 索网结构

索网结构是同一曲面上两组曲率相反的悬索直接交叠形成的一种负高斯曲率的网状悬索结构体系，也称为鞍形索网（图 3-34)。两组钢索中，下凹的为承重索（主索），上凸的为稳定索（副索）。两组钢索在相交处相互连接。索边缘需设置强大的边缘构件，以锚固两组钢索。周边可以做成闭合圈梁 [图 3-34 (a)]；也可以做成强大的边拱，将荷载直接传给基础 [图 3-34 (b) (c)]；还可以采用边索来构成边缘构件，通过主索、边索将荷载传递至地锚 [图 3-34 (d)]。

索网的周边构件受力较大，即使做成曲线的形状，也常常会产生较大的弯矩，因此需要有较大的截面。并且周边构件的刚度对索网的刚度影响很大，一般会耗费较多的材料。索网结构体系多样，容易适应建筑需要，屋面排水也较易处理，因此近年来获得了广泛应用。

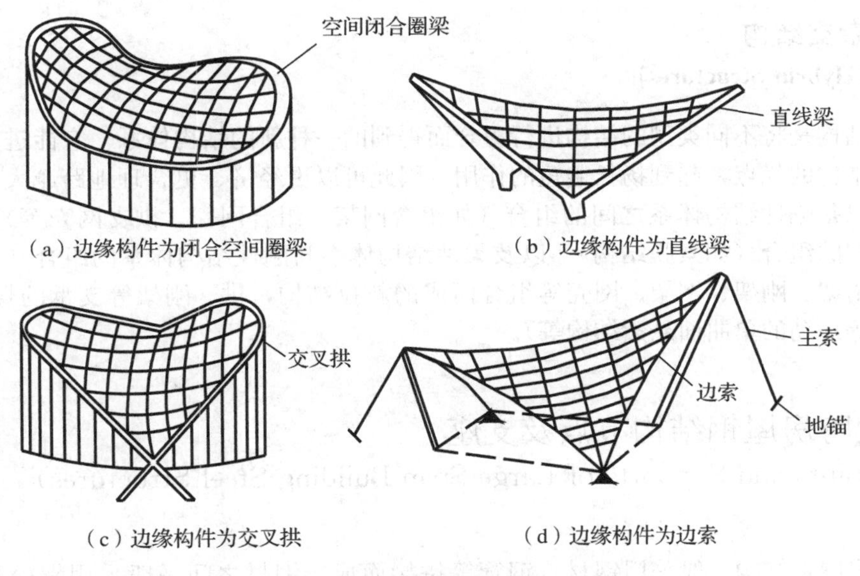


**图 3-34　索网结构的类型形式**

(4) 其他悬索结构

索是一种比较活跃的结构构件。除了以上三种典型的悬索结构形式，索还可以和其他结构形式组合而生成新的结构形式，例如劲性悬索结构、预应力索拱体系等。劲性悬索结构是具有一定抗弯和抗压刚度的杆件来代替柔性索形成的一种结构体系。预应力索拱体系是在双层索体系或鞍形索网中用实腹式或格构式构件来代替上凸的稳定索，通过张拉承重索迫使拱产生强迫位移而在体系中建立预应力的一种体系，这种体系的好处是不需要施加很大的预应力，可以大大减轻边缘构件的负担。鉴于索在丰富建筑形式和改进结构性能方面有广泛的可能性，可以认为悬索结构的发展前景是十分广阔的。

### 3.4.4 膜结构
### (Membrane Structures)

膜结构是空间结构中最新发展起来的一种类型，它以性能优良的织物为材料，或是向膜内充气，由空气压力支撑膜面，或是利用柔性钢索或刚性骨架将膜面绷紧，从而形成具有一定刚度并能覆盖大跨度结构的体系。膜结构既能承重又能起维护作用，与传统结构相比，其质量大大减轻，仅为一般屋盖结构的 1/30～1/10。

膜结构按其支承方式的不同，一般可分为充气膜结构和支承膜结构。

充气膜结构是向膜材所覆盖的空间输送空气，利用内外空气的压力差，使膜材处于受拉状态，结构就具有一定的刚度来承受外荷载。充气膜结构又可分为气承式与气肋式两种。前者需要配备专用的充气设备以维持气压；后者则是将膜材本身做成一个封闭体，对内注入空气后形成承重结构。

支承膜结构又可分为柔性支承膜结构和刚性支承膜结构。前者一般采用独立的桅杆或拱作为支承结构将钢索与膜材悬挂起来，然后利用钢索向膜面施加张力将其绷紧，从而形成具有一定刚度的屋盖。后者则是以钢骨架代替了空气膜中的空气作为膜的支承结构。

### 3.4.5 杂交结构
(Hybrid Structures)

杂交结构是将不同类型的结构进行组合而得到的一种新的结构体系，它能进一步发挥不同类型结构的优点，起到扬长避短的作用，因此可以更经济、更合理地跨越大空间。杂交结构可以是刚性结构体系之间的组合（如组合网架、组合网壳、拱支网壳等），柔性结构体系之间的组合（如索膜结构），以及柔性结构体系与刚性结构体系的组合（如拉索与梁、拱、桁架、刚架、网架、网壳等组合而成的斜拉结构，拱、刚架等支承的悬索结构，梁、桁架等加劲的单曲面悬索结构等）。

## 3.5 大跨房屋钢结构节点及支座
(Joints and Supports of Large-Span Building Steel Structures)

大跨房屋钢结构一般采用钢材、钢管等拼接而成，钢材之间一般采用螺栓及焊接节点；各钢管构件之间的连接一般采用**相贯节点、螺栓球节点、焊接空心球节点**。本章主要介绍螺栓球节点和焊接空心球节点。

### 3.5.1 螺栓球节点
(Bolted Spherical Joints)

（1）螺栓球节点的组成

螺栓球节点由螺栓、钢球、销子（或螺钉）、套筒和锥头或封板等零件组成（图3-35），适用于连接管杆件。

（2）螺栓球节点相关部件的材料选用

螺栓球节点的钢管、封板、锥头和套筒宜采用《碳素结构钢》（GB/T 700—2006）规定的Q235B钢或《低合金高强度结构钢》（GB/T 1591—2018）规定的Q345钢以及《优质碳素结构钢》（GB/T 699—2015）规定的45号钢；钢球宜采用《优质碳素结构钢》（GB/T 699—2015）规定的45号钢；螺栓、销子或螺钉宜采用《合金结构钢》（GB/T 3077—2015）规定的40Cr钢、35CrMo钢或20MnTiB钢等。产品质量应符合《钢网架螺栓球节点》（JG/T 10—2009）的规定。

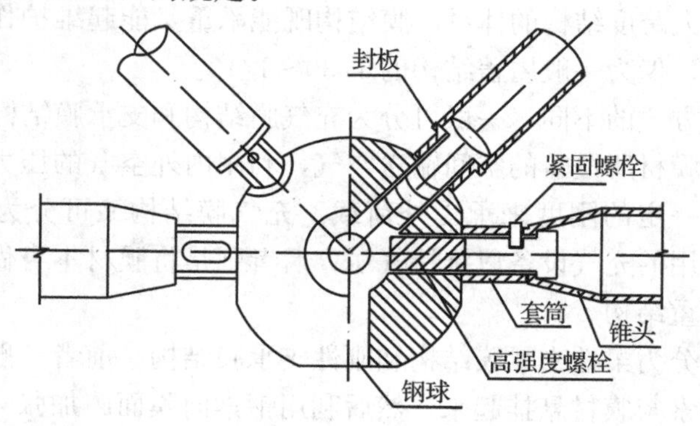


图3-35 螺栓球节点

## 3.5.2　焊接空心球节点
### (Welded Hollow Spherical Joints)

焊接空心球节点是我国天津大学发明的，是目前空间网格结构中应用广泛的节点类型，可用于连接圆形钢管、方形钢管、矩形钢管和 H 形杆件等。从那时至今，焊接空心球节点已应用于数千座网架工程之中，它对我国网架结构事业的发展，起到了重大的推动作用。焊接空心球节点不但适合中小跨度工程，也适合大跨度结构。如北京大兴国际机场、国家游泳馆中心（“水立方”）、天津滨海国际机场 T2 号航站楼主楼屋盖钢网架、广州白云国际机场 T2 号航站楼超大面积钢网架结构等工程都采用了焊接空心球节点。

焊接空心球节点与其他类型节点相比有许多独特的优点：首先是加工简单，由两个半球焊接而成；其次是杆件与球焊接自然对中，避免了节点偏心；最后是受力合理、安全可靠，并且造价低廉。

(1) 焊接空心球节点的构成

焊接空心球节点由两个半球焊接而成，可分为不加肋（图 3-36）和加肋（图 3-37）两种，适用于连接圆形钢管杆件。

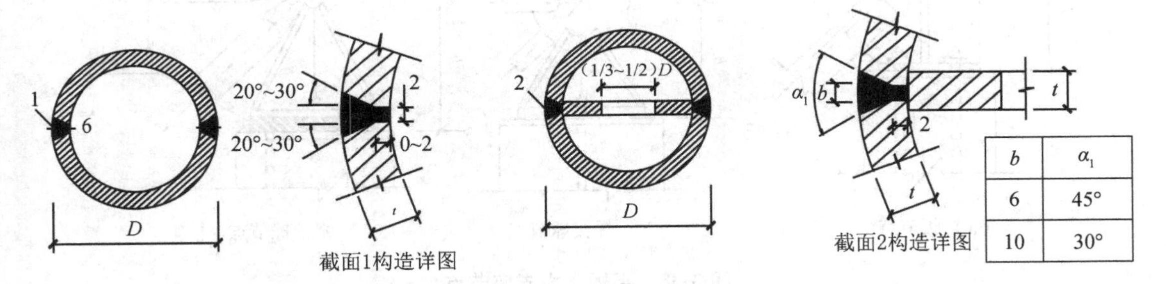


图 3-36　不加肋的空心球　　　　图 3-37　加肋的空心球

(2) 焊接空心球节点相关部件的材料选用

空心球的钢材宜采用《碳素结构钢》(GB/T 700—2006) 规定的 Q235B 钢或《低合金高强度结构钢》(GB/T 1591—2018) 规定的 Q345B、Q345C 钢，产品质量应符合《钢网架焊接空心球节点》(JG/T 11—2019) 的规定。加肋空心球的肋板可用平台或凸台，采用凸台时，其高度不得大于 1 mm。

## 3.5.3　支座节点形式
### (Forms of Support Joints)

大跨房屋钢结构一般支承在柱顶或圈梁等下部结构上，支座节点指位于支承结构上的节点。它既要连接在结构支承处相交的杆件，又要支承整个结构，并将作用在网架上的荷载传递到下部支承结构。因此支座节点是上部结构与下部支承结构联系的纽带，也是整个结构中的重要部位。支座节点的设计合理与否不但对结构及其下部支承结构的受力性能有着直接影响，而且与整个结构的制作繁简、安装快慢、造价高低等技术经济指标也有着密切的关系。一个设计合理的支座节点必须受力明确、传力简捷、安全可靠，还应做到构造简单，制作拼装方便，具有较好的经济性。

根据大跨房屋钢结构的工程实践，国内常用的支座节点形式有**平板支座**、**弧形支座**、**球铰支座**和**橡胶支座**等。根据支座节点传递的支承反力情况，也可以将支座节点分为压力支座节点和拉力支座节点两大类。

(1) 压力支座节点

由于结构在竖向荷载作用下，支座节点一般受压，因此这种以传递支承压力为主的压力支座节点是结构中最常见的一类支座节点。根据构造和约束要求的不同，压力支座节点可以分为以下几种。

①平板压力支座节点（图 3-38）。

②单面弧形压力支座节点（图 3-39）。

③双面弧形压力支座节点（图 3-40）。

④球铰压力支座节点（图 3-41）。

⑤板式橡胶支座节点（图 3-42）。

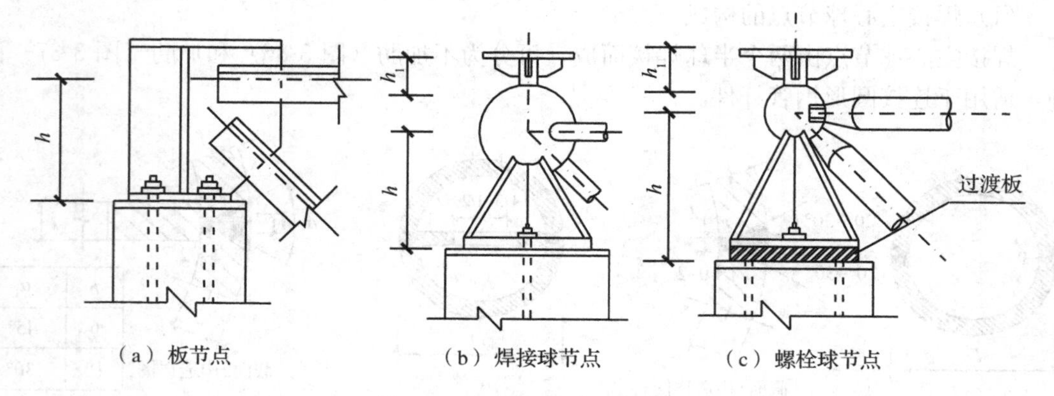


**图 3-38　平板压力支座节点**

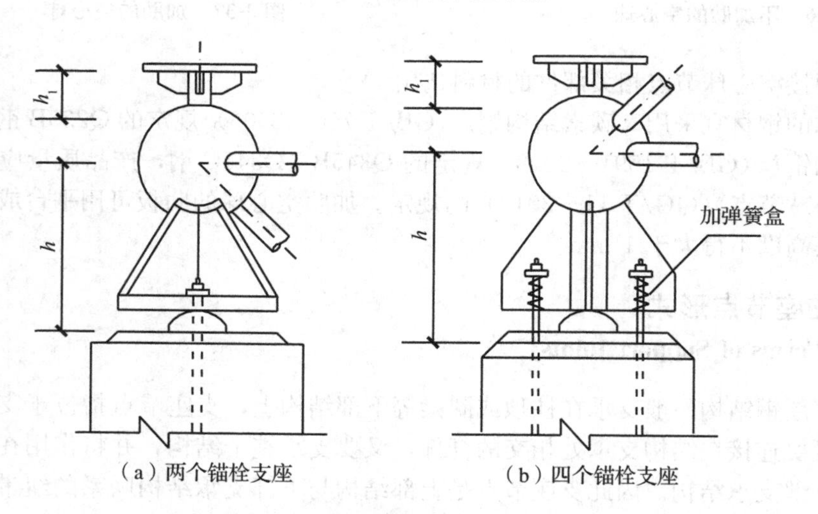


**图 3-39　单面弧形压力支座节点**

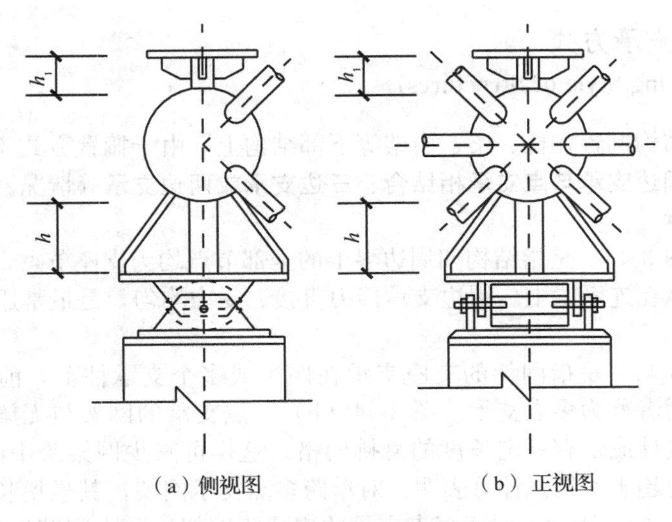


（a）侧视图　　（b）正视图

**图 3-40　双面弧形压力支座节点**

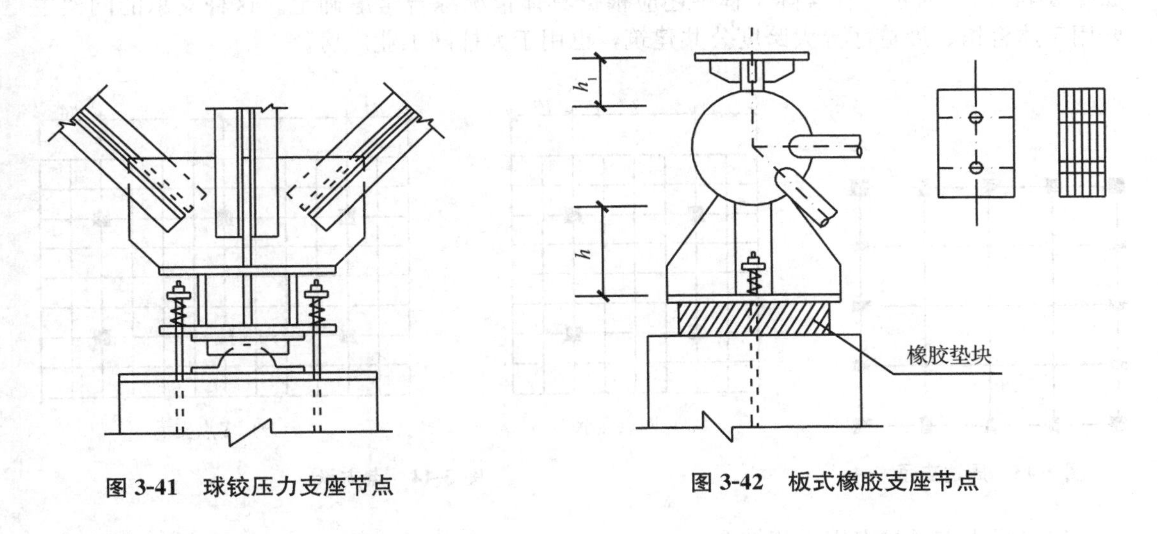


**图 3-41　球铰压力支座节点**

**图 3-42　板式橡胶支座节点**

(2) 拉力支座节点

某些矩形平面、周边支承的结构，如两向正交斜放网架在竖向荷载的作用下，网架角隅支座上常出现拉力，因此应根据传递支承拉力的要求来设计这种支座节点。常用的拉力支座节点主要有平板拉力支座节点和单面弧形拉力支座节点。平板拉力支座节点，其构造与平板压力支座节点［图 3-38 (a) (b)］的构造相同，但此时锚栓承受拉力，它主要适用于小跨度网架。它们的共同特点都是利用连接支座节点与下部支承结构的锚栓来传递拉力。

在拉力支座节点中，为使锚栓能有效传递支座拉力，锚栓在支承结构中应有一定埋置深度，同时锚栓螺纹处应配置双螺母。网架安装完毕后，还应将锚栓上的垫板与支座底板或锚栓承力架中水平钢板焊牢。

## 3.5.4 结构的支承方式

**(Supporting Style of Structures)**

大跨房屋钢结构搁置在柱、梁、桁架等下部结构上，由于搁置方式不同，可分为**周边支承、点支承、周边支承与点支承相结合、三边支承或两边支承**等情况。

(1) 周边支承

周边支承（图 3-43）是指结构四周边界上的全部节点均为支座节点，支座节点可支承在柱顶，也可支承在连系梁上。周边支承传力直接、受力均匀，是最常用的支承方式。

(2) 点支承

点支承（图 3-44）是指网架的支座支承在四个或多个支承柱上，前者称为四点支承［图 3-44（a）］，后者称为多点支承［图 3-44（b）］。点支承的网架与无梁楼盖受力有相似之处，应尽可能设计成带有一定长度的悬挑网格，这样可减少网架跨中的正弯矩和挠度，使整个结构的内力趋于均匀。计算表明：对单跨多点支承网架，其悬挑长度宜取中间跨度的 1/3，如图 3-44（a）所示；对于多点支承的连续跨网架取其中间跨度的 1/4 较为合理，如图 3-44（b）所示。在实际工程中还应根据具体情况综合考虑确定。这种支承的网架主要用于体育馆、展览厅等大跨度公共建筑，也用于大柱网工业厂房。

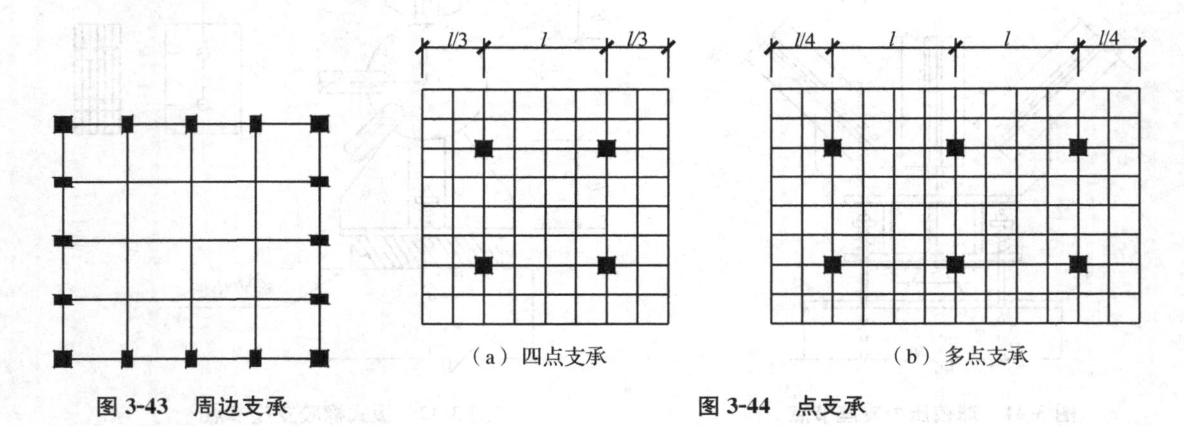


（a）四点支承　　（b）多点支承

**图 3-43　周边支承**　　**图 3-44　点支承**

(3) 周边支承与点支承相结合

周边支承与点支承相结合（图 3-45）是在周边支承的基础上，在建筑物内部增设中间支承点，这样可以有效地减小结构杆件的内力峰值和挠度。这种支承适用于大柱网工业厂房、仓库、展览馆等建筑。

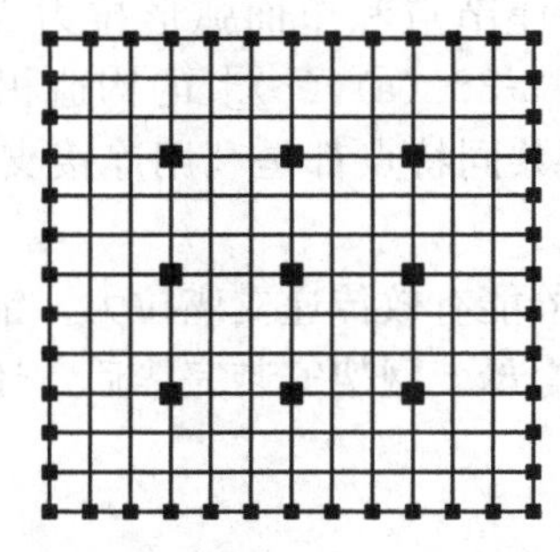

**图 3-45　周边支承与点支承相结合**

（4）三边支承或两边支承

在矩形建筑平面中，由于考虑扩建或工艺及建筑功能方面的要求，在结构的一边或两边不允许设置柱子时，则需将结构设计成三边支承一边自由（图 3-46）或两边支承两边自由（图 3-47）形式。自由边的存在对结构的内力分布和挠度都不利，故应对自由边进行适当处理，以改善结构的受力状态。这种支承在飞机库、影剧院、工业厂房、干煤棚等建筑中使用较多。

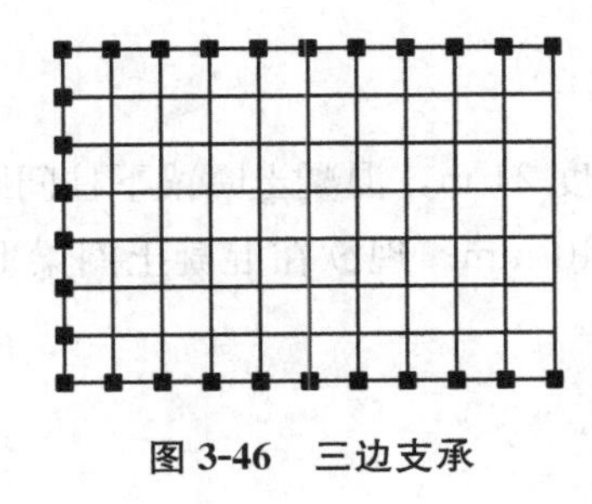

图 3-46　三边支承

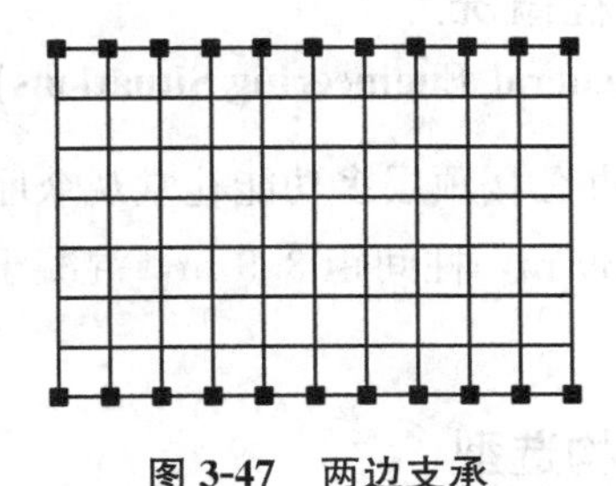

图 3-47　两边支承

## 3.6　大跨房屋钢结构计算方法

(Calculation Methods of Large-Span Building Steel Structures)

大跨房屋钢结构的计算方法较多，总体上包括两类，即基于离散化假定的**有限元法**（包括空间杆系有限元法和空间梁系有限元法）和**基于连续化假定的方法**（包括拟夹层板法和拟壳法）。

《空间网格结构技术规程》（JGJ 7－2010）中对大跨度房屋钢结构的计算方法做了相应规定。

①网架、双层网壳和立体桁架宜采用空间杆系有限元法进行计算。

②单层网壳宜采用空间梁系有限元法进行计算。

③在结构方案选择和初步设计时，网架结构、网壳结构也可以采用拟夹层板法、拟壳法计算。

拟夹层板法和拟壳法的物理概念清晰，有时计算也很方便，常作为与有限元法互相补充的手段，但计算精度和适用性远不如有限元方法，仅对一些较规则的结构适用，特别是对于近年来发展的预应力结构体系，这种基于连续化假定的方法往往不适用。因此一般仅在结构方案选择和初步设计时采用。

随着计算机计算能力和有限元分析法的发展，有限元分析已成为大跨房屋钢结构计算的主流手段，并发展了大量商用程序。其中的空间杆系法即空间桁架位移法，可以用来计算各种形式的网架结构、双层网壳结构和立体桁架这类以杆件轴力为主的结构。空间梁系有限元法即空间刚架位移法，主要用于单层网壳这种杆件主要承受弯曲内力和轴力的内力、位移和稳定性计算。

## 3.7 工程设计实例

(Engineering Design Examples)

### 3.7.1 工程概况

**(General Engineering Situations)**

某学院办公楼顶层多功能礼堂观众厅：横向跨度 24 m，混凝土圈梁下柱间距 6 m 或 3 m；纵向长 39 m，柱间距 3.9 m，混凝土圈梁宽 240 mm。现欲在混凝土圈梁上设计安装屋盖结构。

### 3.7.2 结构选型

**(Structure Selection)**

由于多功能厅内不能设柱，必须采用 24 m 跨度的屋盖结构，而网架正好能满足要求，故决定采用平板网架作为屋盖承重结构。

### 3.7.3 网格的划分与支座布置

**(Division of Meshes and Layout of Supports)**

由于屋盖轴线周边尺寸为 24 m×39 m，是标准矩形平面，采用正放四角锥网架比较合适，采用 3 m×3 m 的网格正好布满。考虑到建筑上要求采用上弦支承，当跨度方向采用 3 m 尺寸网格时，大量支座正好位于柱顶，由于柱尺寸超出梁宽许多，当支座位于柱顶时，该处网架腹杆将与柱边缘相碰，杆件无法顺利布置。否则，必须增加支座高度，但支座过高又会造成结构稳定性降低。调整网格尺寸可避免此不利影响，故跨度方向采用 9×2.667 m 的网格尺寸，长度方向采用 13×3 m 的网格尺寸，采用上弦周边支座，只有个别位于柱顶。根据跨度取网架高度为 1.8 m。

### 3.7.4 荷载与边界条件

**(Load and Boundary Conditions)**

(1) 荷载类型及标准值

该工程中网架结构所承受的载荷或作用如下。

①网架采用压型钢板屋面，取上弦竖向均布静载 $Q_{d1}=0.5\ \mathrm{kN/m^2}$；考虑到大厅屋顶的灯光及其他可能的悬挂物，取下弦竖向均布静载 $Q_{d2}=0.3\ \mathrm{kN/m^2}$。

②均匀分布的活载 $Q_e$ 或雪载 $Q_s$，取 $Q_e$ 或 $Q_s=0.5\ \mathrm{kN/m^2}$。

③基本风压为 $Q_w=0.4\ \mathrm{kN/m^2}$，地面类型为 C 类，体型系数取 0.8，风振系数取 1.25。

④由于结构跨度小且支承于圈梁上，温度应力影响较小，故不考虑。

⑤该地区抗震设防烈度为 7 度。

（2）载荷效应组合

根据《建筑结构荷载规范》（GB 50009—2012）按以下方式进行荷载效应组合。

①1.3 恒载＋1.5 活载。

②1.0 恒载＋1.5 风载（向上）。

（3）支座约束条件的选取

本屋盖是一个小跨度的平板网架，支承于混凝土圈梁上，可假设周边支座均为竖向简支，四个角支座设置水平约束，仅为保证结构的几何不变性，这样便于释放温度应力并减小网架对圈梁的水平推力。

### 3.7.5 内力分析与截面设计

**（Analysis of Internal Force and Section Design）**

整个结构全部由杆单元组成，各单元之间均为铰接，采用高强度螺栓连接。根据各种载荷工况组合采用空间结构分析软件 NSTRCAD 进行内力分析。设计采用 Q235B 无缝或高频焊接钢管，设计容许应力为 215×0.9＝193.5（$N/m^2$），压杆容许长细比为 180，拉杆容许长细比为 200，用满应力优化法进行杆件截面的选择，备选杆件为 $\phi60\times3.50$、$\phi76\times4.00$、$\phi89\times4.00$、$\phi114\times4.00$、$\phi140\times4.00$、$\phi159\times6.00$，经过 5～6 次迭代可得最优截面。程序在进行电算选择截面的过程中，同时进行了杆件截面强度、压杆稳定性、容许长细比的计算与校核。截面选定后，采用 ANSYS 软件进行了对比内力分析，两者结果吻合较好。

计算所得结构各工况组合情况下最大、最小拉压杆轴力，最大、最小拉压杆应力及各方向最大节点位移如表 3-1 所示。

**表 3-1　荷载效应不同工况组合结果**

| 工况组合 | 最大杆件轴力/kN | 最小杆件轴力/kN | 最大杆件应力/（$N/mm^2$） | 最小杆件应力/（$N/mm^2$） | 最大节点位移 $x$/mm | 最大节点位移 $y$/mm | 最大节点位移 $z$/mm |
|---|---|---|---|---|---|---|---|
| 1.3 恒载＋1.5 活载 | 405.8 | −382.7 | 203.4 | −207.3 | 7.9 | 9.2 | 73.4 |
| 1.0 恒载＋1.5 风载 | 119.7 | −118.2 | 58.4 | −97.4 | 0.8 | 2.8 | 8.9 |

由表中结果可知载荷作用下网架跨中最大挠度为

$$v=68.1<[v]=\frac{l_2}{250}=\frac{24}{250}\times1\,000=96\ (\mathrm{mm})$$

满足刚度要求。

经统计，结构杆件与节点的总用钢量约为 20 $kg/m^2$。

### 3.7.6 支座节点设计与计算

**（Design and Calculation of Supports Joints）**

根据结构跨度、支反力大小，确定本设计采用平板压力支座。

(1) 支座底板的设计与计算

由电算结果可知，网架上弦周边支座最大支反力为 96 kN，钢筋混凝土圈梁混凝土等级为 C30，$f_c=14.3\ \text{N/mm}^2$，取锚栓直径 $d=24$ mm，锚栓孔径 $d_0=40$ mm，需要的支座底板总面积为

$$A\geqslant\frac{R}{f_c}+A_0=\frac{96\times1\ 000}{14.3}+4\times\frac{3.14\times40^2}{4}\approx6\ 713+5\ 024=11\ 737\ (\text{mm}^2)$$

考虑构造要求，取底板面积为

$$A=200\times200=40\ 000\ (\text{mm}^2)>11\ 737\ (\text{mm}^2)$$

作用在底板单位面积上的压力为

$$q=\frac{R}{A-A_0}=\frac{96\times1\ 000}{40\ 000-5\ 024}\approx2.74\ (\text{N/mm}^2)$$

十字节点板将底板分为四块相同的两边支承板，因 $b_1=\frac{100\sqrt{2}}{2}\approx70.5$ (mm)，$a_1=100\sqrt{2}\approx141$ (mm)，$b_1/a_1=0.5$，查得 $\beta=0.060\ 2$①，底板上的最大弯矩为

$$M_{\max}=\beta qa_1^2=0.060\ 2\times2.74\times141^2\approx3\ 279.33\ (\text{N}\cdot\text{m})$$

底板采用 Q235 钢，$f=215\ \text{N/mm}^2$，根据抗弯强度要求，底板厚度须满足：

$$t\geqslant\sqrt{\frac{6M_{\max}}{f}}=\sqrt{\frac{6\times3\ 279.33}{215}}\approx9.57\ (\text{mm})$$

取 $t=16$ mm。

(2) 十字节点板及其连接焊缝的计算

一般取十字节点板的厚度为 0.7 倍底板厚度，$0.7\times16=11.2$ (mm)，因此取为 12 mm，并取该焊缝的焊脚尺寸 $h_f=9$ mm，为保证支座底板与节点板的水平横向角焊缝的连续性，在纵向节点板角上截去一块腰长为 10 mm 的等腰直角三角形块，则支座底板与节点板的水平焊缝（共 6 条）总长度为

$$\sum l_w=2\times200+4\times(200/2-12/2-10)-6\times2\times9=628\ (\text{mm})$$

有

$$\frac{R}{0.7h_f l_w\beta_f}=\frac{96\ 000}{0.7\times9\times628\times1.22}\approx19.9\ \text{N/mm}^2<f_f^w=160\ \text{N/mm}^2$$

十字节点板之间的竖向角焊缝承受弯矩与剪力的共同作用。取支座的总高度为 300 mm（包括过渡板厚 14 mm），由球节点自动选择结果可知，支座节点球最大直径为 120 mm。取角焊缝的焊脚尺寸 $h_f=9$ mm，则每条竖向角焊缝的最小计算长度为

$$l_w=300-14-16-120/2-10-2\times9=182\ (\text{mm})$$

每两条角焊缝受的剪力为

---

① 查中国建筑工业出版社《钢结构设计手册（第四版）》表 13.8-3，可得 $\beta$ 值。

$$V=\frac{R}{4}=\frac{96}{4}=24\ (\text{kN})$$

剪力作用点到竖向角焊缝的距离 $c_1$ 取加劲板与支座底板水平角焊缝形心到竖向角焊缝的距离，即

$$c_1=(200/2-12/2-10)/2+10=52\ (\text{mm})$$

弯矩则为

$$M=V\times c_1=24\times 52=1\ 248\ (\text{kN}\cdot\text{mm})$$

由焊缝验算公式有

$$\sqrt{\left(\frac{V}{2\times 0.7h_f l_w}\right)^2+\left(\frac{6M}{2\times 0.7h_f l_w^2\beta_f}\right)^2}=\sqrt{\left(\frac{24\ 000}{2\times 0.7\times 9\times 182}\right)^2+\left(\frac{6\times 1\ 248\times 10^3}{2\times 0.7\times 9\times 182^2\times 1.22}\right)^2}\approx$$

$18.05\ (\text{N/mm}^2)<f_f^w=160\ (\text{N/mm}^2)$

满足要求。

### 3.7.7 檩条设计

**(Design of Purlins)**

本工程屋面采用有檩体系，檩条采用冷弯薄壁型钢，根据网架网格布置，檩条跨度 3 m，间距 2.667 m。

(1) 檩条的选择

选 $h\times b\times a\times t=120\ \text{mm}\times 50\ \text{mm}\times 20\ \text{mm}\times 2.5\ \text{mm}$ 冷弯薄壁型钢，截面面积 $A=6.25\ \text{cm}^2$，质量 $m=4.9\ \text{kg/m}$，截面惯性矩 $I_x=139\ \text{cm}^4$，截面抵抗矩 $W_x=23.16\ \text{cm}^3$。

(2) 荷载汇集

屋面传来恒荷载主要为上下两层压型钢板和中间保温夹心层，取 $0.236\ \text{kN/m}^2$，则屋面恒荷载为 $0.236\times 2.667\approx 0.629\ (\text{kN/m})$。

檩条自重为 $4.9\times 9.8\times 10^{-3}\approx 0.048\ (\text{kN/m})$。

屋面传来活载为 $0.5\times 2.667\approx 1.334\ (\text{kN/m})$。

荷载标准值为 $q_k=0.629+0.048+1.334=2.011\ (\text{kN/m})$。

荷载设计值为 $q=1.3\times(0.629+0.048)+1.5\times 1.334\approx 2.88\ (\text{kN/m})$。

(3) 强度验算

按简支梁进行计算：

$$M_{max}=\frac{1}{8}ql^2=\frac{2.88\times 3^2}{8}=3.24\ (\text{kN}\cdot\text{m})$$

$$\sigma_{max}=\frac{M_{max}}{W_x}=\frac{3.24\times 10^6}{23.16\times 10^3}\approx 139.90\ (\text{N/mm}^2)<f=205\ (\text{N/mm}^2)$$

满足要求。

(4) 挠度验算

根据材料力学公式，采用荷载标准值，有

$$\frac{V}{l}=\frac{5q_{\mathrm{k}}l^3}{384EI_x}=\frac{5\times 2.011\times 3^3\times 10^9}{384\times 2.06\times 10^5\times 139\times 10^4}\approx\frac{1}{405}<\frac{1}{150}$$

满足要求。

（5）施工阶段强度验算

此时由屋面传来的活载为集中荷载，其标准值为 0.8 kN，其最不利作用位于檩条跨中。

均布荷载设计值为 $q=1.3\times(0.629+0.048)\approx 0.8801$（kN/m）。

集中荷载设计值为 $P=1.5\times 0.8=1.2$（kN）。

$M_{\max}=\frac{1}{8}ql^2+\frac{1}{4}Pl=\frac{1}{8}\times 0.8801\times 3^2+\frac{1}{4}\times 1.2\times 3\approx 1.89$（kN·m）$<3.015$（kN·m）

满足要求。

（6）风吸力作用下的验算

取 $w_{\mathrm{k}}=-0.5$ kN/m²，考虑恒荷载+风吸力的荷载组合，此时恒荷载效应对檩条有利，荷载分项系数取 1.0，风荷载分项系数取 1.5。

荷载设计值为 $q=1.5\times 0.5\times 2.667-1.0\times(0.629+0.048)\approx 1.32$（kN/m）$<$ 2.68（kN/m），满足要求。

### 3.7.8 施工图纸

**（Construction Drawings）**

本工程主要施工图有网架杆件布置与定位图、网架支座预埋件构造及其定位图、网架杆件与节点配置图、网架杆件与节点材料表、网架屋面檩条与支托布置图、网架支座及檐口构造详图、屋面局部构造详图、螺栓球加工图等，部分如图 3-48～图 3-53 所示。

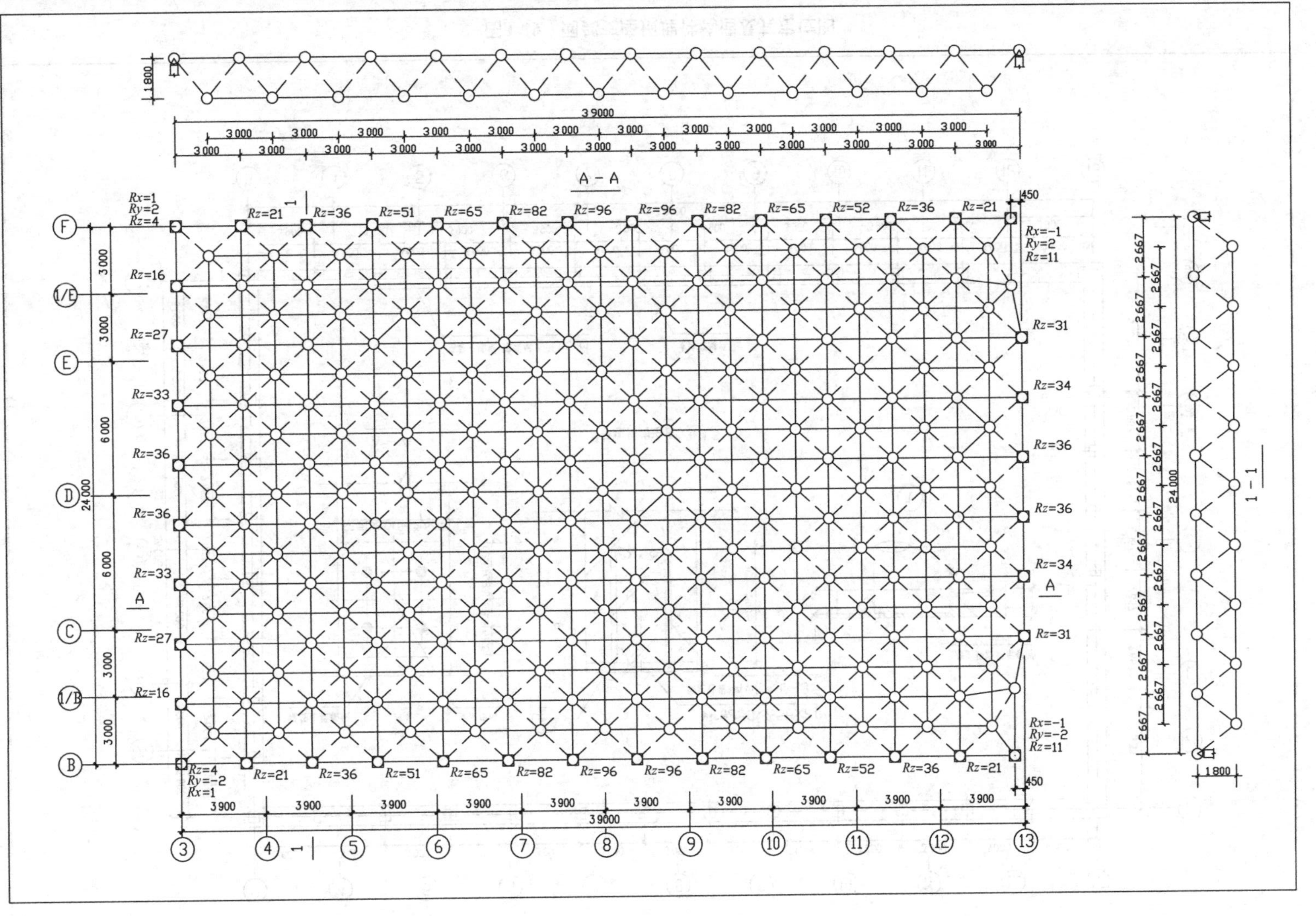


图3-48 网架杆件布置与定位图

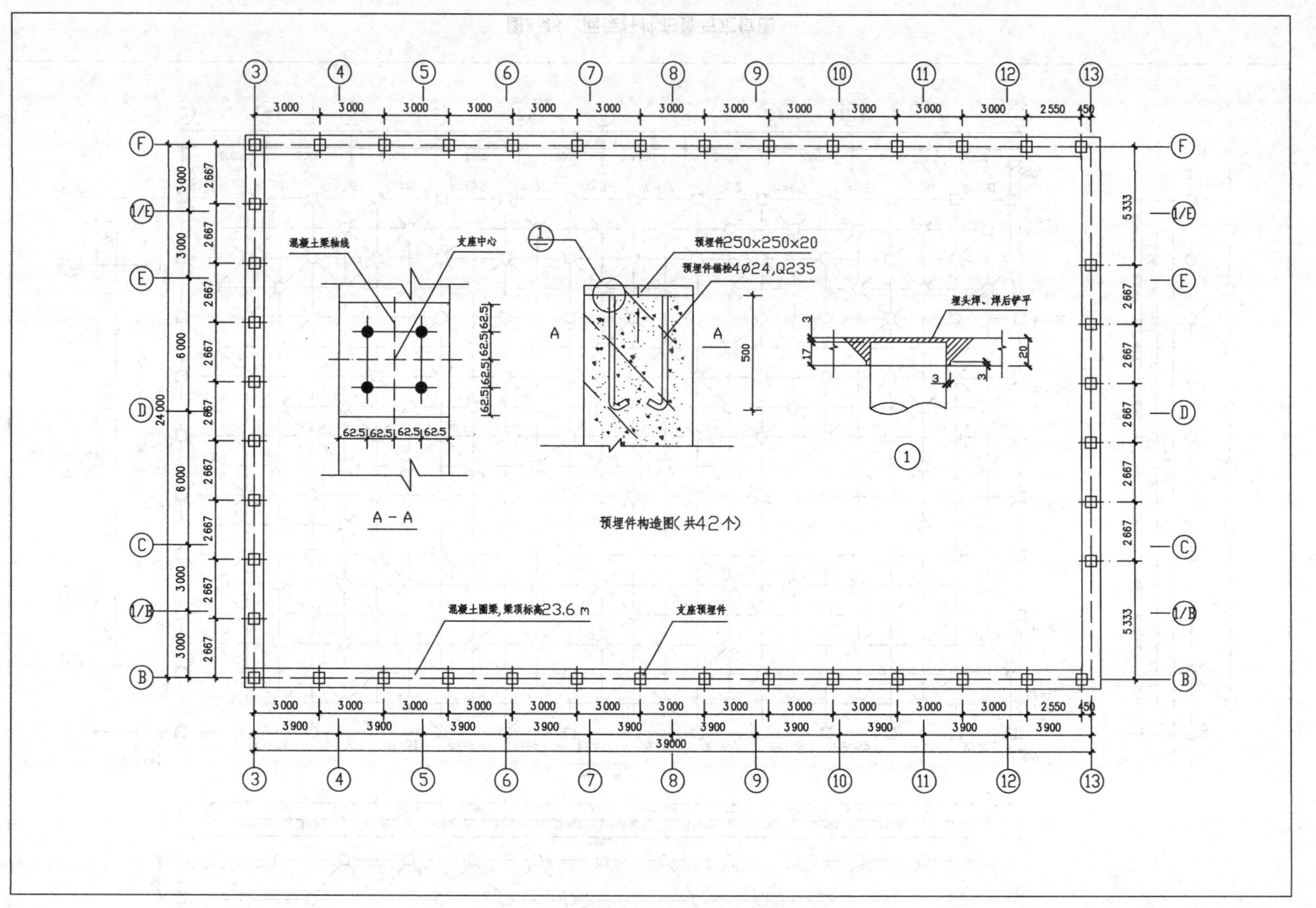


图3-49　网架支座预埋件构造及其定位图

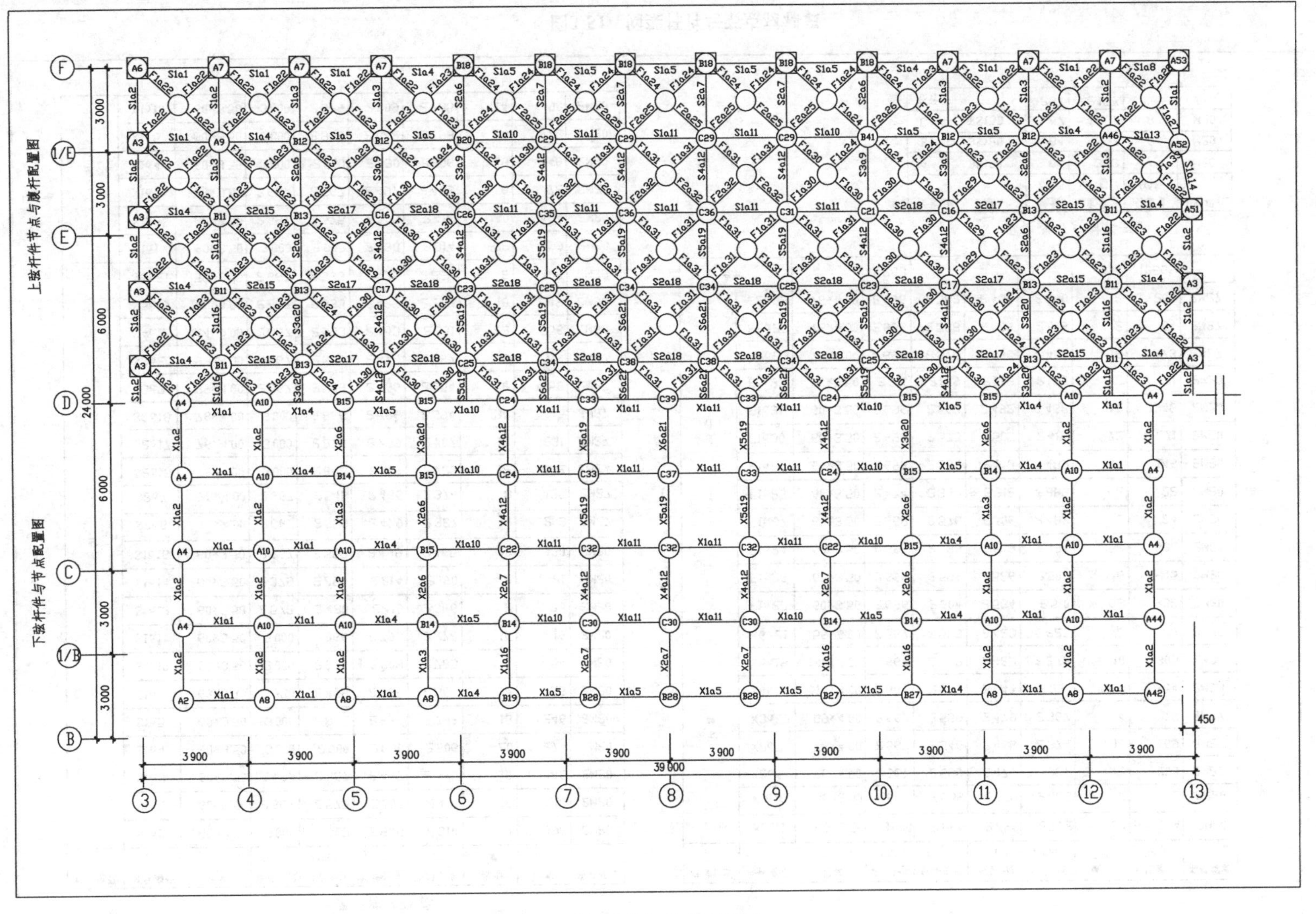


图3-50　网架杆件与节点配置图

网架杆件材料表

| 杆件位置 | 杆件编号 | 规格 | 理论长度/mm | 组合长度/mm | 焊接长度/mm | 下料长度/mm | 数量/根 | 杆重/kg | 高强螺栓 |
|---|---|---|---|---|---|---|---|---|---|
| 上弦 | S1a1 | 60x3.50 | 3000 | 2908 | 2838 | 2814 | 14 | 192 | 2M20 |
| | S1a2 | 60x3.50 | 2667 | 2575 | 2505 | 2481 | 18 | 218 | 2M20 |
| | S1a3 | 60x3.50 | 2667 | 2567 | 2497 | 2473 | 12 | 145 | 2M20 |
| | S1a4 | 60x3.50 | 3000 | 2900 | 2830 | 2806 | 20 | 274 | 2M20 |
| | S1a5 | 60x3.50 | 3000 | 2892 | 2822 | 2798 | 18 | 246 | 2M20 |
| | S1a8 | 60x3.50 | 2550 | 2458 | 2388 | 2364 | 2 | 23 | 2M20 |
| | S1a10 | 60x3.50 | 3000 | 2879 | 2809 | 2785 | 4 | 54 | 2M20 |
| | S1a11 | 60x3.50 | 3000 | 2866 | 2796 | 2772 | 16 | 216 | 2M20 |
| | S1a13 | 60x3.50 | 2572 | 2480 | 2410 | 2386 | 2 | 23 | 2M20 |
| | S1a14 | 60x3.50 | 2376 | 2284 | 2214 | 2190 | 2 | 21 | 2M20 |
| | S1a16 | 60x3.50 | 2667 | 2559 | 2489 | 2465 | 10 | 120 | 2M20 |
| | S2a6 | 76x4.00 | 2667 | 2559 | 2479 | 2387 | 12 | 203 | 2M27 |
| | S2a7 | 76x4.00 | 2667 | 2546 | 2466 | 2374 | 8 | 135 | 2M27 |
| | S2a15 | 76x4.00 | 3000 | 2892 | 2812 | 2720 | 12 | 232 | 2M27 |
| | S2a17 | 76x4.00 | 3000 | 2879 | 2799 | 2707 | 12 | 231 | 2M27 |
| | S2a18 | 76x4.00 | 3000 | 2866 | 2786 | 2694 | 32 | 612 | 2M27 |
| | S3a9 | 89x4.00 | 2667 | 2546 | 2466 | 2354 | 8 | 158 | 2M27 |
| | S3a20 | 89x4.00 | 2667 | 2559 | 2479 | 2367 | 6 | 119 | 2M27 |
| | S4a12 | 114x4.00 | 2667 | 2533 | 2443 | 2331 | 22 | 556 | 2M33 |
| | S5a19 | 140x4.00 | 2667 | 2533 | 2423 | 2273 | 18 | 549 | 2M36 |
| | S6a21 | 159x6.00 | 2667 | 2533 | 2423 | 2223 | 8 | 403 | 2M39 |
| 下弦 | X1a1 | 60x3.50 | 3000 | 2908 | 2838 | 2814 | 32 | 439 | 2M20 |
| | X1a2 | 60x3.50 | 2667 | 2575 | 2505 | 2481 | 40 | 484 | 2M20 |
| | X1a3 | 60x3.50 | 2667 | 2567 | 2497 | 2473 | 6 | 72 | 2M20 |
| | X1a4 | 60x3.50 | 3000 | 2900 | 2830 | 2806 | 18 | 246 | 2M20 |
| | X1a5 | 60x3.50 | 3000 | 2892 | 2822 | 2798 | 20 | 273 | 2M20 |
| | X1a10 | 60x3.50 | 3000 | 2879 | 2809 | 2785 | 14 | 190 | 2M20 |
| 下弦 | X1a11 | 60x3.50 | 3000 | 2866 | 2796 | 2772 | 24 | 324 | 2M20 |
| | X1a16 | 60x3.50 | 2667 | 2559 | 2489 | 2465 | 6 | 72 | 2M20 |
| | X2a6 | 76x4.00 | 2667 | 2559 | 2479 | 2387 | 12 | 203 | 2M27 |
| | X2a7 | 76x4.00 | 2667 | 2546 | 2466 | 2374 | 10 | 169 | 2M27 |
| | X3a20 | 89x4.00 | 2667 | 2559 | 2479 | 2367 | 4 | 79 | 2M27 |
| | X4a12 | 114x4.00 | 2667 | 2533 | 2443 | 2331 | 14 | 354 | 2M33 |
| | X5a19 | 140x4.00 | 2667 | 2533 | 2423 | 2273 | 10 | 305 | 2M36 |
| | X6a21 | 159x6.00 | 2667 | 2533 | 2423 | 2223 | 2 | 101 | 2M39 |
| 腹杆 | F1a22 | 60x3.50 | 2696 | 2604 | 2534 | 2510 | 68 | 832 | 2M20 |
| | F1a23 | 60x3.50 | 2696 | 2596 | 2526 | 2502 | 116 | 1415 | 2M20 |
| | F1a24 | 60x3.50 | 2696 | 2588 | 2518 | 2494 | 52 | 632 | 2M20 |
| | F1a27 | 60x3.50 | 2668 | 2576 | 2506 | 2482 | 2 | 24 | 2M20 |
| | F1a28 | 60x3.50 | 2474 | 2382 | 2312 | 2288 | 2 | 22 | 2M20 |
| | F1a29 | 60x3.50 | 2696 | 2583 | 2513 | 2489 | 12 | 146 | 2M20 |
| | F1a30 | 60x3.50 | 2696 | 2575 | 2505 | 2481 | 72 | 871 | 2M20 |
| | F1a31 | 60x3.50 | 2696 | 2562 | 2492 | 2468 | 112 | 1348 | 2M20 |
| | F1a33 | 60x3.50 | 2311 | 2219 | 2149 | 2125 | 2 | 21 | 2M20 |
| | F2a25 | 76x4.00 | 2696 | 2575 | 2495 | 2403 | 16 | 273 | 2M27 |
| | F2a26 | 76x4.00 | 2696 | 2588 | 2508 | 2416 | 2 | 34 | 2M27 |
| | F2a32 | 76x4.00 | 2696 | 2562 | 2482 | 2390 | 12 | 204 | 2M27 |
| 合计 | | | 15268 | | | | 936 | 13866 | |

网架球节点材料表

| 代号 | 规格 | 数量/个 | 重量/kg | 劈面量/mm | 工艺螺孔 |
|---|---|---|---|---|---|
| A | BS100 | 86 | 353 | 4 | M20 |
| B | BS120 | 84 | 597 | 6 | M20 |
| C | BS150 | 87 | 1207 | 8 | M20 |
| 合计 | | 257 | 2157 | | |

**图3-51　网架杆件与节点材料表**

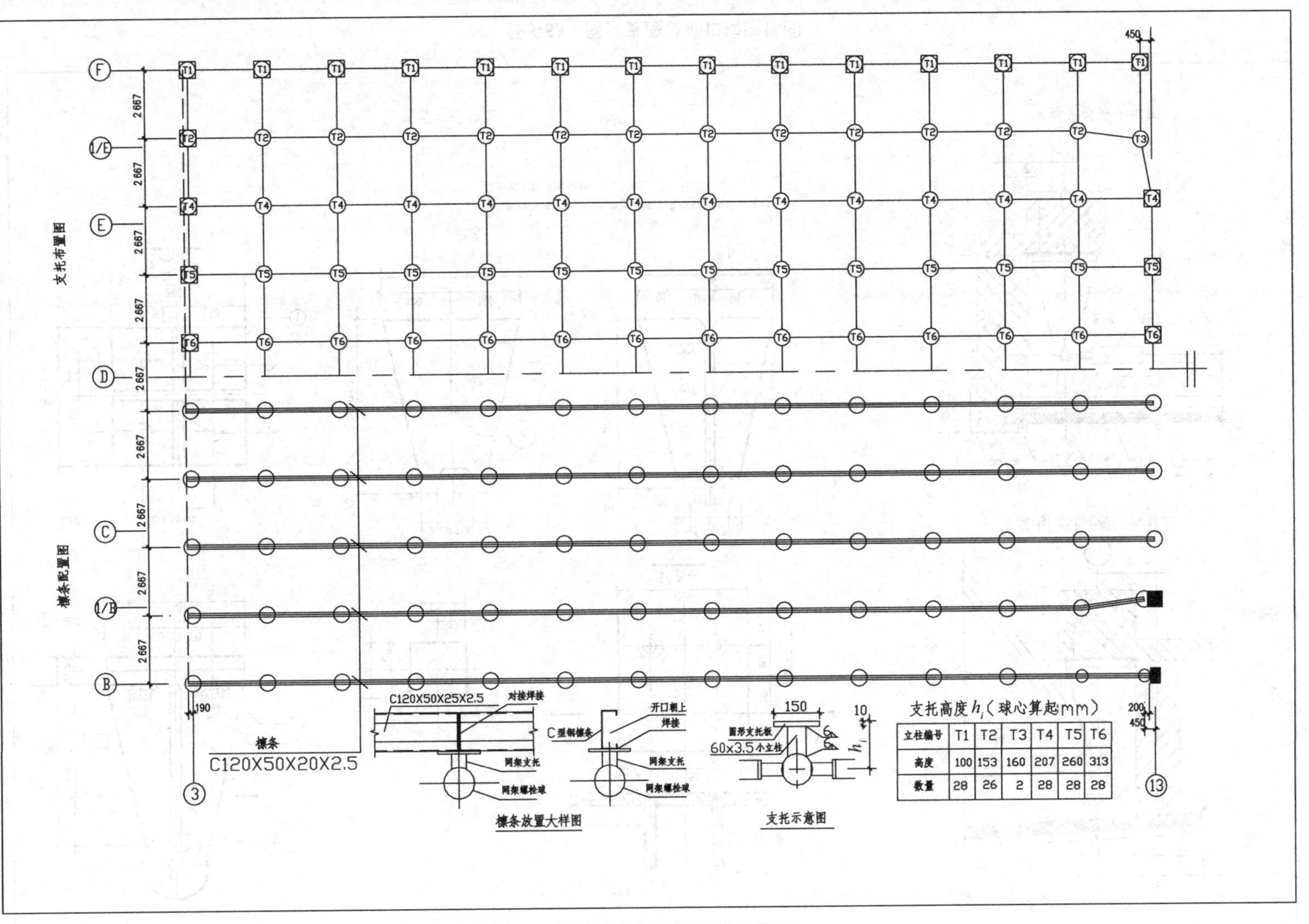


| 立柱编号 | T1 | T2 | T3 | T4 | T5 | T6 |
|---|---|---|---|---|---|---|
| 高度 | 100 | 153 | 160 | 207 | 260 | 313 |
| 数量 | 28 | 26 | 2 | 28 | 28 | 28 |

图3-52　网架屋面檩条与支托布置图

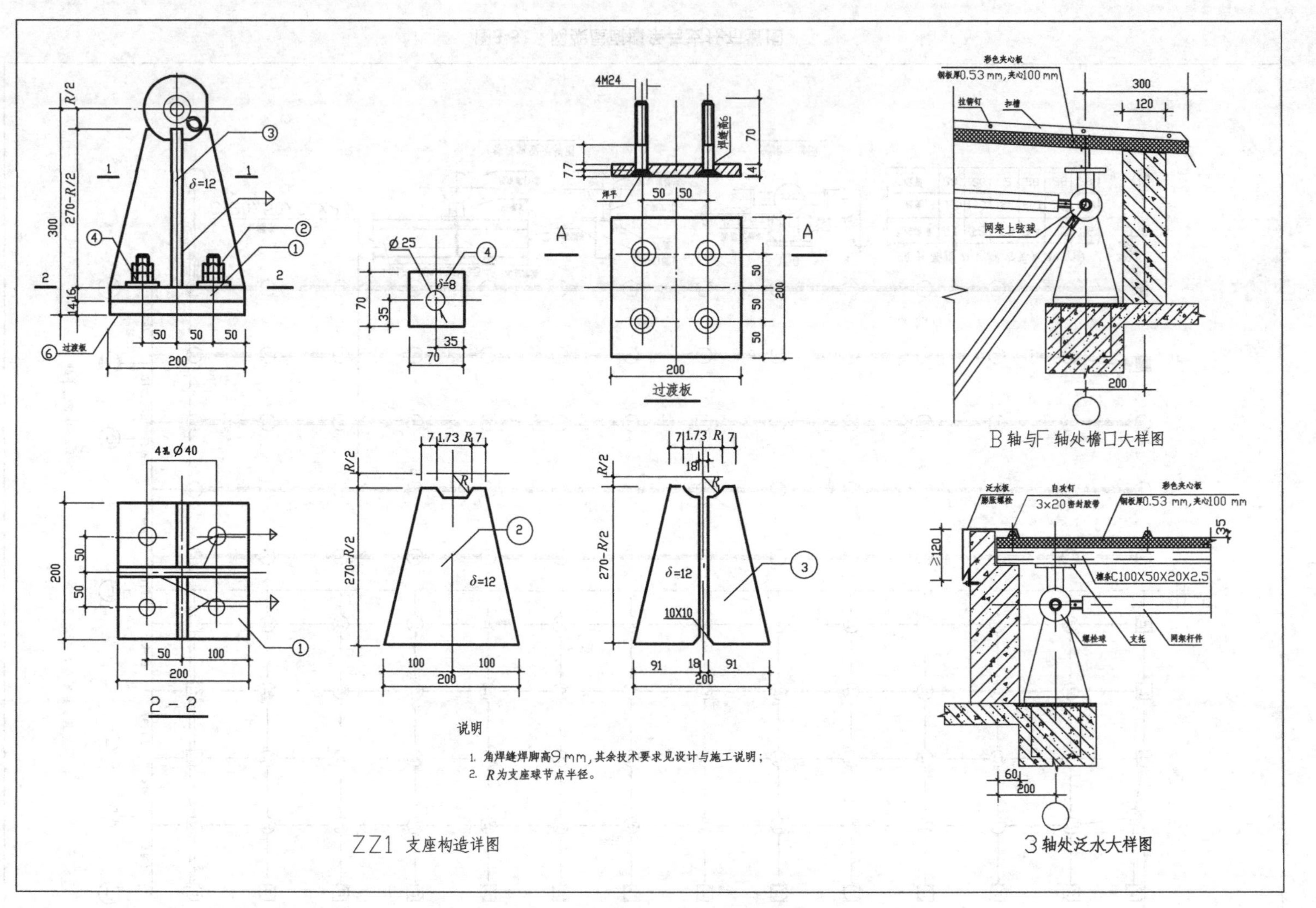


图3-53　网架支座及檐口构造详图

## 3.8 小结
(Summary)

① 介绍了大跨度房屋钢结构的概念及特点，为满足使用和建筑造型、尺寸或工艺过程等要求，大跨度房屋钢在大型公共建筑，如大会堂、影剧院、展览馆、音乐厅、体育馆、加盖体育场、市场、火车站、航空港等大型公共建筑中得到了广泛应用。

②大跨度房屋钢结构的用途、使用条件以及对其建筑造型方面要求的差异性，决定了结构方案的多样性。在大跨度房屋钢结构中，几乎采用了所有的结构体系，如梁式结构、拱式结构、门式刚架、钢索与钢压杆形成的平面预应力结构、网架与网壳结构、悬索结构、膜结构以及各种空间结构与预应体系组合形成的杂交结构等。各类结构均有自己的受力特点及适用范围。

③ 大跨房屋钢结构一般采用钢材、钢管等拼接而成，钢材之间一般采用螺栓及焊接节点；各钢管构件之间的连接一般采用相贯节点、螺栓球节点、焊接空心球节点。支承方式一般采用周边支承、点支承、周边支承与点支承相结合、三边支承或两边支承等方式。

④大跨房屋钢结构的计算方法较多，总体上包括两类，即基于离散化假定的有限元法（包括空间杆系有限元法和空间梁系有限元法）和基于连续化假定的方法（包括拟夹层板法和拟壳法），其中有限元分析已成为大跨房屋钢结构计算的主流手段，并由此发展了大量通用商业计算软件。

## 思考题
(Questions)

3-1 平面和空间大跨度结构受力各有什么特点?

3-2 张弦梁与索桁架结构在受力上有什么相似点与不同点?

3-3 简述悬索结构中支座反力的平衡措施。

3-4 简述大跨房屋钢结构节点及支座形式的特点。

# 第4章　门式刚架轻型房屋钢结构
# (The Steel Structure of Light-Weight Buildings with Portal Rigid)

**本章学习目标**

熟悉门式刚架轻型房屋钢结构的组成和布置；

掌握门式刚架轻型房屋钢结构的内力分析和变形计算方法；

掌握变截面梁、柱构件的截面验算内容；

了解门式刚架轻型房屋钢结构的节点设计特点。

## 4.1　概述
(Introduction)

门式刚架是一种传统的结构体系，该类结构的上部主构架包括刚架斜梁、刚架柱、支撑、檩条、系杆、山墙骨架等。门式刚架轻型房屋钢结构是指承重结构采用变截面或等截面实腹刚架，围护系统采用轻型钢屋面和轻型外墙的单层钢结构房屋。门式刚架轻型房屋钢结构具有受力简单、传力路径明确、构件制作快捷、便于工厂化加工、施工周期短等特点，因此广泛应用于工业、商业及文化娱乐公共设施等工业与民用建筑中。

## 4.2　门式刚架轻型房屋钢结构的组成及布置
(Components and Arrangements of Steel Structure of Light-Weight Building with Portal Rigid)

### 4.2.1　门式刚架轻型房屋钢结构的组成
**(Components of Steel Structure of Light-Weight Building with Portal Rigid)**

**门式刚架轻型房屋钢结构**主要适用于无强腐蚀介质作用，跨度为12～48 m，柱距为6～9 m，房屋高度不大于18 m，房屋高宽比小于1，承重结构为单跨或多跨实腹门式刚架，具有轻型屋盖和轻型外墙，可以设置起重量不大于200 kN的中、轻级工作制桥式吊车或 30 kN 悬挂式起重机的单层房屋钢结构。其结构组成如图 4-1 所示。

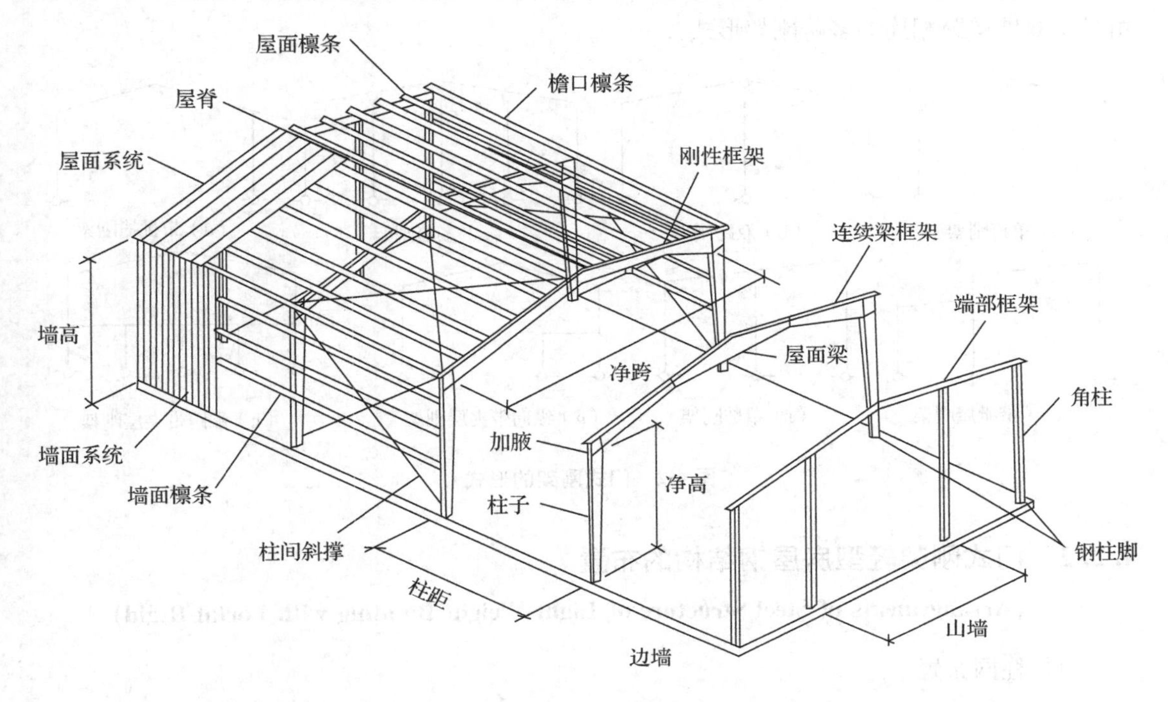


图 4-1 门式刚架的结构组成

在轻型门式刚架房屋结构体系中，屋盖应采用压型钢板屋面板和冷弯薄壁型钢檩条，主刚架可采用变截面实腹刚架，外墙宜采用压型钢板墙板和冷弯薄壁型钢墙梁，也可以采用砌体外墙或底部为砌体、上部为轻质材料的外墙。主刚架斜梁下翼缘和刚架柱内翼缘的出平面稳定性，由与檩条或墙梁相连接的隅撑来保证。主刚架间的交叉支撑可采用张紧的圆钢。

单层轻型门式刚架房屋可采用隔热卷材作屋盖隔热和保温层，也可以采用带隔热层的板材作屋面。

轻型门式刚架房屋屋面坡度宜取 1/20～1/8，在雨水较多的地区宜取其中较大值。

对于轻型门式刚架房屋，其檐口高度取地坪至房屋外侧檩条上缘的高度，其最大高度取地坪至屋盖顶部檩条上缘的高度，其宽度取房屋两面侧墙墙梁外皮之间的距离，其长度取两端山墙墙梁外皮之间的距离。

在多跨刚架局部抽掉中柱处，可布置托架。

山墙处可设置由斜梁、抗风柱和墙架组成的山墙墙架或直接采用门式刚架。

门式刚架的形式分为单跨刚架、双跨刚架、多跨刚架、带挑檐刚架、带毗屋刚架、单坡刚架、纵向带夹层刚架、端跨带夹层刚架（图 4-2）等。多跨刚架中间柱与刚架斜梁的连接，可采用铰接。必要时可在屋内设置夹层，夹层可沿纵向设置或在横向端跨设置。夹层与柱的连接可采用刚性连接或铰接。多跨刚架宜采用双坡或单坡屋盖，必要时也可采用由多个双坡单跨相连的多跨刚架形式。

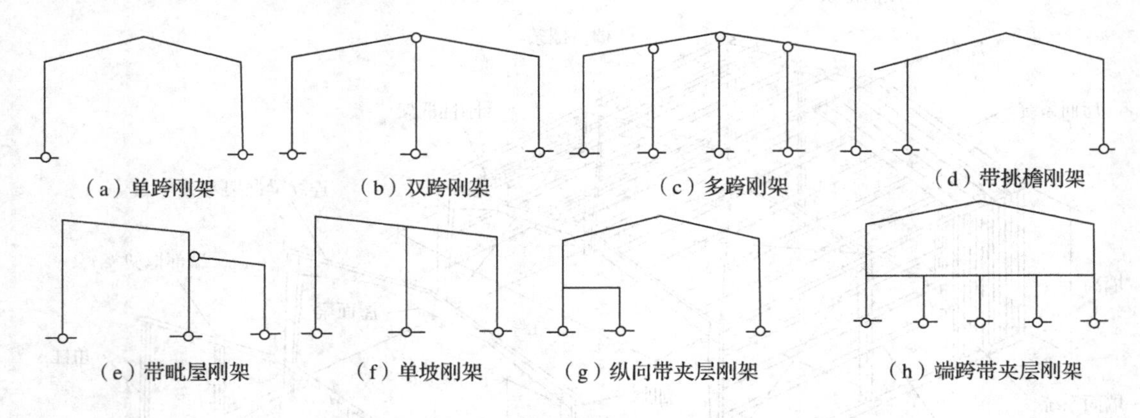


图 4-2　门式刚架的形式

## 4.2.2　门式刚架轻型房屋钢结构的布置

**(Arrangements of Steel Structure of Light-Weight Building with Portal Rigid)**

(1) 柱网布置

**柱网布置**就是确定门式刚架承重柱在平面上的排列，即确定它们的纵向和横向定位轴线所形成的网格。刚架的跨度就是柱子在纵向定位轴线之间的尺寸，刚架的柱距就是柱子在横向定位轴线之间的尺寸（图 4-3)。

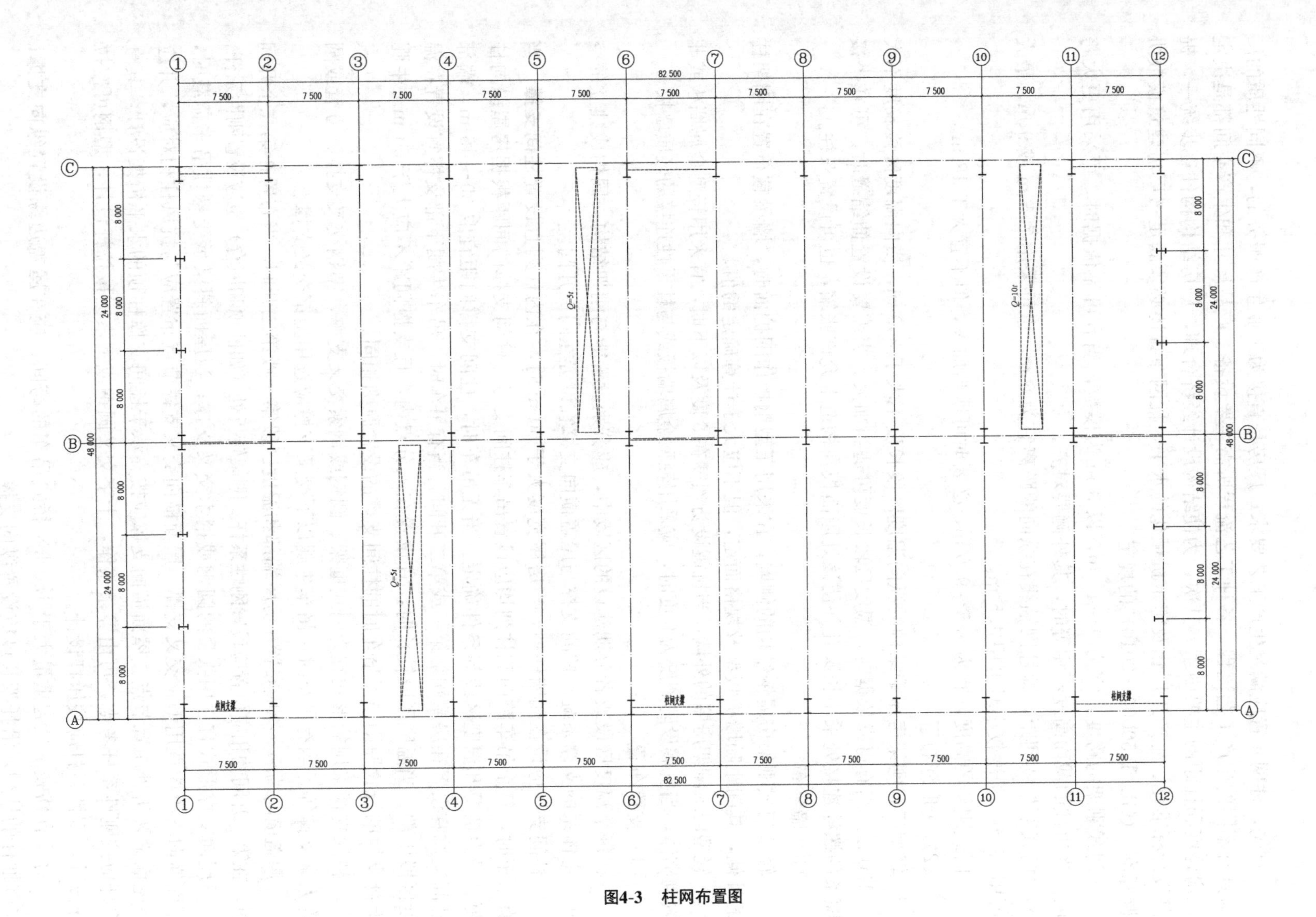
1
2
3
4
5
6
7
8
9
10
11
12
A
B
C
82 500
7 500
8 000
24 000
48 000
Q=5t
Q=10t
柱间支撑

图4-3 柱网布置图

首先，柱网布置应满足生产工艺要求。厂房是直接为工业生产服务的，不同性质的厂房具有不同的生产工艺流程，各种工艺流程所需主要设备、产品尺寸和生产空间都是决定厂房跨度和柱距的主要因素。其次，为使结构设计经济合理，厂房结构构件逐步统一，提高设计标准化、生产工厂化及施工机械化的水平，柱网布置还必须满足《厂房建筑模数协调标准》（GB/T 50006—2010）的规定。

门式刚架的跨度，宜为 9～48 m，以 3 m 为模数，当有可靠依据时，可采用更大跨度。当边柱的截面高度不相等时，其外侧要对齐。

门式刚架的间距，即柱网轴线在纵向的距离宜为 6 m，也可采用 7.5 m 或 9 m，最大可用 12 m。跨度较小时可用 4.5 m。

门式刚架的高度，宜为 4.5～9.0 m，必要时可适当加大，但不宜大于 18 m。

（2）变形缝布置

轻型门式刚架房屋钢结构的纵向温度区段长度不大于 300 m，横向温度区段长度不大于 150 m。当有可靠依据时，温度区段长度可适当加大。当需要设置**伸缩缝**时，可在搭接檩条的螺栓连接处采用长圆孔并使该处屋面板在构造上允许胀缩，也可设置双柱。

（3）墙梁布置

轻型门式刚架房屋钢结构的侧墙，在采用压型钢板作围护面时，墙梁宜布置在刚架柱的外侧，其间距随墙板板型及规格而定，但不应大于计算确定的值。

轻型门式刚架房屋的外墙，当抗震设防烈度在 8 度及以下时，宜采用轻型金属墙板或非嵌砌砌体，当抗震设防烈度为 9 度时，应采用轻型金属墙板或与柱柔性连接的轻质墙板。

（4）支撑布置

在每个温度区段或者分期建设的区段中，应分别设置能与刚架结构一同构成独立的空间稳定体系的支撑系统。柱间支撑与屋盖横向支撑宜设置在同一开间。

柱间支撑应设在侧墙柱列，当房屋宽度大于 60 m 时，在内柱列宜设置**柱间支撑**。当有吊车时，每个吊车跨两侧柱列均应设置吊车柱间支撑。柱间支撑的间距根据房屋纵向柱距、受力情况和温度区段等条件确定。当无吊车时，柱间支撑间距宜取 30～45 m，端部柱间支撑宜设置在房屋端部第一或第二开间。当有吊车时，吊车牛腿下部支撑宜设置在温度区段中部；当温度区段较长时，宜设置在三分点内，且支撑间距不应大于 50 m。牛腿上部支撑的设置原则与无吊车时的柱间支撑的设置原则相同。

柱间支撑采用的形式宜为门式框架、圆钢或钢索交叉支撑、型钢交叉支撑、方管或圆管人字支撑等。当有吊车时，吊车牛腿以下交叉支撑应选用型钢交叉支撑。

屋盖横向端部支撑应布置在房屋端部和温度区段第一或第二开间，当布置在第二个开间时，在第一开间的相应位置应设置**刚性系杆**。刚架转折处（如柱顶和屋脊）也应设置刚性系杆。

屋面支撑形式宜选用张紧的圆钢或钢索交叉支撑；当屋面斜梁承受悬挂吊车荷载时，屋面横向支撑应选用型钢交叉支撑。屋面横向交叉支撑节点布置应与抗风柱相对应，并应在屋面梁转折处布置节点。屋面横向支撑应按支承于柱间支撑柱顶的水平桁架设计，其直腹杆应按刚性系杆考虑，可由檩条兼作，十字交叉圆钢或钢索应按拉杆设计，型钢可按拉杆设计，刚性系杆应按压杆设计。

对设有驾驶室且起重量大于 150 kN 桥式吊车的跨间，应在屋盖边缘设置**纵向支撑**；在有抽柱的柱列，沿托架长度应设置纵向支撑。

轻型门式刚架房屋钢结构的支撑，宜采用张紧的十字交叉圆钢，用特制的连接件与梁柱腹板相连。连接件应能适应不同的夹角。圆钢端部都应有丝扣，校正定位后将拉条张紧固定。

## 4.3 变截面门式刚架的内力分析和变形计算
## (Internal Force Analysis and Deformation Calculation of Portal Rigid Frame with Variable Sections)

### 4.3.1 门式刚架的计算简图
### (Calculation Diagram of Portal Rigid Frame)

根据跨度、高度及荷载不同，门式刚架的梁、柱可采用变截面或等截面的实腹焊接工字形截面或轧制 H 形截面。设有桥式吊车时，柱宜采用等截面构件。变截面构件通常改变腹板的高度，做成楔形，必要时可改变翼缘厚度，邻接的制作单元可采用不同的翼缘截面，两相邻单元截面高度宜相等。

门式刚架的跨度，应取横向刚架柱轴线间的距离。

门式刚架的高度，应取地坪至柱轴线与斜梁轴线交点的高度。门式刚架的高度，应根据使用要求的室内净高度要求而定，设有吊车的厂房则应根据轨顶标高和吊车净高要求而定。

柱的轴线可取通过柱下端（较小端）中心的竖向直线；工业建筑边柱的定位轴线宜取柱外皮；斜梁的轴线可取通过变截面梁段最小端中心与斜梁上表面平行的轴线。门式刚架的计算简图如图 4-4 所示。图中尺寸 $h$、$L$ 分别为刚架柱高和跨度；$I_{c0}$、$I_{c1}$ 分别为柱小端和大端截面的惯性矩；$I_{b0}$、$I_{b1}$、$I_{b2}$ 分别为双楔形横梁最小截面、檐口截面和跨中截面的惯性矩；$\alpha$ 为楔形横梁长度比值；$S$ 为屋面斜梁跨度的一半。

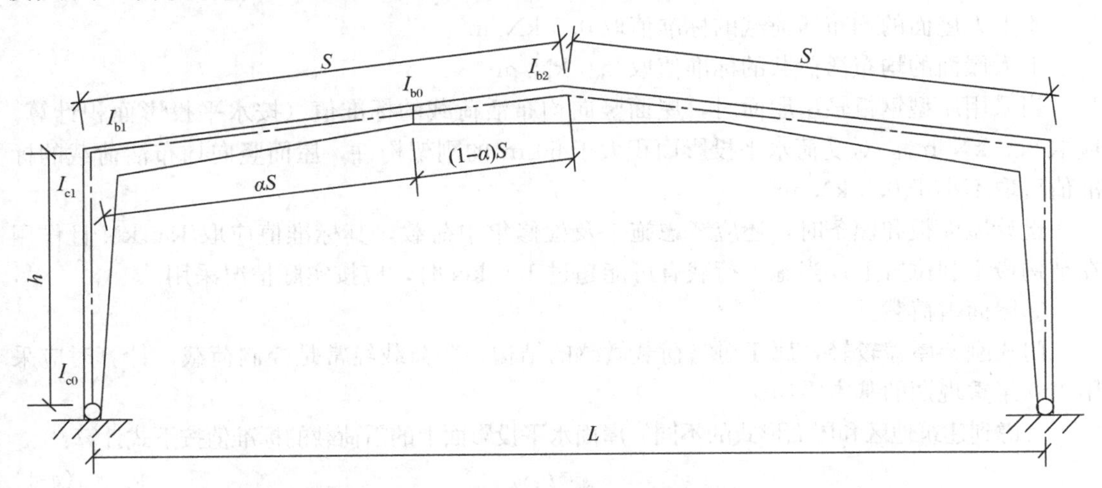


**图 4-4 门式刚架的计算简图**

门式刚架的柱脚多按铰接支承设计，通常为平板支座，设一对或两对地脚螺栓。当用于工业厂房且有桥式吊车时，宜将柱脚设计为刚接。

## 4.3.2 门式刚架的荷载计算

**(Loads Calculation of Portal Rigid Frame)**

1）永久荷载

刚架承受的**永久荷载**包括屋面板、檩条、支撑、刚架、墙架等结构自重及吊顶、管线、天窗、风帽、门窗等悬挂或建筑设施荷重。

屋面板自重的标准值可按表 4-1 取用。

**表 4-1 屋面板自重标准值**

| 屋面类型 | 瓦楞铁 | 压型钢板 | 波形石棉瓦 | 水泥平瓦 |
| --- | --- | --- | --- | --- |
| 恒载标准值 /（$kN/m^2$） | 0.05 | 0.1～0.15 | 0.2 | 0.55 |

实腹式檩条的自重标准值可取 0.05～0.1 $kN/m^2$，而格构式檩条的自重标准值可取 0.03～0.05 $kN/m^2$。

墙架结构的自重标准值可取 0.25～0.42 $kN/m^2$，檐高大时应取较大值。

2）可变荷载

刚架承受的**可变荷载**包括屋面活荷载、风荷载及吊车荷载等。

（1）屋面活荷载

屋面活荷载包括屋面均布活荷载、雪荷载和积灰荷载等。屋面活荷载按屋面水平投影面积计算。

①屋面均布活荷载。

考虑到使用及施工检修荷载，房屋建筑的屋面，其水平投影面上的屋面均布活荷载应进行如下考虑。

不上人屋面的均布活荷载的标准值取 0.5 $kN/m^2$。

上人屋面的均布活荷载的标准值取 2.0 $kN/m^2$。

当采用压型钢板轻型屋面时，屋面竖向均布活荷载的标准值（按水平投影面积计算）应取 0.5 $kN/m^2$。对受荷水平投影面积大于 60 $m^2$的刚架构件，屋面竖向均布活荷载的标准值可取不小于 0.3 $kN/m^2$。

设计屋面板和檩条时，还应考虑施工及检修集中荷载，其标准值应取 1.0 kN 且作用在结构最不利位置上；当施工荷载有可能超过 1.0 kN 时，应按实际情况采用。

②屋面雪荷载。

门式刚架屋盖较轻，属于对雪荷载敏感的结构。雪荷载经常是控制荷载，计算时应采用 100 年重现期的基本雪压。

考虑到建筑地区和屋面形式的不同，屋面水平投影面上的雪荷载的标准值按下式计算：

$$s_k = \mu_r s_0 \tag{4-1}$$

式中，$s_k$为雪荷载标准值，$kN/m^2$；$\mu_r$ 为屋面积雪分布系数，可按《门式刚架轻型房屋钢结构技术规范》（GB 51022—2015）第 4.3.2 条采用；$s_0$ 为基本雪压，$kN/m^2$，按现行国家标准《建筑结构荷载规范》（GB 50009—2012）规定的 100 年重现期的雪压采用。

③屋面积灰荷载。

对于生产中有大量排灰的厂房（如机械、冶金、水泥厂房等）及其邻近建筑物，应考虑其屋面积灰荷载，按照厂房使用性质及屋面形式的不同，由《建筑结构荷载规范》（GB 50009—2012）可查得相应的标准值。

考虑到上述三种屋面活荷载同时出现的可能性，《建筑结构荷载规范》（GB 50009—2012）规定，积灰荷载只考虑与雪荷载或屋面均布活荷载两者中的较大值进行组合，即屋面均布活荷载不与雪荷载同时组合，仅取两者中的较大者。

（2）风荷载

当气流作用于厂房时，便会在厂房的迎风面产生正压区（风压力），而在厂房背风面产生负压区（风吸力），这种风压力和风吸力称为风荷载。其值与建筑物所在地区基本风压、建筑物体型和高度以及建筑地面粗糙度等因素有关，并且认为风荷载垂直作用于建筑物表面上。垂直于建筑物表面上的风荷载标准值可按下式计算：

$$w_k = \beta\mu_w\mu_z w_0 \tag{4-2}$$

式中，$w_k$ 为风荷载标准值，kN/m$^2$；$\beta$ 为系数，计算主刚架时取 $\beta=1.1$，计算檩条、墙梁、屋面板和墙面板及其连接时，取 $\beta=1.5$；$\mu_w$ 为风荷载系数，考虑内、外风压最大值的组合，按《门式刚架轻型房屋钢结构技术规范》（GB 51022—2015）第4.2.2条的规定采用；$\mu_z$ 为风压高度变化系数，按《建筑结构荷载规范》（GB 50009—2012）的规定采用，当高度小于10 m时，应按10 m高度处的数值采用；$w_0$ 为基本风压，kN/m$^2$。

《门式刚架轻型房屋钢结构技术规范》（GB 51022—2015）的刚架横向风荷载系数，采用了美国房屋制造商协会（MBMA）根据风洞试验提出的系数。对于门式刚架轻型房屋，当其屋面坡度不大于10°、屋面平均高度不大于18 m、檐口高度不大于房屋的最小水平尺寸时，该系数应按表4-2确定，其中各区域的意义及与风向的关系如图4-5所示。

**表4-2　主刚架横向风荷载系数**

| 房屋类型 | 屋面坡度角 $\theta$ | 荷载工况 | 端区系数 | | | | 中间区系数 | | | | 山墙 |
|---|---|---|---|---|---|---|---|---|---|---|---|
| | | | 1E | 2E | 3E | 4E | 1 | 2 | 3 | 4 | 5和6 |
| 封闭式 | $0°\leqslant\theta\leqslant5°$ | (+i) | +0.43 | −1.25 | −0.71 | −0.60 | +0.22 | −0.87 | −0.55 | −0.47 | −0.63 |
| | | (−i) | +0.79 | −0.89 | −0.35 | −0.25 | +0.58 | −0.51 | −0.19 | −0.11 | −0.27 |
| | $\theta=10.5°$ | (+i) | +0.49 | −1.25 | −0.76 | −0.67 | +0.26 | −0.87 | −0.58 | −0.51 | −0.63 |
| | | (−i) | +0.85 | −0.89 | −0.40 | −0.31 | +0.62 | −0.51 | −0.22 | −0.15 | −0.27 |
| | $\theta=15.6°$ | (+i) | +0.54 | −1.25 | −0.81 | −0.74 | +0.30 | −0.87 | −0.62 | −0.55 | −0.63 |
| | | (−i) | +0.90 | −0.89 | −0.45 | −0.38 | +0.66 | −0.51 | −0.26 | −0.19 | −0.27 |

续表

| 房屋类型 | 屋面坡度角 $\theta$ | 荷载工况 | 端区系数 | | | | 中间区系数 | | | | 山墙 |
|---|---|---|---|---|---|---|---|---|---|---|---|
| | | | 1E | 2E | 3E | 4E | 1 | 2 | 3 | 4 | 5和6 |
| 部分封闭式 | $0°\leqslant\theta\leqslant5°$ | (+i) | +0.06 | −1.62 | −1.08 | −0.98 | −0.15 | −1.24 | −0.92 | −0.84 | −1.00 |
| | | (−i) | +1.16 | −0.52 | +0.02 | +0.12 | +0.95 | −0.14 | +0.18 | +0.26 | +0.10 |
| | $\theta=10.5°$ | (+i) | +0.12 | −1.62 | −1.13 | −1.04 | −0.11 | −1.24 | −0.95 | −0.88 | −1.00 |
| | | (−i) | +1.22 | −0.52 | −0.03 | +0.06 | +0.99 | −0.14 | +0.15 | +0.22 | +0.10 |
| | $\theta=15.6°$ | (+i) | +0.17 | −1.62 | −1.20 | −1.11 | +0.07 | −1.24 | −0.99 | −0.92 | −1.00 |
| | | (−i) | +1.27 | −0.52 | −0.10 | −0.01 | +1.03 | −0.14 | +0.11 | +0.18 | +0.10 |

注：①封闭式和部分封闭式房屋荷载工况中的（+i）表示内压为压力，（−i）表示内压为吸力。

②表中正号和负号分别表示风力朝向板面和离开板面。

③未给出的 $\theta$ 值的系数可用线性插值法求得。

④当2区的屋面压力系数为负时，该值适用于2区从屋面边缘算起垂直于檐口方向延伸宽度为房屋最小水平尺寸的50%或 $2.5h$ 的范围（取二者中的较小值）。2区的其余面积，直到屋脊线，应采用3区的系数。

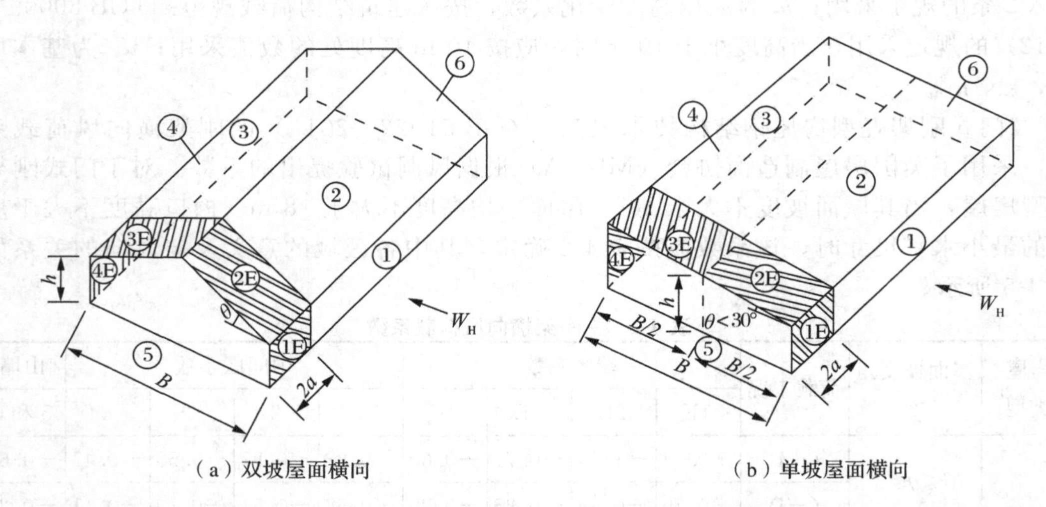


（a）双坡屋面横向　　（b）单坡屋面横向

$\theta$—屋面坡度角，为屋面与水平面的夹角；$B$—房屋宽度；$h$—屋顶至室外地面的平均高度；双坡屋面可近似取檐口高度，单坡屋面可取跨中高度；$a$—计算围护结构构件时的房屋边缘带宽度，取房屋最小水平尺寸的10%或 $0.4h$ 之中较小值，但不得小于房屋最小尺寸的4%或1 m。图中①②③④⑤⑥(1E)(2E)(3E)(4E)为分区编号，$W_H$ 为横向来风。

**图4-5　主刚架的横向风荷载系数分区**

## 4.3.3　门式刚架的内力计算及荷载组合

## (Internal Force Calculation and Loads Combination of Portal Rigid Frame)

（1）刚架的内力计算

在实际应用中刚架采用塑性设计法尚不普遍，且塑性设计性不适用于变截面刚架、格构式刚架及有吊车荷载的刚架，故本章仅叙述有关弹性设计法的分析计算内容。

刚架的内力计算一般取单榀刚架按平面计算方法进行。刚架梁、柱内力的计算可采用电子计算机及专用程序进行，亦可按门式刚架计算公式进行。

(2) 控制截面及最不利内力组合

刚架结构在各种荷载作用下的内力确定之后，即可进行荷载和内力组合，从而求得刚架梁、柱各控制截面的最不利内力，以此作为构件设计验算的依据。

对于刚架横梁，其**控制截面**一般为每跨的两端支座截面和跨中截面。梁支座截面是最大负弯矩（指绝对值最大）及最大剪力作用的截面，在水平荷载作用下还可能出现正弯矩。因此，对支座截面而言，其最不利内力有最大负弯矩（$-M_{max}$）组合、最大剪力($V_{max}$）组合以及可能出现的最大正弯矩（$+M_{max}$）组合。梁跨中截面一般是最大正弯矩作用的截面，但也可能出现负弯矩，故跨中截面的最不利内力有最大正弯矩（$+M_{max}$）组合以及可能出现的最大负弯矩（$-M_{max}$）组合。

对于刚架柱，弯矩最大值一般发生在上下两个柱端，而剪力和轴力在柱子中通常保持不变或变化很小。因此刚架柱的控制截面为柱底、柱顶和柱阶形变截面处。

最不利内力应按梁、柱控制截面分别进行组合，一般可选柱底、柱顶、柱阶形变截面处及梁端、梁跨中等截面进行组合和验算。

计算刚架梁控制性截面的内力组合时，一般应计算以下三种最不利内力组合：

①$M_{max}$及相应的$V$。

②$M_{min}$（即负弯矩最大）及相应的$V$。

③$V_{max}$及相应的$M$。

计算刚架柱控制性截面的内力组合时，一般应计算以下四种最不利内力组合：

①$N_{max}$及相应的$M$、$V$。

②$N_{min}$及相应的$M$、$V$。

③$M_{max}$及相应的$N$、$V$。

④$M_{min}$（即负弯矩最大）及相应的$N$、$V$。

刚架中构件内力符号：弯矩以使刚架内部受拉者为正，反之为负；剪力以绕杆端顺时针转者为正，反之为负；轴力以受压为正，反之为负。

刚架梁、柱内力可列表进行组合。对于非抗震的刚架，其格式可参考表4-3、表4-4。

**表 4-3　刚架梁内力组合表**

左跨梁：

| 梁截面 | 内力/(kN或kN·m) | 恒载① | 活载② | 左风③ | 右风④ | $M_{max}$相应的$V$ | | $M_{min}$相应的$V$ | | $\|V\|_{max}$相应的$M$ | |
|---|---|---|---|---|---|---|---|---|---|---|---|
| | | | | | | 组合项目 | 组合值 | 组合项目 | 组合值 | 组合项目 | 组合值 |
| 截面1-1 | $M$ | | | | | | | | | | |
| | $V$ | | | | | | | | | | |
| | $N$ | | | | | | | | | | |
| 截面2-2 | $M$ | | | | | | | | | | |
| | $V$ | | | | | | | | | | |
| | $N$ | | | | | | | | | | |
| 截面3-3 | $M$ | | | | | | | | | | |
| | $V$ | | | | | | | | | | |
| | $N$ | | | | | | | | | | |
| 截面4-4 | $M$ | | | | | | | | | | |
| | $V$ | | | | | | | | | | |
| | $N$ | | | | | | | | | | |

**表 4-4　刚架柱内力组合表**

左柱：

| 柱截面 | 内力/(kN或kN·m) | 恒载① | 活载② | 左风③ | 右风④ | $N_{max}$相应的$M$ | | $N_{min}$相应的$M$ | | $\|M\|_{max}$相应的$V$、$N$ | |
|---|---|---|---|---|---|---|---|---|---|---|---|
| | | | | | | 组合项目 | 组合值 | 组合项目 | 组合值 | 组合项目 | 组合值 |
| 截面5-5 | $M$ | | | | | | | | | | |
| | $N$ | | | | | | | | | | |
| | $V$ | | | | | | | | | | |
| 截面6-6 | $M$ | | | | | | | | | | |
| | $N$ | | | | | | | | | | |
| | $V$ | | | | | | | | | | |

（3）刚架的荷载组合

① 门式刚架**荷载组合**应符合下列原则：

a）屋面均布活荷载不与雪荷载同时考虑，应取两者中的最大值。

b）积灰荷载与雪荷载或屋面均布活荷载中的较大值同时考虑。

c）施工或检修集中荷载不与屋面材料或檩条自重以外的其他荷载同时考虑。

d）多台吊车的组合应符合《建筑结构荷载规范》（GB 50009—2012）的规定。

e）风荷载不与地震作用同时考虑。

② 持久设计状况和短暂设计状况下，当荷载与荷载效应按线性关系考虑时，门式刚架荷载**基本组合**的效应设计值应按下式确定：

$$S_d = \gamma_G S_{Gk} + \psi_Q \gamma_Q S_{Qk} + \psi_w \gamma_w S_{wk} \tag{4-3}$$

式中，$S_d$ 为荷载组合的效应设计值；$\gamma_G$ 为永久荷载分项系数；$\gamma_Q$ 为竖向可变荷载分项系数；$\gamma_w$ 为风荷载分项系数；$S_{Gk}$为永久荷载效应标准值；$S_{Qk}$为竖向可变荷载效应标准值；$S_{wk}$为风荷载效应标准值；$\psi_Q$、$\psi_w$ 分别为可变荷载组合值系数和风荷载组合值系数，当永久荷载效应起控制作用时应分别取 0.7 和 0，当可变荷载效应起控制作用时应分别取 1.0 和 0.6 或 0.7 和 1.0。

③ 持久设计状况和短暂设计状况下，门式刚架荷载基本组合的**分项系数**应按下列规定采用：

a）永久荷载的分项系数 $\gamma_G$：当其效应对结构承载力不利时，对由可变荷载效应控制的组合应取 1.3，对由永久荷载效应控制的组合应取 1.35；当其效应对结构承载力有利时，应取 1.0。

b）竖向可变荷载的分项系数 $\gamma_Q$ 应取 1.5。

c）风荷载分项系数 $\gamma_w$ 应取 1.5。

④地震设计状况下，当作用与作用效应按线性关系考虑时，门式刚架荷载与地震作用基本组合效应设计值应按下式确定：

$$S_E = \gamma_G S_{GE} + \gamma_{Eh} S_{Ehk} + \gamma_{Ev} S_{Evk} \tag{4-4}$$

式中，$S_E$ 为荷载和地震效应组合的效应设计值；$S_{GE}$为重力荷载代表值的效应；$S_{Ehk}$为水平地震作用标准值的效应；$S_{Evk}$为竖向地震作用标准值的效应；$\gamma_G$ 为重力荷载分项系数；$\gamma_{Eh}$为水平地震作用分项系数；$\gamma_{Ev}$为竖向地震作用分项系数。

⑤地震设计状况下，门式刚架荷载和地震作用基本组合的分项系数应按表 4-5 采用。当重力荷载效应对结构的承载力有利时，表 4-5 中 $\gamma_G$ 不应大于 1.0。

表 4-5　地震设计状况时荷载和作用的分项系数

| 参与组合的荷载和作用 | $\gamma_G$ | $\gamma_{Eh}$ | $\gamma_{Ev}$ | 说明 |
|---|---|---|---|---|
| 重力荷载及水平地震作用 | 1.2 | 1.3 | | |
| 重力荷载及竖向地震作用 | 1.2 | | 1.3 | 8 度、9 度抗震设计时考虑 |
| 重力荷载、水平地震及竖向地震作用 | 1.2 | 1.3 | 0.5 | 8 度、9 度抗震设计时考虑 |

①计算刚架地震作用及自振特性时，门式刚架荷载与地震作用基本组合效应设计值＝永久荷载标准值＋0.5×屋面活荷载标准值＋吊车荷载标准值。

②当考虑地震作用组合的内力时，门式刚架荷载与地震作用基本组合效应设计值＝1.3×永久荷载标准值＋1.5×(0.5×屋面活荷载标准值＋吊车荷载标准值)＋ 1.5×地震作用标准值。

实际经验表明，对轻型屋面的刚架，当地震设防烈度为 7 度而相应风荷载大于 0.35 kN/m$^2$（标准值）或为 8 度（Ⅰ、Ⅱ类场地上）而风荷载大于 0.45 kN/m$^2$时，地震作用组合一般不起控制作用，可只进行基本的内力计算。

### 4.3.4　门式刚架的变形计算和构件的长细比限制 (Deformation Calculation of Portal Rigid Frame and Slenderness Ratio Limitation of Members)

变截面门式刚架的变形应采用**弹性分析方法**计算。

《门式刚架轻型房屋钢结构技术规范》(GB 51022—2015) 关于刚架变形的规定如下：

①计算钢结构变形时，可不考虑螺栓孔引起的截面削弱。

②单层轻型门式刚架房屋钢结构的刚架柱顶位移（计算值），在风荷载或多遇地震标准值作用下，不应大于表 4-6 所列的限值。受弯构件的挠度与其跨度的比值，不宜大于表 4-7 所列的限值。

表 4-6　刚架的柱顶位移（计算值）限值

| 吊车情况 | 其他情况 | 柱顶位移限值/mm |
|---|---|---|
| 无吊车 | 当采用轻型钢墙板时 | $h/60$ |
| | 当采用砌体墙时 | $h/240$ |
| 有桥式吊车 | 当吊车有驾驶室时 | $h/400$ |
| | 当吊车由地面操作时 | $h/180$ |

注：表中 $h$ 为刚架柱高度。

表 4-7 受弯构件的挠度与跨度比限值

| | 构件类别 | 构件挠度限值/mm |
|---|---|---|
| 竖向挠度 | 门式刚架斜梁 | |
| | 仅支承压型钢板屋面和冷弯型钢檩条 | $L/180$ |
| | 尚有吊顶 | $L/240$ |
| | 有悬挂起重机 | $L/400$ |
| | 夹层 | |
| | 主梁 | $L/400$ |
| | 次梁 | $L/250$ |
| | 檩条 | |
| | 仅支承压型钢板屋面 | $L/150$ |
| | 尚有吊顶 | $L/240$ |
| | 压型钢板屋面板 | $L/150$ |
| 水平挠度 | 墙板 | $L/100$ |
| | 抗风柱或抗风桁架 | $L/250$ |
| | 墙梁 | |
| | 仅支承压型钢板墙 | $L/100$ |
| | 支承砌体墙 | $L/108$ 且≤50 |

注：①表中 $L$ 为构件跨度。

②对门式刚架斜梁，$L$ 取全跨。

③对悬臂梁，按悬伸长度的 2 倍计算受弯构件的跨度。

③由柱顶位移和构件挠度产生的屋面坡度改变值，不应大于坡度设计值的 1/3。

④构件长细比应符合下列规定：

a）受压构件的**长细比**，不宜大于表 4-8 规定的限值。

表 4-8 受压构件的容许长细比限值

| 构件类别 | 长细比限值 |
|---|---|
| 主要构件 | 180 |
| 其他构件及支撑 | 220 |

注：当地震作用组合的效应控制结构设计时，柱的长细比不应大于 150。

b）受拉构件的长细比，不宜大于表 4-9 规定的限值。

**表 4-9　受拉构件的长细比限值**

| 构件类别 | 承受静力荷载或间接承受动力荷载的结构 | 直接承受动力荷载的结构 |
|---|---|---|
| 桁架杆件 | 350 | 250 |
| 吊车梁或吊车桁架以下的柱间支撑 | 300 | |
| 其他支撑（张紧的圆钢或钢索支撑除外） | 400 | |

注：①对承受静力荷载的结构，可仅计算受拉构件在竖向平面内的长细比。

②对直接或间接承受动力荷载的结构，计算单角钢受拉构件的长细比时，应采用角钢的最小回转半径；在计算单角钢交叉受拉杆件平面外的长细比时，应采用与角钢肢边平行的轴的回转半径。

③在永久荷载与风荷载组合作用下受压的构件，其长细比不宜大于 250。

## 4.4　变截面门式刚架梁、柱的设计特点

(Design Features of Beams and Columns of Portal Rigid Frame with Variable Sections)

### 4.4.1　梁、柱截面板件的最大宽厚比和有效宽度

**(Maximum Width-to-Thickness Ratio and Effective Width of Plates in Beams and Columns)**

（1）最大宽厚比

工字形截面构件受压翼缘板自由外伸宽度 $b$ 与其厚度 $t$ 之比：

$$b/t \leqslant 15\sqrt{235/f_y} \tag{4-5}$$

工字形截面构件腹板的计算高度 $h_w$ 与其厚度 $t_w$ 之比：

$$h_w/t_w \leqslant 250 \tag{4-6}$$

当地震作用组合的效应控制结构设计时，门式刚架轻型房屋钢结构的抗震构造措施应符合下列规定：

①工字形截面构件受压翼缘板自由外伸宽度 $b$ 与其厚度 $t$ 之比，不应大于$13\sqrt{235/f_y}$；工字形截面梁、柱构件腹板的计算高度 $h_w$ 与其厚度 $t_w$ 之比，不应大于 160。

② 在檐口或中柱的两侧三个檩距范围内，每道檩条处屋面梁均应布置双侧隅撑；边柱的檐口墙檩处均应双侧设置隅撑。

③ 当柱脚刚接时，锚栓的面积不应小于柱子截面面积的 15%。

④ 纵向支撑采用圆钢或钢索时，支撑与柱子腹板的连接应采用不能相对滑动的连接。

⑤ 柱的长细比不应大于 150。

（2）有效宽度

当工字形截面构件腹板受弯及受压板幅考虑屈曲后强度时，应按有效宽度计算截面特性。受压区有效宽度 $h_e$ 的计算如下：

$$h_e = \rho h_c \tag{4-7}$$

式中，$h_e$ 为腹板受压区有效宽度，mm；$h_c$ 为腹板受压区宽度，mm；$\rho$ 为有效宽度系数，$\rho > 1.0$ 时，取 1.0。

有效宽度系数 $\rho$，由下式确定：

$$\rho = \frac{1}{(0.243 + \lambda_p^{1.25})^{0.9}} \tag{4-8}$$

$$\lambda_p = \frac{h_w / t_w}{28.1\sqrt{k_\sigma}\sqrt{235/f_y}} \tag{4-9}$$

$$k_\sigma = \frac{16}{\sqrt{(1+\beta)^2 + 0.112(1-\beta)^2} + (1+\beta)} \tag{4-10}$$

$$\beta = \sigma_{min} / \sigma_{max} \tag{4-11}$$

式中，$\lambda_p$ 为与板件受弯、受压有关的参数，当 $\sigma_{max} < f$ 时，计算 $\lambda_p$ 可用 $\gamma_R \sigma_{max}$ 代替式（4-9）中的 $f_y$，$\gamma_R$ 为抗力分项系数，对 Q235 和 Q355 钢，$\gamma_R$ 取 1.1；$h_w$ 为腹板的高度，mm，对楔形腹板取板幅平均高度；$t_w$ 为腹板的厚度，mm；$k_\sigma$ 为杆件在正应力作用下的屈曲系数；$\beta$ 为截面边缘正应力比值，$-1 \leqslant \beta \leqslant 1$；$\sigma_{max}$、$\sigma_{min}$ 为分别为板边最大和最小应力，且 $|\sigma_{min}| \leqslant |\sigma_{max}|$。

组成有效宽度的两部分在截面上是不等长的（图 4-6），根据应力状态，两部分的长度 $h_{e1}$ 和 $h_{e2}$ 由下式确定：

当截面全部受压，即 $\beta \geqslant 0$ 时，

$$h_{e1} = 2h_e / (5 - \beta) \tag{4-12}$$

$$h_{e2} = h_e - h_{e1} \tag{4-13}$$

当截面部分受拉，即 $\beta < 0$ 时，

$$h_{e1} = 0.4 h_e \tag{4-14}$$

$$h_{e2} = 0.6 h_e \tag{4-15}$$

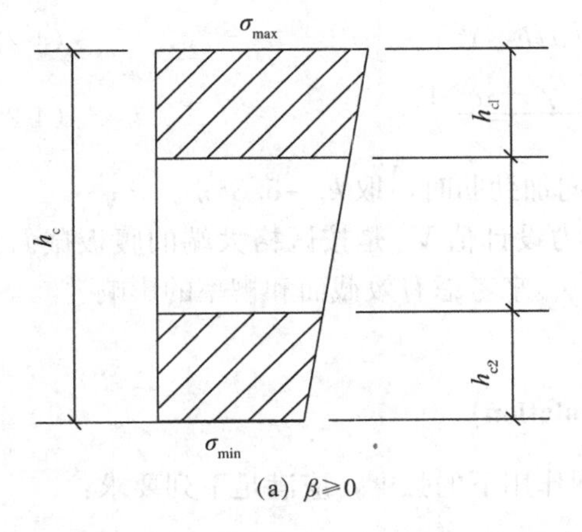

(a) $\beta \geqslant 0$

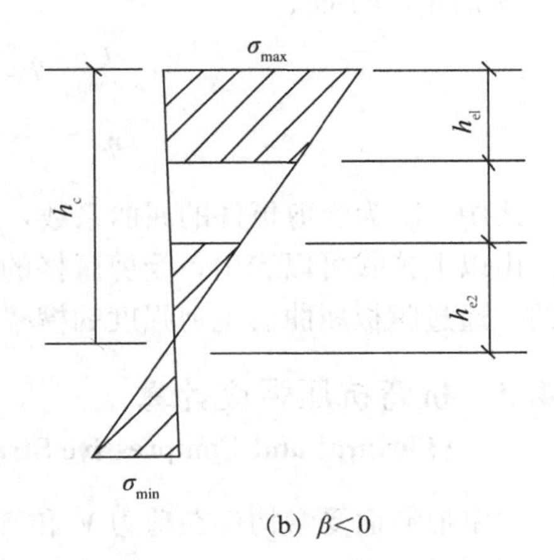

(b) $\beta < 0$

**图 4-6 腹板有效宽度的分布**

### 4.4.2 抗剪强度计算

**(Shear Strength Calculation)**

工字形截面构件腹板的受剪板幅，考虑**屈曲后强度**时，应设置横向加劲肋，形成受剪区格，区格的长度与板幅范围内的大端截面高度相比不应大于 3。受剪区格的抗剪承载力设计值 $V_d$ 应按下列公式计算：

$$V_d = \chi_{tap}\varphi_{ps}h_{w1}t_w f_v \leqslant h_{w0}t_w f_v \tag{4-16}$$

$$\varphi_{ps} = \frac{1}{(0.51+\lambda_s^{3.2})^{1/2.6}} \leqslant 1.0 \tag{4-17}$$

$$\chi_{tap} = 1 - 0.35\alpha^{0.2}\gamma_p^{2/3} \tag{4-18}$$

$$\gamma_p = \frac{h_{w1}}{h_{w0}} - 1 \tag{4-19}$$

$$\alpha = \frac{a}{h_{w1}} \tag{4-20}$$

式中，$f_v$ 为钢材抗剪强度设计值，$N/mm^2$；$h_{W1}$、$h_{w0}$ 分别为楔形腹板大端和小端腹板高度，mm；$t_w$ 为腹板的厚度，mm；$\lambda_s$ 为与板件受剪有关的参数；$\chi_{tap}$ 为腹板屈曲后抗剪强度的楔率折减系数；$\gamma_p$ 为腹板区格的楔率；$\alpha$ 为区格的长度与高度之比；$a$ 为加劲肋间距，mm。

当利用腹板屈曲后抗剪强度时，横向加劲肋间距 $a$ 宜取 $h_{w1} \sim 3h_{w1}$。

参数 $\lambda_s$ 应按下列公式计算：

$$\lambda_s = \frac{h_{w1}/t_w}{37\sqrt{k_\tau}\sqrt{235/f_y}} \tag{4-21}$$

当 $a/h_{w1} < 1$ 时，

$$k_\tau = 4 + 5.34/(a/h_{w1})^2 \tag{4-22}$$

当 $a/h_{w1} \geqslant 1$ 时，

$$k_\tau = \eta_s[5.34 + 4/(a/h_{w1})^2] \tag{4-23}$$

$$\eta_s = 1 + \gamma_p^{0.25}\frac{0.25\sqrt{\gamma_p}+\alpha-1}{\alpha^{2-0.25\sqrt{\gamma_p}}} \tag{4-24}$$

式中，$k_\tau$ 为受剪板件的屈曲系数，当不设横向加劲肋时，取 $k_\tau = 5.34\eta_s$。

由以上公式可以看出，受剪区格的抗剪承载力设计值 $V_d$ 是按区格大端的腹板截面计算的，通过腹板屈曲后抗剪强度的楔率折减系数 $\chi_{tap}$ 来考虑有效截面和楔率的影响。

### 4.4.3 抗弯抗压强度计算

**(Flexural and Compressive Strength Calculation)**

工字形截面受弯构件在剪力 $V$ 和弯矩 $M$ 共同作用下的强度，应满足下列要求：

当 $V \leqslant 0.5V_d$ 时，

$$M \leqslant M_e \tag{4-25}$$

当 $0.5V_d < V \leqslant V_d$ 时，

$$M \leqslant M_f + (M_e - M_f)\left[1 - \left(\frac{V}{0.5V_d} - 1\right)^2\right] \tag{4-26}$$

当截面为双轴对称时，

$$M_f = A_f(h_w + t)f \tag{4-27}$$

式中，$M_f$ 为两翼缘所承担的弯矩，N·mm；$M_e$ 为构件有效截面所承担的弯矩，N·mm，$M_e = W_e f$；$W_e$ 为构件有效截面最大受压纤维的截面模量，$mm^3$；$A_f$ 为构件翼缘的截面面积，$mm^2$；$h_w$ 为计算截面的腹板高度，mm；$t$ 为计算截面的翼缘厚度，mm；$V_d$ 为腹板抗剪承载力设计值，N，按式（4-16）计算。

工字形截面压弯构件在剪力 $V$、弯矩 $M$ 和轴压力 $N$ 共同作用下的强度，应满足下列公式要求：

当 $V \leqslant 0.5V_d$ 时，

$$\frac{N}{A_e} + \frac{M}{W_e} \leqslant f \tag{4-28}$$

当 $0.5V_d < V \leqslant V_d$ 时，

$$M \leqslant M_f^N + (M_e^N - M_f^N)\left[1 - \left(\frac{V}{0.5V_d} - 1\right)^2\right] \tag{4-29}$$

$$M_e^N = M_e - NW_e/A_e \tag{4-30}$$

当截面为双轴对称时，

$$M_f^N = A_f(h_w + t)(f - N/A_e) \tag{4-31}$$

式中，$A_e$ 为有效截面面积，$mm^2$；$M_f^N$ 为兼承压力 $N$ 时两翼缘所能承受的弯矩，N·mm。

### 4.4.4 加劲肋设置
### (Set-up of Stiffening Ribs)

梁腹板应在与中柱连接处、较大集中荷载作用处和翼缘转折处设置**横向加劲肋**。

梁腹板利用屈曲后强度时，其中间加劲肋除承受集中荷载和翼缘转折产生的压力外，还应承受拉力场产生的压力。该压力应按下列公式计算：

$$N_S = V - 0.9\varphi_s h_w t_w f_v \tag{4-32}$$

$$\varphi_s = \frac{1}{\sqrt[3]{0.738 + \lambda_s^2}} \tag{4-33}$$

式中，$N_S$ 为拉力场产生的压力，N；$V$ 为梁受剪承载力设计值，N；$\varphi_s$ 为腹板剪切屈曲稳定系数，$\varphi_s \leqslant 1.0$；$\lambda_s$ 为腹板剪切屈曲通用高厚比，按式（4-21）计算；$h_w$ 为腹板的高度，mm；$t_w$ 为腹板的厚度，mm。

当验算加劲肋稳定性时，其截面应包括每侧 $15t_w\sqrt{235/f_y}$ 宽度范围内的腹板面积，计算长度取 $h_w$。

当斜梁上翼缘承受集中荷载处不设横向加劲肋时，除应按《钢结构设计标准》（GB 50017—2017）的规定验算腹板上边缘正应力、剪应力和局部压应力共同作用时的折算应力外，还应满足下列公式要求：

$$F \leqslant 15\alpha_m t_w^2 f\sqrt{\frac{t_f}{t_w}}\sqrt{\frac{235}{f_y}} \tag{4-34}$$

$$\alpha_m = 1.5 - M/(w_e f) \tag{4-35}$$

式中，$F$ 为上翼缘所受的集中荷载，N；$t_f$、$t_w$ 为分别为斜梁翼缘和腹板的厚度，mm；$\alpha_m$ 为参数，$\alpha_m \leqslant 1.0$，在斜梁负弯矩区取 1.0；$M$ 为集中荷载作用处的弯矩，N·mm；$w_e$ 为有效截面最大受压纤维的截面模量，$mm^3$。

### 4.4.5 梁的验算

**(Check Calculations of Beams)**

（1）抗剪强度验算

刚架梁抗剪强度按式（4-16）计算。

（2）抗弯强度验算

刚架梁抗弯强度按式（4-25）、式（4-26）或式（4-28）～式（4-31）验算。小端截面亦应验算轴力、弯矩和剪力共同作用下的强度。

（3）变截面刚架梁的稳定性验算

承受线性变化弯矩的楔形变截面梁段的稳定性，应按下列公式计算：

$$\frac{M_1}{\gamma_x \varphi_b W_{x1}} \leqslant f \tag{4-36}$$

$$\varphi_b = \frac{1}{(1-\lambda_{b0}^{2n}+\lambda_b^{2n})^{1/n}} \tag{4-37}$$

$$\lambda_{b0} = \frac{0.55-0.25k_\sigma}{(1+\gamma)^{0.2}} \tag{4-38}$$

$$n = \frac{1.51}{\lambda_b^{0.1}}\sqrt[3]{\frac{b_1}{h_1}} \tag{4-39}$$

$$k_\sigma = k_M \frac{W_{x1}}{W_{x0}} \tag{4-40}$$

$$\lambda_b = \sqrt{\frac{\gamma_x W_{x1} f_y}{M_{cr}}} \tag{4-41}$$

$$k_M = \frac{M_0}{M_1} \tag{4-42}$$

$$\gamma = (h_1 - h_0)/h_0 \tag{4-43}$$

式中，$\varphi_b$ 为楔形变截面梁段的整体稳定系数，$\varphi_b \leqslant 1.0$；$k_\sigma$ 为小端截面压应力除以大端截面压应力得到的比值；$k_M$ 为弯矩比，为较小弯矩除以较大弯矩；$\lambda_b$ 为梁的通用长细比；$\gamma_x$ 为截面塑性开展系数，按《钢结构设计标准》（GB 50017—2017）的规定取值；$M_{cr}$ 为楔形变截面梁弹性屈曲临界弯矩，N·mm；$b_1$、$h_1$ 分别为弯矩较大截面的受压翼缘宽度和上、下翼缘中面之间的距离，mm；$W_{x1}$ 为弯矩较大截面受压边缘的截面模量，$mm^3$；$\gamma$ 为变截面梁楔率；$h_0$ 为小端截面上、下翼缘中面之间的距离，mm；$M_0$ 为小端弯矩，N·mm；$M_1$ 为大端弯矩，N·mm。

楔形变截面梁弹性屈曲临界弯矩 $M_{cr}$ 按以下三种情形并结合具体情况进行计算。

①变截面托梁（抽柱引起）（图 4-7）弹性屈曲临界弯矩 $M_{cr}$ 应按下列公式计算：

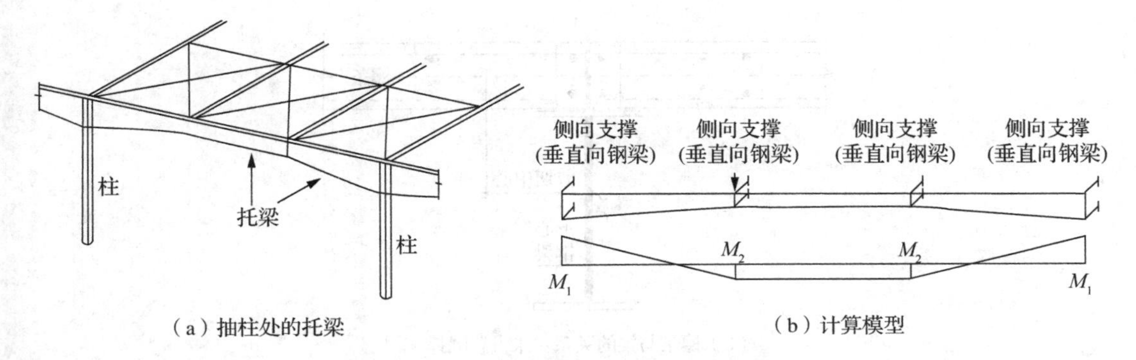


（a）抽柱处的托梁　　（b）计算模型

**图 4-7　变截面托梁（抽柱引起）**

$$M_{cr}=C_1\frac{\pi^2EI_y}{L^2}\left[\beta_{x\eta}+\sqrt{\beta_{x\eta}^2+\frac{I_{\omega\eta}}{I_y}\left(1+\frac{GJ_\eta L^2}{\pi^2EI_{\omega\eta}}\right)}\right] \tag{4-44}$$

$$C_1=0.46k_M^2\eta_i^{0.346}-1.32k_M\eta_i^{0.132}+1.86\eta_i^{0.023} \tag{4-45}$$

$$\beta_{x\eta}=0.45(1+\gamma\eta)h_0\frac{I_{yT}-I_{yB}}{I_y} \tag{4-46}$$

$$\eta=0.55+0.04(1-k_\sigma)\sqrt[3]{\eta_i} \tag{4-47}$$

$$I_{\omega\eta}=I_{\omega0}(1+\gamma\eta)^2 \tag{4-48}$$

$$I_{\omega0}=I_{yT}h_{sT0}^2+I_{yB}h_{sB0}^2 \tag{4-49}$$

$$J_\eta=J_0+\frac{1}{3}\gamma\eta(h_0-t_f)t_w^3 \tag{4-50}$$

$$\eta_i=\frac{I_{yB}}{I_{yT}} \tag{4-51}$$

式中，$C_1$ 为等效弯矩系数，$C_1\leqslant 2.75$；$\eta_i$ 为惯性矩比；$I_{yT}$、$I_{yB}$分别为弯矩最大截面受压翼缘和受拉翼缘绕弱轴的惯性矩，$mm^4$；$\beta_{x\eta}$为截面不对称系数；$I_y$ 为弯矩最大截面绕弱轴的惯性矩，$mm^4$；$I_{\omega\eta}$为变截面梁的等效翘曲惯性矩，$mm^6$；$I_{\omega0}$为小端截面的翘曲惯性矩，$mm^6$；$J_\eta$ 为变截面梁等效圣维南扭转常数，$mm^4$；$J_0$ 为小端截面自由扭转常数，$mm^4$；$h_{sT0}$、$h_{sB0}$分别为小端截面上、下翼缘的中面到剪切中心的距离，mm；$t_f$ 为翼缘厚度，mm；$t_w$ 为腹板厚度，mm；$L$ 为梁段平面外计算长度，mm。

②一个翼缘侧向有支撑的变截面梁（图 4-8）弹性屈曲临界弯矩 $M_{cr}$应按下列公式计算①：

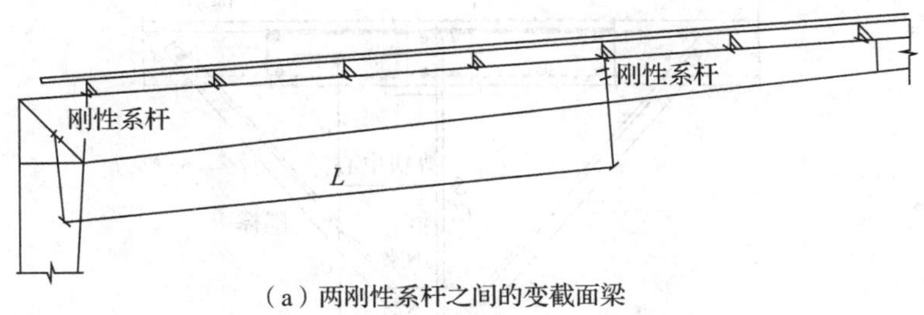


（a）两刚性系杆之间的变截面梁

① 参见中国建筑工业出版社但泽义主编《钢结构设计手册》（第四版上册）（2019 年 2 月）第 10 章 门式刚架结构（491—492 页）。

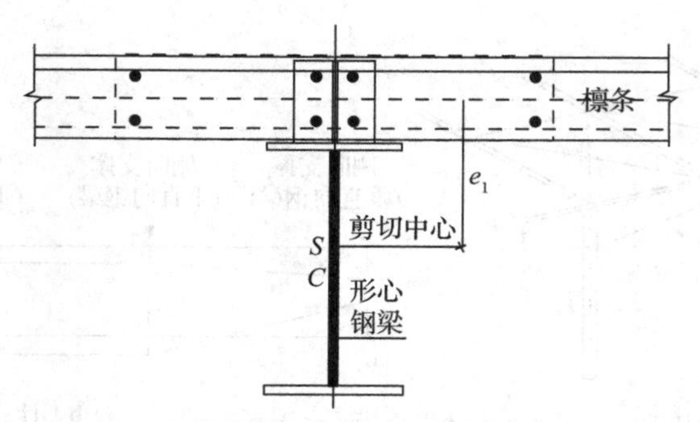


（b）檩条与梁的关系：未设置隅撑

**图 4-8　一个翼缘有侧向支撑的变截面梁**

$$M_{cr}=\frac{1}{2(e_1-\beta_x)}\left[GJ+\frac{\pi^2}{L^2}(EI_y e_1^2+EI_\omega)\right] \tag{4-52}$$

$$\beta_x=0.45h\frac{I_1-I_2}{I_y} \tag{4-53}$$

式中，$e_1$ 为梁截面的剪切中心到檩条形心线的距离，mm；$h$ 为大端截面高度，mm；$I_1$ 为下翼缘（未连接檩条的翼缘）绕弱轴的惯性矩，$mm^4$；$I_2$ 为与檩条连接的翼缘绕弱轴的惯性矩，$mm^4$；$J$ 为自由扭转常数，$mm^4$，以大端截面计算；$I_\omega$ 为截面的翘曲惯性矩，$mm^6$，以大端截面计算；$I_y$ 为截面绕弱轴的惯性矩，$mm^4$；$L$ 为刚性系杆之间的距离，mm。

③隅撑-檩条体系支撑的变截面梁弹性屈曲临界弯矩 $M_{cr}$。

屋面斜梁和檩条之间设置的隅撑满足下列条件时，下翼缘受压的屋面斜梁的平面外计算长度可考虑隅撑的作用：

a）在屋面斜梁的两侧均设置隅撑（图 4-9）。

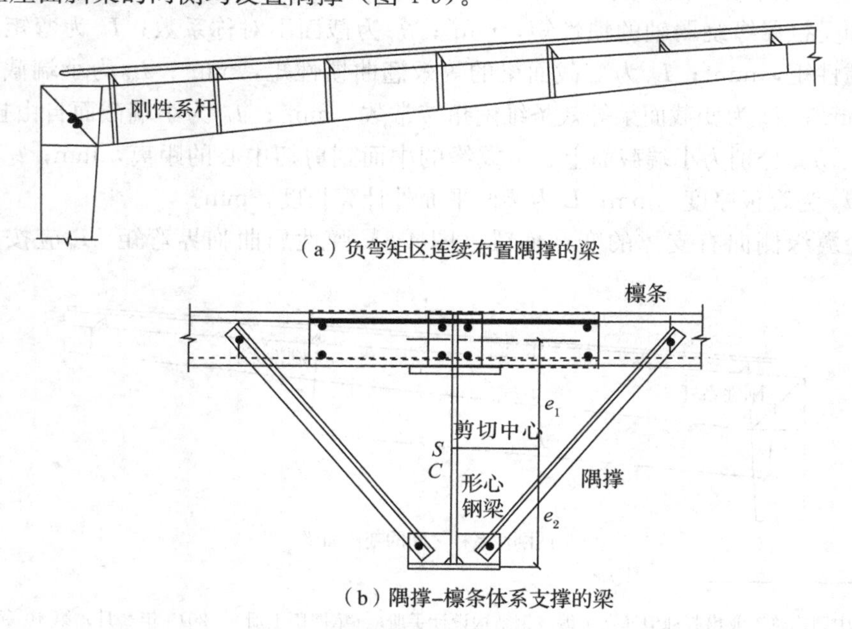


（b）隅撑-檩条体系支撑的梁

**图 4-9　隅撑-檩条体系支撑的屋面梁**

b）隅撑的上支撑点的位置不低于檩条形心线。

c）符合对隅撑的设计要求。

符合上述条件时，隅撑支撑楔形变截面梁的弹性屈曲临界弯矩 $M_{cr}$ 应按下列公式计算（图 4-10）：

$$M_{cr}=\frac{GJ+2e\sqrt{k_b(EI_ye_1^2+EI_\omega)}}{2(e_1-\beta_x)} \tag{4-54}$$

$$k_b=\frac{1}{l_{kk}}\left[\frac{(1-2\beta)l_p}{2EA_p}+\frac{(3-4\beta)e}{6EI_p}\beta l_p^2\tan\alpha+\frac{l_k^2}{\beta l_pEA_k\cos\alpha}\right]^{-1}\approx\frac{6EI_p}{(3-4\beta)e^2l_pl_{kk}} \tag{4-55}$$

式中，$e=e_1+e_2$；$e_2$ 为剪切中心到下翼缘中心的距离，mm；$\alpha$ 为隅撑和檩条轴线的夹角；$\beta$ 为隅撑与檩条的连接点离开主梁距离与檩条跨度的比值；$l_p$ 为檩条的跨度，mm；$I_p$ 为檩条截面绕强轴的惯性矩，$mm^4$；$A_p$ 为檩条的截面面积，$mm^2$；$A_k$ 为隅撑杆的截面面积，$mm^2$；$l_k$ 为隅撑杆的长度，mm；$l_{kk}$为隅撑的间距，mm；$J$ 为大端截面的自由扭转常数，$mm^4$；$I_y$ 为大端截面绕弱轴的惯性矩，$mm^4$；$I_\omega$ 为大端截面的翘曲惯性矩，$mm^6$。

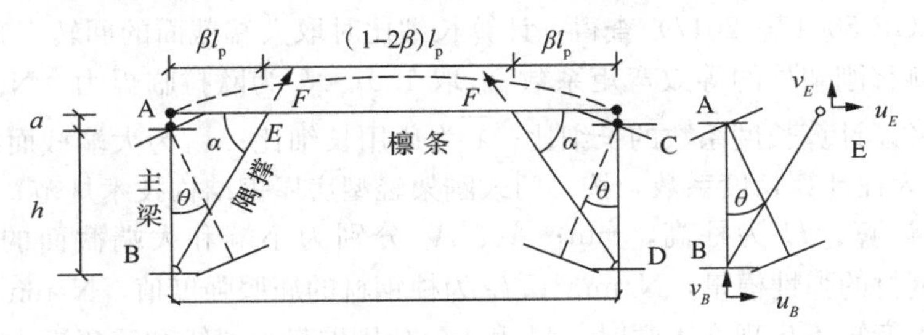


图 4-10　隅撑对梁的侧向支撑作用

综上可见，在验算变截面梁的稳定性时，所有几何特性都是按毛截面计算的。

## 4.4.6　柱的验算

**(Check Calculations of Columns)**

（1）抗剪强度验算

刚架柱抗剪强度按式（4-16）计算。

（2）抗压抗弯强度验算

刚架柱抗压抗弯强度按式（4-28）～式（4-31）验算。小端截面亦应验算轴力、弯矩和剪力共同作用下的强度。

（3）变截面柱平面内的稳定性验算

在验算变截面柱的整体稳定性时，均将变截面柱换算成以大端截面为准的等直截面柱，并以大端有效截面特性算得长细比，由《钢结构设计标准》（GB 50017—2017）附录D查得**稳定系数**。

变截面柱在刚架平面内的稳定性应按下列公式计算：

$$\frac{N_1}{\eta_t\varphi_xA_{e1}}+\frac{\beta_{mx}M_1}{(1-N_1/N_{cr})W_{e1}}\leqslant f \tag{4-56}$$

$$N_{cr}=\pi^2EA_{e1}/\lambda_1^2 \tag{4-57}$$

当$\overline{\lambda_1}\geqslant1.2$时，

$$\eta_t=1 \tag{4-58}$$

当$\overline{\lambda_1}<1.2$时，

$$\eta_t=\frac{A_0}{A_1}+\left(1-\frac{A_0}{A_1}\right)\times\frac{\overline{\lambda_1^2}}{1.44} \tag{4-59}$$

$$\lambda_1=\frac{\mu H}{i_{x1}} \tag{4-60}$$

$$\overline{\lambda_1}=\frac{\lambda_1}{\pi}\sqrt{\frac{f_y}{E}} \tag{4-61}$$

式中，$N_1$为大端的轴向压力设计值，N；$M_1$为大端的弯矩设计值，N·mm，当柱的最大弯矩不出现在大端时，$M_1$应取最大弯矩；$A_{e1}$为大端的有效截面面积，mm$^2$；$W_{e1}$为大端有效截面最大受压纤维的截面模量，mm$^3$，当柱的最大弯矩不出现在大端时，$W_{e1}$应取最大弯矩所在截面的有效截面模量；$\varphi_x$为杆件轴心受压稳定系数，楔形柱按《门式刚架轻型房屋钢结构技术规范》(GB 51022—2015) 附录A规定的计算长度系数，由《钢结构设计标准》(GB 50017—2017) 查得，计算长细比时取大端截面的回转半径；$\beta_{mx}$为等效弯矩系数，有侧移刚架柱的等效弯矩系数$\beta_{mx}$取1.0；$N_{cr}$为欧拉临界力，N；$\lambda_1$为按大端截面计算的、考虑计算长度系数的长细比；$\overline{\lambda_1}$为通用长细比；$i_{x1}$为大端截面绕强轴的回转半径，mm；$\mu$为柱计算长度系数，按《门式刚架轻型房屋钢结构技术规范》(GB 51022—2015) 附录A计算；$H$为柱高，mm；$A_0$、$A_1$分别为小端和大端截面的毛截面面积，mm$^2$；$E$为柱钢材的弹性模量，N/mm$^2$；$f_y$为柱钢材的屈服强度值，N/mm$^2$。

当柱的最大弯矩不出现在大端时，$M_1$和$W_{e1}$分别取最大弯矩和该弯矩所在截面的有效截面模量。

如果刚架屋面坡度超过1∶5时，刚架柱的计算长度系数应考虑横梁轴向力的不利影响。

(4) 变截面柱平面外的稳定性验算

变截面柱在刚架平面外的稳定性应分段按下列公式计算，当不能满足时，应设置侧向支撑或隅撑，并验算每段的**平面外稳定性**。

$$\frac{N_1}{\eta_{ty}\varphi_y A_{e1} f}+\left(\frac{M_1}{\varphi_b\gamma_x W_{e1} f}\right)^{1.3-0.3k_\sigma}\leqslant 1 \tag{4-62}$$

当$\overline{\lambda_{1y}}\geqslant 1.3$时，

$$\eta_{ty}=1 \tag{4-63}$$

当$\overline{\lambda_{1y}}<1.3$时，

$$\eta_{ty}=\frac{A_0}{A_1}+\left(1-\frac{A_0}{A_1}\right)\times\frac{\overline{\lambda_{1y}^2}}{1.69} \tag{4-64}$$

$$\overline{\lambda_{1y}}=\frac{\lambda_{1y}}{\pi}\sqrt{\frac{f_y}{E}} \tag{4-65}$$

$$\lambda_{1y}=\frac{H_{oy}}{i_{y1}} \tag{4-66}$$

式中，$N_1$为所计算构件段大端截面的轴压力，N；$M_1$为所计算构件段大端截面的弯矩，N·mm；$\varphi_y$为轴心受压构件弯矩作用平面外的稳定系数，以大端为准，按《钢结构设计标准》（GB 50017—2017）的规定采用，计算长度取纵向柱间支撑点间的距离；$\varphi_b$ 为楔形受弯构件的整体稳定系数，按式（4-36）计算；$\overline{\lambda_{1y}}$为绕弱轴的通用长细比；$\lambda_{1y}$为绕弱轴的长细比；$H_{oy}$为楔形变截面柱平面外的计算长度，取支撑点间的距离，mm；$i_{y1}$为大端截面绕弱轴的回转半径，mm。

## 4.5 门式刚架节点设计特点
## (Design Features of Joints of Portal Rigid Frame)

门式刚架的**节点设计**应传力简捷，构造合理，具有必要的延性；应便于加工，避免应力集中和过大的焊接应力；应便于运输和安装，容易就位和调整。

刚架构件间的连接，可采用高强度螺栓端板连接。高强度螺栓直径应根据需要选用，通常采用 M16～M24 螺栓。高强度螺栓承压型连接可用于承受静力荷载和间接承受动力荷载的结构，以及用来耗能的连接接头等部位；重要结构和直接承受动力荷载的结构应采用高强度螺栓摩擦型连接。檩条和墙梁与刚架斜梁和柱的连接通常采用 M12 普通螺栓。

### 4.5.1 梁柱端板节点设计
### (Joints Design of Beam-to-Column End Plate)

1）端板连接的构造特点

门式刚架斜梁与柱的连接，可采用端板竖放［图 4-11（a）］、端板平放［图 4-11（b）］和端板斜放［图 4-11（c）］三种形式。斜梁与刚架柱连接节点的受拉侧，宜采用端板外伸式，便于安装抗拉螺栓。斜梁拼接时宜使端板与构件外边缘垂直［图 4-11（d）］，应采用外伸式连接，并使翼缘内外螺栓群中心与翼缘中心重合或接近。在连接节点处为加强端板的刚度，宜设置梯形短加劲肋，长边与短边之比宜大于 1.5∶1.0。

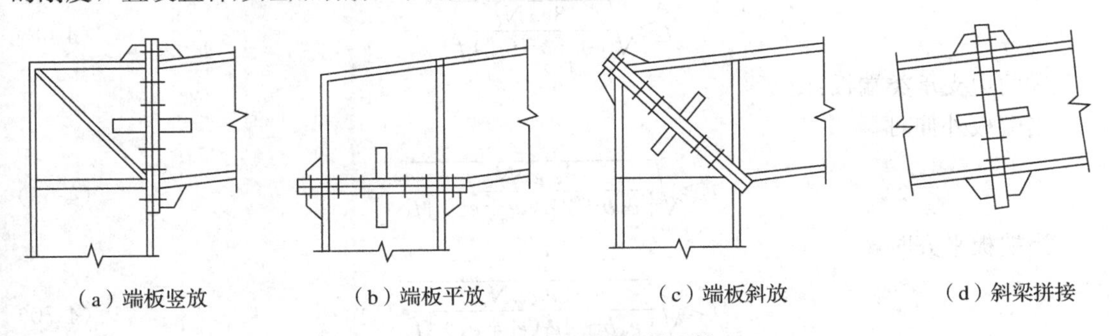


**图 4-11 刚架斜梁的端板连接**

**端板连接**的螺栓宜成对布置。螺栓中心至翼缘板表面的距离，应满足拧紧螺栓时的施工要求，不宜小于 45 mm。螺栓端距不应小于 2 倍螺栓孔径。螺栓中距不应小于 3 倍螺栓孔径。与斜梁端板连接的柱翼缘部分应与端板等厚度。当端板上两对螺栓间最大距离大于 400 mm 时，应在端板中间增设一对螺栓（图 4-12）。

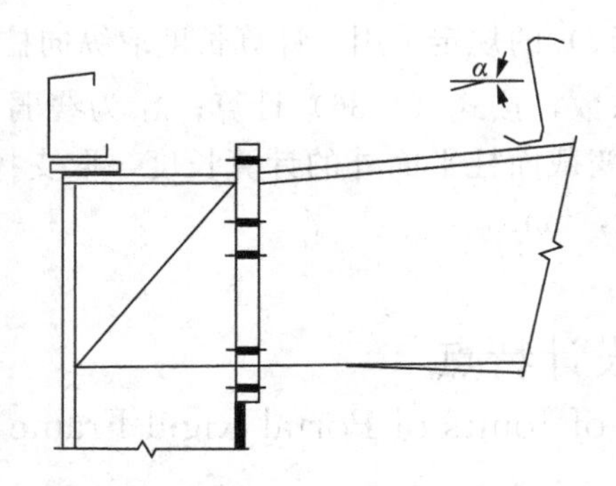


图 4-12　端板竖放时的螺栓和檐檩

2）端板连接的设计特点

端板连接应按所受最大内力设计。当内力较小时，应按能够承受不小于较小被连接截面承载力的一半设计。

端板连接节点设计应包括连接螺栓验算、端板厚度的确定、梁柱节点域剪应力验算、端板螺栓处构件腹板强度验算、端板连接刚度验算等。

（1）连接螺栓验算

连接螺栓应按《钢结构设计标准》（GB 50017—2017）验算螺栓在拉力、剪力或拉剪共同作用下的强度。

（2）端板厚度的确定

端板的厚度 $t$ 可根据支承条件（图 4-13）按下列公式计算，但不宜小于 12 mm。

①伸臂类端板：

$$t \geqslant \sqrt{\frac{6e_f N_t}{bf}} \tag{4-67}$$

②无加劲肋类端板：

$$t \geqslant \sqrt{\frac{3e_w N_t}{(0.5a + e_w)f}} \tag{4-68}$$

③两边支承类端板：

当端板外伸时，

$$t \geqslant \sqrt{\frac{6e_f e_w N_t}{[e_w b + 2e_f(e_f + e_w)]f}} \tag{4-69}$$

当端板平齐时，

$$t \geqslant \sqrt{\frac{12e_f e_w N_t}{[e_w b + 4e_f(e_f + e_w)]f}} \tag{4-70}$$

④三边支承类端板：

$$t \geqslant \sqrt{\frac{6e_f e_w N_t}{[e_w(b + 2b_s) + 4e_f^2]f}} \tag{4-71}$$

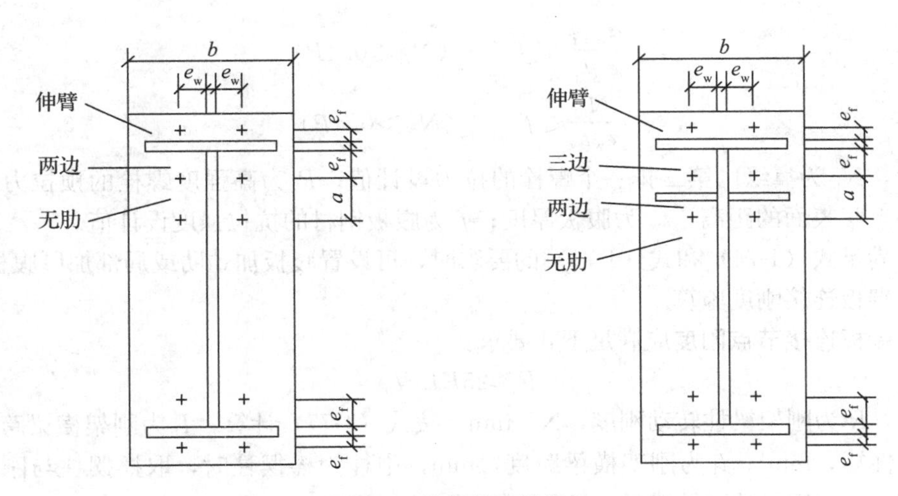

图 4-13 端板的支承条件

式中，$N_t$ 为一个高强度螺栓的拉力设计值；$e_w$、$e_f$ 分别为螺栓中心至腹板和翼缘板表面的距离；$b$、$b_s$ 分别为端板和加劲肋板的宽度；$a$ 为螺栓的间距；$f$ 为端板钢材的抗拉强度设计值。

（3）梁柱节点域验算

在门式刚架斜梁与柱相交的**节点域**（图 4-14），应按下列公式验算剪应力：

$$\tau \leqslant f_v \tag{4-72}$$

$$\tau = \frac{M}{d_b d_c t_c} \tag{4-73}$$

式中，$d_c$、$t_c$ 分别为节点域柱腹板的宽度和厚度；$d_b$ 为斜梁端部高度或节点域高度；$M$ 为节点承受的弯矩，对多跨刚架中间柱处，应取两侧斜梁端弯矩的代数和或柱端弯矩；$f_v$ 为节点域钢材的抗剪强度设计值。

当不满足式（4-72）的要求时，应加厚腹板或设置斜加劲肋。

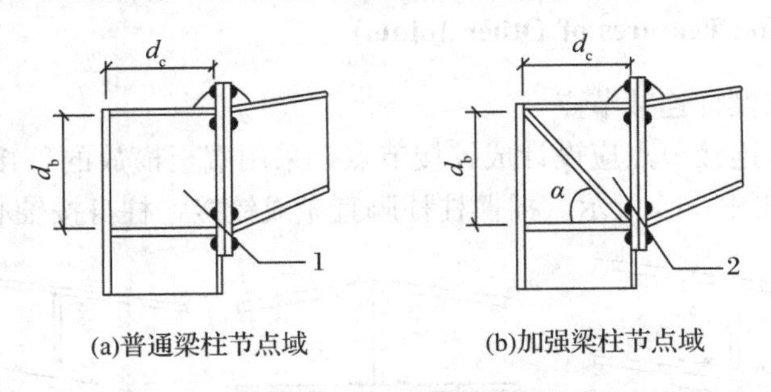

(a)普通梁柱节点域　(b)加强梁柱节点域

1—梁柱节点域；2—采用斜向加劲肋加强的节点域。

图 4-14 梁柱节点域

（4）端板螺栓处构件腹板强度验算

刚架构件的翼缘和端板的连接，当翼缘厚度大于 12 mm 时宜采用全熔透对接焊缝；其他情况宜采用角对接组合焊缝或与腹板等强的角焊缝。上述各项均应符合有关焊接的现行国家标准的规定。

在端板设置螺栓处，应按下列公式验算构件腹板的强度：

$$\frac{0.4P}{e_w t_w} \leqslant f \qquad (N_{t2} \leqslant 0.4P) \tag{4-74}$$

$$\frac{N_{t2}}{e_w t_w} \leqslant f \qquad (N_{t2} > 0.4P) \tag{4-75}$$

式中，$N_{t2}$为翼缘内第二排一个螺栓的拉力设计值；$P$ 为高强度螺栓的预拉力；$e_w$ 为螺栓中心至腹表面的距离；$t_w$ 为腹板厚度；$f$ 为腹板钢材的抗拉强度设计值。

当不满足式（4-74）和式（4-75）的要求时，可设置腹板加劲肋或局部加厚腹板。

（5）端板连接刚度验算

梁柱端板连接**节点刚度**应满足下式要求：

$$R \geqslant 25EI_b/l_b \tag{4-76}$$

式中，$R$ 为刚架梁柱转动刚度，N·mm，按式（4-77）计算；$I_b$为刚架横梁跨间的平均截面惯性矩，$mm^4$；$l_b$为刚架横梁跨度，mm，中柱为摇摆柱时，取摇摆柱与刚架柱距离的 2 倍；$E$ 为钢材的弹性模量，$N/mm^2$。

梁柱转动刚度应按下列公式计算：

$$R = \frac{R_1 R_2}{R_1 + R_2} \tag{4-77}$$

$$R_1 = Gh_1 d_c t_p + Ed_b A_{st} \cos^2\alpha \sin\alpha \tag{4-78}$$

$$R_2 = \frac{6EI_e h_1^2}{1.1e_f^3} \tag{4-79}$$

式中，$R_1$为与节点域剪切变形对应的刚度，N·mm；$R_2$为连接的弯曲刚度，包括端板弯曲、螺栓拉伸和柱翼缘弯曲所对应的刚度，N·mm；$h_1$为梁端翼缘板中心间的距离，mm；$t_p$为柱节点域腹板厚度，mm；$I_e$为端板惯性矩，$mm^4$；$e_f$为端板外伸部分的螺栓中心到其加劲肋外边缘的距离，mm；$A_{st}$为两条斜加劲肋的总截面面积，$mm^2$；$\alpha$ 为斜加劲肋倾角，(°)；$G$ 为钢材的剪切模量，$N/mm^2$。

## 4.5.2 其他节点构造特点

**(Construction Features of Other Joints)**

（1）屋面梁与摇摆柱连接节点

屋面梁与摇摆柱连接节点应设计成铰接节点，采用端板横放的顶接连接方式，螺栓宜靠近柱轴线设置，如图 4-15 所示。摇摆柱柱脚宜做成铰接，柱身按轴心压杆设计。

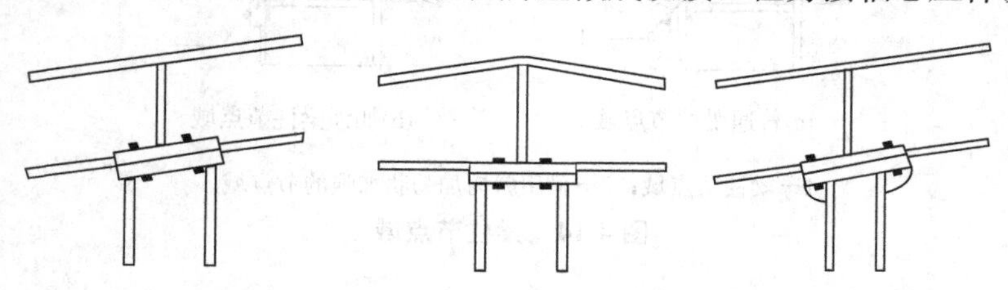

**图 4-15　屋面梁与摇摆柱的连接节点**

(2) 柱脚节点构造特点

门式刚架柱脚宜采用平板式铰接柱脚（图 4-16），也可采用刚接柱脚（图 4-17）。

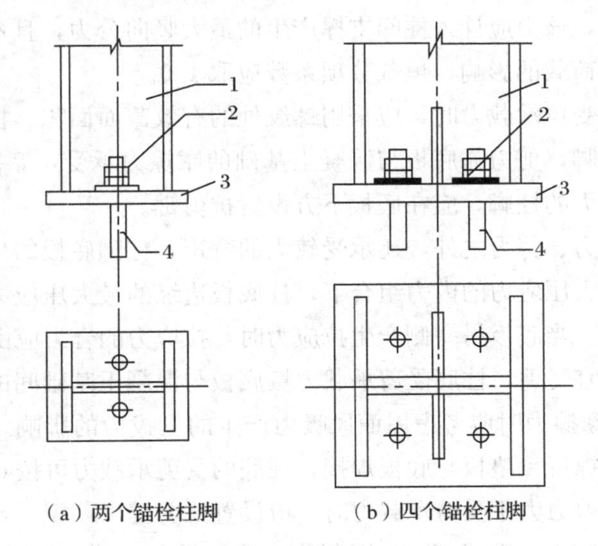


（a）两个锚栓柱脚　　（b）四个锚栓柱脚

1—柱；2—双螺母及垫板；3—底板；4—锚栓。

**图 4-16　平板式铰接柱脚**

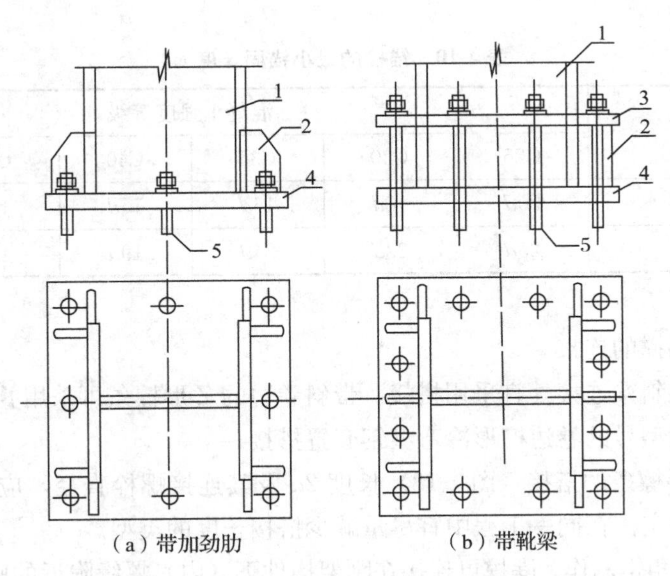


（a）带加劲肋　　（b）带靴梁

1—柱；2—加劲板；3—锚栓支承托座；4—底板；5—锚栓。

**图 4-17　刚接柱脚**

铰接柱脚只承受竖向轴力和水平剪力，故**柱脚锚栓**应靠近轴心布置。柱脚底板尺寸应按最大轴向压力和柱脚基础的混凝土抗压强度设计值确定。带有柱间支撑的柱脚，要验算在风荷载下的抗拔力，该力应计入柱间支撑产生的最大竖向分力，且不考虑活荷载、雪荷载、积灰荷载和附加荷载的影响，恒载分项系数应取 1.0。

计算柱脚锚栓的受拉承载力时，应采用螺纹处的有效截面面积。柱脚锚栓不应承受剪力。没有抗拔力的柱脚，剪力靠底板与混凝土基础的摩擦力承受，摩擦系数可取 0.4。如摩擦力不足或有抗拔力的柱脚，应在底板下方设置抗剪键。

刚接柱脚除受轴力、剪力之外，还承受较大的弯矩，柱脚底板的尺寸应按在弯矩和轴力使基础一侧产生最大压应力的内力组合下，柱底板边缘的最大压应力小于基础的混凝土抗压强度设计值确定。当底板另一侧产生拉应力时，拉应力的合力应由锚栓承受。

带**靴梁**的锚栓不宜受剪，柱底受剪承载力按底板与混凝土基础间的摩擦力取用，摩擦系数可取 0.4，计算摩擦力时应考虑屋面风吸力产生的上拔力的影响。当剪力由不带靴梁的锚栓承担时，应将螺母、垫板与底板焊接，柱底的受剪承载力可按 60％的锚栓受剪承载力取用。当柱底水平剪力大于受剪承载力时，应设置抗剪键。

柱脚锚栓应采用 Q235 钢或 Q345 钢制作。锚栓端部应设置弯钩或锚件，且应符合《混凝土结构设计规范》（GB 50010—2010）的有关规定。锚栓的最小锚固长度 $l_a$（投影长度）应符合表 4-10 的规定，且不应小于 200 mm。锚栓直径 $d$ 不宜小于 24 mm，且应采用双螺母。

**表 4-10　锚栓的最小锚固长度 $l_a$**

| 螺栓钢栓 | 混凝土强度等级 | | | | | |
|---|---|---|---|---|---|---|
| | C25 | C30 | C35 | C40 | C45 | ≥C50 |
| Q235 | $20d$ | $18d$ | $16d$ | $15d$ | $14d$ | $14d$ |
| Q345 | $25d$ | $23d$ | $21d$ | $19d$ | $18d$ | $17d$ |

（3）檩条及隅撑的连接

檩条在与刚架斜梁连接处宜采用搭接。带斜卷边的 Z 形檩条可采用叠置搭接，卷边槽形檩条可采用不同型号的卷边槽形冷弯型钢套置搭接。

带斜卷边 Z 形檩条的搭接（图 4-18）长度 $2a$ 及其连接螺栓直径，应根据连续梁中间支座处的弯矩值确定。在同一工程中宜尽量减少搭接长度的类型。

隅撑宜采用单角钢制作。隅撑可连接在刚架构件下（内）翼缘附近的腹板上（图4-18），也可连接在下（内）翼缘上（图 4-19）。通常采用单个螺栓连接。

隅撑与刚架构件腹板的夹角不宜小于 45°。

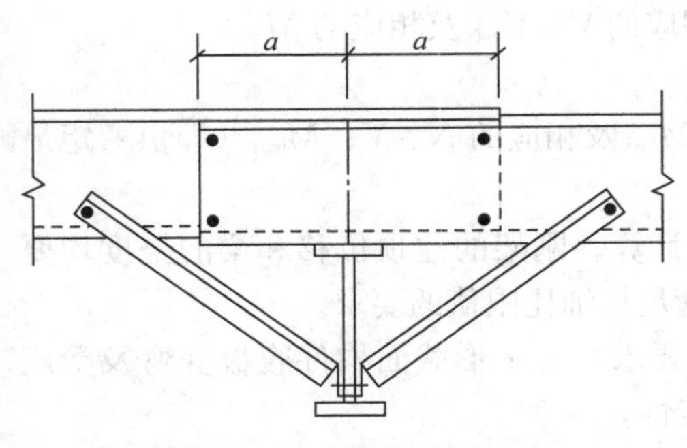


图 4-18　斜卷 Z 形边檩条的搭接

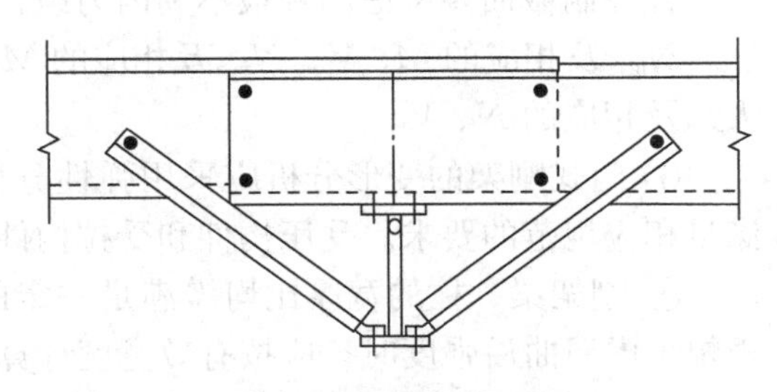

图 4-19　隅撑的连接

(4) 圆钢支撑的连接

圆钢支撑与刚架构件的连接，一般不设连接板，可直接在刚架构件腹板上靠外侧设孔连接（图 4-20）。当腹板厚度不大于 5 mm 时，应对支撑孔周边进行加强。圆钢支撑的连接宜采用带槽的专用楔形垫圈。圆钢端部应设丝扣，可用螺帽将圆钢张紧。

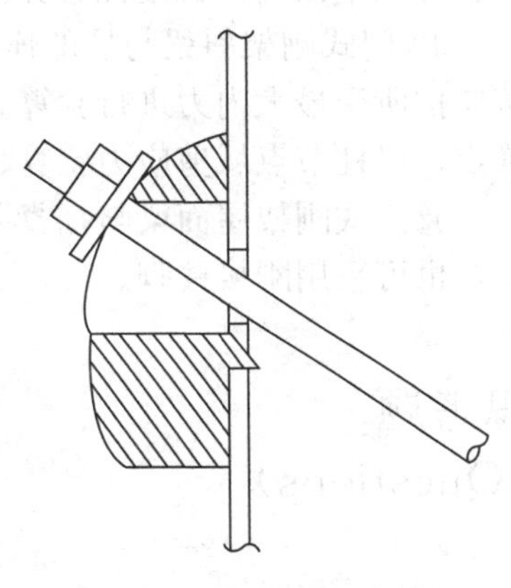

图 4-20　圆钢支撑的连接

(5) 维护面层的连接

屋面板之间、墙面板之间，以及它们与檩条或墙梁的连接，宜采用带橡皮垫圈的自钻自攻螺丝。螺丝的间距不应大于 300 mm。其金属连接件应符合《自钻自攻螺钉》(GB/T 15856.1～4—2002) 和《紧固件机械性能 自钻自攻螺钉》(GB/T 3098.11—2002) 的规定。

## 4.6　小结 (Summary)

① 门式刚架轻型房屋钢结构是指承重结构为单跨或多跨实腹门式刚架，且具有轻型屋盖和轻型外墙，可以设置起重量不大于 200 kN 的中、轻级工作制桥式吊车或 30 kN 悬挂式吊车的单层房层钢结构。

② 门式刚架轻型房屋钢结构的布置包括柱网布置、变形缝布置、墙梁布置和支撑布置。

③ 进行门式刚架内力分析时，作用在门式刚架上的永久荷载指的是结构荷载自重，可变荷载包括屋面活荷载、风荷载及吊车荷载等。

④ 门式刚架的内力分析采用弹性设计方法，取一榀刚架按平面计算方法分析。

⑤ 门式刚架梁的控制截面一般为每跨的两端支座截面和跨中截面。门式刚架柱的控制截面为柱底、柱顶和柱阶形变截面处。因此，一般可选柱底、柱顶、柱阶形变截面处及梁端、梁跨中等截面进行组合和验算。

⑥ 门式刚架梁的控制截面内力组合时要考虑三种最不利内力组合：

$M_{max}$及相应的$V$；$M_{min}$（即负弯矩最大）及相应的$V$；$V_{max}$及相应的$M$。

柱控制截面要考虑四种最不利内力组合：

$N_{max}$及相应的$M$、$V$；$N_{min}$及相应的$M$、$V$；$M_{max}$及相应的$N$、$V$；$M_{min}$（即负弯矩最大）及相应的$N$、$V$。

⑦ 门式刚架的变形分析应采用弹性分析方法计算。刚架的柱顶位移和梁的挠度均要满足相应规范的要求。受压构件和受拉构件还要满足长细比限值的要求。

⑧ 刚架梁、柱的宽厚比均需满足一定的构造要求。工字形截面构件腹板受弯及受压板幅考虑屈曲后强度时，应按有效宽度计算截面特性。

⑨ 刚架梁截面的验算内容包括：抗剪强度验算、抗弯强度验算和稳定性验算。

⑩ 刚架柱截面的验算内容包括：抗剪强度验算、抗压抗弯强度验算、平面内的稳定性验算和平面外的稳定性验算。

⑪ 门式刚架斜梁与柱的连接，有端板竖放、端板平放和端板斜放三种形式。端板连接应按所受最大内力进行验算。端板连接的节点设计内容包括连接螺栓验算、端板厚度的确定、梁柱节点域剪应力验算、端板螺栓处构件腹板强度验算、端板连接刚度验算等。

⑫门式刚架屋面梁与摇摆柱连接节点应设计成铰接节点。柱脚宜采用平板式铰接柱脚，也可采用刚接柱脚。

## 思考题
## (Questions)

4-1　门式刚架轻型房屋钢结构由哪些构件组成？它们各有什么作用？

4-2　门式刚架轻型房屋钢结构的柱网及变形缝如何布置？

4-3　门式刚架轻型房屋钢结构中要求设置哪些支撑？它们各起什么作用？

4-4　如何确定门式刚架轻型房屋钢结构的计算单元及计算简图？

4-5　设计门式刚架轻型房屋钢结构时，应考虑哪些荷载？如何计算？

4-6　门式刚架轻型房屋钢结构梁、柱的控制截面如何确定？需要考虑几种内力组合？怎样确定最不利内力组合？

4-7　门式刚架轻型房屋钢结构梁、柱的截面形式及截面尺寸如何确定？

4-8　如何计算门式刚架梁、柱截面板件的最大宽厚比和有效宽度？

4-9　门式刚架轻型房屋钢结构连接节点的主要形式有哪些？应如何设计？

# 第5章　单层厂房钢结构
# (Single Story factory steel structure)

**本章学习目标**

了解单层厂房钢结构的组成、结构类型与布置；
熟悉压型钢板与支撑设计，掌握檩条与墙梁设计；
掌握单层厂房钢结构的设计过程和基本原理，能够进行普通厂房的设计。

## 5.1　概述
## (Introduction)

单层厂房钢结构是指层数为一层，以钢结构为主体建造而成的工业厂房结构。单层厂房钢结构常用于大型机械设备、有重型起重设备的厂房或仓库，如冶金、机械等行业的生产车间及仓库等，屋面可使用轻型彩钢板或混凝土大型屋面板，墙面多采用轻型彩钢板或烧制砖。

单层厂房钢结构的特点：外形尺寸较大、跨度大、高度大、承受的荷载大，因而构件的内力大、截面尺寸大、用料多；荷载形式多样，如有吊车或动力设备，将会承受动力荷载和移动荷载；厂房柱是承受屋面荷载、墙体荷载、吊车荷载以及地震作用的主要构件；基础受力大，对地基条件的要求较高。

## 5.2　单层厂房钢结构的组成及布置原则
## (Composition and Layout Principle of Single Storey Factory Steel Structure)

### 5.2.1　单层厂房钢结构的组成
### (Composition of Single Storey Factory Steel Structure)

单层厂房钢结构一般是由屋盖结构、柱、吊车梁、制动梁（或桁架）、各种支撑以及墙架等构件组成的空间体系（图5-1）。这些构件按其作用可分为下面几类：

①横向框架由柱和它所支承的屋架组成，是单层厂房钢结构的主要承重体系，承受结构的自重、风荷载、雪荷载和吊车的竖向与横向荷载，并把这些荷载传递到基础。

②屋盖结构是承担屋盖荷载的结构体系，包括横向框架的横梁、托架、中间屋架、天

窗架、檩条等。

③支撑体系包括屋盖部分的支撑和柱间支撑等。它一方面与柱、吊车梁等组成单层厂房钢结构的纵向框架，承担纵向水平荷载；另一方面又把主要承重体系由个别的平面结构连成空间的整体结构，从而保证了单层厂房钢结构所必需的刚度和稳定。

④吊车梁和制动梁（或制动桁架）主要承受吊车竖向及水平荷载，并将这些荷载传到横向框架和纵向框架上。

⑤墙架承受墙体的自重和风荷载。

此外，还有一些次要的构件，如梯子、走道、门窗等。在某些单层厂房钢结构中，由于要满足工艺操作上的要求，还设有工作平台。

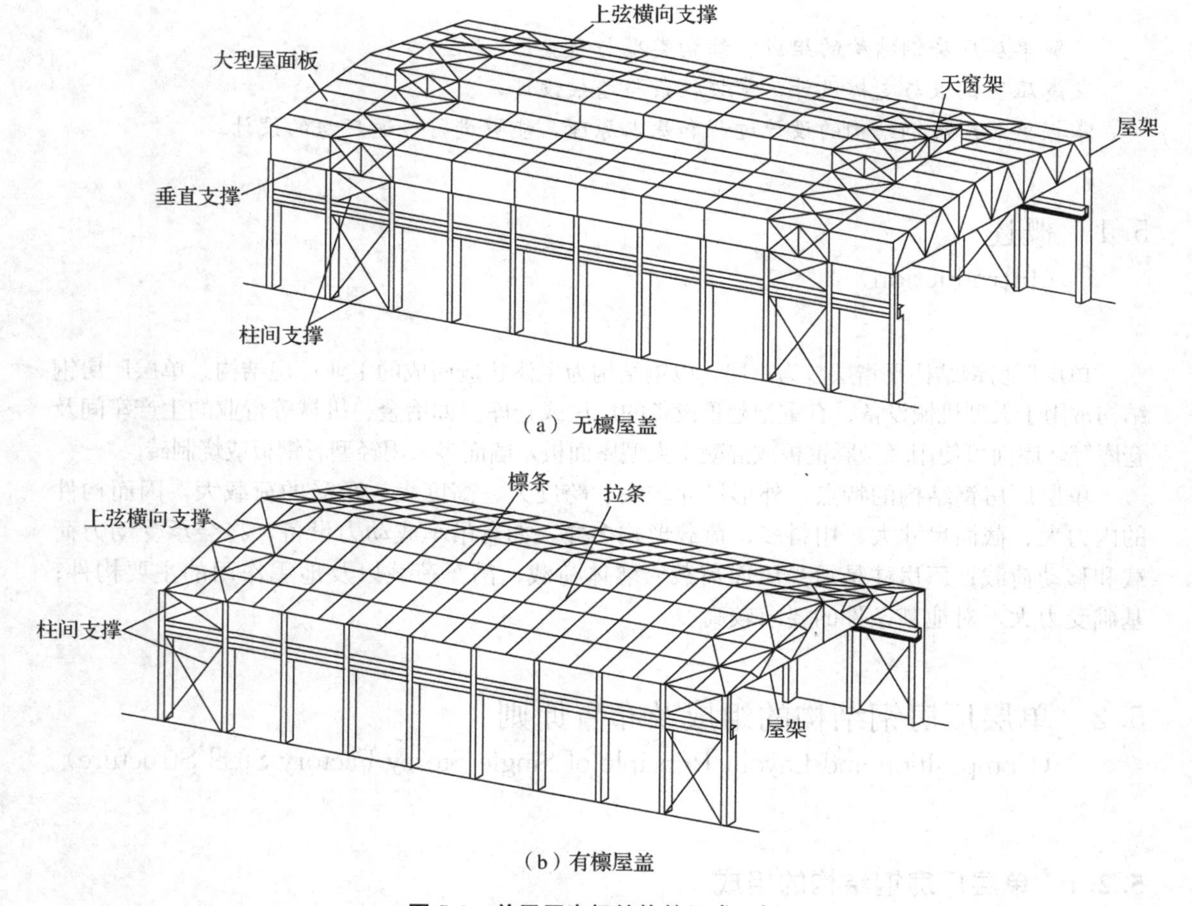


**图 5-1　单层厂房钢结构的组成示例**

## 5.2.2　柱网和温度伸缩缝的布置
**(Layout of Column Grid and Temperature Expansion Joint)**

（1）柱网布置

柱网布置就是确定单层厂房钢结构承重柱在平面上的排列，即确定它们的纵向和横向定位轴线所形成的网格。单层厂房钢结构的跨度就是柱纵向定位轴线之间的尺寸，单层厂房钢结构的柱距就是柱子在横向定位轴线之间的尺寸（图 5-2）。

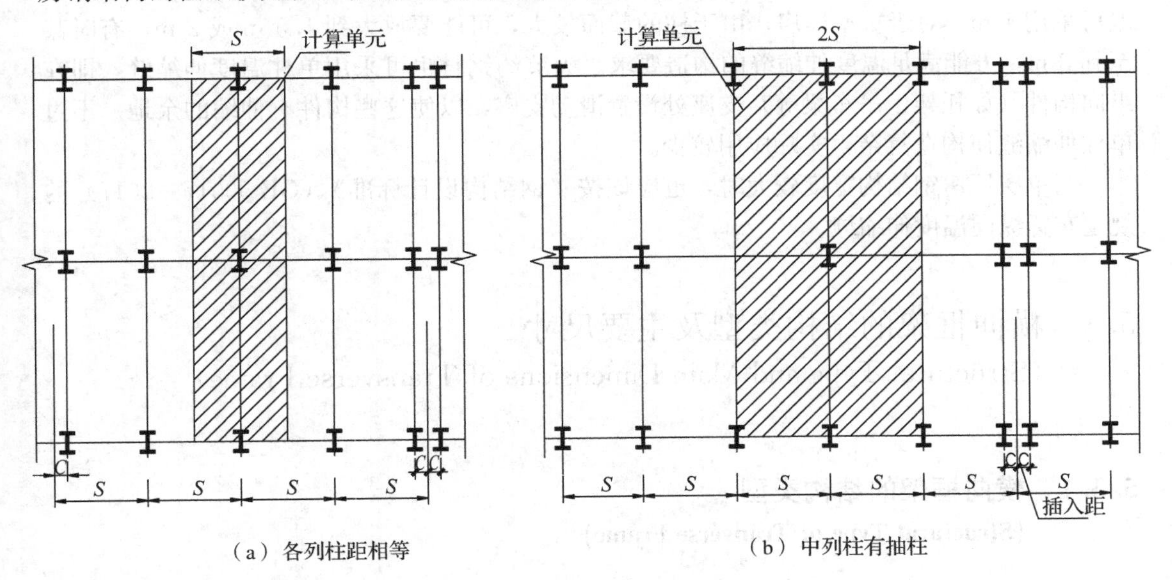

（a）各列柱距相等　　（b）中列柱有抽柱

**图 5-2　柱网布置和温度伸缩缝**

（2）温度伸缩缝

温度变化将引起结构变形，使单层厂房钢结构产生温度应力。故当单层厂房钢结构平面尺寸较大时，为避免产生过大的温度变形和温度应力，应在单层厂房钢结构的横向或纵向设置温度伸缩缝。

温度伸缩缝的布置决定于单层厂房钢结构的纵向和横向长度。纵向很长的单层厂房钢结构在温度变化时，纵向构件伸缩的幅度较大，易引起整个结构变形，使构件内产生较大的温度应力，并可能导致墙体和屋面的破坏。为了避免这种不利后果的产生，常采用横向温度伸缩缝将单层厂房钢结构分成伸缩时互不影响的温度区段。《钢结构设计标准》（GB 50017—2017）规定，当温度区段长度不超过表 5-1 的数值时，可不计算温度应力。

**表 5-1　温度区段长度值**

| 结构情况 | 温度区段长度/m | | |
|---|---|---|---|
| | 纵向温度区段（垂直于屋架或构架跨度方向） | 横向温度区段（沿屋架或构架跨度方向） | |
| | | 柱顶为刚接 | 柱顶为铰接 |
| 采暖房屋和非采暖地区的房屋 | 220 | 120 | 150 |
| 热车间和采暖地区的非采暖房屋 | 180 | 100 | 125 |
| 露天结构 | 120 | | |

设置温度伸缩缝最普遍的做法是设置双柱。即在缝的两旁布置两个无任何纵向构件联

系的横向框架，使温度伸缩缝的中线和定位轴线重合［图 5-2（a）］；在设备布置条件不允许时，可采用插入距的方式［图 5-2（b）］，将缝两旁的柱放在同一基础上，其轴线间距一般可采用 1 m，对于重型厂房，由于柱的截面较大，可能要放大到 1.5 m 或 2 m，有时甚至到 3 m，方能满足温度伸缩缝的构造要求。为节约钢材也可采用单柱温度伸缩缝，即在纵向构件（如托架、吊车梁等）支座处设置滑动支座，以使这些构件有伸缩的余地。不过单柱伸缩缝使构造复杂，实际应用较少。

当单层厂房钢结构宽度较大时，也应该按《钢结构设计标准》（GB 50017—2017）的规定布置纵向温度伸缩缝。

## 5.3 横向框架的结构类型及主要尺寸
(Structural Type and Main Dimensions of Transverse Frame)

### 5.3.1 横向框架的结构类型
**(Structural Type of Tranverse Frame)**

厂房基本承重结构通常采用框架体系。横向框架可呈各种形式，如图 5-3 所示。普钢厂房的柱脚通常做成刚接，这样不仅可以削减柱段的弯矩绝对值，而且可以增大横向框架的刚度。屋架与柱端的连接可以是铰接，也可以是刚接，称相应的横向框架为铰接框架或刚接框架。对刚度要求较高的厂房（如设有双层吊车、装备硬钩吊车等），宜采用刚接框架。在多跨时，特别在吊车起重量不很大和采用轻型围护结构时，宜采用铰接框架。需要注意的是，刚接框架对支座的不均匀沉降和温度作用比较敏感，因此框架按刚接设计时应采取防止不均匀沉降的措施。

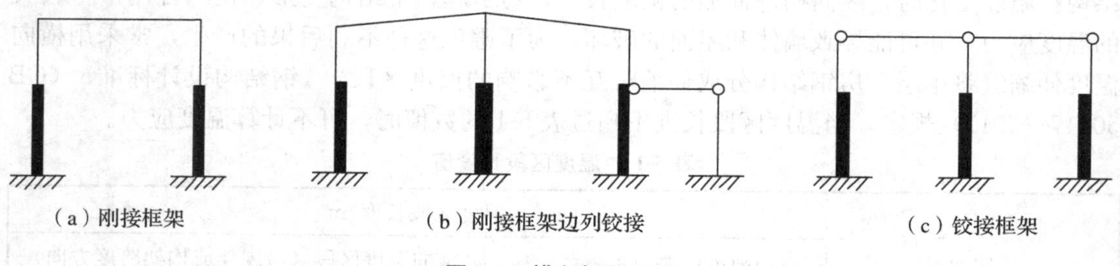


**图 5-3 横向框架形式**

### 5.3.2 横向框架的主要尺寸
**(Main Dimensions of Tranrerse Frame)**

框架的主要尺寸如图 5-4 所示。框架的跨度，一般取为上部柱中心线间的横向距离，可由下式定出：

$$L_0 = L_k + 2S \tag{5-1}$$

式中，$L_k$为桥式吊车的跨度；$S$ 为由吊车梁轴线至上段柱轴线的距离（图 5-5），应满足下式要求：

$$S=B+D+b_1/2 \tag{5-2}$$

式中，$B$ 为吊车桥架悬伸长度，可由行车样本查得；$D$ 为吊车外缘和柱内边缘之间的必要空隙：当吊车起重量不大于 500 kN 时，不宜小于 80 mm，当吊车起重量大于或等于 750 kN时，不宜小于 100 mm，当在吊车和柱之间需要设置安全走道时，则 $D$ 不得小于 400 mm；$b_1$ 为上段柱宽度。

$S$ 的取值：对于中型厂房一般采用 0.75 m 或 1 m，对于重型厂房则为 1.25 m，甚至达到 2.0 m。

框架由柱脚底面到横梁下弦底部的距离：

$$H=h_1+h_2+h_3 \tag{5-3}$$

式中，$h_1$ 为地面至柱脚底面的距离。中型车间为 0.8～1.0 m，重型车间为 1.0～1.2 m；$h_2$ 为地面至吊车轨顶的高度，由工艺要求决定；$h_3$ 为吊车轨顶至屋架下弦底面的距离：

$$h_3=A+100+(150\sim200)\ (\text{mm}) \tag{5-4}$$

式中，$A$ 为吊车轨道顶面至起重小车顶面之间的距离；100 mm 是为制造、安装误差留出的空隙；(150～200) mm 则是考虑屋架的挠度和下弦水平支撑角钢的下伸等所留的空隙。

吊车梁的高度可按 (1/12～1/5) $L$ 选用，$L$ 为吊车梁的跨度，吊车轨道高度可根据吊车起重量决定。框架横梁一般采用梯形或人字形屋架，其形式和尺寸参见本章 5.4 节。

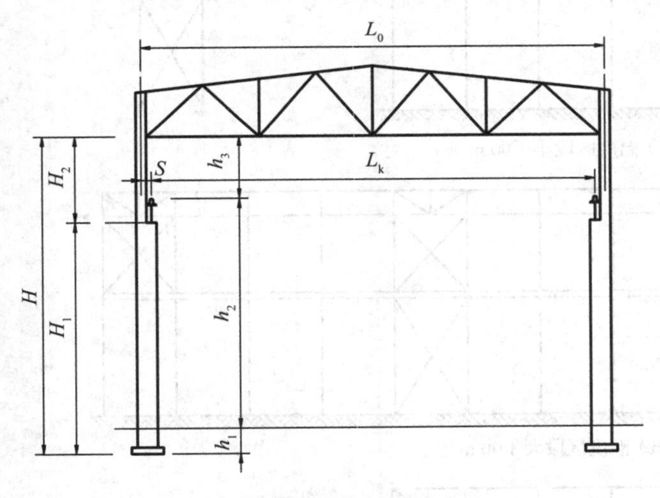


图 5-4 横向框架的主要尺寸

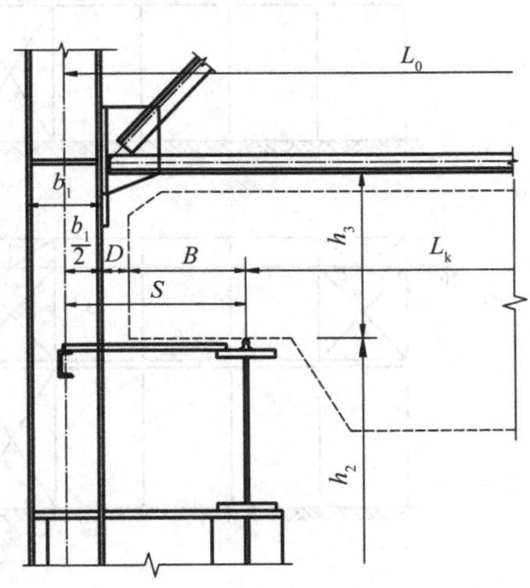


图 5-5 柱与吊车梁轴线间的净空

## 5.4 结构的纵向传力系统
(Longitudinal Force Transmission System of Structures)

### 5.4.1 纵向框架柱间支撑的作用和布置
**(The Role and Arrangement of Bracing Between Columns in Longitudinal Frames)**

柱间支撑与单层厂房钢结构框架柱相连接，其作用为

①组成坚强的纵向构架，保证单层厂房钢结构的纵向刚度。

②承受单层厂房钢结构端部山墙的风荷载、吊车纵向水平荷载及温度应力等，在地震区尚应承受单层厂房钢结构纵向的地震力，并传至基础。

③可作为框架柱在框架平面外的支点，减小柱在框架平面外的计算长度。

柱间支撑由两部分组成：在吊车梁以上的部分称为上层支撑，在吊车梁以下的部分称为下层支撑。下层柱间支撑与柱和吊车梁一起在纵向组成刚性很大的悬臂桁架。显然，将下层支撑布置在温度区段的端部，在温度变化的影响方面将是很不利的。因此，为了使纵向构件在温度发生变化时能较自由地伸缩，下层支撑应该设在温度区段中部。只有当吊车位置高而车间总长度又很短（如混铁炉车间）时，下层支撑设在两端不会产生很大的温度应力，而对厂房纵向刚度却能提高很多，这时放在两端才是合理的。

当温度区段小于 90 m 时，在它的中央设置一道下层支撑［图 5-6（a)］；如果温度区段超过 90 m，则在它的 1/3 点处各设一道支撑［图 5-6（b)］，以免传力路程太长。在短而高的单层厂房钢结构中，下层支撑也可布置在单层厂房钢结构的两端［图 5-6（c)］。

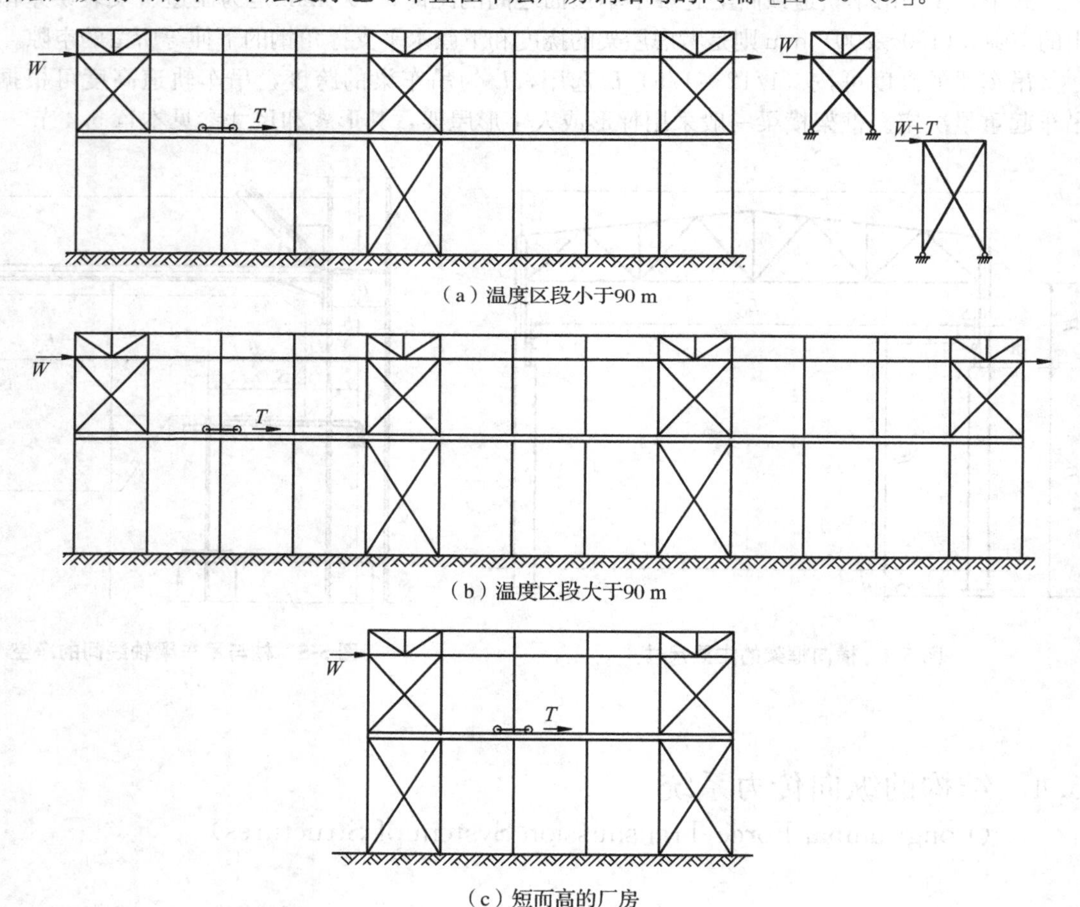


**图 5-6　柱间支撑布置**

上层柱间支撑又分为两层。第一层在屋架端部高度范围内属于屋盖垂直支撑。显然，当屋架为三角形或虽为梯形但有托架时，并不存在此层支撑。第二层在屋架下弦至吊车梁上翼缘范围内。为了传递风力，上层支撑需要布置在温度区段端部，由于单层厂房钢结构柱在吊车梁以上部分的刚度小，因此不会产生过大的温度应力，从安装条件来看这样布置也是合适的。此外，在有下层支撑处也应设置上层支撑。上层柱间支撑宜在柱的两侧设置，只有在无人孔且柱截面高度不大的情况下才可沿柱中心设置一道。下层柱间支撑应在柱的两个肢的平面内成对设置，与外墙墙架有联系的边列柱可仅设在内侧，但重级工作制吊车的厂房外侧也同样设置支撑。此外，吊车梁和辅助桁架作为撑杆是柱间支撑的组成部分，承担并传递单层厂房钢结构纵向水平力。

## 5.4.2 柱间支撑的形式
## (Form of Support Between Columns)

常用的上柱和下柱支撑形式如图 5-7 和图 5-8 所示。十字形支撑构造简单、传力直接、用料节省，使用最为普遍，支撑的倾角应为 35°～55°。柱距较大时，上柱支撑可用八字形或 V 形。下柱高度大但柱距小时，下柱支撑高而窄，可用双层十字形；厂房高而刚度要求严格时，支撑可以设在相邻两个开间。柱距较大或十字形妨碍生产空间时，可采用门形支撑。

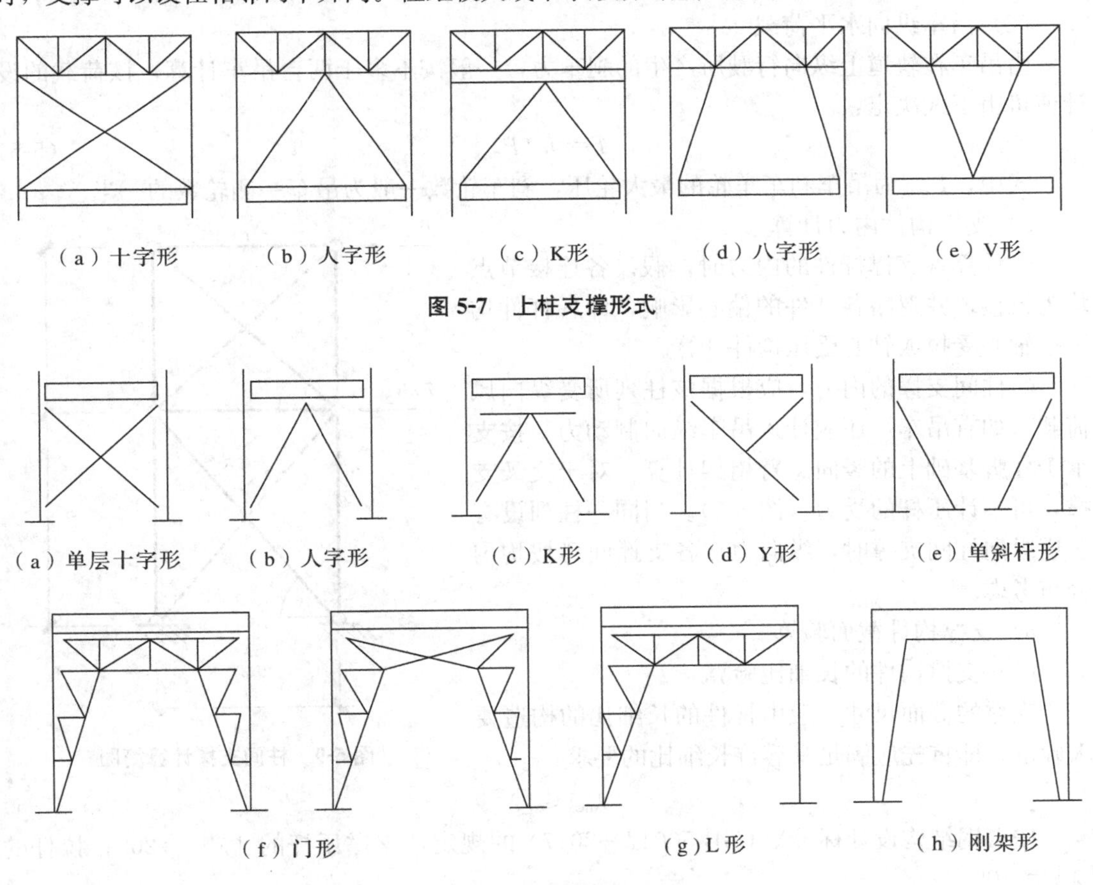


**图 5-7 上柱支撑形式**

**图 5-8 下柱支撑形式**

上层柱间支撑承受端墙传来的风力；下层柱间支撑除承受端墙传来的风力以外，还承受吊车的纵向水平荷载。在同一温度区段的同一柱列设有两道或两道以上的柱间支撑时，则纵向水平荷载（包括风力）全部由该柱列所有支撑共同承受。当在柱的两个肢的平面内成对设置支撑时：在吊车肢的平面内设置的下层支撑，除承受吊车纵向水平荷载外，还承受屋盖肢下层支撑按轴线距离分配传来的风力；在靠墙的外肢平面内设置的下层支撑，只承受端墙传来的风力与吊车肢下层支撑按轴线距离分配的力。

柱间支撑的交叉杆和图 5-8（f）门形支撑的主要杆件一般按柔性杆件（拉杆）设计，交叉杆趋向于受压的杆件不参与工作，其他的非交叉杆以及水平横杆按压杆设计。某些重型车间，对下层柱间支撑的刚度要求较高，往往交叉杆的两杆均按压杆设计。

### 5.4.3 柱间支撑的设计与计算

**(Design and Calculation of Bracing Between Columns)**

1）支撑设计计算荷载

（1）纵向风荷载

由房屋两端或一端（房屋设有中间伸缩缝）的山墙及天窗架端壁传来的纵向风荷载，按《建筑结构荷载规范》（GB 50009—2012）的相关规定确定其设计值。

（2）吊车纵向水平荷载

由吊车在轨道上纵向行驶所产生的刹车力，一般按不多于两台吊车计算，该荷载的设计值可由下式决定：

$$T=0.1P_{max} \tag{5-5}$$

式中，$P_{max}$为吊车刹车车轮的最大轮压，刹车轮数一般为吊车一侧轮数的一半。

2）支撑构件内力计算

①计算各支撑杆件的内力时，假设各连接节点均为铰接，并忽略各杆件的偏心影响，即各杆件均可按轴心受拉或轴心受压构件计算。

②柱间支撑的内力，应根据该柱列所受纵向风荷载（如有吊车，还应计入吊车纵向制动力）按支承于柱脚基础上的竖向悬臂桁架计算。对于交叉支撑，可不计压杆的受力（图 5-9）。当同一柱列设有多道纵向柱间支撑时，纵向力在各支撑间可按均匀分布考虑。

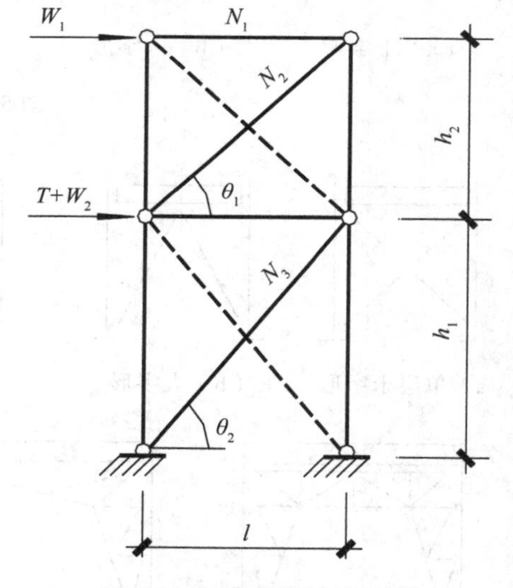

图 5-9　柱间支撑计算简图

3）支撑构件截面验算

（1）支撑构件的长细比验算

支撑的截面尺寸一般由杆件的长细比的构造要求确定，即首先应满足其容许长细比的要求：

$$\lambda_{max}\leqslant[\lambda] \tag{5-6}$$

按《钢结构设计标准》（GB 50017—2017）的规定，支撑压杆的 $[\lambda]=200$；拉杆的 $[\lambda]=400$。

计算支撑杆件的 $\lambda_{max}$时，应符合下列规定：

①张紧圆钢拉条的长细比不受限制。

②十字形交叉支撑的斜杆仅作受拉杆件验算时，其平面外的计算长度取节点中心间的

距离（交叉点不作为节点考虑），而其平面内的计算长度取节点中心至交叉点间的距离。

③计算单角钢受拉杆件的长细比时，应采用角钢最小回转半径；但在计算单角钢交叉拉杆在支撑平面外的长细比时，应采用与角钢肢边平行的轴的回转半径。

④双片支撑的单肢杆件在平面外的计算长度，可取横向联系杆之间的距离。

（2）支撑构件的强度和稳定性验算

按轴心受拉或受压验算各支撑构件的强度和稳定性：

①轴心受拉、受压构件强度验算：

$$\sigma=\frac{N}{A_{\mathrm{n}}}\leqslant f \tag{5-7}$$

②轴心受压构件稳定性验算：

$$\sigma=\frac{N}{\varphi A}\leqslant f \tag{5-8}$$

式中，$N$ 为轴心拉力或压力设计值；$A$ 为构件的毛截面面积；$A_{\mathrm{n}}$ 为构件的净截面面积；$f$ 为钢材强度设计值；$\varphi$ 为轴心受压构件的稳定系数。

**例 5-1** 一跨度为 30 m 的单层厂房，两端山墙为封闭式，檐口标高 13 m。内设两台起重量为 20 t 的普通桥式吊车，中级工作制，轨顶标高 9 m，一台吊车的最大轮压（标准值）$P_{\max}=29.6$ t。每侧边列柱均设有一道柱间支撑，均为三层十形交叉支撑，如图 5-10 所示。取山墙基本风压 $w_0=0.45\ \mathrm{kN/m^2}$，风压高度变化系数 $\mu_z=1.0$，风压体型系数 $\mu_s=0.9$。试设计柱间支撑各构件的截面。

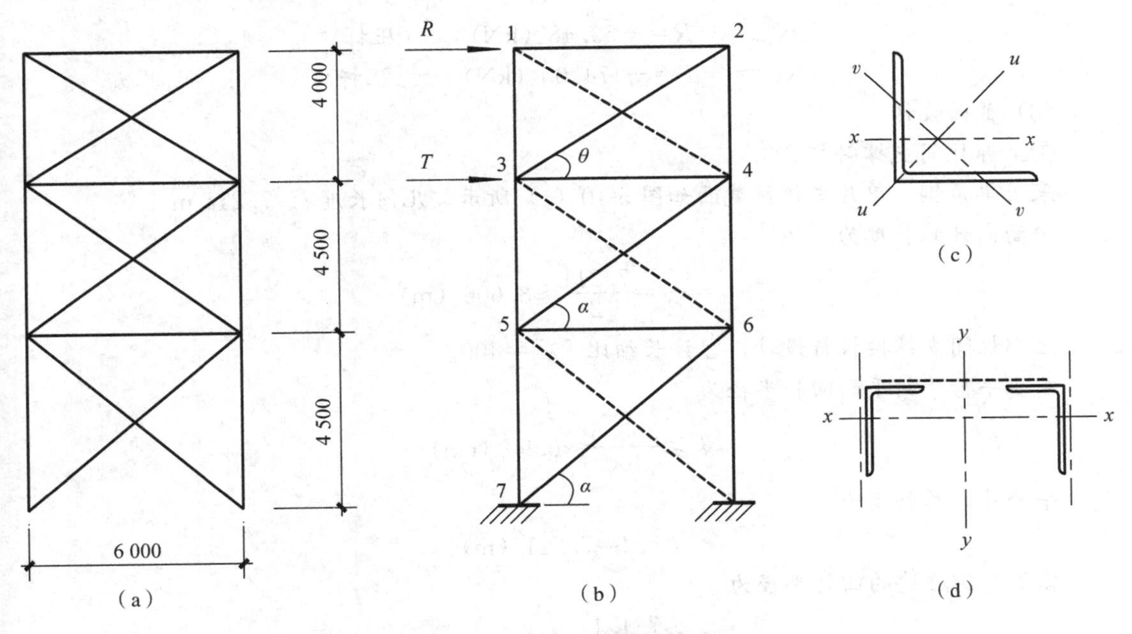


**图 5-10 柱间支撑设计简图**

**解** （1）计算荷载

①风荷载。

风压设计值为

$$w=1.5\mu_s\mu_z w_0=1.5\times0.9\times1.0\times0.45\approx0.61\ (\text{kN/m}^2)$$

单片柱间支撑柱顶风荷载节点反力为

$$R=\frac{1}{4}\times w\times \text{挡风面积}=\frac{1}{4}\times0.61\times13\times30\approx59.48\ (\text{kN/m}^2)$$

②吊车纵向水平制动力 $T$。按计算跨间两台吊车同时作用，一台吊车一侧有两个制动轮计算，则单片柱间支撑所受吊车纵向水平制动力 $T$ 为

$$T_k=0.1\sum P_{max}=0.1\times2\times2\times9.8\times29.6\approx116.03\ (\text{kN})$$

水平制动力设计值为

$$T=1.5T_k=1.5\times116.03\approx174.05(\text{kN})$$

(2) 柱间支撑构件内力计算

柱间支撑桁架内力分析如图 5-10 (b) 所示。假设交叉斜杆只能受拉，在如图所示的纵向方向上，虚线的斜杆退出工作不受力。将 1、2、…、7 诸点都看作是铰，则有

$$N_{2\text{-}3}^R=\frac{R}{\cos\theta}=\frac{59.48\times\sqrt{6^2+4^2}}{6}\approx71.49\ (\text{kN})$$

$$N_{4\text{-}5}^R=\frac{R}{\cos\theta}=\frac{59.48\times\sqrt{6^2+4.5^2}}{6}=74.35\ (\text{kN})$$

$$N_{4\text{-}5}^T=\frac{T}{\cos\theta}=\frac{174.05\times\sqrt{6^2+4.5^2}}{6}\approx217.56\ (\text{kN})$$

$$N_{6\text{-}7}=N_{4\text{-}5}$$

$$N_{5\text{-}6}^R=-R=-59.48\ (\text{kN})\qquad(\text{压杆})$$

$$N_{5\text{-}6}^T=-T=-174.05\ (\text{kN})\qquad(\text{压杆})$$

(3) 截面设计

①上部柱间支撑斜杆 2-3。

采用单角钢、单片支撑，截面如图 5-10 (c) 所示。几何长度 $l=7.211$ m。

平面内计算长度为

$$l_0=\frac{l}{2}=\frac{7.211}{2}\approx3.606\ (\text{m})$$

上部柱间支撑按拉杆设计，容许长细比 $[\lambda]=400$。

需要平行于斜平面回转半径为

$$i_v\geqslant\frac{360.6}{400}\approx0.90\ (\text{cm})$$

平面外计算长度为

$$l_o=l=7.211\ (\text{m})$$

需要角钢肢边的回转半径为

$$i_x\geqslant\frac{721.1}{400}\approx1.80\ (\text{cm})$$

需要角钢的净截面面积为

$$A_n=\frac{N_{2\text{-}3}^R}{0.85f}=\frac{71.49\times10^3}{0.85\times215\times10^2}\approx3.91\ (\text{cm}^2)$$

式中，0.85 是单面连接单角钢强度设计值折减系数。

选用 1 ∟ 63×6，查《热轧型钢》（GB/T 706—2016）附录 A，得 $A=7.29\ \text{cm}^2$，$i_v=1.24\ \text{cm}>0.90\ \text{cm}$，$i_x=1.93\ \text{cm}>1.80\ \text{cm}$。

杆件与节点板以角焊缝焊接，安装螺栓在节点范围以内，不需扣除螺栓孔，$A_n=A=7.29\ \text{cm}^2$，大于需要的 $A_n=3.91\ \text{cm}^2$，满足要求。

②下部柱间支撑斜杆 4-5（6-7）。

采用两角钢双片支撑，截面如图 5-10（d）所示，几何长度 $l=7.500$ m。假设 $N_{4\text{-}5}^R$ 由外侧的支撑分肢承受，$N_{4\text{-}5}^T$ 由吊车梁侧的支撑分肢承受。双片支撑两分肢间用缀条或缀板相连，以增强侧向刚度。

吊车梁侧支撑需要的净截面面积为

$$A_n \geqslant \frac{N_{4\text{-}5}^T}{f}=\frac{217.56\times10^3}{215\times10^2}\approx10.12\ (\text{cm}^2)$$

外侧支撑需要的净截面面积为

$$A_n \geqslant \frac{N_{4\text{-}5}^R}{f}=\frac{74.35\times10^3}{215\times10^2}\approx3.46\ (\text{cm}^2)$$

因两支撑分肢间有缀件相连，实际上已构成一个组合构件，故以上计算中强度设计值未考虑折减系数 0.85。两分肢选用相同截面，各为 1 ∟ 90×8，查《热轧型钢》（GB/T 706—2016）附录 A，得 $A=13.94\ \text{cm}^2$，$i_v=1.87$ cm，$i_x=2.76$ cm。

两片支撑斜杆（拉杆）之间用缀条相连，以增强平面外的刚度，这样验算支撑斜杆的长细比将由平面内控制：

平面内计算长度为

$$l_0=\frac{l}{2}=\frac{7.500}{2}=3.750\ (\text{m})$$

平面内回转半径为

$$i_x=2.76\ (\text{cm})$$

$$\lambda_x=\frac{375.0}{2.76}\approx135.9<[\lambda]=400 \quad 满足要求$$

③下部柱间支撑斜杆 5-6（中心受压）。

容许长细比为$[\lambda]=150$，计算长度 $l_0=600$ cm。

需要平面内回转半径为

$$i_x \geqslant \frac{600}{150}=4\ (\text{cm})$$

内力为 $N_{5\text{-}6}=N_{5\text{-}6}^R+N_{5\text{-}6}^T=-59.48-174.05=-233.53$ (kN)。

根据需要的 $i_x\geqslant4$ cm，选用两角钢组合截面如图 5-10（d）所示，为 2 ∟ 140×90×10，长肢外伸，查《热轧型钢》（GB/T 706—2016）附录 A，得 $A=44.52\ \text{cm}^2$，$i_x=4.47$ cm。

验算支撑横杆的稳定性（平面内控制）：

$$\lambda=\frac{l_0}{i_x}=\frac{600}{4.47}\approx134.2<[\lambda]=150$$

由 b 类截面查得 $\varphi=0.369$，则有

$$\frac{N}{\varphi A}=\frac{233.53\times10^3}{0.369\times44.52\times10^2}\approx142.15\ (\text{N/mm}^2)<f=215\ (\text{N/mm}^2) \qquad 满足要求$$

支撑横杆的两角钢间用缀条相连，以保证分肢稳定。

### 5.4.4 柱间支撑的连接及构造
(Connection and Structure of Support Between Columns)

柱间支撑采用角钢时，其截面不宜小于∟ 75×6；采用槽钢连接时，不宜小于［12。下层柱间支撑一般设置为双片，分别与吊车肢和屋盖肢相连，双片支撑之间以缀条相连，缀条常采用单角钢，以控制其长细比不超过 200，且不小于∟ 50×5 为宜。上层柱间支撑一般设置为单片，如果上柱设有人孔或截面高度过高（≥800 mm），亦应采用双片。支撑的连接可采用焊缝或高强螺栓。采用焊缝时，焊缝尺寸不应小于 6 mm，焊缝长度不应小于 80 mm，同时要在连接处设置安装螺栓，一般不小于 M16。对于人字形、八字形之类的支撑，还要注意采取构造措施，使其与吊车梁（或制动结构、辅助桁架）的连接仅传递水平力，而不传递垂直力，以免支撑成为吊车梁的中间支点。支撑与柱的连接节点如图 5-11 所示。

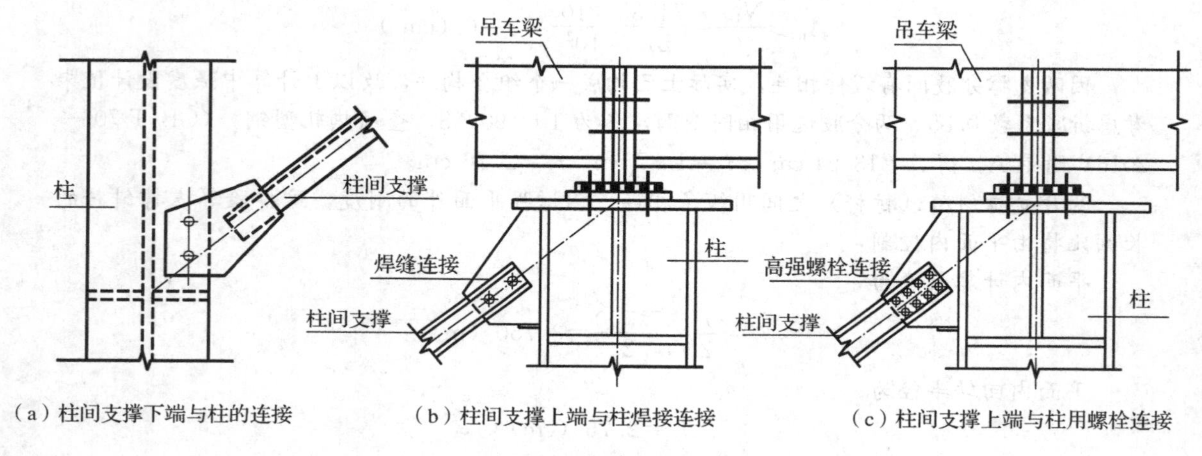


**图 5-11　柱间支撑与柱的连接**

## 5.5 屋盖结构体系
(Roof Structure System)

### 5.5.1 钢屋盖结构的形式、组成及布置
(Form, Composition and Layout of Steel Roof Structures)

钢屋盖结构通常由屋面、檩条、屋架、托架和天窗架等构件组成。根据屋面材料和屋面结构布置情况的不同，可分为无檩屋盖结构体系和有檩屋盖结构体系。

（1）无檩屋盖结构体系

无檩屋盖结构体系［图 5-1（a）］中屋面板通常采用钢筋混凝土大型屋面板、钢筋加气混凝土板等。屋架的间距应与屋面板的长度配合一致，通常为 6 m。这种屋面板上一般采用卷材防水屋面，通常适用于较小屋面坡度，常用坡度为 1∶12～1∶8。

无檩体系屋盖屋面构件的种类和数量少，构造简单，安装方便，施工速度快，且屋盖刚度大，整体性能好，但屋面自重大，常要增大屋架杆件和下部结构的截面，对抗震也不利。

（2）有檩屋盖结构体系

有檩屋盖结构体系［图 5-1（b）］常用于轻型屋面材料中，如压型钢板、压型铝合金板、石棉瓦、瓦楞铁皮等。屋架间距通常为 6 m；当柱距大于或等于 12 m 时，则用托架支承中间屋架，一般适用于较陡的屋面坡度以便排水，常用坡度为 1∶3～1∶2。

有檩体系屋盖可供选用的屋面材料种类较多，屋架间距和屋面布置较灵活，自重轻，用料省，运输和安装较轻便，但构件的种类和数量多，构造较复杂。在选用屋盖结构体系时，应全面考虑房屋的使用要求、受力特点、材料供应情况以及施工和运输条件等，以确定最佳方案。

（3）天窗架形式

在工业厂房中，为了满足采光和通风等要求，常需在屋盖上设置天窗。天窗的形式有纵向天窗、横向天窗和井式天窗三种。后两种天窗的构造较为复杂，较少采用。最常用的是沿房屋纵向在屋架上设置天窗架（图 5-12），该部分的檩条和屋面板由屋架上弦平面移到天窗架上弦平面，而在天窗架侧柱部分设置采光窗。天窗架支承于屋架之上，将荷载传递到屋架。

（4）托架形式

在工业厂房的某些部位，常因放置设备或交通运输要求而需局部少放一根或几根柱。这时该处的屋架（称为中间屋架）就需支承在专门设置的托架上（图 5-13）。托架两端支承于相邻的柱上，跨中承受中间屋架的反力。钢托架一般做成平行弦桁架，其跨度不一定大，但所受荷载较重。钢托架通常做成与屋架大致同高度，中间屋架从侧面连接于托架的竖杆，构造方便且屋架和托架的整体性、水平刚度、稳定性都好。

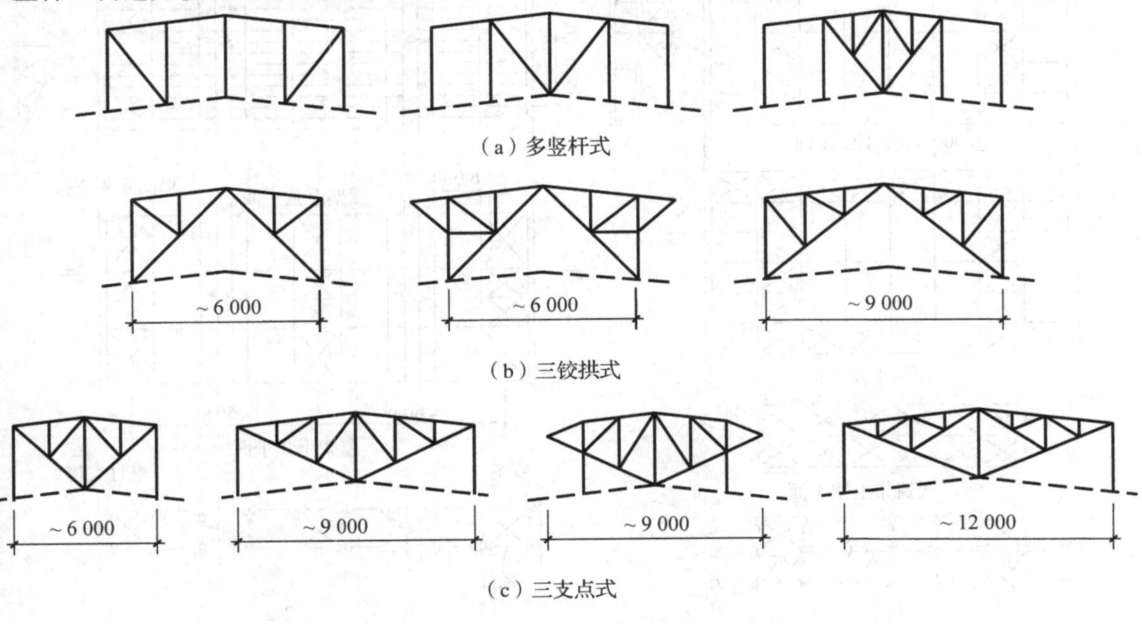


**图 5-12　天窗架形式**

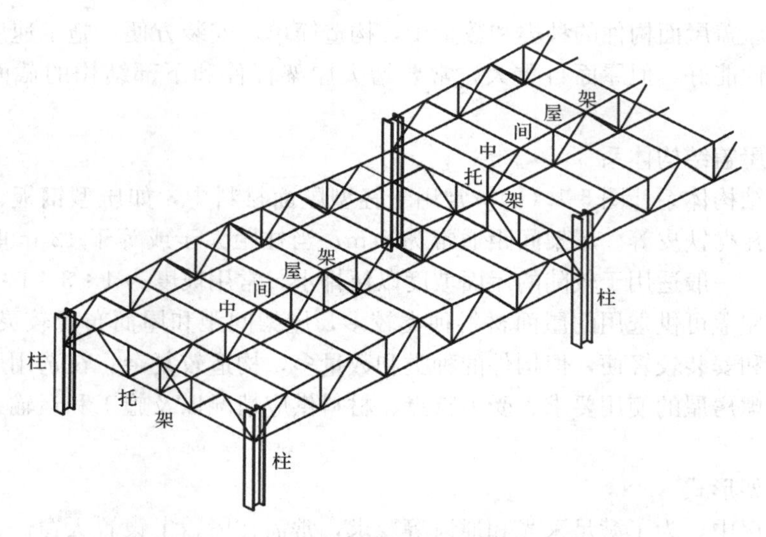


图 5-13　托架支承中间屋架

## 5.5.2　钢屋盖支撑 (Steel Roof Support)

当钢屋盖以平面桁架作为主要承重构件时，各个平面桁架（屋架）要用各种支撑及纵向杆件（系杆）连成一个空间几何不变的整体结构，才能承受荷载。这些支撑及系杆统称为屋盖支撑。它由上弦横向水平支撑、下弦横向水平支撑、下弦纵向水平支撑、垂直支撑及系杆组成（图 5-14）。下面分别介绍各类支撑及系杆的位置、组成、形式及计算和构造。

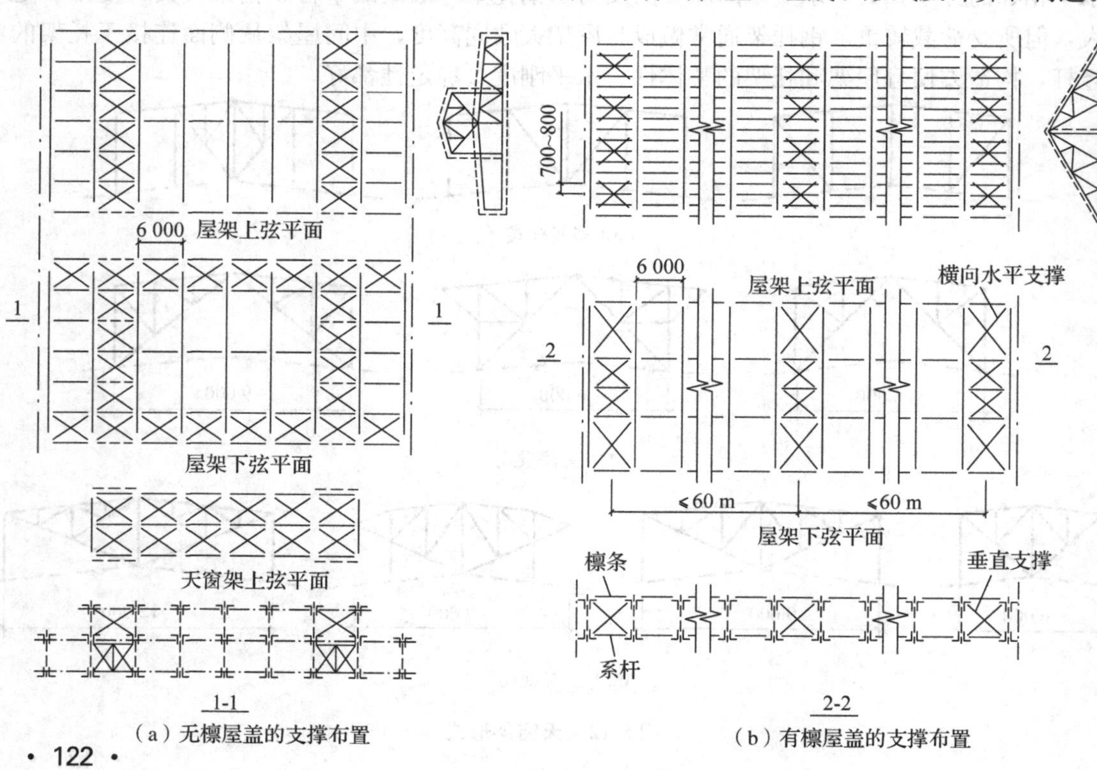




图 5-14　屋盖支撑布置图

①上弦横向水平支撑：上弦横向水平支撑一般布置在屋盖两端（或每个温度区段的两端）的两榀相邻屋架的上弦杆之间，位于屋架上弦平面，沿屋架全跨布置，形成一平行弦桁架，其节间长度为屋架节间距的 2～4 倍。它的弦杆即屋架的上弦杆，腹杆由交叉的斜杆及竖杆组成。交叉的斜杆一般用单角钢或圆钢制成（按拉杆计算），竖杆常用双角钢的 T 形截面。当屋架有檩条时，竖杆由檩条兼任。

②下弦横向水平支撑：下弦横向水平支撑布置在上弦横向水平支撑的同一开间，它也形成一个平行弦桁架，位于屋架下弦平面。其弦杆即屋架的下弦，腹杆也由交叉的斜杆及竖杆组成，其形式和构造与上弦横向水平支撑相同。

③下弦纵向水平支撑：它布置在屋架下弦两端节间处，位于屋架下弦平面，沿房屋全长布置，也组成一个具有交叉斜杆及竖杆的平行弦桁架。它的端竖杆就是屋架端节间的下弦。下弦纵向水平支撑与下弦横向水平支撑共同构成一个封闭的支撑框架，以保证屋盖结构有足够的水平刚度。对于三角形屋盖或某些特殊情况，下弦纵向水平支撑也可设在屋架上弦平面。

一般情况下，屋架可以不设置下弦纵向水平支撑，仅当房屋有较大起重量的桥式吊车、壁行吊车或锻锤等较大振动设备，以及房屋高度或跨度较大或空间刚度要求较大时，才设置下弦纵向水平支撑。此外，在房屋设有托架处，为保证托架的侧向稳定，在托架范围及两端各延伸一个柱间应设置下弦纵向水平支撑。

④垂直支撑：位于上、下弦横向水平支撑同一开间内，形成一个跨长为屋架间距的平行弦桁架。它的上、下弦杆分别为上、下弦横向水平支撑的竖杆，它的端竖杆就是屋架的竖杆（或斜腹杆）。垂直支撑中央腹杆的形式由支撑桁架的高跨比决定，一般常采用 W 形或双节间交叉斜杆等形式。腹杆截面可采用单角钢或双角钢 T 形截面。跨度小于 30 m 的梯形屋架通常在屋架两端和跨度中央各设置一道垂直支撑。当跨度大于 30 m 时，则在两端和跨度 1/3 处共设四道支撑。一般情况下，跨度小于 18 m 的三角形屋架只需在跨度中央设一道垂直支撑，大于 18 m 时则在 1/3 跨度处共设两道支撑。

⑤系杆：在未设横向支撑的开间，相邻平面屋架由系杆连接。系杆通常在屋架两端，有垂直支撑位置的上、下弦节点以及屋脊和天窗侧柱位置，沿房屋纵向通长布置。系杆对屋架上、下弦杆提供侧向支承，因此必要时，还应根据这些弦杆长细比的要求按一定距离增设中间系杆。对于有檩屋盖，檩条可兼作系杆。

系杆中只能承受拉力的称为柔性系杆，设计时可按容许长细比 [$\lambda$] =350 控制，常采用单角钢或圆钢截面；能承受压力的称刚性系杆，设计时可按 [$\lambda$] =200 控制，常用双角钢 T 形或十字形截面。一般在屋架下弦端部及上弦屋脊处需设置刚性系杆，其他情况下可设柔性系杆。

当房屋两端为山墙时，上、下弦横向水平支撑及垂直支撑可设在两端第二开间，这时第一开间的所有系杆均设为刚性系杆。当房屋长度大于 60 m 时，应在中间增设一道（或几道）上、下弦横向水平支撑及垂直支撑。

屋盖支撑因受力较小一般不进行内力计算。其截面尺寸由杆件容许长细比和构造要求确定。交叉斜杆一般按拉杆 [$\lambda$] =350 控制，非交叉斜杆、弦杆等按压杆 [$\lambda$] =200 控制。对于跨度较大且承受墙面传来的很大的风力的支撑，应按桁架体系计算内力选择截面，同时亦应控制长细比。

具有交叉斜腹杆的支撑桁架可按图 5-15 所示计算简图计算。在节点荷载 $W$ 的作用下，图中每节间仅考虑受拉斜腹杆工作，另一根斜腹杆（虚线所示）则假定它因屈曲退出工作（偏安全），这样桁架成为静定体系使计算简化。当荷载反向时，则两组斜杆受力情况恰好相反。

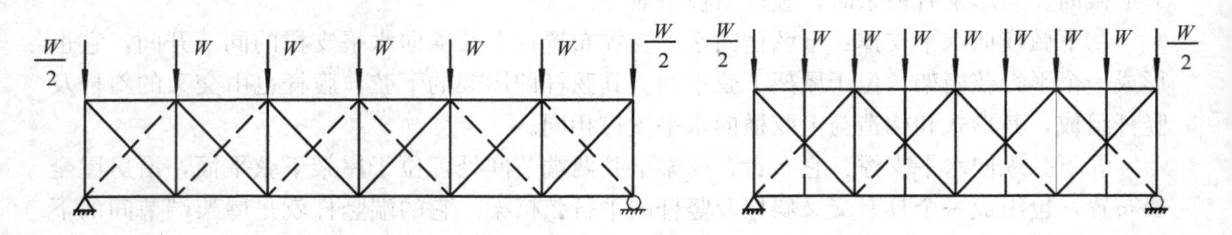


**图 5-15　支撑桁架杆件的内力计算简图**

屋盖支撑的构造应力求简单、安装方便。其连接节点构造如图 5-16 所示。

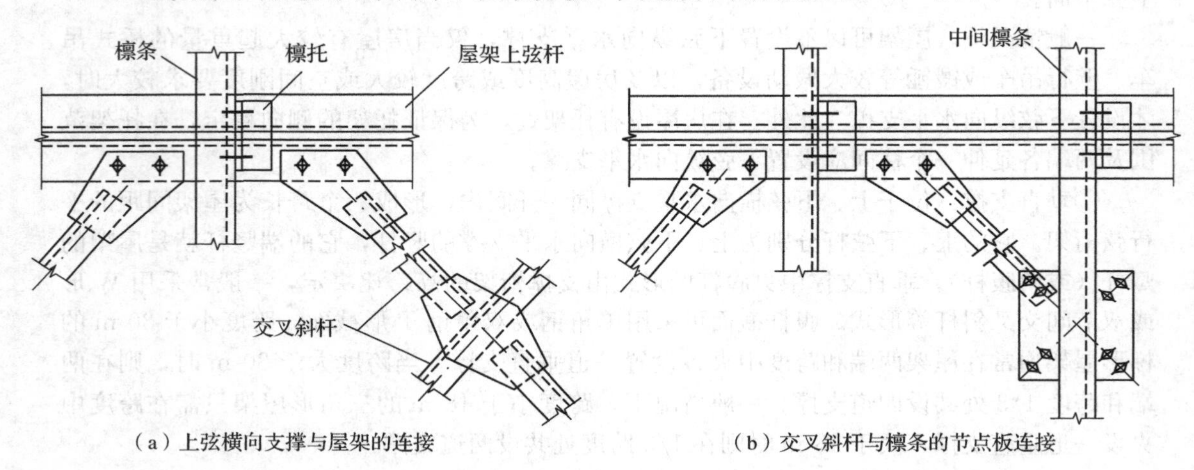


（a）上弦横向支撑与屋架的连接　　（b）交叉斜杆与檩条的节点板连接

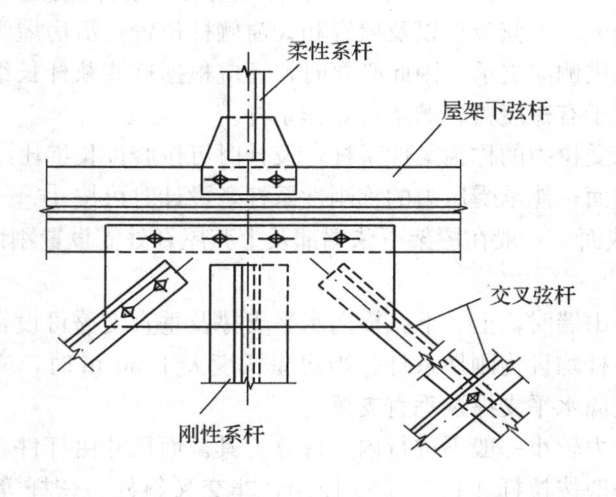


（c）上弦横向支撑和系杆与屋架的节点连接

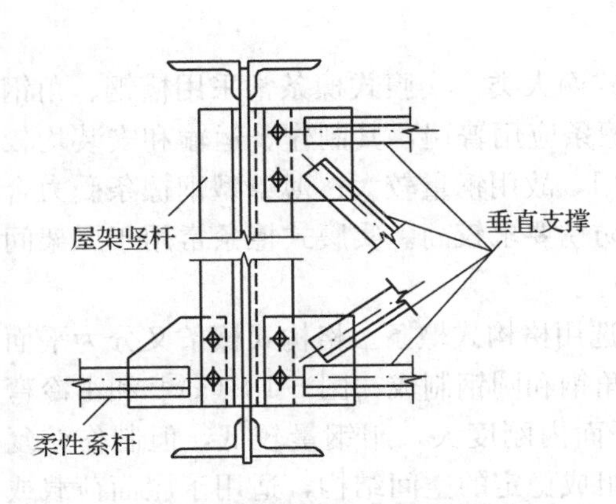


（d）垂直支撑仅与屋架竖杆连接构造

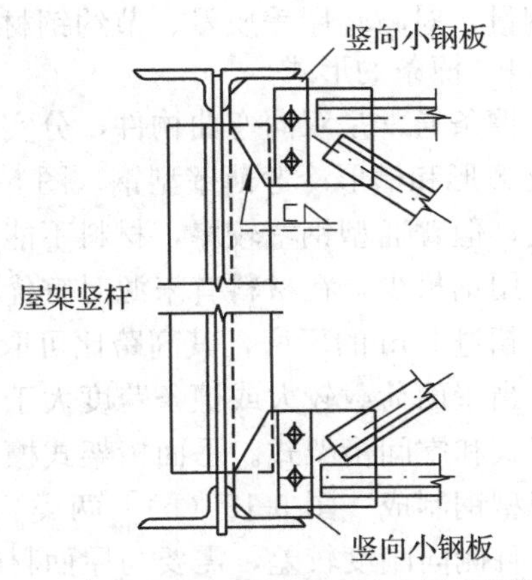


（e）垂直支撑与屋架弦杆和竖杆连接构造

**图 5-16　支撑与屋架连接构造**

上弦横向水平支撑的角钢肢尖应向下，且连接处适当离开屋架节点［图 5-16（a）］，以免影响大型屋面板或檩条安放。交叉斜杆在相交处应有一根杆件切断，另加节点板用焊缝或螺栓连接［图 5-16（a）］。交叉斜杆处如与檩条相连［图 5-16（b）］，则两根斜杆均应切断，用节点板相连。

下弦横向和纵向水平支撑的角钢肢尖允许向上［图 5-16（c）］，其中交叉斜杆可以肢背靠肢背交叉放置，中间填以填板，杆件无需切断。

垂直支撑可只与屋架竖杆相连［图 5-16（d）］，也可通过竖向小钢板与屋架弦杆及屋架竖杆同时相连［图 5-16（e）］。

支撑与屋架的连接通常用 M20 C 级螺栓，支撑与天窗架的连接可用 M16 C 级螺栓。在有重级工作制吊车或有其他较大振动设备的厂房中，屋架下弦支撑及系杆宜用高强度螺栓连接，或用 C 级螺栓再加焊缝将节点板固定。

从前述屋盖支撑的布置及组成不难理解，屋盖支撑虽不是主要承重构件，但它对保证主要承重构件——屋架正常工作起着重要作用。具体地说，这些作用包括：

①保证屋盖形成空间几何不变结构体系。

②加强屋盖结构的空间刚度。屋盖所受各种纵向、横向水平荷载（如风载、吊车制动力、地震力等），都要通过各种支撑桁架传至屋架支座。

③为上、下弦杆提供侧向支撑点，减小弦杆在屋架平面外的计算长度，提高其侧向刚度和稳定性。

④保证屋盖结构安装时的稳定和方便。

## 5.6　檩条及压型钢板的设计
(Design of Purlin and Profiled Steel Plate)

### 5.6.1　钢檩条设计
**(Steel Purlin Design)**

屋盖中檩条用钢量所占比例较大，因此合理选择檩条形式、截面和间距，以减少檩条用钢量，对减轻屋盖质量、节约钢材有重要意义。

1）檩条的形式

檩条通常是双向弯曲构件，分实腹式、格构式两大类。实腹式檩条常采用槽钢、角钢以及Z形和槽形冷弯薄壁型钢（图 5-17）。槽钢檩条应用普遍，其制作、运输和安装均较简便；但普通型钢壁较厚，材料不能充分发挥作用，故用钢量较大；薄壁型钢檩条受力合理，用钢量少，在材料有来源时宜优先采用，但防锈要求较高。实腹式檩条常用于屋架间距不超过 6 m 的厂房，其高跨比可取 1/50～1/35。

当屋面荷载较大或檩条跨度大于 9 m 时，宜选用格构式檩条。格构式檩条又分为平面桁架式和空间桁架式。平面桁架式檩条可分为由角钢和圆钢制成［图 5-18（a）］和由冷弯薄壁型钢制成［图 5-18（b）］两类。这种檩条平面内刚度大，用钢量较低，但制作较复杂，且侧向刚度较差，需要与屋面材料、支撑等组成稳定的空间结构，适用于屋面荷载或檩条距离相对较小的屋面结构。空间桁架式檩条横截面呈三角形，如图 5-19 所示，由①②③这 3 个平面桁架组成了一个完整的空间桁架体系，称为空间桁架式。这种檩条结构合理、受力明确、整体刚度大、不需设置拉条、安装方便，但制作加工复杂、用钢量大，适用于跨度、荷载和檩条距离均较大的情况。

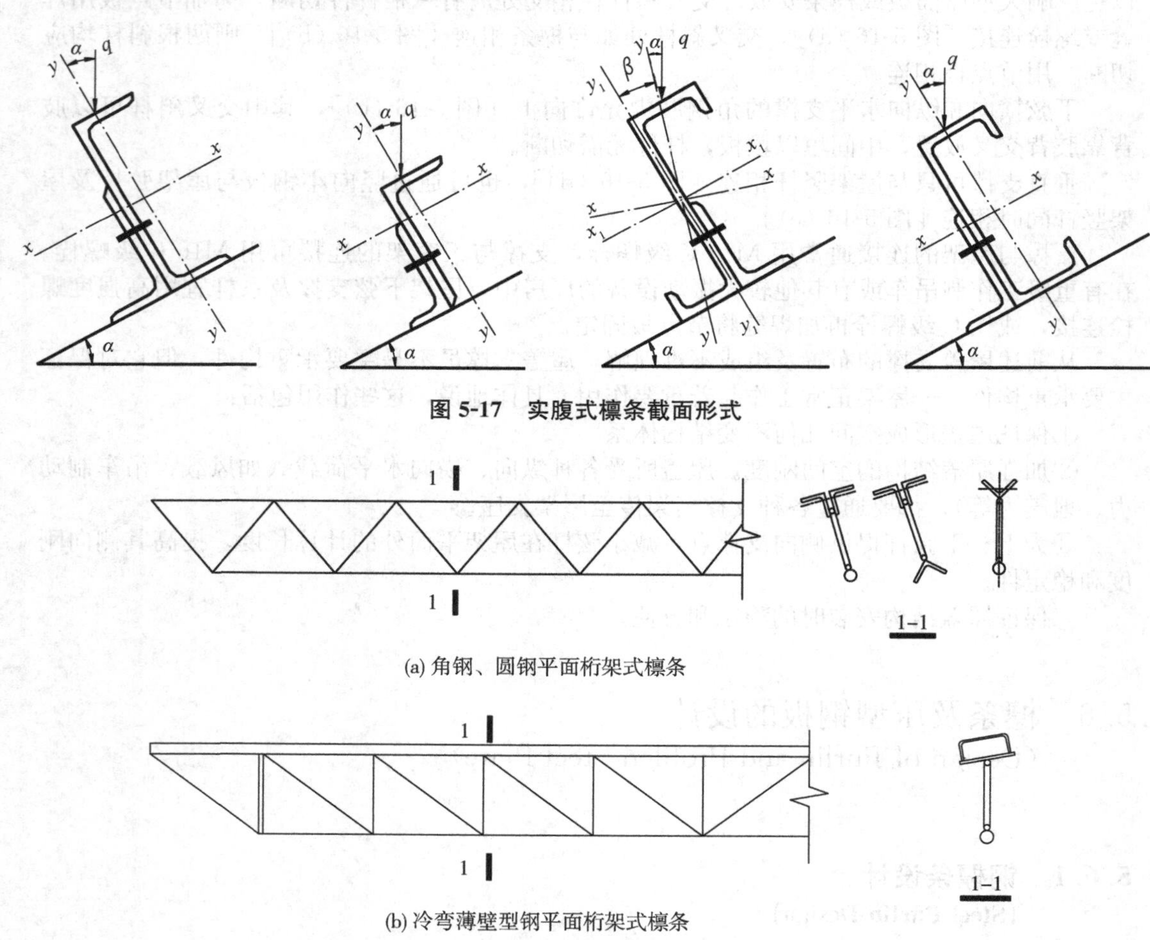

图 5-17　实腹式檩条截面形式

(a) 角钢、圆钢平面桁架式檩条

(b) 冷弯薄壁型钢平面桁架式檩条

图 5-18　平面桁架式檩条

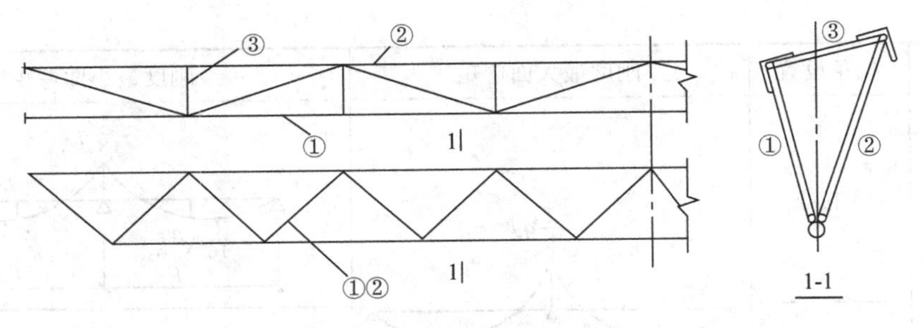


图 5-19　空间桁架式檩条

2）檩条的计算

实腹式檩条由于腹板与屋面垂直放置，故在屋面荷载 $q$ 作用下将绕截面的两个主轴弯曲。若荷载偏离截面的弯曲中心，还将受到扭矩的作用，但屋面板的连接能起到一定的阻止檩条扭转的作用，故设计时可不考虑扭矩的影响，而按双向受弯构件计算。由于型钢檩条的壁厚较大，因此可不计算其抗剪和局部承压强度。

（1）强度

图 5-17 所示实腹式檩条在屋面竖向荷载 $q$ 的作用下，檩条截面的两个主轴方向分别承受 $q_x = q\sin\alpha$（或 $\sin\varphi$）和 $q_y = q\cos\alpha$（或 $\cos\varphi$）分力作用，$\alpha$（或 $\varphi$）为 $q$ 与主轴 $y$ 的夹角。

檩条简支时，由 $q_y$ 引起的对 $x$-$x$ 轴的弯矩 $M_x = \frac{1}{8}q_y l^2 = \frac{1}{8}ql^2\cos\alpha$（或 $\cos\varphi$）。由 $q_x$ 引起的对 $y$-$y$ 轴的弯矩 $M_y$，如中间不设拉条时其弯矩 $M_y = \frac{1}{8}q_x l^2 = \frac{1}{8}ql^2\sin\alpha$（或 $\sin\varphi$）；当屋盖檩条间设拉条时，则拉条作为檩条的侧向支承，可按双跨或多跨连续梁计算 $M_y$。承受双向弯曲的檩条的计算弯矩见表 5-2。

表 5-2　承受双向弯曲的檩条的计算弯矩

| 檩条形式 | 拉条设置 | 刚度最大面弯矩 | 刚度最小面弯矩 |
| --- | --- | --- | --- |
| 单跨简支檩条 | 无拉条 | $\frac{1}{8}q_y l^2$<br>$l$ | $\frac{1}{8}q_x l^2$<br>$l$ |
| | 有一根拉条 | | $-\frac{1}{32}q_x l^2$<br>$\frac{1}{64}q_x l^2$<br>$l/2$　$l/2$ |
| | 有两根拉条 | | $-\frac{1}{90}q_x l^2$<br>$\frac{1}{360}q_x l^2$<br>$l/3$　$l/3$　$l/3$ |

续表

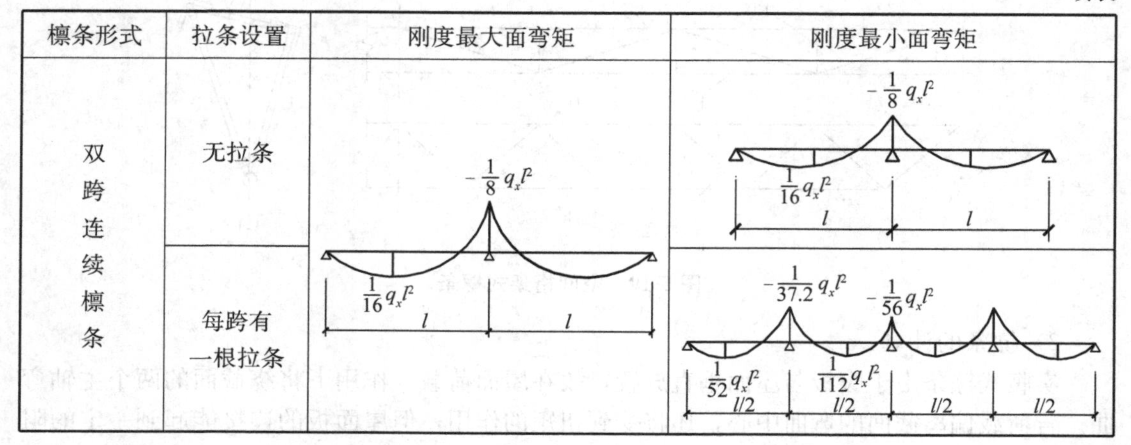

| 檩条形式 | 拉条设置 | 刚度最大面弯矩 | 刚度最小面弯矩 |
|---|---|---|---|
| 双跨连续檩条 | 无拉条 | $-\frac{1}{8}q_xl^2$；$\frac{1}{16}q_xl^2$；$l$；$l$ | $-\frac{1}{8}q_xl^2$；$\frac{1}{16}q_xl^2$；$l$；$l$ |
| | 每跨有一根拉条 | | $-\frac{1}{37.2}q_xl^2$；$-\frac{1}{56}q_xl^2$；$\frac{1}{52}q_xl^2$；$\frac{1}{112}q_xl^2$；$l/2$；$l/2$；$l/2$；$l/2$ |

檩条承受双向弯曲时，按下列公式计算强度：

$$\frac{M_x}{\gamma_x W_{nx}}+\frac{M_y}{\gamma_y W_{ny}}\leqslant f \tag{5-9}$$

式中，$M_x$、$M_y$ 分别为檩条刚度最大面（绕 $x$ 轴）和刚度最小面（绕 $y$ 轴）的弯矩，单跨简支檩条当无拉条或有一根拉条时采用跨度中央的弯矩，有两根位于 1/3 跨的拉条，当$q_y<q_x/3.5$ 时采用跨中的弯矩，当 $q_y>q_x/3.5$ 时采用跨度 1/3 处的弯矩，双跨连续檩条采用中央支座处的弯矩；$W_{nx}$、$W_{ny}$分别为檩条刚度最大面（绕 $x$ 轴）和刚度最小面（绕 $y$ 轴）的净截面抵抗矩；$\gamma_x$、$\gamma_y$ 分别为截面塑性发展系数；$f$ 为钢材的抗弯强度设计值。

檩条仅承受单向弯曲时，按下式计算强度：

$$\frac{M_x}{\gamma_x W_{nx}}\leqslant f \tag{5-10}$$

（2）整体稳定

当檩条之间未设置拉条且屋面材料刚性较差（如石棉瓦等），在构造上不能阻止檩条受压翼缘侧向位移时，应按 GB 50017—2017 式（6.2.2）及式（6.2.3）验算檩条的整体稳定；如檩条之间设有拉条，则可不验算整体稳定。

（3）刚度

设置拉条时，只须计算垂直于屋面方向的最大挠度。未设拉条时需计算总挠度。计算挠度时，荷载应取其标准值。

单跨简支檩条（当有拉条时）：

$$v=\frac{5}{384}\cdot\frac{q_y l^4}{EI_x}\leqslant [v] \tag{5-11}$$

当不设拉条时，应分别计算沿两个主轴方向的分挠度 $v_x$、$v_y$，然后验算总挠度，即

$$v=\sqrt{v_x^2+v_y^2}\leqslant [v] \tag{5-12}$$

式中，$I_x$ 为截面对垂直于腹板的主轴的惯性矩；$v_x$、$v_y$ 为分别由 $q_x$ 和 $q_y$ 引起的沿 $x$、$y$ 两主轴方向的分挠度；[$v$] 为容许挠度。

（4）檩条的连接与构造

檩条一般可全部布置在上弦节点上，由屋檐起沿屋架上弦等距离设置。檩条一般用檩

托与屋架上弦相连，檩托用短角钢做成，先焊在屋架上弦，然后用 C 级螺栓（不少于 2 个）或焊缝与檩条连接（图 5-20）。角钢和 Z 形薄壁型钢檩条的上翼缘肢尖应朝向屋脊，槽钢檩条的槽口则可朝上，屋面坡度小时亦可朝下。

在实腹式檩条之间往往要设置拉条和撑杆（图 5-21）。当檩条的跨度为 4～6 m 时，宜设置一道拉条；当檩条的跨度为 6 m 以上时，应布置两道拉条。屋架两坡面的脊檩须在拉条连接处相互联系，或设斜拉条和撑杆。Z 形薄壁型钢檩条还须在檐口处设斜拉条和撑杆。当檐口处有圈梁或承重天沟时，可只设直拉条并与其连接。

拉条通常采用直径 10～16 mm 的圆钢制成。撑杆主要是限制檐檩的侧向弯曲，故多采用角钢，其长细比按压杆考虑，不能大于 200，并据此选择其截面。

拉条与檩条、撑杆与檩条的连接构造如图 5-22 所示，图中 $d$ 为拉条直径。拉条的位置应靠近檩条的上翼缘 30～40 mm，并用位于腹板两侧的螺母将其固定于檩条的腹板上。撑杆与焊在檩条上的角钢用 C 级螺栓连接。

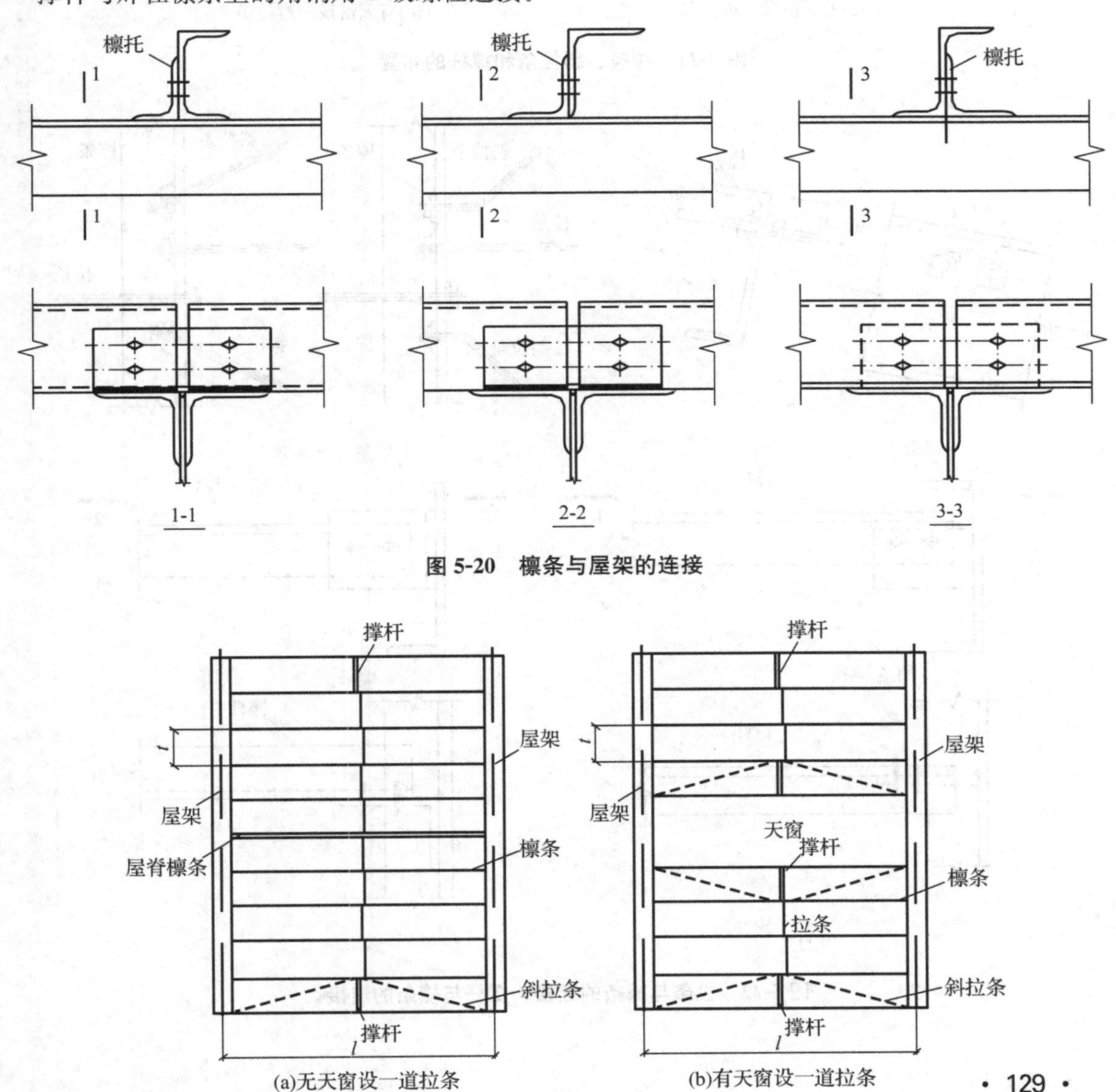


**图 5-20　檩条与屋架的连接**

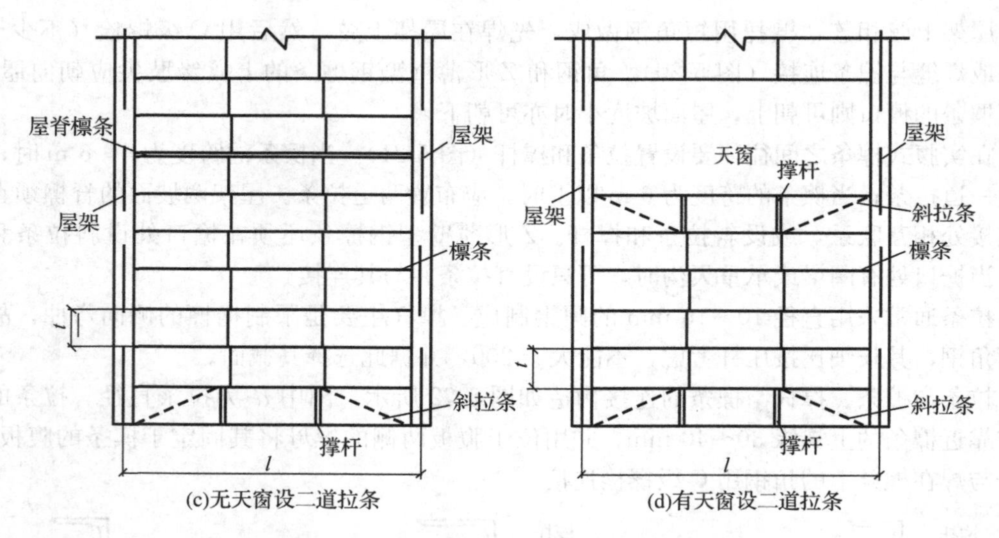


**图 5-21　拉条、斜拉条和撑杆的布置**

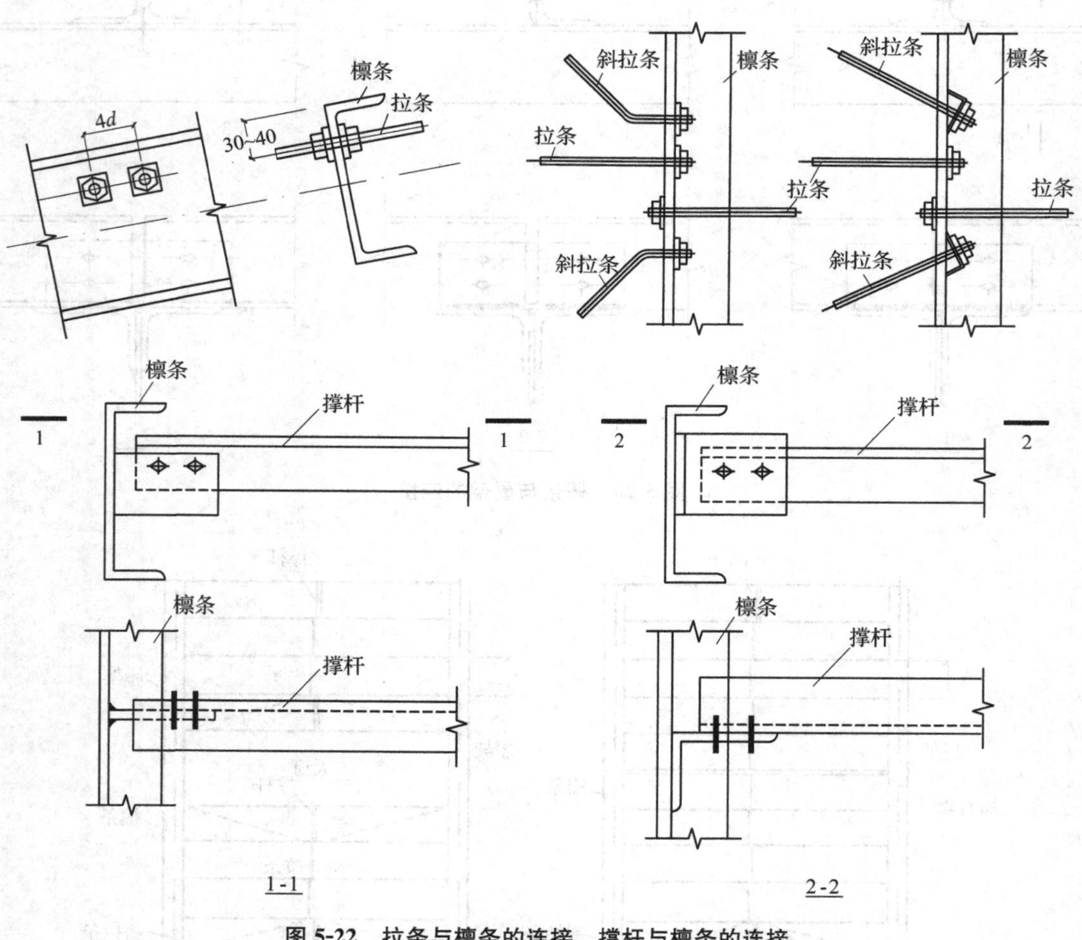


**图 5-22　拉条与檩条的连接、撑杆与檩条的连接**

**例 5-2** 某轻型门式刚架结构的屋面，屋面材料为压型钢板，自重为 0.25 kN/m$^2$（含保温层）；檩条采用轻型 H 型钢，截面尺寸为 250×125×3.2×4.5，自重为 0.10 kN/m$^2$（含拉条）。屋面坡度 1/12（$\alpha$=4.76°），檩条跨度为 6 m，于 $l/2$ 处设一道拉条。水平檩距 1.5 m。钢材为 Q235B 钢。雪荷载为 0.30 kN/m$^2$，屋面均布活载为 0.50 kN/m$^2$，风压标准值为 0.65 kN/m$^2$。试验算该檩条的承载力和挠度是否满足设计要求。

**解** 1）荷载和内力

（1）永久荷载标准值（对水平投影面）

压型钢板（含保温）　　　　　　0.25 kN/m$^2$

檩条（包括拉条）　　　　　　　0.35 kN/m$^2$

（2）可变荷载标准值

屋面均布活荷载或雪荷载最大值为 0.5 kN/m$^2$。

（3）内力计算

①永久荷载与屋面活荷载组合。

檩条线荷载：

$$q_{\mathrm{k}}=(0.35+0.50)\times 1.5\approx 1.28\ (\mathrm{kN/m})$$
$$q=(1.3\times 0.35+1.5\times 0.50)\times 1.5\approx 1.81\ (\mathrm{kN/m})$$
$$q_x=q\times \sin 4.76°\approx 0.15\ (\mathrm{kN/m})$$
$$q_y=q\times \cos 4.76°\approx 1.80\ (\mathrm{kN/m})$$

弯矩设计值：

$$M_x=\frac{1}{8}q_y l^2=\frac{1}{8}\times 1.80\times 6^2=8.10\ (\mathrm{kN/m})$$

$$M_y=\frac{1}{32}q_x l^2=\frac{1}{32}\times 0.15\times 6^2\approx 0.17\ (\mathrm{kN/m})$$

②永久荷载与风荷载（吸力）组合。

檩条线荷载：

$$q=(-1.5\times 0.65+1.0\times 0.35)\times 1.5\approx -0.94\ (\mathrm{kN/m})$$

弯矩设计值：

$$q_x=q\times \sin 4.76°\approx 0.08\ (\mathrm{kN/m})$$
$$q_y=q\times \cos 4.76°\approx 0.94\ (\mathrm{kN/m})$$
$$M_x=\frac{1}{8}q_y l^2=\frac{1}{8}\times 0.94\times 6^2=4.23\ (\mathrm{kN/m})$$
$$M_y=\frac{1}{32}q_x l^2=\frac{1}{32}\times 0.08\times 6^2=0.09\ (\mathrm{kN/m})$$

2）强度验算

截面特性：$A=18.97\ \mathrm{cm}^2$，$W_x=165.48\ \mathrm{cm}^3$，$W_y=23.45\ \mathrm{cm}^3$，$I_x=2\,068.56\ \mathrm{cm}^4$，$I_y=146.55\ \mathrm{cm}^4$，$i_x=10.44$ cm，$i_y=2.78$ cm。

由于受压翼缘自由外伸宽度与其厚度之比$\frac{b}{t}=\frac{(125-3.2)/2}{4.5}\approx 13.5>13$，计算截面无孔洞削弱，屋面能阻止檩条失稳和扭转，则其强度为

$$\sigma=\frac{M_x}{\gamma_x W_{\mathrm{n}x}}+\frac{M_y}{\gamma_y W_{\mathrm{n}y}}=\frac{8.10\times 10^6}{1.0\times 165.48\times 10^3}+\frac{0.17\times 10^6}{1.0\times 23.45\times 10^3}\approx 56.20\ (\mathrm{N/mm^2})\leqslant f=215\ (\mathrm{N/mm^2})$$

3）在风吸力下下翼缘的稳定计算

因檩条、拉条靠近上翼缘，故不考虑其对下翼缘的约束。

$$\lambda_y=\frac{l_0}{i_y}=\frac{600}{2.78}\approx 215.8$$

$$\xi=\frac{l_1 t_1}{b_1 h}=\frac{600\times 0.45}{12.5\times 25}=0.864<2.0$$

$$\beta_b=1.73-0.2\xi=1.73-0.2\times 0.864\approx 1.557$$

$$\eta_b=0$$

$$\varphi_b=\beta_b\,\frac{4\,320Ah}{\lambda_y W_x}\left(\sqrt{1+\left(\frac{\lambda_y t_1}{4.4h}\right)^2}+\eta_b\right)\frac{235}{f_y}$$

$$=1.557\times\frac{4\,320\times 18.97\times 25}{215.8^2\times 165.48}\left(\sqrt{1+\left(\frac{215.8\times 0.45}{4.4\times 25}\right)^2}+0\right)\times 1\approx 0.552<0.6$$

风吸力作用使檩条下翼缘受压，则其稳定性为

$$\sigma=\frac{M_x}{\varphi_b W_x}+\frac{M_y}{\varphi_b W_y}=\frac{4.23\times 10^6}{0.552\times 165.48\times 10^3}+\frac{0.09\times 10^6}{1.0\times 23.45\times 10^3}=50.15\ (\text{N/mm}^2)\leqslant f=215\ (\text{N/mm}^2)$$

满足稳定性要求。

4）挠度计算

其挠度为

$$\omega=\frac{5q_{ky}l^4}{384EI_x}=\frac{5\times 1.28\times\cos 4.76^\circ\times 6\,000^4}{384\times 206\times 10^3\times 2\,068.56\times 10^4}=5.05\ (\text{mm})\leqslant[\omega]=l/200=30\ (\text{mm})$$

故此檩条在平面内、外均满足要求。

## 5.6.2 压型钢板的设计
### (Design of Profiled Steel Sheet)

压型钢板是以冷轧薄钢板为基板，经镀锌或镀锌后覆以彩色涂层，再经辊弯成型的波纹板材，具有成型灵活、施工速度快、外观美观、质量轻、易于工业化及商品化生产等特点，广泛用作建筑屋面及墙面围护材料。

压型钢板按表面处理情况可分为以下三种：

①镀锌钢板：其基板为热镀锌板，镀锌层重应不小于 275 g/m$^2$（双面），产品应符合《连续热镀锌和锌合金镀层钢板及钢带》（GB/T 2518—2019）的要求。

②彩色镀锌钢板：为在热镀锌基板上增加彩色涂层的薄板压型而成，其产品应符合《彩色涂层钢板及钢带》（GB/T 12754—2019）的要求。

③锌铝复合涂层压型钢板：为新一代无紧固件的扣压式压型钢板，其使用寿命更长，但要求基板为专用的、强度等级更高的冷轧薄钢板。

压型钢板根据其波形截面可分为

a）高波板：波高大于 75 mm，适用于作屋面板；

b）中波板：波高 50～75 mm，适用于作楼面板及中小跨度的屋面板；

c）低波板：波高小于 50 mm，适用于作墙面板。

选用压型钢板时，应根据荷载及使用情况选用已有的定型产品，其常用规格见表 5-3。

**表 5-3　常用压型钢板**

| 型号 | 截面简图（尺寸以 mm 计） | 展开宽度（覆盖率）/mm | 说明 |
| --- | --- | --- | --- |
| YX130-300-600① | 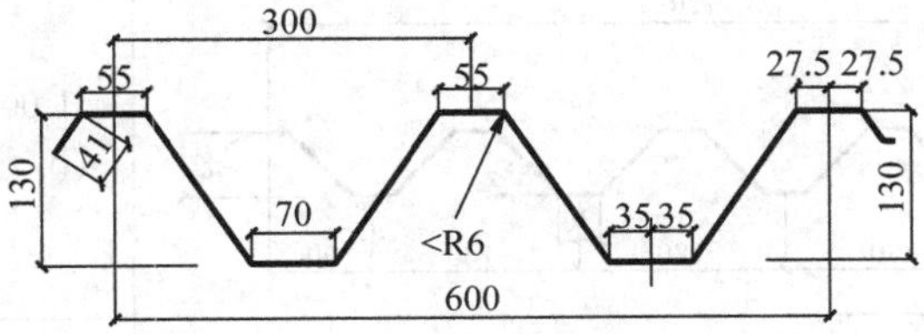  | 1 000<br>(0.6) | 宜用于大跨度屋面 |
| YX114-300-600 | 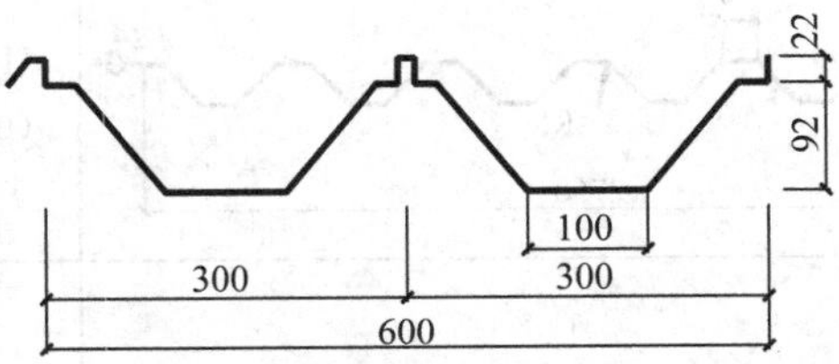  | 914<br>(0.6) | 板缝可咬边连接，适于屋面 |
| YX75-200-600① | 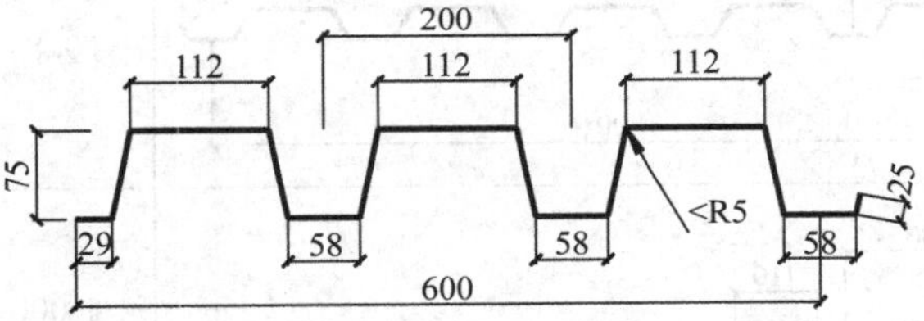  | 1 000<br>(0.6) | 宜用于组合楼面 |
| YX70-200-600① | 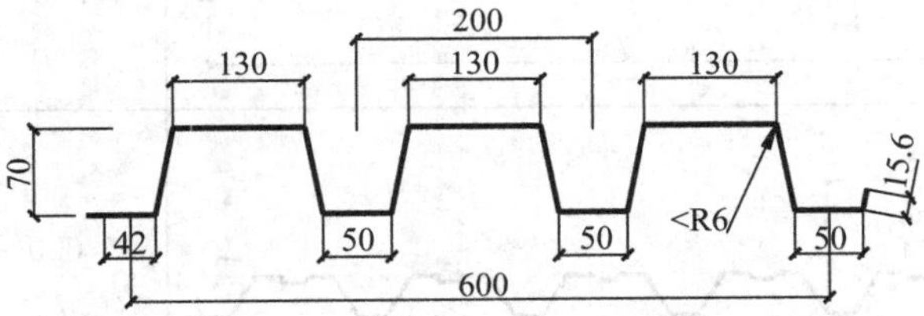  | 1 000<br>(0.6) | 腹板可无刻痕或有刻痕，宜用于组合楼面 |
| YX60-200-600① | 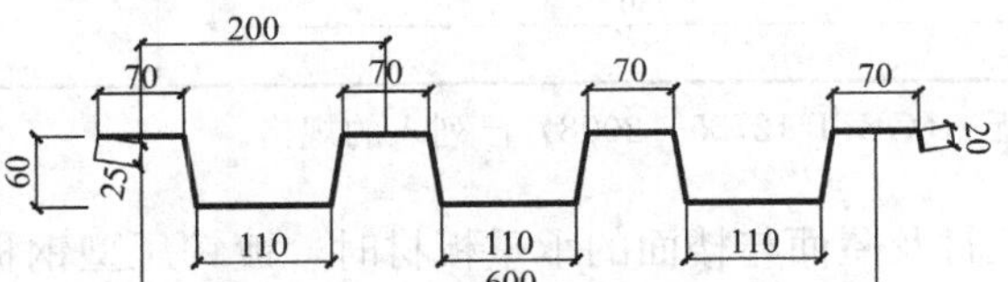  | 1 000<br>(0.6) | 腹板可无刻痕或有刻痕，宜用于组合楼面 |
| YX50-245-735 | 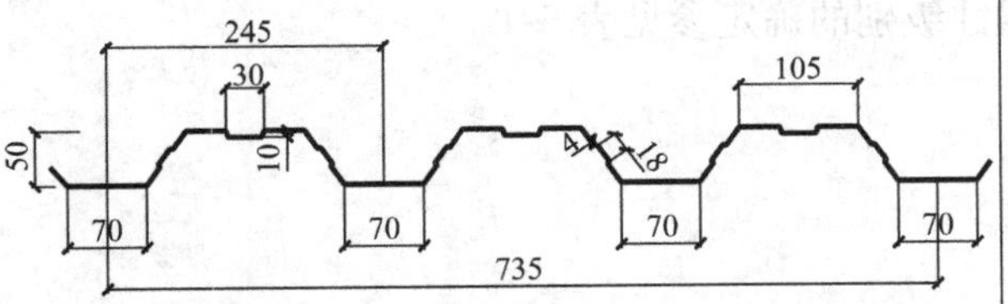  | 1 000<br>(0.735) | 宜用于中小跨度屋面 |

续表

| 型号 | 截面简图（尺寸以 mm 计） | 展开宽度（覆盖率）/mm | 说明 |
|---|---|---|---|
| YX56-180-720 | 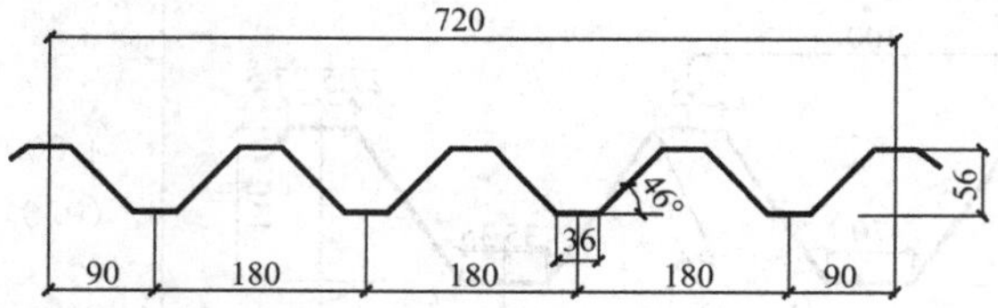 720; 90; 180; 180; 36; 180; 90; 46°; 56 | 1 000 (0.72) | 宜用于墙面 |
| YX35-125-750① | 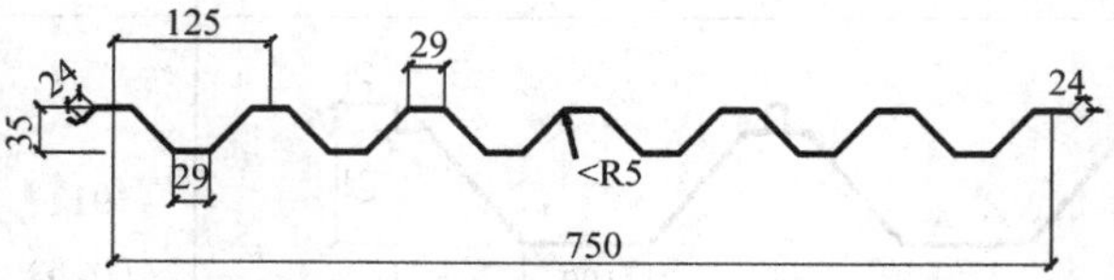 125; 29; 24; 35; 29; R5; 24; 750 | 1 000 (0.75) | 宜用于墙面 |
| YX30-160-800 | 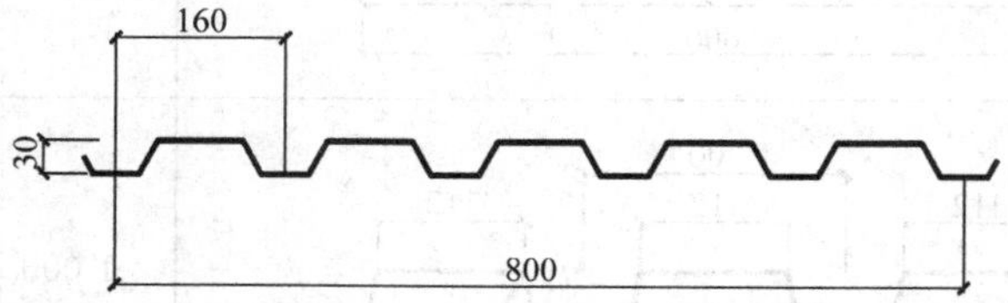 160; 30; 800 | 1 000 (0.8) | 宜用于墙面 |
| YX28-150-750① | 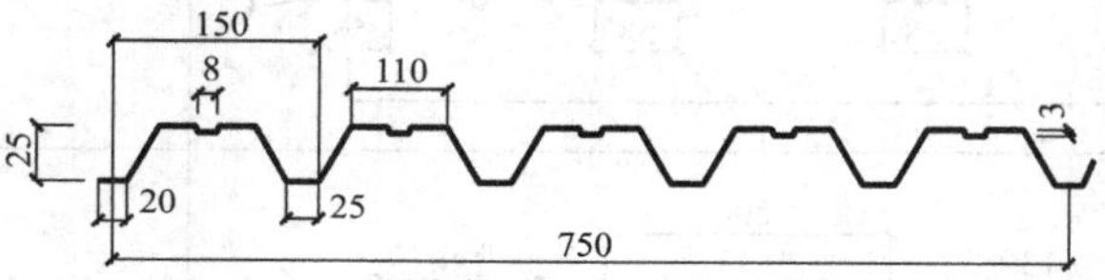 150; 8; 110; 25; 20; 25; 3; 750 | 1 000 (0.75) | 宜用于墙面 |
| YX25-150-750 | 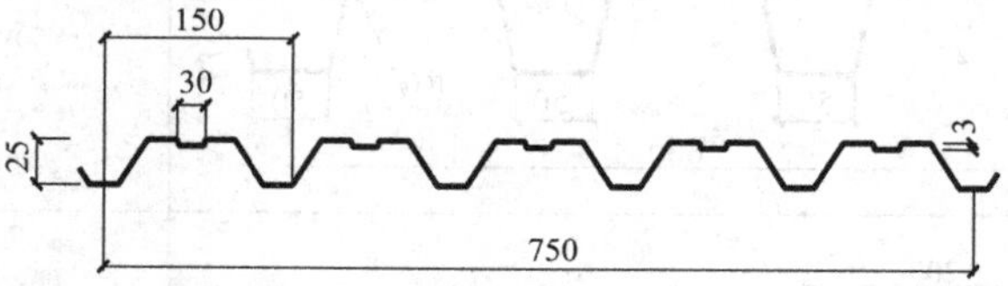 150; 30; 25; 3; 750 | 1 000 (0.75) | 宜用于墙面 |

注：①为《建筑用压型钢板》(GB/T 12755—2008) 已列入的规格。

在用作建筑物的维护板材及屋面与楼面的承重板材时，镀锌压型钢板宜用于无侵蚀和弱侵蚀环境，彩色涂层压型钢板可用于无侵蚀、弱侵蚀及中侵蚀环境，并应根据侵蚀条件选用相应的涂层系列。侵蚀级别的确定参见表 5-4。

**表 5-4　外界条件对压型金属板的侵蚀作用分类**

<table>
<tr><th rowspan="3">地区</th><th rowspan="3">相对湿度/%</th><th colspan="3">对压型金属板的侵蚀作用</th></tr>
<tr><th colspan="2">室内</th><th rowspan="2">露天</th></tr>
<tr><th>采暖房屋</th><th>无采暖房屋</th></tr>
<tr><td rowspan="3">农村、一般城市的商业区及住宅区</td><td>干燥<60</td><td rowspan="2">无侵蚀性</td><td>无侵蚀性</td><td>弱侵蚀性</td></tr>
<tr><td>普通 60～75</td><td rowspan="2">弱侵蚀性</td><td rowspan="5">中等侵蚀性</td></tr>
<tr><td>潮湿>75</td><td rowspan="3">弱侵蚀性</td></tr>
<tr><td rowspan="3">工业区、沿海地区</td><td>干燥<60</td><td rowspan="3">中等侵蚀性</td></tr>
<tr><td>普通 60～75</td></tr>
<tr><td>潮湿>75</td><td>中等侵蚀性</td></tr>
</table>

注：①表中的相对湿度是指当地的年平均相对湿度。对于恒温恒湿或有相对湿度指标的建筑物，则采用室内的相对湿度。

②一般城市的商业区及住宅区泛指无侵蚀性介质的地区，工业区则包括受侵蚀性介质影响及散发轻微侵蚀性介质的地区。

当有保温隔热要求时，可采用压型钢板内加设矿棉等轻质保温层的做法形成保温隔热屋（墙）面。

压型钢板的屋面坡度可采用 1/20～1/6。当屋面排水面积较大或地处大雨量区及板型为中波板时，宜选用 1/12～1/10 的坡度；当选用长尺寸高波板时，可采用 1/20～1/15 的屋面坡度；当为扣压式或咬合式压型板（无穿透板面紧固件）时，可采用 1/20 的屋面坡度；对暴雨或大雨量地区的压型板屋面还应进行排水验算。

一般永久性大型建筑选用的屋面承重压型钢板宽度与基板宽度（一般为 1 000 mm）之比为覆盖系数，应用时在满足承载力及刚度的条件下宜尽量选用覆盖系数大的板型。

压型钢板的使用寿命一般为 15～20 年，当采用无紧固或咬合接缝构造压型板时，其使用寿命可在 30 年以上。

压型钢板的性能应符合《压型金属板工程应用技术规范》（GB 50896—2013）、《建筑用压型钢板》（GB/T 12755—2008）及《彩色涂层钢板及钢带》（GB/T 12754—2019）的要求。

## 5.7　桁架的设计
## (Design of Truss)

采用两个角钢组成的 T 形或十字形截面的杆件，在杆件相交处（节点）通过节点板用焊缝连接而成的普通钢桁架，具有受力性能好、制造安装方便、取材容易、与支撑体系形成的屋盖结构整体刚度好、工作可靠、适应性强等优点，因而在工业与民用房屋的屋盖结构中得到较广泛应用。普通钢桁架所用的普通型钢（角钢）的厚度较大，因此其耗钢量较大，用于屋面荷载轻及跨度太小的桁架不够经济。另外，受角钢最大规格限制，屋面荷载重、跨度大的房屋也不宜采用。其最适宜的跨度一般为 18～36 m。

### 5.7.1 桁架的形式和主要尺寸 (Form and Main Dimensions of Truss)

1）桁架的形式

普通钢桁架按其外形可分为三角形（图 5-23）、梯形（图 5-24）及平行弦（图 5-25）三种。在确定桁架外形时，应综合考虑房屋的用途、建筑造型、屋面材料的排水要求、桁架的跨度、荷载的大小等因素，使之符合适用、受力合理、经济和施工方便等原则。从受力角度出发，桁架外形应尽量与弯矩图相近，以使弦杆受力均匀。受力较合理的腹杆布置应使短杆受压，长杆受拉，腹杆数量少，总长度短，且尽可能使荷载作用于节点，避免弦杆因受节间荷载引起局部弯矩而增加截面。从施工角度出发，桁架杆件的数量和品种规格应尽可能少，在用钢量增加不多的原则下，力求尺寸统一、构造简单，以便制造。腹杆与弦杆轴线间的夹角一般为 30°～60°，最好在 45°左右，以使节点紧凑。桁架上弦的坡度须适合屋面的排水要求。此外，还应考虑建筑的需要以及设置天窗等方面的要求。上述各种要求往往难以同时满足，因此应根据具体情况，对经济技术指标进行综合分析、比较。下面讨论各类桁架的特点。

①三角形桁架适用于屋面坡度较大的有檩屋盖结构，根据屋面的排水要求，上弦坡度一般为 $i=1/3\sim1/2$，跨度一般为 18～24 m。三角形桁架与柱只能做成铰接，故房屋的横向刚度较低，且桁架弦杆的内力变化较大，在支座处最大，跨中较小，故弦杆用同一规格截面时，其承载力不能得到充分利用。图 5-23（a）（c）是芬克式桁架，它的腹杆受力合理，且可分为两榀小桁架运输，比较方便。图 5-23（b）是将三角形桁架的两端高度改为 500 mm，这样改变以后，桁架支座处上、下弦的内力大大减小，能够改善桁架的工作情况。

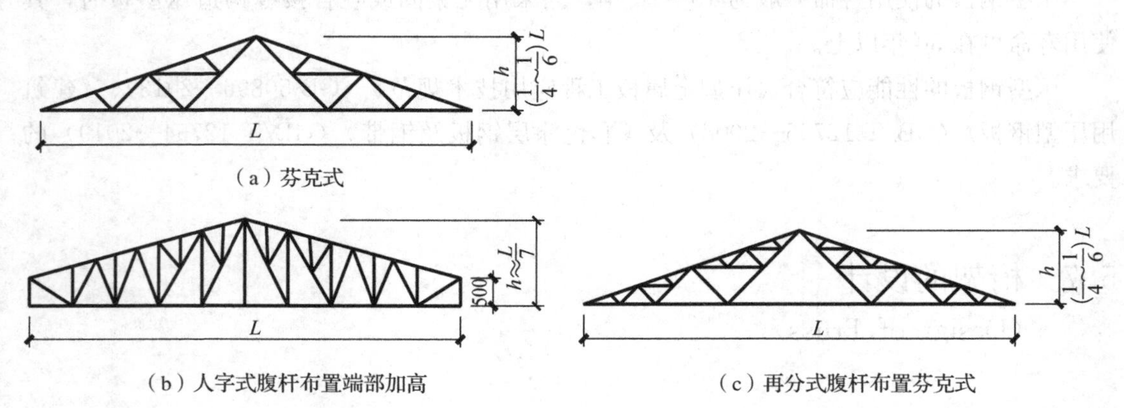


图 5-23　三角形桁架

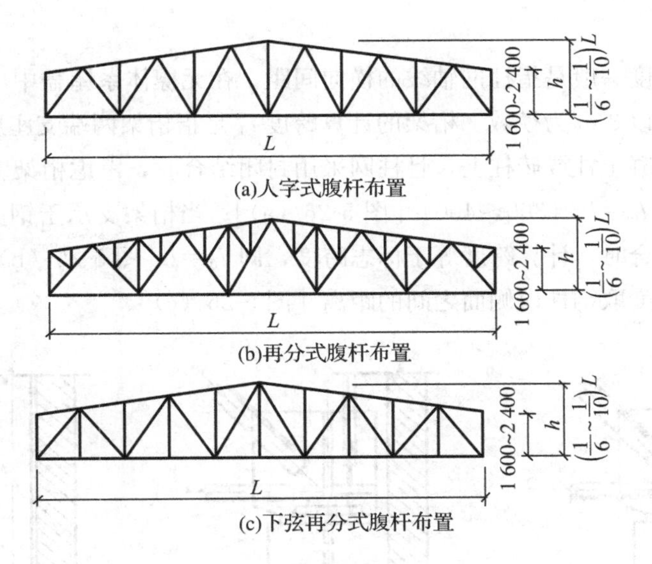


(a)人字式腹杆布置

(b)再分式腹杆布置

(c)下弦再分式腹杆布置

**图 5-24　梯形桁架**

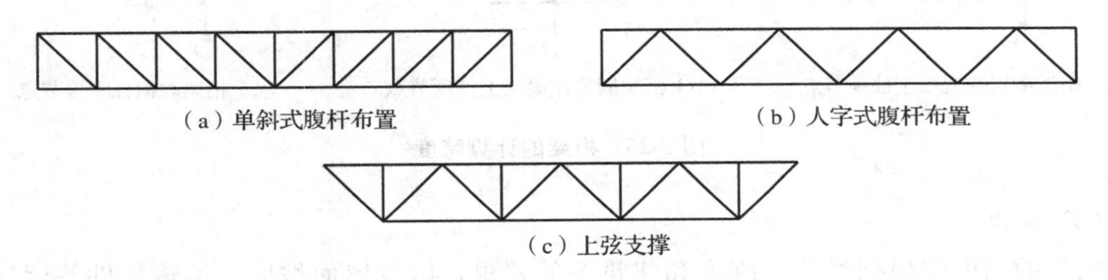

（a）单斜式腹杆布置

（b）人字式腹杆布置

（c）上弦支撑

**图 5-25　平行弦桁架**

②梯形桁架的外形较接近弯矩图，各节间弦杆受力较均匀，且腹杆较短，适用于屋面坡度较小的屋盖体系。其坡度一般为 $i=1/16\sim1/8$。跨度可达 36 m。梯形桁架与柱的连接可做成刚接也可做成铰接。当做成刚接时，可提高房屋的横向刚度，因此是目前无檩体系的工业厂房屋盖中应用最广的屋盖形式。

梯形桁架的腹杆体系有人字式［图 5-24（a）（c）］、再分式［图 5-24（b）］。人字式腹杆体系的支座处斜杆（端斜杆）与弦杆组成的支承节点，在上弦时称为上承式，在下弦时称为下承式。桁架与柱刚接时一般采用下承式，铰接时二者均可。再分式腹杆体系的桁架上弦节间短，屋面板宽度较窄时，可避免上弦承受节间荷载、产生局部弯矩，用料经济，但节点和腹杆数量增多，制造较费时，故有时仍采用较大节间使上弦杆承受节间荷载的做法，虽耗钢量增多，但构造较简单。折中的做法是在跨中弦杆内力较大处的一部分节间增加再分杆，而在支座附近弦杆内力较小的节间仍采用较大节间，以获得较好的经济效果。

③平行弦桁架具有杆件规格统一、节点构造统一、便于制造等优点。其上下弦杆相互平行，且可做成不同坡度（图 5-25）。这种形式一般用于托架或支撑体系。

2）桁架的主要尺寸

桁架的主要尺寸包括桁架的跨度、跨中高度及梯形桁架的端部高度。

(1) 跨度

桁架的标志跨度一般是指柱网轴线的横向间距，在无檩体系屋盖中应与大型屋面板的宽度相适应，一般以 3 m 为模数。桁架的计算跨度 $l_0$ 是指桁架两端支座反力间的距离。当桁架简支于钢筋混凝土柱或砖柱上，且柱网采用封闭结合时，考虑桁架支座处需一定的构造尺寸，一般可取 $l_0=l-(300\sim400)$ [图 5-26 (a)]；当桁架支承于钢筋混凝土柱上，而柱网采用非封闭结合时，计算跨度等于标志跨度，即 $l_0=l$ [图 5-26 (b)]；当桁架与钢柱刚接时，其计算跨度取钢柱内侧面之间的距离 [图 5-26 (c)]。

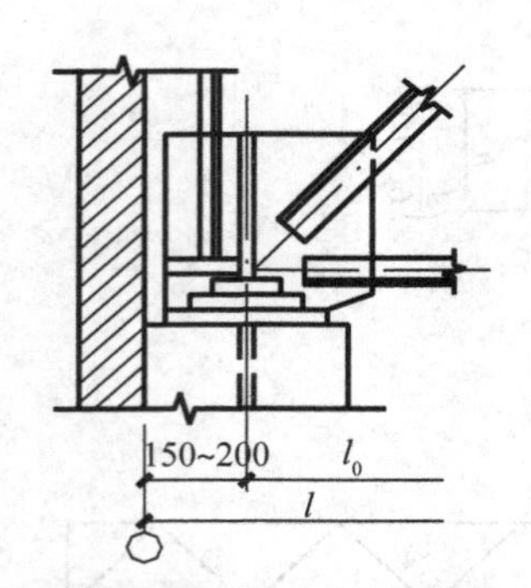

(a) 桁架搁置在混凝土柱顶节点一

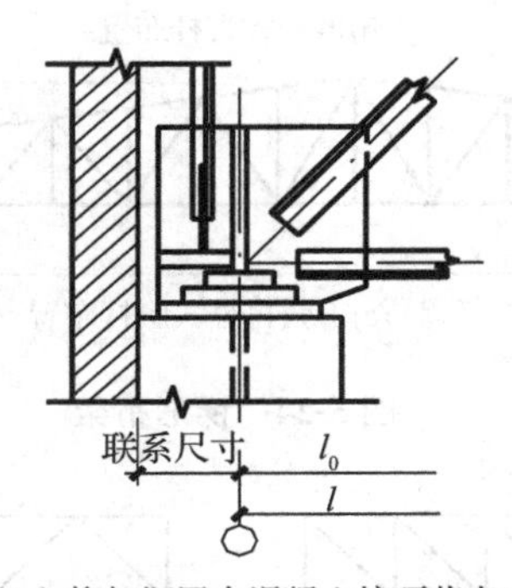

(b) 桁架搁置在混凝土柱顶节点二

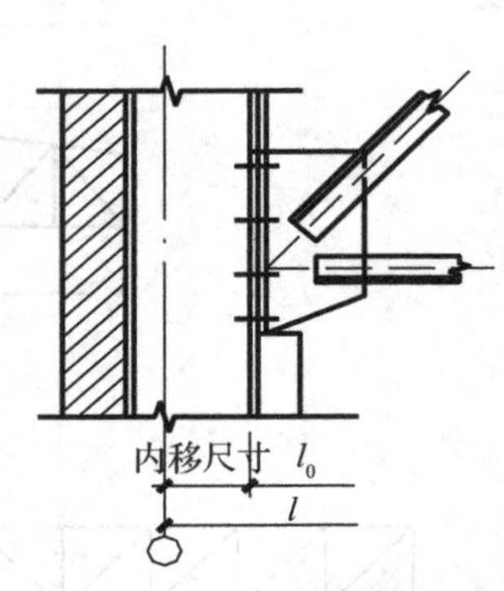

(c) 桁架与钢柱刚接节点

**图 5-26 桁架的计算跨度**

(2) 高度

桁架的高度应根据经济、刚度和建筑等的要求，以及屋面坡度、运输条件等因素确定。桁架的最大高度取决于运输界限，最小高度根据桁架容许挠度确定。经济高度则是根据桁架杆件的总用钢量最少的条件确定。有时建筑高度也限制了桁架的最大高度。

一般情况下，桁架的高度可在如下范围内采用：三角形桁架高度较大，一般取 $h=(1/6\sim1/4)\ l$。梯形桁架的屋面坡度较平坦，当上弦坡度为 1/12～1/8 时，跨中高度一般为 $(1/10\sim1/6)\ l$。跨度大（或屋面荷载小）时取小值，跨度小（或屋面荷载大）时取大值。梯形桁架的端部高度：当桁架与柱铰接时为 1.6～2.2 m，刚接时为 1.8～2.4 m。端弯矩大时取大值，端弯矩小时取小值。

对跨度较大的桁架，在横向荷载作用下将产生较大的挠度，有损外观并可能影响桁架的正常使用。为此，对跨度 $l\geqslant15$ m 的三角形桁架和跨度 $l\geqslant24$ m 的梯形、平行弦桁架，当下弦无向上曲折时，宜采用起拱，即预先给桁架一个向上的反挠度，以抵消桁架受荷后产生的部分挠度。起拱高度一般为其跨度的 1/500 左右。当采用图解法求桁架杆件内力时，图中可不考虑起拱高度。

## 5.7.2 桁架的荷载和内力计算

**(Load and Internal Force Calculation of Truss)**

1) 桁架的荷载计算与荷载组合

（1）桁架荷载

桁架上的荷载有永久荷载和可变荷载两大类。永久荷载包括屋面材料（保温层、防水层、屋面板等）和檩条、屋架、天窗架、支撑及天棚等结构的自重。可变荷载包括屋面活荷载、风荷载、积灰荷载、雪荷载及悬挂吊车荷载等。永久荷载和可变荷载值可由《建筑结构荷载规范》（GB 50009—2012）查得或根据材料的规格计算。

风荷载一般可不予考虑。但对于瓦楞铁等轻型屋面、开敞式房屋或风荷载标准值大于0.49 $kN/m^2$时，应根据房屋体型、坡度情况及封闭状况等，按荷载规范的规定计算风荷载的作用。

桁架和支撑的自重可按下面的经验公式进行估算，即

$$g_{Wk}=0.12+0.011l \tag{5-13}$$

式中，$l$ 为桁架的标志跨度，m；$g_{Wk}$按屋面的水平投影面分布，$kN/m^2$。当桁架的下弦不设吊顶时，可近似地假定 $g_{Wk}$全部作用于桁架的上弦节点；当设有吊顶时，则假定 $g_{Wk}$由上弦和下弦节点平均分配。

屋面的均布永久荷载通常按屋面水平投影面上分布的荷载 $q_k$ 计算，故凡沿屋面斜面分布的永久荷载 $q_{\alpha k}$均应换算为水平投影面上分布的荷载，即 $q_k=q_{\alpha k}/\cos\alpha$（$\alpha$ 为屋面倾角）。对于屋面坡度较小的缓坡梯形桁架结构的屋面，可将沿斜面上分布的荷载近似地视为水平投影面上分布的荷载，即近似地取 $q_k=q_{\alpha k}$（当 $\alpha$ 较小时，$\cos\alpha\approx1$）。

《建筑结构荷载规范》（GB 50009—2012）给出的屋面均布活荷载、雪荷载均为水平投影面上的荷载，故实际计算时不再作上述计算。

（2）节点荷载计算

桁架所受的荷载一般通过檩条或大型屋面板肋以集中力的方式作用于桁架的节点上。对于有节间荷载作用的桁架弦杆，可先将各节间荷载分配在相邻的两个节点上，与该节点原有节点荷载叠加，解得桁架各杆轴力，然后在计算弦杆时按实际节间荷载作用情况计算弦杆的局部弯矩。作用于桁架上弦节点的集中荷载 $P$ 可按各种均布荷载对节点汇集进行计算（图 5-27 中阴影面积）：

$$P=\sum\gamma_{G,Q}q_k\cdot a\cdot s \tag{5-14}$$

式中，$\gamma_{G,Q}$为荷载分项系数，永久荷载 $\gamma_G=1.2$；可变荷载 $\gamma_Q=1.4$；$q_k$ 为按屋面水平投影面分布的荷载标准值；$a$ 为上弦节间的水平投影长度；$s$ 为桁架的间距。

（3）荷载组合

设计桁架时，应根据使用和施工过程中可能出现的最不利荷载组合计算桁架杆件的内力。一般情况下，对平行弦、梯形等钢桁架应考虑以下三种荷载组合：

①全跨永久荷载＋全跨可变荷载。

②全跨永久荷载＋半跨可变荷载。

③全跨桁架、天窗架和支撑自重＋半跨屋面板自重＋半跨屋面活荷载。

在考虑荷载组合时，不考虑屋面的活荷载和雪荷载同时作用，可取两者中的较大值

计算。

用第①种荷载组合计算的桁架杆件内力在多数情况下为最不利内力。但在②③两种荷载组合下，梯形桁架在跨中部分的斜腹杆内力可能变号，由拉变为压，而且可能为最大，故须给予考虑。如果在安装过程中，两侧屋面板对称均匀铺设，则可不考虑第③种荷载组合。对于屋面坡度较大和自重较轻的钢桁架，还应考虑风荷载吸力作用的组合。

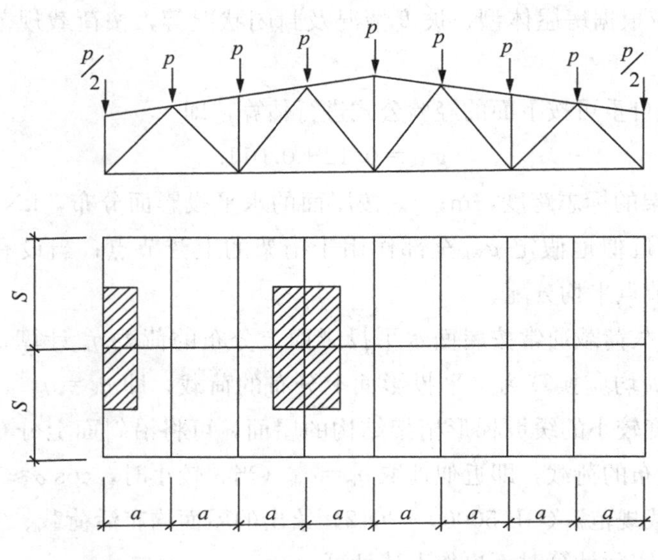


图 5-27 桁架节点荷载汇集及计算简图

2）桁架杆件的内力计算

计算桁架杆件内力时，通常可近似地采用如下假定：

①桁架的各节点均视为铰接。

②桁架的所有杆件的轴线都在同一平面内且在节点处相交。

③荷载均在桁架平面内作用于节点上。

桁架的杆件内力可根据以上假定的桁架计算简图（图 5-27）采用数解法、图解法或借助电算等求得。对三角形和梯形桁架用图解法较为简便。对一些常用形式的桁架，各种建筑结构设计手册中均有单位节点荷载作用下的杆件内力计算系数表。设计时，只要将桁架节点荷载值乘以相应杆件的内力系数，即求得该杆件的内力（轴向力）。

桁架上弦有节间荷载时，除整体分析求得的轴向力外，还有节间荷载引起的杆件局部弯矩。在理论上计算局部弯矩时，应将弦杆视为支承于节点上的弹性支座连续梁，其计算过于烦琐。一般可近似地按简支梁计算出其弯矩 $M_0$，再乘以调整系数（图 5-28）作为有节间荷载作用的桁架上弦的局部弯矩；端节间正弯矩可取 $M_1=0.8M_0$；其他节间的正弯矩和节点（包括屋脊节点）负弯矩取 $M_2=\pm 0.6M_0$。$M_0$ 为相应节间按简支梁算得的最大弯矩。当只有一个节间荷载 $P$ 作用于节间中点时，$M_0=Pa/4$。

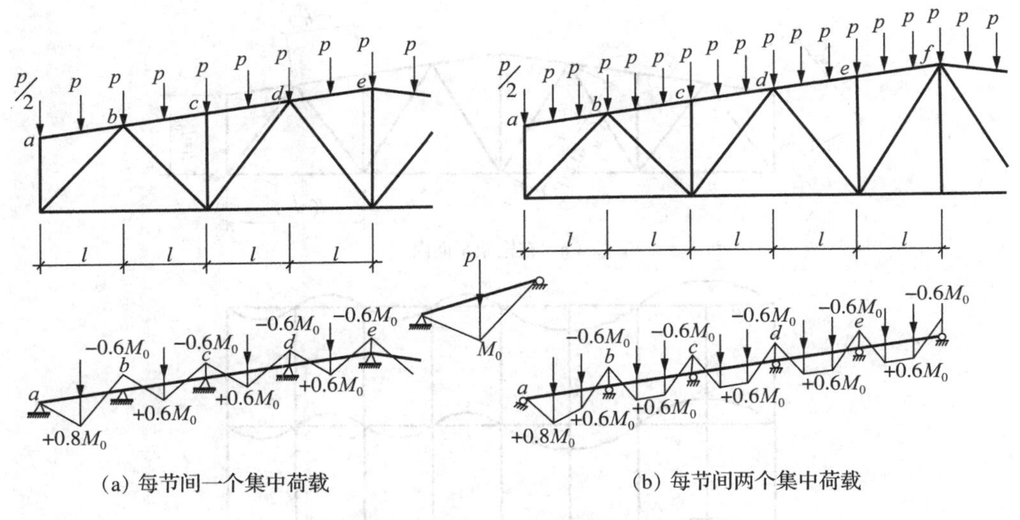

(a) 每节间一个集中荷载

(b) 每节间两个集中荷载

**图 5-28　上弦杆的局部弯矩**

## 5.7.3　桁架杆件的计算长度和容许长细比 (Calculated Length and Allowable Slenderness Ratio of Truss Members)

(1) 在桁架平面内的计算长度 $l_{0x}$

实际桁架的各杆件是通过其节点板用焊缝连接在一起的，故节点本身具有一定的刚度；由于节点板上有多个杆件与其相连，当某一压杆在桁架平面内因失稳屈曲而引起杆端绕节点转动时，就要受到该节点上其他杆（尤其是拉杆）的阻碍与约束。因此，节点不是真正的理想铰接点，而是介于刚接和铰接之间的弹性嵌固。这种嵌固作用提高了铰接杆件的稳定承载力，即可减小杆件的计算长度。节点上的拉杆数量相对越多，线刚度和拉力越大，则嵌固越强，杆件的计算长度就减小得越多。

根据研究，图 5-29 (a) 所示梯形桁架的弦杆、支座竖杆和支座斜杆的两端相对约束较小，可偏安全地视为铰接，在桁架平面内的计算长度可取节点间的轴线长度，即 $l_{0x}=l$。其他腹杆，虽然在上弦节点处因拉杆少，嵌固作用不大，但下弦节点处相连拉杆较多，且拉力大，拉杆的刚度亦大，嵌固作用较大，因此其桁架平面内的计算长度可取 $l_{0x}=0.8l$。

(2) 在桁架平面外的计算长度 $l_{0y}$

桁架的弦杆在桁架平面外的计算长度 $l_{0y}$ 应取弦杆侧向支承点之间的距离 $l_1$，即 $l_{0y}=l_1$。对上弦杆：在有檩体系中檩条与支撑的交叉点不相连时 [图 5-29 (b) 左]，取横向水平支撑与桁架上弦交点间的距离，即支撑节点间的距离；当檩条与支撑的交叉点用节点板焊牢时 [图 5-29 (b) 右]，则取檩条间的距离。无檩体系屋盖中的上弦杆上直接放置钢筋混凝土大型屋面板时，若能保证大型屋面板与上弦三点可靠焊接，使大型屋面板起支撑作用，可取两块大型屋面板的宽度，即 $l_{0y}=2b$；若不能保证三点可靠焊接，则认为大型屋面板只能起到刚性系杆作用，计算长度 $l_{0y}$ 仍取支撑点间的距离。

桁架下弦在平面外的计算长度取下弦侧向支承点间的距离，该距离应由下弦的支撑体系或系杆的设置确定。

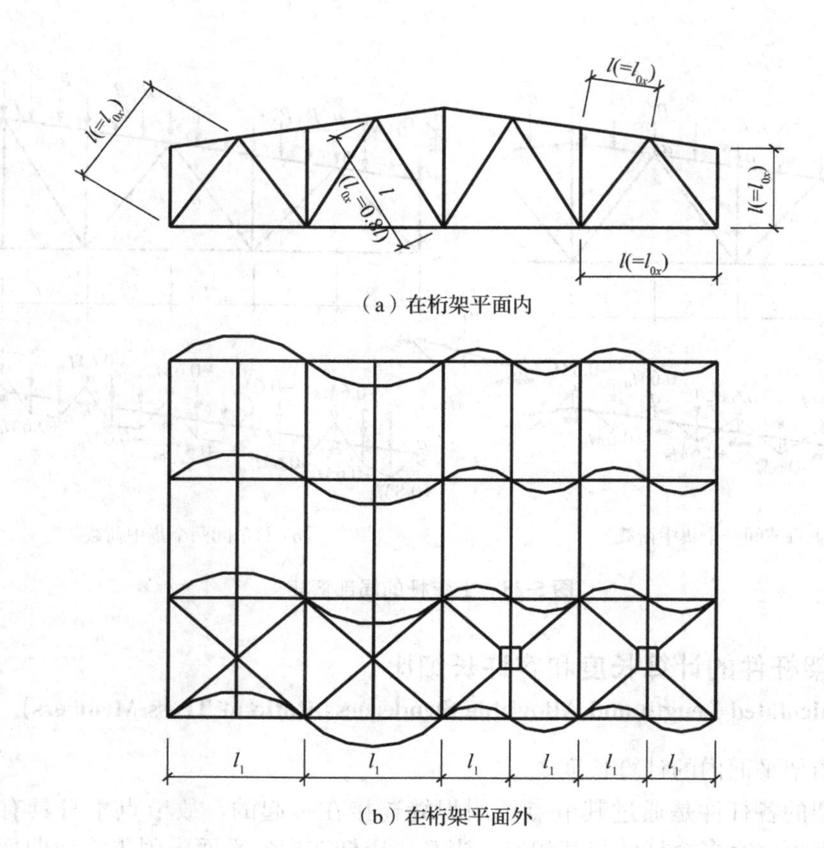


图 5-29　桁架杆件计算长度

注：$l$ 为杆件各自的几何长度，$l_1$ 为杆件各自的侧向支承点之间的距离。

当受压弦杆侧向支承点间的距离 $l_1$ 为节间长度 $l$ 的两倍，且两节间弦杆的内力 $N_1 \neq N_2$ 时［图 5-30（a)］，其计算长度可按下式计算

$$l_{0y}=l_1\left(0.75+0.25\frac{N_2}{N_1}\right)\text{且 } l_{0y}\geqslant 0.5l_1 \tag{5-15}$$

式中，$N_1$ 为较大的压力，计算时取正值；$N_2$ 为较小的压力或拉力，计算时压力取正值，拉力取负值。

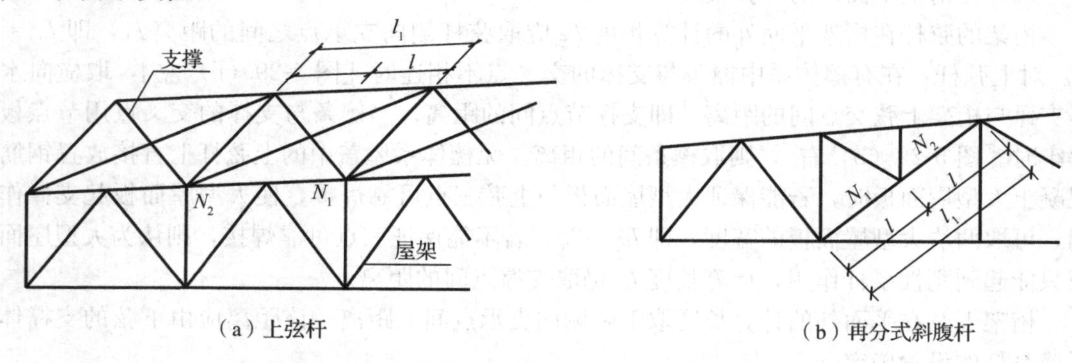


图 5-30　杆件内力变化时在桁架平面外的计算长度

再分式腹杆体系的受压主斜杆［图 5-30（b）］在桁架平面外的计算长度亦按式（5-15）确定；受拉主斜杆仍取 $l_{0y}=l_1$。再分式主斜杆在桁架平面内的计算长度 $l_{0x}$，考虑主斜杆的上段（$N_2$ 段）杆件的两端弹性嵌固作用均较差，故该段应取节间距离，即 $l_{0x}=l$；主斜杆的下段（$N_2$ 段）仍取 $l_{0x}=0.8l$。

由于节点板在桁架平面外的刚度很小，对腹杆的嵌固作用很小，故除了如上述的再分式主斜杆按式（5-15）计算外，其余所有腹杆在桁架平面外的计算长度均取 $l_{0y}=l$。

（3）斜平面的计算长度 $l_0$

对于双角钢组成的十字形截面和单角钢截面腹杆，截面主轴不在桁架平面内，杆件可能绕截面较小主轴发生斜平面内失稳。此时，在桁架下弦节点处还可起到一定的嵌固作用，故取腹杆斜平面的计算长度 $l_0=0.9l$。

桁架各杆件在平面内和平面外的计算长度 $l_0$ 汇总列入表 5-5 中，以便查用。

**表 5-5　桁架杆件的计算长度 $l_0$**

| 方向 | 弦杆 | 腹杆 | |
|---|---|---|---|
| | | 端斜杆和端竖杆 | 其他腹杆 |
| 在桁架平面内（$l_{0x}$） | $l$ | $l$ | $0.8l$ |
| 在桁架平面外（$l_{0y}$） | $l_1$ | $l$ | $l$ |
| 斜平面（$l_0$） | | $l$ | $0.9l$ |

注：$l$ 为杆件各自的几何长度，$l_1$ 为杆件各自的侧向支承点之间的距离。

（4）桁架杆件的容许长细比

钢桁架中有些杆件，按荷载计算常常轴力很小，甚至为零。如果这些杆件的设计截面太小、长细比太大，在自重作用下就会产生较大挠度，运输安装时也易弯曲，动力荷载作用时还可能引起过大振动。这些都对杆件工作不利，因此《钢结构设计标准》（GB 50017—2017）要求桁架各类杆的长细比不得超过容许长细比［$\lambda$］，其值见表 5-6。

**表 5-6　桁架杆件的容许长细比**

| 杆件名称 | 压杆 | 拉杆 | | |
|---|---|---|---|---|
| | | 承受静力荷载或间接承受动力荷载的结构 | | 直接承受动力荷载的结构 |
| | | 无吊车和有轻、中级工作制吊车的厂房 | 有重级工作制吊车的厂房 | |
| 普通钢桁架的杆件 | 150 | 350 | 250 | 250 |
| 轻钢桁架的主要杆件 | | | | |
| 天窗构件 | | | | |
| 屋盖支撑杆件 | 200 | 400 | 350 | |
| 轻钢桁架的其他杆件 | | 350 | | |

注：①承受静力荷载的结构中，可只计算受拉杆件在竖向平面内的长细比。

②在直接或间接承受动力荷载的结构中，计算单角钢受拉杆件的长细比时，应采用角钢的最小回转半径，但在计算单角钢交叉受拉杆件平面外的长细比时，应采用与角钢肢边平行的轴的回转半径。

③受拉构件在永久荷载与风荷载组合作用下受压时，长细比不宜超过 250。

④张紧的圆钢拉杆和张紧的圆钢支撑，长细比不受限制。

⑤在桁架（包括中间桁架）结构中，单角钢的受压腹杆，当其内力小于或等于承载能力的 50% 时，容许长细比可取为 200。

## 5.7.4 桁架杆件的截面选择和计算
### (Section Selection and Calculation of Truss Members)

1）截面形式

普通钢桁架的杆件一般采用两个角钢组成的T形或十字形截面，杆件由夹在一对角钢之间的节点板连接，同时通过不同角钢的截面组合，近似地满足杆件等稳定性（即 $\lambda_x \approx \lambda_y$）的要求。这种杆件经济合理，并且构造简单、施工方便，得到广泛应用。表 5-7 所示为各种角钢组合的截面形式及其 $i_y/i_x$ 的近似比值，可供设计参考选用。

表 5-7 屋架杆件截面形式

| 项次 | 杆件截面组合方式 | 截面形式 | 回转半径的比值 | 用途 |
|---|---|---|---|---|
| 1 | 两个不等边角钢短肢相并 | 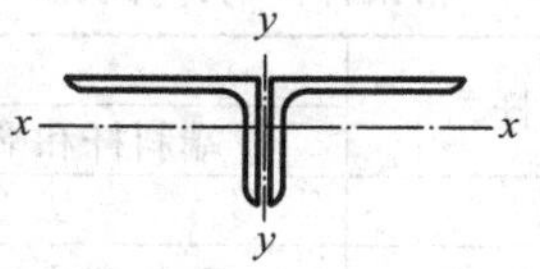 | $\frac{i_y}{i_x} \approx 2.6 \sim 2.9$ | 计算长度 $l_{0y}$ 较大的上、下弦杆 |
| 2 | 两个不等边角钢长肢相并 | 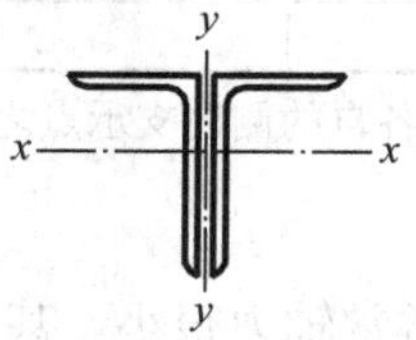 | $\frac{i_y}{i_x} \approx 0.75 \sim 1.0$ | 端斜杆、端竖杆、受较大弯矩作用的弦杆 |
| 3 | 两个等边角钢相并 | 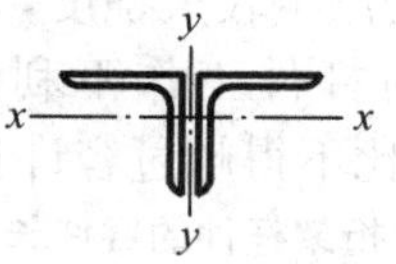 | $\frac{i_y}{i_x} \approx 1.3 \sim 1.5$ | 其余腹杆、下弦杆 |
| 4 | 两个等边角钢组成十字形截面 | 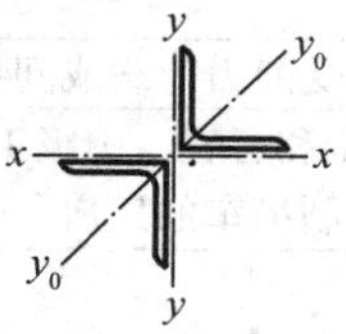 | $\frac{i_y}{i_x} \approx 1.0$ | 与竖向支撑相连的屋架竖杆 |
| 5 | 单角钢 | 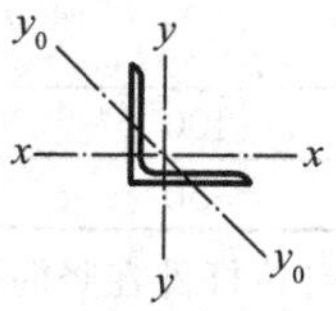 | | 轻型钢屋架中内力较小的杆件 |
| 6 | 钢管 | 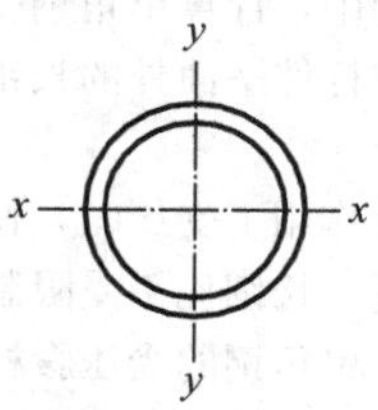 | 各方向都相等 | 轻型钢屋架中的杆件 |

对于桁架上弦，如无局部弯矩，往往其计算长度 $l_{0y} \geqslant 2l_{0x}$，为满足 $\lambda_x \approx \lambda_y$，要求截面 $i_y \geqslant 2i_x$，根据表 5-7 宜采用两个不等边角钢短肢相并的 T 形截面。如有较大的局部弯矩，为提高上弦杆在桁架平面内的抗弯承载力，宜采用两个不等边角钢长肢相并或两个等边角钢组成的 T 形截面。

桁架的下弦杆，由于受轴向拉力作用，其截面一般由强度条件确定。但在桁架平面外的计算长度通常较大，为增强其刚度，宜优先采用两个不等边角钢短肢相并或等边角钢组成的 T 形截面。这种截面的侧向刚度较大，且由于水平肢较宽，便于与支撑连接。

对如图 5-27 所示的梯形桁架的端斜杆，由于 $l_{0x}=l_{0y}$，为使 $i_x \approx i_y$，宜采用两个不等肢角钢长肢相连的 T 形截面。

其他腹杆，由于 $l_{0x}=0.8l_{0y}$，为使 $i_y \approx 1.25i_x$，宜采用两个等边角钢组成的 T 形截面。受力很小的腹杆亦可用单角钢截面，可交替地单面连接在桁架平面的两侧或在两杆端开槽嵌入节点板对称置于桁架平面。

连接垂直支撑的竖腹杆常采用两个等边角钢组成的十字形截面。

2）板的设置

为确保由两个角钢组成的 T 形或十字形截面杆件能形成一整体杆件共同受力，必须每隔一定距离在两个角钢间设置填板并用焊缝连接（图 5-31）。这样，杆件才可按实腹式杆件计算。填板厚度同节点板厚，宽度一般取 40～60 mm。长度：T 形截面比角钢肢宽大 10～15 mm，十字形截面则由角钢肢尖两侧各缩进 10～15 mm。填板间距：对压杆 $l_d \leqslant 40i$，对拉杆 $l_d \leqslant 80i$。在 T 形截面中，$i$ 为一个角钢对平行于填板的自身形心轴［图 5-31（a）中的 1-1 轴］的回转半径；在十字形截面中，$i$ 为一个角钢的最小回转半径［图 5-31（b）中的 2-2 轴］。受压构件两个侧向支承点之间的填板数不少于 2 个。

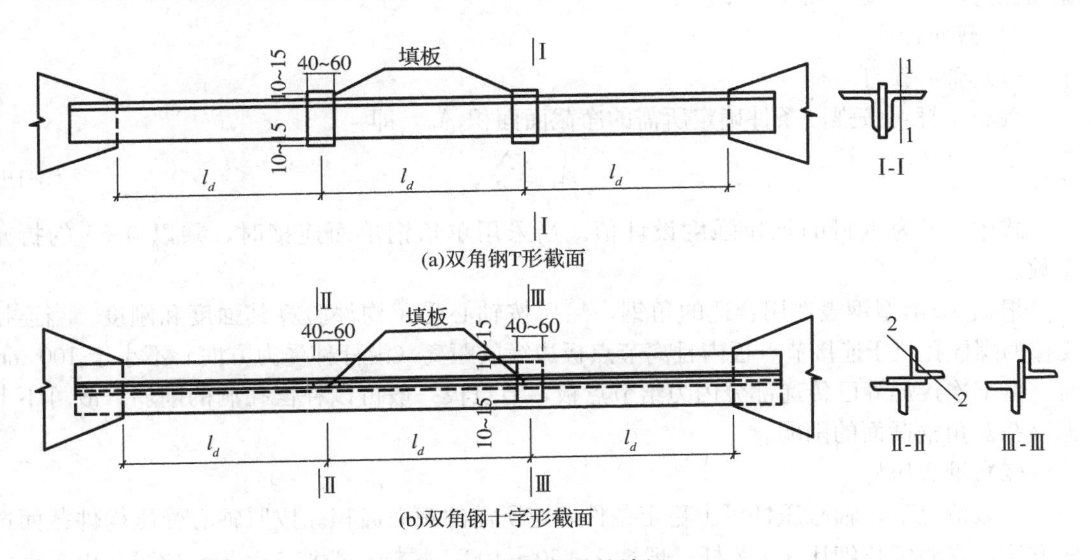


**图 5-31　桁架杆件的填板**

3）节点板的厚度

节点板的内力大小与所连构件的内力大小有关，设计时一般不作计算。在同一榀桁架中，所有中间节点板均采用同一种厚度，支座节点板由于受力大且很重要，厚度比中间的增大 2 mm。节点板的厚度：对于梯形普通钢桁架等，可按受力最大的腹杆内力确定；对于三角形普通钢桁架，则按其弦杆最大内力确定。其值见表 5-8。

**表 5-8　单壁式桁架节点板厚度选用**

| 梯形桁架腹杆最大内力或三角形桁架弦杆最大内力/kN | ≤170 | 171～290 | 291～510 | 511～680 | 681～910 | 911～1 290 | 1 291～1 770 | 1 771～3 090 |
|---|---|---|---|---|---|---|---|---|
| 中间节点板厚度/mm | 6 | 8 | 10 | 12 | 14 | 16 | 18 | 20 |

注：表列厚度系按钢材为 Q235 钢考虑，当节点板为 Q345(16Mn) 钢时，其厚度可较表列数值减小 1～2 mm，但板厚不得小于 6 mm。

4）截面选择的一般原则

选择截面时应考虑下列要求：

①应优先选用在相同截面面积情况下宽肢薄壁的角钢，以增加截面的回转半径，这对压杆尤为重要。

②角钢规格不宜小于∟ 45×4 或∟ 56 ×36 ×4。放置屋面板时，上弦角钢水平肢宽须满足搁置尺寸要求 。

③同一榀桁架的角钢规格应尽量统一，一般宜调整到不超过 6 种。同时应尽量避免使用同一肢宽而厚度相差不大的角钢，同一种规格的厚度之差不宜小于 2 mm，以便施工时辨认。

④桁架弦杆一般沿全跨采用等截面，但对跨度大于 24 m 的三角形桁架和跨度大于 30 m的梯形桁架，可根据内力变化改变弦杆截面，但在半跨内只宜改变一次，且只改变肢宽而保持厚度不变，以便拼接。

5）截面计算

(1）轴心拉杆

轴心拉杆可按强度条件确定所需的净截面面积 $A_n$，即

$$A_n \geqslant \frac{N}{f} \tag{5-16}$$

式中，$f$ 为钢材的抗拉强度设计值。当采用单角钢单面连接时，乘以 0.85 的折减系数。

根据 $A_n$ 由型钢表选用合适的角钢，然后按轴心受拉构件验算其强度和刚度。当连接支撑的螺栓孔位于连接节点板内且离节点板边缘的距离（沿杆件受力方向）不小于 100 mm 时，由于连接焊缝已传递部分内力给节点板，节点板一般可以补偿孔洞的削弱，故可不考虑该孔对角钢截面的削弱。

(2）轴心压杆

一般情况下，轴心压杆可由稳定条件确定所需的截面面积。按照轴心受压构件截面选取方法，先假定长细比 $\lambda$（弦杆一般取 $\lambda=60\sim100$，腹杆一般取 $\lambda=80\sim120$），由 $\lambda$ 查表得 $\varphi$ 值，然后求所需截面积 $A$，同时计算 $i_x$、$i_y$，参考这些数据从型钢表中选择合适的角钢，根据所选用角钢的实际截面积 $A$，回转半径 $i_x$、$i_y$，按轴心受压构件进行强度、刚度和稳定性验算。如不满足要求，可重新假定 $\lambda$ 进行计算或在原选择的截面的基础上改选角钢进行验算，直至满足要求为止。

(3) 拉弯或压弯杆

桁架上弦或下弦有节间荷载作用时，应根据轴心力和局部弯矩，按拉弯和压弯构件计算方法对节点处或节间弯矩较大截面进行计算。一般先根据经验或参照已有设计资料试选截面，然后验算，若不满足要求则改选截面再进行试算，直至满足要求为止。对拉弯杆只须验算强度和刚度；对压弯杆除强度和刚度外，还须验算弯矩作用平面内和弯矩作用平面外的稳定性。

(4) 按刚度条件验算和选择杆件截面

钢桁架中各类杆件的刚度要求应按 $\lambda_{max}=(l_0/i)_{max}\leqslant[\lambda]$ 进行验算。$[\lambda]$ 为容许长细比，由表 5-6 查得。

对单角钢和双角钢组成的十字形截面，其回转半径应取截面的最小刚度轴的回转半径 $i_{min}$，即按 $\lambda=l_0/i_{min}\leqslant[\lambda]$ 验算其刚度。

对桁架中内力很小的腹杆或因构造需要设置的杆件（如芬克式桁架跨中竖杆），其截面可按刚度条件确定，即按 $i=l_0/[\lambda]$ 或 $i_{min}=l_0/[\lambda]$ 计算截面所需的回转半径，然后根据 $i_x$、$i_y$ 或 $i_{min}$ 在型钢表中选用合适的角钢截面。

## 5.7.5 节点设计步骤和一般设计原则 (Node Design Steps and General Design Principles)

桁架的杆件一般采用节点板相互连接，各杆件内力通过各自的杆端焊缝传至节点板，并相交于节点中心而取得平衡。节点的设计应做到传力明确、可靠，构造简单和制造、安装方便等。

①布置桁架杆件时，原则上应使杆件形心线与桁架几何轴线重合，以免杆件偏心受力。为便于制造，通常取角钢肢背至形心距离为 5 mm 的整数倍。当弦杆截面沿跨度有改变时，为便于拼接和放置屋面构件，一般应使拼接处两侧弦杆角钢肢背齐平，并使两侧角钢形心线的中心线与桁架几何轴线重合。如轴心线引起的偏心不超过较大弦杆截面高度的 5%，计算中可不计由此偏心引起的弯矩。节点处各杆件的轴线如图 5-32 所示，$e_0$ 按 $e_1$ 和 $e_2$ 的平均数取 5 mm 的整数倍，$e_3$、$e_4$ 则按角钢形心距取 5 mm 的整数倍。

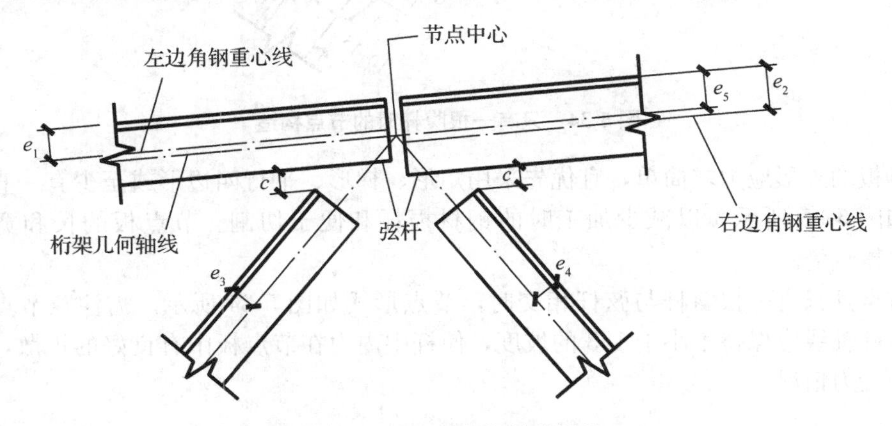


图 5-32 节点处各杆件的轴线

②根据已画出的杆件轴线，按一定比例尺画出各杆件的角钢轮廓线（表示角钢外伸边厚

度的线可不按比例、仅示意画出）。腹杆与弦杆、腹杆与腹杆轮廓线间应保持最小间距 $c$（图 5-32）。在直接承受动力荷载的焊接桁架中，取 $c=50$ mm；在不直接承受动力荷载的焊接桁架中，$c$ 不应小于 20 mm，以避免因焊缝过分密集而使该处节点板过热而变脆。在非焊接屋架中，$c$ 应不小于 5 mm，以便于安装。按此要求可定出各杆件的端部位置。杆端的切割面一般宜与杆件轴线垂直［图 5-33（a）］，也允许将角钢的一边切去一角［图 5-33（b）］，但不允许作如图 5-33（c）所示的端部切割方式。

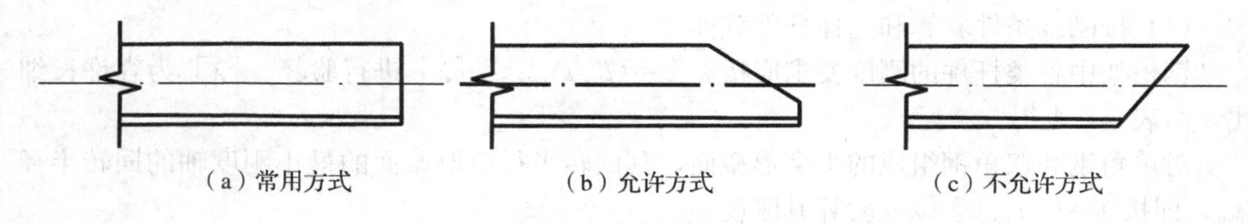

（a）常用方式　　（b）允许方式　　（c）不允许方式

**图 5-33　角钢端部的切割**

③根据事先计算好的各腹杆与节点的连接焊缝（包括角钢肢背和肢尖）尺寸，进行焊缝布置并绘于图上，而后定出节点板的外形（当为非焊接节点时，同样根据已计算出的各腹杆与节点板的连接螺栓数目，进行螺栓排列后定出节点板外形）。在确定节点板外形时，要注意沿焊缝长度方向应多留约 $2h_f$ 的长度作为施焊时的焊口，垂直于焊缝长度方向应留出 10～15 mm 的焊缝位置，如图 5-34 所示。

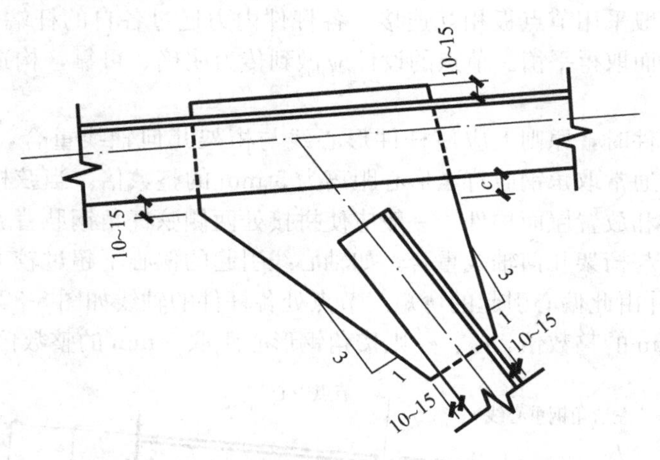


**图 5-34　只有一根腹杆时的节点构造**

节点板的外形应力求简单，宜优先采用矩形、梯形、平行四边形或至少有一直角的四边形，如图 5-35 所示，以减少加工时的钢材损耗和便于切割。节点板的长和宽宜取为 10 mm的整数倍。

当节点处只有一根斜杆与弦杆相交时，节点形式如图 5-34 所示。需注意节点板的外边缘与斜杆轴线应保持不小于 1/3 的坡度，使杆中内力在节点板中有良好的扩散，以改善节点板的受力情况。

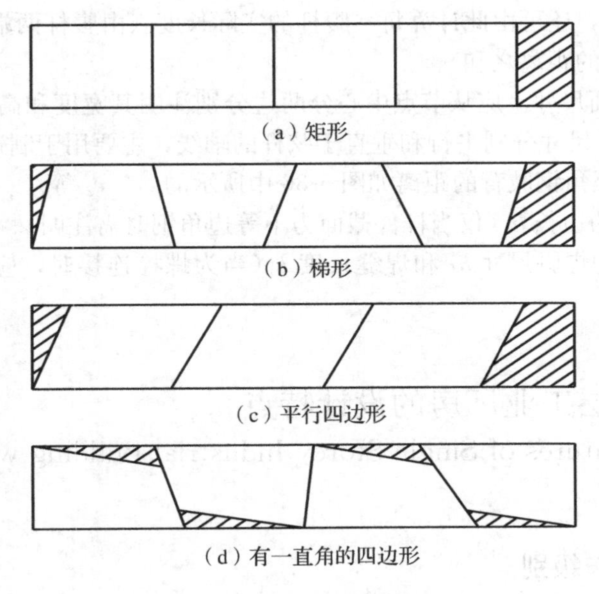
(a) 矩形

(b) 梯形

(c) 平行四边形

(d) 有一直角的四边形

**图 5-35　节点板的切割**

④根据已有节点板的尺寸，布置弦杆与节点板间的连接焊缝。若弦杆在节点处改变截面，则还应在节点处设计弦杆拼接。

⑤绘制节点大样（比例尺为1/10～1/5），确定每一节点上都需标明的尺寸，为今后绘制施工详图提供必要的数据（对简单的节点，可不绘大样，而由计算得到所需尺寸）。节点上需标注的尺寸如下（图 5-36）：

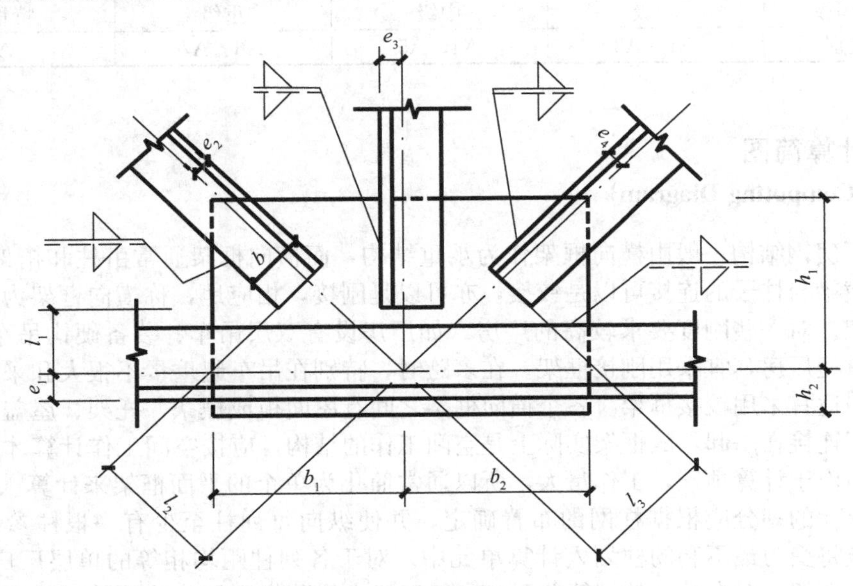


**图 5-36　节点上需标注的尺寸**

a）每一腹杆端部至节点中心的距离，如图 5-36 中所示的 $l_1$、$l_2$ 和 $l_3$（若为非焊接节点，则应标明节点中心至腹杆末端第一个螺栓中心的距离），数字准确到 mm。此距离主要用于制造时的拼装，还可由此计算每一腹杆的实际长度（由腹杆两端的节点间几何长度减去两端至各自节点的距离之和）。

b）节点板的平面尺寸。应从节点中心分两边分别注明其宽度和高度，如图 5-36 所示的 $b_1$、$b_2$ 和 $h_1$、$h_2$，尺寸分别平行和垂直于弦杆的轴线，主要用于制造时节点板的定位。

c）各杆件轴线至角钢肢背的距离如图 5-36 中所示的 $e_1$、$e_2$ 等。

d）角钢连接边的边长 $b$（仅当杆件截面为不等边角钢时需注明）。

e）每条角焊缝的焊脚尺寸 $h_f$ 和焊缝长度 $l$（当为螺栓连接时，应注明螺栓中心距和端距）。

## 5.8 有吊车单层工业厂房的设计特点
(Design Features of Single Storey Industrial Building with Crane)

### 5.8.1 吊车的工作级别
(Working Level of Crane)

吊车是厂房中常见的起重设备，按照吊车使用的繁重程度（亦即吊车的利用次数和荷载大小），《起重机设计规范》（GB/T 3811—2008）将其分为 8 个工作级别，称为 A1～A8。许多文献习惯将吊车以轻、中、重和特重四个工作制等级来划分，它们之间的对应关系见表 5-9。

表 5-9 吊车的工作制等级与工作级别的对应关系

| 工作制等级 | 轻级 | 中级 | 重级 | 特重级 |
|---|---|---|---|---|
| 工作级别 | A1～A3 | A4、A5 | A6、A7 | A8 |

### 5.8.2 计算简图
(Computing Diagram)

单层厂房钢结构一般由横向框架作为承重结构，而横向框架通常由柱和桁架（横梁）所组成。横梁与柱子的连接可以是铰接，亦可以是刚接，相应地，称横向框架为铰接框架或刚接框架。对一些刚度要求较高的厂房（如厂房设有双层吊车、装备硬钩吊车等），尤其是单跨重型厂房，宜采用刚接框架。在多跨时，特别在吊车起重量不很大和采用轻型围护结构时，适宜采用铰接框架。各个横向框架之间有屋面板或檩条、托架、屋盖支撑等纵向构件相互连接在一起，故框架实际上是空间工作的结构，应按空间工作计算才比较合理和经济，但由于计算烦琐，工作量大，所以通常简化为单个的平面框架来计算（图5-37）。框架计算单元的划分应根据柱网的布置确定，并使纵向每列柱至少有一根柱参加框架工作，同时应将受力最不利的柱划入计算单元中。对于各列柱距均相等的单层厂房钢结构，只计算一个框架。对有抽柱的计算单元，一般以最大柱距作为划分计算单元的标准，其界限可以采用柱距的中心线，也可以采用柱的轴线，如采用后者，则对计算单元的边柱应只计入柱的刚度的一半，作用于该柱的荷载也只计入一半。

对于由格构式横梁和阶形柱（下部柱为格构柱）所组成的横向框架，一般考虑桁架式横梁和格构柱的腹杆或缀条变形的影响，将惯性矩（对高度有变化的桁架式横梁按平均高度计算）乘以折减系数 0.9，简化成实腹式横梁和实腹式柱。对柱顶刚接的横向框架，当满足下式的条件时，可近似认为横梁刚度为无穷大，否则横梁按有限刚度考虑：

$$\frac{K_{AB}}{K_{AC}} \geqslant 4 \tag{5-17}$$

式中，$K_{AB}$ 为横梁在远端固定使近端 $A$ 点转动单位角时在 $A$ 点所需施加的力矩值；$K_{AC}$ 为柱在 $A$ 点转动单位角时在 $A$ 点所需施加的力矩值。

框架的计算跨度 $L_0$（或 $L_{01}$、$L_{02}$）取为两上柱轴线之间的距离（图 5-37）。

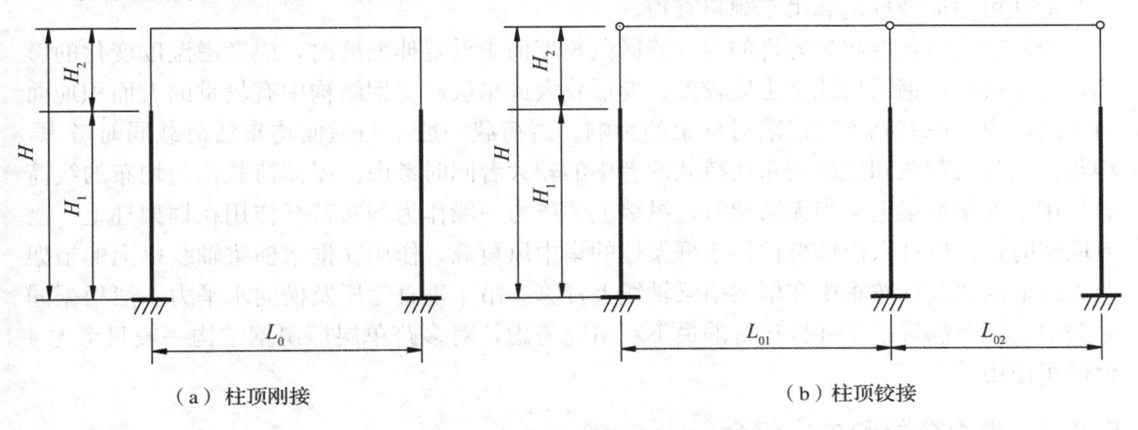


图 5-37　横向框架的计算简图

横向框架的计算高度 $H$：柱顶刚接时，可取为柱脚底面至框架下弦轴线的距离（横梁假定为无限刚性）或柱脚底面至横梁端部形心的距离（横梁为有限刚性）［图 5-38（a）（b）］；柱顶铰接时，应取为柱脚底面至横梁主要支承节点间的距离［图 5-38（c）（d）］。对阶形柱应以肩梁上表面作分界线将 $H$ 划分为上部柱高度 $H_2$ 和下部柱高度 $H_1$。

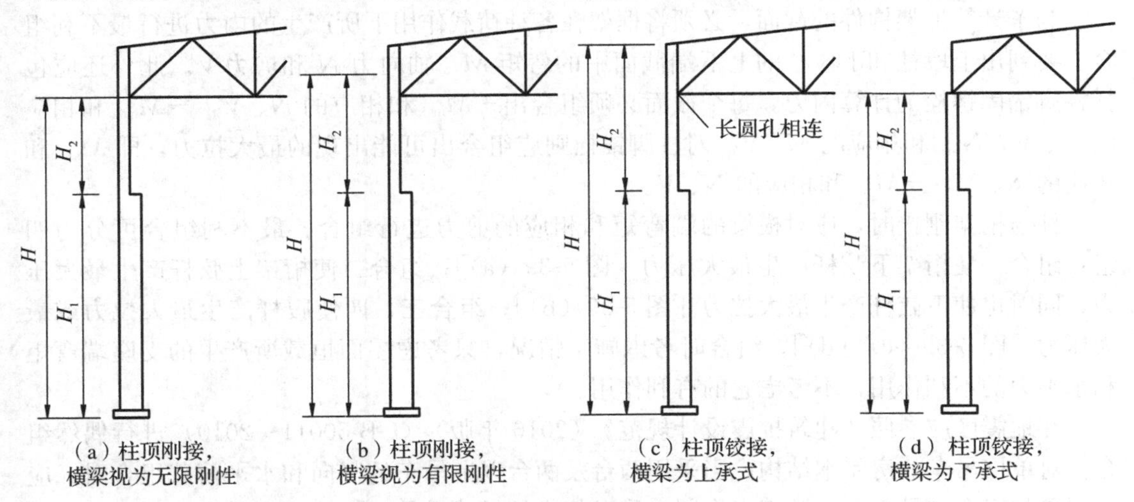


图 5-38　横向框架的高度取值方法

### 5.8.3 横向框架的荷载
(Load of Transverse Frame)

作用在横向框架上的荷载可分为永久荷载和可变荷载两种。

永久荷载：屋盖系统、柱、吊车梁系统、墙架、墙板及设备管道等的自重。这些质量可参考有关资料、表格、公式进行计算。

可变荷载：风荷载、雪荷载、积灰荷载、屋面均布活荷载、吊车荷载、地震荷载等。这些荷载可由荷载规范和吊车规格查得。

当框架横向长度超过容许的温度缝区段长度而未设置伸缩缝时，应考虑温度变化的影响；当单层厂房钢结构地基土质较差、变形较大或单层厂房钢结构中有较重的大面积地面荷载时，应考虑基础不均沉陷对框架的影响。雪荷载一般不与屋面均布活荷载同时考虑，积灰荷载与雪荷载和屋面均布活荷载两者中的较大者同时考虑。屋面荷载化为均布的线荷载作用于框架横梁上。当无墙架时，纵墙上的风力一般作为均布荷载作用在框架柱上；当有墙架时，还应计入由墙架柱传于框架柱的集中风荷载。作用在框架横梁轴线以上的桁架及天窗上的风荷载按集中在框架横梁轴线上计算。吊车垂直轮压及横向水平力一般根据同一跨间、两台满载吊车并排运行的最不利情况考虑，对多跨单层厂房钢结构一般只考虑 4 台吊车作用。

### 5.8.4 内力分析和内力组合
(Internal Force Analysis and Internal Force Combination)

框架内力分析可按结构力学的方法进行，也可利用现成的图表或计算机程序分析框架内力，应根据不同的框架、不同的荷载作用，采用比较简便的方法。为便于对各构件和连接进行最不利的组合，应分别对各种荷载作用进行框架内力分析。

为了计算框架构件的截面，必须将框架在各种荷载作用下所产生的内力进行最不利组合。要列出上段柱和下段柱的上下端截面中的弯矩 $M$、轴向力 $N$ 和剪力 $V$。此外还应包括柱脚锚固螺栓的计算内力。每个截面必须组合出 $+M_{max}$ 和相应的 $N$、$V$，$-M_{max}$ 和相应的 $N$、$V$，$N_{max}$ 和相应的 $M$、$V$。对柱脚锚栓则应组合出可能出现的最大拉力，即 $M_{max}$ 和相应的 $N$、$V$，$-M_{max}$ 和相应的 $N$、$V$。

柱与桁架刚接时，应对横梁的端弯矩和相应的剪力进行组合。最不利组合可分为四组：组合一使桁架下弦杆产生最大压力 [图 5-39 (a)]；组合二使桁架上弦杆产生最大压力，同时也使下弦杆产生最大拉力 [图 5-39 (b)]；组合三、四使腹杆产生最大拉力或最大压力 [图 5-39 (c) (d)]。组合时考虑施工情况，只考虑屋面恒载所产生的支座端弯矩和水平力的不利作用，不考虑它的有利作用。

在地震区应参照《建筑抗震设计规范》(2016 年版) (GB 50011—2010) 进行偶然组合。对单层吊车的房屋钢结构，当采用两台及两台以上吊车的竖向和水平荷载组合时，应根据参与组合的吊车台数及其工作制，乘以相应的折减系数。比如两台吊车组合时，对轻中级工作制吊车，折减系数为 0.9，对重级工作制吊车，折减系数取 0.95。

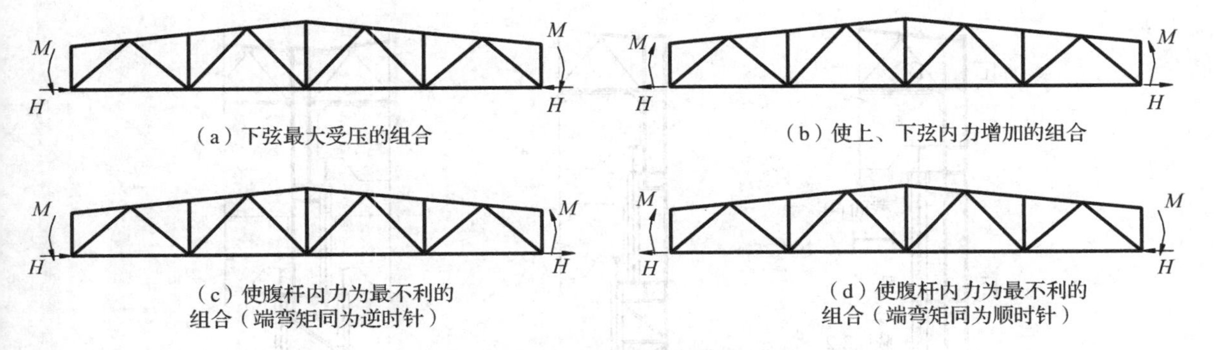


**图 5-39　框架横梁端弯矩最不利组合**

## 5.8.5　框架柱的类型及其截面选择 (Type and Section Selection of Frame Columns)

框架柱按结构形式可分为等截面柱、阶形柱和分离式柱三大类。

等截面柱有实腹式和格构式两种，通常采用实腹式［图 5-40（a）］。等截面柱将吊车梁支于牛腿上，构造简单，但吊车竖向荷载偏心大，只适用于吊车起重量 $Q<150$ kN 或无吊车且房屋高度较小的轻型钢结构。

阶形柱也可分为实腹式和格构式两种［图 5-40(b)～(f)］。从经济角度考虑，阶形柱由于吊车梁或吊车桁架支承在柱截面变化的肩梁处，荷载偏心小，构造合理，其用钢量比等截面柱少，因而在单层厂房钢结构中应用广泛。阶形柱还根据房屋内设单层吊车或双层吊车做成单阶柱或双阶柱。阶形柱的上段由于截面高度 $h$ 不大（无人孔时 $h=400$～$600$ mm，有人孔时 $h=900$～$1000$ mm），并考虑柱与屋架、托架的连接等，一般采用工字形截面的实腹柱。下段柱，对于边列柱来说，由于吊车肢受的荷载较大，通常设计成不对称截面，中列柱两侧荷载相差不大时，可以采用对称截面。下段柱截面高度 $h\leqslant1$ m 时，采用实腹式；截面高度 $h\geqslant1$ m 时，采用缀条柱［图 5-40（c）（e）（f）］。

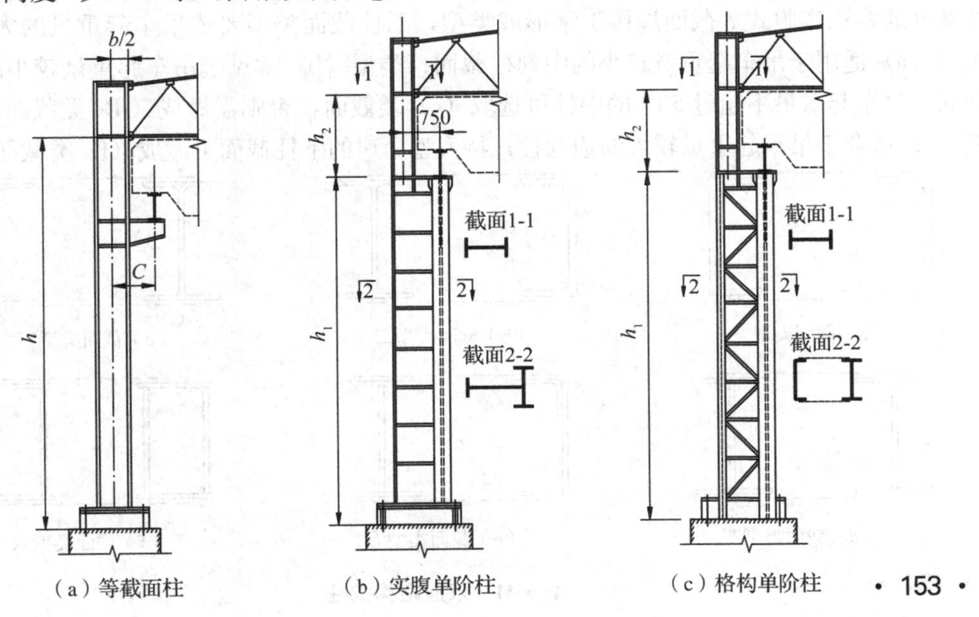

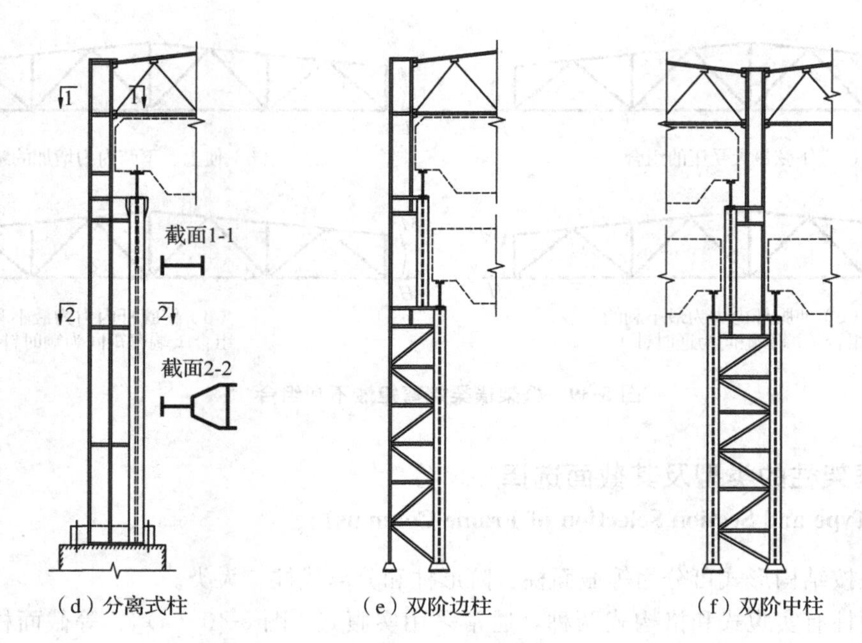


（d）分离式柱　（e）双阶边柱　（f）双阶中柱

**图 5-40　厂房柱的形式**

分离式柱［图 5-40（d）］由支承屋盖结构的屋盖肢和支承吊车梁或吊车桁架的吊车肢所组成，两柱肢之间用水平板相连接。吊车肢在框架平面内的稳定性就依靠连在屋盖肢上的水平连系板来解决。屋盖肢承受屋面荷载、风荷载及吊车水平荷载，按压弯构件设计。吊车肢仅承受吊车的竖向荷载，当吊车梁采用突缘支座时，按轴心受压构件设计；当采用平板支座时，仍按压弯构件设计。分离式柱构造简单，制作和安装比较方便，但用钢量比阶形柱多，且刚度较差，只宜用于吊车轨顶标高低于 10 m 且吊车起重量 $Q \geqslant 750$ kN 的情况，或者相邻两跨吊车的轨顶标高相差很悬殊而低跨吊车的起重量 $Q \geqslant 500$ kN 的情况。

双肢格构式柱是重型厂房阶形柱的常见形式，图 5-41 是其截面的常见类型。阶形柱的上柱截面通常取实腹式等截面焊接工字形或类型，下柱截面类型要依吊车起重量的大小确定：类型（a）适用于吊车起重量较小的中列柱截面；类型（b）常见于吊车起重量较小的边列柱截面；吊车起重量不超过 50 t 的中柱可选取（c）类截面，否则需做成（d）类截面；截面类型（e）适合于吊车起重量较大的边列柱；特大型厂房的下柱截面可做成（f）类截面。

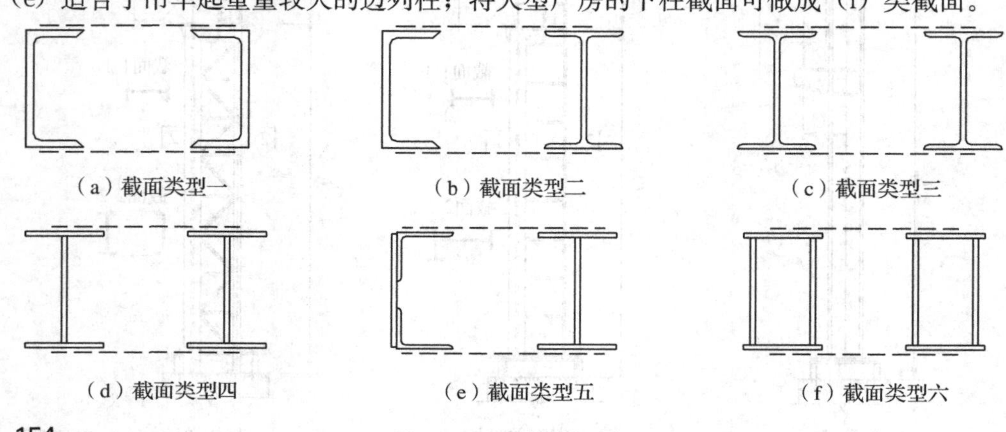

（a）截面类型一　（b）截面类型二　（c）截面类型三

（d）截面类型四　（e）截面类型五　（f）截面类型六

**图 5-41　双肢格构式柱**

厂房结构形式的选取不仅要考虑吊车的起重量，还要考虑吊车的工作级别及吊钩类型，对于装备 A6～A8 级吊车的车间除了要求结构具有大的横向刚度外，还应保证具有足够大的纵向刚度。因此，对于装备 A6～A8 级吊车的单跨厂房，宜将屋架和柱子的连接以及柱子和基础的连接均作刚性构造处理。纵向刚度则依靠柱的支撑来保证。设计在侵蚀性环境中工作的厂房时，除了要选择耐腐蚀性的钢材，还应寻求有利于防侵蚀的结构形式和构造措施。同理，对于在高热环境中工作的厂房，在设计中不仅要考虑对结构的隔热防护，还要采用有利于隔热的结构形式和构造措施。

### 5.8.6 框架柱的设计特点
### (Design Features of Frame Column)

柱在框架平面内的计算长度应通过对整个框架进行稳定性分析确定，但由于框架实际上是一空间体系，而构件内部又存在残余应力，要确定临界荷载会比较复杂。因此，目前对框架的分析，不论是等截面柱框架还是阶形柱框架，都按弹性理论确定其计算长度。

柱在框架平面内的计算长度应根据柱的形式及两端支承情况而定。等截面柱的计算长度按单层有侧移框架柱确定。对于阶形柱，其计算长度是分段确定的，即各段的计算长度应等于各段的几何长度乘以相应的计算长度系数 $\mu_1$ 和 $\mu_2$，但各段的计算长度系数 $\mu_1$ 和 $\mu_2$ 之间有一定联系。如图 5-42（a）所示，柱下段和上段计算长度分别是 $H_{1x}=\mu_1 H_1$、$H_{2x}=\mu_2 H_2$。

阶形柱的计算长度系数是根据对称的单跨框架有侧移失稳变形［图 5-42（b）］条件确定的。因为这种失稳条件的柱临界力最小，这时下段柱的临界力 $N_1=\frac{\pi^2 EI_1}{(\mu_1 H_1)^2}$，而上段柱的临界力为 $N_2=\frac{\pi^2 EI_2}{(\mu_2 H_2)^2}$。横梁的线刚度常常大于柱上端的线刚度，研究表明，在这种条件下，把横梁的线刚度看作无限大，计算结果是足够精确的。这样一来，按照弹性稳定理论分析框架时，柱与横梁之间的关系归结为它们之间的连接条件：如为铰接，则柱的上端既能自由移动也能自由转动；如为刚接，则柱的上端只能自由移动但不能转动。计算时只凭一根如图 5-42（c）（d）所示的独立柱即可确定柱的计算长度系数。

《钢结构设计标准》（GB 50017—2017）规定，单层厂房框架下端刚性固定的单阶柱，下段柱的计算长度系数 $\mu_1$ 取决于上段柱和下段柱的线刚度比值 $K_1=\frac{I_2 H_1}{I_1 H_2}$和临界力参数 $\eta_1=\frac{H_2}{H_1}\times\sqrt{\frac{N_2 I_1}{N_1 I_2}}$，其中，$H_1$、$I_1$、$N_1$ 和 $H_2$、$I_2$、$N_2$ 分别是下段柱和上段柱的高度、惯性矩及最大轴向压力。

当柱上端与横梁铰接时，将柱视为上端自由的独立柱，下段柱计算长度系数 $\mu_1$ 均按《钢结构设计标准》（GB 50017—2017）附表 E.0.3 取值；当柱上端与横梁刚接时，将柱视为上端可移动但不能转动的独立柱，$\mu_1$ 按《钢结构设计标准》（GB 50017—2017）附表 E.0.4 取值。

上段柱的计算长度系数 $\mu_2$ 按下式计算：

$$\mu_2=\frac{\mu_1}{\eta_2} \tag{5-18}$$

考虑到组成横向框架的单层厂房各阶形柱所承受的吊车竖向荷载差别较大，荷载较小

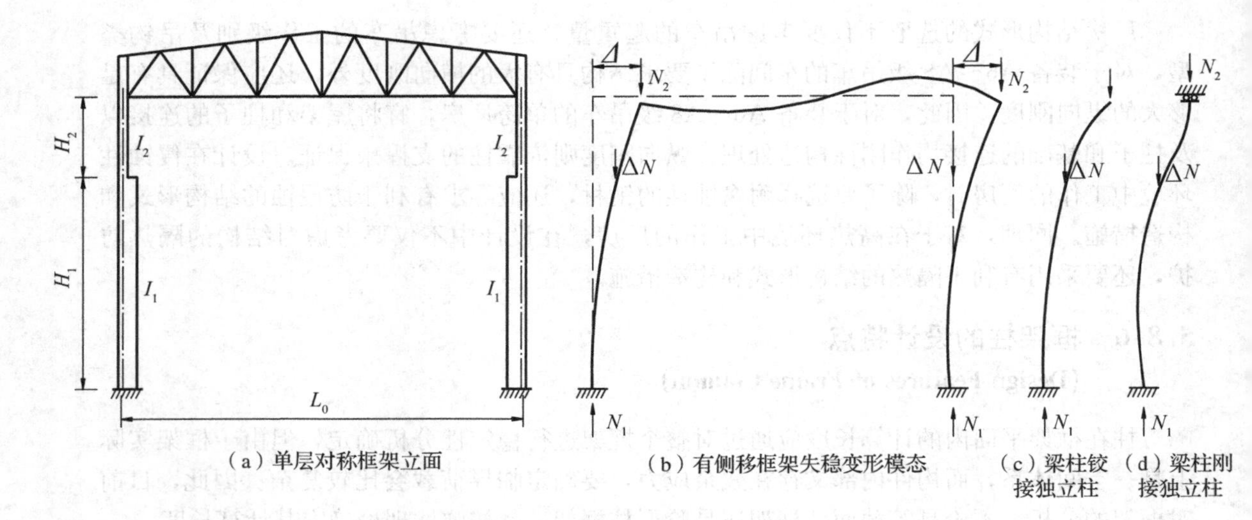


（a）单层对称框架立面　（b）有侧移框架失稳变形模态　（c）梁柱铰接独立柱　（d）梁柱刚接独立柱

**图 5-42　单阶柱框架的失稳**

的相邻柱会给所计算的荷载较大的柱提供侧移约束。同时在纵向因有纵向支撑和屋面等纵向连系构件，各横向框架之间有空间作用，有利于荷载重分配。故《钢结构设计标准》（GB 50017—2017）规定，对于阶形柱的计算长度系数，还应根据表 5-10 中的不同条件乘以折减系数，以反映阶形柱在框架平面内承载力的提高。

厂房柱在框架平面外（沿厂房长度方向）的计算长度，应取阻止框架平面外位移的侧向支承点之间的距离，柱间支撑的节点是阻止框架柱在框架平面外位移的可靠侧向支承点，与此节点相连的纵向构件（如吊车梁、制动结构、辅助桁架、托架、纵梁和刚性系杆等）亦可视为框架柱的侧向支承点。此外，柱在框架平面外的尺寸较小，侧向刚度较差，在柱脚和连接节点处可视为铰接。

具体的取法：当设有吊车梁和柱间支撑而无其他支承构件时，上段柱的计算长度可取制动结构顶面至屋盖纵向水平支撑或托架支座之间柱的高度，下段柱的计算长度可取柱脚底面至肩梁顶面之间柱的高度。

**表 5-10　单层厂房阶形柱计算长度的折减系数**

<table>
<tr><th colspan="4">厂房类型</th><th rowspan="2">折减系数</th></tr>
<tr><th>单跨或多跨</th><th>纵向温度区段内一个柱列的柱子数</th><th>屋面情况</th><th>厂房两侧是否有通长的屋盖纵向水平支撑</th></tr>
<tr><td rowspan="4">单跨</td><td>等于或少于 6 个</td><td colspan="2"></td><td rowspan="2">0.9</td></tr>
<tr><td rowspan="3">多于 6 个</td><td rowspan="2">非大型屋面板屋面</td><td>无纵向水平支撑</td></tr>
<tr><td>有纵向水平支撑</td><td rowspan="2">0.8</td></tr>
<tr><td colspan="2">大型屋面板屋面</td></tr>
<tr><td rowspan="3">多跨</td><td rowspan="3"></td><td rowspan="2">非大型屋面板屋面</td><td>无纵向水平支撑</td><td>0.8</td></tr>
<tr><td>有纵向水平支撑</td><td rowspan="2">0.7</td></tr>
<tr><td colspan="2">大型屋面板屋面</td></tr>
</table>

注：有横梁的露天结构（如落锤车间等）其折减系数可采用 0.9。

## 5.8.7 框架柱的截面验算

**(Section Checking Calculation of Frame Column)**

单阶柱的上柱，一般为实腹工字形截面，应选取最不利的内力组合，按压弯构件的计算方法进行截面验算。阶形柱的下段柱一般为格构式压弯构件，需要验算在框架平面内的整体稳定以及屋盖肢与吊车肢的单肢稳定。计算单肢稳定时，应注意分别选取对所验算的单肢产生最大压力的内力组合。

考虑到格构式柱的缀件体系传递两肢间的内力的情况还不十分明确，为了确保安全，还需按吊车肢单独承受最大吊车垂直轮压 $R_{max}$ 进行补充验算。此时，吊车肢承受的最大压力为

$$N_1 = R_{max} + \frac{(N - R_{max})y_2}{a} + \frac{(M - M_R)}{a} \tag{5-19}$$

式中，$R_{max}$ 为吊车竖向荷载及吊车梁自重等所产生的最大计算压力；$M$ 为使吊车肢受压的下段柱计算弯矩，包括 $R_{max}$ 的作用；$N$ 为与 $M$ 相应的内力组合的下段柱轴向力；$M_R$ 为仅由 $R_{max}$ 作用对下段柱产生的计算弯矩，与 $M$、$N$ 同一截面；$y_2$ 为下柱截面重心轴至屋盖肢重心线的距离；$a$ 为下柱屋盖肢和吊车肢重心线间的距离。

当吊车梁为突缘支座时，其支反力沿吊车肢轴线传递，吊车肢按承受轴心压力 $N_1$ 计算单肢的稳定性。当吊车梁为平板式支座时，还应考虑由相邻两吊车梁支座反力差（$R_1 - R_2$）所产生的框架平面外的弯矩：

$$M_y = (R_1 - R_2)e \tag{5-20}$$

$M_y$ 全部由吊车肢承受，其沿柱高度方向弯矩的分布可近似地假定在吊车梁支承处为铰接，在柱底部为刚性固定，其分布如图 5-43 所示。吊车肢按实腹式压弯杆验算在弯矩 $M_y$ 作用平面内（即框架平面外）的稳定性。

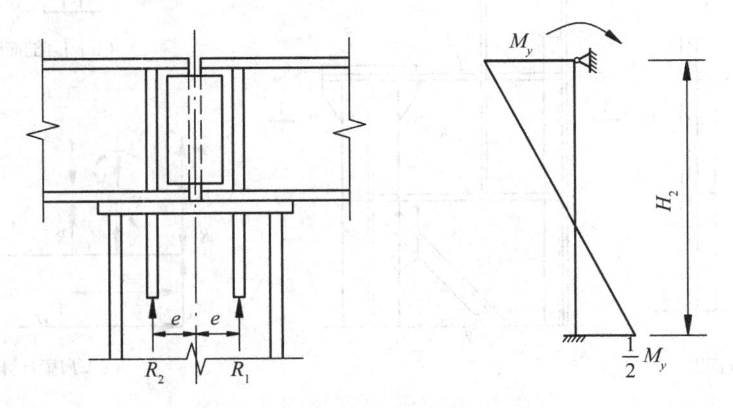


**图 5-43 吊车肢的弯矩计算图**

## 5.8.8 肩梁的构造和计算

**(Construction and Calculation of Shoulder Beam)**

阶形柱支承吊车处，是上、下柱连接和传递吊车梁支反力的重要部位，它由上盖板、下盖板、腹板及垫板组成，也称肩梁。肩梁有单壁式和双壁式两种。

（1）单壁式肩梁

图 5-44（a）所示为单壁式肩梁，当吊车梁为突缘支座时，将肩梁腹板嵌入吊车肢的槽口。为了加强腹板承载力，可在吊车梁突缘宽度范围内，在肩梁腹板两侧局部各贴焊一小板［图 5-44（b）］，以承受吊车梁的最大支座反力或将肩梁在此范围内局部加厚。当吊车梁为平板式支座时，宜在吊车肢腹板上和吊车梁端加劲肋的相应位置上设置加劲肋。

外排柱的上柱外翼缘直接以对接焊缝与下柱屋盖肢腹板拼接，上柱腹板一般由角焊缝焊于该范围的上盖板上。单壁式肩梁的上柱内翼缘应开槽口插入肩梁腹板，由角焊缝连接，其受力为［图 5-44（c）］

$$R_2=\frac{N_2}{2}+\frac{M_2}{a_1} \tag{5-21}$$

式中，$M_2$、$N_2$分别为上柱下端使 $R_2$绝对值最大的最不利内力组合中的弯矩和轴压力；$a_1$ 为上柱两翼缘中心间的距离。

肩梁腹板按跨度为 $a$、受集中荷载 $R_1$的简支梁计算［图 5-44（c）］。肩梁与下柱屋盖肢的连接焊缝按肩梁腹板反力 $R_A$计算，肩梁与下柱吊车肢的连接焊缝按肩梁腹板反力 $R_B$计算。当吊车梁为突缘支座时，应按（$R_{max}+R_B$）计算，$R_{max}$为吊车荷载传给柱的最大压力。这些连接焊缝的计算长度应不大于 $60h_f$，而 $h_f\geqslant 8$ mm。

当吊车梁为平板支座时，吊车肢加劲肋按吊车梁最大支座反力计算端面承压应力和连接焊缝，加劲肋高度不宜小于 500 mm，其上端应刨平顶紧盖板。

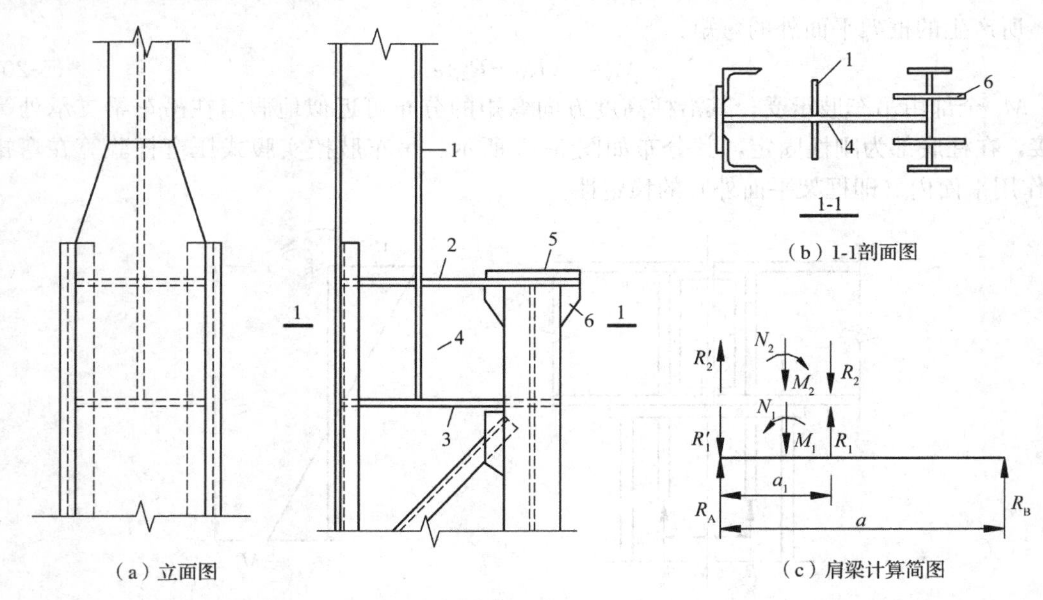

1—上柱翼缘；2—肩梁上盖板；3—肩梁下盖板；4—肩梁腹板；5—垫板；6—加劲肋。

**图 5-44　肩梁的受力和单壁式肩梁的构造**

（2）双壁式肩梁

单壁式肩梁构造简单，但平面外刚度较差，较为大型的厂房柱通常采用双壁式肩梁（图 5-45）。其计算方法与单壁式基本相同，只是在计算腹板时，应考虑两块腹板共同受力。

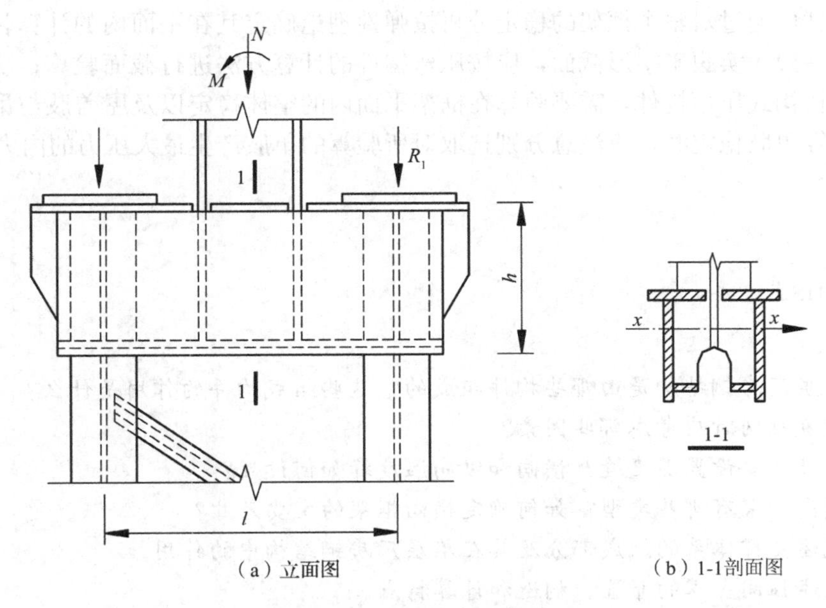

（a）立面图　　（b）1-1剖面图

**图 5-45　双壁式肩梁构造**

双壁式肩梁将上柱下端加宽后插入两肩梁腹板之间并焊接，上盖板与单壁式肩梁的相同，不要做成封闭式，以免施焊困难。

肩梁高度一般取为下柱截面宽度 $a$ 的 1/3 左右。为了保证对上柱的嵌固，肩梁截面对其水平轴的惯性矩 $I_x$ 不宜小于上柱截面对强轴的惯性矩。

## 5.9　小结
### (Summary)

①单层厂房钢结构一般是由屋盖结构、柱、吊车梁、制动梁（或桁架）、各种支撑以及墙架等构件组成的空间体系。

②钢屋盖结构通常由屋面、檩条、屋架、托架和天窗架等构件组成，可分为无檩屋盖结构体系和有檩屋盖结构体系。

③单层厂房的横向框架是基本承重结构体系，由框架柱和横梁/平面钢屋架组成，承受全部的竖向荷载和横向水平荷载。其柱脚通常做成刚接，屋架与柱端的连接可以是铰接，也可以是刚接，当厂房对刚度要求较高时，宜采用刚接框架。

④柱间支撑与柱和吊车梁一起在纵向组成刚性很大的悬臂桁架。其作用是提供单层厂房钢结构的纵向刚度；承受单层厂房钢结构端部山墙的风荷载、吊车纵向水平荷载及温度应力等，在地震区还应承受单层厂房钢结构纵向的地震力，并传至基础；作为框架柱提供平面外的有效约束，减少柱在框架平面外的计算长度。

⑤钢屋盖以平面桁架作为主要承重构件。各个平面桁架（屋架）必须要通过屋盖支撑系统连接成为一个空间几何不变的整体结构，才能承受荷载。屋盖的支撑系统主要由上弦横向水平支撑、下弦横向水平支撑、下弦纵向水平支撑、垂直支撑及系杆组成。

⑥框架柱应通过对整个框架的稳定分析按弹性理论确定其在平面内的计算长度，单阶柱的上柱，一般为实腹工字形截面，应按压弯构件的计算方法进行截面验算；阶形柱的下段柱一般为格构式压弯构件，需要验算在框架平面内的整体稳定以及屋盖肢与吊车肢的单肢稳定。计算单肢稳定时，应注意分别选取对所验算的单肢产生最大压力的内力组合。

## 思考题
## (Questions)

5-1 单层厂房钢结构是由哪些构件组成的？这些组成构件的作用是什么？

5-2 布置柱网时应考虑哪些因素？

5-3 为什么要设置温度缝？横向和纵向温度缝如何设置？

5-4 横向框架有哪些类型？如何确定横向框架的主要尺寸？

5-5 试述支撑体系的组成部分及其在单层厂房钢结构中的作用。

5-6 试述柱间支撑的布置、构造和计算特点。

5-7 选择压型钢板时应考虑哪些因素？

5-8 屋盖结构布置及选型时，应主要考虑哪些因素？

5-9 桁架的主要尺寸是根据什么确定的？根据哪几条基本原则来选择桁架的形式？在什么情况下需要采用再分式腹杆形式？

5-10 如果屋面采用压型钢板，屋架跨度 $l=36$ m，屋面坡度 $i=1/5$，檩距为 3 m，要求屋架与柱子的连接为刚接，采用什么屋架形式较好？

5-11 屋盖支撑有哪些类型？各自的作用和布置原则是什么？根据什么原则来布置柔性系杆或刚性系杆？

5-12 为什么梯形桁架除按全跨荷载计算外，还要按半跨荷载进行计算？

5-13 桁架杆件内力组合的基本原则是什么？有哪些类型？

5-14 是否可把桁架杆件在桁架平面内的计算长度都取为节点间的距离？为什么？

5-15 为什么桁架拉杆与压杆的容许长细比取值不同？桁架杆件的刚度要求是什么？

5-16 桁架杆件截面的选择是按什么原则进行的？杆件截面的选择应考虑哪些因素？

5-17 单层厂房钢结构横向框架的计算简图如何确定？应考虑哪些荷载？

5-18 单层厂房钢结构框架柱有几种类型？如何选择其截面？框架柱在平面内及平面外的计算长度怎样确定？

# 第6章　冷弯薄壁型钢结构
# (Cold-Formed Thin-Walled Steel Structure)

**本章学习目标**

了解冷弯薄壁型钢结构体系；

掌握冷弯薄壁型结构设计基本规定；

熟悉冷弯薄壁型钢结构设计及抗震验算方法，并能熟练运用于结构设计。

## 6.1　概述
## (Introduction)

**冷弯薄壁型钢结构住宅体系，就是以冷弯薄壁构件为结构受力体系建立的住宅。**冷弯薄壁型钢结构体系具有建造速度快、绿色施工、造型可个性化定制及施工简单等优点，在低层建筑领域有较广泛的应用。本章主要简要介绍冷弯薄壁型钢体系、结构设计原则以及抗震设计等内容。

## 6.2　冷弯薄壁型钢结构体系简介
## (Introduction to Cold-Formed Thin-Wall Steel Structure System)

冷弯薄壁型钢结构体系的主要构件是一种将高强薄壁（壁厚一般为0.3～25 mm，常见的厚度为0.9～2 mm）钢板经辊轧或冲压折成C、U、Z、T、I等多种截面形式的构件，然后对其表面进行防腐处理，并通过自攻螺钉、拉铆钉、射钉、螺栓与各种轻型板材（如定向刨花板、石膏板及水泥纤维板等）连接组装而成。冷弯薄壁型钢构件具有质量轻、强度高、易于预制和量产、安装快、可回收利用等优点。冷弯薄壁型钢结构体系主要由墙体系统、楼盖系统和屋面系统组成（图6-1），已在中国、美国、澳大利亚和新西兰等国广泛应用。

近年来，国内外学者对冷弯薄壁型钢结构体系做了大量且系统的研究，《低层冷弯薄壁型钢房屋建筑技术规程》(JGJ 227—2011)（适用于以冷弯薄壁型钢为主要承重构件，层数不大于3层，檐口高度不大于12 m的低层房屋建筑的设计、施工及验收）、《冷弯薄壁型钢结构技术规范》(GB 50018—2002)、《冷弯薄壁型钢多层住宅技术标准》(JGJ/T

421—2018）（适用于 4 层～6 层及檐口高度不超过 20 m 的冷弯薄壁型钢多层住宅的设计、制作、安装和验收）为冷弯薄壁型钢结构的设计、报建和验收提供了依据。

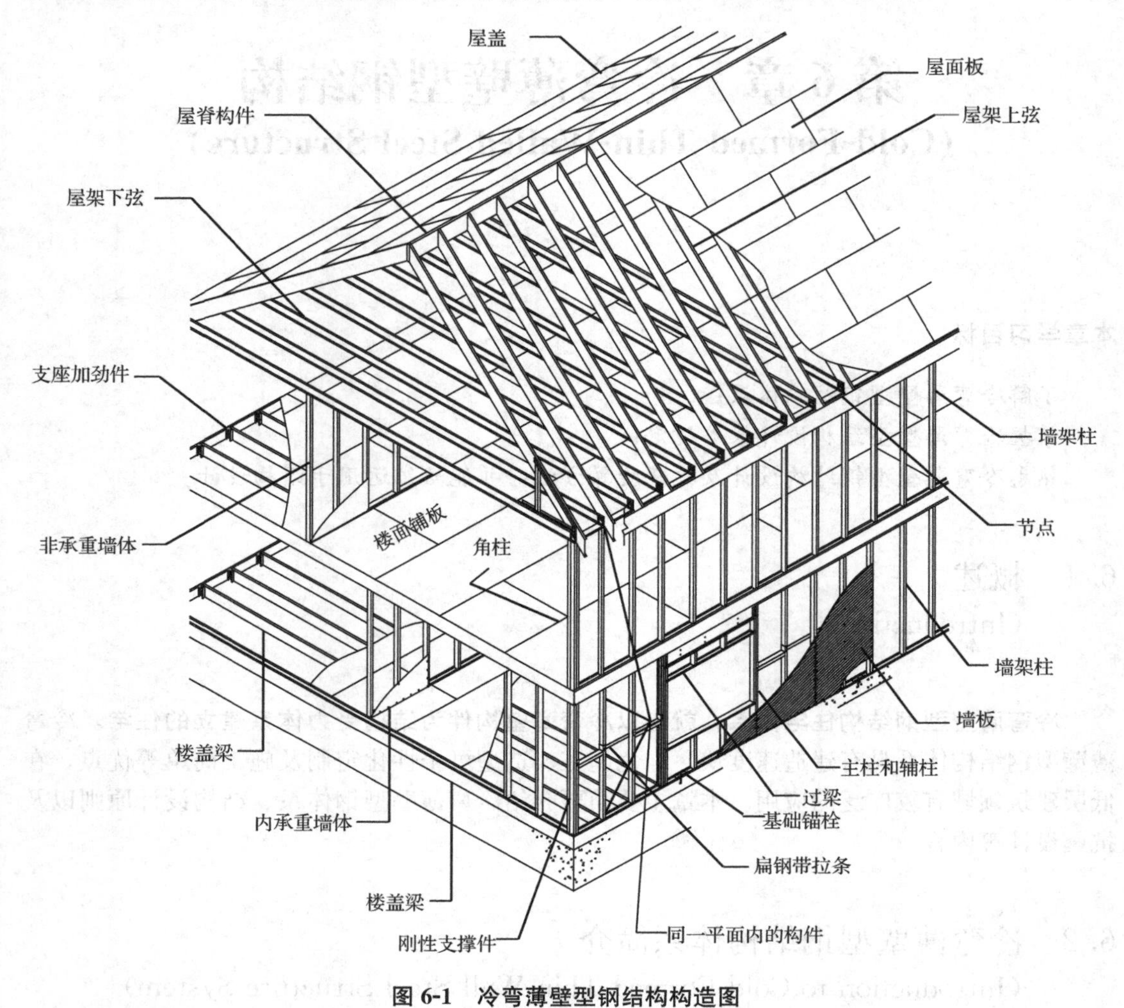


**图 6-1　冷弯薄壁型钢结构构造图**

根据《低层冷弯薄壁型钢房屋建筑技术规程》（JGJ 227—2011），低层冷弯薄壁型钢房屋骨架的钢材规格和型号主要以 Q235 级、Q345 级和 LQ550 级（澳洲标准 550）等为主，材料强度设计值如表 6-1 所示。

**表 6-1　低层冷弯薄壁型钢材料强度设计值**

| 钢材牌号 | 钢材厚度 $t$/mm | 屈服强度 $f_y$/N/mm$^2$ | 抗拉、抗压和抗弯 $f$/N/mm$^2$ | 抗剪 $f_v$/N/mm$^2$ | 端面承压（磨平顶紧）$f_e$/N/mm$^2$ |
|---|---|---|---|---|---|
| Q235 | ≤2 | 235 | 205 | 120 | 310 |
| Q345 | ≤2 | 345 | 300 | 175 | 400 |

续表

| 钢材牌号 | 钢材厚度 $t$/mm | 屈服强度 $f_y$/N/mm² | 抗拉、抗压和抗弯 $f$/N/mm² | 抗剪 $f_v$/N/mm² | 端面承压（磨平顶紧）$f_e$/N/mm² |
|---|---|---|---|---|---|
| LQ550 | <0.6 | 530 | 455 | 260 | |
| | 0.6～0.9 | 500 | 430 | 250 | |
| | >0.9～1.2 | 465 | 400 | 230 | |
| | >1.2～1.5 | 420 | 360 | 210 | |

根据《冷弯薄壁型钢多层住宅技术标准》（JGJ/T 421—2018），多层冷弯薄壁型钢房屋骨架的钢材规格和型号宜采用 Q235 级和 Q345 级，材料强度设计值如表 6-2 所示。

**表 6-2　多层冷弯薄壁型钢材料强度设计值**　　单位：N/mm²

| 钢材牌号 | 抗拉、抗压和抗弯 $f$ | 抗剪 $f_v$ | 端面承压（磨平顶紧）$f_e$ |
|---|---|---|---|
| Q235 | 205 | 120 | 310 |
| Q345 | 300 | 175 | 400 |

## 6.3　冷弯薄壁型钢结构设计
(Design of Cold-Formed Thin-Wall Steel Structure)

### 6.3.1　基本设计规定
**(Basic Design Requirements)**

1）设计原则

冷弯薄壁型钢结构体系设计采用以概率理论为基础的极限设计方法，以分项系数设计表达式进行计算。承重结构应按承载能力极限状态和正常使用极限状态进行设计。

设计结构的重要性系数应根据结构的安全系数、设计使用年限确定：一般工业与民用建筑的安全等级取为二级，设计使用年限为 50 年时，其重要性系数不应小于 1.0；设计使用年限为 25 年时，其重要性系数不应小于 0.95；特殊建筑结构，安全等级、设计使用年限另行确定。

按承载能力极限状态设计时，应考虑荷载效应的基本组合，必要时还应考虑荷载效应的偶然组合，采用荷载设计值和强度设计值进行计算。荷载设计值等于荷载标准值乘以荷载分项系数；强度设计值等于材料强度标准值乘以抗力分项系数 $\gamma_R=1.165$。按正常使用极限状态设计时，应考虑荷载效应的标准组合，采用荷载标准值和变形限值进行计算。

计算结构构件和连接时，荷载、荷载分项系数、荷载效应组合和荷载组合值系数的取值，应符合《建筑结构荷载规范》（GB 50009—2012）的规定。

结构构件的受拉强度应按净截面计算，受压强度应按有效净截面计算，稳定性应按有效截面计算。

2）荷载

①设计轻型屋面板和檩条时，不上人屋面的均布活荷载标准值应取 0.5 kN/m²；还应考虑施工及检修集中荷载，其标准值应取 1.0 kN/m² 且作用于檩条最不利位置。

② 设计楼面结构时，均布活荷载不应小于 2 kN/m²，但不包括隔墙自重和二次装修荷载。设计楼盖梁、墙体、墙架柱及基础时，应按《建筑结构荷载规范》（GB 50009—2012）的规定对楼面荷载标准值乘以相应的折减系数。

③ 垂直于建筑物表面的风荷载标准值 $\omega_k$ 应按现行国家标准《建筑结构荷载规范》（GB 50009—2012）的规定执行。当建筑物的体型特殊时（图 6-2），其风荷载体型系数 $\mu_s$ 在纵风向坡屋面（图 6-2 中的 $R$ 面）应取－0.8，在其余部位应按《建筑结构荷载规范》（GB 50009—2012）的规定执行。

④ 设计墙架柱、屋架和檩条时，应考虑由于风吸力等作用引起构件受力的不利影响，此时永久荷载的分项系数应取 1.0。

⑤ 雪荷载 $S_k$、基本雪压 $S_0$ 和屋面积雪分布系数 $\mu_r$ 应按《建筑结构荷载规范》（GB 50009—2012）的规定执行。复杂屋面的屋面积雪分布系数 $\mu_r$ 的确定应符合下列规定：

a）当屋面坡度 $\alpha \leqslant 25°$ 时，屋面积雪分布系数 $\mu_r$ 为 1.0；当屋面坡度 $\alpha \geqslant 50°$ 时，$\mu_r$ 为 0；当 $25° < \alpha < 50°$ 时，$\mu_r$ 按线性插值法取用。

b）设计屋面承重构件时，应考虑雪荷载不均匀分布的情况。各屋面的雪荷载分布系数应按下列规定进行调整（图 6-3）：

（a）对迎风面屋面积雪分布系数，取 $0.75\mu_r$。

（b）对背风面屋面积雪分布系数，取 $1.25\mu_r$。

（c）对侧风面屋面：在屋面无遮挡情况时，侧风面屋面积雪分布系数取 $0.5\mu_r$；在屋面有遮挡情况时，遮挡前侧风面屋面积雪分布系数取 $0.75\mu_r$，遮挡后侧风面屋面积雪分布系数取 $1.25\mu_r$。

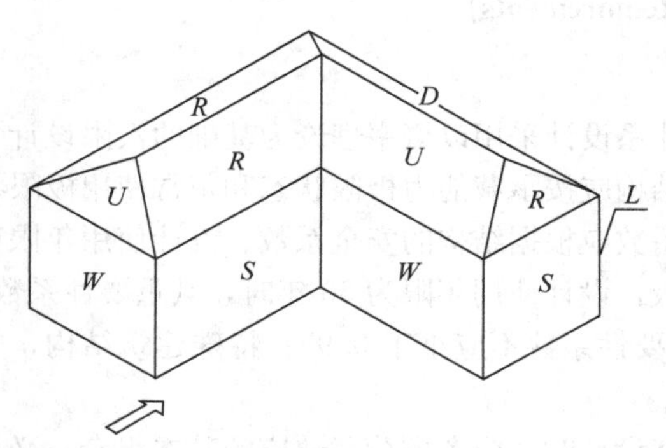


$W$—迎风墙面；$U$—迎风坡屋面；$S$—边墙面；$R$—纵风向坡屋面；$L$—背风墙面；$D$—背风坡屋面。

**图 6-2　屋面和墙面分区**

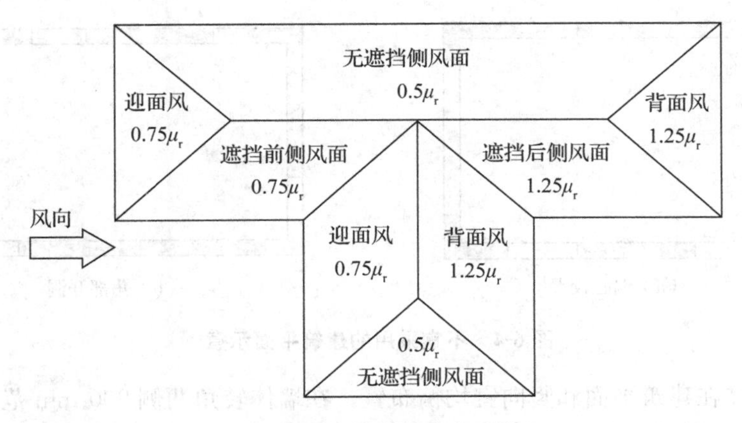


**图 6-3　屋面积雪分布系数**

⑥ 冷弯薄壁型钢多层住宅的地震作用，应符合下列规定：

a）应至少沿建筑结构的两个主轴方向分别计算水平地震作用。

b）有斜交抗侧力构件的结构，当相交角度大于 15°时，应分别计算各抗侧力构件方向的水平地震作用。

c）质量和刚度分布明显不对称的结构，应计入双向水平地震作用下的扭转影响。

⑦ 低层冷弯薄壁型钢房屋的地震作用应按国家标准《建筑抗震设计规范》（2016 年版）（GB 50011—2010）的规定计算。

3）结构布置

（1）冷弯薄壁型钢多层住宅

① 墙体、楼盖和屋盖均应采用冷弯薄壁型钢构件与结构板材可靠连接而成的板肋结构。

② 结构布置应与建筑布置相协调，不宜采用平面或竖向不规则的结构方案。当结构沿竖向存在刚度突变时，应采取加强措施。

③ 冷弯薄壁型钢多层住宅采用冷弯薄壁型钢抗剪墙体作为抗侧力构件，抗侧力构件应在建筑平面和竖向均匀布置，其最大间距应符合表 6-3 的要求。

④ 抗侧力构件应贯通连接房屋全高，上、下端应分别延伸至屋盖和基础。

**表 6-3　抗侧力构件的最大间距**

| 抗震设防烈度 | 楼盖类别 | 最大间距/m |
|---|---|---|
| 6 度、7 度 | 定向刨花板楼盖 | 11 |
| | 压型钢板混凝土楼盖 | 15 |
| 8 度 | 定向刨花板楼盖 | 9 |
| | 压型钢板混凝土楼盖 | 11 |

（2）低层冷弯薄壁型钢房屋

① 建筑设计宜避免偏心过大或在角部开设洞口（图 6-4）。当偏心较大时，应计算由偏心导致的扭转对结构的影响。

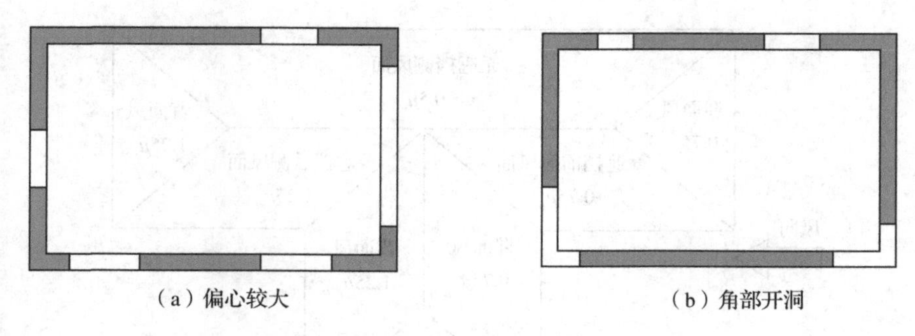
（a）偏心较大　　　　（b）角部开洞

**图 6-4　不宜采用的建筑平面示意**

② 抗剪墙体在建筑平面和竖向宜均衡布置，在墙体转角两侧 900 mm 范围内不宜开洞口；上、下层抗剪墙体宜在同一竖向平面内；当抗剪内墙上下错位时，错位间距不宜大于 2.0 m。

③ 在设计基本地震加速度为 $0.3g$ 及以上或基本风压为 0.70 kN/m$^2$ 及以上的地区，建筑和结构布置应符合下列规定：

a）与主体建筑相连的毗屋应设置抗剪墙，如图 6-5（a）所示。

b）不宜设置如图 6-5（b）所示的退台。

c）由抗剪墙所围成的矩形楼面或屋面的长度与宽度之比不宜超过 3。

d）抗剪墙之间的距离不应大于 12 m。

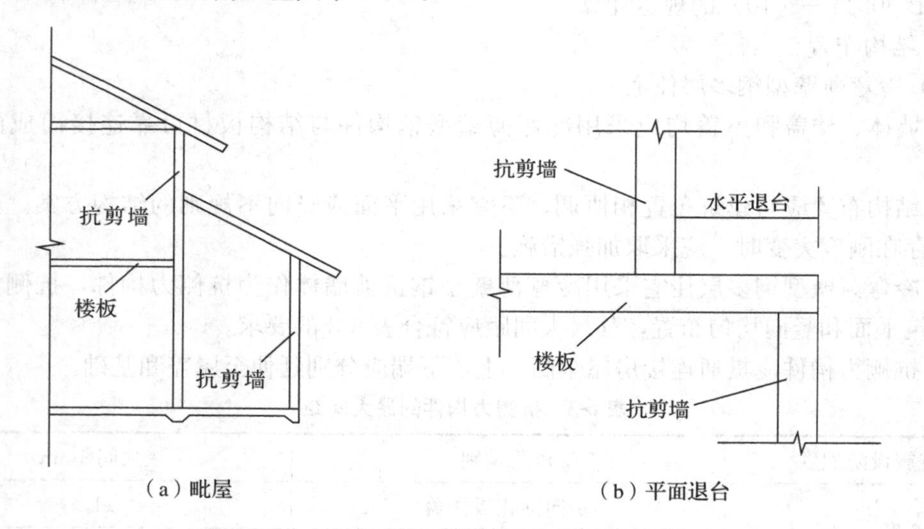

（a）毗屋　　　　（b）平面退台

**图 6-5　建筑立面示意**

④ 外围护墙设计应符合下列规定：

a）应满足国家现行有关标准对节能的要求。

b）与主体钢结构应有可靠的连接。

c）应满足防水、防火、防腐需求。

d）节点构造和板缝设计，应满足保温、隔热、隔声、防渗要求，且坚固耐久。

⑤ 隔墙设计应符合下列规定：

a）应有良好的隔声、防火性能和足够的承载力。

b）应便于埋设各种管线。

c）门框、窗框与墙体连接应可靠，安装应方便。

d）分室墙宜采用轻质墙板或冷弯薄壁型石膏板墙，也可采用易拆型隔墙板。

⑥ 抗剪墙体应布置在建筑结构的两个主轴方向，并应形成抗风和抗震体系。

4）构造一般规定

① 冷弯薄壁型钢结构构件的壁厚不宜大于 6 mm，也不宜小于 1.5 mm（压型钢板除外），主要承重结构构件的壁厚不宜小于 2 mm。

② 构件受压部分的壁厚还应符合下列要求：

a）构件中受压构件的最大宽厚比应符合表 6-4 的规定。

**表 6-4 受压构件的宽厚比限值**

| 板件类别 | 钢材牌号 | |
|---|---|---|
| | Q235 | Q345 |
| 非加劲板件 | 45 | 35 |
| 部分加劲板件 | 60 | 50 |
| 加劲板件 | 250 | 200 |

b）圆管截面构件的外径与壁厚之比，对于 Q235 钢，不宜大于 100，对于 Q345 钢，不宜大于 68。

③ 构件的长细比应符合下列要求：

a）受压构件的长细比不宜超过表 6-5 中所列数值。

**表 6-5 受压构件的长细比限值**

| 项次 | 构件类别 | 容许长细比 |
|---|---|---|
| 1 | 主要构件（如主要承重柱、刚架柱、桁架和格构式刚架的弦杆及支座压杆等） | 150 |
| 2 | 其他构件及支撑 | 200 |

b）受拉构件的长细比不宜超过 350（除张紧的圆钢拉条）。当受拉构件在永久荷载和风荷载组合作用下受压时，长细比不宜超过 250；在吊车荷载作用下受压时，长细比不宜超过 200。

④ 用缀板或缀条连接的格构式柱宜设置横隔，其间距不宜大于 3 m，在每个运输单元的两端均应设置横隔。实腹式受弯及压弯构件的两端和较大集中荷载作用处应设置横向加劲肋，当构件腹板高厚比较大时，宜设置横向加劲肋。

### 6.3.2 冷弯薄壁型钢结构设计 (Design of Cold-Formed Thin-Wall Steel Structure)

1）构件设计

对于普通碳素钢构件，结构设计中通常通过限制板件宽厚比等方法来避免出现局部屈曲，而冷弯薄壁型钢结构可以允许发生局部屈曲。因为由于薄膜效应的存在，出现局部屈曲的板件还可以继续承受外荷载，这就是板件的屈曲后强度，屈曲后强度的利用扩大了冷弯薄壁型钢的使用范围。

为有效利用屈曲后强度，冷弯薄壁型钢构件的设计方法包括有效宽度法以及直接强度法。加劲受压板件截面应力分布如图 6-6（a）所示。板件的极限承载力应为图示曲线下的面积乘以板厚 $t$，即

$$P_u = t\int_0^b f(x)\mathrm{d}x \tag{6-1}$$

为设计方便，在有效宽度法中，将图 6-6（a）中的曲线面积等效为图 6-6（b）中的两个宽度为 $b_e/2$、边缘应力为 $f_y$的矩形面积，即

$$P_u = tb_e f_y = A_e f_y \tag{6-2}$$

式中，$t$ 为板件厚度；$b_e$为板件有效宽度；$f_y$为屈服强度；$A_e$为有效截面面积。

对于上式，只要确定有效宽度 $b_e$，便可计算板件的极限承载力。

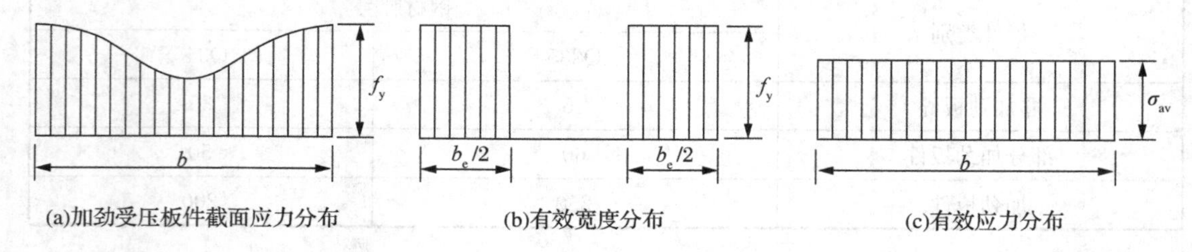


**图 6-6　加劲受压板有效宽度计算**

在直接强度法中，将图 6-6（a）中的曲线面积等效为图 6-6（c）中的板件宽度为 $b$、边缘应力为 $\sigma_{av}$（有效应力）的矩形面积，即

$$P_u = tb\sigma_{av} = A\sigma_{av} \tag{6-3}$$

式中，$t$ 为板件厚度；$b$ 为板件宽度；$\sigma_{av}$为有效应力；$A$ 为毛截面面积。

对于式（6-3），只要知道有效应力 $\sigma_{av}$，不必确定有效截面，采用毛截面面积 $A$ 同样可以确定板件的极限承载力。

因此，有效宽度法和直接强度法都能计算板件的极限承载力，而且都考虑了局部屈曲及屈曲后强度的影响。但两者的思路不同，前者折减板件宽度，即以有效宽度来考虑，而后者折减截面应力，即以折减应力来考虑。除此之外，直接强度法还能够考虑图 6-7 所示的畸变屈曲的影响。畸变屈曲是区别于局部屈曲和整体屈曲的新的屈曲模式，其性能不同于一般的局部屈曲，很难用有效宽度法进行计算。

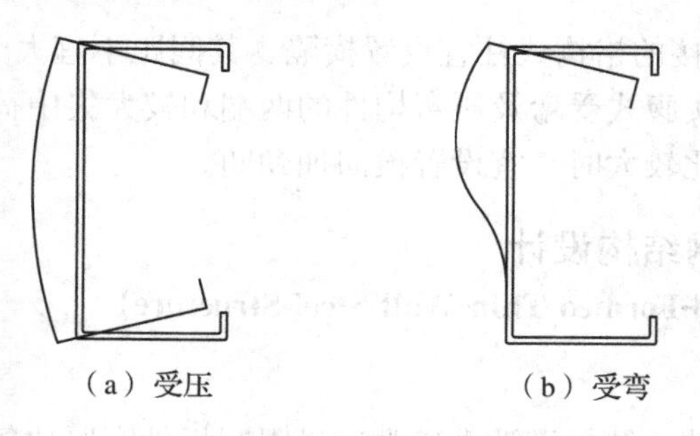


**图 6-7　畸变屈曲时卷边槽形截面变形图**

下面将对两种方法分别进行介绍：

(1) 有效宽度法

《低层冷弯薄壁型钢房屋建筑技术规程》(JGJ 227—2011)、《冷弯薄壁型钢结构技术规范》(GB 50018—2002)、《冷弯薄壁型钢多层住宅技术标准》(JGJ/T 421—2018) 均规定采用有效宽度法来计算构件承载力。

① 加劲板件、部分加劲板件和非加劲板件的有效宽厚比应按下列公式计算：

当$\frac{b}{t}\leqslant 18\alpha\rho$时，

$$\frac{b_e}{t}=\frac{b_c}{t} \tag{6-4}$$

当$18\alpha\rho<\frac{b}{t}<38\alpha\rho$时，

$$\frac{b_e}{t}=\left(\sqrt{\frac{21.8\alpha\rho}{b/t}}-0.1\right)\frac{b_c}{t} \tag{6-5}$$

当$\frac{b}{t}\geqslant 38\alpha\rho$时，

$$\frac{b_e}{t}=\frac{25\alpha\rho}{\frac{b}{t}}\cdot\frac{b_c}{t} \tag{6-6}$$

式中，$b$ 为板件宽度；$t$ 为板件厚度；$b_e$为板件有效宽度；$\alpha$ 为计算系数，$\alpha=1.15-0.15\psi$，当 $\psi<0$ 时，取 $\alpha=1.15$；$\psi$ 为压应力分布不均匀系数，$\psi=\frac{\sigma_{min}}{\sigma_{max}}$；$\sigma_{max}$为受压板件边缘的最大压应力，$N/mm^2$，取正值；$\sigma_{min}$为受压板件另一边缘的应力，$N/mm^2$，以压应力为正，拉应力为负；$b_c$为板件受压区宽度，当 $\psi\geqslant 0$ 时，$b_c=b$，当 $\psi<0$ 时，$b_c=\frac{b}{1-\psi}$；$\rho$ 为计算系数，$\rho=\sqrt{\frac{205kk_1}{\sigma_1}}$，其中 $\sigma_1$ 按有效宽厚比相关规定确定；$k$ 为板件受压稳定系数；$k_1$为板组约束系数，若不计相邻板件的约束作用，可取 $k_1=1$。

② 受压板件的稳定系数 $k$ 可按下列公式计算：

a) 加劲板件：

当 $1\geqslant\psi>0$ 时，

$$k=7.8-8.15\psi+4.35\psi^2 \tag{6-7}$$

当 $0\geqslant\psi\geqslant -1$ 时，

$$k=7.8-6.29\psi+9.78\psi^2 \tag{6-8}$$

b) 部分加劲板件：

(a) 最大压应力作用于支承边，如图 6-8 (a) 所示：

当 $\psi\geqslant -1$ 时，

$$k=5.89-11.59\psi+6.68\psi^2 \tag{6-9}$$

(b) 最大压应力作用于部分加劲边，如图 6-8 (b) 所示：

当 $\psi\geqslant -1$ 时，

$$k=1.15-0.22\psi+0.045\psi^2 \tag{6-10}$$

c) 非加劲板件：

(a) 最大压应力作用于支承边，如图 6-8 (c) 所示：

当 $1 \geqslant \psi > 0$ 时，

$$k=1.70-3.025\psi+1.75\psi^2 \tag{6-11}$$

当 $0 \geqslant \psi > -0.4$ 时，

$$k=1.70-1.75\psi+55\psi^2 \tag{6-12}$$

当 $-0.4 \geqslant \psi \geqslant -1$ 时，

$$k=6.07-9.51\psi+8.33\psi^2 \tag{6-13}$$

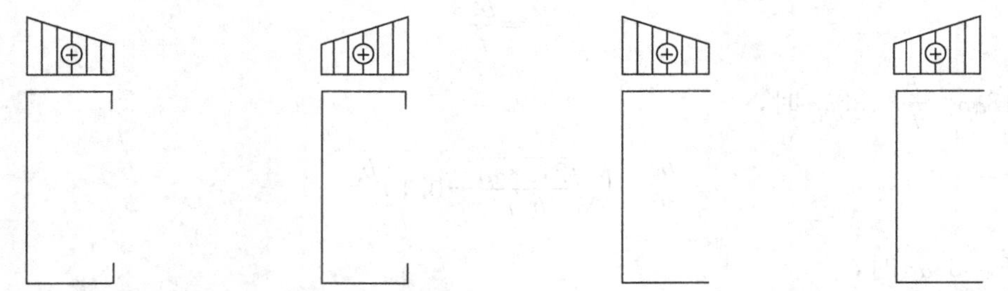

（a）部分加劲板件-支承边　（b）部分加劲板件-加劲边　（c）非加劲板件-支承边　（d）非加劲板件-自由边

**图 6-8　部分加劲板件和非加劲板件的应力分布示意图**

(b) 最大压应力作用于自由边，如图 6-8 (d) 所示：

当 $\psi \geqslant -1$ 时，

$$k=0.567-0.213\psi+0.071\psi^2 \tag{6-14}$$

注：当 $\psi < -1$ 时，以上各式的 $k$ 值按 $\psi=-1$ 的值采用。

③ 受压板件的板组约束系数 $k_1$ 应按下列公式计算：

当 $\xi \leqslant 1.1$ 时，

$$k_1=\frac{1}{\sqrt{\xi}} \tag{6-15}$$

当 $\xi > 1.1$ 时，

$$k_1=0.11+\frac{0.93}{(\xi-0.05)^2} \tag{6-16}$$

$$\xi=\frac{c}{b}\sqrt{\frac{k}{k_c}} \tag{6-17}$$

式中，$b$ 为计算板件的宽度；$c$ 为与计算板件邻接的板件的宽度，如果计算板件两边均有邻接板件时，即计算板件为加劲板件时，取压应力较大一边的邻接板件的宽度；$k_c$ 为邻接板件的受压稳定系数。

当 $k_1 > k_1'$ 时，取 $k_1=k_1'$，$k_1'$ 为 $k_1$ 的上限值。对于加劲板件 $k_1'=1.7$，对于部分加劲板件 $k_1'=2.4$，对于非加劲板件 $k_1'=3.0$。当计算板件只有一边有邻接板件，即计算板件为非加劲板件或部分加劲板件，且邻接板件受拉时，取 $k_1=k_1'$。

④ 当受压板件的宽厚比 $\frac{b}{t}$ 大于有效宽厚比 $\frac{b_e}{t}$ 时，受压板件的有效截面应自截面的受压部分按图 6-9 所示位置扣除其超出部分（即图中不带斜线部分）来确定，截面的受拉部分全部有效。

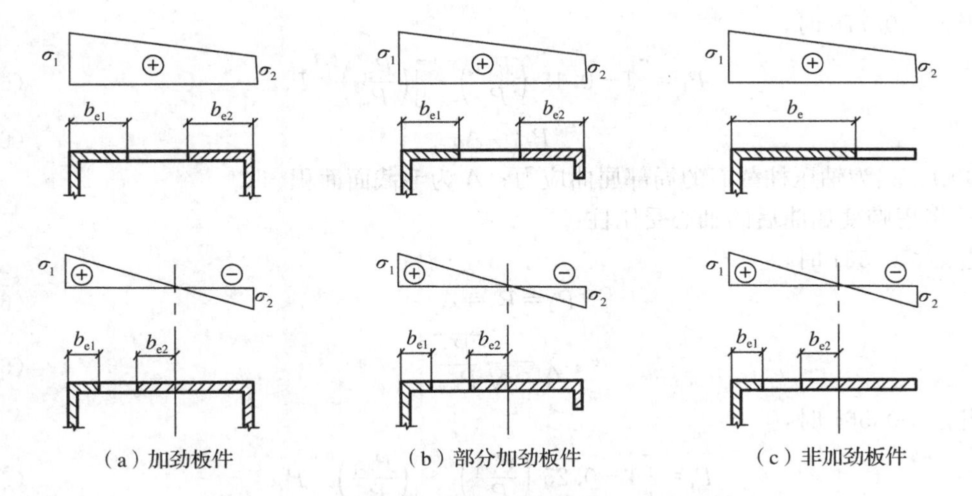


**图 6-9 部分加劲板件和非加劲板件的应力分布示意图**

图 6-9 中的 $b_{e1}$ 和 $b_{e2}$ 按下列规定计算：

a) 加劲板件：

当 $\psi \geqslant 0$ 时，

$$b_{e1}=\frac{2b_e}{5-\psi},\ b_{e2}=b_e-b_{e1} \tag{6-18}$$

当 $\psi < 0$ 时，

$$b_{e1}=0.4b_e,\ b_{e2}=0.6b_e \tag{6-19}$$

b) 部分加劲板件及非加劲板件：

$$b_{e1}=0.4b_e,\ b_{e2}=0.6b_e \tag{6-20}$$

⑤ 板件的有效宽厚比应遵循以下规定确定：

a) 对于轴心受压构件，应由构件最大长细比所确定的轴心受压构件的稳定系数与钢材强度设计值的乘积（$\varphi f$）作为 $\sigma_1$。

b) 对于压弯构件，截面上各板件的压应力分布不均匀系数 $\psi$ 应由构件毛截面按强度计算，不考虑双力矩的影响。最大压应力板件的 $\sigma_1$ 取钢材的强度设计值 $f$，其余板件的最大压应力按 $\psi$ 推算。

c) 对于受弯及拉弯构件，截面上各板件的压应力分布不均匀系数 $\psi$ 及最大压应力应由构件毛截面按强度计算，不考虑双力矩的影响。

d) 板件的受拉部分全部有效。

(2) 直接强度法

北美规范 NAS AISI S201-07 和澳大利亚/新西兰规范 AS/NZS 4600：2005 的直接强度设计法公式仅适用于轴压和弯曲构件的承载力计算。下面以北美规范为例进行说明。

① 考虑局部屈曲后的轴心受压柱：

当 $\lambda_l \leqslant 0.776$ 时，

$$P_l=P_y=Af_y \tag{6-21}$$

$$\lambda_l=\sqrt{\frac{P_y}{P_{crl}}} \tag{6-22}$$

当 $\lambda_l > 0.776$ 时，

$$P_l = \left[1 - 0.15\left(\frac{P_{crl}}{P_y}\right)^{0.4}\right]\left(\frac{P_{crl}}{P_y}\right)^{0.4} P_y \tag{6-23}$$

$$P_{crl} = A\sigma_{ol} \tag{6-24}$$

式中，$\sigma_{ol}$为轴压柱截面的局部屈曲应力；$A$ 为毛截面面积。

② 考虑畸变屈曲后的轴心受压柱：

当 $\lambda_d \leqslant 0.561$ 时，

$$P_d = P_y = Af_y \tag{6-25}$$

$$\lambda_d = \sqrt{\frac{P_y}{P_{crd}}} \tag{6-26}$$

当 $\lambda_d > 0.561$ 时，

$$P_d = \left[1 - 0.25\left(\frac{P_{crd}}{P_y}\right)^{0.6}\right]\left(\frac{P_{crd}}{P_y}\right)^{0.6} P_y \tag{6-27}$$

$$P_{crd} = A\sigma_{od} \tag{6-28}$$

式中，$\sigma_{od}$为轴压柱截面的弹性畸变屈曲临界应力。

因此，压力设计值为

$$P = \min\{\varphi_c P_l,\ \varphi_c P_d\} \tag{6-29}$$

式中，$\varphi_c$为受压构件的抗力系数，可取 0.85。

③ 考虑局部屈曲后的受弯构件：

当 $\lambda_l \leqslant 0.776$ 时，

$$M_l = M_y = W_x f_y \tag{6-30}$$

$$\lambda_l = \sqrt{\frac{M_y}{M_{crl}}} \tag{6-31}$$

当 $\lambda_l > 0.776$ 时，

$$M_l = \left[1 - 0.15\left(\frac{M_{crl}}{M_y}\right)^{0.4}\right]\left(\frac{M_{crl}}{M_y}\right)^{0.4} M_y \tag{6-32}$$

$$M_{crl} = W_x\sigma_{ol} \tag{6-33}$$

④ 考虑畸变屈曲后的受弯构件：

当 $\lambda_d \leqslant 0.561$ 时，

$$M_d = M_y = W_x f_y \tag{6-34}$$

$$\lambda_d = \sqrt{\frac{M_y}{M_{crd}}} \tag{6-35}$$

当 $\lambda_d > 0.561$ 时，

$$P_d = \left[1 - 0.25\left(\frac{M_{crd}}{M_y}\right)^{0.6}\right]\left(\frac{M_{crd}}{M_y}\right)^{0.6} M_y \tag{6-36}$$

$$M_{crd} = W_x\sigma_{od} \tag{6-37}$$

式中，$W_x$为截面模量。

因此，弯矩设计值为

$$M = \min\{\varphi_b M_l,\ \varphi_b M_d\} \tag{6-38}$$

式中，$\varphi_b$为受弯构件的抗力系数，可取 0.9。

2）墙体结构设计

冷弯薄壁型钢房屋墙体系统是由冷弯薄壁型钢骨架、墙体结构面板、填充保温材料等通过螺钉连接组合而成的复合墙体，如图 6-10 所示。根据墙体在建筑中所处的位置以及受力状态可将墙体划分为外墙、内墙、承重墙、抗震墙和非承重墙等。承重墙的立柱和抗震墙分别承担冷弯薄壁型钢房屋的全部荷载和水平风荷载及水平地震作用。承重墙和抗震墙应由立柱、顶导梁和底导梁、支撑、拉条和撑杆、墙体结构面板等部件组成。非承重墙可不设置支撑、拉条和撑杆。墙体立柱的间距宜为 400～600 mm。

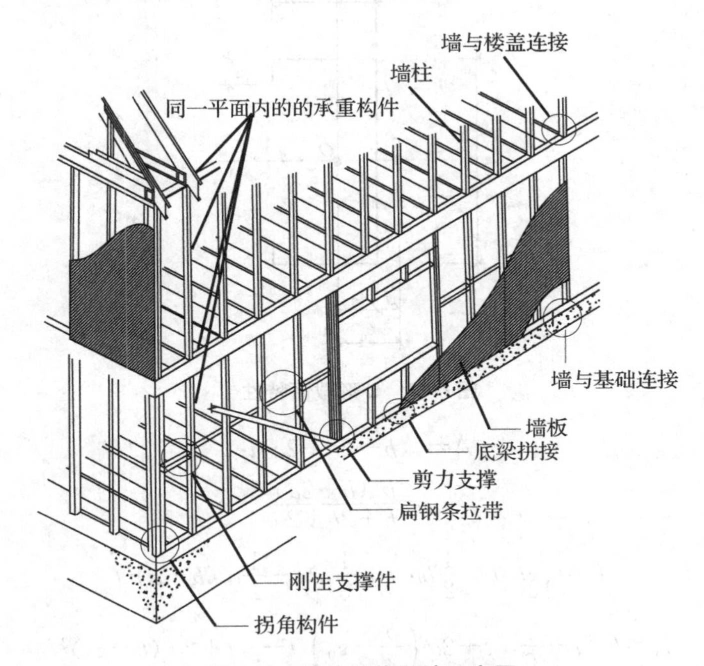


**图 6-10　墙体结构系统示意图**

此外，冷弯薄壁型钢房屋结构的抗震墙体，在上、下墙体间应设置抗拔件，与基础间应设置地脚螺栓和抗拔件，如图 6-11 所示。抗拔件，如抗拔锚栓、抗拔钢带等，是连接抗震墙体与基础以及上下抗震墙体并传递水平荷载的重要部件，因此，抗震墙体的抗拔件设置必须要保证结构整体传递水平荷载的可靠性。对仅承受竖向荷载的承重墙单元，也可不设置抗拔件。

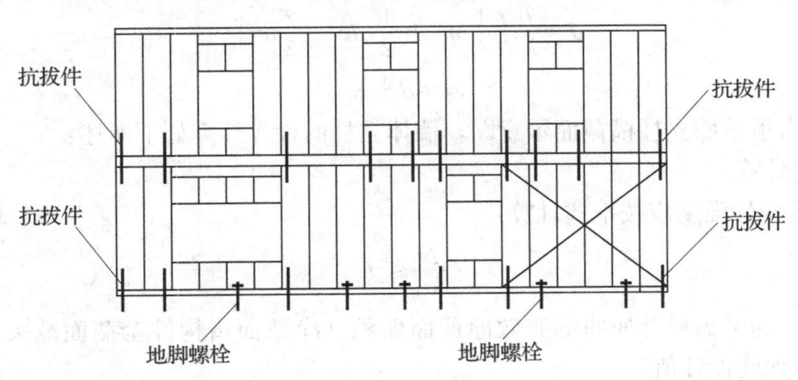


**图 6-11　抗剪墙连接件布置**

承重墙立柱按轴心受压构件进行强度和稳定性计算，强度计算时不考虑墙体结构面板的作用；稳定性计算时将结构面板等效为龙骨立柱 $x$ 方向侧向约束，约束间距为 $2c$（$c$ 为螺钉间距）。承重墙立柱一般采用C形冷弯薄壁型钢构件，此时构件截面（图6-12）特性，如横截面面积 $A$、形心 $z_0$、剪心 $e_0$、$x$ 轴惯性矩 $I_x$、$y$ 轴惯性矩 $I_y$、扭转惯性矩 $I_t$、扇形惯性矩 $I_w$、剪心至腹板距离 $d$ 等可依据下式计算：

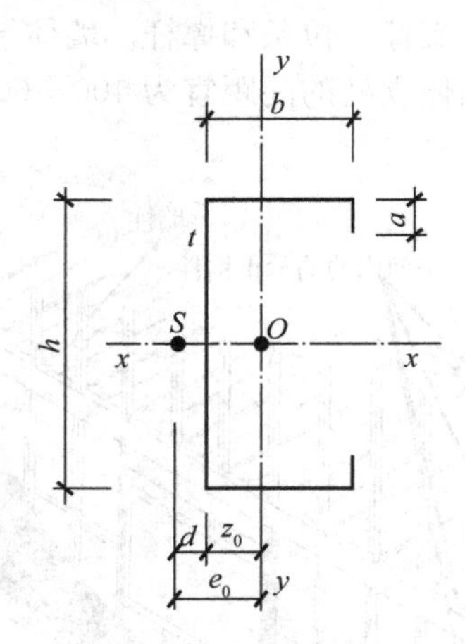


图 6-12　C形截面特性

$$A=(h+2b+2a)t \tag{6-39}$$

$$z_0=\frac{b(b+2a)}{h+2b+2a} \tag{6-40}$$

$$I_x=\frac{1}{12}h^3t+\frac{1}{2}bh^2t+\frac{1}{6}a^3t+\frac{1}{2}a(h-a)^2t \tag{6-41}$$

$$I_y=hz_0^2t+\frac{1}{6}b^3t+2b\left(\frac{b}{2}-z_0\right)^2t-z_0t+2a(b-z_0)^2t \tag{6-42}$$

$$I_t=\frac{1}{3}(h+2b+2a)t^3 \tag{6-43}$$

$$I_w=\frac{d^2h^3t}{12}+\frac{h^2}{6}[d^3+(b-d)^3]t+\frac{a}{6}[3h^2(d-b)^2-6ha(d^2-b^2)+4a^2(d+b)^2]t \tag{6-44}$$

$$d=\frac{b}{I_x}\left(\frac{1}{4}bh^2+\frac{1}{2}ah^2-\frac{2}{3}a^3\right)t \tag{6-45}$$

$$e_0=d+z_0 \tag{6-46}$$

图6-13为承重墙立柱横截面示意图，墙体立柱的设计计算如下所述：

(1) 强度计算

轴心受压构件强度应按下式计算：

$$\frac{N}{A_{en}}\leqslant f \tag{6-47}$$

式中，$A_{en}$为考虑局部屈曲的有效净截面面积（净截面指构件全截面减去开洞部分）；$f$ 为材料抗压强度设计值。

(2) 稳定性计算

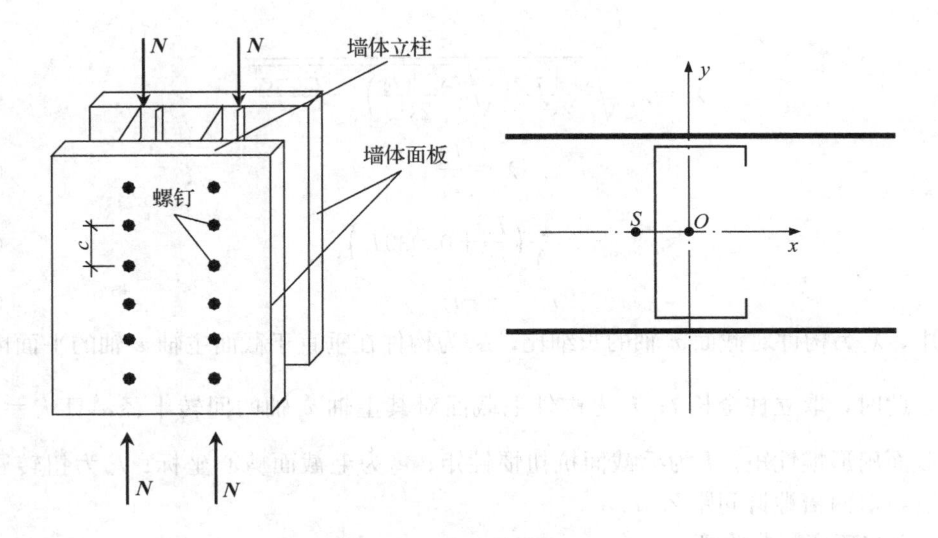


图 6-13　承重墙体示意图

轴心受压构件的整体稳定性应按下式计算：

$$\frac{N}{\varphi A_{\mathrm{e}}}\leqslant f \tag{6-48}$$

式中，$\varphi$ 为轴心受压构件的整体稳定系数，应按《冷弯薄壁型钢结构技术规范》(GB 50018—2002）表 A. 1. 1-1 或表 A. 1. 1-2 采用；$A_{\mathrm{e}}$为考虑局部屈曲的有效截面面积。

此外，冷弯薄壁型钢构件还应考虑畸变屈曲的影响，可按下列公式进行畸变屈曲稳定性计算：

$$\frac{N}{A_{\mathrm{cd}}}\leqslant f \tag{6-49}$$

式中，$A_{\mathrm{cd}}$为畸变屈曲时的有效截面面积。

根据式（6-47）～(6-49)，承重墙立柱的稳定性设计应按以下几步进行计算：

①两倍螺钉间距的墙体立柱绕 $y$ 轴弯曲屈曲稳定性计算。

稳定性计算公式仍为式（6-48)，但整体稳定系数将根据构件对截面 $y$ 轴的长细比$\lambda_y$，通过查阅《冷弯薄壁型钢结构技术规范》(GB 50018—2002）表 A. 1. 1-1 或表 A. 1. 1-2 得到。构件对 $y$ 轴的长细比$\lambda_y$应按下式计算：

$$\lambda_y=\frac{l_{0y}}{i_y} \tag{6-50}$$

式中，$l_{0y}$为构件在垂直于截面主轴 $y$ 轴的平面内的计算长度，此时，取两倍螺钉间距 $2c$；$i_y$为构件毛截面对其主轴 $y$ 轴的回转半径，且 $i_y=\sqrt{\frac{I_y}{A}}$。

②立柱弯扭屈曲稳定性计算。

立柱弯扭屈曲包括绕 $x$ 轴弯曲屈曲（计算长度取立柱全长 $l$）和两倍螺钉间扭转屈曲（计算长度取两倍螺钉间距 2c)。此时，稳定性计算公式仍为式（6-48)，但整体稳定系数将根据构件弯扭屈曲的换算长细比 $\lambda_{\mathrm{w}}$，通过查阅《冷弯薄壁型钢结构技术规范》(GB 50018—2002）表 A. 1. 1-1 或表 A. 1. 1-2 得到。构件弯扭屈曲的换算长细比 $\lambda_{\mathrm{w}}$应按下式计算：

$$\lambda_{\mathrm{w}}=\lambda_x\sqrt{\frac{s^2+i_0^2}{2s^2}+\sqrt{\left(\frac{s^2+i_0^2}{2s^2}\right)^2-\frac{i_0^2-e_0^2}{s^2}}} \tag{6-51}$$

$$\lambda_x=\frac{l_{0x}}{i_x} \tag{6-52}$$

$$s^2=\frac{\lambda_x^2}{A}\left(\frac{I_{\mathrm{w}}}{l_{\mathrm{w}}^2}+0.039I_{\mathrm{t}}\right) \tag{6-53}$$

$$i_0^2=e_0^2+i_x^2+i_y^2 \tag{6-54}$$

式中，$\lambda_x$为构件对截面$x$轴的长细比；$l_{0x}$为构件在垂直于截面主轴$x$轴的平面内的计算长度，此时，取立柱全长$l$；$i_x$为构件毛截面对其主轴$x$轴的回转半径，且$i_x=\sqrt{\frac{I_x}{A}}$；$I_{\mathrm{w}}$为毛截面扇形惯性矩；$I_{\mathrm{t}}$为毛截面抗扭惯性矩；$e_0$为毛截面剪心坐标；$l_{\mathrm{w}}$为扭转屈曲的计算长度，取两倍螺钉间距$2c$。

(3) 立柱畸变屈曲验算

按式（6-49）进行龙骨立柱畸变屈曲验算，其中，$A_{\mathrm{cd}}$与畸变屈曲无量纲长细比$\lambda_{\mathrm{cd}}$有关，可依据下列公式计算得到：

$$\lambda_{\mathrm{cd}}=\sqrt{\frac{f_{\mathrm{y}}}{\sigma_{\mathrm{cd}}}} \tag{6-55}$$

当$\lambda_{\mathrm{cd}}<1.414$时，

$$A_{\mathrm{cd}}=A\left(1-\frac{\lambda_{\mathrm{cd}}^2}{4}\right) \tag{6-56}$$

当$1.414\leqslant\lambda_{\mathrm{cd}}\leqslant3.6$时，

$$A_{\mathrm{cd}}=A[0.055(\lambda_{\mathrm{cd}}-3.6)^2+0.237] \tag{6-57}$$

式中，$A$为构件毛截面面积；$A_{\mathrm{cd}}$为畸变屈曲时的有效截面面积；$\lambda_{\mathrm{cd}}$为确定$A_{\mathrm{cd}}$用的无量纲长细比；$f_{\mathrm{y}}$为钢材屈服强度；$\sigma_{\mathrm{cd}}$为轴压弹性畸变屈曲应力。

对于C形截面构件，可根据《低层冷弯薄壁型钢房屋建筑技术规程》（JGJ 227—2011）附录C按照下式计算：

$$\sigma_{\mathrm{cd}}=\frac{E}{2A}\left[(\alpha_1+\alpha_2)-\sqrt{(\alpha_1+\alpha_2)^2-4\alpha_3}\right] \tag{6-58}$$

$$\alpha_1=\frac{\eta}{\beta_1}(I_xb^2+0.039J\lambda^2)+\frac{k_\varphi}{\beta_1\eta E} \tag{6-59}$$

$$\alpha_2=\eta\left(I_y+\frac{2}{\beta_1}\bar{y}bI_{xy}\right) \tag{6-60}$$

$$\alpha_3=\eta\left(\alpha_1I_y-\frac{\eta}{\beta_1}I_{xy}^2b^2\right) \tag{6-61}$$

$$\beta_1=\bar{x}^2+\frac{(I_x+I_y)}{A} \tag{6-62}$$

$$\lambda=4.80\left(\frac{I_xb^2h}{t^3}\right)^{0.25} \tag{6-63}$$

$$\eta=\left(\frac{\pi}{\lambda}\right)^2 \tag{6-64}$$

$$k_\varphi = \frac{Et^3}{5.46(h+0.06\lambda)}\left[1-\frac{1.11\sigma'_{cd}}{Et^2}\left(\frac{h^2\lambda}{h^2+\lambda^2}\right)^2\right] \tag{6-65}$$

$\sigma'_{cd}$由式（6-58）计算，其中 $\alpha_1$ 应改用

$$\alpha_1 = \frac{\eta}{\beta_1}(I_x b^2 + 0.039 J\lambda^2) \tag{6-66}$$

卷边受压翼缘的 $A$、$\bar{x}$、$\bar{y}$、$J$、$I_x$、$I_y$、$I_{xy}$ 通过下列公式确定：

$$A = (b+a)t \tag{6-67}$$

$$\bar{x} = \frac{(b^2+2ba)}{2(b+a)} \tag{6-68}$$

$$\bar{y} = \frac{a^2}{2(b+a)} \tag{6-69}$$

$$J = \frac{t^3(b+a)}{3} \tag{6-70}$$

$$I_x = \frac{bt^3}{12} + \frac{ta^3}{12} + bt\bar{y}^2 + at\left(\frac{a}{2}-\bar{y}\right)^2 \tag{6-71}$$

$$I_y = \frac{tb^3}{12} + \frac{at^3}{12} + at\ (b-\bar{x})^2 + bt\left(\bar{x}-\frac{b}{2}\right)^2 \tag{6-72}$$

$$I_{xy} = bt\left(\frac{b}{2}-\bar{x}\right)(-\bar{y}) + at\left(\frac{a}{2}-\bar{y}\right)(b-\bar{x}) \tag{6-73}$$

式中，$h$ 为腹板高度；$b$ 为翼缘宽度；$a$ 为卷边高度；$t$ 为壁厚。

此外，冷弯薄壁型钢抗震墙体的端部、门窗洞口边等位置与抗拔锚栓连接的拼合立柱仍应按本节规定以轴心受力构件设计计算，但轴心力为倾覆力矩产生的轴向力 $N_s$ 与原有轴力的叠加。其中各层由倾覆力矩产生的轴向力 $N_s$，可按式（6-74）和图 6-14 计算。

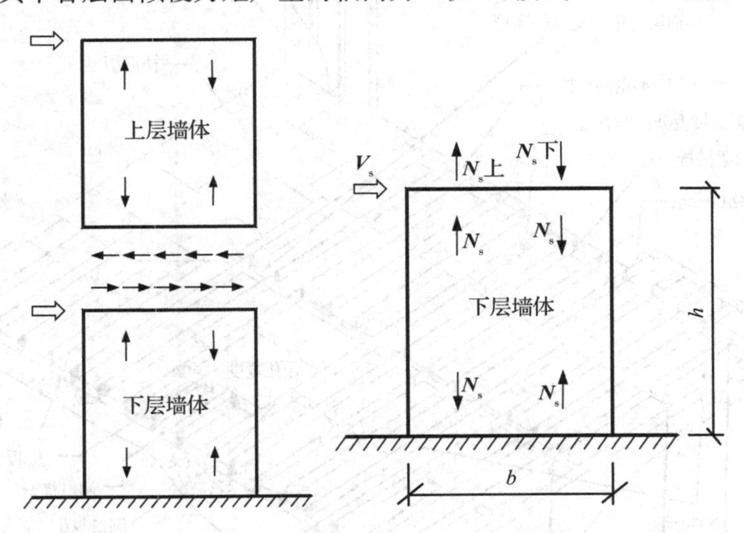


**图 6-14　上、下层由倾覆力矩引起的向上抗拔力和向下压力**

$$N_s = \frac{\eta V_s H}{\omega} \tag{6-74}$$

式中，$N_s$为由倾覆力矩引起的向上拉拔力和向下压力；$\eta$ 为轴力修正系数，当为拉力时，$\eta=1.25$，当为压力时，$\eta=1$；$V_s$为一对抗拔件之间的墙体段承受的水平剪力；$H$ 为

墙体高度；$\omega$ 为抗剪墙体单元宽度，即一对抗拔件之间的墙体宽度。

3）楼盖系统设计

冷弯薄壁型钢房屋楼盖系统由冷弯薄壁槽形构件、卷边槽形构件、楼面结构板和支撑、拉条、加劲件所组成，构件与构件之间宜用螺钉可靠连接。当房屋设计有地下室或半地下室，或者底层架空设置时，相应的一层地面承力系统也称为楼盖系统。楼盖系统基本构造如图 6-15 所示。

楼面梁是冷弯薄壁型钢房屋楼盖系统的主要受力构件，应对其强度、刚度和稳定性进行计算。简化计算时，楼面梁（包括连续梁、边梁和悬挑梁）应按受弯构件验算其强度、整体稳定性以及支座处腹板的局部稳定性。计算楼面梁的强度和刚度时，可不考虑楼面板为楼面梁提供的有利作用。当楼盖梁的受压上翼缘与楼面板具有可靠连接时，可不验算梁的整体稳定性。当楼盖梁支承处设置了腹板加劲件时，可不验算楼盖梁腹板的局部稳定性和弯曲强度。

此外，为了保证楼面梁的整体稳定性和楼盖系统的整体性，防止楼面梁整体或局部倾斜，楼面连续梁应在中间支座处设置刚性撑杆，悬挑梁应在支承处设置刚性撑杆。同时，当楼面梁跨度较大时，还应在跨中布置刚性撑杆和下翼缘连续钢带支撑，阻止梁整体扭转失稳。

（1）受弯构件强度和整体稳定性计算

① 荷载偏离截面弯心且与主轴倾斜的受弯构件（图 6-16）的强度和稳定性应按下式计算：

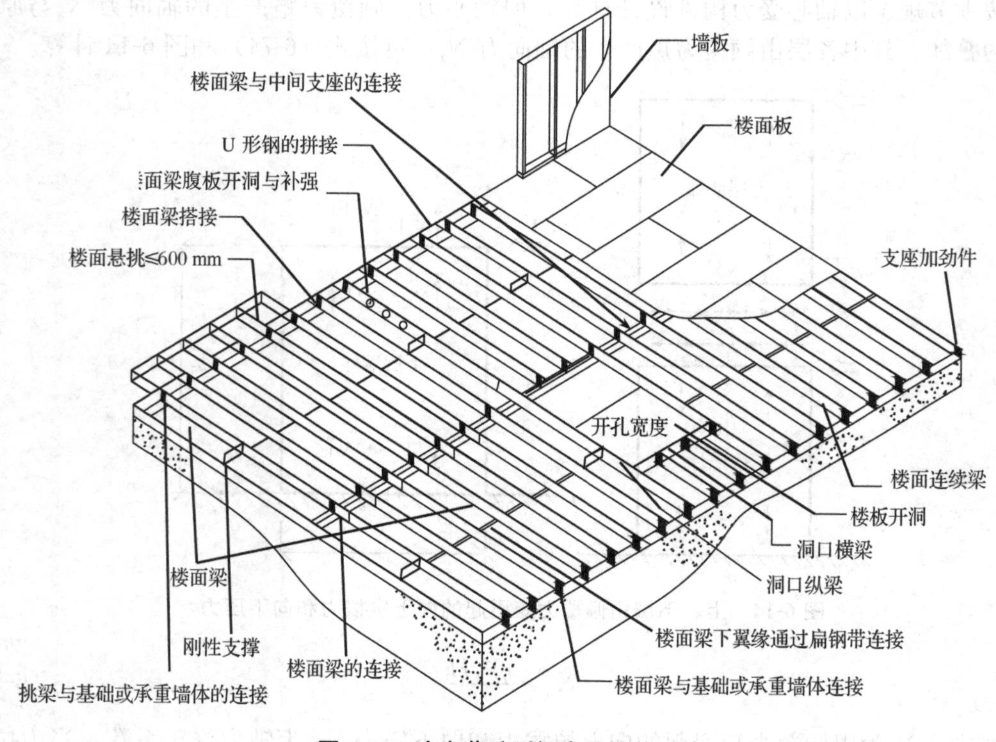


**图 6-15　冷弯薄壁型钢房屋楼盖系统**

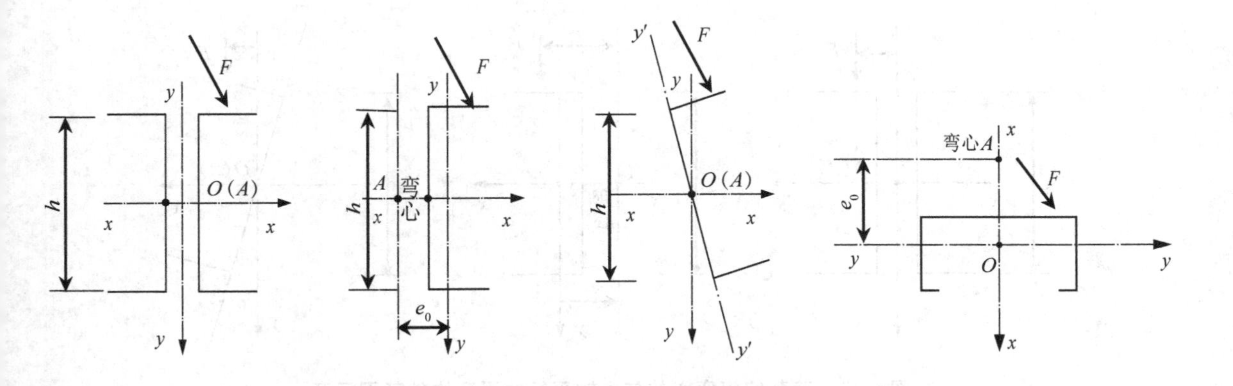


**图 6-16　荷载偏离截面弯心且与主轴倾斜的受弯构件截面示意**

a）强度计算：

$$\sigma=\frac{M_x}{W_{\mathrm{en}x}}+\frac{M_y}{W_{\mathrm{en}y}}+\frac{B}{W_\omega}\leqslant f \tag{6-75}$$

$$\tau=\frac{V_{\max}S}{It}\leqslant f_{\mathrm{v}} \tag{6-76}$$

式中，$M_x$为对截面主轴 $x$ 轴的弯矩（图 6-16 所示的截面中，$x$ 轴为强轴）；$M_y$为对截面主轴 $y$ 轴的弯矩（图 6-16 所示的截面中，$y$ 轴为弱轴）；$V_{\max}$为最大剪力；$B$ 为与所取弯矩同一截面的双力矩，当受弯构件的受压翼缘上有铺板且与受压翼缘牢固相连并能阻止受压翼缘侧向变位和扭转时，$B=0$，此时可不验算受弯构件的稳定性，其他情况，$B$ 可按《冷弯薄壁型钢结构技术规范》（GB 50018—2002）附录 A 中表 A. 4 的规定计算；$S$ 为计算剪应力处以上截面对中和轴的面积矩；$I$ 为毛截面惯性矩；$t$ 为腹板厚度之和；$W_{\mathrm{en}x}$为对主轴 $x$ 轴的有效净截面模量；$W_{\mathrm{en}y}$为对主轴 $y$ 轴的有效净截面模量；$W_\omega$为与弯矩引起的应力同一验算点处的毛截面扇性模量；$f$ 为钢材抗压强度设计值；$f_{\mathrm{v}}$为钢材抗剪强度设计值。

b）稳定性计算：

$$\frac{M_x}{\varphi_{\mathrm{b}x}W_{\mathrm{e}x}}+\frac{M_y}{W_{\mathrm{e}y}}+\frac{B}{W_\omega}\leqslant f \tag{6-77}$$

式中，$\varphi_{\mathrm{b}x}$为受弯构件的整体稳定系数，按《冷弯薄壁型钢结构技术规范》（GB 50018—2002）附录 A 中表 A. 2 的规定计算；$W_{\mathrm{e}x}$为对截面主轴 $x$ 轴的受压翼缘的有效截面模量；$W_{\mathrm{e}y}$为对截面主轴 $y$ 轴的受压翼缘的有效截面模量。

② 荷载偏离截面弯心但与主轴平行的受弯构件（图 6-17）的强度和稳定性应按下式计算：

此时，当进行强度和稳定性计算时，式（6-75）和式（6-76）中对截面主轴 $y$ 轴的弯矩 $M_y=0$；另外，式（6-78）和式（6-80）中的 $M_x$取为 $M_{\max}$，即跨间对主轴 $x$ 轴的最大弯矩。

a）强度计算：

$$\sigma=\frac{M_x}{W_{\mathrm{en}x}}+\frac{B}{W_\omega}\leqslant f \tag{6-78}$$

$$\tau=\frac{V_{\max}S}{It}\leqslant f_{\mathrm{v}} \tag{6-79}$$

b）稳定性计算：

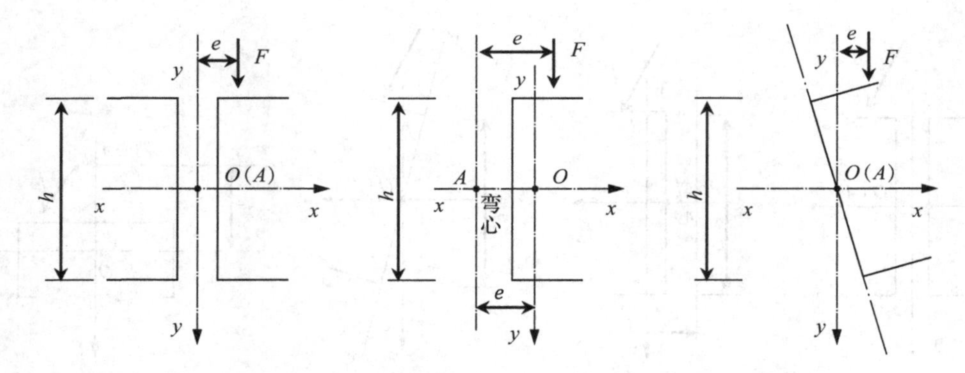


**图 6-17　荷载偏离弯心并与主轴平行的受弯构件截面示意**

$$\frac{M_{\max}}{\varphi_{bx}W_{ex}}+\frac{B}{W_{\omega}}\leqslant f \tag{6-80}$$

③ 荷载通过截面弯心且与主轴平行的受弯构件（图 6-18）的强度和稳定性应按下式计算：

当进行强度和稳定性计算时，不考虑双力矩的影响，式（6-78）和式（6-80）中 $B=0$；另外，$M_x$ 在式（6-81）和式（6-83）中取为 $M_{\max}$，即跨间对主轴 $x$ 轴的最大弯矩。

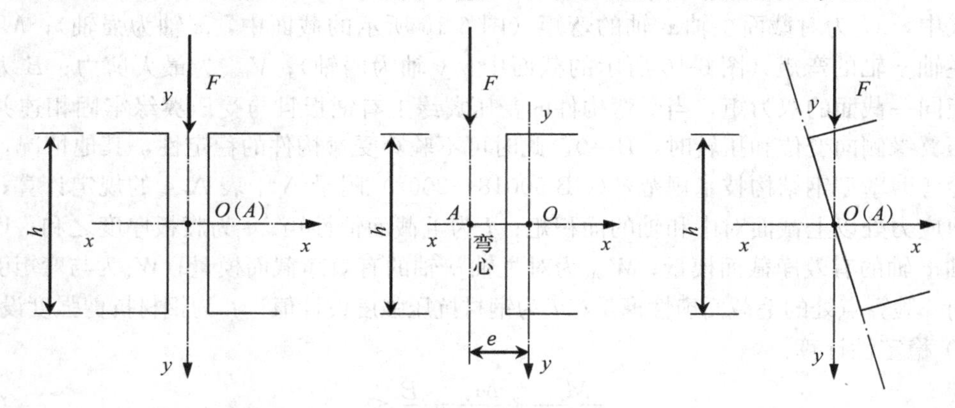


**图 6-18　荷载通过弯心且与主轴平行的受弯构件截面示意**

a）强度计算：

$$\sigma=\frac{M_{\max}}{W_{enx}}\leqslant f \tag{6-81}$$

$$\tau=\frac{V_{\max}S}{It}\leqslant f_{v} \tag{6-82}$$

b）稳定性计算：

$$\frac{M_{\max}}{\varphi_{bx}W_{ex}}\leqslant f \tag{6-83}$$

（2）受弯构件支座处腹板的局部承压和局部稳定计算

① 当支座处有承压加劲件时，腹板应按轴心受压构件的整体稳定性进行计算，见式（6-48）。计算长度取受弯构件截面的高度，截面积取加劲件截面积及加劲件两侧各

$15t\sqrt{\dfrac{235}{f_y}}$宽度范围内的腹板截面积之和（$t$为腹板厚度）。

② 当支座处无加劲件时，腹板应按下列公式验算其局部受压承载力：

$$R \leqslant R_w \tag{6-84}$$

$$R_w = at^2\sqrt{fE}\left(0.5+\sqrt{\frac{0.02l_c}{t}}\right)\left[2.4+\left(\frac{\theta}{90}\right)^2\right] \tag{6-85}$$

式中，$R$为支座反力；$R_w$为一块腹板的局部受压承载力设计值；$a$为系数，中间支座取$a=0.12$，端部支座取$a=0.06$；$t$为腹板厚度，mm；$l_c$为支座处的支承长度，10 mm$<l_c<$200 mm，端部支座可取$l_c=10$ mm；$\theta$为腹板倾角（$45°<\theta<90°$）。

(3) 受弯构件考虑畸变屈曲计算

楼面梁通常为冷弯薄壁槽形构件或卷边槽形构件。对于这种开口C形截面，当楼面梁承受由结构面板传递来的垂直荷载时，除应按式（6-75）～（6-83）进行强度和整体稳定性计算，还应考虑畸变屈曲的影响。

当C形开口截面构件符合下列情况之一时，可不考虑畸变屈曲对构件承载力的影响：

① 构件受压翼缘有可靠的限制畸变屈曲变形的约束。

② 构件长度小于构件畸变屈曲半波长（λ）。畸变屈曲半波长可按下列公式计算：

对轴压卷边槽形截面：

$$\lambda = 4.8\left(\frac{I_x hb^2}{t^3}\right)^{0.25} \tag{6-86}$$

对受弯卷边槽形和Z形截面：

$$\lambda = 4.8\left(\frac{I_x hb^2}{2t^3}\right)^{0.25} \tag{6-87}$$

$$I_x = \frac{a^3 t\left(1+\frac{4b}{a}\right)}{\left[12\left(1+\frac{b}{a}\right)\right]} \tag{6-88}$$

式中，$h$为腹板高度，$b$为翼缘宽度，$a$为卷边高度，$t$为壁厚，$I_x$为绕$x$轴的毛截面惯性矩。

③ 构件截面采取了其他有效抑制畸变屈曲发生的措施。

当C形开口截面构件不满足上述情况时，应进行畸变屈曲稳定性计算：

当$k_\varphi \geqslant 0$时，

$$M \leqslant M_d \tag{6-89}$$

当$k_\varphi < 0$时，

$$M \leqslant \frac{W_e}{W}M_d \tag{6-90}$$

式中，$M$为弯矩；$k_\varphi$为系数，可按《低层冷弯薄壁型钢房屋建筑技术规程》（JGJ 227—2011）附录C中第C.0.2条的规定计算；$W$为截面模量；$W_e$为有效截面模量；$M_d$为畸变屈曲受弯承载力设计值，按下列规定计算：

a）当畸变屈曲的模态为卷边槽形和Z形截面的翼缘绕翼缘与腹板的交线转动时，畸变屈曲受弯承载力设计值应按下列公式计算：

$$\lambda_{md}=\sqrt{\frac{f_y}{\sigma_{md}}} \tag{6-91}$$

当 $\lambda_{md}\leqslant 0.673$ 时，

$$M_d=Wf \tag{6-92}$$

当 $\lambda_{md}>0.673$ 时，

$$M_d=\frac{Wf}{\lambda_{md}}\left(1-\frac{0.22}{\lambda_{md}}\right) \tag{6-93}$$

b）当畸变屈曲的模态为竖直腹板横向弯曲且受压翼缘发生横向位移时，畸变屈曲受弯承载力设计值应按下列公式计算：

当 $\lambda_{md}<1.414$ 时，

$$M_d=Wf\left(1-\frac{\lambda_{md}^2}{4}\right) \tag{6-94}$$

当 $\lambda_{md}\geqslant 1.414$ 时，

$$M_d=Wf\ \frac{1}{\lambda_{md}^2} \tag{6-95}$$

式中，$\lambda_{md}$为确定 $M_d$的无量纲长细比；$\sigma_{md}$为受弯时的畸变屈曲应力，按《低层冷弯薄壁型钢房屋建筑技术规程》(JGJ 227—2011) 附录 C 中第 C.0.2 条的规定计算。

(4) 受弯构件刚度验算

楼面梁按受弯构件计算，除满足强度及稳定性要求外，还应进行挠度验算，按下列公式计算：

$$\nu\leqslant[\nu] \tag{6-96}$$

式中，$\nu$ 为在荷载标准值作用下的最大挠度；$[\nu]$ 为楼面梁的容许挠度值，按受弯构件的挠度限值取。

## 6.4 冷弯薄壁型钢房屋抗震设计

(Seismic Design of Cold-Formed Thin-Wall Steel Building)

根据《建筑抗震设计规范》(2016 年版)(GB 50011—2010) 的规定，在抗震设防区，还应进行冷弯薄壁型钢房屋的抗震设计与验算，且应符合下列规定：

① 6 度时的建筑（不规则建筑及建造于Ⅳ类场地上较高的高层建筑除外），以及生土房屋和木结构房屋等，应符合有关的抗震措施要求，但允许不进行抗震验算。

② 6 度时的不规则建筑，7 度和 7 度以上的建筑结构，应进行多遇地震作用下抗震强度及变形验算。

③三层及以下的冷弯薄壁型钢房屋一般可不进行罕遇地震验算。

1）冷弯薄壁型钢房屋抗剪强度验算

冷弯薄壁型钢房屋地震作用计算，阻尼比参考一般钢结构建筑取 0.03，结构基本自振周期的近似估计参考《建筑抗震设计规范》(2016 年版)(GB 50011—2010)，以下式计算：

$$T=0.02H\sim 0.03H \tag{6-97}$$

式中，$T$ 为结构基本自振周期；$H$ 为基础顶面到建筑物最高点的高度。

冷弯薄壁型钢房屋是由复合墙板组的“盒子”式结构，上下层之间的立柱和楼（屋）之间的型钢构件直接相连，双面所覆板材一般沿建筑物竖向是不连续的。结构的水平荷载（风或地震作用）仅由具备抗剪能力的承重墙（抗震墙体）承担。因此，多遇地震作用下冷弯薄壁型钢房屋的抗剪强度可归结为抗震墙体的受剪承载力验算，且应符合下式要求：

$$S_E \leqslant \frac{S_h}{\gamma_{RE}} \tag{6-98}$$

式中，$S_E$为多遇地震作用下抗震墙体单位计算长度的剪力；$S_h$为抗震墙体单位计算长度受剪承载力设计值；$\gamma_{RE}$为承载力抗震调整系数，取0.9。

在求解$S_E$之前，首先需要确定冷弯薄壁型钢房屋在多遇地震作用下，各片抗震墙体需要承担的剪力，即对结构的楼层水平地震剪力进行合理分配。根据《建筑抗震设计规范》(2016年版)（GB 50011—2010)，应按以下原则分配：

① 柔性楼（屋）盖结构，如冷弯薄壁型钢房屋中以OSB板作为楼（屋）盖板的情况，宜按抗侧力构件从属面积上重力荷载代表值的比例分配。

② 刚性楼（屋）盖结构，如冷弯薄壁型钢房屋中以ALC板（压型钢板）上现浇钢筋混凝土作为楼（屋）盖的情况，宜按抗侧力构件等效刚度的比例分配。

对于建造在较高抗震设防烈度地区的冷弯薄壁型钢房屋结构，建议采用刚性楼（屋）盖形式，从而使结构具有更好的整体性，此时，各片抗震墙体的楼层剪力应按下式计算：

$$V_{ij} = \frac{\beta_{ij} K_{ij} L_{ij}}{\sum_{m=1}^{n} \beta_{im} K_{im} L_{im}} V_i \tag{6-99}$$

式中，$V_{ij}$为第$i$层、第$j$面抗震墙体承担的水平剪力；$V_i$为由水平多遇地震作用产生的$x$方向或$y$方向的第$i$层楼层水平剪力；$K_{ij}$为第$i$层、第$j$面抗震墙体单位长度的抗剪刚度；$L_{ij}$为第$i$层、第$j$面抗震墙体的长度；$n$为$x$方向或$y$方向的第$i$层抗震墙数；$\beta_{ij}$为第$i$层、第$j$面抗震墙体门窗洞口刚度折减系数，参照《低层冷弯薄壁型钢房屋建筑技术规程》(JGJ 227—2011）确定。

作用在抗震墙体单位长度的水平剪力可按下式计算

$$S_{ij} \leqslant \frac{V_{ij}}{L_{ij}} \tag{6-100}$$

式中，$S_{ij}$为在第$i$层、第$j$面抗震墙体单位长度的水平剪力，对应式（6-98）中的$S_E$。考虑到地震作用下扭转作用的不利影响：对于规则结构，外墙的单位长度水平剪力还应乘以放大系数1.15；对于不规则结构，外墙的单位长度水平剪力应乘以放大系数1.3。

式（6-98）中抗震墙单位长度的受剪承载力设计值$S_h$可按表6-6取值。当开洞口时，抗震墙单位长度的受剪承载力设计值$S_h$应乘以洞口刚度折减系数$\beta$。$\beta$应符合下列规定：

①洞口宽度$b_0$和高度$h_0$均小于300 mm时，$\beta=1.0$。

②洞口宽度满足300 mm$\leqslant b_0 \leqslant$400 mm且洞口高度为300 mm$\leqslant h_0 \leqslant$600 mm时，$\beta$宜由试验确定；当无试验依据时，可按下式确定：

$$\beta = \frac{r}{3-2r} \tag{6-101}$$

$$r = \frac{1}{1+\frac{A_0}{H \sum L_i}} \tag{6-102}$$

式中，$A_0$为墙体开洞面积，$mm^2$；$H$ 为抗震墙高度，mm；$\sum L_i$ 为未开洞墙体的宽度，mm，$i$ 为未开洞口墙体的编号。

**表 6-6　抗震墙单位长度的受剪承载力设计值 $S_h$**

| 立柱材料 | 最大高宽比$\frac{H}{w}$ | 面板材料（厚度） | $S_h$/(kN/m) |
|---|---|---|---|
| Q235 和 Q345 | 2∶1 | OSB 板（9.0 mm） | 7.20 |
| | 2∶1 | 纸面石膏板（12.0 mm） | 2.50 |
| | 2∶1 | 玻镁板（12.0 mm） | 4.50 |
| | 2∶1 | 硅酸钙板（12.0 mm） | 4.20 |
| LQ550 | 2∶1 | 纸面石膏板（12.0 mm） | 2.90 |
| | 2∶1 | LQ550 波纹钢板（0.42 mm） | 8.00 |
| | 2∶1 | OSB 板（9.0 mm） | 6.40 |
| | 2∶1 | 水泥纤维板（8.0 mm） | 3.70 |

注：①墙体立柱 C 形截面高度，对 Q235 级和 Q345 级钢不应小于 89 mm，对 LQ550 级钢不应小于 75 mm，立柱间距不应大于 600 mm。

②表中所列值均为单面板组合墙体的受剪承载力设计值；两面设置面板时，受剪承载力设计值为相应面板材料的两值之和，但对 LQ550 波纹钢板单面板组合墙体的值应乘以 0.8 后再相加。

③组合墙体的宽度小于 450 mm 时，可忽略其受剪承载力；大于 450 mm 而小于 900 mm 时，表中受剪承载力设计值应乘以 0.5。

④组合墙体高宽比大于 2∶1 但不超过 4∶1 时，表中受剪承载力设计值应乘以$\frac{2w}{H}$。$w$ 为墙体宽度，$H$ 为墙体高度。

⑤中密度组合墙体可按 OSB 板取用受剪承载力设计值。

⑥单片抗震墙体的最大计算长度不宜超过 6 m。

⑦墙体面板的钉距在周边不应大于 150 mm，在内部不应大于 300 mm。

③ 当洞口尺寸超过上述规定时，$\beta=0$。

2）冷弯薄壁型钢房屋抗震变形验算

根据《建筑抗震设计规范》（2016 年版）（GB 50011—2010）的规定，冷弯薄壁型钢房屋还需进行多遇地震作用下的抗震变形验算，其楼层内的最大弹性层间位移应符合下式要求：

$$\Delta_e \leqslant [\theta_e] H \tag{6-103}$$

式中，$\Delta_e$为多遇地震作用标准值产生的楼层最大弹性层间位移；$[\theta_e]$ 为弹性层间位移角限值，对于冷弯薄壁型钢房屋结构，可取$\frac{1}{300}$；$H$ 为计算楼层高度。

水平地震作用下，冷弯薄壁型钢房屋第 $j$ 层的最大弹性层间位移 $\Delta_{ej}$，可按下式进行计算：

$$\Delta_{ej} = \frac{V_j}{\sum_{m=1}^{n} \beta_{jm} K_{jm} L_{jm}} H \tag{6-104}$$

式中，各片抗震墙体的单位长度抗剪刚度 $K$ 可按照表 6-7 进行取值。

表 6-7　抗震墙单位长度的抗剪刚度 $K$

| 立柱材料 | 最大高宽比 $\frac{H}{w}$ | 面板材料（厚度） | $K$/[kN/(m·rad)] |
| --- | --- | --- | --- |
| Q235 和 Q345 | 2∶1 | OSB 板（9.0 mm） | 2 000 |
| | 2∶1 | 纸面石膏板（12.0 mm） | 800 |
| | 2∶1 | 玻镁板（12.0 mm） | 1 300 |
| | 2∶1 | 硅酸钙板（12.0 mm） | 1 200 |
| LQ550 | 2∶1 | 纸面石膏板（12.0 mm） | 800 |
| | 2∶1 | LQ550 波纹钢板（0.42 mm） | 2 000 |
| | 2∶1 | OSB 板（9.0 mm） | 1 450 |
| | 2∶1 | 水泥纤维板（8.0 mm） | 1 100 |

注：①墙体立柱 C 形截面高度，对 Q235 级和 Q345 级钢不应小于 89 mm，对 LQ550 级钢不应小于 75 mm，立柱间距不应大于 600 mm；墙体面板的钉距在周边不应大于 150 mm，内部不应大于 300 mm。

②表中所列数值均为单面板组合墙体的抗剪刚度值，两面设置面板时取相应两值之和。

③中密度组合墙体可按 OSB 板组合墙体取值。

④组合墙体高宽比大于 2∶1，但不超过 4∶1 时，表中抗剪刚度设计值应乘以 $\frac{2w}{H}$。$w$ 为墙体宽度，$H$ 为墙体高度。

对于表 6-6 和表 6-7 未涉及的墙板类型，其墙体的抗剪刚度及受剪承载力设计值，可根据冷弯薄壁型钢组合墙体抗剪试验进行确定。

## 6.5　冷弯薄壁型钢结构住宅房屋设计例题 (Examples of Cold-Formed Thin-Wall Steel Structure Residential Housing Design)

### 6.5.1　设计资料 (Design Data)

工程名称：××花园冷弯薄壁型钢结构住宅

建设地点：××市某居住小区

工程概况：建设总高度 12.3 m，共 4 层，层高 3 m，室内外高差为 0.3 m。

雨雪条件：年降雨量 1 450 mm，最大积雪深 80 mm，基本雪压 $S_0$＝0.45 kN/m$^2$。

抗震设防烈度：7 度。

### 6.5.2　结构布置 (Arrangement of Structure)

结构布置如图 6-19 所示，梁、柱间距均为 600 mm。承重墙体立柱选用 C180 型龙骨，截面尺寸 180 mm×50 mm×20 mm×2.0 mm（腹板×翼缘×卷边×厚度），立柱导轨选用 U182 型龙骨，截面尺寸 182 mm×50 mm×1.0 mm（腹板×翼缘×厚度），拐角部位的墙柱采用表 6-8 所示拼合截面形式。楼盖托梁（图 6-19 中 L1～L3）选用 C250 型龙骨，截面尺寸 250 mm×50 mm×11 mm×2.0 mm。楼层托梁 L4、L5 由于承担较大面积的楼面荷载，采用背靠背双拼 C250 型龙骨。

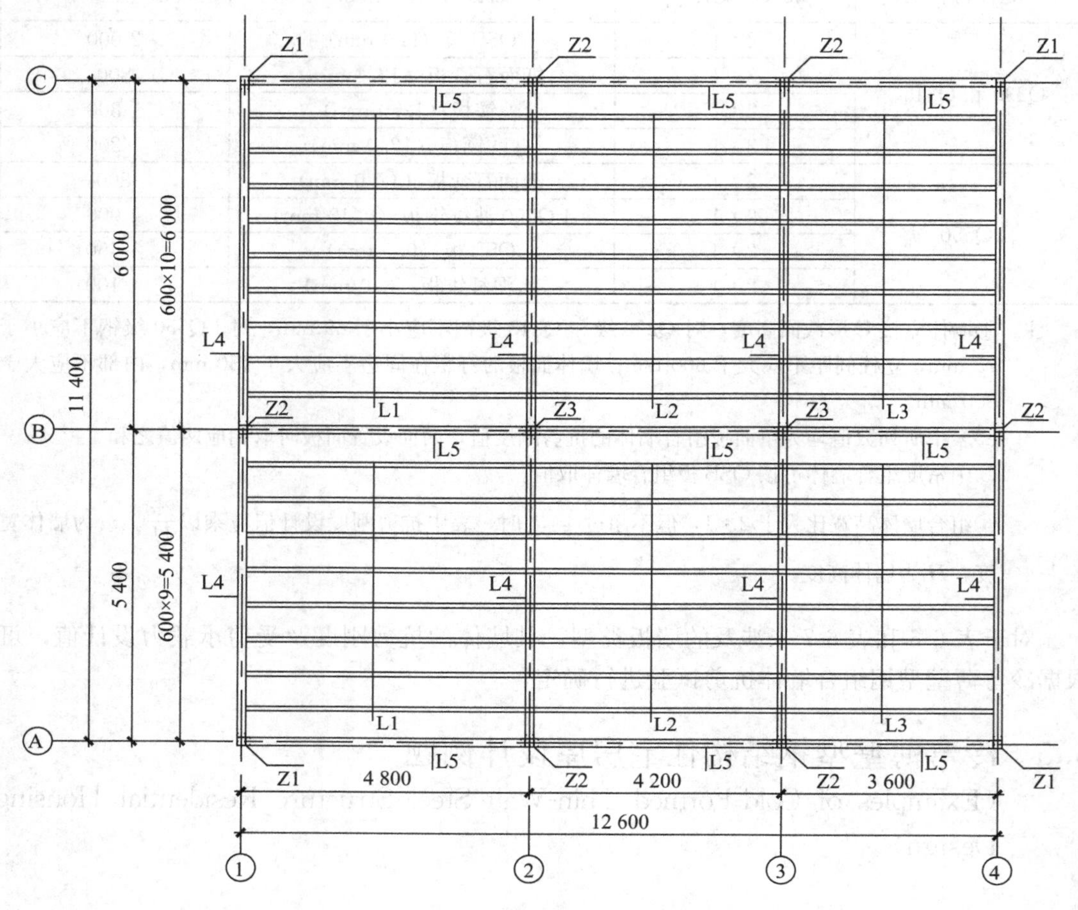


图 6-19 结构平面布置图

注：①L 指托梁、Z 指立柱。

②未标注的柱为 Z4。

表 6-8 冷弯薄壁型钢龙骨骨架主要承重构件截面尺寸

| 构件编号 | 截面图示 | 类型 | 腹板/mm | 翼缘/mm | 卷边/mm | 厚度/mm |
|---|---|---|---|---|---|---|
| L1～L3 | | 单 C250 | 250 | 50 | 11 | 2.0 |
| L4、L5 | | 双拼 C250 | 250 | 50 | 11 | 2.0 |

续表

| 构件编号 | 截面图示 | 类型 | 腹板/mm | 翼缘/mm | 卷边/mm | 厚度/mm |
|---|---|---|---|---|---|---|
| Z1 | 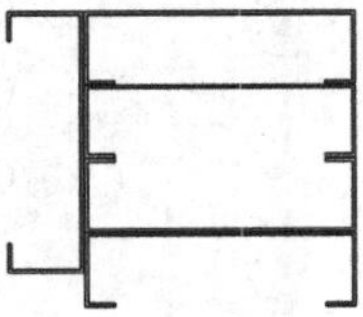 | 多拼 C180 | 180 | 50 | 20 | 2.0 |
| Z2 | 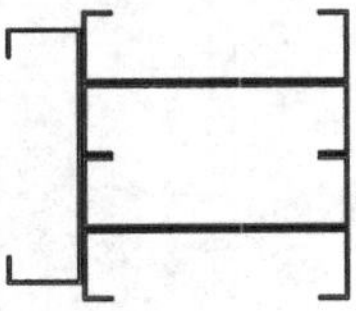 | 多拼 C180 | 180 | 50 | 20 | 2.0 |
| Z3 | 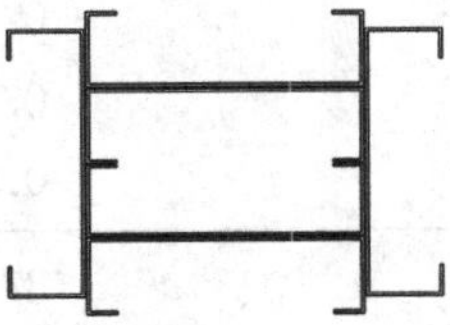 | 多拼 C180 | 180 | 50 | 20 | 2.0 |
| Z4 |  | 单 C180 | 180 | 50 | 20 | 2.0 |

### 6.5.3 荷载计算
(Calculation of Load)

1）恒荷载标准值计算

（1）二、三、四层楼面

| | |
|---|---|
| 木地板面层 | 0.4 kN/m² |
| 25 mm 厚自密实混凝土层 | 0.6 kN/m² |
| 75 mm 厚蒸压加气混凝土板 | 0.53 kN/m² |
| 龙骨 | 0.16 kN/m² |
| 50 mm 岩棉保温层 | 0.08 kN/m² |
| 12 mm 厚石膏板吊顶 | 0.13 kN/m² |
| 合计 | 1.90 kN/m² |

（2）屋面

| | |
|---|---|
| 25 mm 厚自密实混凝土层 | 0.6 kN/m² |
| 75 mm 厚蒸压加气混凝土板 | 0.53 kN/m² |
| 龙骨 | 0.16 kN/m² |
| SBS 改性沥青防水卷材 | 0.10 kN/m² |
| 260 mm 厚玻璃丝保温棉 | 0.26 kN/m² |
| 12 mm 厚石膏板吊顶 | 0.13 kN/m² |
| 合计 | 1.78 kN/m² |

（3）外墙

| | |
|---|---|
| PVC 外挂墙板 | 2.0 kN/m |
| 3 mm 聚合砂浆防水层 | 0.22 kN/m |
| 12 mm OSB 板 | 0.33 kN/m |
| 龙骨 | 0.44 kN/m |
| 50 mm 岩棉保温层 | 0.24 kN/m |
| 12 mm OSB 板 | 0.33 kN/m |
| 合计 | 3.56 kN/m |

（4）内墙

| | |
|---|---|
| 12 mm 石膏板 | 0.39 kN/m |
| 龙骨 | 0.27 kN/m |
| 50 mm 岩棉保温层 | 0.24 kN/m |
| 12 mm 石膏板 | 0.39 kN/m |
| 合计 | 1.29 kN/m |

（5）女儿墙及天沟

| | |
|---|---|
| PVC 外挂墙板 | 2.0 kN/m |
| 3 mm 聚合砂浆防水层 | 0.22 kN/m |
| 12 mm OSB 板 | 0.33 kN/m |
| 龙骨 | 0.15 kN/m |
| 50 mm 岩棉保温层 | 0.24 kN/m |
| 12 mm OSB 板 | 0.33 kN/m |
| 天沟 | 0.2 kN/m |
| 合计 | 3.47 kN/m |

2）活荷载标准值计算

（1）屋面和楼面活荷载标准值

根据《建筑结构荷载规范》（GB 50009—2012）查得：

上人屋面 $2.0\ kN/m^2$

楼面（住宅） $2.0\ kN/m^2$

（2）雪荷载

$$S_k = \mu_r S_0 = 1.0 \times 0.45 = 0.45\ (kN/m^2)$$

屋面活荷载与雪荷载不同时考虑，两者中取较大值。

### 6.5.4 构件设计验算
### (Component Design Check Calculation)

由 6.5.3 节可知，结构承受恒荷载和活荷载标准值如表 6-9 所示。

表 6-9 荷载标准值 单位：$kN/m^2$

| | 恒载 | 活载 |
|---|---|---|
| 二、三、四层楼面 | 1.90 | 2.0 |
| 屋面 | 1.78 | 2.0 |
| 外墙 | 3.56 | |
| 内墙 | 1.29 | |
| 女儿墙及天沟 | 3.47 | |

1）楼面梁内力计算

选取二、三、四层屋面的单 C 梁 L1 梁，跨度 $l_1 = 4.8\ m$，承受楼面荷载宽度为 0.6 m，按简支梁计算。

均布恒荷载标准值：

$$Q_k = 0.6 \times 1.90 = 1.14\ (kN/m)$$

均布活荷载标准值：

$$Q_q = 0.6 \times 2.0 = 1.20\ (kN/m)$$

因此，跨中弯矩分别为

$$M_k = \frac{1}{8} Q_k l_1^2 = \frac{1}{8} \times 1.14 \times 4.8^2 \approx 3.28\ (kN \cdot m)$$

$$M_q = \frac{1}{8} Q_q l_1^2 = \frac{1}{8} \times 1.20 \times 4.8^2 \approx 3.46\ (kN \cdot m)$$

端部剪力分别为

$$V_k = \frac{1}{2} Q_k l_1 = \frac{1}{2} \times 1.14 \times 4.8 \approx 2.74\ (kN)$$

$$V_q = \frac{1}{2} Q_q l_1 = \frac{1}{2} \times 1.20 \times 4.8 \approx 2.88\ (kN)$$

恒荷载控制值为

$$M_k^1=1.35\times3.28+0.7\times1.4\times3.46\approx7.82\ (\text{kN}\cdot\text{m})$$

$$V_k^1=1.35\times2.74+0.7\times1.4\times2.88\approx6.52\ (\text{kN})$$

活荷载控制值为

$$M_q^1=1.2\times3.28+1.4\times3.46=8.78\ (\text{kN}\cdot\text{m})$$

$$V_q^1=1.2\times2.74+1.4\times2.88=7.32\ (\text{kN})$$

二、三、四层屋面梁 L1 的内力设计值为 $M_1=8.78\ \text{kN}\cdot\text{m}$，$V_1=7.32\ \text{kN}$。

2）底层柱轴心压力计算

分别计算底层单 C180 柱 Z4 和多拼柱 Z1 和 Z2 的轴心压力，柱的位置及其承担的楼面荷载面积如下所示。

① Z4 柱承受各层楼板荷载面积 $A=0.6\times(4.8+4.2)/2=2.7\ (\text{m}^2)$。

计算底层柱轴心压力标准值：

恒荷载 $P_k=2.7\times(1.90\times3+1.78)+0.6\times1.29\times3\approx22.52\ (\text{kN})$，

活荷载 $P_q=2.7\times2\times4=21.6\ (\text{kN})$，

恒荷载控制值 $P_k^4=1.35\times22.52+0.7\times1.4\times21.6=51.57\ (\text{kN})$，

活荷载控制值 $P_q^4=1.2\times22.52+1.4\times21.6\approx57.26\ (\text{kN})$，

柱 Z4 的轴心压力设计值 $P_4=57.26\ \text{kN}$。

② Z2 柱承受各层楼板荷载面积 $A=0.3\times(4.8+4.2)/2=1.35\ (\text{m}^2)$。

恒荷载 $P_k=1.35\times(1.90\times3+1.78)+\frac{(4.8+4.2)}{2}\times(3.47+3.56\times3)\approx73.77\ (\text{kN})$，

活荷载 $P_q=1.35\times2\times4=10.8\ (\text{kN})$，

恒荷载控制值 $P_k^2=1.35\times73.77+0.7\times1.4\times10.8\approx110.17\ (\text{kN})$，

活荷载控制值 $P_q^2=1.2\times73.77+1.4\times10.8\approx103.64\ (\text{kN})$，

柱 Z2 的轴心压力设计值 $P_2=110.17\ \text{kN}$。

③ Z1 柱承受各层楼板荷载面积 $A=0.3\times4.8/2=0.72\ (\text{m}^2)$。

恒荷载 $P_k=0.72\times(1.90\times3+1.78)+\frac{4.8+0.6}{2}\times(3.47+3.56\times3)\approx43.59\ (\text{kN})$，

活荷载 $P_q=0.72\times2\times4=5.76\ (\text{kN})$，

恒荷载控制值 $P_k^1=1.35\times43.59+0.7\times1.4\times5.76\approx64.49\ (\text{kN})$，

活荷载控制值 $P_q^1=1.2\times43.59+1.4\times5.76\approx60.37\ (\text{kN})$，

柱 Z1 的轴心压力设计值 $P_1=64.49\ \text{kN}$。

3）基础荷载计算

参考《建筑结构荷载规范》(GB 50009—2012)，同时考虑到本设计实例仅为 4 层，故偏于保守不考虑活荷载按楼层的折减系数。底层柱的轴心压力通过柱底导轨以均布荷载的形式传至条形基础，基础顶面承受的均布荷载设计值为 $F=\max\{57.26/0.6,\ 110.17/4.5,\ 64.49/0.6\}\approx107.48\ (\text{kN/m})$，基础顶面均布荷载标准值 $F_k=\max\{(22.52+21.6)/0.6,\ (73.77+10.8)/4.5,\ (43.59+5.76)/0.6\}=82.25\ (\text{kN/m})$。

4）楼面托梁设计验算

不考虑双拼组合截面的相互作用，单根 C250 型截面梁承受的最大弯矩为 $M_{max}=8.78\ \text{kN}\cdot\text{m}$，最大剪力 $V_{max}=7.32\ \text{kN}$。楼面托梁采用 Q345 冷成型钢，抗弯强度设计值为300 MPa，抗剪强度设计值为 175 MPa，截面尺寸为 250 mm×50 mm×11 mm×2.0 mm（图 6-20 中 $h\times b\times a\times t$），其 $x$ 方向惯性矩 $I_x=6\ 062\ 196\ \text{mm}^4$。

(1) 有效截面计算

根据式（6-4）～(6-20）进行楼面托梁有效截面计算。

①受压卷边有效宽度：

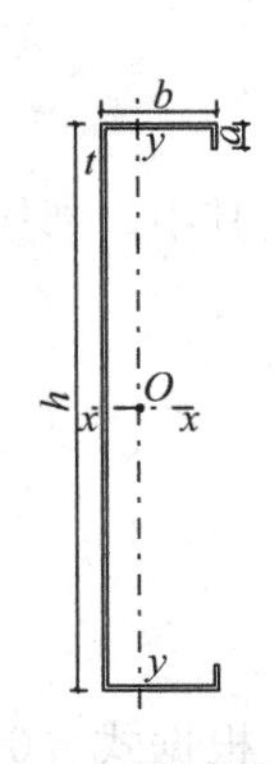

图6-20　C型龙骨截面

最大压应力 $\sigma_1=\dfrac{M_{\max}}{I_x}\dfrac{h}{2}=\dfrac{M_{\max}}{W_x}=\dfrac{8\ 780\ 000}{48\ 497.568}\approx 181.04(\text{N/m}^2)$

$$\sigma_{\max}=\sigma_1=181.04\ \text{N/m}^2$$

$$\sigma_{\min}=\sigma_1\times\frac{114}{125}\approx 165.11\ (\text{N/m}^2)$$

$$\psi=\frac{\sigma_{\min}}{\sigma_{\max}}=\frac{165.11}{181.04}\approx 0.912$$

$$\alpha=1.15-0.15\psi\approx 1.013$$

$$b_c=a=11\ \text{mm}$$

受压卷边为非加劲板件，因此其受压稳定计算系数 $k$ 按式（6-11）计算：

$$k=1.70-3.025\psi+1.75\psi^2=1.70-3.025\times 0.892+1.75\times 0.892^2\approx 0.394$$

板组约束系数 $k_1$ 按式（6-16）、式（6-17）计算：

$$\xi=\frac{c}{b}\sqrt{\frac{k}{k_c}}=\frac{50}{11}\sqrt{\frac{0.394}{0.98}}\approx 2.882>1.1$$

$$k_1=0.11+\frac{0.93}{(\xi-0.05)^2}=0.11+\frac{0.93}{(2.882-0.05)^2}\approx 0.226$$

其中，邻接板件（受压翼缘）的受压稳定系数 $k_c$ 的计算见下文受压翼缘有效宽度计算过程。

$$\rho=\sqrt{\frac{205kk_1}{\sigma_1}}=\sqrt{\frac{205\times 0.394\times 0.226}{181.04}}\approx 0.318$$

$$\frac{b}{t}=\frac{11}{2}=5.5$$

$$\frac{b}{t}\leqslant 18\alpha\rho$$

根据式（6-4），受压卷边的有限宽度为

$$b_e=b_c=11\ \text{mm}$$

②受压翼缘的有效宽度：

$$\sigma_{\max}=\sigma_{\min}=\sigma_1=181.04\ \text{N/m}^2$$

$$\psi=\frac{\sigma_{\min}}{\sigma_{\max}}=1$$

$$\alpha=1.15-0.15\psi=1$$

$$b_c=b=50\ \text{mm}$$

受压翼缘作为部分加劲板件，其受压稳定系数 $k$ 按式（6-9）计算：

$$k=5.89-11.59\psi+6.68\psi^2=5.89-11.59\times 1+6.68\times 1^2=0.98$$

板组约束系数 $k_1$ 为

$$\xi=\frac{c}{b}\sqrt{\frac{k}{k_c}}=\frac{250}{50}\sqrt{\frac{0.98}{23.87}}\approx1.013<1.1$$

$$k_1=\frac{1}{\sqrt{\xi}}=\frac{1}{\sqrt{1.013}}\approx0.994$$

其中，邻接板件（腹板）的受压稳定系数 $k_c$ 的计算见下文腹板翼缘有效宽度计算过程。

$$\rho=\sqrt{\frac{205kk_1}{\sigma_1}}=\sqrt{\frac{205\times0.98\times0.994}{181.04}}\approx1.050$$

$$\frac{b}{t}=\frac{50}{2}=25$$

$$18\alpha\rho<\frac{b}{t}<38\alpha\rho$$

根据式（6-5），受压翼缘的有限宽度为

$$b_e=\left(\sqrt{\frac{21.8\alpha\rho}{b/t}}-0.1\right)\times b_c=\left(\sqrt{\frac{21.8\times1\times1.05}{25}}-0.1\right)\times50\approx42.84\ (\text{mm})$$

因此，根据式（6-20）可得

$$b_{e1}=0.4b_e=0.4\times42.84\approx17.14\ (\text{mm})$$

$$b_{e2}=0.6b_e=0.6\times42.84\approx25.70\ (\text{mm})$$

③腹板的有效宽度：

$$\sigma_{\max}=\sigma_1=181.04\ \text{N/m}^2$$

$$\sigma_{\min}=-\sigma_1=-181.04\ \text{N/m}^2$$

$$\psi=\frac{\sigma_{\min}}{\sigma_{\max}}=-1<0$$

$$\alpha=1.15$$

$$b_c=\frac{b}{1-\psi}=125\ \text{mm}$$

腹板作为加劲板件，其受压稳定系数 $k$ 按式（6-8）计算：

$$k=7.8-6.29\psi+9.78\psi^2=7.8-6.29\times(-1)+9.78\times(-1)^2=23.87$$

板组约束系数 $k_1$ 按式（6-15）～式（6-17）计算：

$$\xi=\frac{c}{b}\sqrt{\frac{k}{k_c}}=\frac{50}{250}\sqrt{\frac{23.87}{0.98}}\approx0.99<1.1$$

$$k_1=\frac{1}{\sqrt{\xi}}=\frac{1}{\sqrt{0.99}}\approx1.01$$

其中，邻接板件（受压翼缘）的受压稳定系数 $k_c$ 的计算见受压翼缘有效宽度计算过程。

$$\rho=\sqrt{\frac{205kk_1}{\sigma_1}}=\sqrt{\frac{205\times23.87\times0.99}{181.04}}\approx5.173$$

$$\frac{b}{t}=\frac{250}{2}=125$$

$$18\alpha\rho<\frac{b}{t}<38\alpha\rho$$

根据式（6-5），腹板的有限宽度为

$$b_e=\left(\sqrt{\frac{21.8\alpha\rho}{b/t}}-0.1\right)\times b_c=\left(\sqrt{\frac{21.8\times1.15\times5.173}{125}}-0.1\right)\times125\approx114.82\ (\text{mm})$$

因此，根据式（6-19）可得

$$b_{e1}=0.4b_e=0.4\times114.82\approx45.93\ (\text{mm})$$

$$b_{e2}=0.6b_e=0.6\times114.82\approx68.89\ (\text{mm})$$

因此，楼面托梁有效截面如图 6-21 所示（加粗部分），其有效截面的截面特性：

$$I_{enx}=5\ 566\ 428\ \text{mm}^4,\ W_{enx}=40\ 785.67\ \text{mm}^4$$

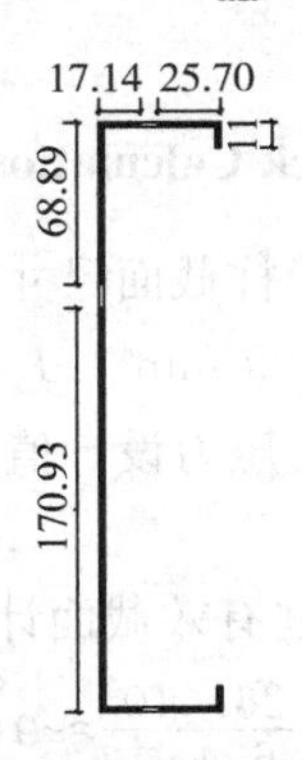


**图 6-21　楼面托梁有效截面**

（2）承载力验算

楼面托梁按照荷载通过截面弯心且与主轴平行的单轴对称受弯构件验算。受压翼缘上铺有楼面板与受压翼缘牢固相连能够有效阻止受压翼缘侧向变位和扭转，因此，不进行托梁整体稳定性验算，只需根据式（6-81）和式（6-82）进行强度验算：

$$\sigma=\frac{M_{\max}}{W_{enx}}=\frac{8.78\times10^6}{40\ 785.67}\approx215.27(\text{N/mm}^2)<f_y=300(\text{N/mm}^2)$$

$$\tau=\frac{V_{\max}S}{It}=\frac{7\ 320\times58\ 506}{6\ 062\ 196\times2}=35.32(\text{N/mm}^2)<f_v=175(\text{N/mm}^2)$$

托梁满足强度设计要求。

此外，还需根据式（6-91）～式(6-93）进行托梁楼面畸变屈曲验算，其中，托梁弹性畸变屈曲临界应力按《低层冷弯薄壁型钢房屋建筑技术规程》（JGJ 227—2011）得到：

$$\sigma_{md}=281\ \text{MPa}$$

$$\lambda_{md}=\sqrt{\frac{f_y}{\sigma_{md}}}=\sqrt{\frac{300}{281}}\approx1.03$$

因此，

$$M_d=\frac{Wf}{\lambda_{md}}\left(1-\frac{0.22}{\lambda_{md}}\right)=\frac{48\ 497.568\times300}{1.03}\times\left(1-\frac{0.22}{1.03}\right)$$

$$\approx11.1\ (\text{kN}\cdot\text{m})>8.78\ (\text{kN}\cdot\text{m})\ =M_{\max}$$

托梁满足稳定性要求。

（3）挠度验算

托梁承受均布活荷载 $Q_q=1.2$ kN/m，均布荷载 $Q_k=1.14$ kN/m，跨度 $l_1=4.8$ m。

活荷载

$$\nu=\frac{5}{384}\times\frac{Q_q l_1^4}{EI_x}=\frac{5}{384}\times\frac{1.2\times4\ 800^4}{206\ 000\times6\ 062\ 196}\approx6.64(\text{mm})<[\nu]=\frac{l_1}{500}=9.6\ (\text{mm})$$

恒+活荷载

$$\nu=\frac{5}{384}\times\frac{(Q_k+Q_q)\ l_1^4}{EI_x}=\frac{5}{384}\times\frac{(1.14+1.2)\times4\ 800^4}{206\ 000\times6\ 062\ 196}\approx12.95(\text{mm})<[\nu]=\frac{l_1}{250}=19.2\ (\text{mm})$$

满足设计要求。

因此，冷弯薄壁型钢托梁满足强度、刚度和稳定性要求。

### 6.5.5 墙柱设计验算

**(Wall and Column Design Check Calculation)**

以墙柱 Z4 设计验算过程为例，C 形柱截面尺寸为 180 mm×50 mm×20 mm×2.0 mm（截面特性：$A=624\ \text{mm}^2$，$I_x=2\ 944\ 199\ \text{mm}^4$，$I_y=240\ 104.17\ \text{mm}^4$，$I_t=853.33\ \text{mm}^4$，$I_w=1.67\times10^9\ \text{mm}^4$，$e_0=37.36$），轴心压力设计值为 57.26 kN。

(1) 有效截面计算

根据式（6-4）～式（6-20）进行墙柱有效截面计算。

$$\sigma_4=\frac{N}{A}=\frac{57.26\times10^3}{624}\approx91.76(\text{MPa})$$

根据式（6-7）～式(6-13）确定卷边、翼缘和腹板各板件的受压稳定系数：

$$k=1.70-3.025\psi+1.75\psi^2=0.425\ (\text{卷边板件})$$

$$k=5.89-11.59\psi+6.68\psi^2=0.98\ (\text{翼缘板件})$$

$$k=7.8-8.15\psi+4.35\psi^2=4\ (\text{腹板板件})$$

①卷边有效宽度：

$$\xi=\frac{c}{b}\sqrt{\frac{k}{k_c}}=\frac{50}{20}\sqrt{\frac{0.425}{0.98}}\approx1.646>1.1$$

$$k_1=0.11+\frac{0.93}{(\xi-0.05)^2}=0.11+\frac{0.93}{(1.646-0.05)^2}\approx0.475$$

$$\rho=\sqrt{\frac{205kk_1}{\sigma_4}}=\sqrt{\frac{205\times0.425\times0.475}{91.76}}\approx0.672$$

$$\frac{b}{t}=\frac{20}{2}=10$$

$$\frac{b}{t}<18\alpha\rho$$

根据式（6-4），受压卷边的有限宽度：

$$b_e=b_c=20\ \text{mm}$$

②翼缘的有效宽度：

$$\xi=\frac{c}{b}\sqrt{\frac{k}{k_c}}=\frac{180}{50}\sqrt{\frac{0.98}{4}}\approx1.782>1.1$$

$$k_1=0.11+\frac{0.93}{(\xi-0.05)^2}=0.11+\frac{0.93}{(1.782-0.05)^2}\approx0.420$$

$$\rho=\sqrt{\frac{205kk_1}{\sigma_4}}=\sqrt{\frac{205\times0.98\times0.420}{91.76}}\approx0.959$$

$$\frac{b}{t}=\frac{50}{2}=25$$

$$18\alpha\rho<\frac{b}{t}<38\alpha\rho$$

根据式（6-5），受压翼缘的有限宽度

$$b_e=\left(\sqrt{\frac{21.8\alpha\rho}{b/t}}-0.1\right)\times b_c=\left(\sqrt{\frac{21.8\times1\times0.959}{25}}-0.1\right)\times50\approx40.72\ (\mathrm{mm})$$

③腹板的有效宽度：

$$\xi=\frac{c}{b}\sqrt{\frac{k}{k_c}}=\frac{50}{180}\sqrt{\frac{4}{0.98}}\approx0.561<1.1$$

$$k_1=\frac{1}{\sqrt{\xi}}=\frac{1}{\sqrt{0.561}}\approx1.335$$

$$\rho=\sqrt{\frac{205kk_1}{\sigma_4}}=\sqrt{\frac{205\times4\times1.335}{91.76}}\approx3.454$$

$$\frac{b}{t}=\frac{180}{2}=90$$

$$18\alpha\rho<\frac{b}{t}<38\alpha\rho$$

根据式（6-5），腹板的有限宽度

$$b_e=\left(\sqrt{\frac{21.8\alpha\rho}{b/t}}-0.1\right)\times b_c=\left(\sqrt{\frac{21.8\times1\times3.454}{90}}-0.1\right)\times180\approx146.64\ (\mathrm{mm})$$

所以墙柱有效面积为：

$$A_{en}=[2(b_{e卷}+b_{e翼})+b_{e腹}]\times2=[2\times(20+40.72)+146.64]\times2=536.16\ (\mathrm{mm^2})$$

（2）承载力验算

① 强度验算：

根据公式（6-47）计算

$$\frac{N}{A_{en}}=\frac{57.26\times10^3}{536.16}\approx106.796\ (\mathrm{MPa})<f=300(\mathrm{MPa})$$

② 稳定性验算：

承重墙立柱的稳定性验算设计包括立柱弯曲屈曲稳定性计算、立柱弯扭屈曲稳定性计算，以及立柱畸变屈曲计算。

首先确定立柱对截面 $x$、$y$ 轴的长细比 $\lambda_x$、$\lambda_y$，立柱弯扭屈曲的换算长细比 $\lambda_w$，以及立柱畸变屈曲长细比 $\lambda_{cd}$，其中，绕 $x$ 轴弯扭屈曲的计算长度取立柱全长 $l$；绕 $y$ 轴弯曲屈曲的计算长度取两倍螺钉间距，即 $2c$；弯扭屈曲包括绕 $x$ 轴弯曲屈曲（计算长度取立柱全长 $l$）和两倍螺钉间扭转屈曲（计算长度取两倍螺钉间距 $2c$）。

$$\lambda_x=\frac{l_{0x}}{i_x}=\frac{3300}{68.69}\approx48.04$$

$$\lambda_y=\frac{l_{0y}}{i_y}=\frac{600}{19.62}\approx30.58$$

$$s^2=\frac{\lambda_x^2}{A}\left(\frac{I_w}{l_x^2}+0.039I_t\right)=17\ 279.85(\text{mm}^2)$$

$$i_0^2=e_0^2+i_x^2+i_y^2=37.36^2+68.69^2+19.62^2\approx 6\ 499.03(\text{mm}^4)$$

$$\lambda_w=\lambda_x\sqrt{\frac{s^2+i_0^2}{2s^2}+\sqrt{\left(\frac{s^2+i_0^2}{2s^2}\right)^2-\frac{i_0^2-e_0^2}{s^2}}}$$

$$=48.04\times\sqrt{\frac{17\ 279.85+6\ 499.03}{2\times 17\ 279.85}+\sqrt{\left(\frac{17\ 279.85+6\ 499.03}{2\times 17\ 279.85}\right)^2-\frac{6\ 499.03-37.36^2}{17\ 279.85}}}\approx 50.61$$

取 $\lambda=\max\{\lambda_x, \lambda_y, \lambda_w\}=50.61$，查《冷弯薄壁型钢结构技术规范》（GB 50018—2002）表 A.1.1-2 得 $\varphi=0.850$。

根据式（6-48）计算：

$$\frac{N}{\varphi A_{en}}=\frac{57.26\times 10^3}{0.850\times 536.16}\approx 125.64(\text{MPa})<f=300(\text{MPa})$$

墙柱满足局部及整体稳定性要求。

此外，还需根据式（6-55）～式(6-57）进行墙柱畸变屈曲验算，其中，墙柱弹性畸变屈曲临界应力 $\sigma_{cd}=227.51$ MPa。

$$\lambda_{cd}=\sqrt{\frac{f_y}{\sigma_{cd}}}=\sqrt{\frac{345}{227.51}}\approx 1.23$$

当 $\lambda_{cd}<1.414$ 时，$A_{cd}=A(1-\lambda_{cd}^2/4)\approx 387.99\ \text{mm}^2$。

$$\frac{N}{A_{cd}}=\frac{57.26\times 10^3}{387.99}\approx 147.58(\text{MPa})<f=300(\text{MPa})$$

因此，墙柱 Z4 满足强度及稳定性设计要求。多拼柱 Z1 和柱 Z2 采用相同步骤进行验算，亦满足设计要求。

### 6.5.6 抗震验算

**(Seismic Checking Calculation)**

(1) 结构自重计算

屋盖自重=1.78×11.4×12.6≈255.68（kN）

楼盖自重=1.90×11.4×12.6≈272.92（kN）

外墙自重=3.56×(11.4+12.6)×2≈170.88（kN）

内墙自重=1.29×(11.4×2+12.6)≈45.67（kN）

女儿墙及天沟重=3.47×(11.4+12.6)×2=166.56（kN）

(2) 重力荷载代表值计算

作用于屋面及各层楼面处的重力荷载代表值：

屋面处 $G_W$=结构和构件自重+0.5×活载

楼面处 $G_L$=结构和构件自重+0.5×活载

其中结构和构件自重取楼面上、下 1/2 层高范围内的结构和构件自重（屋面处取顶层的一半）。计算结果如下：

$$G_1=272.92+0.5\times(170.88+45.67)+0.5\times 2\times 11.4\times 12.6\approx 524.84\ (\text{kN})$$

$$G_{2\text{-}3}=272.92+170.88+45.67+0.5\times 2\times 11.4\times 12.6=633.11\ (\text{kN})$$

$$G_4 = 255.68 + 0.5 \times (170.88 + 45.67) + 166.56 + 0.5 \times 2 \times 11.4 \times 12.6 \approx 674.16\ (\text{kN})$$

$$\sum G_i = 524.84 + 633.11 \times 2 + 674.16 = 2\,465.22\ (\text{kN})$$

(3) 地震作用计算

结构等效重力荷载取重力荷载代表值的 85%，即

$$G_{eq} = 0.85 \sum G_i = 0.85 \times 2\,465.22 \approx 2\,095.44(\text{kN})$$

根据底部剪力法计算结构水平地震作用，场地特征周期 $T_g = 0.35$ s，水平地震影响系数 $\alpha_{max} = 0.08$。结构自振周期根据式（6-97）计算取 0.38 s，阻尼比 $\zeta = 0.03$。

由此可以计算得到下降段衰减指数 $\gamma$ 和阻尼调整系数 $\eta_2$ 分别为

$$\gamma = 0.9 + \frac{0.05 - \zeta}{0.3 + 6\zeta} = 0.9 + \frac{0.05 - 0.03}{0.3 + 6 \times 0.03} \approx 0.94$$

$$\eta_2 = 1 + \frac{0.05 - \zeta}{0.08 + 1.6\zeta} = 1 + \frac{0.05 - 0.03}{0.08 + 1.6 \times 0.03} \approx 1.156$$

当 $T_g < T < 5T_g$ 时，

$$\alpha_1 = \left(\frac{T_g}{T}\right)^{\gamma} \eta_2 \alpha_{max} = \left(\frac{0.35}{0.38}\right)^{0.94} \times 1.156 \times 0.08 \approx 0.086$$

则各楼层水平地震作用标准值

$$F_{Ek} = \alpha_1 G_{eq} = 0.086 \times 2\,095.44 = 180.208\ (\text{kN})$$

$$F_1 = \frac{G_1 H_1}{G_1 H_1 + G_2 H_2 + G_3 H_3 + G_4 H_4} F_{Ek}$$

$$= \frac{524.84 \times 3.3}{524.84 \times 3.3 + 2 \times (633.11 \times 3) + 674.16 \times 3} \times 180.208 \approx 41.32\ (\text{kN})$$

$$F_2 = \frac{G_2 H_2}{G_1 H_1 + G_2 H_2 + G_3 H_3 + G_4 H_4} F_{Ek}$$

$$= \frac{633.11 \times 3}{524.84 \times 3.3 + 2 \times (633.11 \times 3) + 674.16 \times 3} \times 180.208 = 45.31\ (\text{kN})$$

$$F_3 = \frac{G_3 H_3}{G_1 H_1 + G_2 H_2 + G_3 H_3 + G_4 H_4} F_{Ek}$$

$$= \frac{633.11 \times 3}{524.84 \times 3.3 + 2 \times (633.11 \times 3) + 674.16 \times 3} \times 180.208 \approx 45.31\ (\text{kN})$$

$$F_4 = \frac{G_4 H_4}{G_1 H_1 + G_2 H_2 + G_3 H_3 + G_4 H_4} F_{Ek}$$

$$= \frac{674.16 \times 3}{524.84 \times 3.3 + 2 \times (633.11 \times 3) + 674.16 \times 3} \times 180.208 \approx 48.25\ (\text{kN})$$

(4) 结构抗震验算

由于本工程沿长度方向的抗震墙长度少于其宽度方向，因此取其长度方向进行结构抗震验算。以底层墙体为例，根据图 6-19 所示平面布置图，计算结构沿宽度方向的抗震墙长度。由于本工程的门窗洞口尺寸较大，超出高度折减系数公式［式（6-101）、式（6-102)］的适用范围，因此不考虑门窗洞口部位墙体的刚度及抗剪强度贡献。结构底层宽度方向石膏板抗震内墙长度为 9 m（减去了门窗洞口长度），OSB 板抗震外墙长度为 15 m（减去了门窗洞口长度）。根据表 6-6 及表 6-7：石膏板抗震内墙单位长度抗剪刚度取（800×2）kN/(m·rad)，单位长度受剪承载力设计值为（2.5×2）kN/m；OSB 板抗震外墙的单位长度抗剪强度取（2 000×2）kN/(m·rad)，单位长度受剪承载力设计值为（7.2×2）kN/m。

此外，当抗震墙高宽比超过 2∶1 时，应根据表 6-6 及表 6-7 相关规定折算部分墙体单位长度受剪承载力设计值及抗剪强度。

底层石膏板抗震内墙承担楼层剪力百分比计算：

$$\Omega=\frac{1\ 600\times 9}{1\ 600\times 9+4\ 000\times 15}\approx 19.35\%<40\%$$

满足要求。

根据刚性楼盖假定，由式（6-99）及式（6-100）计算底层石膏板抗震内墙长度水平剪力：

$$S_{11}=\frac{\beta_{ij}K_{ij}}{\sum_{m=1}^{n}\beta_{im}K_{im}L_{im}}V_i=\frac{1\ 600}{1\ 600\times 9+4\ 000\times 15}\times 180.208\approx 3.88<\frac{S_h}{\gamma_{RE}}=\frac{2.5\times 2}{0.9}\approx 5.56$$

同理，计算底层 OSB 板抗震外墙的单位长度水平剪力：

$$S_{12}=\frac{\beta_{ij}K_{ij}}{\sum_{m=1}^{n}\beta_{im}K_{im}L_{im}}V_i=\frac{4\ 000}{1\ 600\times 9+4\ 000\times 15}\times 180.208\approx 9.69<\frac{S_h}{\gamma_{RE}}=\frac{7.2\times 2}{0.9}=16$$

因此，底层抗震墙抗剪强度满足要求。

根据式（6-74）计算抗震墙水平地震作用下由倾覆力矩引起的下压力：

$$N_s=\frac{\eta V_s H}{\omega}=9.69\times 3.3\approx 31.98(\text{kN})$$

由前可知，抗震墙体在重力荷载代表值作用下的墙柱轴力设计值为每柱 57.26 kN，且单根 C180 立柱（180 mm×50 mm×20 mm×2.0 mm）已满足静载设计要求。抗震墙体端柱地震作用下的轴心力为倾覆力矩产生轴向力与原有轴力的叠加，即每柱（57.26＋31.98）＝89.24（kN），经验算能满足式（6-30）抗倾覆验算要求。

根据式（6-104）计算底层柱结构弹性位移角：

$$\frac{\Delta_{ej}}{H}=\frac{V_j}{\sum_{m=1}^{n}\beta_{im}K_{im}L_{im}}=\frac{180.208}{1\ 600\times 9+4\ 000\times 15}\approx\frac{1}{412}<[\theta_e]=\frac{1}{300}$$

因此，底层抗震墙抗剪刚度满足要求。

依据相同步骤进行二、三、四层墙体抗震验算，均满足相关规定要求。因此，本工程满足抗震设计要求。

### 6.5.7 基础设计计算

**(Foundation Design Calculation)**

采用墙下条形基础，基础埋深 $d=1$ m，墙下导轨腹板高度 182 mm，基础顶面宽度 400 mm，基础高度 $h=500$ mm，边缘厚 200 mm。基底采用 100 mm 厚 C10 混凝土垫层，基础保护层厚度 40 mm。地基持力层承载力修正值 $f_a=180$ kPa，地基为粉质黏土，基础为粉质黏土，基础及上方回填土平均重度 $\gamma_G=20\ \text{kN/m}^3$，基础混凝土强度等级为 C30，钢筋采用 HPB300 级钢筋。由上部结构传至条形基础的荷载设计值为 $F=107.48$ kN/m，标准值 $F_k=82.25$ kN/m。

基础底面宽度：

$$b=\frac{F_k}{f_a-\gamma_G d}=\frac{82.25}{180-20\times 1}\approx 0.51\ (\text{m})$$

取 $b=1$ m。

地基承载力验算：

$$p_k=\frac{F_k+G_k}{b}=\frac{82.25+20\times1\times1}{1}=102.25\ (\text{kPa})<1.2f_a=216\ (\text{kPa})$$

满足要求。

地基净反力：

$$p_j=\frac{F}{b}=\frac{107.48}{1}=107.48\ (\text{kPa})$$

基础底板配筋计算，计算截面选在墙边缘，则

截面处距边缘的距离：

$$b_2=\frac{b-b_1}{2}=0.4\ (\text{m})$$

截面的剪力设计值：

$$V=b_2p_j=0.4\times107.48\approx42.99\ (\text{m})$$

$$\frac{V}{0.7f_t}=\frac{42.99}{0.7\times1.43}\approx42.95\ (\text{mm})$$

基础有效高度 $h_0=500-40=460$（mm）$>42.95$（mm），满足要求。

板底最大弯矩：

$$M_{max}=\frac{1}{2}p_jb_2^2=\frac{1}{2}\times107.48\times0.4^2=8.60\ (\text{kN}\cdot\text{m})$$

底板配筋面积：

$$A=\frac{M_{max}}{0.9h_0f_y}=\frac{8.60\times10^6}{0.9\times460\times270}\approx76.94\ (\text{mm}^2)$$

选用 B8@200mm。基础其余钢筋根据构造要求选取。

## 6.6 小结
(Summary)

① 冷弯薄壁型钢结构体系设计采用以概率理论为基础的极限设计方法，以分项系数设计表达式进行计算。

② 为有效利用屈曲后强度，冷弯薄壁型钢构件的设计方法包括有效宽度法以及直接强度法。

③ 墙体设计包括强度计算、稳定性计算、畸变屈曲；楼盖体系受弯构件强度和整体稳定性计算、受弯构件支座处腹板的局部承压和局部稳定计算、受弯构件考虑畸变屈曲计算、受弯构件刚度验算。

④ 冷弯薄壁型钢房屋抗震验算需要进行抗剪强度和变形验算。

## 思考题
## （Questions）

6-1　冷弯薄壁型钢结构有哪些优点和缺点？

6-2　冷弯薄壁型钢结构荷载如何确定？

6-3　有效宽度法和直接强度法的区别是什么？各自的步骤分别是什么？

6-4　墙体设计时应进行哪些验算？其中 $A_{cd}$ 与 $\lambda_{cd}$ 是什么关系？

6-5　楼盖设计时，如何设计荷载偏离截面弯心但与主轴平行的受弯构件？

6-6　冷弯薄壁型钢房屋抗震验算需要注意哪些方面？

# 第 7 章　钢管结构
# (Steel Tubular Structures)

**本章学习目标**

了解钢管结构的特点及钢管节点的分类方法；
掌握钢管结构的结构分析与节点承载力计算的方法；
能够完成常规的钢管结构设计。

## 7.1　概述
## (Introduction)

**钢管结构**一般是指由**圆形钢管**（circular hollow section，CHS）或**矩形钢管**（rectangular hollow section，RHS）作为基本构件组成的结构。**方钢管**（square hollow section，SHS）是矩形钢管的特殊规格。广义地说，钢管网架、网壳、钢管混凝土也属于钢管结构，但本章所述的钢管结构主要是指采用直接相贯焊接节点的钢管桁架结构，包括平面和空间钢管桁架结构，如图 7-1 所示。在钢管桁架中弦杆称为**主管**，腹杆称为**支管**，主管在节点处连续，支管端部利用钢管相贯线自动切割机切割，然后直接焊接于主管的表面，如图 7-2 所示。

(a) 平面桁架

(b) 空间桁架

**图 7-1　钢管桁架结构**

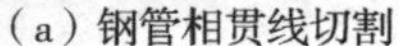
(a) 钢管相贯线切割

(b) 支管与主管焊接

(c) 成型后的桁架

**图 7-2　钢管桁架的制作**

钢管结构与其他形式的钢结构相比，具有许多优点，工程应用包括海洋平台、塔桅结构、大型工业厂房、仓储建筑、体育场馆、展览馆、机场航站楼、高铁站以及办公大楼、商业建筑等各种类型的建筑结构。其主要特点表现在以下几个方面：

①圆管和方（矩）形管截面都具有双轴对称、截面形心和剪心重合等特点；圆管和方管截面，其截面惯性矩对各轴相同，作为受弯和受压构件的优势最突出；截面闭合，抗扭刚度大、板件局部稳定好。尤其是圆管截面，截面按极轴均匀对称分布，抵抗扭矩特别有效，可以节约钢材用量，在工业建筑中可节省钢材约 20%，在塔架结构中节约量可达 50%。

②外观简洁、平滑，杆件可直接焊接，不用节点板，构造简洁，省料省时。

③圆管和方（矩）形管截面具有表面平整、无死角以及外露表面积小等特点，其外露表 面积约为开口截面的 50%～60%，有利于节省防腐和防火涂料，也便于除尘。

④钢管截面有利于减小流体阻力，尤其是圆管截面，应用于暴露在流体（如风、水流）中的建筑结构时有着显著的优点。

⑤钢管结构的内部空间可利用：填充混凝土（钢管混凝土结构）不仅能提高构件的承载力，而且还能延长构件耐火极限（平均可达 2 h）；管内注水，可利用内部水循环进行防火；传输液体，如输油管桥、排雨水管等；管内还可以放置预应力索，施加体内预应力。

⑥钢管结构采用直接焊接连接时要求施工准确度高，对相贯线下料、焊接、安装等技术要求较高。

钢管结构可根据构件的受力情况、供货条件、制作加工和安装条件、外观要求及经济性等具体情况综合考虑采用圆管或方（矩）形管结构，也可以两种钢管混合使用。混合使用时，一般主管采用方（矩）形管，支管采用圆管。主管也可以采用 H 型钢，支管用方（矩）形管或圆管。虽然就材料单价而言，钢管的价格通常略高于开口截面的型钢，但综合上述特点，钢管结构仍不失为一种性价比很高的结构形式。本章的以下内容将从截面类型与节点形式、内力分析与截面设计、构造要求、节点承载力计算及工程实例等方面介绍有关钢管结构的设计内容和方法。

## 7.2 钢管结构截面类型与节点形式

（Types of Sections and Forms of Joints of Steel Tubular Structures ）

### 7.2.1 截面类型及材料特性

**(Section Types and Material Properties)**

结构用圆管和矩形管，可采用热轧、热扩无缝钢管，或采用辊压成型、冷弯成型、热弯成型的直缝焊接管，不宜采用螺旋焊管，矩形管也可用钢板焊接成型。焊接可采用高频焊、自动焊或半自动焊以及手工焊，焊接材料应与母材匹配。

钢管按照成型方法不同分为热轧无缝钢管和冷弯焊接钢管。热轧钢管又分为热挤压和热扩两种。冷弯圆管则分为冷卷制与冷压制两种。冷弯矩形管有圆变方与直接成方两种。不同的成型方法会对管材产品的性能有不同的影响：热轧无缝钢管残余应力小，在轴心受压构件截面分类中属于a类，但是产品规格少，其壁厚误差较大；冷弯焊接钢管品种规格范围广，价格比无缝管低，但是其残余应力大，在轴心受压构件截面分类中属于b类。

结构用钢管的选用，应根据结构的重要性、荷载特征、结构形式、应力状态、钢材厚度、成型方法和工作环境等因素合理选取钢材牌号、质量等级与性能指标，并在设计文件中注明。焊接钢管结构的钢材宜采用B级及以上等级的钢材。

钢管结构中的无加劲直接焊接相贯节点，《钢结构设计标准》（GB 50017—2017）中对管材的屈服强度不再按《钢结构设计规范》（GB 50017—2003）的规定限定在345 N/mm$^2$以下，但对管材的屈强比取值限定为不宜大于0.8。事实上，屈服强度超过420 N/mm$^2$的钢材（即高强钢），其屈强比往往随着强度等级的提高而增大，且一般超过0.8。因此，《钢结构设计标准》（GB 50017—2017）中承载力计算公式对高强钢管节点静力强度计算是否适用仍需要进一步的研究。

### 7.2.2 平面桁架的节点形式

**(Joint Forms of Uniplanar Trusses)**

钢管桁架根据受力特性和杆件布置不同，可分为**平面钢管桁架结构**和**空间钢管桁架结构**。平面钢管桁架结构的上弦、下弦和腹杆都在同一平面内，结构平面外刚度较差，一般需要通过设置侧向支撑保证结构的侧向稳定。在现有钢管桁架结构的工程中，多采用Warren桁架和Pratt桁架形式［图7-3（a）（b）］。一般认为Warren桁架是最经济的，与Pratt桁架相比，Warren桁架只有一半数量的腹杆与节点，且腹杆下料长度统一，这样可极大地节约材料与加工工时。此外，工程中采用的还有Vierendeel桁架［图7-3（c）］，它主要应用于建筑功能或使用功能不容许布置斜腹杆时的情况。

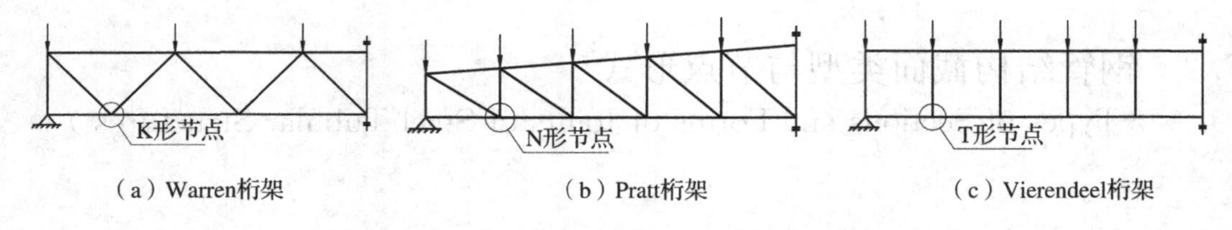


**图 7-3　三类平面桁架简图**

钢管结构的节点类型很多。按照非贯通杆件在节点部位的相对位置，钢管节点可以分为间隙节点（gap joint）和搭接节点（overlap joint）。前者的非贯通杆件在节点部位相互分离，后者的非贯通杆件在节点部位则部分或全部重叠。按节点的几何外形，平面桁架的节点形式主要有 X 形节点、Y（T）形节点、K 形节点、N 形节点和 KT 形节点，如图 7-4 所示。

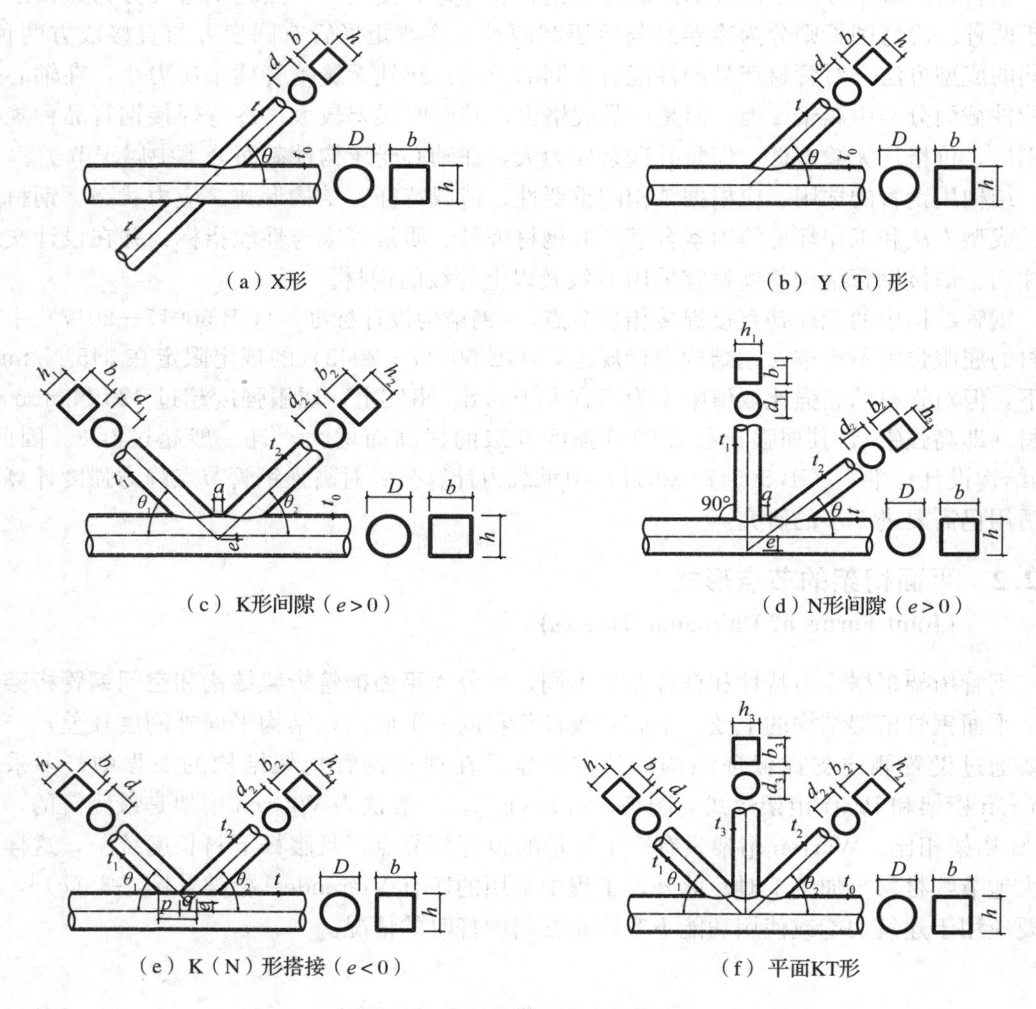


**图 7-4　常见的平面节点示意图**

### 7.2.3　空间桁架的节点形式
### (Joint Forms of Multiplanar Trusses)

空间钢管桁架结构可看成由多榀平面桁架构成的空间体系，如由 3 榀平面桁架组成的截面为三角形的空间桁架结构。与平面钢管桁架结构相比，三角形空间桁架的稳定性好，扭转刚度大，可减少侧向支撑构件的布置，且外形美观；在不布置或不能布置平面外支撑的场合，三角形桁架可提供较大跨度空间；对于小跨度结构，可以不布置侧向支撑。

对于圆管空间桁架，根据节点的几何外形，其节点形式主要有 TT 形、XX 形、KK 形、KKT 形、KT 形和 KX 形等，如图 7-5 所示。图 7-5 中所列均为圆管节点，当主支管均为方（矩）形以及主支管截面形式不同时，上述空间节点形式依然适用，本章不再一一表示。

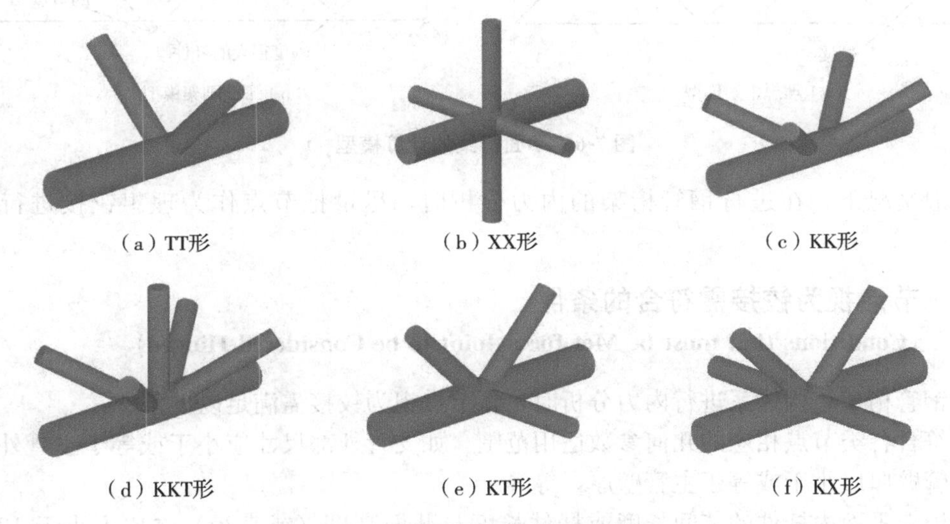


图 7-5　常见的空间节点示意图

需要说明的是，**本章介绍的内容主要适用于不直接承受动力荷载、在节点处直接焊接杆件以受轴力为主的钢管桁架结构**。对于承受交变荷载的钢管焊接连接节点的疲劳问题，远较其他型钢杆件节点受力情况复杂，设计时要谨慎处理，并需参考专门规范的规定。

## 7.3　钢管结构内力分析与截面设计
## (Internal Force Analysis and Section Design of Steel Tubular Structures)

钢管桁架结构的跨高比通常可以参考钢檩条屋面体系网架结构的跨高比确定。对钢管桁架结构进行分析时，常视其为理想桁架［图 7-6（a）］进行内力计算，即杆件内力计算时通常做如下假定：①所有荷载都作用在节点上；②所有杆件都是等截面直杆；③各杆轴线在节点处都能相交于一点；④所有节点均为理想铰接。因此，桁架杆件只承受轴心拉力或压力。但在实际工程中，相交杆件的中心线在节点处通常存在一定的偏心［图 7-4（c）（d）（e）（f）］，外荷载也不一定是通过节点的集中荷载。考虑到桁架的主管是通长布置或分段连接，且截面尺寸大于与之相连的支管，采用将主管作为连续杆件、支管为与主管铰接的平面刚架模型进行分析理论上更为合理。加拿大 Packer 等人最早建议采用如图 7-6 (b)所示的计算模型来分析钢管结构的内力。该模型将主管作为连续杆件，支管铰接在距主管轴线的$+e$或$-e$处（$e$为铰点至主管轴线的距离），并且将主管到铰点的杆件连接刚度取为很大。计算时将主管看作梁柱结构，将偏心产生的节点弯矩（即腹杆内力的水平分力之和乘以节点偏心距$e$）根据节点两侧主管的相对刚度分配。模型也可以考虑作用于非节点上的横向荷载对主管产生的弯矩作用。平面刚架内力可以很容易地利用计算软件分析得到。

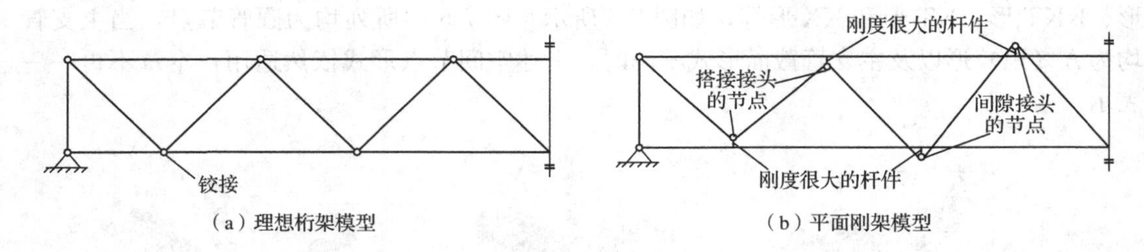

（a）理想桁架模型　　（b）平面刚架模型

图 7-6　平面桁架的计算模型

一般情况下，在进行钢管桁架的内力分析时，尽量把节点作为理想铰接进行设计分析。

## 7.3.1　节点视为铰接需符合的条件

**(Conditions that must be Met for a Joint to be Considered Hinged)**

对钢管桁架结构体系进行内力分析时，将节点视为铰接需满足以下条件：

①符合各类节点相应的几何参数适用范围。如支管外部尺寸应小于或等于主管外部尺寸，支管壁厚应小于或等于主管壁厚，等等。

②桁架平面内杆件的节间长度或杆件长度与截面高度（或直径）之比不小于 12（主管）和 24（支管）。

《钢结构设计标准》（GB 50017—2017）还规定，若支管与主管连接节点的偏心不超过式（7-1）的限制时，在计算节点和受拉主管承载力时，可忽略因偏心引起的弯矩的影响，但受压主管必须考虑偏心弯矩$M=\Delta N\times e$（$\Delta N$为节点两侧主管轴力的差值）的影响。

$$-0.55\leqslant e/h\ (\text{或}\ e/D)\leqslant 0.25 \tag{7-1}$$

式中，$e$为偏心距（支管轴线交点至主管轴线的距离），偏向支管一侧为负［图 7-4（e）]，偏向主管外侧为正［图 7-4（c）（d)]；$h$为连接平面内的矩形主管截面高度；$D$为圆主管外径。

## 7.3.2　管桁架杆件计算长度

**(Calculated Length of Tubular Truss Member)**

在确定采用相贯焊接连接的钢管桁架的长细比时，其计算长度$l_0$可按表 7-1 采用。

表 7-1　钢管桁架构件的计算长度

| 桁架类别 | 弯曲方向 | 弦杆 | 腹杆 | |
|---|---|---|---|---|
| | | | 支座斜杆和支座竖杆 | 其他腹杆 |
| 平面桁架 | 平面内 | $0.9l$ | $l$ | $0.8l$ |
| | 平面外 | $l_1$ | $l$ | $l$ |
| 空间桁架 | | $0.9l$ | $l$ | $0.8l$ |

注：①$l$ 为构件的几何长度（节点中心间距离）；$l_1$ 为桁架弦杆侧向支承点之间的距离。

②对端部缩头或压扁的圆管腹杆，其计算长度取 $l$。

## 7.3.3　构件的局部稳定性要求
### (Local Stability Requirements for Members)

当受压圆管的直径与壁厚之比或受压方（矩）形管的宽度与厚度之比较大时，可能出现局部屈曲。圆管管壁在弹性范围局部屈曲临界应力的理论值为

$$\sigma_{cr}=1.2E\frac{t}{D} \tag{7-2}$$

式中，$D$ 为圆管外径，mm；$t$ 为圆管壁厚，mm；$E$ 为钢材弹性模量。

如果令上式的临界应力等于钢材的屈服点，可得 $D/t=1\,060$（Q235 钢）。但是管壁局部屈曲与一般的平板不同，对缺陷特别敏感，只要管壁稍有局部凹凸，临界应力就会比理论值下降若干倍，加之钢管通常在强塑性状态下屈曲，因此，世界上很多国家的规范以及我国的《钢结构设计标准》（GB 50017—2017）和《冷弯薄壁型钢结构技术规范》（GB 50018—2002）都根据试验将圆形钢管杆件的容许径厚比规定为

$$\frac{D}{t}\leqslant 100\varepsilon_k^2 \tag{7-3}$$

式中，$\varepsilon_k$ 为钢号修正系数，$\varepsilon_k=\sqrt{\frac{235}{f_y}}$。

同理，方（矩）形钢管的宽厚比也略偏安全地取与轴压构件的箱形截面相同，即规定：

$$\frac{b}{t}\left(\text{或}\frac{h}{t}\right)\leqslant 40\varepsilon_k \tag{7-4}$$

## 7.3.4　构件的截面设计
### (Section Design of Members)

钢管构件的截面设计，与其他型钢截面的构件相同，需符合强度、稳定性和刚度（长细比）要求。

（1）强度要求

毛截面强度：

$$\sigma=\frac{N}{A}\leqslant f \tag{7-5}$$

净截面强度：

$$\sigma=\frac{N}{A_n}\leqslant 0.7f_u \tag{7-6}$$

式中，$N$ 为构件的轴心力设计值，N；$f$ 为钢材的抗拉强度设计值或抗压强度设计值，N/mm$^2$；$A$ 为构件的毛截面面积，mm$^2$；$f_u$ 为钢材的抗拉强度最小值，N/mm$^2$；$A_n$ 为构件的净截面面积，mm$^2$，当构件多个截面有孔时，取最不利的截面。强度条件通常只有当截面被削弱的情况下才可能起控制截面设计的作用。

（2）整体稳定性要求（对于受压构件）

$$\frac{N}{\varphi Af}\leqslant 1.0 \tag{7-7}$$

式中，$\varphi$ 为轴心受压构件的整体稳定系数。稳定条件通常对截面设计起控制作用。当节点存在因偏心引起的弯矩时，应按压弯构件的相关公式验算弯矩作用平面内和平面外的稳定性。

（3）局部稳定性要求

圆管的局部稳定性条件见式（7-3)，方（矩）形管的局部稳定性条件见式（7-4)。

（4）刚度要求

长细比：

$$\lambda_{max}=\max\ \{\lambda_x,\ \lambda_y\}\leqslant [\lambda] \tag{7-8}$$

式中，$\lambda_x$、$\lambda_y$ 分别为构件对截面主轴 $x$ 轴和 $y$ 轴的长细比。

由于钢管结构的截面设计过程与其他型钢截面几乎相同，因此钢管结构的设计只重点介绍其构造要求、节点焊缝连接和节点承载力的验算。

## 7.4 钢管结构构造要求
## (Construction Requirement of Steel Tubular Structures)

钢管结构的构造要求主要包括以下方面：

①在管节点处主管应连续，圆支管的端部应加工成马鞍形，直接焊于主管外壁上，而不得将支管插入主管内。为了连接方便和保证焊接质量，主管的外部尺寸应大于支管的外部尺寸，且主管的壁厚不得小于支管的壁厚。

②主管与支管之间的夹角 $\theta$ 以及两支管间的夹角，不宜小于 30°，否则支管端部焊缝不易施焊，焊缝熔深也不易保证，并且支管的受力性能也欠佳。

③支管与主管的连接节点处，除搭接节点外，应尽可能避免偏心。当主管与支管中心线交于一点，即不存在节点偏心时，内力分析和截面设计的过程都可大大简化，并可充分发挥截面和材料的优良特性。

④支管端部应平滑并与主管接触良好，不得有过大的局部空隙。一般来说，管结构的支管端部加工应尽量使用钢管相贯线切割机。它可以按输入的夹角以及支管、主管的直径和壁厚，直接切成所需的空间形状，并可按需要在支管壁厚上切成坡口，如用手工切割很难保证切口质量。当然，当支管壁厚小于 6 mm 时可不切坡口。

⑤对有 K 形或 N 形间隙节点［图 7-4（c）（d)]，支管间隙 $a$ 应不小于两支管壁厚之

和，用于保证支管与主管间连接焊缝施焊的空间。

⑥对 K 形或 N 形搭接节点［图 7-4（e）］，其搭接率 $\eta_{ov}=q/p\times100\%$应满足 $25\%\leqslant\eta_{ov}\leqslant100\%$，且应确保在搭接部分的支管之间的连接焊缝能很好地传递内力。

⑦在搭接节点中，搭接支管要通过被搭接支管传递内力，所以为保证被搭接支管的强度不低于搭接支管的强度，《钢结构设计标准》（GB 50017—2017）规定：当支管厚度不同时，薄壁管应搭在厚壁管上；当支管钢材强度等级不同时，低强度管应搭在高强度管上。

⑧支管与主管之间的连接可沿全周用角焊缝或部分采用对接焊缝、部分采用角焊缝。支管管壁与主管管壁之间的夹角大于或等于 120°的区域宜用对接焊缝或带坡口的角焊缝。角焊缝的焊脚尺寸 $h_f$不宜大于支管壁厚的 2 倍。一般支管的壁厚不大，宜采用全周角焊缝与主管连接。当支管壁厚较大时，宜沿焊缝长度方向部分采用角焊缝、部分采用对接焊缝。由于全部对接焊缝在某些部位施焊困难，所以一般不予推荐。

⑨钢管构件承受较大集中荷载的部位其工作情况较为不利，应采取适当的加强措施，例如加套管或加如图 7-7 所示的加劲肋等。若横向荷载是通过支管施加于主管，则只要满足有关节点强度的要求，就不必对主管进行加强。钢管构件的主要部位应尽量避免开孔，不得已要开孔时，应采取适当的补强措施，例如在孔的周围加焊补强板等。

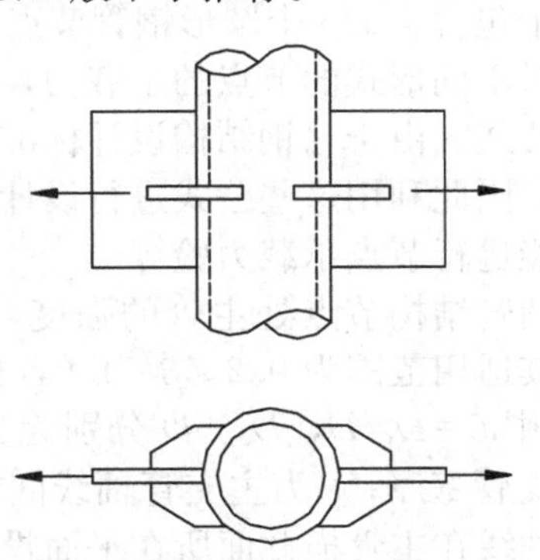
图 7-7　集中荷载作用部位的加强措施

⑩钢管构件的接长或拼接接头宜采用对接焊缝连接［图 7-8（a）］。当两管直径不同时，宜加锥形过渡段［图 7-8（b）］。大直径或重要的拼接，宜在管内加短衬管［图 7-8（c）］。轴心受压构件或受力较小的压弯构件也可采用通过隔板传递内力的形式［图 7-8（d）］。对工地连接的拼接，也可采用法兰板的螺栓连接［图 7-8（e）（f）］。

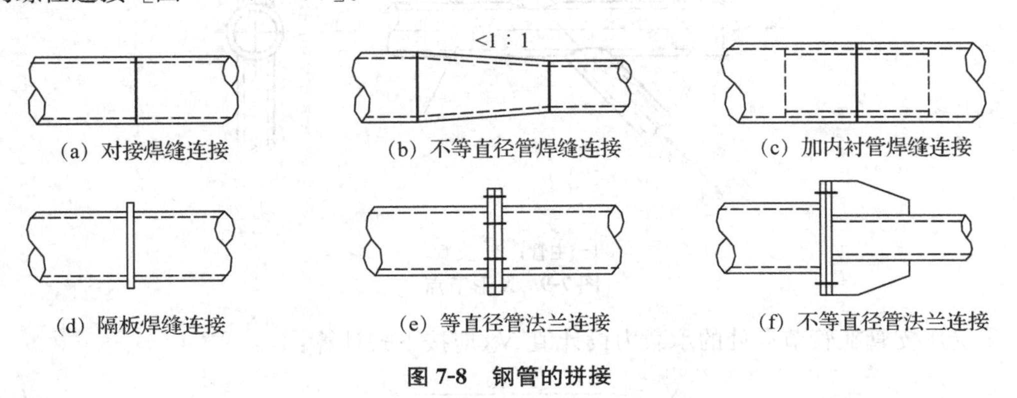

图 7-8　钢管的拼接

## 7.5 钢管结构节点承载力计算
(Calculation of Bearing Capacity of Joints of Steel Tubular Structures)

### 7.5.1 圆形钢管节点承载力计算
**(Calculation of Bearing Capacity of CHS Joints)**

在实际工程中，应避免因节点破坏而造成结构失效。圆管结构节点的破坏方式，因节点形式不同而有所不同，节点承载力的计算应按不同破坏方式分别进行计算。《钢结构设计标准》(GB 50017—2017) 在比较、分析国外有关规范和国内外研究资料的基础上，筛选建立了一个包含 1 546 个圆形钢管节点试验结果和 790 个圆形钢管节点有限元分析结果的数据库，对不同形式的节点的承载力，通过回归分析并采用校准法换算得到了半理论半经验的计算公式。由于《钢结构设计标准》(GB 50017—2017) 中的公式都具有半理论半经验的性质，因此利用这些公式进行设计时，必须符合提出这些公式所依据的各种参数要求，然后才能进行节点承载力验算。

为保证圆管结构节点处主管的强度，支管的轴心力不得大于下列规定的承载力设计值。此时，其适用范围为 $0.2 \leqslant \beta \leqslant 1.0$，$D_i/t_i \leqslant 60$，$\gamma \leqslant 50$，$0.2 \leqslant \tau \leqslant 1.0$，$\theta \geqslant 30°$，$60° \leqslant \varphi \leqslant 120°$。其中 $\beta = D_i/D$，$D_i$、$D$ 分别为支管与主管外径；$\gamma = D/(2t)$，$t$ 为主管壁厚；$\tau = t_i/t$，$t_i$为支管壁厚；$\theta$ 为主支管轴线间小于直角的夹角；$\varphi$ 为空间管节点支管的横向夹角，即支管轴线在主管横截面所在平面投影的夹角。

(1) 平面 X 形节点 (图 7-9)

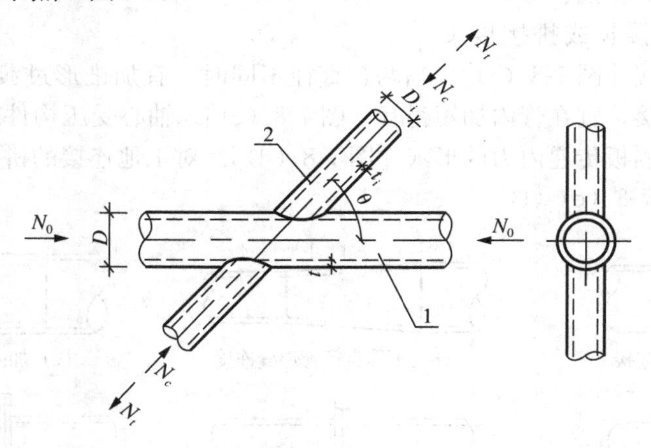


1—主管；2—支管。

**图 7-9 X 形节点**

①受压支管在管节点处的承载力设计值 $N_{cX}$应按下式计算：

$$N_{cX} = \frac{5.45}{(1-0.81\beta)\sin\theta}\psi_n t^2 f \tag{7-9}$$

式中，$\psi_n$ 为参数，$\psi_n = 1 - 0.3\frac{\sigma}{f_y} - 0.3\left(\frac{\sigma}{f_y}\right)^2$，当节点两侧或一侧主管受拉时，取 $\psi_n = 1$；$f$ 为主管钢材的抗拉、抗压和抗弯强度设计值，N/mm$^2$；$f_y$为主管钢材的屈服强

度，N/mm²；$\sigma$ 为节点两侧主管轴心压应力的较小绝对值，N/mm²。

②受拉支管在管节点处的承载力设计值 $N_{tX}$ 应按下式计算：

$$N_{tX}=0.78\left(\frac{D}{t}\right)^{0.2}N_{cX} \tag{7-10}$$

（2）平面 T 形（或 Y 形）节点（图 7-10、图 7-11）

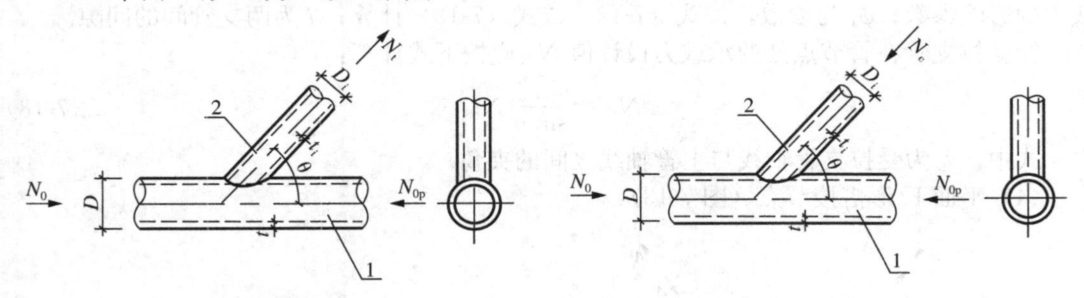

1—主管；2—支管。

**图 7-10　T 形（或 Y 形）受拉节点**

1—主管；2—支管。

**图 7-11　T 形（或 Y 形）受压节点**

①受压支管在管节点处的承载力设计值 $N_{cT}$ 应按下式计算：

$$N_{cT}=\frac{11.51}{\sin\theta}\left(\frac{D}{t}\right)^{0.2}\psi_n\psi_d t^2 f \tag{7-11}$$

式中，$\psi_d$ 为参数。

当 $\beta\leqslant 0.7$ 时，

$$\psi_d=0.069+0.93\beta \tag{7-12}$$

当 $\beta>0.7$ 时，

$$\psi_d=2\beta-0.68 \tag{7-13}$$

②受拉支管在管节点处的承载力设计值 $N_{tT}$ 按下式计算：

当 $\beta\leqslant 0.6$ 时，

$$N_{tT}=1.4N_{cT} \tag{7-14}$$

当 $\beta>0.6$ 时，

$$N_{tT}=(2-\beta)N_{cT} \tag{7-15}$$

（3）平面 K 形间隙节点（图 7-12）

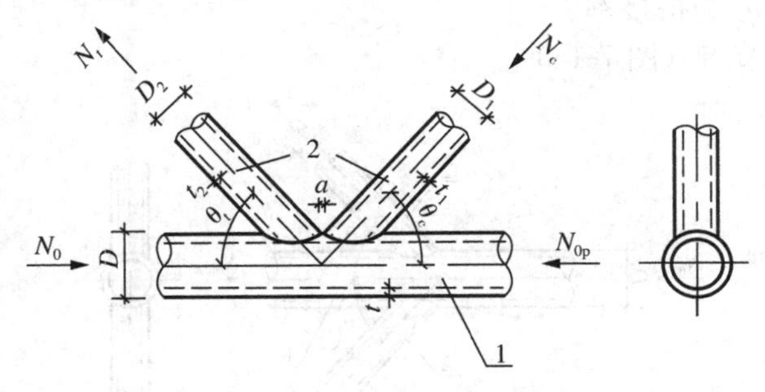

1—主管；2—支管。

**图 7-12　平面 K 形间隙节点**

①受压支管在管节点处的承载力设计值 $N_{cK}$ 应按下式计算：

$$N_{cK}=\frac{11.51}{\sin\theta_c}\left(\frac{D}{t}\right)^{0.2}\psi_n\psi_d\psi_a t^2 f \tag{7-16}$$

$$\psi_a=1+\left(\frac{2.19}{1+7.5a/D}\right)\left(1-\frac{20.1}{6.6+D/t}\right)(1-0.77\beta) \tag{7-17}$$

式中，$\theta_c$ 为受压支管轴线与主管轴线之间的夹角；$\psi_a$ 为反映支管间隙等因素对节点承载力的影响参数；$\psi_d$ 为参数，按式（7-12）或式（7-13）计算；$a$ 为两支管间的间隙。

②受拉支管在管节点处的承载力设计值 $N_{tK}$应按下式计算：

$$N_{tK}=\frac{\sin\theta_c}{\sin\theta_t}N_{cK} \tag{7-18}$$

式中，$\theta_t$ 为受拉支管轴线与主管轴线之间的夹角。

（4）平面K形搭接节点（图7-13）

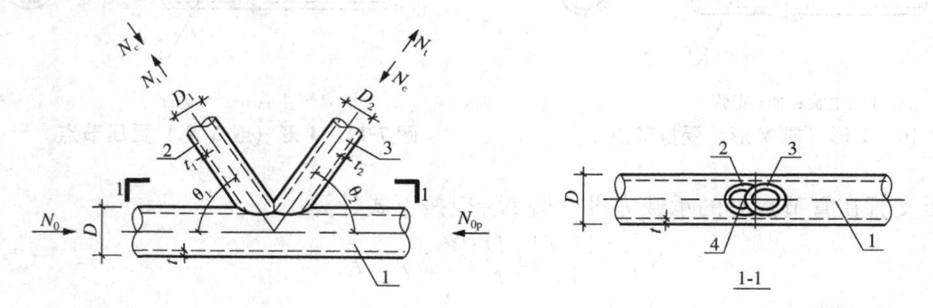


1—主管；2—搭接支管；3—被搭接支管；4—被搭接支管内隐藏部分。

**图7-13　平面K形搭接节点**

①受压支管在管节点处的承载力设计值 $N_{cK}$应按下式计算：

$$N_{cK}=\left(\frac{29}{\psi_q+25.2}-0.074\right)A_c f \tag{7-19}$$

②受拉支管在管节点处的承载力设计值 $N_{tK}$应按下式计算：

$$N_{tK}=\left(\frac{29}{\psi_q+25.2}-0.074\right)A_t f \tag{7-20}$$

$$\psi_q=\beta^{\eta_{ov}}\gamma\tau^{0.8-\eta_{ov}} \tag{7-21}$$

式中，$\psi_q$ 为参数；$A_c$ 为受压支管的截面面积；$A_t$ 为受拉支管的截面面积；$f$ 为支管钢材的强度设计值；$\eta_{ov}$为搭接率。

（5）平面DY形节点（图7-14）

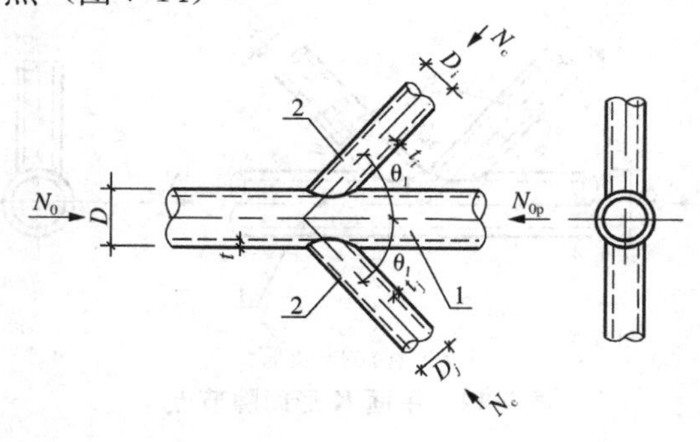


1—主管；2—支管。

**图7-14　平面DY形节点**

两受压支管在管节点处的承载力设计值 $N_{cDY}$ 应按下式计算：

$$N_{cDY}=N_{cX} \tag{7-22}$$

式中，$N_{cX}$ 为 X 形节点中受压支管极限承载力设计值。

(6) 平面 DK 形节点

①荷载正对称节点（图 7-15）：

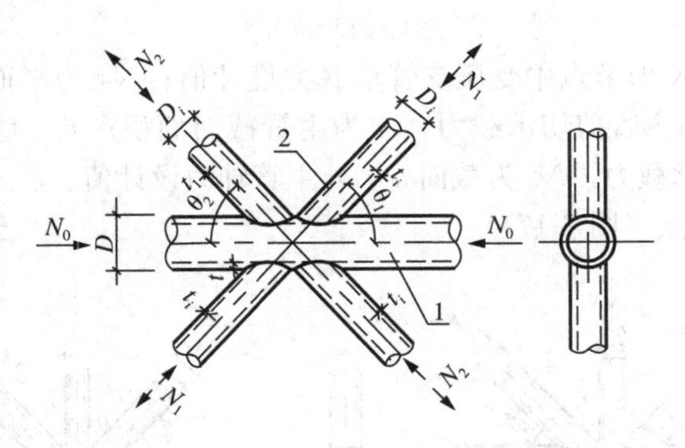


1—主管；2—支管。

**图 7-15　荷载正对称平面 DK 形节点**

四支管同时受压时，支管在管节点处的承载力应按下列公式验算：

$$N_1\sin\theta_1+N_2\sin\theta_2\leqslant N_{cXi}\sin\theta_i \tag{7-23}$$

$$N_{cXi}\sin\theta_i=\max\{N_{cX1}\sin\theta_1,\ N_{cX2}\sin\theta_2\} \tag{7-24}$$

四支管同时受拉时，支管在管节点处的承载力应按下列公式验算：

$$N_1\sin\theta_1+N_2\sin\theta_2\leqslant N_{tXi}\sin\theta_i \tag{7-25}$$

$$N_{tXi}\sin\theta_i=\max\{N_{tX1}\sin\theta_1,\ N_{tX2}\sin\theta_2\} \tag{7-26}$$

式中，$N_{cX1}$、$N_{cX2}$ 分别为 X 形节点中支管受压时节点承载力设计值；$N_{tX1}$、$N_{tX2}$ 分别为 X 形节点中支管受拉时节点承载力设计值。

②荷载反对称节点（图 7-16）：

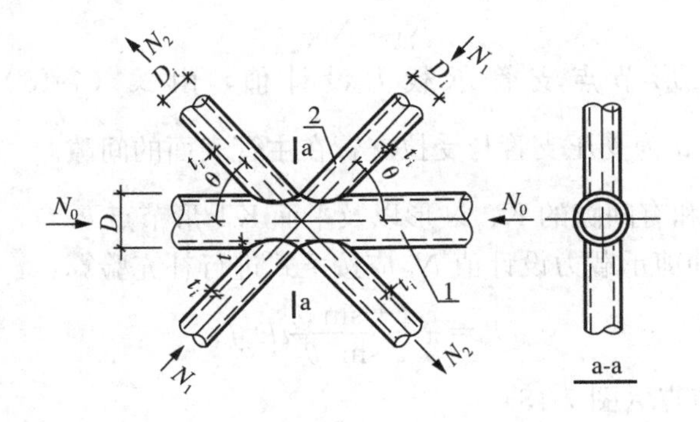


1—主管；2—支管。

**图 7-16　荷载反对称平面 DK 形节点**

$$N_1\leqslant N_{cK} \tag{7-27}$$

$$N_2\leqslant N_{tK} \tag{7-28}$$

对于荷载反对称作用的间隙节点（图 7-16），还需补充验算截面 a-a 的塑性剪切承载力：

$$\sqrt{\left[\frac{\sum N_i \sin\theta_i}{V_{\mathrm{pl}}}\right]^2+\left(\frac{N_{\mathrm{a}}}{N_{\mathrm{pl}}}\right)^2}\leqslant 1.0 \tag{7-29}$$

$$V_{\mathrm{pl}}=\frac{2}{\pi}Af_{\mathrm{v}} \tag{7-30}$$

$$N_{\mathrm{pl}}=\pi(D-t)tf \tag{7-31}$$

式中，$N_{\mathrm{cK}}$为平面 K 形节点中受压支管承载力设计值；$N_{\mathrm{tK}}$为平面 K 形节点中受拉支管承载力设计值；$V_{\mathrm{pl}}$为主管剪切承载力；$A$ 为主管截面面积；$f_{\mathrm{v}}$ 为主管钢材抗剪强度设计值；$N_{\mathrm{pl}}$为主管轴向承载力；$N_{\mathrm{a}}$ 为截面 $a$-$a$ 处主管轴力设计值。

（7）平面 KT 形节点（图 7-17）

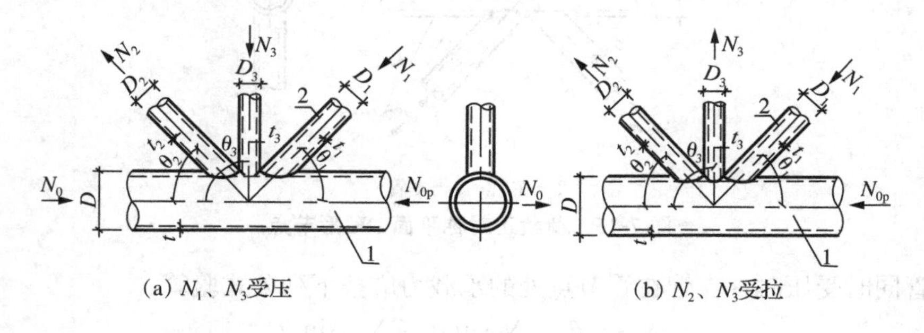


1—主管；2—支管。

**图 7-17　平面 KT 形节点**

对有间隙的 KT 形节点，当竖杆不受力时，可按没有竖杆的 K 形节点计算，其间隙值 $a$ 取为两斜杆的趾间距；当竖杆受压力时，按下式计算：

$$N_1\sin\theta_1+N_3\sin\theta_3\leqslant N_{\mathrm{cK1}}\sin\theta_1 \tag{7-32}$$

$$N_2\sin\theta_2\leqslant N_{\mathrm{cK1}}\sin\theta_1 \tag{7-33}$$

当竖杆受拉力时，还应按下式计算：

$$N_1\leqslant N_{\mathrm{cK1}} \tag{7-34}$$

式中，$N_{\mathrm{cK1}}$ 为 K 形节点支管承载力设计值，由式（7-16）计算，公式中用$\frac{D_1+D_2+D_3}{3D}$代替$\frac{D_1}{D}$；$a$ 为受压支管与受拉支管在主管表面的间隙。

（8）T、Y、X 形和有间隙的 K、N 形以及平面 KT 形节点

支管在节点处的冲剪承载力设计值 $N_{si}$应按下式进行补充验算：

$$N_{si}=\pi\frac{1+\sin\theta_i}{2\sin^2\theta_i}tD_i f_{\mathrm{v}} \tag{7-35}$$

（9）空间 TT 形节点（图 7-18）

①受压支管在管节点处的承载力设计值 $N_{\mathrm{cTT}}$应按下式计算：

$$N_{\mathrm{cTT}}=\psi_{\mathrm{a0}}N_{\mathrm{cT}} \tag{7-36}$$

$$\psi_{\mathrm{a0}}=1.28-0.64\frac{a_0}{D}\leqslant 1.1 \tag{7-37}$$

式中，$a_0$为两支管的横向间隙。

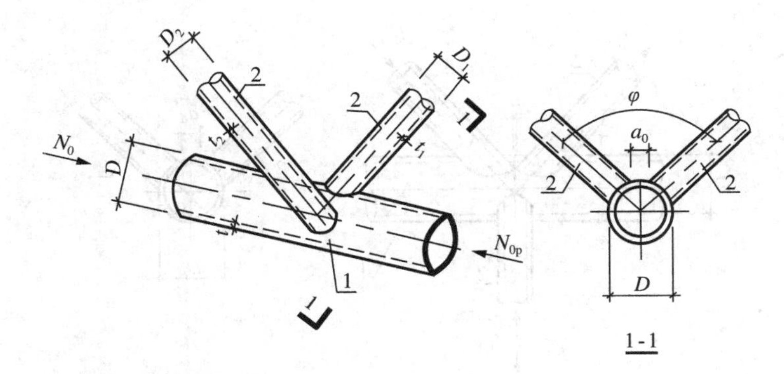


1—主管；2—支管。

**图 7-18　空间 TT 形节点**

②受拉支管在管节点处的承载力设计值 $N_{tTT}$ 应按下式计算：

$$N_{tTT}=N_{cTT} \tag{7-38}$$

(10) 空间 KK 形节点（图 7-19）

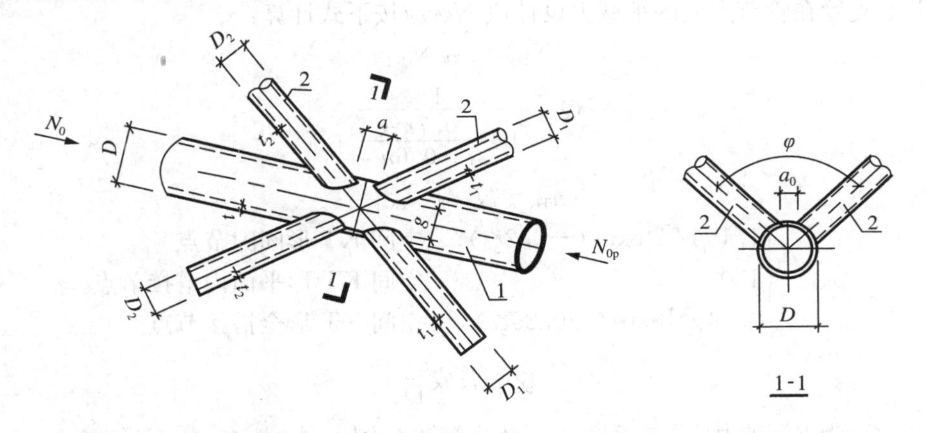


1—主管；2—支管。

**图 7-19　空间 KK 形节点**

受压或受拉支管在空间管节点处的承载力设计值 $N_{cKK}$ 或 $N_{tKK}$ 应分别按 K 形节点相应支管承载力设计值 $N_{cK}$ 或 $N_{tK}$ 乘以空间调整系数 $\mu_{KK}$ 计算。

①当支管为非全搭接型时，

$$\mu_{KK}=0.9 \tag{7-39}$$

②当支管为全搭接型时，

$$\mu_{KK}=0.74\gamma^{0.1}\exp(0.6\zeta_t) \tag{7-40}$$

$$\zeta_t=\frac{q_0}{D} \tag{7-41}$$

式中，$\zeta_t$ 为参数；$q_0$ 为平面外两支管的搭接长度。

(11) 空间 KT 形节点（图 7-20）

①K 形受压支管在管节点处的承载力设计值 $N_{cKT}$ 应按下式计算：

$$N_{cKT}=Q_n\mu_{KT}N_{cK} \tag{7-42}$$

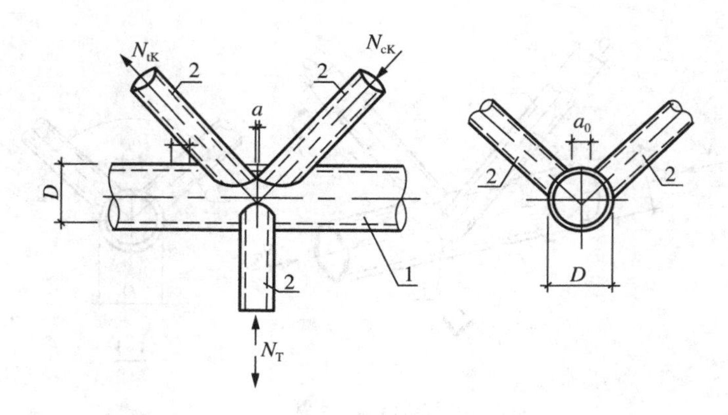


1—主管；2—支管。

**图 7-20　空间 KT 形节点**

②K 形受拉支管在管节点处的承载力设计值 $N_{tKT}$ 应按下式计算：

$$N_{tKT}=Q_n\mu_{KT}N_{tK} \tag{7-43}$$

③T 形支管在管节点处的承载力设计值 $N_{KT}$ 应按下式计算：

$$N_{KT}=n_{TK}N_{cKT} \tag{7-44}$$

$$Q_n=\frac{1}{1+\dfrac{0.7n_{TK}^2}{1+0.6n_{TK}}} \tag{7-45}$$

$$n_{TK}=N_T/|N_{cK}| \tag{7-46}$$

$$\mu_{KT}=\begin{cases}1.15\beta_T{}^{0.05}\exp(-0.2\zeta_0) & \text{空间 KT 形间隙节点}\\ 1.0 & \text{空间 KT 形平面内搭接节点}\\ 0.74\gamma^{0.1}\exp(-0.25\zeta_0) & \text{空间 KT 形全搭接节点}\end{cases} \tag{7-47}$$

$$\zeta_0=\frac{a_0}{D}\text{或}\frac{q_0}{D} \tag{7-48}$$

式中，$Q_n$ 为支管轴力比影响系数；$n_{TK}$ 为支管轴心力比，按式（7-46）计算，$-1\leqslant n_{TK}\leqslant 1$；$N_T$、$N_{cK}$ 分别为 T 形支管和 K 形受压支管的轴力设计值，以拉为正，以压为负；$\mu_{KT}$ 为空间调整系数，根据图 7-21 的支管搭接方式分别取值；$\beta_T$ 为 T 形支管与主管的直径比；$\zeta_0$ 为参数；$a_0$ 为 K 形支管与 T 形支管的平面外间隙；$q_0$ 为 K 形支管与 T 形支管的平面外搭接长度。

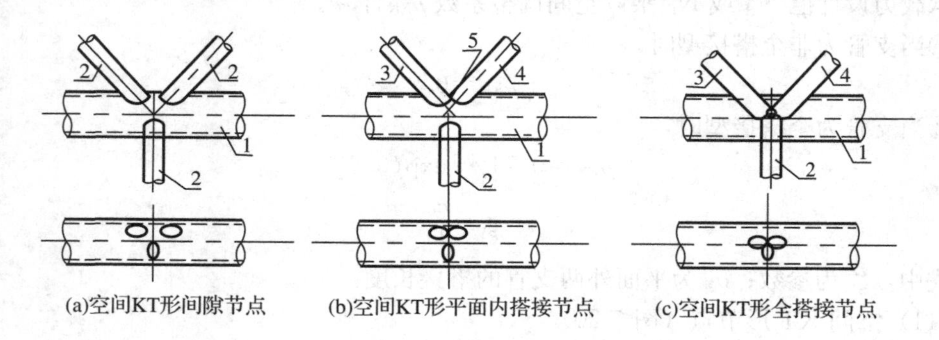


1—主管；2—支管；3—贯通支管；4—搭接支管；5—管内隐蔽部分。

**图 7-21　空间 KT 形节点分类**

**例 7-1** 图 7-22 所示为一圆形钢管直接焊接的 X 形节点。主管为 $\phi 203\times 10$，截面面积 $A=60.63\ \text{cm}^2$。两支管均为 $\phi 114\times 6$，钢材为 Q235B 钢，强度设计值 $f=215\ \text{N/mm}^2$。手工焊，E43 型焊条。钢管受力如图所示。试计算各支管的轴心力是否满足该节点处的承载力设计值。

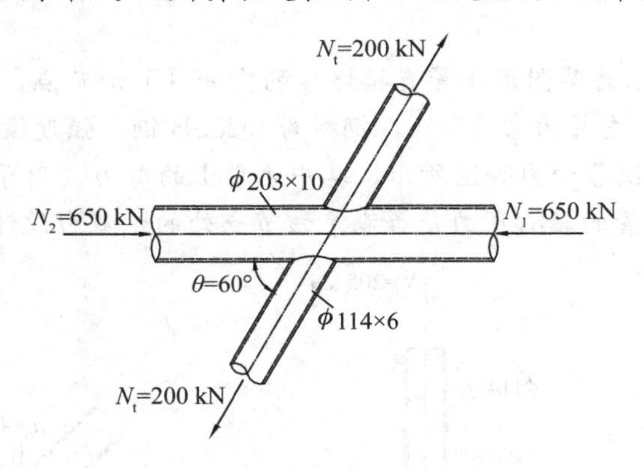


**图 7-22 例 7-1 图**

**解** 已知节点几何参数及材料特性：

$$D=203\ \text{mm},\ D_1=114\ \text{mm},\ f=215\ \text{N/mm}^2,$$

$$t=10\ \text{mm},\ t_1=6\ \text{mm},\ f_f^w=160\ \text{N/mm}^2,$$

$$A=60.63\ \text{cm}^2,\ \theta=60^\circ$$

(1) 节点几何参数验证

支管与主管的直径比为 $\beta=\frac{D_1}{D}=\frac{114}{203}=0.562$，$0.2<0.562<1.0$。

支管径厚比为 $\frac{D_1}{t_1}=\frac{114}{6}=19<60$。

主管径厚比为 $\frac{D}{t}=\frac{203}{10}=20.3<100$。

支管轴线与主管轴线的夹角 $\theta=60^\circ>30^\circ$。

均在规定的适用范围内，因此以下所涉及的计算公式有效。

(2) 承载力计算

按式（7-10）得受拉支管在节点处的承载力设计值：

$$N_{tX}=0.78\left(\frac{D}{t}\right)^{0.2}N_{cX}=0.78\times 20.3^{0.2}N_{cX}\approx 1.424\ 3N_{cX}$$

上式中 $N_{cX}$ 是受压支管在节点处的承载力设计值，应按式（7-9）计算，即

$$N_{cX}=\frac{5.45}{(1-0.81\beta)\sin\theta}\psi_n t^2 f=\frac{5.45\psi_n}{(1-0.81\times 0.562)\sin 60^\circ}\times 10^2\times 215\times 10^{-3}\approx 248.36\psi_n\ (\text{kN})$$

节点两侧主管轴心压应力的较小绝对值为

$$\sigma=\frac{N}{A}=\frac{650\times 10^3}{6\ 063}\approx 107.2\ (\text{N/mm}^2)$$

主管轴力影响系数 $\psi_n$ 为

$$\psi_n=1-0.3\frac{\sigma}{f_y}-0.3\left(\frac{\sigma}{f_y}\right)^2=1-0.3\times\frac{107.2}{235}-0.3\times\left(\frac{107.2}{235}\right)^2\approx 0.800\ 7$$

因此受压支管在节点处的承载力设计值为

$$N_{cX}=248.36\psi_n=248.36\times0.8007\approx198.9\ (\text{kN})$$

所求受拉支管在节点处的承载力设计值为

$$N_{tX}=1.4243N_{cX}=1.4243\times198.9\approx283.3\ (\text{kN})>N_t=200\ (\text{kN})$$

满足承载力设计值。

**例 7-2** 图 7-23 所示为某圆形钢管直接焊接的空间 TT 形节点。主管为 $\phi203\times10$，截面面积 $A=60.63\ \text{cm}^2$，支管为 $\phi114\times6$，钢材为 Q235B 钢，强度设计值 $f=215\ \text{N/mm}^2$。手工焊，E43 型焊条。钢管受力如图所示，其中主管上的剪力（用于平衡支管中的竖向分力）未标出。试计算支管的轴心压力是否满足该节点处的承载力设计值。

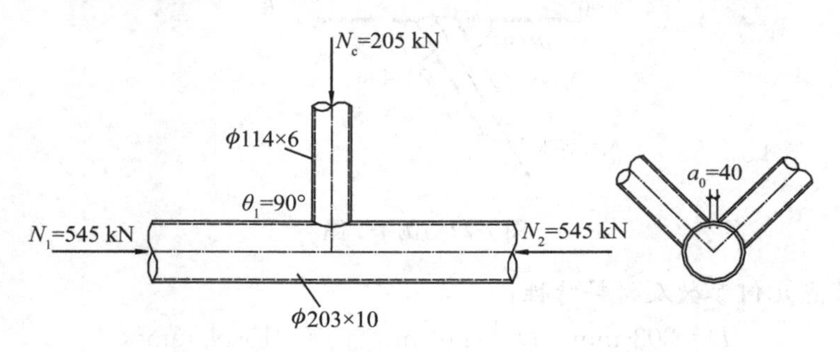


**图 7-23　例 7-2 图**

**解** 已知节点几何参数及材料特性：

$$D=203\ \text{mm},\ D_1=114\ \text{mm},\ f=215\ \text{N/mm}^2,$$
$$t=10\ \text{mm},\ t_1=6\ \text{mm},\ f_y=235\ \text{N/mm}^2,$$
$$A=60.63\ \text{cm}^2,\ a_0=40\ \text{mm},\ f_f^w=160\ \text{N/mm}^2$$

节点几何参数均在适用范围内，因此以下所涉及的计算公式有效。

TT 形节点受压支管在节点处的承载力设计值应按式（7-36）计算，即

$$N_{cTT}=\psi_{a0}N_{cT}$$

式中 $N_{cT}$ 为 T 形节点受压支管在节点处的承载力设计值，应按式（7-11）计算，即

$$N_{cT}=\frac{11.51}{\sin\theta}\left(\frac{D}{t}\right)^{0.2}\psi_n\psi_d t^2 f$$

节点两侧主管轴心压应力的较小绝对值为

$$\sigma=\frac{N}{A}=\frac{545\times10^3}{6063}=89.9\ (\text{N/mm}^2)$$

反映主管轴向应力状态对承载能力影响的参数 $\psi_n$ 为

$$\psi_n=1-0.3\frac{\sigma}{f_y}-0.3\left(\frac{\sigma}{f_y}\right)^2=1-0.3\times\frac{89.9}{235}-0.3\times\left(\frac{89.9}{235}\right)^2\approx0.8413$$

支管与主管外径比 $\beta=D_1/D=114/203\approx0.562<0.7$，故反映支管与主管外径比的参数 $\psi_d$ 为

$$\psi_d=0.069+0.93\beta=0.069+0.93\times0.562\approx0.5917$$

得 T 形节点受压支管在节点处的承载力设计值为

$$N_{cT}=\frac{11.51}{\sin\theta_1}\left(\frac{D}{t}\right)^2\psi_n\psi_d t^2 f=\frac{11.51}{\sin90^\circ}\left(\frac{203}{10}\right)^{0.2}\times0.8413\times0.5917\times10^2\times215\times10^{-3}\approx224.9(\text{kN})$$

两支管的横向间距 $a_0=40\ \text{mm}$，得参数 $\psi_{a0}$ 为

$$\psi_{a0}=1.28-0.64\frac{a_0}{D}=1.28-0.64\times\frac{40}{203}\approx1.1539>1.1$$

取 $\psi_{a0}=1.1$，得所求受压支管在节点处的承载力设计值

$$N_{tT}=\psi_{a0}N_{cT}=1.1\times224.9\approx247.4\ (\text{kN})>N_c=205\ (\text{kN})$$

满足承载力设计值。

## 7.5.2 方（矩）形管节点承载力计算 (Calculation of Bearing Capacity of SHS/RHS Joints)

方（矩）形管结构的节点与圆管结构相比，节点受力情况更复杂，破坏形式多种多样。国内外试验研究表明，方（矩）形管节点常见的破坏模式有 7 种：①主管平壁因形成塑性铰线而失效［图 7-24（a）］；②主管平壁因冲切而破坏或主管侧壁因剪切而破坏［图 7-24（b）］；③主管侧壁因受拉屈服或受压局部失稳而失效［图 7-24（c）］；④受拉支管被拉坏［图 7-24（d）］；⑤受压支管因局部失稳而失效［图 7-24（e）］；⑥主管平壁因局部失稳而失效［图 7-24（f）］；⑦有间隙的 K、N 形节点中，主管在间隙处被剪坏或因丧失轴向承载力而破坏［图 7-24（g）］。对于不同的破坏模式，应按不同的方法分别进行计算。《钢结构设计标准》（GB 50017—2017）中给出的方（矩）形管平面管节点承载力设计值计算公式，是依据国内方（矩）形管节点试验和有限元分析结果，结合国内外收集到的其他试验结果，对国际管结构发展与研究委员会（CIDECT）和欧洲规范（Eurocode3）进行局部修订得到的，因此是半理论半经验的，设计时必须符合其几何参数的构造要求。

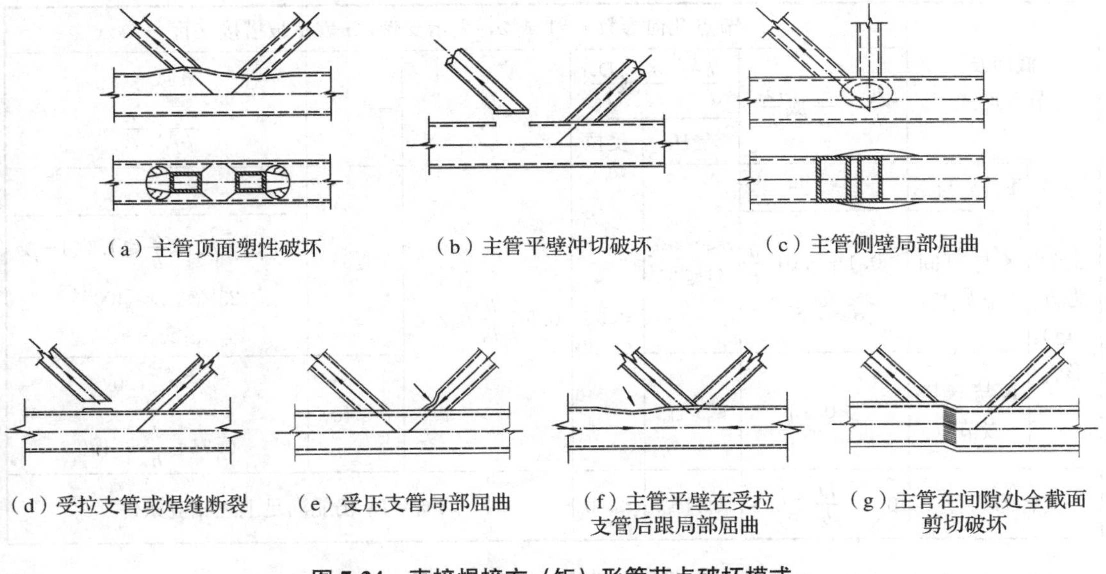

（a）主管顶面塑性破坏　（b）主管平壁冲切破坏　（c）主管侧壁局部屈曲

（d）受拉支管或焊缝断裂　（e）受压支管局部屈曲　（f）主管平壁在受拉支管后跟局部屈曲　（g）主管在间隙处全截面剪切破坏

**图 7-24　直接焊接方（矩）形管节点破坏模式**

本节规定适用于直接焊接且主管为方（矩）形管，支管为方（矩）形管或圆管的钢管节点，如图 7-25 所示，其适用范围应符合表 7-2 的要求。对于间隙 K、N 形节点，如果间隙尺寸过大，满足 $a/b>1.5(1-\beta)$，则两支管间产生错动变形时，两支管间的主管表面不形成或形成较弱的张拉场作用，可以不考虑其对节点承载力的影响，节点分解成单独的 T 形或 Y 形节点计算。

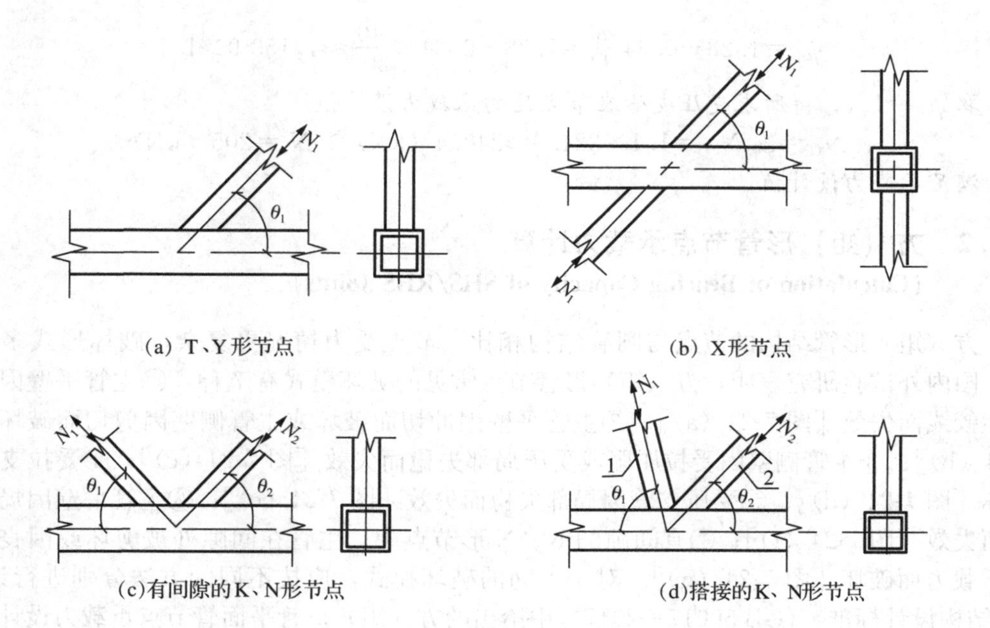


(a) T、Y形节点　　(b) X形节点

(c)有间隙的K、N形节点　　(d)搭接的K、N形节点

1—搭接支管；2—被搭接支管。

**图 7-25　方（矩）形管直接焊接平面节点**

**表 7-2　主管为方（矩）形管、支管为方（矩）形管或圆管的节点几何参数适用范围**

<table>
<tr><th colspan="2" rowspan="3">截面及节点形式</th><th colspan="6">节点几何参数 $i$=1 或 2，表示支管；$j$ 表示被搭接支管</th></tr>
<tr><th rowspan="2">$\frac{b_i}{b}$、$\frac{h_i}{b}$或$\frac{D_i}{b}$</th><th colspan="2">$\frac{b_i}{t_i}$、$\frac{h_i}{t_i}$或$\frac{D_i}{t_i}$</th><th rowspan="2">$\frac{h_i}{b_i}$</th><th rowspan="2">$\frac{b}{t}$、$\frac{h}{t}$</th><th rowspan="2">$a$ 或 $\eta_{ov}$<br>$\frac{b_i}{b_j}$、$\frac{t_i}{t_j}$</th></tr>
<tr><th>受压</th><th>受拉</th></tr>
<tr><td rowspan="3">支管为方（矩）形管</td><td>T、Y与X</td><td>≥0.25</td><td rowspan="2">$\leqslant 37\varepsilon_{k,i}$<br>且≤35</td><td rowspan="3">≤35</td><td rowspan="3">$0.5\leqslant\frac{h_i}{b_i}\leqslant 2.0$</td><td rowspan="2">≤35</td><td></td></tr>
<tr><td>K与N间隙节点</td><td>$\geqslant 0.1+0.01\frac{b}{t}$<br>$\beta\geqslant 0.35$</td><td>$0.5(1-\beta)\leqslant\frac{a}{b}\leqslant 1.5(1-\beta)$<br>$25\%\leqslant\eta_{ov}\leqslant 100\%$<br>$a\geqslant t_1+t_2$</td></tr>
<tr><td>K与N搭接节点</td><td>≥0.25</td><td>$\leqslant 33\varepsilon_{k,i}$</td><td>≤40</td><td>$\frac{t_i}{t_j}\leqslant 1.0$<br>$0.75\leqslant\frac{b_i}{b_j}\leqslant 1.0$</td></tr>
<tr><td colspan="2">支管为圆管</td><td>$0.4\leqslant\frac{D_i}{b}\leqslant 0.8$</td><td>$\leqslant 44\varepsilon_{k,i}$</td><td>≤50</td><td colspan="3">取 $b_i=D_i$ 仍能满足上述相应条件</td></tr>
</table>

注：①当$\frac{a}{b}>1.5(1-\beta)$，则按 T 形或 Y 形节点计算。

②$b_i$、$h_i$、$t_i$ 分别为第 $i$ 个矩形支管的截面宽度、高度和壁厚；$D_i$、$t_i$ 分别为第 $i$ 个圆支管的外径和壁厚；$b$、$h$、$t$ 分别为矩形主管的截面宽度、高度和壁厚；$a$ 为支管间的间隙；$\eta_{ov}$ 为搭接率；$\varepsilon_{k,i}$ 为第 $i$ 个支管钢材的钢号调整系数；$\beta$ 为参数：对 T、Y、X 形节点 $\beta=\frac{b_1}{b}$ 或$\frac{D_1}{b}$，对 K、N 形节点 $\beta=\frac{b_1+b_2+h_1+h_2}{4b}$ 或 $\beta=\frac{D_1+D_2}{b}$。

为保证节点的强度，支管的轴心力和主管的轴心力不得大于下列规定的节点承载力设计值：

(1) 支管为方（矩）形管的 T、Y 和 X 形节点［图 7-25 (a) (b)］

①当 $\beta \leqslant 0.85$ 时，支管在节点处的承载力设计值 $N_{ui}$ 应按下式计算：

$$N_{ui}=1.8\left(\frac{h_i}{bC\sin\theta_i}+2\right)\frac{t^2 f}{C\sin\theta_i}\psi_n \tag{7-49}$$

$$C=(1-\beta)^{0.5} \tag{7-50}$$

式中，$\psi_n$ 为参数，当主管受压时，$\psi_n=1.0-\frac{0.25}{\beta}\cdot\frac{\sigma}{f}$，当主管受拉时，$\psi_n=1.0$；$\sigma$ 为节点两侧主管轴心压应力的较大绝对值。

②当 $\beta=1.0$ 时，支管在节点处的承载力设计值 $N_{ui}$ 应按下式计算：

$$N_{ui}=\left(\frac{2h_i}{\sin\theta_i}+10t\right)\frac{tf_k}{\sin\theta_i}\psi_n \tag{7-51}$$

对于 X 形节点，当 $\theta_i<90°$ 且 $h\geqslant h_i/\cos\theta_i$ 时，还应按下式计算：

$$N_{ui}=\frac{2htf_v}{\sin\theta_i} \tag{7-52}$$

式中，$f_k$ 为主管强度设计值，当支管受拉时，$f_k=f$，当支管受压时，对 T、Y 形节点，$f_k=0.8\varphi f$，对 X 形节点，$f_k=(0.65\sin\theta_i)\varphi f$；$f_v$ 为主管钢材的抗剪强度设计值；$\varphi$ 为按长细比 $\lambda=1.73\left(\frac{h}{t}-2\right)\left(\frac{1}{\sin\theta_i}\right)^{0.5}$ 确定的轴心受压构件的稳定系数。

③当 $0.85<\beta<1.0$ 时，支管在节点处承载力的设计值 $N_{ui}$ 应按式 (7-49) 与式 (7-51) 或式 (7-52) 所得的值，根据 $\beta$ 用线性插值法求得。此外，还不应超过下列两式的计算值：

$$N_{ui}=2.0(h_i-2t_i+b_{ei})t_i f_i \tag{7-53}$$

$$b_{ei}=\frac{10}{b/t}\frac{tf_y}{t_i f_{yi}}b_i\leqslant b_i \tag{7-54}$$

④当 $0.85<\beta\leqslant 1-\frac{2t}{b}$ 时，$N_{ui}$ 还应不超过下列公式的计算值：

$$N_{ui}=2.0\left(\frac{h_i}{\sin\theta_i}+b'_{ei}\right)\frac{tf_v}{\sin\theta_i} \tag{7-55}$$

$$b'_{ei}=\frac{10}{b/t}b_i\leqslant b_i \tag{7-56}$$

式中，$h_i$、$t_i$、$f_i$、$f_{yi}$ 分别为支管的截面高度、壁厚、抗拉（抗压和抗弯）强度设计值以及钢材屈服强度。

(2) 支管为矩形管的有间隙的 K 形和 N 形节点［图 7-25 (c)］

①节点处任一支管的承载力设计值应取下列各式的较小值：

$$N_{ui}=\frac{8}{\sin\theta_i}\beta\left(\frac{b}{2t}\right)^{0.5}t^2 f\psi_n \tag{7-57}$$

$$N_{ui}=\frac{A_v f_v}{\sin\theta_i} \tag{7-58}$$

$$N_{ui}=2.0\left(h_i-2t_i+\frac{b_i+b_{ei}}{2}\right)t_i f_i \tag{7-59}$$

当$\beta \leqslant 1-\frac{2t}{b}$时，还应小于：

$$N_{ui}=2.0\left(\frac{h_i}{\sin\theta_i}+\frac{b_i+b'_{ei}}{2}\right)\frac{tf_v}{\sin\theta_i} \tag{7-60}$$

$$A_v=(2h+\alpha b)t \tag{7-61}$$

$$\alpha=\sqrt{\frac{3t^2}{3t^2+4a^2}} \tag{7-62}$$

式中，$A_v$为主管的受剪面积，按式（7-61）计算；$\alpha$为参数，按式（7-62）计算（支管为圆管时，$\alpha=0$）。

②节点间隙处的主管轴心受力承载力设计值：

$$N=(A-\alpha_v A_v)f \tag{7-63}$$

$$\alpha_v=1-\sqrt{1-\left(\frac{V}{V_p}\right)^2} \tag{7-64}$$

$$V_p=A_v f_v \tag{7-65}$$

式中，$\alpha_v$为剪力对主管轴心承载力的影响系数，按式（7-64）计算；$V$为节点间隙处主管所受的剪力，可按任一支管的竖向分力计算；$A$为主管横截面面积。

（3）支管为矩形管的搭接的K形和N形节点［图7-25（d）］

搭接支管的承载力设计值应根据不同的搭接率$\eta_{ov}$按下列公式计算（下标$j$表示被搭接的支管）：

①当$25\% \leqslant \eta_{ov} < 50\%$时，

$$N_{ui}=2.0\left[(h_i-2t)\frac{\eta_{ov}}{0.5}+\frac{b_{ei}+b_{ej}}{2}\right]t_i f_i \tag{7-66}$$

$$b_{ej}=\frac{10}{b_j/t_j}\cdot\frac{t_j f_{yj}}{t_i f_{yi}}\cdot b_i \leqslant b_i \tag{7-67}$$

②当$50\% \leqslant \eta_{ov} < 80\%$时，

$$N_{ui}=2.0\left(h_i-2t_i+\frac{b_{ei}+b_{ej}}{2}\right)t_i f_i \tag{7-68}$$

③当$80\% \leqslant \eta_{ov} \leqslant 100\%$时，

$$N_{ui}=2.0\left(h_i-2t_i+\frac{b_i+b_{ej}}{2}\right)t_i f_i \tag{7-69}$$

被搭接支管的承载力应满足下式要求：

$$\frac{N_{uj}}{A_j f_{yj}} \leqslant \frac{N_{ui}}{A_i f_{yi}} \tag{7-70}$$

（4）支管为矩形管的平面KT形节点

①当为KT形间隙节点时，若垂直支管内力为零，则假设垂直支管不存在，按K形节点计算。若垂直支管内力不为零，可通过对K形和N形节点的承载力公式进行修正来计算，此时$\beta \leqslant (b_1+b_2+b_3+h_1+h_2+h_3)/(6b)$，间隙值取为两根受力较大且力的符号相反（拉或压）的腹杆间的最大间隙。对于图7-26（a）（b）所示受荷情况（$P$为节点横向荷载，可为零），应满足式（7-71）、式（7-72）及式（7-73）的要求：

$$N_{u1}\sin\theta_1 \geqslant N_2\sin\theta_2+N_3\sin\theta_3 \tag{7-71}$$

$$N_{u1} \geqslant N_1 \tag{7-72}$$

$$N_{u1}\sin\theta_1 = N_{u2}\sin\theta_2 \tag{7-73}$$

式中，$N_1$、$N_2$、$N_3$ 为各腹杆所受的轴向力。

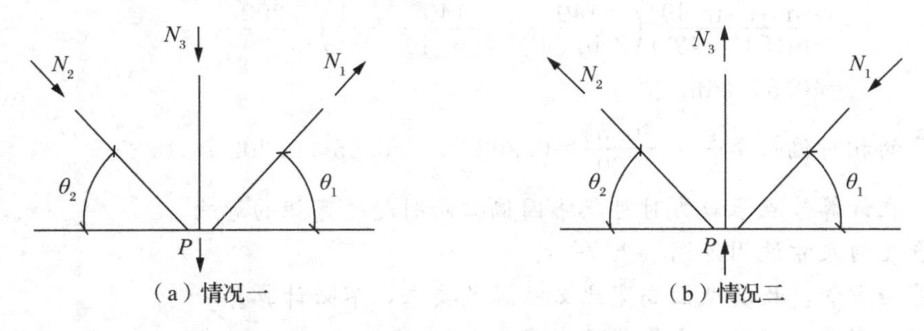


**图 7-26　KT 形节点受荷情况**

②当为搭接 KT 形方管节点时，可采用搭接 K 形和 N 形节点的承载力公式检验每一根支管的承载力。计算支管有效宽度时应注意支管搭接次序。

(5) 支管为圆管的各种形式的节点

支管为圆管的 T、Y、X、K 及 N 形节点，支管在节点处的承载力，可用上述相应的支管为矩形管的节点的承载力公式计算，这时需用 $D_i$ 替代 $b_i$ 和 $h_i$，并将计算结果乘以 $\pi/4$。

**例 7-3**　图 7-27 所示为某方管桁架中一直接焊接的 K 形节点。主管为□200×200×8，截面面积 $A=61.44\ \text{cm}^2$，支管为□140×140×6，钢材为 Q235B 钢，强度设计值 $f=215\ \text{N/mm}^2$。手工焊，E43 型焊条。两支管的间隙 $a=45$ mm。钢管受力如图 7-27 所示。试计算该节点处的承载力设计值是否满足要求。

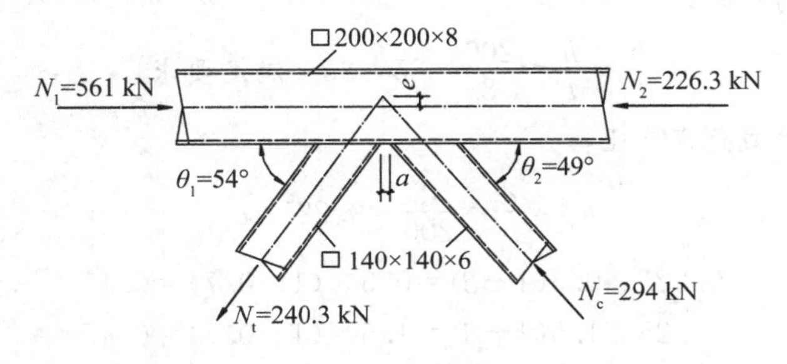


**图 7-27　例 7-3 图**

**解**　已知节点几何参数及材料特性：

$$b=200\ \text{mm},\ b_1=140\ \text{mm},\ b_2=140\ \text{mm},\ f=215\ \text{N/mm}^2,$$

$$h=200\ \text{mm},\ h_1=140\ \text{mm},\ h_2=140\ \text{mm},\ f_v=125\ \text{N/mm}^2,$$

$$t=8\ \text{mm},\ t_1=6\ \text{mm},\ t_2=6\ \text{mm},\ f_y=235\ \text{N/mm}^2,$$

$$a=45\ \text{mm},\ \theta_1=54°,\ \theta_2=49°,\ f_f^w=160\ \text{N/mm}^2$$

(1) 节点的几何参数验证

①节点偏心［式（7-1）]：

两支管轴线交点至主管轴线的距离——偏心距 $e$ 偏向主管的外侧，为正值。

由几何关系得

$$e=\frac{\sin\theta_1\sin\theta_2}{\sin(\theta_1+\theta_2)}\left(\frac{h_1}{2\sin\theta_1}+\frac{h_2}{2\sin\theta_2}+a\right)-\frac{h}{2}$$

$$=\frac{\sin 54°\sin 49°}{\sin(54°+49°)}\left(\frac{140}{2\sin 54°}+\frac{140}{2\sin 49°}+45\right)-\frac{200}{2}$$

$$=40.54\ (\text{mm})$$

与主管的相对偏心率$\frac{e}{h}=\frac{40.54}{200}=0.2027$，$-0.55<0.2027<0.25$。

因此，在计算节点承载力时可忽略因偏心而引起的弯矩的影响。

②节点几何尺寸适用范围（表 7-2）：

因支管为方管，故其截面高宽比必然满足要求，不必计算。

支管截面宽度、高度与主管截面宽度比：

$$\frac{b_i}{b}=\frac{h_i}{b}=\frac{140}{200}=0.7>0.1+\frac{0.01b}{t}=0.1+\frac{0.01\times200}{8}=0.35\quad 满足要求$$

支管截面等效宽度与主管截面宽度的比：

$$\beta=\frac{b_1+b_2+h_1+h_2}{4b}=\frac{4\times140}{4\times200}=0.70>0.35\quad 满足要求$$

受拉支管截面宽（高）厚比：

$$\frac{b_1}{t_1}=\frac{h_1}{t_1}=\frac{140}{6}=23.3<35\quad 满足要求$$

受压支管截面宽（高）厚比：

$$\frac{b_2}{t_2}=\frac{h_2}{t_2}=\frac{140}{6}=23.3<35\quad 满足要求$$

主管截面宽（高）厚比：

$$\frac{b}{t}=\frac{h}{t}=\frac{200}{8}=25<35\quad 满足要求$$

节点间隙与主管截面宽度比：

$$\frac{a}{b}=\frac{45}{200}=0.225$$

$$0.225>0.5(1-\beta)=0.5\times(1-0.7)=0.15$$

$$0.225<1.5(1-\beta)=1.5\times(1-0.7)=0.45$$

均满足要求。

两支管间隙：

$$a=45\ (\text{mm})>t_1+t_2=6+6=12\ (\text{mm})\quad 满足要求$$

综上，节点几何尺寸均在表 7-2 的适用范围之内。

此外，支管轴线与主管轴线的夹角分别为 $\theta_1=54°>30°$，$\theta_2=49°>30°$，满足构造要求。

因此，以下所涉及的计算公式有效。

(2) 支管承载力计算

①受拉支管：

因 $\beta=0.70<1-2t/b=0.92$，故受拉支管在节点处的承载力设计值应取下列四式中的较小值［见式（7-57）～式(7-60)］：

$$N_{u1}=\frac{8}{\sin\theta_1}\beta\left(\frac{b}{2t}\right)^{0.5}t^2 f\psi_n$$

$$=\frac{8}{\sin 54^\circ}\times 12.5^{0.5}\times 8^2\times 215\times 10^{-3}\psi_n \quad \text{(a)}$$

$$\approx 481\psi_n \text{ (kN)}$$

$$N_{u1}=\frac{A_v f_v}{\sin\theta_1}=\frac{A_v\times 125}{\sin 54^\circ}\times 10^{-3}\approx 0.154\,5A_v \text{ (kN)} \quad \text{(b)}$$

$$N_{u1}=2.0\left(h_1-2t_1+\frac{b_1+b_{e1}}{2}\right)t_1 f_1$$

$$=2.0\times\left(140-2\times 6+\frac{140+b_{e1}}{2}\right)\times 6\times 215\times 10^{-3} \quad \text{(c)}$$

$$=1.29\times(396+b_{e1}) \text{ (kN)}$$

$$N_{u1}=2.0\left(\frac{h_1}{\sin\theta_1}+\frac{b_1+b'_{e1}}{2}\right)\frac{tf_v}{\sin\theta_1}$$

$$=2.0\times\left(\frac{140}{\sin 54^\circ}+\frac{140+b'_{e1}}{2}\right)\times\frac{8\times 125}{\sin 54^\circ}\times 10^{-3} \quad \text{(d)}$$

$$\approx 1.236\times(486+b'_{e1}) \text{ (kN)}$$

式（a）中，反映主管轴向应力状态对承载能力影响的参数 $\psi_n$，应按下式计算（当主管受压时）：

$$\psi_n=1.0-\frac{0.25}{\beta}\cdot\frac{\sigma}{f}=1.0-\frac{0.25}{0.70}\times\frac{91.3}{215}=0.848\,3$$

式中，$\sigma=N_1/A=561\times 10^3/6\,144\approx 91.3$（$N/mm^2$），为节点两侧主管轴心压应力的较大绝对值。

式（b）中，$A_v$ 为主管的受剪面积，按式（7-61）和式（7-62）计算：

$$A_v=(2h+\alpha b)t=\left(2h+b\sqrt{\frac{3t^2}{3t^2+4a^2}}\right)t$$

$$=\left(2\times 200+200\times\sqrt{\frac{3\times 8^2}{3\times 8^2+4\times 45^2}}\right)\times 8$$

$$\approx 3\,443 \text{ (mm}^2\text{)}$$

式（c）中，参数 $b_{ei}$ 为［式（7-54）］

$$b_{e1}=\frac{10}{b/t}\frac{f_y t}{f_{y1}t_1}b_1=\frac{10}{200/8}\times\frac{235\times 8}{235\times 6}\times 140\approx 74.7 \text{ (mm)}<b_1=140 \text{ (mm)}$$

式（d）中，参数 $b'_{e1}$ 为［式（7-56）］

$$b'_{e1}=\frac{10}{b/t}b_1=\frac{10}{200/8}\times 140=56 \text{ (mm)}<b_1=140 \text{ (mm)}$$

将求得的 $\psi_n$、$A_v$、$b_{e1}$ 和 $b'_{e1}$ 数值分别代入上述式（a）～(d)，得

$$N_{u1}=481\psi_n=481\times 0.848\,3=408.0 \text{ (kN)}$$

$$N_{u1}=0.154\,5A_v=0.154\,5\times 3\,443\approx 531.9 \text{ (kN)}$$

$$N_{u1}=1.29\times(396+b_{e1})=1.29\times(396+74.7)\approx 607.2 \text{ (kN)}$$

$$N_{u1}=1.236\times(486+b'_{e1})=1.236\times(486+56)\approx 669.9 \text{ (kN)}$$

因此，受拉支管在节点处的承载力设计值为

$N_{u1}$ = min {408.0, 531.9, 607.2, 669.9} = 408.0 (kN) > $N_t$ = 240.3 (kN)

满足要求。

②受压支管：

按上述同样步骤，可得受压支管在节点处的承载力设计值为

$N_{u2}$ = min {360.98, 570.3, 607.2, 505.5} = 360.98 (kN) > $N_c$ = 294 (kN)

满足要求。

(3) 主管承载力计算

节点间隙处的主管轴心受力承载力设计值按式（7-63）计算，即

$$N=(A-\alpha_v A_v)f=(6\ 144-\alpha_v\times 3\ 443)\times 215\times 10^{-3}\approx 1\ 321\times(1-0.560\ 4\alpha_v)\ (\text{kN})$$

式中，$\alpha_v$ 是考虑剪力对主管轴心承载力的影响系数，按式（7-64）计算：

$$\alpha_v=1-\sqrt{1-\left(\frac{V}{V_p}\right)^2}$$

这里，$V$ 是节点间隙处主管所受的剪力，按受力较大的受压支管的竖向分力计算：

$$V=N_c\sin\theta_2=294\times\sin 49°\approx 221.9\ (\text{kN})$$

主管的受剪承载力设计值 $V_p$ 按式（7-65）计算：

$$V_p=A_v f_v=3\ 443\times 125\times 10^{-3}\approx 430.4\ (\text{kN})$$

得

$$\alpha_v=1-\sqrt{1-\left(\frac{221.9}{430.4}\right)^2}\approx 0.143\ 2$$

$$N=1\ 321\times(1-0.560\ 4\times 0.143\ 2)\approx 1\ 215.0\ (\text{kN})>561\ (\text{kN})$$

满足要求。

## 7.6 钢管结构节点连接焊缝计算 (Connecting Weld Calculation of Joints of Steel Tubular Structures)

在节点处，主管与支管或支管与支管间用焊缝连接时，焊缝的承载能力必须大于或等于支管传递的荷载。当主管分别为圆管和方（矩）形管时，焊缝连接采用不同的计算方法。如前构造要求所述，支管与主管之间的连接焊缝可沿全周用角焊缝，也可以部分采用对接焊缝。支管端部焊缝位置可分为 A、B、C 三个区域，如图 7-28（a）所示。当各区均采用角焊缝时，其形式如图 7-28（b）所示；当 A、B 两区采用对接焊缝而 C 区采用角焊缝（因 C 区管壁交角小，采用对接焊缝不易施焊）时，其形式如图 7-28（c）所示。由于坡口角度、焊根间隙都是变化的，对接焊缝的焊根又不能清渣以及补焊，考虑到这些原因及便于计算，并参考国外规范的相关规定，连接焊缝计算时可以视为全周用角焊缝连接。

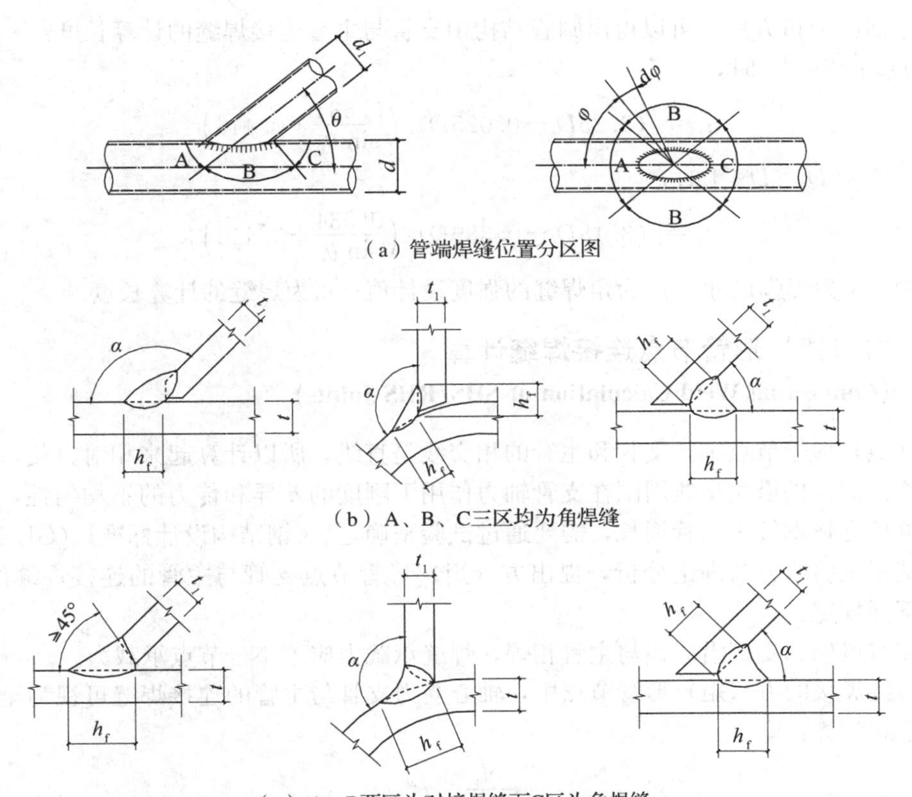


**图7-28　管节点连接焊缝形式**

## 7.6.1　圆管节点连接焊缝计算
## (Connecting Weld Calculation of CHS Joints)

在节点处，支管沿周边与主管相焊；支管互相搭接处，搭接支管沿搭接边与被搭接支管相焊。为防止焊缝先于节点发生破坏，焊缝承载力应不小于节点承载力。T（Y）、X或K形间隙节点及其他非搭接节点中，支管仅受轴力作用时，非搭接支管与主管的连接焊缝在计算时可视为全周角焊缝。角焊缝的计算厚度沿支管周长取 $0.7h_f$，焊缝承载力设计值 $N_f$ 可按下式计算：

$$N_f = 0.7h_f l_w f_f^w \tag{7-74}$$

连接焊缝的长度实际上是支管与主管的相交线长度，考虑到焊缝传力时的不均匀性，焊缝的计算长度 $l_w$ 不会大于相交线长度。因主管和支管均为圆管时的节点连接焊缝传力较为均匀，焊缝计算长度取为相交线长度。该相交线是一条空间曲线，若将曲线分为 $2n$ 段，微小段 $\Delta l_i$ 可取空间折线代替空间曲线，则焊缝的计算长度：

$$l_w = 2\sum_{i=1}^{n}\Delta l_i = K_a d_i \tag{7-75}$$

$$K_a = 2\int_0^{\pi} f(d_i/D,\theta)\,d\theta \tag{7-76}$$

式中，$K_a$ 为相交斜率；$D$，$d_i$ 分别为主管和支管外径；$\theta$ 为支管轴线与主管轴线的夹角。采用回归分析方法，可以得出圆管结构中支管与主管连接焊缝的计算长度：

当 $D_i/D \leqslant 0.65$ 时，

$$l_w = (3.25D_i - 0.025D)\left(\frac{0.534}{\sin\theta_i} + 0.446\right) \tag{7-77}$$

当 $0.65 < D_i < D \leqslant 1$ 时，

$$l_w = (3.18D_i - 0.389D)\left(\frac{0.534}{\sin\theta_i} + 0.446\right) \tag{7-78}$$

式中，$h_f$为焊脚尺寸；$f_f^w$为角焊缝的强度设计值；$l_w$为焊缝的计算长度。

### 7.6.2 方（矩）形管节点连接焊缝计算 (Connecting Weld Calculation of SHS/RHS Joints)

方（矩）形管节点中，支管和主管的相交线是直线，所以计算起来相对方便，但是考虑到主管顶面板件沿相交线周围在支管轴力作用下刚度的差异和传力的不均匀性，相交焊缝的计算长度将不等于支管周长，需要通过试验来确定。《钢结构设计标准》(GB 50017—2017) 基于试验研究与理论分析，提出方（矩）形管节点支管与主管的连接焊缝的计算，应符合下列规定：

①在节点处，支管沿周边与主管相焊，焊缝承载力应不小于节点承载力。

②直接焊接的方（矩）形管节点中，轴心受力支管与主管的连接焊缝可视为全周角焊缝，按下式计算：

$$\frac{N_i}{h_e l_w} \leqslant f_f^w \tag{7-79}$$

式中，$N_i$ 为支管轴力设计值；$h_e$ 为角焊缝计算厚度，当支管承受轴力时，平均计算厚度可取 $0.7h_f$；$l_w$ 为焊缝的计算长度，按式 (7-80)～式 (7-82) 计算；$f_f^w$ 为角焊缝的强度设计值。

③支管为方（矩）形管时，角焊缝的计算长度可按下列公式计算：

a) 对于有间隙的 K 形和 N 形节点：

当 $\theta_i \geqslant 60°$时，

$$l_w = \frac{2h_i}{\sin\theta_i} + b_i \tag{7-80}$$

当 $\theta_i \leqslant 50°$时，

$$l_w = \frac{2h_i}{\sin\theta_i} + 2b_i \tag{7-81}$$

当$50° < \theta_i < 60°$时，$l_w$ 按插值法确定。

b) 对于 T、Y 和 X 形节点：

$$l_w = \frac{2h_i}{\sin\theta_i} \tag{7-82}$$

④当支管为圆管时，焊缝计算长度应按下式计算：

$$l_w = \pi(a_0 + b_0) - D_i \tag{7-83}$$

$$a_0 = \frac{R_i}{\sin\theta_i} \tag{7-84}$$

$$b_0 = R_i \tag{7-85}$$

式中，$a_0$为椭圆相交线的长半轴；$b_0$为椭圆相交线的短半轴；$R_i$为圆支管半径；$\theta_i$ 为支管轴线与主管轴线的夹角。

**例 7-4** 图 7-29 所示为某圆形钢管直接焊接的 Y 形节点。主管为 $\phi 203\times 10$，截面面积 $A=60.63\ \text{cm}^2$；支管为 $\phi 114\times 6$。钢管为 Q235B 钢，强度设计值 $f=215\ \text{N/mm}^2$。手工焊，E43 型焊条。钢管受力如图所示，其中主管上的剪力（用于平衡支管中的竖向分力）未标出。试计算支管与主管的连接角焊缝焊脚尺寸 $h_f$。

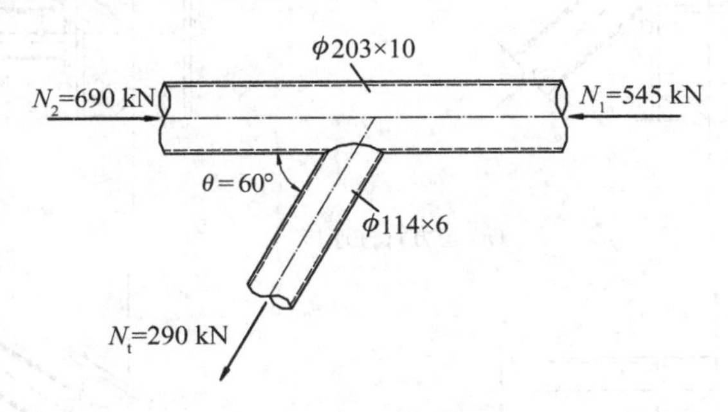


**图 7-29 例 7-4 图**

**解** 支管外径 $d_1=114$ mm，主管外径 $D=203$ mm，支管轴线与主管轴线的夹角 $\theta=60°$。

（1）焊缝计算长度

支管与主管的外径比值$\dfrac{d_1}{D}=\dfrac{114}{203}\approx 0.562<0.65$，

故节点连接角焊缝的计算长度 $l_w$应按式（7-77）计算，即

$$
\begin{aligned}
l_w &=(3.25d_i-0.025D)\left(\frac{0.534}{\sin\theta_i}+0.466\right)\\
&=(3.25\times 114-0.025\times 203)\left(\frac{0.534}{\sin 60°}+0.466\right)\\
&\approx 395.6\ (\text{mm})
\end{aligned}
$$

（2）角焊缝焊脚尺寸 $h_f$

支管轴心受力，连接角焊缝的强度按式（7-79）计算，即

$$\sigma_f=\frac{N}{0.7h_f l_w}\leqslant f_f^w$$

将角焊缝的强度设计值 $f_f^w=160\ \text{N/mm}^2$代入上式，得所求的角焊缝焊脚尺寸为

$$h_f\geqslant\frac{N}{0.7l_w f_f^w}=\frac{290\times 10^3}{0.7\times 395.6\times 160}\approx 6.55\ (\text{mm})$$

采用 $h_f=8\ \text{mm}<2t_1=2\times 6=12$（mm），满足角焊缝的焊脚尺寸 $h_f$不宜大于支管壁厚之 2 倍的构造要求。

## 7.7 钢管桁架与上下部的连接构造

## (Constructions of Connection with Upper and Lower Parts of Steel Tubular Truss Structures)

钢管桁架作为常见的大跨空间结构，其通常支承在钢柱或混凝土梁/柱顶部，常见的

钢管桁架与下部结构连接构造如图 7-30 所示。

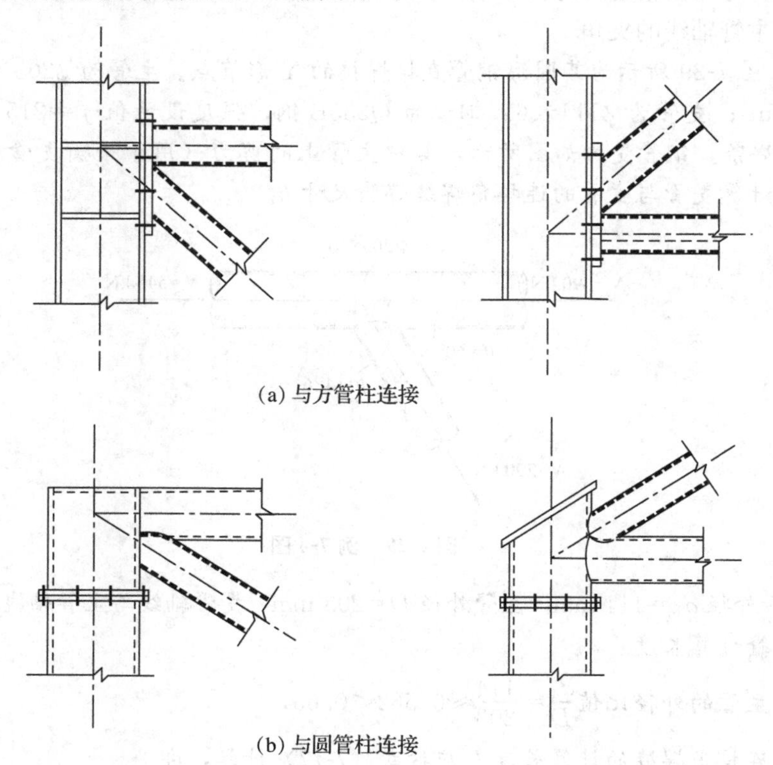

(a) 与方管柱连接

(b) 与圆管柱连接

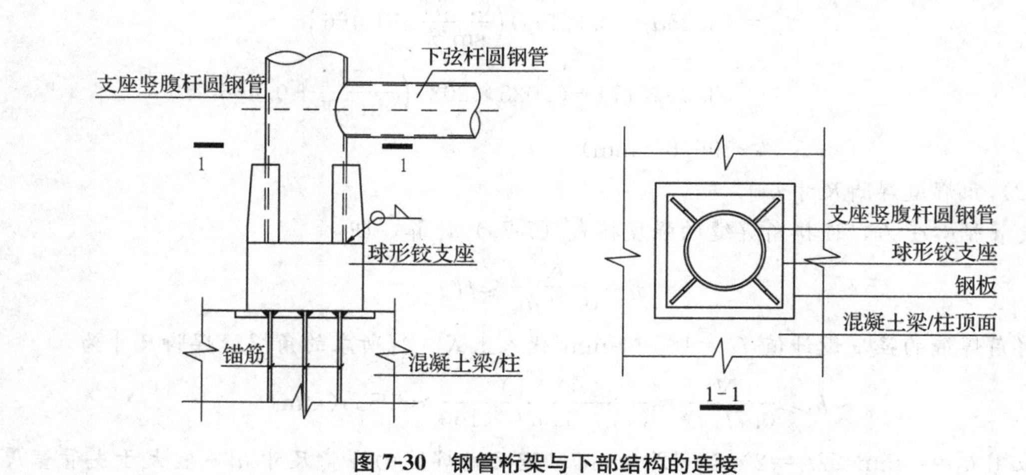


**图 7-30　钢管桁架与下部结构的连接**

钢管桁架上弦与屋面结构连续次梁连接可采用图 7-31 的构造。钢管桁架上弦与屋面檩条连接可采用图 7-32 的构造。

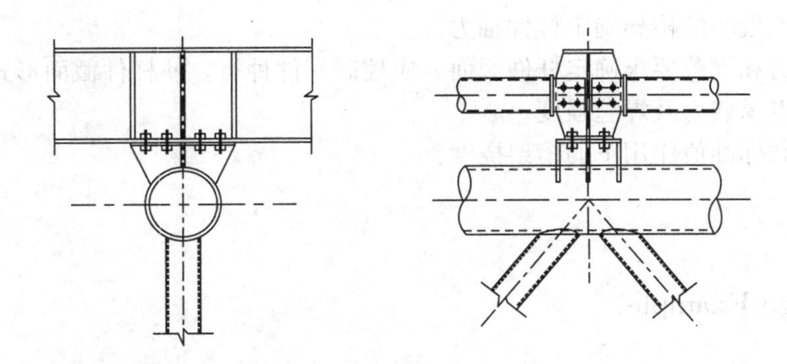

图 7-31　桁架上弦与屋面结构连续次梁的连接构造

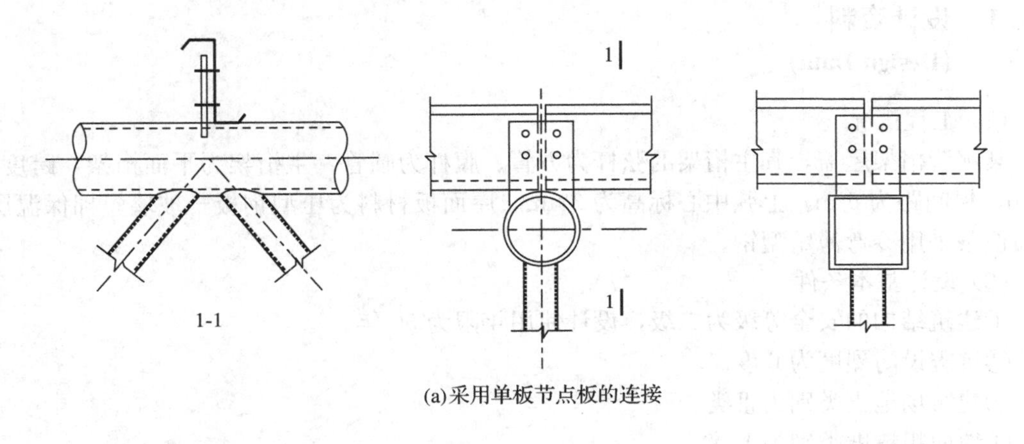


(a)采用单板节点板的连接

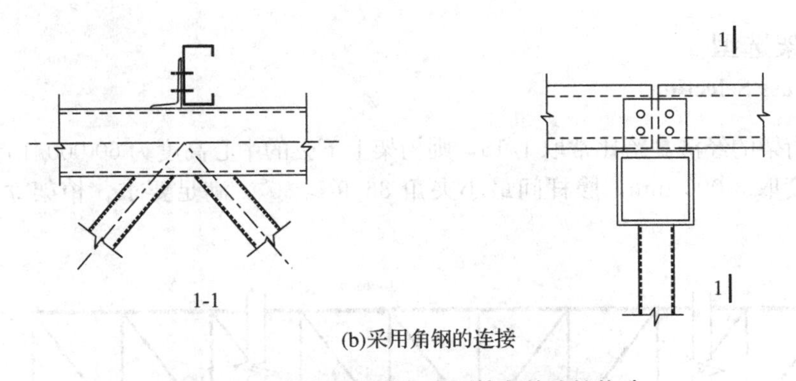


(b)采用角钢的连接

图 7-32　钢管桁架上弦与屋面檩条的连接构造

## 7.8　钢管桁架结构设计步骤
(Design Steps of Steel Tubular Truss Structures)

钢管桁架结构设计的步骤可归纳如下：

①先确定桁架形状、跨度、高度、节间长度、支撑，尽量使节点数量最少。

②将荷载简化成节点上的等效荷载。

③按铰接无偏心的桁架确定杆件轴力。

④根据轴力和规范要求确定杆件截面。应控制杆件种类，使杆件截面形式最少。

⑤验算节点承载力及焊缝强度。

⑥验算荷载标准值作用下的桁架挠度。

## 7.9 算例
(Design Example)

### 7.9.1 设计资料
**(Design Data)**

(1) 工程概况

某钢管桁架屋盖，其主桁架的弦杆为方管、腹杆为圆管，主桁架为平面桁架，跨度为 60 m，榀间距为 6 m，上弦中心标高为 33 m。屋面板材料为压型钢板＋玻璃丝棉保温层，屋面檩条采用冷弯薄壁型钢。

(2) 设计基本条件

①建筑结构的安全等级为二级，设计使用年限为 50 年。

②抗震设防烈度为 6 度。

③建筑场地土类别为Ⅲ类。

④地面粗糙度类别为 B 类。

### 7.9.2 桁架选型
**(Truss Selection)**

平行弦桁架的经济高跨比常取 1/15，则桁架上下弦的中心高度为 60 000/15＝4 000 mm，节间中心长度取 3 000 mm，腹杆间最小夹角 36.9°＞30°，满足要求。桁架立面如图 7-33 所示。

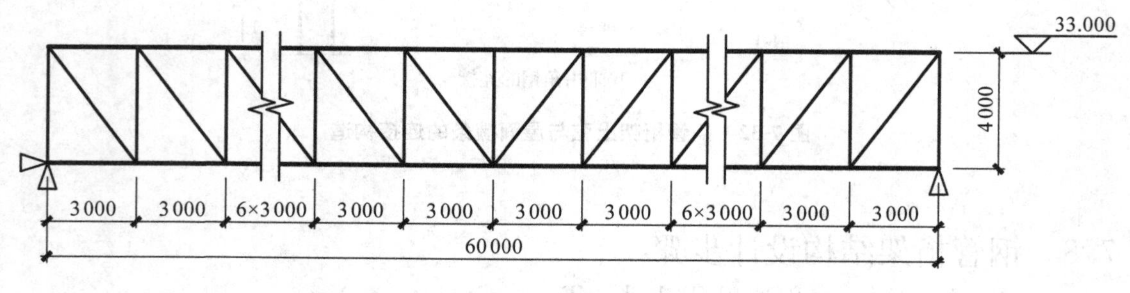


**图 7-33　桁架立面图**

## 7.9.3 荷载计算
**(Load Calculation)**

1) 荷载标准值

(1) 永久荷载（屋面恒荷载）标准值（钢屋架自重由软件自动计算）：

| | |
|---|---|
| 屋面彩色压型钢板： | 0.12 kN/m² |
| 玻璃丝棉保温层： | 0.10 kN/m² |
| 支撑及檩条： | 0.20 kN/m² |
| 合计 ： | 0.42 kN/m² |

(2) 可变荷载标准值

① 屋面活荷载：0.5 kN/m²（水平投影）。

② 基本雪压：0.45 kN/m²（水平投影）。

③ 基本风压：0.35 kN/m²（垂直屋面）。

2) 节点荷载计算

(1) 永久荷载

上弦单个节点的永久荷载标准值：$P_1=0.42\times6\times3=7.56$ (kN)，永久荷载作用如图 7-34 所示。

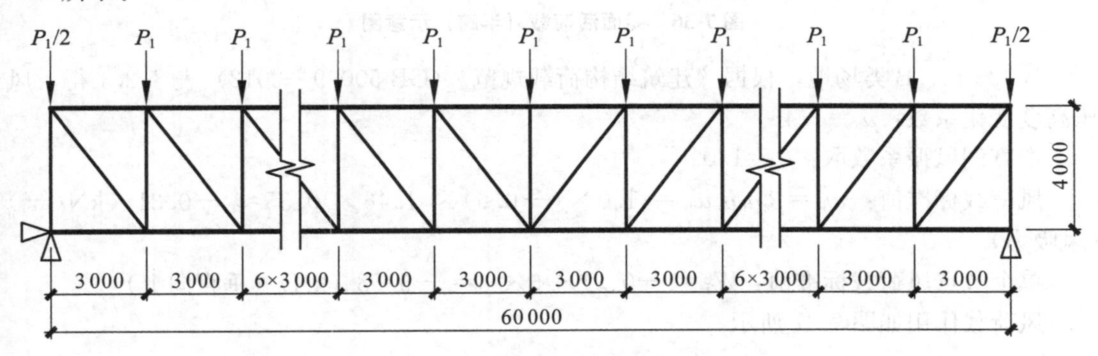


**图 7-34 屋面永久荷载示意图**

(2) 屋面活荷载

上弦单个节点屋面活荷载标准值：$P_2=0.5\times6\times3=9$ (kN)，屋面活荷载按满跨和半跨两种情况布置，其作用如图 7-35、图 7-36 所示。

(3) 屋面雪荷载

由于基本雪压为 0.45 kN/m² < 屋面活荷载 = 0.5 kN/m²，雪荷载和屋面活荷载不同时组合，故仅考虑屋面活荷载的作用。

(4) 屋面风荷载

基本风压：$w_0=0.35$ kN/m²。

根据《建筑结构荷载规范》(GB 50009—2012) 表 8.3.1 中的项次 2 "封闭式双坡屋面" 得，风载体型系数：$\mu_s=-0.6$。

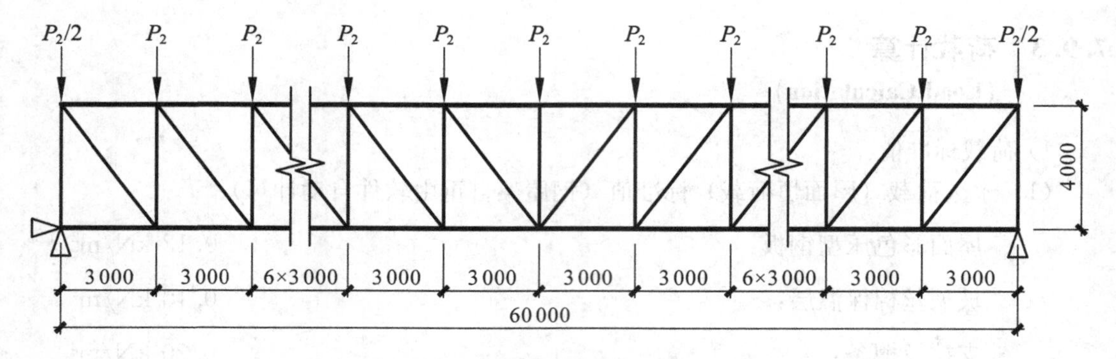


图 7-35 屋面活荷载（满跨）示意图

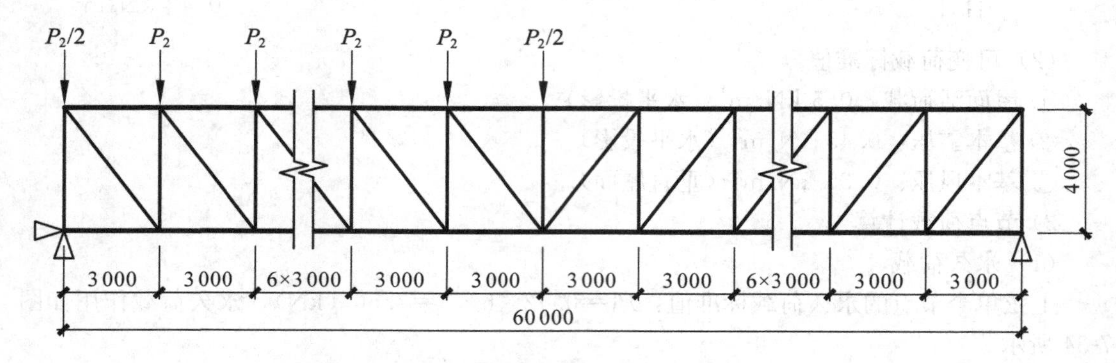


图 7-36 屋面活荷载（半跨）示意图

$h$=33 m，B类场地，根据《建筑结构荷载规范》(GB 50009—2012) 表 8.2.1 得，风压高度变化系数：$\mu_z$=1.46。

本算例风振系数取：$\beta_z$=1.0。

风荷载标准值：$w_k=\beta_z\mu_s\mu_z w_0=1.0\times(-0.6)\times1.46\times0.35\approx-0.31$ (kN/m²)(风吸力)

单个节点风荷载标准值：$W_1=-0.31\times6\times3=-5.58$ (kN)(垂直向上)

风荷载作用如图 7-37 所示。

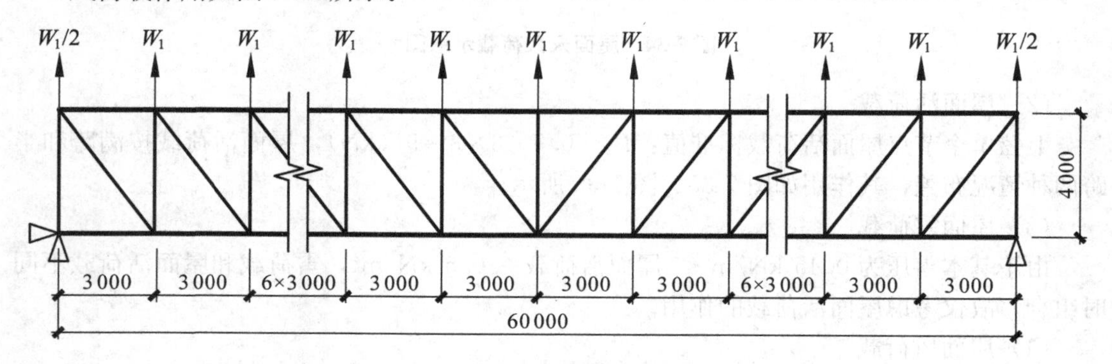


图 7-37 屋面风荷载示意图

## 7.9.4 内力计算及内力组合
### (Internal Forces Calculation and Internal Force Combination)

(1) 材料

钢材采用Q235B钢，其质量应符合《碳素结构钢》(GB/T 700—2006) 的规定。桁架弦杆采用焊接方钢管，腹杆采用焊接圆形钢管，根据《钢结构设计标准》(GB 50017—2017) 第13.1.2条的规定，方钢管的最大外缘尺寸与壁厚之比不应超过 $40\varepsilon_k$，圆形钢管的外径与壁厚之比不应超过 $100\varepsilon_k^2$，$\varepsilon_k$ 为钢号修正系数。本算例中的钢管结构连接节点采用无加劲直接焊接相贯节点，根据《钢结构设计标准》(GB 50017—2017) 第4.3.7条的规定，其管材的屈强比不宜大于0.8。

(2) 桁架内力计算

计算模型中腹杆与弦杆连接节点按铰接处理，通过结构计算程序算得各荷载作用下杆件的内力标准值，如图7-38～图7-41所示（单位：kN）。

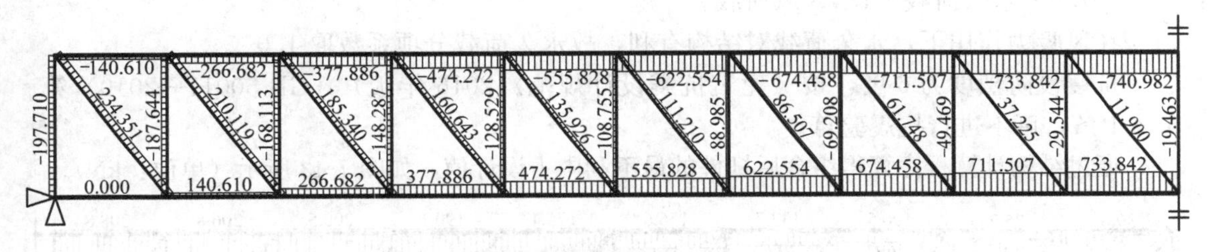

图7-38 屋面永久荷载作用下内力图

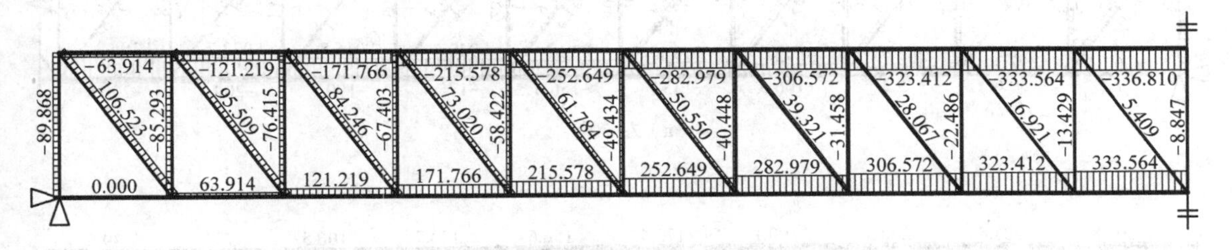

图7-39 屋面活荷载（满跨）作用下内力图

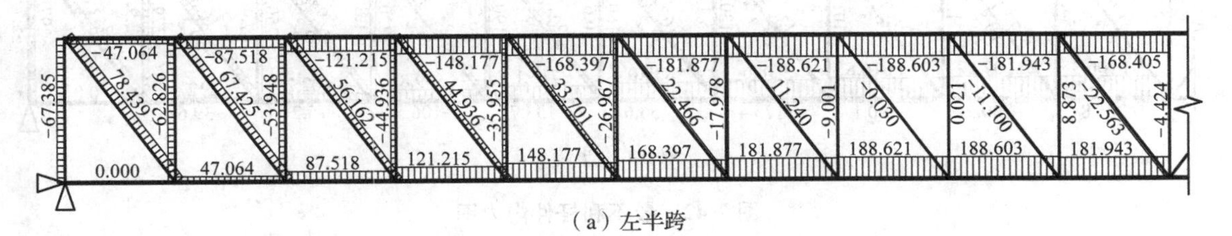

(a) 左半跨

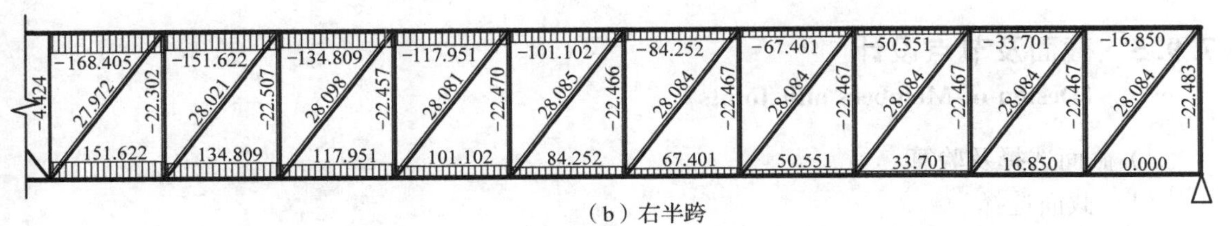

(b) 右半跨

图7-40 屋面活荷载（半跨）作用下内力图

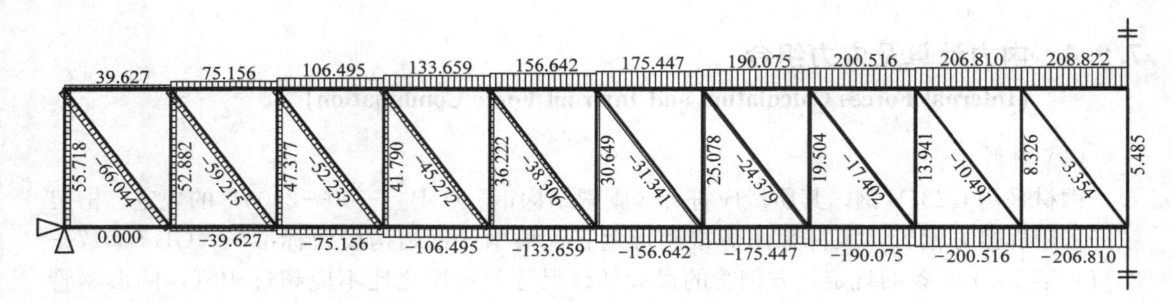


**图 7-41　屋面风荷载作用下内力图**

(3) 内力组合

根据《建筑结构荷载规范》(GB 50009—2012) 第 3.2.3 条，本例取以下三种组合：

①1.3×永久荷载＋1.5×满跨屋面活荷载和雪荷载较大值。

②1.3×永久荷载＋1.5×半跨屋面活荷载和雪荷载较大值。

③1.0×永久荷载＋1.5×风荷载。

在风吸力作用下，永久荷载对结构有利，故永久荷载分项系数取 1.0。

抗震设防烈度为 6 度，按《建筑抗震设计规范》(2016 年版)(GB 50011—2010) 第 5.3.1 条，可不进行抗震验算。

通过结构计算程序算得组合后杆件的最不利内力设计值，如图 7-42 所示（单位：kN)。

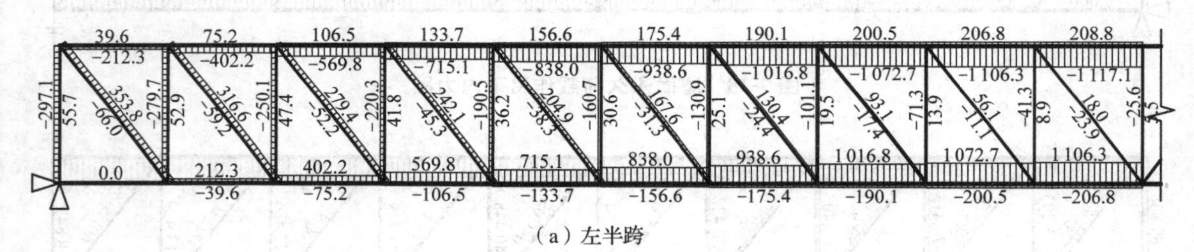


(a) 左半跨

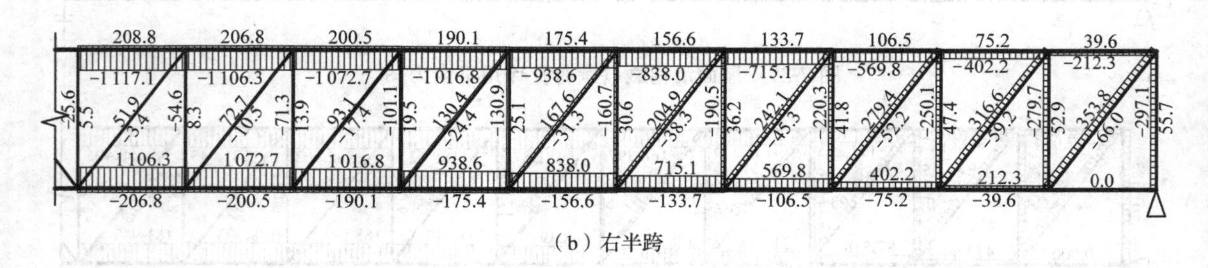


(b) 右半跨

**图 7-42　最不利杆件内力图**

## 7.9.5　截面及节点设计

**(Design of Members and Joints)**

1) 截面选择及验算

(1) 截面选择

桁架弦杆采用方钢管，腹杆采用圆形钢管，杆件截面几何性质按焊接钢管计算，杆件截面及其几何特性如表 7-3 所示。钢材强度设计值 $f=215\ \mathrm{N/mm^2}$。

**表 7-3　截面特性**

| 杆件名称 | 截面 | 面积 $A/\mathrm{cm^2}$ | 惯性矩 $I_x$、$I_y/\mathrm{cm^4}$ | 回转半径 $i_x$、$i_y/\mathrm{cm}$ |
|---|---|---|---|---|
| 上弦杆 | □200×200×10 | 76 | 4 585.33 | 7.77 |
| 下弦杆 | □200×200×8 | 61.44 | 3 781.43 | 7.85 |
| 腹杆 | $\phi$133×6 | 23.939 | 483.716 | 4.495 |

（2）截面验算

采用相贯焊接连接的钢管桁架，其构件的计算长度 $l_0$ 按表 7-1 取值：弦杆的平面内、外计算长度 $l_{0x}=0.9l$ 和 $l_{0y}=l_1$，支座斜腹杆和竖腹杆的平面内、外计算长度 $l_{0x}=l_{0y}=l$，其他腹杆的平面内、外计算长度 $l_{0x}=0.8l$ 和 $l_{0y}=l$，其中 $l_1$ 为平面外无支撑长度，$l$ 为杆件的节间长度。本算例假设弦杆的平面外无支撑长度 $l_1=3\ 000\ \mathrm{mm}$。

轴心受力构件的容许长细比宜满足《钢结构设计标准》（GB 50017—2017）第 7.4.6、7.4.7 条的规定：对于跨度 $L$ 等于或大于 60 m 的桁架，受拉弦杆和腹杆的容许长细比 $[\lambda]=300$，受压弦杆和端压杆的容许长细比 $[\lambda]=120$，其他受压腹杆的容许长细比 $[\lambda]=150$。

① 上弦杆：

$N_{\min}=-1\ 117.1\ \mathrm{kN}$（压力），$N_{\max}=208.8\ \mathrm{kN}$（拉力），由于压力的绝对值大于拉力，故上弦杆由压力控制，$l_{0x}=0.9l=2\ 700\ \mathrm{mm}$，$l_{0y}=3\ 000\ \mathrm{mm}$。

$\lambda_{\max}=\lambda_y=\dfrac{l_{0y}}{i}=\dfrac{3\ 000}{77.7}\approx 38.6<[\lambda]=120$，长细比满足要求。

板件宽厚比≤20 的焊接方管为 c 类截面，查《钢结构设计标准》（GB 50017—2017）附表 D.0.3 得 $\varphi=0.848$。

$\dfrac{N}{\varphi A}=\dfrac{1\ 117.1\times10^3}{0.848\times76\times10^2}\approx 173.3\ (\mathrm{N/mm^2})<f=215\ (\mathrm{N/mm^2})$，满足要求。

② 下弦杆：

$N_{\min}=-206.8\ \mathrm{kN}$（压力），$N_{\max}=1\ 106.3\ \mathrm{kN}$（拉力），$l_{0x}=0.9l=2\ 700\ (\mathrm{mm})$，$l_{0y}=3\ 000\ \mathrm{mm}$。

$\lambda_y=\dfrac{l_{0y}}{i}=\dfrac{3\ 000}{78.5}\approx 38.2<[\lambda]=120$，长细比满足要求。

板件宽厚比≤20 的焊接方管为 c 类截面，查《钢结构设计标准》（GB 50017—2017）附表 D.0.3 得 $\varphi=0.851$。

拉力验算：$\sigma=\dfrac{N}{A}=\dfrac{1\ 106.3\times10^3}{61.44\times10^2}\approx 180.1\ (\mathrm{N/mm^2})<f=215\ (\mathrm{N/mm^2})$，满足要求。

压力验算：$\sigma=\dfrac{N}{\varphi A}=\dfrac{206.8\times10^3}{0.851\times61.44\times10^2}\approx 39.6\ (\mathrm{N/mm^2})<f=215\ (\mathrm{N/mm^2})$，满足要求。

③ 斜腹杆：

$N_{min}=-66.0$ kN（压力），$N_{max}=353.8$ kN（拉力），$l_{0x}=l_{0y}=l=5\ 000$ mm。

$\lambda_y=\frac{l_{0y}}{i}\approx\frac{5000}{44.95}=111.2<[\lambda]=150$，长细比满足要求。

焊接圆管为b类截面，查《钢结构设计标准》(GB 50017—2017) 附表 D.0.2 得$\varphi=0.486$。

拉力验算：$\sigma=\frac{N}{A}\approx\frac{353.8\times10^3}{23.939\times10^2}\approx147.8$ (N/mm$^2$) $<f=215$ (N/mm$^2$)，满足要求。

压力验算：$\sigma=\frac{N}{\varphi A}=\frac{66.0\times10^3}{0.486\times23.939\times10^2}\approx56.7$ (N/mm$^2$) $<f=215$ (N/mm$^2$)，满足要求。

④ 竖腹杆：

$N_{min}=-297.1$ kN（压力），$N_{max}=55.7$ kN（拉力），由于压力的绝对值大于拉力，故竖腹杆由压力控制，$l_{0x}=l_{0y}=l=4\ 000$ mm。

$\lambda_y=\frac{l_{0y}}{i}=\frac{4\ 000}{44.95}\approx89.0<[\lambda]=120$，长细比满足要求。

焊接圆管为b类截面，查《钢结构设计标准》(GB 50017—2017) 附表 D.0.2 得 $\varphi=0.628$。

$\frac{N}{\varphi A}\approx\frac{297.1\times10^3}{0.628\times23.939\times10^2}=197.6$ (N/mm$^2$) $<f=215$ (N/mm$^2$)，满足要求。

2) 节点承载力及焊缝验算

本算例节点为方主管圆支管相贯节点。支管为圆管的节点，支管在节点处的承载力可用相应的支管为方管的节点的承载力公式计算，这时需用圆管直径$D_i$替代方管边长$b_i$，并将计算结果乘以 π/4。下面是对关键节点的验算。

(1) N形节点

N形节点的计算简图如图 7-43 所示。

节点搭接率 $\eta_{ov}=56.1\%$，应按 $50\%\leqslant\eta_{ov}<80\%$时的计算公式验算节点承载力。

$$b_{ei}=\frac{10}{b/t}\cdot\frac{tf_y}{t_if_{yi}}\cdot D_i=\frac{10}{200/10}\times\frac{10\times235}{6\times235}\times133\approx110.8\ (\text{mm})<D_i=133\ (\text{mm})$$

$$b_{ej}=\frac{10}{D_j/t_j}\cdot\frac{t_jf_{yj}}{t_if_{yi}}\cdot D_i=\frac{10}{133/6}\times\frac{6\times235}{6\times235}\times133=60\ (\text{mm})<D_i=133\ (\text{mm})$$

搭接支管的承载力验算：

$$\begin{aligned}N_{ui}&=\frac{\pi}{4}\times2.0\left(D_i-2t_i+\frac{b_{ei}+b_{ej}}{2}\right)t_if_i\\&=\frac{\pi}{4}\times2.0\times\left(133-2\times6+\frac{110.8+60}{2}\right)\times6\times215\\&=418.2\ (\text{kN})>297.1\ (\text{kN})\end{aligned}$$

满足要求。

被搭接支管的承载力验算：$N_{uj}<N_{ui}\cdot\frac{A_jf_{yj}}{A_if_{yi}}=418.2\times\frac{23.939}{23.939}=418.2$ (kN)，即被搭接支管的承载力为 418.2 kN，大于其所受最大拉力 353.8 kN，满足要求。

（2）T 形节点

T 形节点的计算简图如图 7-44 所示。

$\beta=\dfrac{D_i}{b}=\dfrac{133}{200}=0.665<0.85$，应按下面的计算公式验算节点承载力：

$$C=(1-\beta)^{0.5}=(1-0.665)^{0.5}\approx 0.579$$

主管受压，则应考虑其对节点承载力的折减，折减系数为

$$\psi_{\mathrm{n}}=1.0-\frac{0.25}{\beta}\cdot\frac{\sigma}{f}=1.0-\frac{0.25}{0.665}\times\frac{1\,117.1\times10^3/(76\times10^2)}{215}\approx 0.743$$

支管在节点处的承载力验算：

$$\begin{aligned}N_{\mathrm{u}i}&=\frac{\pi}{4}\times1.8\left(\frac{D_i}{bC\sin\theta_i}+2\right)\cdot\frac{t^2 f}{C\sin\theta_i}\cdot\psi_{\mathrm{n}}\\&=\frac{\pi}{4}\times1.8\times\left(\frac{133}{200\times0.579}+2\right)\times\frac{10^2\times215}{0.579}\times0.743\\&\approx 122.8\ (\mathrm{kN})>25.6\ (\mathrm{kN})\end{aligned}$$

满足要求。

焊缝验算：方管节点处焊缝承载力不应小于节点承载力。支管与主管的连接焊缝可视为全周角焊缝。

焊缝的计算长度 $l_{\mathrm{w}}=\pi(a_0+b_0)-D_i=\pi\times\left(\dfrac{133}{2}+\dfrac{133}{2}\right)-133\approx 284.8$（mm），取 $h_{\mathrm{f}}=6$（mm）。

焊缝承载力设计值 $N_{\mathrm{f}}=0.7h_{\mathrm{f}}l_{\mathrm{w}}f_{\mathrm{t}}^{\mathrm{w}}=0.7\times6\times284.8\times160\times10^{-3}\approx 191.4\ (\mathrm{kN})>N_{\mathrm{u}i}=122.8\ (\mathrm{kN})$，满足要求。

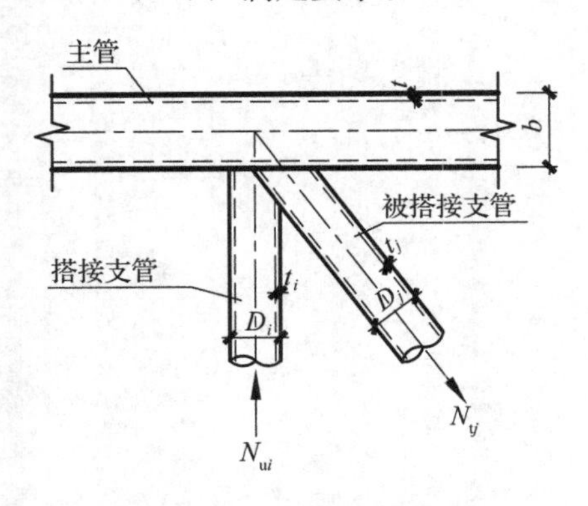


图 7-43　N 形节点计算简图

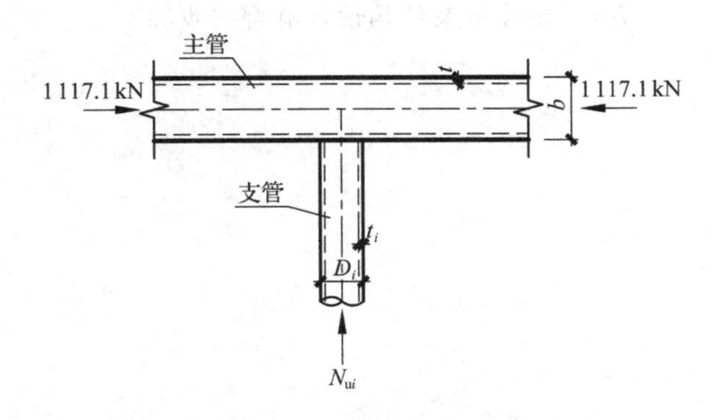


图 7-44　T 形节点计算简图

## 7.9.6　挠度验算
(Deflection Calculation)

程序计算所得桁架挠度 $\upsilon=128.876$ mm，$\dfrac{\upsilon}{l}=\dfrac{128.876}{60\,000}\approx\dfrac{1}{466}<\dfrac{1}{400}=\dfrac{[\upsilon]}{l}$，满足要求。

## 7.10 小结
(Summary)

①本章主要介绍了钢管桁架结构及其节点的基本知识和设计方法。

②钢管桁架根据受力特性和杆件布置不同，可分为平面钢管桁架结构和空间钢管桁架结构。钢管桁架结构分析时，常视其为理想桁架进行内力计算，再根据每根杆件计算得到的最不利内力进行构件验算，具体包括强度、整体稳定、局部稳定和长细比等的验算。

③为了保证节点具有足够的强度，支管荷载必须小于节点承载能力，各种节点类型的承载力计算公式有所区别。支管与主管的连接焊缝的承载能力必须大于或等于支管传递的荷载，故所有管节点均需进行焊缝强度验算。

④管桁架结构还需进行桁架的挠度验算。

## 思考题
(Questions)

7-1　钢管结构的优越性能主要表现在哪些方面?

7-2　钢管结构的节点视为铰接需满足的条件是什么?

7-3　钢管结构的构造要求有哪些?

7-4　钢管桁架结构设计有哪些步骤?

# 第 8 章　钢-混凝土组合梁
# (Steel-Concrete Composite Beam)

**本章学习目标**

了解钢-混凝土组合梁的设计特点；
了解钢-混凝土组合梁的受力性能；
掌握钢-混凝土组合梁的设计计算方法。

## 8.1　概述
## (Introduction)

众所周知，钢材具有强度高、结构质量轻的优点，结构构件常较柔细，特别适合于承受拉力，但当其受压时，常因稳定性不足，而不能充分发挥其强度高的优势。混凝土则正相反，最宜于受压而不适于受拉。因此，在结构中的特定位置，分别布置钢或混凝土材料，分别利用各自的长处，避其短处，形成了**钢-混凝土组合结构**。钢-混凝土组合结构包括钢-混凝土组合梁、钢管混凝土结构和型钢混凝土结构等类别。本章主要介绍钢-混凝土组合梁的受力性能和设计计算方法。

### 8.1.1　钢-混凝土组合梁的概念
### (Concept of Steel-Concrete Composite Beams)

钢-混凝土组合梁又称钢-混凝土组合楼盖结构。图 8-1 所示为典型的钢-混凝土组合楼盖的构造形式，现浇的混凝土楼板通过焊于主梁和次梁上的抗剪连接件栓钉与钢梁系统组成了组合楼盖。

由混凝土板和钢梁组成的楼盖结构中，若在二者交界面处没有连接措施，则在弯矩作用下，混凝土板截面和钢梁截面的弯曲变形相互独立，各自有其中和轴。若忽略交界面处的摩擦力，二者之间必定发生相对水平滑移错动，因此其受弯承载力为混凝土板受弯承载力和钢梁受弯承载力之和，这种梁称为**非组合梁**。

如在钢梁上翼缘和混凝土板之间设置足够的抗剪连接件，以防止混凝土与钢梁在弯矩作用下的相互滑移，使二者的弯曲变形协调，组合成一个整体，则称为**组合梁**。在荷载作用下，组合梁截面仅有一个中和轴，混凝土板主要承受压力，钢梁则主要承受拉力，组合梁的受弯承载力和刚度与非组合梁相比有显著提高。

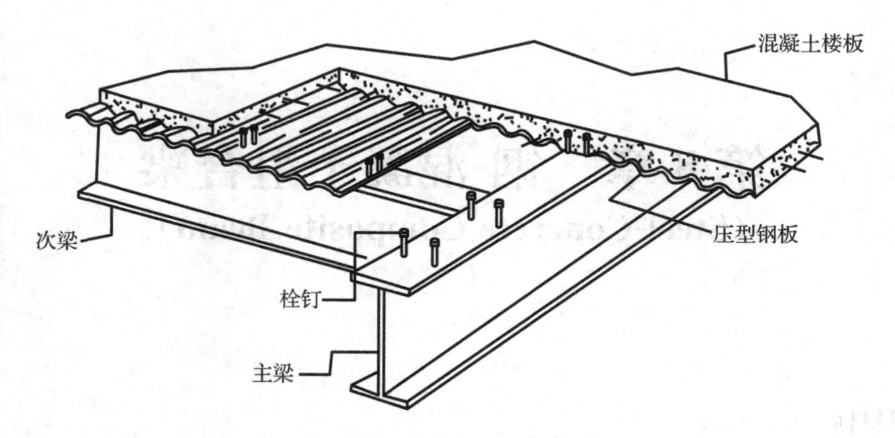


**图 8-1　钢-混凝土组合楼盖**

组合梁主要有两类，如图 8-2 所示。第一类是将钢筋混凝土板锚固在钢梁上形成的组合梁（composite beam），如图 8-2（a）和（b）所示；第二类是将型钢或焊接钢骨架埋入钢筋混凝土梁而形成的组合梁，又称型钢混凝土梁（steel reinforced concrete beam 或 concrete encased steel beam），如图 8-2（c）所示。

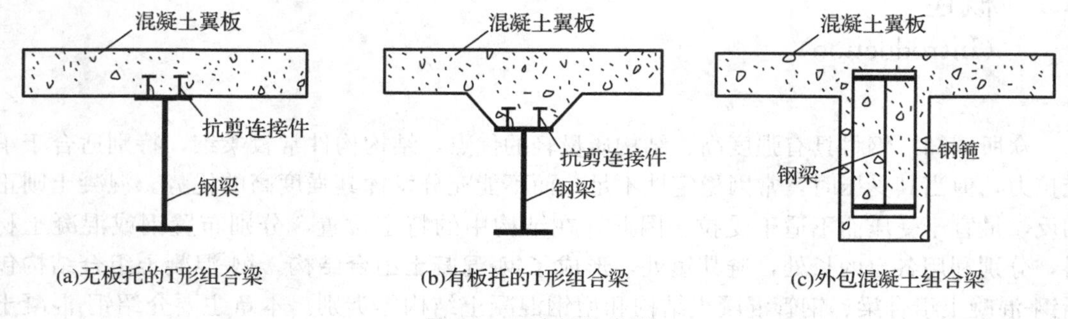


**图 8-2　组合梁的类型**

本章介绍的组合梁是指第一类钢-混凝土组合梁，其各部分的受力特点如下：

①钢梁：钢梁在组合梁中主要处于受拉状态，为了充分发挥钢梁的效能，根据其所在的结构及荷载情况的不同而采用不同的形式。常用的形式：工字形钢梁（此类组合梁主要应用于小跨度、轻、静荷载的结构中，如楼盖的次梁组合梁）、箱形截面钢梁（箱形截面钢梁的整体稳定性和抗扭曲性能较好，常用于公路和铁路桥梁及大跨、重载大梁）、钢桁架梁（适用于桥梁结构和建筑中的大跨连体和连廊结构）、蜂窝梁（由于截面高度的增加而使刚度较大，且腹板处空洞易于管线穿行）。不同形式钢梁的钢-混凝土组合梁如图 8-3 所示。

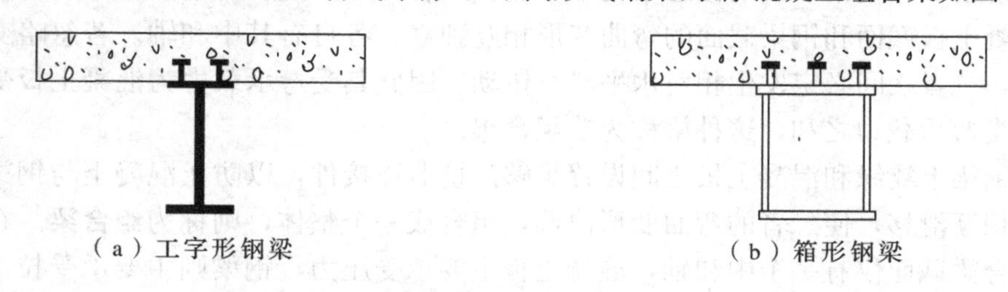


**图 8-3　不同形式钢梁的钢-混凝土组合梁**

②混凝土翼板：混凝土翼板不仅可以提高组合梁的强度及变形性能，而且可以防止梁出现平面外失稳，常见的混凝土翼板有现浇钢筋混凝土板（图 8-4）、压型钢板组合板（图 8-5）或由混凝土预制板及现浇钢筋混凝土面层组成的叠合板（图 8-6）。

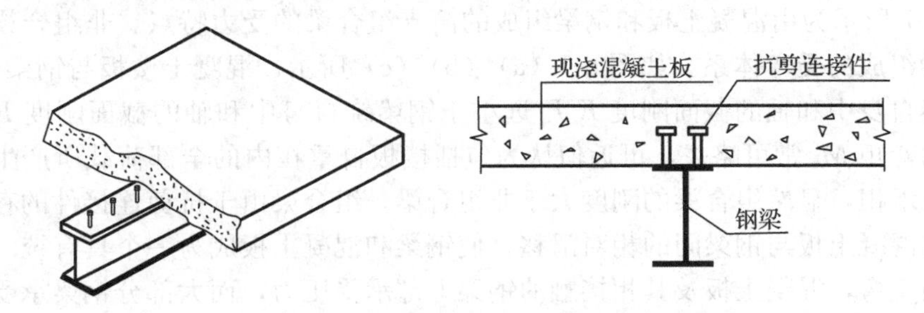


图 8-4　现浇钢筋混凝土翼板组合梁

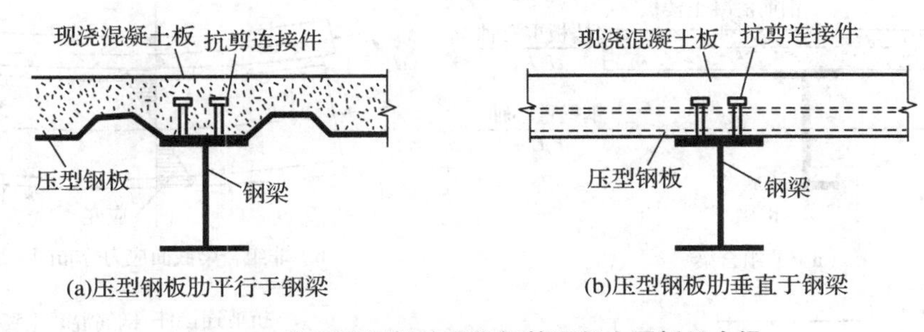


图 8-5　带压型钢板的现浇钢筋混凝土翼板组合梁

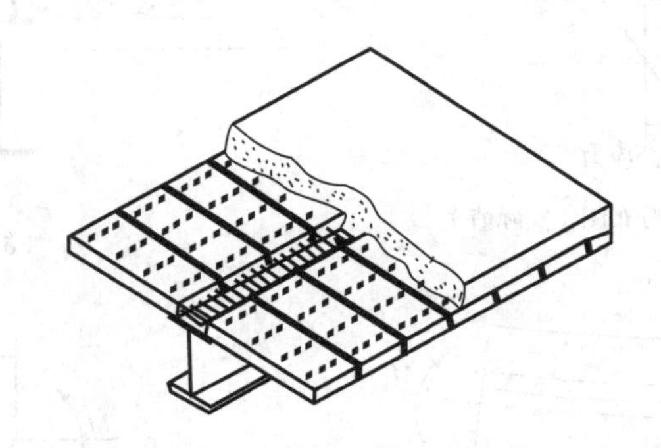

图 8-6　叠合板翼板组合梁

③剪力连接件：剪力连接件是钢梁与混凝土翼板共同工作的基础，它主要用来承受钢筋混凝土翼板与钢梁接触面之间的纵向剪力，抵抗二者之间的相对滑移；此外，它还具有抵抗翼板和钢梁之间掀起的作用。目前使用最为广泛的是焊接栓钉连接件（或称栓钉）。与其他类型的抗剪连接件相比，栓钉具有抗震性能好、施工速度快、焊接质量好的优点。

④板托：混凝土翼板与钢梁上翼缘之间的混凝土局部加宽部分［图 8-2（b）］，一般可设置或不设置［图 8-2（a）］，应根据工程的具体情况确定，设置板托组合梁施工较困难，但可增加梁高、节约材料。

### 8.1.2 钢-混凝土组合梁的工作原理

**(Working Principle of Steel-Concrete Composite Beam)**

如图 8-7 所示为由混凝土板和钢梁组成的简支组合梁的受力特点。非组合梁的混凝土楼板和钢梁组成的受弯体系，如图 8-7（a）（b）（c）所示，混凝土楼板与钢梁分别受弯，由于楼板绕自身中和轴的截面刚度 $E_cI_c$ 远小于钢梁绕自身中和轴的截面刚度 $E_sI_s$，则由楼板承受的弯矩 $M_c$ 常可略去，可近似认为包括楼板自重在内的全部荷载所产生的弯矩均由钢梁独自承担，显然组合梁的刚度大于非组合梁。组合梁由于抗剪连接件的存在，可以抵抗受弯时混凝土板与钢梁间的相对滑移，使钢梁和混凝土板成为一个具有统一中和轴的组合梁共同受弯，混凝土板及其相接触的钢梁上部承受压力，而大部分钢梁承受拉力，如图 8-7（d）（e）（f）所示。

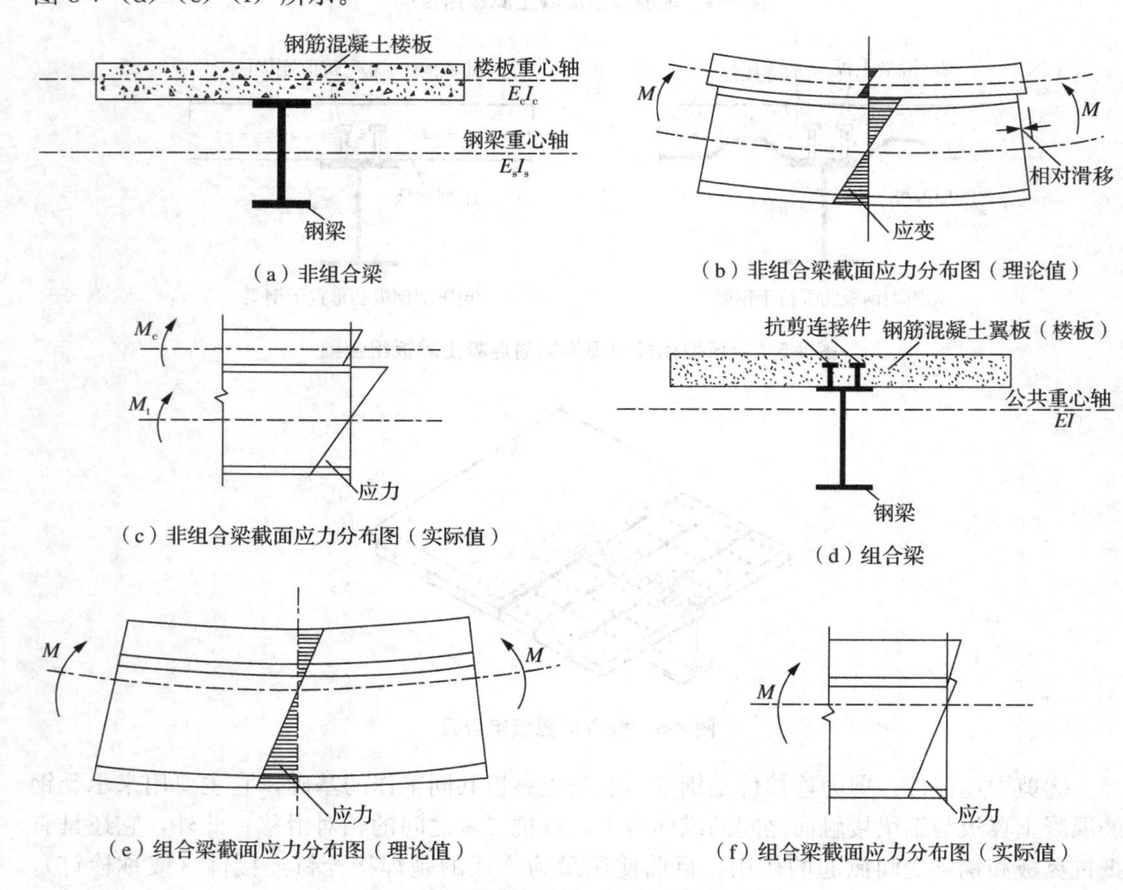


图 8-7　钢-混凝土组合梁受力特点

## 8.2 钢-混凝土组合梁设计
(Design of Steel-Concrete Composite Beam)

### 8.2.1 一般规定与要求
**(General Provisions and Requirements)**

组合梁结构主要由三部分组成：钢梁、钢筋混凝土翼缘板和连接二者的抗剪连接件。当组合梁中和轴位于钢梁中时，中和轴以下部分钢梁承受拉力，中和轴以上部分钢梁承受压力，钢筋混凝土翼缘板主要承受压力；当组合梁中和轴位于钢筋混凝土翼缘板中时，钢梁承受拉力，中和轴以上钢筋混凝土翼缘板承受压力，中和轴以下钢筋混凝土翼缘板开裂，不承受荷载。此处提到的组合梁为不直接承受动力荷载的组合梁，对于直接承受动力荷载的组合梁，应按《钢结构设计标准》(GB 50017—2017) 的要求进行疲劳计算，其承载能力应按弹性方法进行计算。组合梁的翼缘板可采用现浇混凝土板、混凝土叠合板或压型钢板混凝土组合板等，其中混凝土板还需符合《混凝土结构设计规范》(2015 年版)(GB 50010—2010) 的有关规定。

在实际结构中，组合楼盖或者组合桥梁的桥面通常由一系列平行或交叉的钢梁以及上部浇筑的钢筋混凝土板构成。在荷载作用下，钢梁与混凝土翼缘板共同受弯，混凝土的纵向应力主要由这一弯曲作用引起。由于组合梁的剪力滞后效应，混凝土板的纵向剪应力在钢梁与翼缘板交界面处最大，向两侧逐渐减小，引起混凝土板内的纵向应力沿梁的宽度方向分布不均匀。在钢梁附近的混凝土纵向应力较大，距钢梁较远处的混凝土纵向应力则较小，如图 8-8 所示。剪力滞后效应使得混凝土翼缘板的宽度较大时，仅有钢梁上部一定长度区段内混凝土完全参与整体受力，远离钢梁的混凝土不能完全参与组合梁的整体受力。

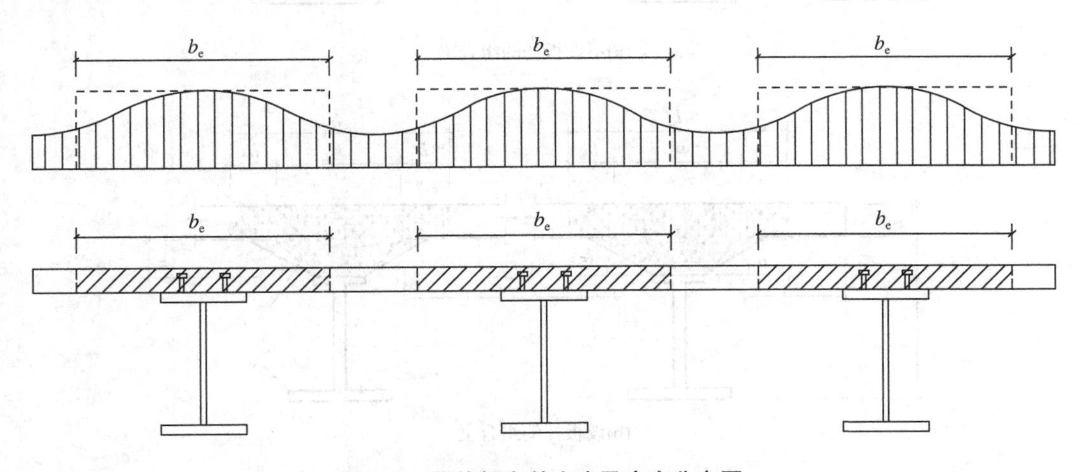


**图 8-8 翼缘板有效宽度及应力分布图**

设计过程中，通常采用一个折减的宽度来代替混凝土翼缘板的实际宽度以考虑剪力滞后效应的影响，同时为简化计算，假设这部分混凝土翼缘板内纵向应力沿宽度方向均匀分布，这样就可以按照T形截面和平截面假定来计算梁的刚度、承载力和挠度变形等，折减之后的混凝土翼缘板宽度称为有效宽度。影响组合梁混凝土翼缘板有效宽度的因素很多，如组合梁跨度与翼缘板宽度比、荷载形式及作用位置、混凝土翼缘板厚度、抗剪连接件以及混凝土翼缘板和钢梁的相对刚度等。一般认为，前三点是影响混凝土翼缘板有效宽度的主要因素。

《钢结构设计标准》（GB 50017—2017）规定在进行组合梁截面承载能力验算时，跨中及中间支座处混凝土翼缘板的有效宽度 $b_e$ 应按照下式计算（图 8-9）：

$$b_e = b_0 + b_1 + b_2 \tag{8-1}$$

式中，$b_0$ 为板托顶部的宽度，mm。当板托倾角 $\alpha < 45°$ 时，应按 $\alpha = 45°$ 计算；当无板托时，则取钢梁上翼缘的宽度；当混凝土板和钢梁不直接接触（如之间有压型钢板分隔）时，取栓钉的横向间距，仅有一列栓钉时取0。$b_1$、$b_2$ 分别为梁外侧和内侧的翼缘板计算宽度，mm。当塑性中和轴位于混凝土板内时，各取梁等效跨径 $l_e$ 的1/6。此外，$b_1$ 不应超过翼缘板实际外伸宽度 $S_1$，$b_2$ 不应超过相邻钢梁上翼缘或板托间净距 $S_0$ 的1/2。$l_e$ 为等效跨径，mm。对于简支组合梁，取为简支组合梁的跨度；对于连续组合梁，中间跨正弯矩区取为 $0.6l$，边跨正弯矩区取为 $0.8l$，$l$ 为组合梁跨度，支座负弯矩区取为相邻两跨跨度之和的20%。

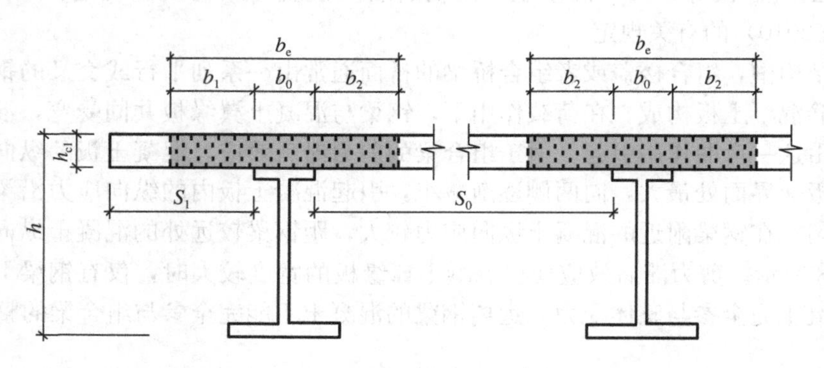


(a)不设板托的组合梁

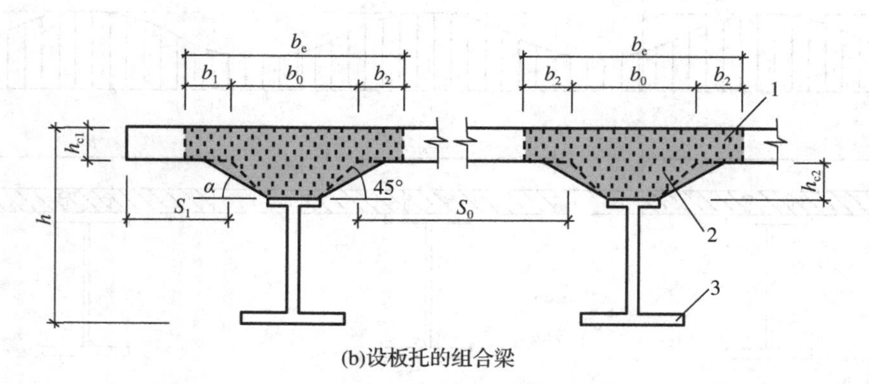


(b)设板托的组合梁

1—混凝土翼缘；2—板托；3—钢梁。

**图 8-9　混凝土翼缘板计算宽度**

组合梁进行正常使用极限状态验算时应符合下列规定：

①组合梁的挠度应按弹性方法进行计算，对于连续组合梁，在距中间支座两侧各 0.15$l$（$l$ 为梁的跨度）范围内，不应计入受拉区混凝土对刚度的影响，但宜计入翼缘板有效宽度 $b_e$ 范围内纵向钢筋的作用。

②连续组合梁应按规范验算负弯矩区段混凝土最大裂缝宽度。其负弯矩内力可按不考虑混凝土开裂的弹性分析方法计算并进行调幅。

③对于露天环境下使用的组合梁以及直接受热源辐射作用的组合梁，应考虑温度效应的影响。钢梁和混凝土翼缘板间的计算温度差应按实际情况采用。

④混凝土收缩产生的内力及变形可按组合梁混凝土板与钢梁之间的温差为－15 ℃计算。

⑤考虑混凝土徐变影响时，可将钢与混凝土的弹性模量比放大一倍。

### 8.2.2 组合梁抗弯承载力计算 (Calculation of Bending Capacity of Composite Beam)

对于不直接承受动力荷载作用的简支组合梁，由于采用弹性设计方法未曾考虑塑性变形发展带来的强度潜力，计算结果偏于保守，且不符合承载力极限状态的实际情况。按照《钢结构设计标准》（GB 50017—2017）的规定，适用范围限于一般不直接承受动力荷载的组合梁，其承载力采用塑性分析的方法计算。按塑性方法计算极限承载力时，不需要考虑各施工阶段及使用阶段的应力叠加，因此初始应力以及有无临时支撑的施工方法均不影响组合梁的极限承载力。但是，在设计时需要验算施工阶段和正常使用极限状态的挠度，防止组合梁产生过大的变形。

采用塑性方法设计组合梁时，必须保证结构在达到承载力极限状态之前钢梁截面的各板件不发生局部屈曲，同时混凝土翼缘板在截面尚未全部屈服前不会发生压碎破坏。

（1）完全抗剪连接组合梁

在计算完全抗剪连接简支组合梁的极限抗弯承载力时，采用以下基本假定：

①在承载力极限状态，抗剪连接件能够有效传递钢梁和混凝土翼缘板之间的剪力，抗剪连接件的破坏不会先于钢梁的屈服和混凝土的压溃。

②忽略受拉区及板托内混凝土的作用，受压区混凝土则能达到其轴心抗压强度设计值。

③钢材均达到塑性设计强度设计值，即受压区钢材达到抗压强度设计值，受拉区钢材达到抗拉强度设计值，抗剪的钢梁腹板达到抗剪强度设计值。

④忽略混凝土板托及钢筋混凝土翼缘板内的钢筋的作用。

根据以上假定，简支组合梁弯矩最大截面在承载力极限状态可能存在两种应力分布情况，即组合截面塑性中和轴位于混凝土翼缘板内或者塑性中和轴位于钢梁内。

a）正弯矩作用区段：

塑性中和轴在混凝土翼缘板内（图 8-10），即 $Af \leqslant b_e h_{c1} f_c$ 时，

$$M \leqslant b_e x f_c y \tag{8-2}$$

$$x = Af/(b_e f_c) \tag{8-3}$$

式中，$M$ 为正弯矩设计值，N·mm；$A$ 为钢梁的截面面积，mm$^2$；$x$ 为混凝土翼缘板受压区高度，mm；$y$ 为钢梁截面应力的合力至混凝土受压区截面应力的合力间的距离，

mm；$f_c$为混凝土抗压强度设计值，mm。

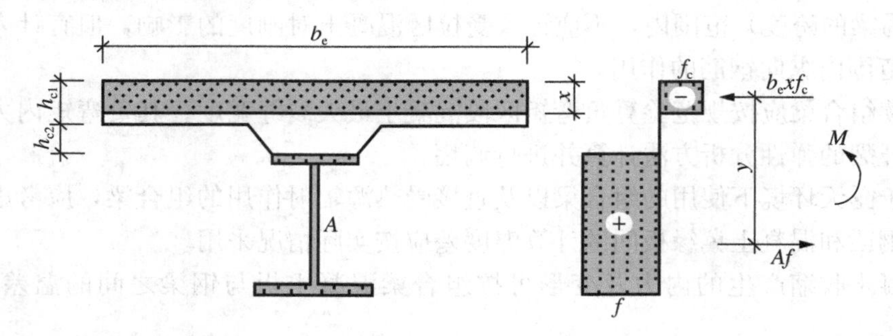


**图 8-10　塑性中和轴在混凝土翼缘板内时的组合梁截面及应力图形**

塑性中和轴在钢梁截面内（图 8-11），即 $Af>b_e h_{c1} f_c$ 时，

$$M \leqslant b_e h_{c1} f_c y_1 + A_c f y_2 \tag{8-4}$$

$$A_c = 0.5(A - b_e h_{c1} f_c / f) \tag{8-5}$$

式中，$A_c$为钢梁受压区截面面积，$mm^2$；$y_1$为钢梁受拉区截面形心至混凝土翼缘板受压区截面形心的距离，mm；$y_2$为钢梁受拉区截面形心至钢梁受压区截面形心的距离，mm。

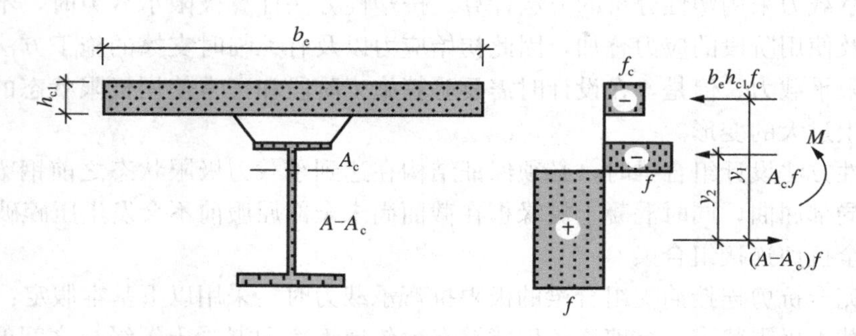


**图 8-11　塑性中和轴在钢梁内时的组合梁截面及应力图形**

b）负弯矩作用区段（图 8-12）：

$$M' \leqslant M_s + A_{st} f_{st} (y_3 + y_4/2) \tag{8-6}$$

$$M_s = (S_1 + S_2) f \tag{8-7}$$

$$A_{st} f_{st} + f(A - A_c) = f A_c \tag{8-8}$$

式中，$M'$为负弯矩设计值，N·mm；$S_1$、$S_2$分别为钢梁塑性中和轴（平分钢梁截面积的轴线）以上和以下截面对该轴的面积矩，$mm^3$；$A_{st}$为钢筋抗拉强度设计值，$N/mm^2$；$y_3$为纵向钢筋截面形心至组合梁塑性中和轴的距离，根据截面轴力平衡式（8-8）求出钢梁受压区面积 $A_c$，取钢梁拉压区交界处位置为组合梁塑性中和轴位，mm；$y_4$为组合梁塑性中和轴至钢梁塑性中和轴的距离，mm。当组合梁塑性中和轴在钢梁腹板内时，取$y_4 = A_{st} f_{st} / (2 t_w f)$；当该中和轴在钢梁翼缘内时，可取 $y_4$等于钢梁塑性中和轴至腹板上边缘的距离。

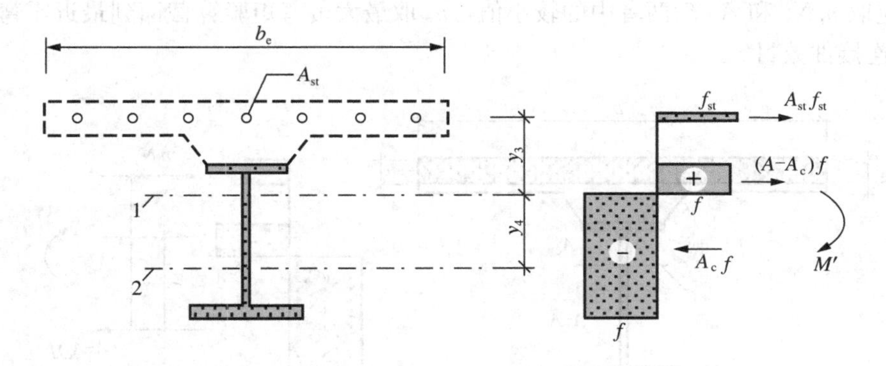


1—组合截面塑性中和轴；2—钢梁截面塑性中和轴。

**图 8-12　负弯矩作用时组合梁截面及应力图形**

(2) 部分抗剪连接

对于采用组合楼板的组合梁，当受压型钢板尺寸的限制而无法布置足够数量的栓钉时，需要按照部分抗剪连接进行设计。此外，在满足承载力和变形要求的前提下，有时没有必要充分发挥组合梁的承载力，也可以设计为部分抗剪连接的组合梁。试验和分析表明，采用柔性抗剪连接件（如栓钉、槽钢、弯筋等）的组合梁，随着连接件数量的减少，钢梁和混凝土翼缘板间协同工作程度下降，极限抗弯承载力随抗剪连接程度的降低而减小。

部分抗剪连接组合梁的极限抗弯承载力也可以按照矩形应力块根据极限平衡的方法计算。计算所基于的假定：

①抗剪连接件具有充分的塑性变形能力。

②计算截面呈矩形应力块分布，混凝土翼缘板中的压应力达到抗压强度设计值 $f_c$，钢梁的拉、压应力分别达到屈服强度 $f$。

③混凝土翼缘板中的压力等于最大弯矩截面一侧抗剪连接件所能够提供的纵向剪力之和。

④忽略混凝土的抗拉作用。

a) 正弯矩作用区段（图 8-13）：

$$x=n_r N_v^c/(b_e f_c) \tag{8-9}$$

$$A_c=(Af-n_r N_v^c)/(2f) \tag{8-10}$$

$$M_{u,r}=n_r N_v^c y_1+0.5(Af-n_r N_v^c)y_2 \tag{8-11}$$

式中，$M_{u,r}$为部分抗剪连接时组合梁截面正弯矩受弯承载力，N·mm；$n_r$为部分抗剪连接时最大正弯矩验算截面到最近零弯矩点之间的抗剪连接件数目；$N_v^c$为每个抗剪连接件的纵向受剪承载力，N，按《钢结构设计标准》(GB 50017—2017）第 14.3 节的有关公式计算；$y_1$、$y_2$分别为受压混凝土合力作用点到受拉钢梁合力作用点以及受压钢梁合力作用点的距离，可先按式（8-10）所示的轴力平衡关系式确定受压钢梁的面积 $A_c$，进而确定组合梁塑性中和轴的位置，mm。

b) 负弯矩作用区段：

计算部分抗剪连接组合梁在负弯矩作用区段的受弯承载力时，仍按式（8-6）计算，

但 $A_{st}f_{st}$应取 $n_r N_v^c$ 和 $A_{st}f_{st}$两者中的较小值，$n_r$ 取最大负弯矩验算截面到最近零弯矩点之间的抗剪连接件数目。

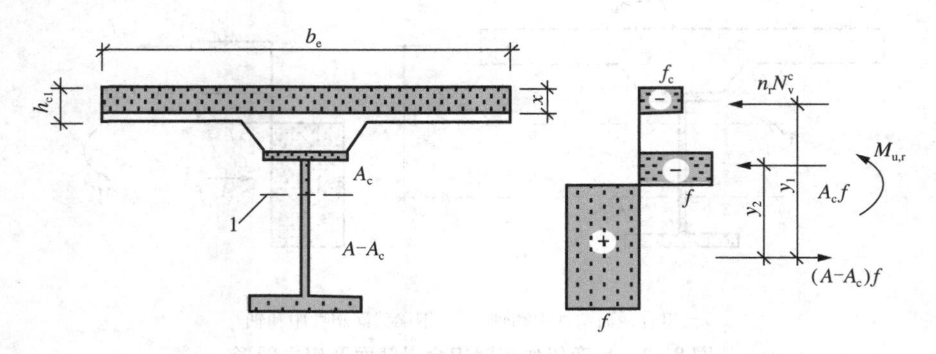


1—组合梁塑性中和轴。

**图 8-13　部分抗剪连接组合梁计算简图**

用弯矩调幅设计法计算组合梁强度时，按下列规定考虑弯矩与剪力的相互影响：

①受正弯矩的组合梁截面不考虑弯矩和剪力的相互影响。

②受负弯矩的组合梁截面：当剪力设计值 $V \leqslant 0.5h_wt_wf_v$ 时，可不对验算负弯矩受弯承载力所用的腹板钢材强度设计值进行折减；当 $V > 0.5h_wt_wf_v$ 时，验算负弯矩受弯承载力所用的腹板钢材强度设计值 $f$ 可折减为 $(1-\rho)f$，折减系数应按下式计算：

$$\rho = [2V/(h_wt_wf_v)-1]^2 \tag{8-12}$$

## 8.2.3　组合梁抗剪承载力计算

**(Calculation of Shear Capacity of Composite Beam)**

对于简支组合梁，梁端主要受到剪力的作用。当采用塑性方法计算组合梁的竖向抗剪承载力时，可以认为组合梁截面上的全部竖向剪力仅由钢梁腹板承担而忽略混凝土翼缘板的贡献。同时，在竖向抗剪极限状态时钢梁腹板均匀受剪并且达到了钢材抗剪强度设计值。

组合梁的塑性极限抗剪承载力按下式计算：

$$V \leqslant h_wt_wf_v \tag{8-13}$$

式中，$h_w$为钢梁腹板高度，mm；$t_w$为钢梁腹板厚度，mm；$f_v$为钢材抗剪强度设计值，N/mm$^2$。

对于简支梁在较大集中荷载作用下的情况，截面会同时作用有较大的弯矩和剪力。根据 Von Mises 强度理论，钢梁同时受弯剪作用时，由于腹板中剪应力的存在，截面的极限抗弯承载能力有所降低，在设计时需要予以考虑。

## 8.3 抗剪连接件设计
(Design of Shear Connectors)

### 8.3.1 抗剪连接件承载能力计算
(Calculation of Bearing Capacity of Shear Connectors)

组合梁的抗剪连接件宜采用圆柱头焊钉，也可采用槽钢或有可靠依据的其他类型连接件（图 8-14）。

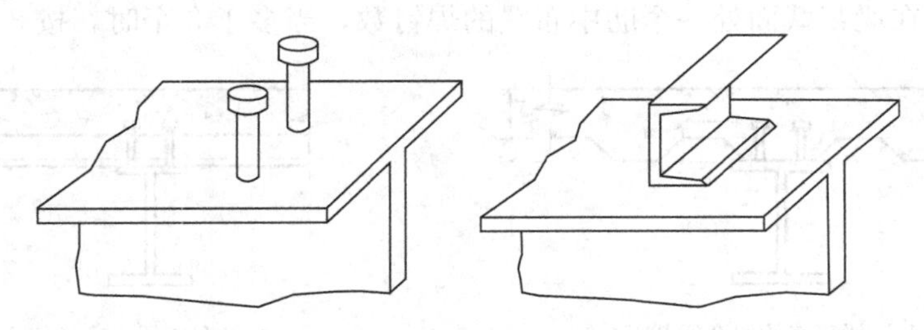

图 8-14 连接件外形

（1）栓钉连接件抗剪承载能力

栓钉的抗剪承载力主要是依据推出试验确定的。国内外相关试验研究结果表明，栓钉的破坏形式主要分为两类：一是栓钉本身的弯剪破坏，二是栓钉附近混凝土的受压或劈裂破坏。故影响栓钉抗剪承载力的主要因素有栓钉截面面积 $A_s$、栓钉抗拉强度 $f$、栓钉长度 $h$ 和混凝土抗压强度 $f_c$。《钢结构设计标准》（GB 50017—2017）规定，当栓钉的长径比 $h/d \geqslant 4.0$（$h$ 为栓钉钉杆长度，$d$ 为栓钉钉杆直径）时，抗剪承载力设计值按下式计算：

$$N_v^c = 0.43A_s\sqrt{E_c f_c} \leqslant 0.7A_s f_u \tag{8-14}$$

式中，$E_c$ 为混凝土弹性模量，N/mm²；$A_s$ 为圆柱头焊钉钉杆截面面积，mm²；$f_u$ 为圆柱头焊钉极限抗拉强度设计值，N/mm²，需满足《电弧螺柱焊用圆柱头焊钉》（GB/T 10433—2002）的要求。

（2）栓钉连接件抗剪承载能力折减系数

式（8-14）是根据实心混凝土翼板推出试验得到的栓钉抗剪承载力计算式。近年来，压型钢板混凝土楼板或桥面板的应用已经越来越多。压型钢板既可以作为施工平台和混凝土永久模板使用，也可以代替部分板底的受力钢筋。应用此类组合楼板时，栓钉通常透过压型钢板直接熔焊于钢梁上。此时，栓钉的受力模式与采用实心混凝土翼板时有所不同。相对于实心混凝土翼板，板肋内的混凝土对栓钉的约束作用降低，板肋的转动也对抵抗剪力不利。大量试验统计结果表明，应对采用压型钢板混凝土翼板时栓钉的抗剪承载力予以折减。当为增大组合梁的截面惯性矩而设置板托时，也应对栓钉的抗剪承载力进行相应折减。

根据《钢结构设计标准》（GB 50017—2017），压型钢板对栓钉承载力的影响系数按以下公式计算：

a）当压型钢板肋平行于钢梁布置［图 8-15（a）］，$b_e/h_e \leqslant 1.5$ 时，按式（8-14）算得的 $N_v^c$ 应乘以折减系数 $\beta_v$ 后取用。$\beta_v$ 值按下式计算：

$$\beta_v = 0.6\frac{b_w}{h_e}\left(\frac{h_d - h_e}{h_e}\right) \leqslant 1 \tag{8-15}$$

式中，$b_w$ 为混凝土凸肋的平均宽度，mm，当肋的上部宽度小于下部宽度时［图 8-15（c）］，改取上部宽度；$h_e$ 为混凝土凸肋高度，mm；$h_d$ 为栓钉高度，mm。

b）当压型钢板肋垂直于钢梁布置时［图 8-15（b）］，栓钉连接件承载力设计值的折减系数按下式计算：

$$\beta_v = \frac{0.85}{\sqrt{n_0}}\frac{b_w}{h_e}\left(\frac{h_d - h_e}{h_e}\right) \leqslant 1 \tag{8-16}$$

式中，$n_0$ 为在梁某截面处一个肋中布置的焊钉数，当多于 3 个时，按 3 个计算。

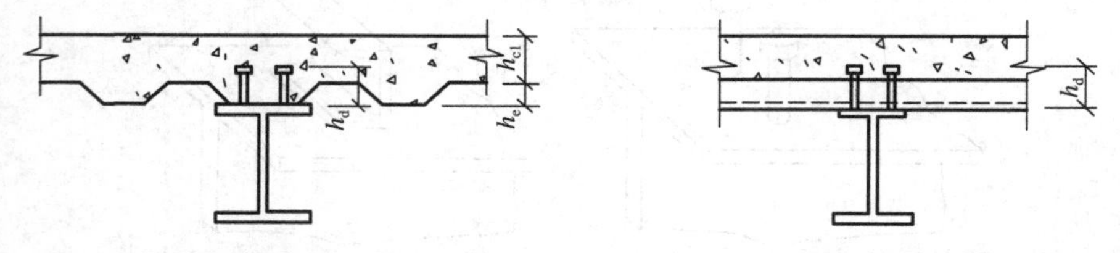

(a)肋与钢梁平行的组合梁截面　　(b)肋与钢梁垂直的组合梁截面

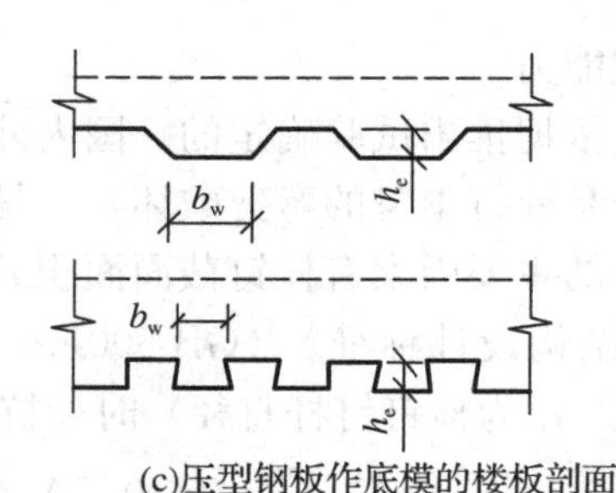

(c)压型钢板作底模的楼板剖面

**图 8-15　用压型钢板作混凝土翼板底模的组合梁**

当栓钉位于负弯矩区段时，混凝土翼板处于受拉状态，栓钉周围混凝土对其约束程度不如正弯矩区高，所以《钢结构设计标准》（GB 50017—2017）规定位于负弯矩区的栓钉抗剪承载力设计值应乘以折减系数 0.9（对于中间支座两侧）和 0.8（悬臂部分）。

（3）槽钢连接件抗剪承载能力

在不具备栓钉焊接设备的情况下，槽钢连接件是一种有效的替代方式，推荐优先选用。槽钢连接件的施工比较方便，只需要将槽钢截断成一定长度后用角焊缝焊接到钢梁上即可。槽钢连接件主要依靠槽钢翼缘内侧混凝土抗压、混凝土与槽钢界面的摩擦力及槽钢腹板的抗拉和抗剪来抵抗水平剪切作用，同时也有较强的抗掀起能力。影响槽钢连接件承载力的主要因素为混凝土的强度和槽钢的几何尺寸及材质等。混凝土强度越高，抗剪连接件的承载力越大。槽钢高度增大有利于腹板抗拉强度的发挥，同时混凝土板的约束作用也更大。而槽钢翼缘宽度较大时也可以产生更大的混凝土压应力区和更高的界面摩擦力。

《钢结构设计标准》(GB 50017—2017) 规定槽钢连接件的抗剪承载力设计值计算公式如下：

$$N_v^c = 0.26(t + 0.5t_w)l_w\sqrt{E_c f_c} \tag{8-17}$$

式中，$t$ 为槽钢翼缘的平均厚度，mm；$t_w$ 为槽钢腹板的厚度，mm；$l_w$ 为槽钢的长度，mm。

槽钢连接件通过肢尖肢背两条通长角焊缝与钢梁连接，角焊缝按承受该连接件的受剪承载力设计值 $N_v^c$ 进行计算。

## 8.3.2 抗剪连接件设计及布置
### (Design and Arrangement of Shear Connectors)

(1) 抗剪连接件的弹性设计方法

按弹性方法计算组合梁抗剪连接件时，假定钢梁与混凝土板交界面上的纵向剪力完全由抗剪连接件承担，忽略钢梁与混凝土板之间的黏结作用。

荷载作用下，钢梁与混凝土翼板交界面上的剪力由两部分组成。一部分是准永久荷载产生的剪力，需要考虑荷载的长期效应，即需要考虑混凝土收缩徐变等长期效应的影响，因此应按照长期效应下的换算截面计算；另一部分是可变荷载产生的剪力，不考虑荷载的长期效应，因此应按照短期效应下的换算截面计算。

钢梁与混凝土翼板交界面单位长度上的剪力按下式计算：

$$V_h = \frac{V_g S_0^c}{I_0^c} + \frac{V_q S_0}{I_0} \tag{8-18}$$

式中，$V_g$、$V_q$分别为计算截面处由准永久荷载和除准永久荷载外的可变荷载所产生的竖向剪力设计值；$S_0^c$ 为考虑荷载长期效应时，钢梁与混凝土翼板交界面以上换算截面对组合梁弹性中和轴的面积矩，计算时可以取钢材与混凝土的弹性模量比为 $2E_s/E_c$；$S_0$为不考虑荷载长期效应时，钢梁与混凝土翼板交界面以上换算截面对组合梁弹性中和轴的面积矩，其中钢材与混凝土的弹性模量比取为 $E_s/E_c$；$I_0^c$ 为考虑荷载长期效应时，组合梁的转换截面惯性矩；$I_0$为不考虑荷载长期效应时，组合梁的转换截面惯性矩。

按式 (8-18) 可得到组合梁单位长度上的剪力 $V_h$及其剪力分布图。将剪力图分成若干段，用每段的面积即该段总剪力值，除以单个抗剪连接件的抗剪承载力 $N_v^c$ 即可得到该段所需要的抗剪连接件数量。

对于承受均布荷载的简支梁，半跨内所需的抗剪连接件数目可按下列公式计算：

$$n = \frac{1}{2} \times V_{h,\max} \times \frac{1}{2} \times \frac{l}{N_v^c} = \frac{V_{h,\max} l}{4N_v^c} \tag{8-19}$$

式中，$V_{h,\max}$为梁端钢梁与混凝土翼板交界面处单位长度的剪力；$l$ 为组合梁跨度。

(2) 按塑性理论计算

采用栓钉等柔性抗剪连接件，在计算承载能力极限状态时，各剪跨区段内交界面上各抗剪连接件的受力几乎相等，抗剪连接件的计算应以弯矩绝对值最大点及支座为界限，划分为若干个区段（图 8-16），逐段进行布置。每个剪跨区段内钢梁与混凝土翼板交界面的纵向剪力 $V_s$应按下列公式确定：

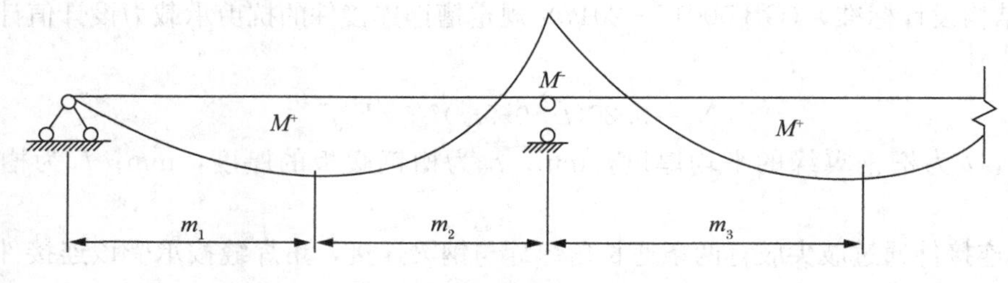


**图 8-16　连续梁剪跨区划分图**

①正弯矩最大点到边支座区段，即 $m_1$ 区段，$V_s$ 取 $Af$ 和 $b_e h_{c1} f_c$ 中的较小者。

②正弯矩最大点到中支座（负弯矩最大点）区段，即 $m_2$ 和 $m_3$ 区段：

$$V_s = \min\{Af,\ b_e h_{c1} f_c\} + A_{st} f_{st} \tag{8-20}$$

式中，$A$、$f$ 为分别为钢梁的截面面积和抗拉强度设计值；$A_{st}$、$f_{st}$ 为分别为负弯矩混凝土翼板内纵向受拉钢筋的截面积和受拉钢筋的抗拉强度设计值。

按完全抗剪连接设计时，每个剪跨区段内需要的连接件总数 $n_f$，按下式计算：

$$n_f = V_s / N_v^c \tag{8-21}$$

部分抗剪连接组合梁，其连接件的实配个数不得少于 $n_f$ 的 50%。

按式（8-21）算得的连接件数量，可在对应的剪跨区段内均匀布置。当在此剪跨区段内有较大集中荷载作用时，应将连接件个数 $n_f$ 按剪力图面积比例分配后再各自均匀布置。

为简化起见，对于连续组合梁，也可以近似地分为从边支座到边跨跨中、从边跨跨中到内支座，再从内支座到中跨跨中等多个区段，然后依次对以上各个区段的混凝土翼板和钢梁根据极限平衡条件均匀布置抗剪连接件。

## 8.4　组合梁的挠度计算
## (Deflection Calculation of Composite Beam)

### 8.4.1　施工阶段挠度计算
### (Deflection Calculation During Construction)

在施工阶段的荷载作用下钢梁应处于弹性阶段，不能产生过大的变形而影响使用阶段组合梁的工作性能，因此其变形应按弹性方法计算，并应满足以下条件：

$$\Delta_1 = \alpha \frac{M_{1k} l^2}{EI} \leqslant \Delta_{lim} \tag{8-22}$$

式中，$\alpha$ 为与支承条件和荷载形式有关的挠度系数，如简支梁在均布荷载作用下求跨中挠度时 $\alpha = 5/48$；$M_{1k}$ 为由施工阶段荷载标准值产生的弯矩，N·mm；$l$ 为组合梁的计算跨度，mm；$E$ 为钢材的弹性模量，N/mm²；$I$ 为钢梁的截面惯性矩，mm⁴；$\Delta_{lim}$ 为钢梁的挠度限值，mm，取 $l/250$；$\Delta_1$ 为钢梁的跨中挠度，mm，不应超过 25 mm，以防止梁下凹段增加过多混凝土的用量和自重。

## 8.4.2 使用阶段的挠度计算
**(Deflection Calculation at the Service Stage)**

钢与混凝土组合梁的变形计算属于正常使用极限状态的计算，因此计算时应采用荷载的标准值，分别按荷载效应的标准组合和准永久组合计算组合梁的变形。《钢结构设计标准》(GB 50017—2017) 关于组合梁挠度计算的规定：组合梁的挠度应分别按荷载的标准组合和准永久组合进行计算，并以其中的较大值作为依据。挠度可按结构力学方法进行计算，仅受正弯矩作用的组合梁，其弯曲刚度应取考虑滑移效应的折减刚度，连续组合梁宜按变截面刚度梁进行计算（在距中间支座两侧 $0.15l$ 范围内，不计受拉区混凝土对刚度的影响，但应计入混凝土翼板有效宽度范围内配置的纵向钢筋的作用，其余区段仍取折减刚度）。按荷载的标准组合和准永久组合进行计算时，组合梁应各取其相应的折减刚度。

(1) 荷载效应标准组合时的截面刚度 $B_s$

组合梁（含部分剪切连接组合梁）在正常使用阶段的变形仍按结构力学的方法进行计算，因为此时的组合梁仍处于弹性工作状态。试验研究表明，剪切连接件的柔性以及混凝土的压缩变形，导致钢梁与混凝土板之间相互作用不充分而产生相对滑移，二者交界面上的应变分布不连续，从而引起附加曲率和挠度。在组合梁的变形计算中，如果不考虑钢梁和混凝土板之间的滑移效应，而采用简单的换算截面法，求得的组合梁变形值偏小，特别是采用栓钉等柔性剪切连接件的组合梁，滑移效应对变形的影响已经不能忽略，否则计算误差偏大。

在分析滑移效应和推导刚度折减系数时，假设组合梁中的钢梁和混凝土均处于弹性状态，另外还假定：钢梁与混凝土翼板交界面上的水平剪力与相对滑移成正比；钢梁和混凝土翼板具有相同的曲率并都符合平截面假定；忽略钢梁与混凝土翼板间的竖向掀起作用，假设二者的竖向位移一致。推导可得考虑滑移效应的组合梁，在荷载效应标准组合下的截面折减刚度 $B_s$ 按下式确定：

$$B_s=\frac{EI_{eq}}{1+\xi} \tag{8-23}$$

式中，$E$ 为钢材的弹性模量，$N/mm^2$；$I_{eq}$ 为组合梁的换算截面惯性矩，$mm^4$，可将截面中的混凝土翼板有效宽度除以钢材与混凝土弹性模量的比值 $\alpha_E$ 换算为钢截面宽度后，计算整个截面的惯性矩，对于钢梁与压型钢板混凝土组合板构成的组合梁，取其较弱截面的换算截面进行计算，且不考虑压型钢板的作用；$\xi$ 为刚度折减系数，宜按下列公式计算，且当 $\xi\leqslant 0$ 时，取 $\xi=0$。

$$\xi=\eta\left[0.4-\frac{3}{(jl)^2}\right] \tag{8-24}$$

$$\eta=\frac{36Ed_c pA_0}{n_s khl^2} \tag{8-25}$$

$$j=0.81\sqrt{\frac{n_s N_v^c A_1}{EI_0 p}} \tag{8-26}$$

$$A_1=\frac{I_0+A_0 d_c^2}{A_0} \tag{8-27}$$

$$A_0=\frac{A_{cf}A}{\alpha_E A+A_{cf}} \tag{8-28}$$

$$I_0=I+\frac{I_{cf}}{\alpha_E} \tag{8-29}$$

式中，$A_{cf}$为混凝土翼板截面面积，$mm^2$，对于压型钢板混凝土组合板的翼板，应取其较弱截面的面积且不考虑压型钢板；$A$ 为钢梁截面面积，$mm^2$；$I$ 为钢梁截面惯性矩，$mm^4$；$I_{cf}$为混凝土翼板的截面惯性矩，$mm^4$；对于压型钢板混凝土组合板的翼板，应取其较弱截面的惯性矩且不考虑压型钢板；$d_c$为钢梁截面形心到混凝土翼板截面（对于压型钢板混凝土组合板为其较弱截面）形心的距离，mm；$h$ 为组合梁截面高度，mm；$l$ 为组合梁的计算跨度，mm；$N_v^c$ 为每个抗剪连接件的纵向受剪承载力，N，对钢梁与压型钢板混凝土组合板构成的组合梁，应取折减后的值；$p$ 为抗剪连接件的纵向平均间距，mm；$k$ 为抗剪连接件刚度系数，$k=N_v^c$；$n_s$为抗剪连接件在一根梁上的列数；$\alpha_E$为钢梁与混凝土弹性模量的比值。

应当指出，组合梁变形计算考虑滑移效应的折减刚度法，既适用于完全剪切连接组合梁，也适用于部分剪切连接组合梁和钢梁与压型钢板混凝土组合板构成的组合梁。

（2）荷载效应准永久组合作用时的截面参数和折减刚度 $B_1$

在荷载的长期作用下，考虑混凝土徐变的影响，用折减刚度法计算组合梁变形时，应以 $2\alpha_E$代替 $\alpha_E$计算截面的特征参数和刚度 $B_1$。

（3）简支组合梁的挠度计算

简支组合梁在使用阶段续加荷载标准组合下产生的挠度可按下式计算：

$$\Delta_2=\alpha\frac{M_{2k}l^2}{B_s} \tag{8-30}$$

简支组合梁在使用阶段续加荷载准永久组合下产生的挠度可按下式计算：

$$\Delta_2=\alpha\frac{M_{2q}l^2}{B_1} \tag{8-31}$$

取式（8-30）和式（8-31）计算出的挠度较大值，作为使用阶段变形验算的依据。

式中，$\alpha$ 为与支承条件和荷载形式有关的挠度系数，如简支梁在均布荷载作用下求跨中挠度时 $\alpha=5/48$；$M_{2k}$为按使用阶段续加荷载的标准组合计算的弯矩，N·mm；$M_{2q}$为按使用阶段续加荷载的准永久组合计算的弯矩，N·mm；$B_s$ 为荷载效应标准组合下的截面折减刚度；$B_1$为荷载效应准永久组合下的截面折减刚度；$l$ 为组合梁的计算跨度，mm。

（4）连续组合梁的挠度计算

在使用荷载作用下，连续组合梁中间支座的负弯矩区段，混凝土翼板因受拉而开裂，从而引起连续组合梁沿长度方向刚度发生改变，因此一般采用“变截面刚度杆件法”计算连续组合梁的挠度。根据试验和分析，可以在支座两侧各 $0.15l$ 的范围内（$l$ 为一个跨间的跨度）采用负弯矩截面的抗弯刚度，其余区段采用正弯矩作用下的组合截面刚度，然后根据弹性理论计算组合梁的挠度。这种方法得到的组合梁挠度能够满足各种工况下的要求。其中，负弯矩区不考虑混凝土板面只计入钢梁和负弯矩钢筋对截面刚度的贡献，正弯矩区则应采用考虑滑移效应的折减刚度，按变截面杆件来计算连续组合梁的变形。计算组合梁变形时，应分别按短期效应组合和长期效应组合进行计算，以其中较大值作为验算依据，计算得到的挠度不得大于《钢结构设计标准》（GB 50017—2017）所规定的限值。

对于不同的荷载工况，连续组合梁的挠度可参照表 8-1 进行计算。表中 $\alpha_1$ 为组合梁正弯矩段的折减刚度 $B_s$ 或 $B_1$与中支座段的刚度之比；$\theta_R$ 为组合梁右端的转角；$\theta_L$ 为组合梁左端的转角。

**表 8-1　连续组合梁的变形计算公式**

| 荷载形式 | $S_L$　$B$　$B/a_1$　$S_R$，$0.15l$，$l$ | $S_L$　$B/a_1$　$B$　$B/a_1$　$S_R$，$0.15l$，$0.15l$，$l$ |
| --- | --- | --- |
| $P$，$S_L$，$S_R$，$b$，$a$ | $\Delta=\frac{Pl^3}{48B}\left[\frac{3a}{l}-\frac{4a^4}{l^3}+\frac{0.027b}{l}(a_1-1)\right],a\leqslant\frac{l}{2}$<br>$\Delta=\frac{Pl^3}{48B}\left[\frac{4ab^2}{l^4}+\frac{b}{l^2}(3a-b)+\frac{0.027B}{l}(a_1-1)\right],a>\frac{l}{2}$<br>$\theta_R=\frac{Pl^2}{6B}\left[\frac{a^2b^2}{l^4}+\frac{ab}{l^2}+\frac{0.255b}{l}+\frac{0.061b}{l}(a_1-1)\right]$<br>$\theta_L=\frac{Pl^2}{6B}\left[\frac{2a^3b}{l^4}+\frac{3.3ab^2}{l^3}+\frac{0.00675b}{l}(a_1-1)-\frac{0.255ab}{l^2}\right]$ | $\Delta=\frac{Pl^3}{48B}\left[\frac{3ab}{l^2}+\frac{4ab^2}{l_3}-\frac{b^2}{l^2}+0.027(a_1-1)\right]$<br>$\theta_R=\frac{Pl}{6B}\left[\frac{ab}{l}\left(1.45+\frac{0.85b}{l}\right)+0.0034(2.7b+0.3a)(a_1-1)\right]$<br>$\theta_L=\frac{Pl}{6B}\left[\frac{ab}{l}\left(1.45+\frac{0.85a}{l}\right)+0.0034(2.7a+0.3b)(a_1-1)\right]$ |
| $M$，$S_L$，$S_R$，$l$ | $\Delta=\frac{Ml^2}{24B}[1+0.122(a_1-1)]$<br>$\theta_R=\frac{Ml}{3B}[1+0.386(a_1-1)]$<br>$\theta_L=\frac{Ml}{6B}[1+0.061(a_1-1)]$ | $\Delta=\frac{Ml^2}{24B}[1+0.135(a_1-1)]$<br>$\theta_R=\frac{Ml}{3B}[1+0.389(a_1-1)]$<br>$\theta_L=\frac{Ml}{6B}[1+0.061(a_1-1)]$ |
| $q$，$S_L$，$S_R$，$l$ | $\Delta=\frac{5ql^4}{384B}[1+0.019(a_1-1)]$<br>$\theta_R=\frac{ql^3}{24B}[1+0.110(a_1-1)]$<br>$\theta_L=\frac{ql^3}{24B}[1+0.012(a_1-1)]$ | $\Delta=\frac{5ql^4}{384B}[1+0.038(a_1-1)]$<br>$\theta_R=\frac{ql^3}{24B}[1+0.122(a_1-1)]$<br>$\theta_L=\theta_R$ |
| $P$，$P$，$S_L$，$S_R$，$l/3$，$l/3$，$l/3$，$l$ | $\Delta=\frac{23Pl^3}{648B}[1+0.016(a_1-1)]$<br>$\theta_R=\frac{Pl^2}{9B}[1+0.091(a_1-1)]$<br>$\theta_L=\frac{Pl^2}{9B}[1+0.010(a_1-1)]$ | $\Delta=\frac{23Pl^3}{648B}[1+0.032(a_1-1)]$<br>$\theta_R=\frac{Pl^2}{9B}[1+0.101(a_1-1)]$<br>$\theta_L=\theta_R$ |

(5) 组合梁的挠度验算

施工阶段由永久荷载产生的挠度$\Delta_{1g}$按下式计算：

$$\Delta_{1g}=\alpha\frac{M_{1kg}l^2}{EI} \tag{8-32}$$

式中，$\alpha$为与支承条件和荷载形式有关的挠度系数，如简支梁在均布荷载作用下求跨中挠度时$\alpha=5/48$；$M_{1gk}$为由施工阶段永久荷载的标准值产生的弯矩，N·mm；$l$为组合梁的计算跨度，mm；$E$为钢材的弹性模量，$N/mm^2$；$I$为钢梁截面惯性矩，$mm^4$。

按前述方法求出使用阶段由续加荷载产生的简支组合梁或连续组合梁的跨中最大挠度$\Delta_2$，与施工阶段相应位置处由永久荷载产生的挠度$\Delta_{1g}$相叠加，得到组合梁的最大挠度值$\Delta$,应满足下式要求：

$$\Delta=\Delta_{1g}+\Delta_2 \tag{8-33}$$

$$\Delta\leqslant\Delta_{lim} \tag{8-34}$$

式中，$\Delta_{1g}$为组合梁施工阶段由永久荷载产生的挠度，mm；$\Delta_2$为组合梁使用阶段由续加荷载产生的跨中最大挠度，mm；$\Delta$为组合梁的最大挠度值，mm；$\Delta_{lim}$为组合梁的挠度限值，mm，取$l/250$。

## 8.5 组合梁负弯矩区裂缝宽度计算
## (Calculation of Crack Width in Negative Moment Zone of Composite Beam)

简支组合梁通常是混凝土板受压、钢梁受拉，在标准荷载作用下可以不进行混凝土裂缝宽度计算。但是对于没有施加预应力的连续组合梁，负弯矩区钢梁受压、混凝土翼板受拉，混凝土的抗拉强度低而容易开裂，且往往贯通混凝土翼板的上、下表面，但下表面的裂缝宽度一般小于上表面的裂缝宽度，计算时可不予验算。引起组合梁翼板开裂的因素很多，如材料质量、施工工艺、环境条件以及荷载作用等。混凝土翼板开裂后会降低结构刚度，增加构件挠度，并影响其外观及耐久性，如板顶面的裂缝容易渗入水分或其他腐蚀性物质，加速钢筋的锈蚀和混凝土的碳化，降低其使用寿命。因此应对正常使用条件下的连续组合梁的裂缝宽度进行验算，其最大裂缝宽度不得超过《混凝土结构设计规范》(2015年版)(GB 50010—2010)的限值。

### 8.5.1 裂缝宽度计算理论及影响因素
### (Calculation Theory and Influencing Factors of Crack Width)

(1) 裂缝宽度计算经典理论

目前组合梁混凝土翼板裂缝计算采用钢筋混凝土裂缝计算公式，现行钢筋混凝土裂缝宽度计算有三种经典理论。

①黏结滑移理论：

黏结滑移理论由 Saliger 在 1936 年提出，该理论假定：混凝土截面开裂后仍保持为平截面；混凝土中应力在整个截面或有效受拉区面积上均匀分布，拉应力不超过混凝土的抗拉强度，裂缝的间距取决于钢筋与混凝土之间黏结应力的分布；裂缝出现后，由于混凝土与钢筋之间出现相对滑动而促进了裂缝的继续发展，钢筋和混凝土的变形相容关系不再保持。按照这样的假定可以得出：钢筋的平均应变与混凝土平均应变之差与裂缝段长度的乘积即为混凝土的裂缝宽度。

②无滑移理论：

20 世纪 60 年代，Broms 和 Base 又提出无滑移理论，这一理论假定：混凝土截面在裂缝出现后就不再保持平截面；钢筋和混凝土之间充分黏结，裂缝发展时不发生黏结破坏，即不发生相对滑动；假设钢筋表面裂缝宽度等于零，构件表面裂缝的宽度随该点至钢筋的距离（或者保护层厚度）成正比增大。无滑移理论认为：影响裂缝宽度的主要因素是混凝土保护层厚度，同时考虑了应变梯度的影响。

英国 Base 等人通过钢筋混凝土梁的试验研究，得出结论：钢筋的外形、直径、配筋率对裂缝的宽度影响不大，裂缝宽度与所测量裂缝宽度至最近纵向钢筋表面的距离、所测量裂缝宽度处的表面应变等成正比。根据上述结论，Base 等人建议的裂缝宽度计算公式为

$$\omega = kc\varepsilon \tag{8-35}$$

式中，$\omega$ 为裂缝宽度，mm；$k$ 为计算常数；$c$ 为所测量裂缝与最近纵向钢筋表面的距离，mm；$\varepsilon$ 为所测量裂缝处的表面应变。

③一般裂缝理论：

无论是黏结滑移理论还是无滑移理论，考虑问题都比较片面，黏结滑移理论只考虑钢筋直径与混凝土截面配筋率的比值，无滑移理论则几乎把保护层厚度作为唯一的因素，两种理论的计算结果与实际都有很大差距。Ferry Borges 综合这两种理论所考虑的因素，形成了黏结滑移和无滑移结合的理论，也称为一般裂缝理论。一般裂缝理论能较好地反映钢筋直径、截面配筋率、混凝土保护层厚度等主要参数对裂缝宽度的影响。目前，钢筋混凝土裂缝计算主要采用一般裂缝理论。

（2）裂缝宽度影响因素

除上述理论考虑的因素之外，组合梁混凝土裂缝宽度还与下列因素有关：

①力比 $R$：

力比 $R$ 是反映组合梁负弯矩区截面特性的一个重要指标。许多试验显示：$R$ 越小，开裂荷载越小，裂缝发展越快，裂缝间距和裂缝宽度越大，分布范围也越大。反之 $R$ 较大的梁，裂缝宽度随荷载增大而发展的速率较小，裂缝间距也比较小。力比 $R$ 为负弯矩区受拉钢筋和钢梁屈服内力的比值，即

$$R = A_{st} f_{st} / (A_s f_y) \tag{8-36}$$

式中，$A_{st}$、$A_s$ 分别为受拉钢筋和钢梁的截面面积，$mm^2$；$f_{st}$、$f_y$ 分别为受拉钢筋与钢梁的屈服强度，$N/mm^2$。

②栓钉连接件间距：

栓钉连接件间距对裂缝的发展也有一定影响。在其他条件相同时，栓钉间距减小，裂缝间距也随之减小，裂缝增长变慢。

③钢梁与混凝土板的相对高度比：

钢梁与混凝土板的相对高度既是组合梁的特征参数之一，也对负弯矩区混凝土的受力性能产生重要影响。钢梁与混凝土板的高度比越大，裂缝宽度越大。钢梁和栓钉对混凝土

板裂缝起抑制作用，当混凝土裂缝贯穿整个板厚时，组合梁的这种抑制作用比混凝土构件更为明显。

④钢梁与混凝土板之间的相对滑移：

钢梁与混凝土板之间的相对滑移会在受拉钢筋中产生附加应变，导致裂缝宽度增大。随着混凝土裂缝的发展，滑移效应会更为明显，裂缝宽度进一步增大。

## 8.5.2 组合梁的混凝土裂缝宽度计算

**(Calculation of Concrete Crack Width of Composite Beam)**

对简支组合梁和连续组合梁的正弯矩区，由于混凝土板位于受压区，不存在裂缝问题，因此组合梁的裂缝宽度计算实际上是对连续组合梁负弯矩区混凝土最大裂缝宽度的计算。《钢结构设计标准》(GB 50017—2017) 规定：组合梁负弯矩区段混凝土在正常使用极限状态下考虑长期作用影响的最大裂缝宽度 $\omega_{max}$ 应按《混凝土结构设计规范》(2015 年版)(GB 50010—2010) 的规定按轴心受拉构件进行计算，其值不得大于《混凝土结构设计规范》(2015 年版)(GB 50010—2010) 中所规定的限值。

连续组合梁负弯矩区截面的中和轴一般在钢梁中通过，组合梁负弯矩区混凝土翼板的受力状况与钢筋混凝土轴心受拉构件相似，因此可采用《混凝土结构设计规范》(2015 年版)(GB 50010—2010) 的有关公式计算组合梁负弯矩区的最大裂缝宽度。忽略翼板内横向钢筋对裂缝开展的制约作用和栓钉的影响，按荷载效应的标准组合计算负弯矩区混凝土的最大裂缝宽度，计算公式为

$$\omega_{max}=2.7\psi\frac{\sigma_{sk}}{E_s}\left(1.9c+0.08\frac{d_{eq}}{\rho_{te}}\right) \tag{8-37}$$

$$\psi=1.1-\frac{0.65f_{tk}}{\rho_{te}\sigma_{sk}} \tag{8-38}$$

$$d_{eq}=\frac{\sum n_i d_i^2}{\sum n_i\nu_i d_i} \tag{8-39}$$

$$\rho_{te}=\frac{A_{st}}{A_{te}} \tag{8-40}$$

式中，$\psi$ 为裂缝间纵向受拉钢筋的应变不均匀系数，当 $\psi<0.2$ 时，取 $\psi=0.2$，当 $\psi>1$ 时取 $\psi=1$，对直接承受重复荷载的构件，取 $\psi=1$；$\sigma_{sk}$ 为按荷载效应标准组合计算的钢筋混凝土构件纵向受拉钢筋的应力，N/mm²；$E_s$ 为钢筋的弹性模量，N/mm²；$c$ 为最外层纵向受拉钢筋外边缘至受拉区底边的距离，mm，$c<20$ mm 时取 $c=20$ mm，$c>65$ mm时取 $c=65$ mm；$d_{eq}$ 为受拉区纵向钢筋的等效直径，mm；$\rho_{te}$ 为按有效受拉混凝土截面面积计算的纵向受拉钢筋配筋率，在最大裂缝宽度计算中，当 $\rho_{te}<0.01$ 时，取 $\rho_{te}=0.01$；$f_{tk}$ 为混凝土轴心抗拉强度标准值，N/mm²；$A_{te}$ 为有效受拉混凝土截面面积，mm²，$A_{te}=b_e h_c$，$b_e$ 和 $h_c$ 分别为混凝土板的有效宽度和厚度；$A_{st}$ 为混凝土板有效宽度内的纵向受拉钢筋截面面积，mm²；$d_i$ 为受拉区第 $i$ 种纵向钢筋的公称直径，mm；$n_i$ 为受拉区第 $i$ 种纵向钢筋的根数；$\nu_i$ 为受拉区第 $i$ 种纵向钢筋的相对黏结特性系数，对带肋钢筋取 1.0，对光面钢筋取 0.7。

连续组合梁负弯矩开裂截面纵向受拉钢筋的应力水平 $\sigma_{sk}$ 是决定裂缝宽度的重要因素

之一，要计算该应力值需要得到标准荷载作用下截面负弯矩组合值 $M_k$。由于支座混凝土开裂导致截面刚度下降，正常使用极限状态连续组合梁会出现内力重分布现象，可以采用调幅系数法考虑内力重分布对支座负弯矩予以降低，试验证明，正常使用极限状态弯矩调幅系数上限取为 15%是可行的。所以按荷载效应的标准组合计算的开裂截面纵向受拉钢筋的应力 $\sigma_{sk}$按下列公式计算：

$$\sigma_{sk}=\frac{M_k y_s}{I_{cr}} \tag{8-41}$$

$$M_k=M_c(1-\alpha_r) \tag{8-42}$$

式中，$I_{cr}$为由纵向普通钢筋与钢梁形成的组合截面的惯性矩，$mm^4$；$y_s$为钢筋截面重心至钢筋和钢梁形成的组合截面中和轴的距离，mm；$M_k$为钢与混凝土形成组合截面之后，考虑了弯矩调幅的标准荷载作用下支座截面负弯矩组合值，$N/mm^2$，对于悬臂组合梁，式（8-42）中的 $M_k$应根据平衡条件计算得到；$M_c$为钢与混凝土形成组合截面之后，标准荷载作用下按未开裂模型进行弹性计算得到的连续组合梁中支座负弯矩值，$N/mm^2$；$\alpha_r$为正常使用极限状态连续组合梁中支座负弯矩调幅系数，其取值不宜超过 15%。

负弯矩区的最大裂缝宽度 $\omega_{max}$，应当满足下式要求：

$$\omega_{max}\leqslant\omega_{lim} \tag{8-43}$$

式中，$\omega_{lim}$为规定的允许裂缝宽度，mm，在一类环境下 $\omega_{lim}=0.3$ mm；在二类、三类环境下 $\omega_{lim}=0.2$ mm。其中，一类、二类、三类环境类别根据《混凝土结构设计规范》（2015 年版）（GB 50010—2010）来确定。

### 8.5.3 组合梁混凝土翼板裂缝的控制原则

### （Control Principle of Cracks in Concreteflange Plate of Composite Beam）

混凝土裂缝的生成和发展过程非常复杂，受到诸多因素的影响，如混凝土的配合比、施工工艺及养护条件、配筋率、外界温度和环境湿度、边界条件等。这些因素变化幅度较大，使混凝土的开裂具有很大随机性。下述方法是根据组合梁的受力特点，在实践中经常运用的控制混凝土翼板裂缝的构造措施，对控制混凝土翼板开裂具有良好效果：

①在钢筋总量不变的条件下，采用数量较多而直径较小的带肋钢筋，可有效增大钢筋和混凝土之间的黏结作用从而减小裂缝宽度。

②加强养护和采用合适的配合比以减少混凝土的收缩，可避免收缩效应对裂缝发展的不利影响。

③提高钢梁和混凝土之间的抗剪连接强度，可减小滑移的不利影响。

④为了有效控制连续组合梁的负弯矩区裂缝宽度，可以先浇筑正弯矩区混凝土，待混凝土强度达到75%后，拆除临时支承，然后浇筑负弯矩区混凝土。采用优化混凝土板浇筑顺序、合理确定支撑拆除时机等施工措施，可降低负弯矩区混凝土板的拉应力，达到理想的抗裂效果。

⑤在负弯矩区混凝土翼板内施加预应力也可以有效控制混凝土的开裂。

## 8.6 组合梁纵向抗剪承载力
(Longitudinal Shear Resistance of Composite Beam)

### 8.6.1 组合梁的纵向剪切破坏
**(Longitudinal Shear Failure of Composite Beam)**

在钢-混凝土组合梁中，混凝土板既作为组合梁的一部分纵向受力，同时也作为楼板或桥面而直接承受竖向荷载。钢梁与混凝土翼板间的组合作用依靠抗剪连接件的纵向抗剪实现，在结合面附近，混凝土板会受到连接件的纵向剪切作用或纵向劈裂作用。由于纵向剪力集中分布于钢梁上翼缘布置有连接件的狭长范围内，混凝土板在这种集中力作用下可能发生开裂或破坏。混凝土翼板纵向开裂是组合梁的破坏形式之一，如果没有足够的横向钢筋来控制裂缝的发展，或虽有横向钢筋但布置不当时，会影响结构的正常使用或导致组合梁无法达到极限状态的受弯承载力，使结构的延性和极限承载能力降低。

因此在组合梁截面设计过程中，对符合下列情况之一的组合梁，应对其进行混凝土翼板与钢梁接触面的纵向抗剪承载力计算，保证组合梁在达到极限抗弯承载力之前不会出现纵向剪切破坏：①组合梁的翼缘板采用普通的钢筋混凝土板；②组合梁的翼缘板采用压型钢板与混凝土组合板，且压型钢板底部凸肋平行于钢梁轴线。当压型钢板底部凸肋垂直于钢梁轴线时，无须验算。

混凝土翼板的实际受力状态比较复杂，抗剪连接件对翼板的作用力沿板厚及板长方向的分布并不均匀。混凝土翼板除受到抗剪连接件对其作用的轴向偏心压力外，通常还受到横向弯矩的作用，因此很难精确地分析混凝土翼板的实际内力分布。为了简化处理，在进行纵向抗剪计算时可以假设混凝土翼板仅受到一系列纵向集中力 $N_c$的作用，如图 8-17 所示。

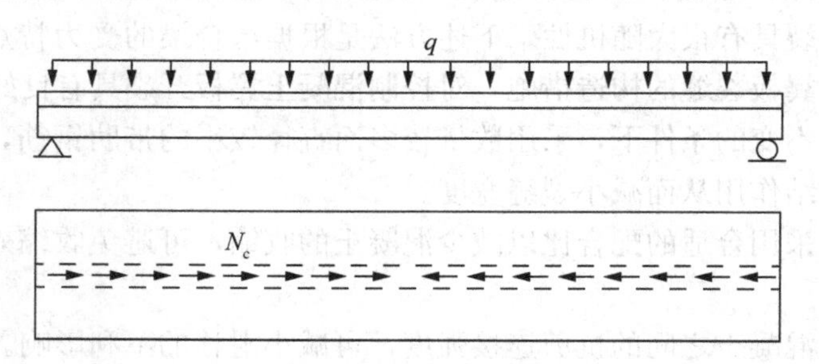


**图 8-17 混凝土翼板受栓钉作用力示意图**

影响组合梁混凝土翼板纵向开裂和纵向抗剪承载力的因素很多，如混凝土翼板的厚度、混凝土强度等级、横向配筋率和横向钢筋的位置、抗剪连接件的种类及排列方式、数量、间距、荷载的作用方式等，这些因素对混凝土翼板纵向开裂的影响程度各不相同。一般来说，采用承压面较大的槽钢连接件有利于控制混凝土翼板的纵向开裂。在数量相同的条件下避免栓钉连接件沿梁长方向的单列布置也有利于减缓混凝土翼板的纵向开裂。混凝土翼板中的横向钢筋对控制纵向开裂具有重要作用，组合梁在荷载的作用下首先在混凝土翼板底面出现纵向微裂缝，如果布置合适的横向钢筋可以限制裂缝的发展，并可能使混凝土翼板顶面不出现纵向裂缝或使纵向裂缝宽度变小。同样数量的横向钢筋分上下双层布置时比居上、居中及居下单层布置时更有利于抵抗混凝土翼板的纵向开裂。组合梁的加载方式对纵向开裂也有影响，当组合梁作用有集中荷载时，在集中力附近将产生很大的横向拉应力，容易在这一区域较早地发生纵向开裂。作用于混凝土翼板的横向负弯矩也会对组合梁的纵向抗剪产生不利的影响。

沿着一个既定的平面抗剪称为界面抗剪，组合梁的混凝土板（承托、翼板）在承受纵向水平剪力作用时属于界面抗剪。在进行组合梁纵向抗剪验算时，要计算任意一个潜在的纵向剪切破坏界面，要求单位长度上纵向剪力的设计值不得超过单位长度上的界面抗剪强度。图 8-18 为组合梁板托及翼缘板纵向受剪承载力验算时，不同翼板形式组合梁对应的纵向抗剪最不利界面 a-a、b-b、c-c 及 d-d。其中 a-a 抗剪界面长度为混凝土板厚度；b-b 抗剪界面长度取刚好包络焊钉外缘时对应的长度；c-c、d-d 抗剪界面长度取最外侧的焊钉外边缘连线长度加上距承托两侧斜边轮廓线的垂线长度。

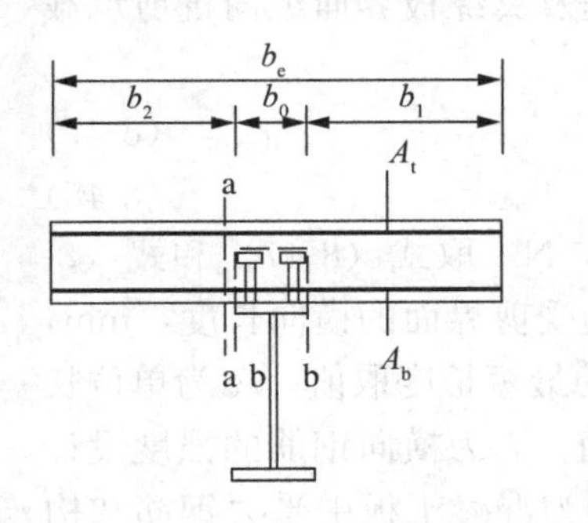

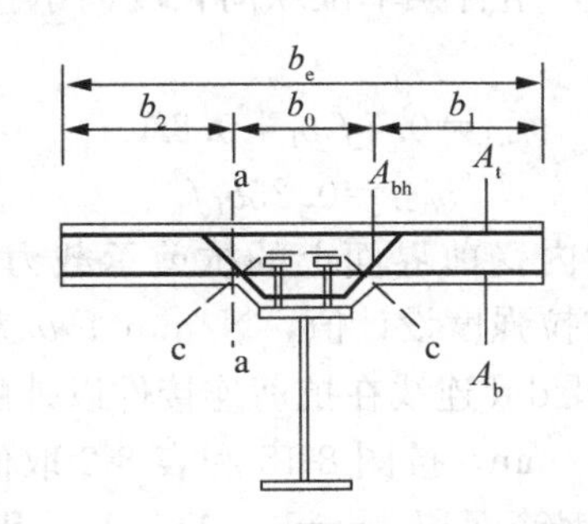

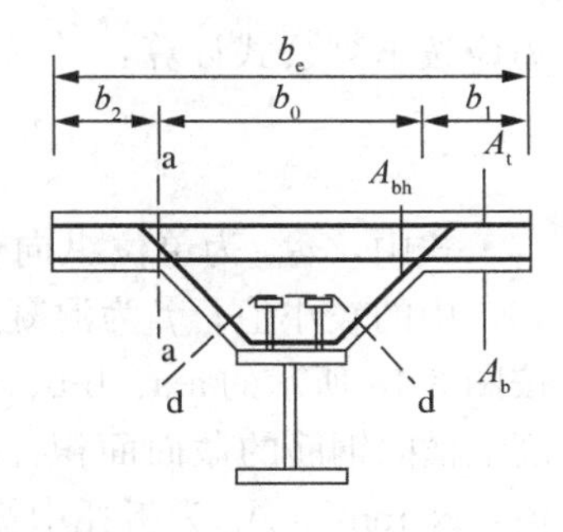


**图 8-18　混凝土板纵向受剪界面**

图中，$A_t$ 为混凝土板顶部附近单位长度内钢筋面积的总和，$mm^2$，包括混凝土板内抗弯钢筋和构造钢筋；$A_b$、$A_{bh}$ 分别为混凝土板底部、承托底部单位长度内钢筋面积的总和，$mm^2$。

## 8.6.2　混凝土翼板的纵向抗剪计算

**(Calculation of Longitudinal Shear Resistance of Concrete Flange Plate)**

《钢结构设计标准》(GB 50017—2017) 规定，组合梁混凝土翼板与钢梁接触面的纵向抗剪承载力应满足如下的要求：

$$v_{l,1} \leqslant v_{lu,1} \tag{8-44}$$

式中，$v_{l,1}$ 为荷载作用下组合梁单位纵向长度内受剪界面上的纵向剪力设计值，N；$v_{lu,1}$ 为组合梁单位纵向长度内受剪界面上的抗剪承载力，N。

(1) 单位纵向长度内受剪界面上的纵向剪力设计值 $v_{l,1}$

组合梁单位纵向长度内受剪界面上的纵向剪力设计值 $v_{l,1}$ 可以按实际受力状态计算，也可以按极限状态下的平衡关系计算。按实际受力状态计算时，采用弹性分析方法计算较为烦琐；而按极限状态下的平衡关系计算时，采用塑性简化分析方法计算方便，且和承载能力塑性调幅设计法相统一，同时公式偏于安全，所以建议采用塑性简化分析方法计算组合梁单位纵向长度内受剪界面上的纵向剪力设计值 $v_{l,1}$，即按下列公式计算：

①单位纵向长度上 a-a 受剪界面（图 8-18）的计算纵向剪力为

$$v_{l,1}=\max\left\{\frac{V_s b_1}{m_i b_e},\ \frac{V_s b_2}{m_i b_e}\right\} \tag{8-45}$$

②单位纵向长度上 b-b、c-c 及 d-d 受剪界面（图 8-18）的计算纵向剪力为

$$v_{l,1}=\frac{V_s}{m_i} \tag{8-46}$$

式中，$v_{l,1}$为荷载作用下组合梁单位纵向长度内受剪界面上的纵向剪力设计值，N；$V_s$为每个剪跨区段内钢梁与混凝土翼板交界面的纵向剪力，N；$m_i$为剪跨区段长度，mm；$b_1$、$b_2$为分别为混凝土翼板左、右两侧挑出的宽度，mm；$b_e$为混凝土翼板有效宽度，应按对应跨的跨中有效宽度取值，mm。

(2) 单位纵向长度内受剪界面上的抗剪承载力 $v_{lu,1}$

国内外众多研究成果表明，组合梁混凝土板纵向抗剪承载力主要由混凝土和横向钢筋两部分提供，而横向钢筋配筋率对组合梁纵向抗剪承载力的影响最为显著。《钢结构设计标准》(GB 50017—2017) 规定，组合梁单位纵向长度内承托及翼缘板界面纵向抗剪承载力应按下列公式计算：

$$v_{lu,1}=0.7f_t b_f+0.8A_e f_r \tag{8-47}$$

$$v_{lu,1}=0.25b_f f_c \tag{8-48}$$

式中，$v_{lu,1}$为单位纵向长度内受剪界面上的抗剪承载力，N，取式 (8-47) 和式 (8-48) 中的较小值；$f_t$为混凝土抗拉强度设计值，N/mm$^2$；$b_f$为受剪界面的横向长度，mm，按图 8-18 所示的 a-a、b-b、c-c 及 d-d 连线在抗剪连接件以外的最短长度取值；$A_e$为单位长度上横向钢筋的截面面积，mm$^2$/mm，按图 8-18 和表 8-2 取值；$f_r$为横向钢筋的强度设计值，N/mm$^2$；$A_{bh}$为板托中横向钢筋面积，mm$^2$；$A_t$、$A_b$分别为混凝土板中受力钢筋和构造钢筋的面积，mm$^2$。

**表 8-2　单位长度上横向钢筋的截面面积 $A_e$**

| 剪切面 | a-a | b-b | c-c | d-d |
|---|---|---|---|---|
| $A_e$ | $A_b+A_t$ | $2A_b$ | $2(A_b+A_{bh})$ | $2A_{bh}$ |

组合梁混凝土翼板的横向钢筋中，除了板托中的横向钢筋外，其余的横向钢筋可同时作为混凝土板的受力钢筋和构造钢筋使用，并应满足《混凝土结构设计规范》(2015 年版) (GB 50010—2010) 的有关构造要求。

(3) 组合梁横向钢筋的最小配筋率

组合梁的纵向抗剪强度很大程度上受到横向钢筋配筋率的影响。为了保证组合梁在达到承载力极限状态之前不发生纵向剪切破坏，并考虑到荷载长期效应和混凝土收缩等不利因素的影响，组合梁混凝土翼板与钢梁的纵向界面，单位长度上横向钢筋的最小配筋率应满足下式要求：

$$A_e f_r/b_f>0.75(\mathrm{N/mm^2}) \tag{8-49}$$

式中，$A_e$为单位长度上横向钢筋的截面面积，mm$^2$/mm，按图 8-18 和表 8-2 取值；$f_r$为横向钢筋的强度设计值，N/mm$^2$；$b_f$为受剪界面的横向长度，mm，按图 8-18 所示的 a-a、b-b、c-c 及 d-d 连线在抗剪连接件以外的最短长度取值。

### 8.6.3 横向钢筋及板托的构造要求
**(Structural Requirements for Transverse Rebar and Plate Bracket)**

板托可以增加组合梁的截面高度和刚度，但板托的构造比较复杂，因此通常情况下建议不设置板托。如需要设置板托，其外形尺寸及构造应符合以下规定（如图 8-19 所示）：

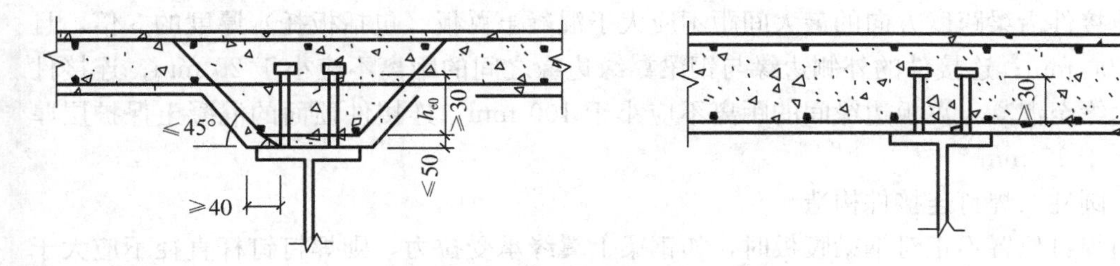


**图 8-19　板托的构造要求**

①为了保证板托中抗剪连接件能够正常工作，板托边缘距抗剪连接件外侧的距离不得小于 40 mm，同时板托外形轮廓应在自抗剪连接件根部算起的 45°仰角线之外。

②因为板托中邻近钢梁上翼缘的部分混凝土受到抗剪连接件的局部压力作用，容易产生劈裂，需要配筋加强，板托中横向钢筋的下部水平段应该设置在距钢梁上翼缘 50 mm 的范围以内。

③为了保证抗剪连接件可靠地工作并具有充分的抗掀起能力，抗剪连接件抗掀起端底面高出底部横向钢筋水平段的距离不得小于 30 mm。横向钢筋的间距应不大于 $4h_{e0}$，且不大于 600 mm。

对于没有板托的组合梁，混凝土翼板中的横向钢筋也应满足后两项的构造要求。

## 8.7　构造要求
(Requirements of Structure detailing)

(1) 组合梁边梁混凝土翼板的构造（图 8-20）

①有板托时，伸出长度不宜小于 $h_{c2}$。

②无板托时，应同时满足伸出钢梁中心线不小于 150 mm、伸出钢梁翼缘边不小于 50 mm的要求。

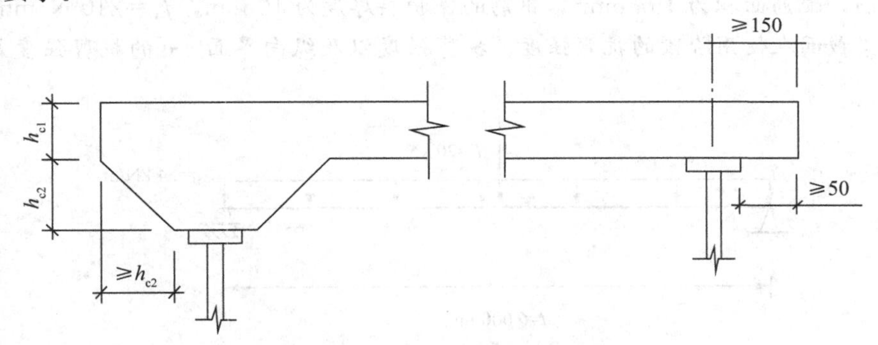


**图 8-20　边梁构造图**

③连续组合梁在中间支座负弯矩区的上部纵向钢筋及分布钢筋，应按《混凝土结构设计规范》（2015 年版）（GB 50010—2010）的规定设置。

（2）抗剪连接件的构造

①圆柱头焊钉连接件钉头下表面或槽钢连接件上翼缘下表面与翼板底部钢筋顶面的距离 $h_{e0}$不宜小于 30 mm。

②连接件沿梁跨度方向的最大间距不应大于混凝土翼板（包括板托）厚度的 3 倍，且不大于 300 mm；连接件的外侧边缘与钢梁翼缘边缘之间的距离不应小于 20 mm；连接件的外侧边缘至混凝土翼板边缘间的距离不应小于 100 mm；连接件顶面的混凝土保护层厚度不应小于 15 mm。

（3）圆柱头焊钉连接件构造

①当焊钉位置不正对钢梁腹板时，如钢梁上翼缘承受拉力，则焊钉钉杆直径不应大于钢梁上翼缘厚度的 1.5 倍；如钢梁上翼缘不承受拉力，则焊钉钉杆直径不应大于钢梁上翼缘厚度的 2.5 倍。

②焊钉长度不应小于其杆径的 4 倍。

③焊钉沿梁轴线方向的间距不应小于杆径的 6 倍，垂直于梁轴线方向的间距不应小于杆径的 4 倍。

④用压型钢板作底模的组合梁，焊钉钉杆直径不宜大于 19 mm，混凝土凸肋宽度不应小于焊钉钉杆直径的 2.5 倍。

（4）横向钢筋的构造

①横向钢筋的间距不应大于 $4h_{e0}$且不应大于 200 mm。

②板托中应配 U 形横向钢筋加强，板托中横向钢筋的下部水平段应该设置在距钢梁上翼缘 50 mm 的范围以内。

**例 8-1** 简支组合梁，跨度为 6 m，混凝土板的有效宽度 $b_e$＝1 980 mm，混凝土板的厚度与板托的厚度 $h_{c1}=h_{c2}$＝130 mm。钢梁截面如图 8-21 所示，上翼缘板为－160×10，腹板为－600×10，下翼缘板为－300×20，钢梁上受到均布荷载设计值 $q$＝54 kN/m，跨中受集中荷载设计值 $F$＝20 kN，混凝土强度等级为 C20，轴心抗压强度设计值 $f_c$＝9.6 N/mm²，抗拉强度设计值 $f_t$＝1.1 N/mm²，钢材抗拉、抗压强度设计值 $f$＝215 N/mm²，钢材抗剪强度设计值 $f_v$＝125 N/mm²。抗剪连接件选用 $d$19×160 的栓钉 36 个，栓钉间距为 171 mm。假定翼板中横向钢筋双层布置，板托中横向钢筋折线布置，配置 A10@100 的Ⅰ级钢筋，配筋面积为 157 mm²，钢筋的保护层厚度为 10 mm，$f_r$＝210 N/mm²，试验算该组合梁截面在使用阶段的抗弯强度、抗剪强度以及纵向界面 c-c 的抗剪强度是否满足要求。

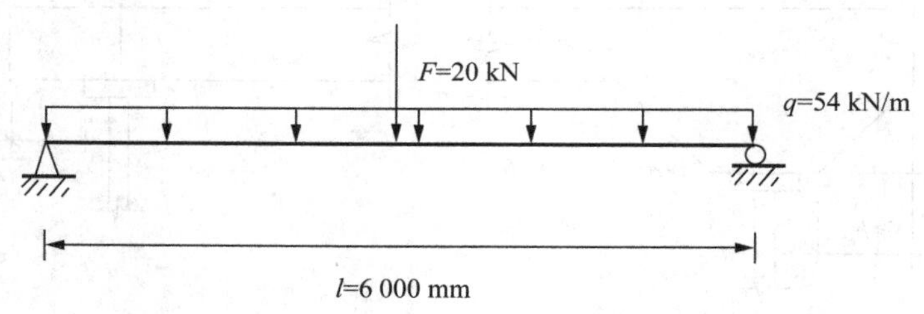

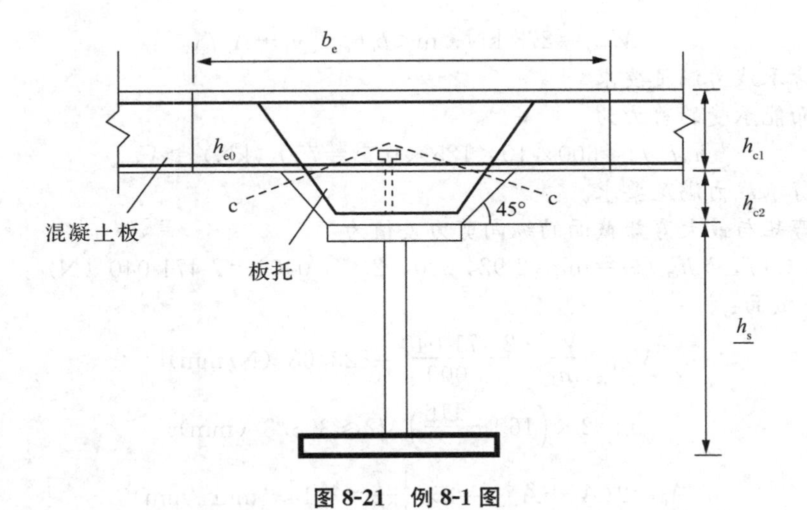


图 8-21　例 8-1 图

解 (1) 跨中弯矩设计值

$$M_{\max}=\frac{1}{8}ql^2+\frac{1}{4}Fl=\frac{1}{8}\times 54\times 6^2+\frac{1}{4}\times 20\times 6=273\ (\text{kN}\cdot\text{m})$$

$$V_{\max}=\frac{1}{2}\times 54\times 6+\frac{1}{2}\times 20=172\ (\text{kN})$$

钢梁的截面积：

$$A=160\times 10+600\times 10+300\times 20=13\ 600\ (\text{mm}^2)$$

组合梁高：

$$h=h_s+h_{c1}+h_{c2}=630+2\times 130=890\ (\text{mm})$$

塑性中和轴位置的确定：

$$Af=13\ 600\times 215=2\ 924\ 000\ (\text{N})$$

$$b_e h_{c1} f_c=1\ 980\times 130\times 9.6=2\ 471\ 040\ (\text{N})$$

$Af>b_e h_{c1} f_c$，因此中和轴在钢筋混凝土翼板之下，钢梁受压区面积为

$$A_c=0.5(A-b_e h_{c1} f_c/f)=0.5\times(13\ 600-2\ 471\ 040/215)\approx 1\ 053.4\ (\text{mm}^2)$$

钢梁上翼缘宽 $b=160$ mm，钢梁受压区高度

$$h_{sc}=A_c/b=1\ 053.4/160\approx 6.58\ (\text{mm})<10\ (\text{mm})$$

因此塑性中和轴位于钢梁上翼缘内。

$$(A-A_c)y_0+A_c(y_0+y_2)=A\frac{h_s}{2}$$

令 $y_0+y_2=h_s-\frac{1}{2}h_{sc}=630-\frac{1}{2}\times 6.58=626.71\ (\text{mm})$

$$y_0=\frac{\frac{1}{2}Ah_s-A_c(y_0+y_2)}{A-A_c}=\frac{\frac{1}{2}\times 13\ 600\times 630-1\ 053.4\times 626.71}{13\ 600-1\ 053.4}\approx 288.83\ (\text{mm})$$

$$y_1=h-\frac{1}{2}h_{c1}-y_0=890-\frac{1}{2}\times 130-288.83=536.17\ (\text{mm})$$

$$y_2=626.71-288.83=337.88\ (\text{mm})$$

因此梁的抗弯承载力为

$$b_e h_{c1} f_c y_1+A_c f y_2=(1\ 980\times 130\times 9.6\times 536.17+1\ 053.4\times 215\times 337.88)\times 10^{-6}$$

$$\approx 1\ 401.42\ (\text{kN}\cdot\text{m})$$

$$M_{max}=273\ \text{kN}\cdot\text{m}<b_e h_{c1} f_c y_1+A_c f y_2$$

截面抗弯承载力满足要求。

(2) 截面能承受的剪力为

$$h_w t_w f_v=600\times10\times125\times10^{-3}=750\ (\text{kN})>V_{max}$$

截面抗剪承载力满足要求。

(3) 零弯矩与最大弯矩截面的纵向剪力差值为

$V_s=\min\{Af,\ b_e h_{c1} f_c\}=\min\{2\,924\,000,\ 2\,471\,040\}=2\,471\,040\ (\text{N})$

对于 c-c 截面:

$$V_{l,1}=\frac{V_s}{m_1}=\frac{2\,471\,040}{3\,000}=823.68\ (\text{N/mm})$$

$$b_f=2\times\left(160+\frac{116}{2}\right)/\sqrt{2}\approx308.3\ (\text{mm})$$

$$A_e=2(A_b+A_{bh})=2\times\frac{157}{100}=3.14\ (\text{mm}^2/\text{mm})$$

$$0.7f_t b_f+0.8A_e f_r=0.7\times1.1\times308.3+0.8\times3.14\times210\approx764.91\ (\text{N/mm})$$

$$0.25b_f f_c=0.25\times308.3\times9.6=739.92\ (\text{N/mm})$$

$$V_{lu,1}=\min\{0.7f_t b_f+0.8A_e f_r,\ 0.25b_f f_r\}=739.92\ (\text{N/mm})<V_{l,1}$$

所以不满足纵向抗剪要求。

## 8.8 小结
(Summary)

①《钢结构设计标准》(GB 50017—2017)规定，一般不直接承受动力荷载的组合梁，其承载力采用塑性分析的方法计算。

② 完全抗剪连接组合梁可按简单塑性理论形成塑性铰的假定来计算其抗弯承载力，部分抗剪连接组合梁的抗弯承载力则是取该剪跨区段抗剪连接件的抗剪承载力设计值总和作为混凝土翼板中的剪力来进行计算。

③当采用塑性方法计算组合梁的竖向抗剪承载力时，可以认为组合梁截面上的全部竖向剪力仅由钢梁腹板承担而忽略混凝土翼缘板的贡献。

④ 计算组合梁挠度时，需考虑钢梁和混凝土板之间的滑移效应，采用简单的换算截面法，求得组合梁挠度值。

## 思考题
(Questions)

8-1　简述钢-混组合梁的受力特点。

8-2　完全抗剪钢-混组合梁和部分抗剪组合梁的区别是什么?

8-3　简述完全抗剪钢-混组合梁抗弯承载力计算的基本假定。

8-4　简述钢-混组合梁抗剪承载力计算的假定。

# 第 9 章　矩形钢管混凝土柱
# (The Concrete Filled Rectangular Steel Tubular Columns)

**本章学习目标**

了解矩形钢管混凝土柱的发展历程及研究现状；
了解矩形钢管混凝土柱的优缺点、受力特性及适用条件；
掌握在多种计算理论下的矩形钢管混凝土柱的设计计算方法。

## 9.1　概述
(Introduction)

**矩形钢管混凝土柱**是指将混凝土填入薄壁矩形钢管内，并由钢管和混凝土共同承受荷载的组合构件。矩形钢管混凝土凭借其高效率的工业化生产工艺、简洁大方的外观、简单的节点构造过程、便利的运输搭建流程、成熟的设计布置方法，在各种柱结构中体现出独特的优势，在钢结构建筑中得到广泛应用。本章主要介绍矩形钢管混凝土柱的研究现状、基本性能、优缺点以及计算方法。

## 9.2　矩形钢管混凝土柱研究发展历程
(Development of Concrete Filled Rectangular Steel Tubular Columns)

矩形钢管混凝土柱最早在 19 世纪 70 年代应用在桥墩、工业厂房中，当时没有考虑钢管与核心混凝土之间相互作用对承载力的提高。早期矩形钢管混凝土中采用的钢管主要是热轧管，其钢管壁厚，用钢量大，再加上当时的钢管内混凝土浇筑工艺并不成熟，所以钢管混凝土结构在早期并没有体现出节省成本的优点，在工程上也没有得到广泛的推广应用。1923 年日本关西地震后，由于钢管混凝土柱结构在地震后的破坏并不明显，日本人逐渐发现钢管混凝土柱在抗震性能上的优势。再加上日本人多地少，建筑需要向高层和地下发展，在 30 层以上的高层建筑中，钢管混凝土也展现了其在节约钢材方面的优越性，所以日本在后来的多高层建筑中，开始广泛地应用钢管混凝土结构。

我国对钢管混凝土的研究主要集中在钢管中浇灌素混凝土的**内填型钢管混凝土**结构，在这方面最早开展研究的是原中国科学院哈尔滨土建研究所（现国家地震局工程力学研究所）。20 世纪 60 年代，包括矩形钢管混凝土柱在内的钢管混凝土结构开始在一些厂房和地铁工程中采用，进入 70 年代后得到进一步推广应用。在 1978 年第一次列入国家科学发展规划后，矩形钢管混凝土柱结构的研究和应用也开始飞速发展，其在各类工程中良好的表现和社会效益，也推动了矩形钢管混凝土柱研究工作的进一步深入。

国内外对于矩形钢管混凝土柱的受力性能进行了大量的研究，并得出矩形钢管混凝土柱典型的轴压及偏压试验破坏模式为钢管屈曲及内部混凝土压碎。天津大学郑亮考虑到方钢管混凝土柱中钢管边中部对核心混凝土的约束较弱，使得方钢管混凝土柱中核心混凝土的抗压强度不能得到充分发挥，为充分发挥矩形钢管混凝土柱中核心混凝土抗压强度和塑性变形能力，在矩形钢管混凝土柱中配置螺旋箍筋来约束核心混凝土，并通过试验证明其能够较大程度提高矩形钢管混凝土柱的承载力。此外，带约束拉杆矩形钢管混凝土柱的出现进一步弥补了矩形钢管混凝土柱钢管长边对核心混凝土约束作用不足的缺点。作为一种新型的结构构件，带约束拉杆矩形钢管混凝土柱在柱截面设置一定数量的拉杆以提供附加约束，能较经济地改善其力学性能，在高层、超高层结构中有非常广阔的应用前景。

对于矩形钢管混凝土柱来说，保证浇筑的混凝土在通过狭小空间时不会形成阻塞、避免引起结构柱出现空洞和脱空现象也尤为重要。围绕这一方面，国内外专家也进行了众多研究，提出了流体阻塞模型、动态离析模型、颗粒阻塞模型等自密实混凝土阻塞机理的理论模型。对于混凝土浇筑难以监管、混凝土浇筑后成果检测困难等问题，也已提出了众多缺陷检测技术，例如人工敲击法、超声波法、冲击波探伤法、红外线热成像法等。其中，超声波法是利用脉冲波在技术条件相同的混凝土中传播的时间或速度、接收波的振幅和频率等声学参数的相对变化，来判定混凝土的缺陷。

在设计、理论成熟之后，矩形钢管混凝土柱凭借着截面受力合理、承载力高、施工简单、造型美观等优点在各类钢管混凝土柱中脱颖而出，在各类建筑中得到了广泛的运用，例如台北国际金融中心、武汉国际证券大厦、深圳地王大厦等高层建筑都已经部分或全部采用了矩形钢管混凝土柱。总的来说，矩形钢管混凝土柱作为一种较为年轻的结构，已经展现出了其独特的优点，但对于矩形钢管混凝土柱的研究还有较大的空间，特别是关于薄壁矩形钢管混凝土力学性能、钢管混凝土结构中支撑形式与连接问题、结构的防火处理等方面，还需进行更深入的研究。

## 9.3 矩形钢管混凝土柱的优缺点

(Advantages and Disadvantages of Concrete Filled Rectangular Steel Tubular Columns)

矩形钢管混凝土柱的突出优势主要表现在以下几个方面：

① 截面受力合理。钢结构建筑具有较大的开间，此类结构在横向和纵向跨度较大，柱不但受到较大的轴向压力，还在两个方向上都将承担较大的弯矩。以前的柱结构设计中，考虑到大部分柱受到来自两个方向的弯矩相差较大，一般会区分强轴和弱轴，大多采用 H 型钢，以此来增大绕强轴的抗弯承载力。当受到来自两个方向的弯矩相差不大时，H 型钢显然不能很好地满足此要求。若要承担两个方向大小相近的弯矩，就需要利用矩形钢

管的截面特性，以较经济的设计来满足双向受弯的承载要求。

② 承载力高。单独的薄壁钢管柱稳定性较差、对缺陷敏感度高，如果填充混凝土，钢管与混凝土的相互作用将改变两者的受力状态，大幅提高柱的承载能力。首先，混凝土的存在有利于提高钢管的整体及局部稳定，延缓甚至避免钢管过早发生屈曲。其次，钢管的存在可以给混凝土提供约束，形成**三向受压**的应力状态，延缓混凝土的纵向开裂，提高混凝土的承载能力。两种材料共同作用，使该结构体系承载力大于混凝土承载力与钢管承载力之和，从而达到高承载、低成本的目的。在截面积相同的情况下，矩形截面相对于圆形截面抗弯刚度更高，整体稳定性较好。

③ 塑性、韧性、延性、抗冲击性好。混凝土材料延性较差，随着选用的混凝土材料强度越来越高，混凝土的延性也随之降低，单独的混凝土构件非常容易发生脆性破坏，不满足结构安全的要求。如果将混凝土填充入钢管中，混凝土在受到钢管约束的同时能避免钢管的局部屈曲，工作时表现出较好的**塑性**和**延性**。未填充混凝土的空心钢管柱在破坏时易发生局部屈曲，而矩形钢管混凝土柱很好地改善了这一缺点，在破坏时不发生明显的局部屈曲，承载力得到提升。该结构在承受冲击荷载和振动荷载时具有较好的韧性和塑性，因而具有良好的抗震性能。同时，钢管混凝土构件具有良好的抗侧向冲击性能，在受到冲击后构件进入塑性状态，破坏属于延性破坏。

④ 耐火性能好。钢材具有较好的耐热性，但是钢材无法在高温下工作。随着温度升高，钢材的强度不断下降，变形不断增加。在 200 ℃内，钢材性能变化不大，达到 430 ℃时强度开始急剧下降，达到 600 ℃时将失去工作能力。由于矩形钢管混凝土由混凝土和钢管组成，混凝土热容大，发生火灾时能吸收大量热量，较好地解决了这一问题。

⑤ 施工方便、节约成本。在施工方面，矩形钢管混凝土柱无需绑扎钢筋、支模和拆模，在施工过程中可兼作柱的模板和临时支撑，可以节省材料和人工，并且矩形钢管混凝土柱一般选用薄壁钢管，自重小，运输和吊装都相对简单。目前混凝土浇筑工艺十分先进，采用高位抛落免振捣混凝土和自密实混凝土等工艺，多层钢管一次性浇筑，大大提升了施工效率。此外，Webb 和 Peyton 的研究表明，钢管混凝土承压结构相比混凝土承压结构可节省约 50%混凝土，自重减轻约 50%，相比钢结构，可节省钢材约 50%。

⑥ 连接简单、外形美观。矩形钢管混凝土柱主要采用薄壁钢管，其焊接简单、柱脚零件少、焊缝短，可以直接插入混凝土基础预留杯口中，并且矩形截面具有节点形式简单、外形规整美观的优点，对于一些对外观要求比较严苛的建筑，例如展览馆、博物馆等，矩形钢管混凝土柱可以很好地满足美观这一要求。此外，矩形钢管混凝土柱还有平面布置灵活、墙板连接简单等诸多优点，可以满足写字楼、教学楼等的需求。目前，矩形钢管混凝土柱已广泛应用于我国多、高层结构。

矩形钢管混凝土柱的缺点主要体现于以下几个方面：

① 矩形钢管连接和检测复杂。矩形钢管混凝土柱在钢管对接时非常麻烦，需要耗费大量时间、人工成本，而且还存在钢管焊后变形等问题。此外，对矩形钢管混凝土柱浇筑混凝土之后，还存在着监管、检测不便的难题。混凝土浇灌质量无法直观地观察到，容易发生纰漏。

② 紧箍力和约束效应偏弱。相对于圆形钢管混凝土柱，矩形钢管混凝土柱在钢管壁侧压力作用下发生弯曲变形，此时管壁提供的侧向紧箍力不均匀分布，集中在四个角，约束效应不如圆形钢管混凝土柱，承载力也相对较低。此外，矩形钢管混凝土柱的延性也不如圆形钢管混凝土柱，并且其延性随宽厚比的减小而降低。

## 9.4 矩形钢管混凝土柱的受力特性
(Mechanical Properties of Concrete Filled Rectangular Steel Tubular Columns)

(1) 矩形钢管混凝土柱的工作原理

在承受轴心压力作用时，矩形钢管混凝土柱截面（图9-1）需保持平面。轴心压力作用下，矩形钢管混凝土柱（图9-2）中钢管和混凝土同时受力并产生纵向压缩变形，由于弹性材料的泊松效应，该纵向压缩变形会导致二者均产生横向变形，变形大小取决于材料的泊松比，其中横向应变与纵向应变之比称为**泊松比**（$\mu_s$）或**横向变形系数**（$\mu_c$）。

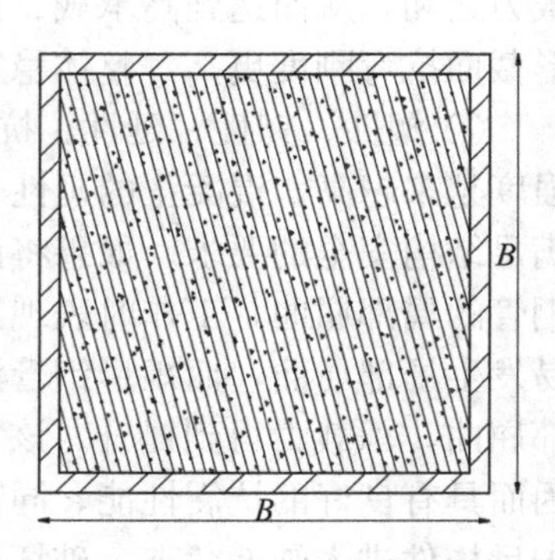

**图 9-1 矩形钢管混凝土柱截面**

施加竖向压力初期，在低应力弹性状态下，钢材的泊松比 $\mu_s$变化很小，混凝土横向变形系数 $\mu_c$小于钢材的泊松比，故钢管的横向变形比混凝土的大，此时钢管并未对混凝土起到约束作用。随着荷载不断增大，混凝土的横向变形系数也持续增大，当其增大到与钢管的泊松比相同时，即 $\mu_c=\mu_s$，核心区混凝土的横向变形与钢管的横向变形相等，钢管与混凝土之间无相互作用，近似为单向受力状态。

当荷载继续增大，钢管纵向压应力 $\sigma_3$超过比例极限时，$\mu_c>\mu_s$，核心区混凝土横向变形大于钢管的横向变形，由于变形协调，钢管与混凝土之间产生随外荷载大小而变化的约束力，该约束力使钢管与混凝土之间产生相互作用力 $P$，即**紧箍力**。紧箍力 $P$ 使钢管与混凝土进入共同工作阶段，此时钢管处于纵向和径向受压（$\sigma_2$、$\sigma_3$）、环向受拉（$\sigma_1$）的三向应力状态；混凝土处于三向受压状态（$\sigma_1'$、$\sigma_2'$、$\sigma_3'$）[图 9-2（a）]，而钢管混凝土柱紧箍力分布如图 9-2（b）所示。共同工作状态下，混凝土抗压强度和抗压缩变形能力有较大提高，对钢管而言，混凝土填充充分则保证了钢管不会发生屈曲，大幅提高了钢管的受压屈曲承载力和稳定性。

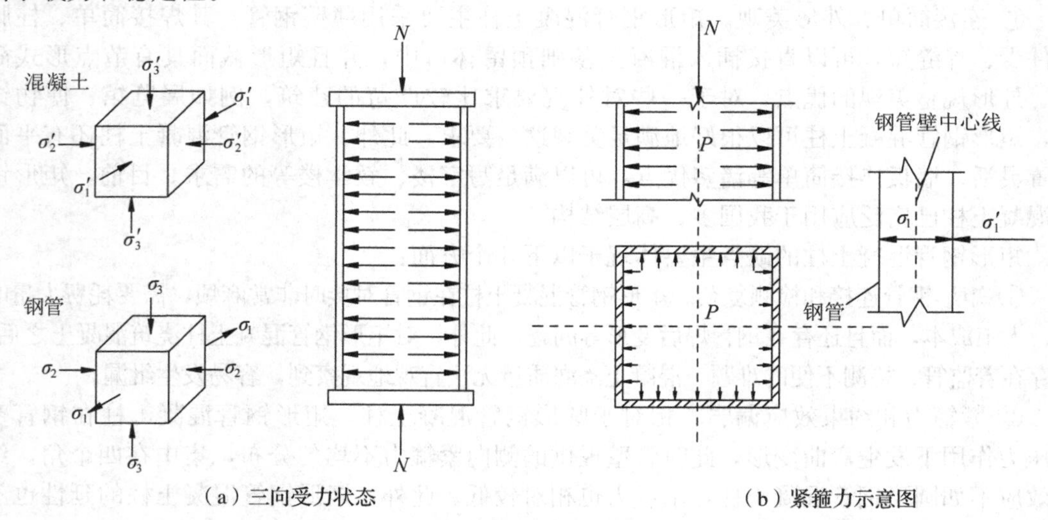

（a）三向受力状态　　（b）紧箍力示意图

**图 9-2 钢管混凝土三向受力状态及紧箍力示意图**

（2）矩形钢管混凝土柱轴心受压时的工作性能

经过大量试验研究，学者们发现矩形钢管混凝土柱的极限承载力比空心钢管柱与混凝土柱承载力之和大10%～50%。但相较于圆形钢管混凝土柱，矩形钢管混凝土柱中紧箍力较弱，受压承载力和抗压缩变形能力提升幅度相对较小。

矩形钢管混凝土柱紧箍效应不如圆管强的主要原因：钢管壁在轴心压力作用下出现局部屈曲，以及在直线边由于紧箍力作用发生弯曲，削弱了钢管对混凝土的约束作用，在截面上形成了非均布的法向和切向约束共存的**应力场**。在该应力场中，钢管及混凝土都承载着纵向压力、环向拉力、交界面上的法向压力和切向力，导致矩形钢管混凝土柱的直线边中部的紧箍力大大减小，而四个角部的紧箍力最大。正因为混凝土受到的约束不均匀，故矩形钢管混凝土柱承载力低于圆形钢管混凝土柱。虽然矩形钢管在约束作用方面不如圆形钢管，但其仍有良好的效果，在提高构件延性方面矩形钢管尤为有效。空心钢管柱轴心受压时变形以及矩形钢管混凝土柱轴心受压时的截面变形和约束作用分布如图9-3所示。

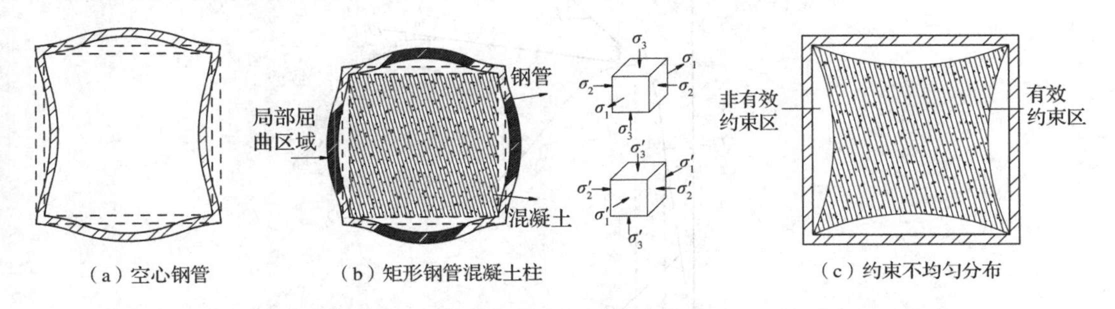


（a）空心钢管　（b）矩形钢管混凝土柱　（c）约束不均匀分布

**图9-3　空心钢管与矩形钢管混凝土柱受压截面变形和约束作用分布图**

对矩形钢管管壁而言，管内的混凝土不仅提高了其**局部临界应力**，还使其局部屈曲的发展变得缓慢；对混凝土而言，若没有钢管的约束作用，其受压发生破坏时表现为脆性破坏；当钢管与混凝土共同工作承压时，钢管的约束作用可使混凝土由**脆性破坏**转变为**塑性破坏**，故构件整体延性增大，破坏时表现为塑性破坏。在往复荷载作用下，矩形钢管混凝土柱也具有较好的延性，而且其延性系数随钢管板件**宽厚比**的减小而增大，随填充的混凝土强度等级的提高而降低。

（3）矩形钢管混凝土柱轴心受压时的应力-应变曲线

根据数值分析方法及合理假设可计算出矩形钢管混凝土轴压构件的$\sigma$-$\varepsilon$全过程曲线关系，如图9-4所示。$\sigma$-$\varepsilon$关系曲线主要分为：弹性阶段（$OA$）；弹塑性阶段（$AB$）；塑性强化段（$BC$）；下降段（$CD$）或强化段（$CD'$）。其中，$\sigma$定义为钢管混凝土名义压应力，$\sigma=\dfrac{N}{A_{sc}}$；$A_{sc}=B^2$，为矩形钢管混凝土横截面面积。图中$E_{sc}$、$E_{sct}$和$E_{sch}$分别定义为钢管混凝土名义弹性模量、名义切线模量、名义强化模量；$f_{scp}$与$\varepsilon_{scp}$分别为名义轴压比例极限及其对应的应变；$f_{scy}$与$\varepsilon_{scy}$分别为屈服极限及其对应的应变。从计算结果可知，荷载-变形关系曲线的基本形状与约束效应（套箍）系数$\xi$有关。其中，

$$\xi=\alpha\frac{f_y}{f_c}$$

式中，$\alpha$ 为构件的含钢率；$f_c$、$f_y$分别为混凝土的抗压强度标准值、钢材的屈服强度。当 $\xi \geqslant \xi_0$ 时，曲线具有强化段（$CD'$），且 $\xi$ 越大，强化的幅度越大；当 $\xi < \xi_0$ 时，曲线在达到某一峰值后进入下降段，且 $\xi$ 越小，下降的幅度越大，下降段出现得越早。$\xi_0$ 的大小与钢管混凝土柱界面形状相关，据研究分析，对于矩形钢管混凝土柱而言：

$$\xi_0 \approx 4.5$$

**套箍系数** $\xi$ 可以很好地反映钢管对混凝土的约束作用，对于矩形钢管混凝土柱轴心受压性能而言，套箍系数越大，钢管对混凝土的约束程度也越强，即其受压性能也越强。分析结果表明，矩形钢管混凝土轴心受压时表现出较好的弹性和塑性性能。如图 9-4 所示，当 $\xi \geqslant \xi_0$ 时，$\sigma$-$\varepsilon$ 曲线可分为弹性段（$OA$）、弹塑性段（$AB$）、塑性强化段（$BC$）、强化段（$CD'$）四个阶段，且强化阶段曲线近似于呈线性关系；当 $\xi < \xi_0$ 时，$\sigma$-$\varepsilon$ 曲线可分为弹性段（$OA$）、弹塑性段（$AB$）、塑性强化段（$BC$）、下降段（$CD$）四个阶段。

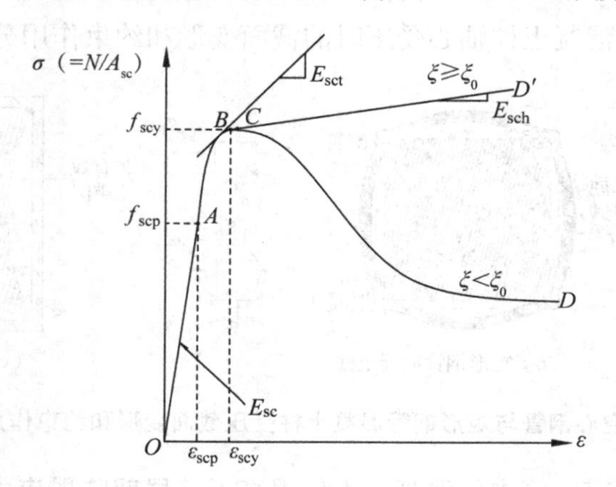


**图 9-4　典型的 $\sigma$-$\varepsilon$ 关系曲线**

## 9.5　矩形钢管混凝土柱的适用条件

(Application Conditions of Concrete Filled Rectangular Steel Tubular Columns)

矩形钢管混凝土柱可用于多、高层建筑的框架结构体系、框架-支撑体系、框架-剪力墙体系、框架筒体体系、巨型框架体系和交错桁架体系等的框架柱构件，并可以与钢结构、型钢混凝土结构、钢筋混凝土结构和圆形钢管混凝土结构同时使用。《矩形钢管混凝土结构技术规程》（CECS 159：2004）对矩形钢管混凝土柱作了如下要求：

矩形钢管混凝土结构的适用高度应满足表 9-1 的要求，对平面和竖向均不规则的结构或Ⅳ类场地上的结构，适用的最大高度应适当降低。

表 9-1　矩形钢管混凝土结构的最大适用高度　　单位：m

| 结构体系 | 非抗震 | 抗震设防 | | | |
|---|---|---|---|---|---|
| | | 6 度 | 7 度 | 8 度 | 9 度 |
| 框架 | 150 | 110 | | 90 | 50 |
| 框架-钢支撑（嵌入式剪力墙） | 260 | 220 | | 200 | 140 |
| 框架-混凝土剪力墙、框架-混凝土核心筒 | 240 | 220 | 190 | 150 | 70 |
| 框筒、筒中筒 | 360 | 300 | | 260 | 180 |

注：筒中筒的筒体为由钢结构或矩形钢管混凝土结构组成的筒体。

矩形钢管混凝土结构民用房屋适用的最大高宽比，不宜大于表 9-2 中规定的数值。

表 9-2　矩形钢管混凝土结构民用房屋适用的最大高宽比

| 结构体系 | 非抗震 | 抗震设防 | | | |
|---|---|---|---|---|---|
| | | 6 度 | 7 度 | 8 度 | 9 度 |
| 框架-钢支撑（嵌入式剪力墙） | 7 | 6.5 | | 6 | 5.5 |
| 框架-混凝土剪力墙、框架-混凝土核心筒 | 8 | 7 | | 6 | 4 |
| 框筒、筒中筒 | 8 | 7 | | 6 | 5.5 |

注：筒中筒的筒体为由钢结构或矩形钢管混凝土结构组成的筒体。

## 9.6　矩形钢管混凝土柱的设计
## (Design of Concrete Filled Rectangular Steel Tubular Columns)

矩形钢管混凝土柱借助其内填混凝土增强钢管的稳定性，又借助钢管对混凝土的套箍作用，延缓了混凝土微裂缝的发展，提高整体的抗压强度和变形能力，具有良好的力学性能。在进行矩形钢管混凝土柱的设计工作时，先需要保证其满足规范中规定的基本构造要求，随后对其轴心承载力、偏压承载力、整体稳定性进行验算。本节分别基于**叠加理论**、**统一理论**、**拟钢理论**三种不同理论的计算方法对矩形钢管混凝土柱轴压受力构件、偏压受力构件进行设计验算，并对不同计算方法下的计算结果进行对比分析。

### 9.6.1　矩形钢管混凝土柱的基本构造要求
### (Basic Structural Requirements for Concrete Filled Rectangular Steel Tubular Columns)

矩形钢管混凝土柱与其他构件组成的结构体系，其布置宜规则，楼层刚度分布宜均匀。结构布置应符合《建筑抗震设计规范》（2016 年版）（GB 50011—2010）的要求，并应使结构受力明确，满足对承载力、稳定性和刚度的设计要求。

对于采用框架-混凝土核心筒的结构体系，周边矩形钢管混凝土柱框架的梁与柱连接，在抗震设防烈度为 7 度及以上地区需采用刚接，在 6 度地区可采用部分铰接，在非抗震设防地区允许选择铰接。采用框架-支撑结构体系时，支撑在竖向应连续布置，必要时可设结构加强层。采用框架-混凝土剪力墙结构体系时，混凝土剪力墙应采用带翼墙或有端柱的剪力墙。

为满足混凝土浇灌要求，为避免浇筑时钢管外鼓，钢管壁厚不宜小于 4 mm。同时，**截面高宽比** $h/b$ 不应大于 2。此外，在《钢结构设计标准》（GB 50017—2017）中，则要求矩形钢管混凝土柱的边长不宜小于 150 mm。

为充分发挥混凝土的承载能力，同时又不会过度降低强震作用下钢管对混凝土的约束作用，此处引入**混凝土工作承担系数** $a_c$，设计矩形钢管混凝土受压构件时 $a_c$ 应控制在 0.1 到 0.7 之间，$a_c$ 按式（9-1）计算：

$$a_c=\frac{A_c f_c}{A_s f+A_c f_c} \tag{9-1}$$

式中，$f$、$f_c$ 分别为钢材、混凝土抗压强度设计值；$A_s$、$A_c$ 分别为钢管和管内混凝土的截面面积。

对于有抗震设防要求的多高层框架柱，其工作承担系数需小于［$a_c$］以保证柱的延性，［$a_c$］按表 9-3 确定。

**表 9-3　混凝土工作承担系数限值［$a_c$］**

| 长细比 | 轴压比（$N/N_u$） | |
|---|---|---|
| | ≤0.6 | >0.6 |
| ≤20 | 0.5 | 0.47 |
| 30 | 0.45 | 0.42 |
| 40 | 0.4 | 0.37 |

同时，为充分发挥矩形钢管在轴压作用下的承载能力，使钢管在极限状态下能达到全截面屈服，《矩形钢管混凝土结构技术规程》（CECS 159：2004）对钢管管壁的宽厚比 $b/t$、$h/t$ 也提出了要求，矩形钢管管壁板件应力分布情况如图 9-5 所示，板件宽厚比限值如表 9-4 所示。

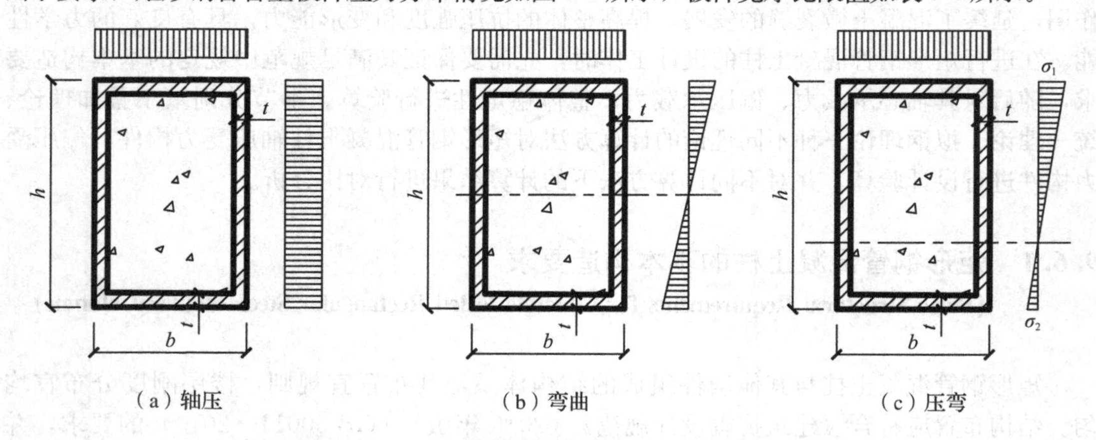


**图 9-5　矩形钢管管壁板件应力分布情况**

**表 9-4　矩形钢管管壁板件宽厚比限值**

| | $b/t$ | $h/t$ |
|---|---|---|
| 轴压［图 9-4（a）］ | $60\varepsilon$ | $60\varepsilon$ |
| 弯曲［图 9-4（b）］ | $60\varepsilon$ | $150\varepsilon$ |
| 压弯［图 9-4（c）］ | $60\varepsilon$ | 当 $0<\varphi\leqslant1$ 时，$30(0.9\varphi^2-1.7\varphi+2.8)\varepsilon$<br>当 $-1\leqslant\varphi\leqslant0$ 时，$30(0.74\varphi^2-1.44\varphi+2.8)\varepsilon$ |

注：①$\varepsilon=\sqrt{235/f_y}$，$f_y$为钢材屈服强度标准值。

②$\varphi=\sigma_1/\sigma_2$，$\sigma_1$、$\sigma_2$分别为板件最外边缘的最大、最小应力，其中压应力取正，拉应力取负。

③施工阶段验算时，表中限值应除以 1.5，但 $\varepsilon=\sqrt{235/1.1\sigma_0}$，$\sigma_0$取施工阶段荷载作用下的板件实际应力设计值，压弯时取 $\sigma_1$。

矩形钢管混凝土柱需要考虑角部对混凝土约束作用的削减，长边尺寸大于 1 000 mm 时，需采取构造措施增强其约束作用和减小混凝土收缩的影响，例如在柱子内壁焊接栓钉、纵向加劲肋等。每层矩形钢管混凝土柱下部的钢管壁上应对称设置两个排气孔，孔径宜为 20 mm。为避免钢管混凝土构件过早地屈曲失效，对其**长细比**也应进行限制，可按《钢结构设计标准》（GB 50017—2017）的规定采用，对框架柱长细比的要求如表 9-5 所示。

**表 9-5　框架柱长细比要求**

| 结构构件延性等级 | Ⅴ级 | Ⅳ级 | Ⅰ级、Ⅱ级、Ⅲ级 |
|---|---|---|---|
| $N_p/(Af_y)\leqslant0.15$ | 180 | 150 | $120\varepsilon_k$ |
| $N_p/(Af_y)>0.15$ | $125\,[1-N_p/(Af_y)]\,\varepsilon_k$ | | |

## 9.6.2　基于叠加理论的计算方法
## (Calculation Method Based on Superposition Theory)

叠加理论是指将钢管与混凝土两部分材料的承载力叠加作为钢管混凝土柱整体承载力的计算方法。对于受压弯荷载共同作用的钢管混凝土柱，将容许轴力-弯矩曲线叠加起来，作为其**容许承载力曲线**，即将两种材料承载力代数和作为其整体的承载力。图 9-6（a）所示为钢管承担轴力-弯矩的容许曲线，图 9-6（b）所示为混凝土承担轴力的容许曲线（不考虑混凝土抗弯能力），图 9-6（c）所示为基于叠加理论下钢管与混凝土共同承担轴力-弯矩的容许曲线。该计算方法对极限承载力的计算是偏于安全的，且物理概念明确，计算公式简单，在实际工程中常被使用。

由于认为钢管和混凝土处于弱黏结状态，两者之间的相互作用较弱且难以准确计算，因此，叠加理论不考虑混凝土与钢材两种材料之间的相互作用，忽略钢管对混凝土的环箍作用，并且由于混凝土不配钢筋，只考虑其承压能力，不考虑其抗弯和抗拉能力。同时，计算中需要考虑长细比对钢管混凝土柱的影响。

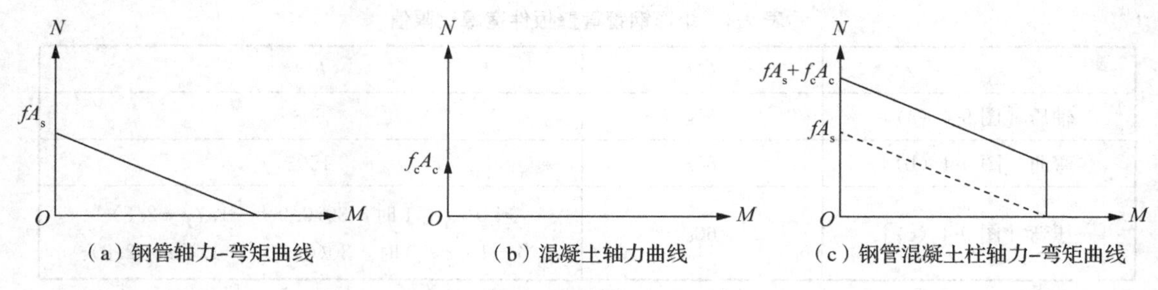


**图 9-6　叠加理论的轴力-弯矩曲线**

(1) 轴心受力构件的计算

对于轴心受力构件，先验算构件混凝土和钢管共同承压下的承压强度，满足要求后进一步验算构件稳定性。

①轴心受压构件强度应满足下式：

$$N \leqslant N_u \tag{9-2}$$

式中，$N$ 为轴心压力设计值；$N_u$为轴心受力时截面抗压承载力设计值，且

$$N_u = fA_s + f_cA_c \tag{9-3}$$

式中，$f$、$f_c$分别为钢材、混凝土柱抗压强度设计值，抗震设防时应除以抗震调整系数 $\gamma_{RE}$；$A_s$、$A_c$分别为钢管、混凝土柱截面面积。

②轴心受压构件稳定性应满足下式：

$$N \leqslant \varphi N_u \tag{9-4}$$

式中，$\varphi$ 为轴心受压构件稳定系数，取两主轴中的较小者。

矩形钢管长细比计算：

$$\lambda_x = l_{0x}/i_x,\ \lambda_y = l_{0y}/i_y \tag{9-5}$$

式中，$l_{0x}$、$l_{0y}$分别为轴心受压构件对主轴 $x$ 轴和 $y$ 轴的计算长度，按《钢结构设计标准》(GB 50017—2017) 计算；$i_x$、$i_y$ 分别为轴心受压构件对主轴 $x$ 轴和 $y$ 轴的回转半径，可按下式计算：

$$i_x = \sqrt{\frac{I_{sx} + I_{cx}E_c/E_s}{A_s + A_c f_c/f}},\ i_y = \sqrt{\frac{I_{sy} + I_{cy}E_c/E_s}{A_s + A_c f_c/f}}$$

式中，$I_{sx}$、$I_{sy}$、$I_{cx}$、$I_{cy}$分别为钢管、混凝土对形心 $x$ 轴和 $y$ 轴的惯性矩；$E_c$为混凝土弹性模量。

③轴心受拉强度应满足下式：

$$N \leqslant A_s f \tag{9-6}$$

式中，$N$ 为轴心压力设计值；$f$ 为钢材抗拉强度设计值，抗震设防时应除以抗震调整系数 $\gamma_{RE}$。

**例 9-1**　现有一矩形钢管混凝土柱，截面尺寸 $b \times h = 400\ \text{mm} \times 500\ \text{mm}$，$t = 20$ mm，柱高 3 600 mm，选用 Q345 钢筋和 C50 混凝土，该柱承受轴压力 $N = 12\ 000$ kN，试利用叠加理论验算其承载力是否满足要求。

**解**　查《混凝土结构设计规范》(2015 年版)(GB 50010—2010) 与《钢结构设计标准》(GB 50017—2017) 可得，混凝土抗压强度设计值 $f_c = 23.1\ \text{N/mm}^2$，弹性模量 $E_c =$

$3.45\times10^4$ N/m²。

钢管抗压强度设计值 $f=295$ N/mm²，$f_y=325$ N/mm²，弹性模量 $E_s=2.06\times10^5$ N/m²。

两种材料截面面积：

$$A_s=400\times20\times2+(500-2\times20)\times20\times2=34\ 400\ (\text{mm}^2)$$

$$A_c=(400-40)\times(500-40)=165\ 600\ (\text{mm}^2)$$

混凝土惯性矩：

$$I_{cx}=\frac{1}{12}\times360\times460^3\approx2.92\times10^9\ (\text{m}^4)$$

$$I_{cy}=\frac{1}{12}\times460\times360^3\approx1.79\times10^9\ (\text{m}^4)$$

钢管惯性矩：

$$I_{sx}=2\times\frac{1}{12}\times20\times500^3+2\times(10+230)^2\times20\times360\approx1.25\times10^9\ (\text{m}^4)$$

$$I_{sy}=2\times\frac{1}{12}\times20\times400^3+2\times(10+180)^2\times20\times460\approx8.78\times10^8\ (\text{m}^4)$$

轴心受压强度计算：

$$N_u=fA_s+f_cA_c=295\times34\ 400+23.1\times165\ 600=13\ 973.36\ (\text{kN})>N$$

稳定性验算：

$$N\leqslant\varphi N_u$$

轴心受压构件的稳定系数 $\varphi$ 取截面两主轴稳定系数中的较小者，故选取 $i_y$ 作为回转半径。

$$i_y=\sqrt{\frac{I_{sy}+I_{cy}E_c/E_s}{A_s+A_cf_c/f}}=\sqrt{\frac{8.78\times10^8+1.79\times10^9\times3.45\times10^4/2.06\times10^5}{34\ 400+165\ 600\times23.1/295}}\approx157.68\ (\text{mm})$$

$$\lambda=\frac{l_0}{i_y}=\frac{3\ 600}{157.68}\approx22.83$$

$$\lambda_0=\frac{\lambda}{\pi}\sqrt{\frac{f_y}{E_s}}=\frac{22.83}{3.14}\times\sqrt{\frac{325}{2.06\times10^5}}\approx0.289$$

由于 $\lambda_0>0.215$，$\varphi=\frac{1}{2\lambda_0^2}\left[(a_2+a_3\lambda_0+\lambda_0^2)-\sqrt{(a_2+a_3\lambda_0+\lambda_0^2)^2-4\lambda_0^2}\right]$。

$a_2$、$a_3$ 按《钢结构设计标准》（GB 50017—2017）附录D取值，取 $a_2=0.965$，$a_3=0.3$，则 $\varphi=0.947$，有

$$N\leqslant\varphi N_u\approx13\ 232.80\ \text{kN}$$

满足承载力要求。

（2）压弯及拉弯构件的计算

在压弯构件承载力计算中，需要考虑到构件的抗弯能力，首先需要验算构件的压弯强度，其中混凝土部分由于未配钢筋，仅考虑其承压能力，弯矩部分由钢管承担。压弯强度满足要求后，继续对构件的平面内稳定性和平面外稳定性进行验算。对于受拉弯作用的矩形钢管混凝土柱，在计算时通常忽略混凝土抗拉能力，所有拉力、弯矩由钢管承担。

①压弯强度计算：

$$N\leqslant N_c+N_s \tag{9-7}$$

$$\frac{N_s}{A_s}+\frac{M_x}{W_x}+\frac{M_y}{W_y}\leqslant f \tag{9-8}$$

式中，$N_s$为钢管部分所需承担的轴向力设计值；$M_x$为绕 $x$ 轴弯矩设计值；$M_y$为绕 $y$ 轴弯矩设计值；$W_x$为钢管对 $x$ 轴的净截面抵抗矩；$W_y$为钢管对 $y$ 轴的净截面抵抗矩。

②弯矩作用在一个主平面绕 $x$ 轴的压弯构件的稳定性计算：

$$N\leqslant(N_c+N_s)\ \varphi_x \tag{9-9}$$

$$\frac{N_s}{\varphi_x A_s}+\frac{M_x}{W_x\left(1-0.8\dfrac{N}{N_{EX}}\right)}\leqslant f \tag{9-10}$$

式中，$\varphi_x$ 为弯矩作用平面内轴心受压稳定系数；$N_{EX}$为欧拉临界力，取 $N_{EX}=\pi^2 EA/\lambda_x{}^2$；$A$ 为矩形钢管混凝土等代全钢面积，取 $A=A_s+A_c f_c/f$；$\lambda_x$ 为弯矩作用平面内长细比。

③弯矩作用平面外稳定性计算：

$$N\leqslant(N_c+N_s)\varphi_y \tag{9-11}$$

$$\frac{N_s}{\varphi_y A_s}+\frac{0.7M_x}{W_x}\leqslant f \tag{9-12}$$

式中，$\varphi_y$ 为弯矩作用平面外轴心受压稳定系数。

**例 9-2** 现有一矩形钢管混凝土柱，截面尺寸 $b\times h=400\ \text{mm}\times 500\ \text{mm}$，$t=20\ \text{mm}$，柱高 12 000 mm，选用 Q345 钢筋和 C50 混凝土，该柱承受轴压力 $N=3\ 000\ \text{kN}$，跨中集中力设计值为 100 kN，两端铰支，中间 1/3 处有侧向支撑，截面无削弱，验算该柱弹性模量是否满足要求。

**解** 查《混凝土结构设计规范》（2015 年版）（GB 50010—2010）与《钢结构设计标准》（GB 50017—2017）可得，混凝土抗压强度设计值 $f_c=23.1\ \text{N/mm}^2$，弹性模量 $E_c=3.45\times10^4\ \text{N/m}^2$，$E_s=2.06\times10^5\ \text{N/mm}^2$。

钢管抗压强度设计值 $f=295\ \text{N/mm}^2$，$f_y=325\ \text{N/mm}^2$，弹性模量 $E_s=2.06\times10^5\ \text{N/m}^2$。

两种材料截面面积：

$$A_s=400\times20\times2+(500-2\times20)\times20\times2=34\ 400\ (\text{mm}^2)$$

$$A_c=(400-40)\times(500-40)=165\ 600\ (\text{mm}^2)$$

混凝土惯性矩：

$$I_{cx}=\frac{1}{12}\times360\times460^3\approx2.92\times10^9\ (\text{mm}^4)$$

$$I_{cy}=\frac{1}{12}\times460\times360^3\approx1.79\times10^9\ (\text{mm}^4)$$

钢管惯性矩：

$$I_{sx}=2\times\frac{1}{12}\times20\times500^3+2\times(10+230)^2\times20\times360\approx1.25\times10^9\ (\text{mm}^4)$$

$$I_{sy}=2\times\frac{1}{12}\times20\times400^3+2\times(10+180)^2\times20\times460\approx8.78\times10^8\ (\text{mm}^4)$$

$$i_x=\sqrt{\frac{I_{sx}+I_{cx}E_c/E_s}{A_s+A_c f_c/f}}=\sqrt{\frac{1.25\times10^9+2.92\times10^9\times3.45\times10^4/2.06\times10^5}{34\ 400+165\ 600\times23.1/295}}\approx191.61\ (\text{mm})$$

$$i_y=\sqrt{\frac{I_{sy}+I_{cy}E_c/E_s}{A_s+A_c f_c/f}}=\sqrt{\frac{8.78\times10^8+1.79\times10^9\times3.45\times10^4/2.06\times10^5}{34\ 400+165\ 600\times23.1/295}}\approx157.68\ (\text{mm})$$

轴心受压强度计算：

$$N\leqslant N_u$$

$$N_u=fA_s+f_cA_c=295\times34\ 400+23.1\times165\ 600=13\ 973.36\ (\text{kN})>N$$

$$N_s=N\frac{E_sA_s}{E_sA_s+E_cA_c}=3\ 000\times\frac{20.6\times34\ 400}{20.6\times34\ 400+3.45\times165\ 600}\approx1\ 660.93\ (\text{kN})$$

$$M_y=\frac{1}{4}Fl=\frac{1}{4}\times100\times12=300\ (\text{kN}\cdot\text{m})$$

$$W_y=\frac{I_{sy}}{x_1}=\frac{8.78\times10^8}{200}=4\ 390\ 000\ (\text{mm}^3)$$

$$\frac{N_s}{A_s}+\frac{M_y}{W_y}=\frac{1\ 660\ 930}{34\ 400}+\frac{300\ 000\ 000}{4\ 390\ 000}\approx116.62\ (\text{N/mm}^2)\leqslant f$$

平面内稳定性验算：

$$N\leqslant\varphi N_u$$

$i_y<i_x$，故选取 $i_y$ 作为回转半径。

$$\lambda=\frac{l_0}{i_y}=\frac{12\ 000}{157.68}\approx76.10$$

$$\lambda_0=\frac{\lambda}{\pi}\sqrt{\frac{f_y}{E_s}}=\frac{76.10}{3.14}\times\sqrt{\frac{325}{2.06\times10^5}}\approx0.962$$

由于 $\lambda_0>0.215$，$\varphi=\frac{1}{2\lambda_0^2}\left[(a_2+a_3\lambda_0+\lambda_0^2)-\sqrt{(a_2+a_3\lambda_0+\lambda_0^2)^2-4\lambda_0^2}\right]$

$a_2$、$a_3$ 按《钢结构设计标准》(GB 50017—2017) 附录 D 取值，取 $a_2=0.965$，$a_3=0.3$，则 $\varphi=0.625$，有

$$N\leqslant\varphi N_u=8\ 733.35\ \text{kN}$$

满足承载力要求。

$$A=A_s+A_c\frac{f_c}{f}=34\ 400+165\ 600\times\frac{23.1}{295}\approx47\ 367\ (\text{mm}^2)$$

$$N_{EX}=\pi^2EA/\lambda_y^2=3.14^2\times206\times47\ 367/76.10^2\approx16\ 612.43\ (\text{kN})$$

$$\frac{N_s}{\varphi_yA_s}+\frac{M_y}{W_y\left(1-0.8\frac{N}{N_{EX}}\right)}\approx\frac{1\ 660\ 930}{0.625\times34\ 400}+\frac{300\ 000\ 000}{4\ 390\ 000\left(1-0.8\times\frac{2\ 000\ 000}{16\ 612\ 430}\right)}$$

$$\approx152.87\ (\text{N/mm}^2)<f$$

稳定性满足要求。

平面外稳定性验算：

$$\lambda_x=\frac{l_0}{i_x}=\frac{4\ 000}{191.61}\approx20.88$$

$$\lambda_0=\frac{\lambda_x}{\pi}\sqrt{\frac{f_y}{E_s}}=\frac{20.88}{3.14}\times\sqrt{\frac{325}{2.06\times10^5}}\approx0.264$$

由于 $\lambda_0>0.215$，根据《钢结构设计标准》(GB 50017—2017)，$\varphi=\frac{1}{2\lambda_0^2}\left[(a_2+a_3\lambda_0+\lambda_0^2)-\sqrt{(a_2+a_3\lambda_0+\lambda_0^2)^2-4\lambda_0^2}\right]$。

$a_2$、$a_3$ 按《钢结构设计标准》(GB 50017—2017) 附录 D 取值，取 $a_2=0.965$，$a_3=0.3$，则 $\varphi_x=0.955$，有

$$N \leqslant \varphi_x N_u \approx 13\ 344.56\ \text{kN}$$

$$\frac{N_s}{\varphi_x A_s}+\frac{0.7M_y}{W_y}=\frac{1\ 660\ 930}{0.955\times 34\ 400}+\frac{0.7\times 300\ 000\ 000}{4\ 390\ 000}\approx 98.39\ (\text{N/mm}^2) < f$$

稳定性满足要求。

④对于双轴压弯构件，需满足两个主轴的稳定性要求，其稳定性按下式计算：

$$N \leqslant (N_c+N_s)\ \varphi_x \tag{9-13}$$

$$N \leqslant (N_c+N_s)\ \varphi_y \tag{9-14}$$

$$\frac{N_s}{\varphi_x A_s}+\frac{M_x}{W_x\left(1-0.8\dfrac{N}{N_{EX}}\right)}+\frac{0.7M_y}{W_y} \leqslant f \tag{9-15}$$

$$\frac{N_s}{\varphi_y A_s}+\frac{M_y}{W_y\left(1-0.8\dfrac{N}{N_{EY}}\right)}+\frac{0.7M_x}{W_x} \leqslant f \tag{9-16}$$

双轴压弯构件承载力计算的其余过程与单轴压弯构件一致，此处不再作介绍。

⑤对于受拉弯作用的矩形钢管混凝土柱，承载力按下式计算：

$$\frac{N}{A_s}+\frac{M_x}{W_x}+\frac{M_y}{W_y} \leqslant f \tag{9-17}$$

以上就是关于矩形钢管混凝土柱基于叠加理论的计算方法介绍。根据以上计算过程很容易发现，基于叠加理论的计算方法，完全不考虑钢管、混凝土两种材料之间的相互作用，忽略两者的互相约束，因此计算结果偏于安全。考虑到基于叠加理论计算方法的清晰简洁和偏安全性，该理论在实际工程中得到了广泛应用。

### 9.6.3 基于统一理论的计算方法
### (Calculation Method Based on Unified Theory)

统一理论是指把钢管混凝土视为统一体，视为一种具有固有特性的新型组合材料，用组合性能的指标计算其承载力和变形。它的性能是随着物理参数、几何参数、应力状态和截面形式的改变而改变的，变形是连续的、相关的和统一的。该理论是哈尔滨工业大学和福州大学等高校和科研机构在大量钢管混凝土柱试验的基础上，对试验得到的数据加以汇总分析，通过数学统计和数据拟合的方法得到的。

(1) 轴心受力构件的计算

《钢-混凝土组合结构施工规范》(GB 50901—2013) 中设计计算部分是基于统一理论的，本节下述计算公式均来源于上述规范，对轴心受力构件而言，需对其强度及稳定性进行验算。

①轴心受压构件强度按下式计算：

$$f_{sc}=(1.212+B\xi+C\xi^2)\,f_c \tag{9-18}$$

式中，$\xi$ 为套箍系数标准值，$\xi=\alpha f_y/f_c$；$\alpha$ 为构件截面含钢量，$\alpha=A_s/A_c$；$f_y$为钢材屈服强度；$f_c$为混凝土轴心抗压强度标准值；$B$、$C$ 为截面形状对套箍效应的影响系数，对矩形钢管混凝土柱：$B=0.131f_y/213+0.723$、$C=-0.070f_c/14.4+0.026$。

矩形钢管混凝土柱轴心受压承载力设计值按下式计算：

$$N_u=(A_s+A_c)f_{sc} \tag{9-19}$$

②轴心受压构件稳定性计算。

在实际工程中，构件常常带有微小的初始弯曲，荷载的偶然偏心作用及截面上存在的焊接应力，都影响着构件的稳定承载力，理想的受压构件是不存在的。大量试验分析表明，焊接钢管的焊接应力很小，可忽略不计，故可参考钢结构的处理方法，得到矩形钢管混凝土轴心受压构件承载力计算公式：

$$\sigma=N/(A_s+A_c)\leqslant\varphi f_{sc} \tag{9-20}$$

得

$$N\leqslant N_0=\varphi(A_s+A_c)f_{sc} \tag{9-21}$$

式中，$N_0$为轴压稳定承载力设计值。

其中，稳定系数$\varphi$可参照《钢结构设计标准》（GB 50017—2017）求得：

$$\varphi=\frac{1}{2\bar{\lambda}_{sc}^2}\left\{\bar{\lambda}_{sc}^2+(1+0.25\bar{\lambda}_{sc})-\sqrt{[\bar{\lambda}_{sc}^2+(1+0.25\bar{\lambda}_{sc})]^2-4\bar{\lambda}_{sc}^2}\right\} \tag{9-22}$$

$$\bar{\lambda}_{sc}=\frac{\lambda_{sc}}{\pi}\sqrt{\frac{f_{sc}}{E_{sc}}}\approx 0.01(0.001f_y+0.781)\lambda_{sc} \tag{9-23}$$

式中，$\bar{\lambda}_{sc}$为正则长细比；$\lambda_{sc}$为钢管混凝土柱长细比。

根据上述公式，总结整理后得到的稳定系数取值如表9-6所示。

**表9-6　轴心受压构件的稳定系数**

| $\lambda_{sc}(0.001f_y+0.781)$ | $\varphi$ | $\lambda_{sc}(0.001f_y+0.781)$ | $\varphi$ |
|---|---|---|---|
| 0 | 1.000 | 130 | 0.440 |
| 10 | 0.975 | 140 | 0.394 |
| 20 | 0.951 | 150 | 0.353 |
| 30 | 0.924 | 160 | 0.318 |
| 40 | 0.896 | 170 | 0.287 |
| 50 | 0.863 | 180 | 0.260 |
| 60 | 0.824 | 190 | 0.236 |
| 70 | 0.779 | 200 | 0.216 |
| 80 | 0.728 | 210 | 0.198 |
| 90 | 0.670 | 220 | 0.181 |
| 100 | 0.610 | 230 | 0.167 |
| 110 | 0.549 | 240 | 0.155 |
| 120 | 0.492 | 250 | 0.143 |

注：$\lambda_{sc}=\frac{l_0}{i_{sc}}$，$i_{sc}=\sqrt{\frac{I_{sc}}{A_s+A_c}}$，其中$l_0$为构件计算长度，$i_{sc}$为回转半径。

**例 9-3** 试使用统一理论对例 9-1 进行计算。

**解** 轴心受压强度验算：

查《混凝土结构设计规范》（2015 年版）（GB 50010—2010）与《钢结构设计标准》（GB 50017—2017）可得混凝土抗压强度设计值 $f_c=23.1\ \mathrm{N/mm^2}$，钢管抗压强度设计值 $f_y=295\ \mathrm{N/mm^2}$。

两种材料截面面积：

$$A_s=400\times20\times2+(500-2\times20)\times20\times2=34\ 400\ (\mathrm{mm^2})$$

$$A_c=(400-40)\times(500-40)=165\ 600\ (\mathrm{mm^2})$$

先由已知条件求得 $B$、$C$ 等系数：

$$B=0.131f_y/213+0.723=0.131\times295/213+0.723\approx0.904$$

$$C=-0.070f_c/14.4+0.026=-0.070\times23.1/14.4+0.026\approx-0.086$$

$$\alpha=A_s/A_c=34\ 400/165\ 600\approx0.208$$

$$\xi=\alpha f_y/f_c=0.208\times295/23.1\approx2.656$$

根据已知条件求 $f_{sc}$：

$$f_{sc}=(1.212+B\xi+C\xi^2)f_c=(1.212+0.904\times2.656-0.086\times2.656^2)\times23.1\approx69.45\ (\mathrm{N/mm^2})$$

故

$$N_u=(A_s+A_c)f_{sc}=(34\ 400+165\ 600)\times69.45=13\ 890\ (\mathrm{kN})>12\ 000\ (\mathrm{kN})$$

轴心受压强度验算通过。

轴心受压稳定性验算：

先计算回转半径：

$$i=\sqrt{\frac{I}{A}}=\sqrt{\frac{bh^3}{12bh}}=\sqrt{\frac{400\times500^3}{12\times400\times500}}\approx144\ (\mathrm{mm})$$

依据回转半径及稳定性系数取值表格可得：

$$\lambda_{sc}(0.001f_y+0.781)=\frac{l_0}{i}(0.001f_y+0.781)=\frac{3\ 600}{144}(0.001\times295+0.781)=26.900$$

取插值得 $\varphi=0.932$。

计算稳定性：

$$N_0=\varphi(A_s+A_c)f_{sc}=0.932\times14\ 332\approx13\ 357.42\ (\mathrm{kN})>12\ 000\ (\mathrm{kN})$$

稳定性验算通过。

③轴心受拉构件强度计算：

钢管混凝土轴心受拉构件的承载力仅需对强度进行验算，且因混凝土抗拉强度可忽略不计，故构件的轴心抗拉强度由钢管提供，其按下式计算：

$$N_{ut}=C_1A_sf \tag{9-24}$$

式中，$N_{ut}$为钢管混凝土构件轴心受拉承载力设计值；$C_1$为钢管受拉强度提高系数，实心截面取 $C_1=1.1$；$f$ 为钢材抗拉强度设计值。

（2）压弯及拉弯构件的计算

对钢管混凝土柱而言，当其处于压弯或拉弯受力状态时，需对其轴压承载力、受弯承载力及受弯稳定性进行验算。根据钢管混凝土柱的受力特性及钢管和核心混凝土在三向应力状态下的本构关系，可以计算推导出压弯、拉弯时的受弯承载力公式和稳定性计算公式。

①单肢钢管混凝土受弯构件的承载力设计值应按下述公式计算：

$$M_u=\gamma_m W_{sc} f_{sc} \tag{9-25}$$

式中，$M_u$ 为钢管混凝土构件的受弯承载力设计值；$\gamma_m$ 为塑性发展系数，对实心矩形截面取 1.2；$W_{sc}$ 为受弯构件截面模量。

②对压弯作用下的钢管混凝土柱而言，其稳定性需满足以下条件：

当 $N/N_u \geqslant 0.255$ 时，

$$\frac{N}{N_u}+\frac{\beta_m M}{1.5M_u(1-0.4N/N_u)}\leqslant 1 \tag{9-26}$$

当 $N/N_u < 0.255$ 时，

$$\frac{N}{2.17N_u}+\frac{\beta_m M}{M_u(1-0.4N/N_u)}\leqslant 1 \tag{9-27}$$

式中，$\beta_m$ 为等效弯矩系数，按《钢结构设计标准》(GB 50017—2017) 取值。

弯矩作用在一个主平面内的矩形钢管混凝土压弯构件的稳定性分析，是在矩形钢管混凝土压弯构件的强度分析基础上，结合轴心受压构件的稳定性分析后进行的。这种计算方法较为简单明了，且其中的物理意义清晰。

③对拉弯作用下的钢管混凝土柱而言，其稳定性需满足：

$$\frac{N}{N_{ut}}+\frac{M}{M_u}\leqslant 1 \tag{9-28}$$

式中，$M_u$ 为受弯承载力设计值；$N_{ut}$ 为受拉强度承载力设计值。

弯矩作用在一个主平面内的矩形钢管混凝土拉弯构件计算公式中也不考虑混凝土的抗拉强度，认为钢管承担所有拉应力，混凝土只承担压力。

**例 9-4** 某一矩形钢管混凝土柱，其计算高度为 12 000 mm，截面尺寸 $b\times h=400\ \text{mm}\times 500\ \text{mm}$，$t=20$ m，钢材牌号为 Q345 钢，混凝土强度等级为 C50，承受轴心压力设计值 $N=3\ 000$ kN，跨中集中力设计值为 100 kN，两端铰支，中间 1/3 处有侧向支撑，截面无削弱。试用统一理论验算柱的承载力是否满足要求。

**解** 轴心受压稳定性验算详见例 9-3。

查《混凝土结构设计规范》(2015 年版)(GB 50010—2010) 与《钢结构设计标准》(GB 50017—2017) 可得，混凝土抗压强度设计值 $f_c=23.1\ \text{N/mm}^2$，钢管抗压强度设计值 $f_y=295\ \text{N/mm}^2$。

先由已知条件求得 $B$、$C$ 等系数：

$$B=0.131f_y/213+0.723=0.131\times 295/213+0.723\approx 0.904$$

$$C=-0.070f_c/14.4+0.026=-0.070\times 23.1/14.4+0.026\approx -0.086$$

$$\alpha=A_s/A_c=34\ 400/165\ 600\approx 0.208$$

$$\xi=\alpha f_y/f_c=0.208\times 295/23.1\approx 2.656$$

根据已知条件求 $f_{sc}$：

$$f_{sc}=(1.212+B\xi+C\xi^2)f_c=(1.212+0.904\times 2.656-0.086\times 2.656^2)\times 23.1$$
$$\approx 69.45\ (\text{N/mm}^2)$$

故

$$N_u=(A_s+A_c)f_{sc}=(34\ 400+165\ 600)\times 69.45=13\ 890\ (\text{kN})>3\ 000\ (\text{kN})$$

轴心受压强度验算通过。

压弯稳定性验算：

先计算模量 $W_{sc}$ 及 $M_u$：

$$W_{sc}=\frac{bh^2}{6}=\frac{1}{6}\times 400\times 500^2\approx 16\ 666\ 666.7\ (\mathrm{mm}^3)$$

$$M_u=\gamma_m W_{sc} f_{sc}=1.2\times 16\ 666\ 666.7\times 69.45\approx 1\ 389.0\ (\mathrm{kN\cdot m})$$

$$M=\frac{1}{4}fl=\frac{1}{4}\times 100\times 12=300\ (\mathrm{kN\cdot m})$$

计算稳定性，其中 $N/N_u<0.255$，则

$$\frac{N}{2.17N_u}+\frac{\beta_m M}{M_u(1-0.4N/N_u)}=\frac{3\ 000}{2.17\times 13\ 890}+\frac{1\times 300}{1\ 389.0\ (1-0.4\times 3\ 000/13\ 890)}\approx 0.336\leqslant 1$$

受弯稳定性验算通过。

## 9.6.4 基于拟钢理论的计算方法
### (Calculation Method Based on Quasi-Steel Theory)

拟钢理论是将组合柱中的混凝土材料折算成钢材，再按照《钢结构设计标准》（GB 50017—2017）对结构进行设计的方法。该方法是在不改变钢管截面面积的条件下，通过填充混凝土来提高钢管材料的屈服强度和弹性模量，以此来换算求得**等效钢管**的性质，并以等效钢管构件的承载力作为原型钢管混凝土构件的承载力。在计算时，只加入其对轴压承载力提高的部分，不考虑其对抗拉和抗弯承载力的影响，且最终按照钢结构设计方法验算构件强度。

（1）轴心受力构件计算

拟钢理论是由同济大学基于钢结构分析方法提出的计算理论，该项成果被《矩形钢管混凝土结构技术规程》（CECS 159：2004）采用，以下计算公式均来源于此。

①轴心受压构件强度应满足按下式：

$$N\leqslant N_u \tag{9-29}$$

式中，$N$ 为轴心压力设计值；$N_u$为轴心受力时截面抗压承载力设计值。

$$N_u=A_s f+A_c f_c \tag{9-30}$$

式中，$f$、$f_c$分别为钢材、混凝土柱抗压强度设计值，抗震设防时应除以抗震调整系数 $\gamma_{RE}$；$A_s$、$A_c$分别为钢管、混凝土柱截面面积。

②轴心受压稳定性应满足下式：

$$N\leqslant \varphi\ (A_s f+A_c f_c) \tag{9-31}$$

当 $\lambda\leqslant 0.215$ 时，

$$\varphi=1-0.65\lambda_0^2 \tag{9-32}$$

当 $\lambda>0.215$ 时，

$$\varphi=\frac{1}{2\lambda_0^2}\left[0.965+0.3\lambda_0+\lambda_0^2-\sqrt{(0.965+0.3\lambda_0+\lambda_0^2)^2-4\lambda_0^2}\right] \tag{9-33}$$

式中，$\varphi$ 为轴心受压构件的稳定系数；$\lambda_0$ 为正则化长细比，由式（9-34）计算。

③矩形钢管混凝土柱轴心受压的长细比应满足下式：

$$\lambda_0=\frac{\lambda}{\pi}\sqrt{\frac{f_y}{E}} \tag{9-34}$$

$$\lambda=\frac{l_0}{r_0} \tag{9-35}$$

$$r_0=\sqrt{\frac{I_a+I_cE_c/E}{A_a+A_cf_c/f}} \tag{9-36}$$

式中，$\lambda$ 为轴心受压构件的长细比；$r_0$ 为轴心受压构件截面的当量回转半径；$f_y$ 为钢材屈服强度；$E$、$E_c$ 分别为钢管、混凝土的弹性模量；$I_a$、$I_c$ 分别为钢管、混凝土的截面惯性矩；$l_0$ 为轴心受压构件的计算长度。

④轴心受拉构件强度应满足下式：

$$N_t\leqslant A_{sn}f \tag{9-37}$$

式中，$f$ 为钢材抗拉强度设计值；$A_{sn}$为钢管净截面面积。

(2) 压弯及拉弯构件的计算

①弯矩作用在一个主平面内的矩形钢管混凝土压弯构件，其承载力应满足下式：

$$\frac{N}{N_{un}}+(1+\alpha_c)\frac{M}{M_{un}}\leqslant\frac{1}{\gamma} \tag{9-38}$$

同时应满足下式：

$$\frac{M}{M_{un}}\leqslant\frac{1}{\gamma} \tag{9-39}$$

$$M_{un}=[0.5A_{sn}(h-2t-d_n)+bt(t+d_n)]f \tag{9-40}$$

$$d_n=\frac{A_a-2bt}{(b-2t)\frac{f_c}{f}+4t} \tag{9-41}$$

式中，$N$ 为轴心压力设计值；$M$ 为截面弯矩设计值；$\alpha_c$为混凝土工作承担系数；$M_{un}$为净截面受弯承载力设计值；$f$ 为钢材抗弯强度设计值；$b$、$h$ 分别为矩形钢管截面平行、垂直于弯曲轴的边长；$t$ 为管壁壁厚；$d_n$为管内混凝土受压区高度；$N_{un}$为净截面受压承载力设计值。

矩形钢管混凝土受压构件中，混凝土工作承担系数 $\alpha_c$应控制在 0.1～0.7，其值可按下式计算：

$$\alpha_c=\frac{A_cf_c}{A_af+A_cf_c} \tag{9-42}$$

②弯矩作用在一个主平面内（绕 $x$ 轴）的矩形钢管混凝土压弯构件，其弯矩作用平面内的稳定性应满足下式：

$$\frac{N}{\varphi_xN_u}+(1-\alpha_c)\frac{\beta M_x}{\left(1-0.8\frac{N}{N'_{Ex}}\right)M_{ux}}\leqslant\frac{1}{\gamma} \tag{9-43}$$

$$M_{un}=[0.5A_s(h-2t-d_n)+bt(t+d_n)]\ f \tag{9-44}$$

$$N'_{Ex}=\frac{N_{Ex}}{1.1} \tag{9-45}$$

$$N_{Ex}=N_u\frac{\pi^2E_s}{\lambda_x^2f} \tag{9-46}$$

并应满足下式：

$$\frac{\beta M_x}{\left(1-0.8\frac{N}{N'_{Ex}}\right)M_{ux}}\leqslant\frac{1}{\gamma} \tag{9-47}$$

同时，弯矩作用平面外的稳定性应满足下式：

$$\frac{N}{\varphi_y N_u}+\frac{\beta M_x}{1.4M_{ux}}\leqslant\frac{1}{\gamma} \tag{9-48}$$

式中，$\varphi_x$、$\varphi_y$为分别为弯矩作用平面内、弯矩作用平面外的轴心受压稳定系数；$N_{Ex}$为弯矩设计值；$M_{ux}$为混凝土工作承担系数；$\beta$为等效弯矩系数。

等效弯矩系数应根据稳定性的计算方向按下列规定采用：

①在计算方向内有侧移的框架柱和悬臂构件，$\beta=1.0$。

②在计算方向内无侧移的框架柱和两端支承的构件：

a）无横向荷载作用时，

$$\beta=0.65+0.35\frac{M_2}{M_1} \tag{9-49}$$

式中，$M_1$和$M_2$为端弯矩，使构件产生同向曲率时取同号，使构件产生反向曲率时取异号，$|M_1|\geqslant|M_2|$。

b）有端弯矩和横向荷载作用时，使构件产生同向曲率时，$\beta=1.0$，使构件产生反向曲率时，$\beta=0.85$。

c）无端弯矩但有横向荷载作用时，$\beta=1.0$。

③弯矩作用在一个主平面内的矩形钢管混凝土拉弯构件，其承载力应满足下式：

$$\frac{N}{fA_{an}}+\frac{M}{M_{un}}\leqslant\frac{1}{\gamma} \tag{9-50}$$

④弯矩作用在两个主平面内的双轴压弯矩形钢管混凝土构件，其承载力应满足下式：

$$\frac{N}{N_{un}}+(1-\alpha_c)\frac{M_x}{M_{unx}}+(1-\alpha_c)\frac{M_y}{M_{uny}}\leqslant\frac{1}{\gamma} \tag{9-51}$$

并应满足下式：

$$\frac{M_x}{M_{unx}}+\frac{M_y}{M_{uny}}\leqslant\frac{1}{\gamma} \tag{9-52}$$

式中，$M_x$、$M_y$分别为绕主轴 $x$ 轴、$y$ 轴作用的弯矩设计值；$M_{unx}$、$M_{uny}$分别为绕主轴 $x$ 轴、$y$ 轴的净截面受弯承载力设计值，按式（9-40）计算。

⑤双轴压弯矩形钢管混凝土构件绕主轴 $x$ 轴的稳定性，应满足下式：

$$\frac{N}{\varphi_x N_u}+(1-\alpha_c)\frac{\beta_x M_x}{\left(1-0.8\frac{N}{N_{Ex}}\right)M_{ux}}+\frac{\beta_y M_y}{1.4M_{uy}}\leqslant\frac{1}{\gamma} \tag{9-53}$$

同时应满足下式：

$$\frac{\beta_x M_x}{\left(1-0.8\frac{N}{N_{Ex}}\right)M_{ux}}+\frac{\beta_y M_y}{1.4M_{uy}}\leqslant\frac{1}{\gamma} \tag{9-54}$$

绕主轴 $y$ 轴的稳定性，应满足下式：

$$\frac{N}{\varphi_y N_u}+(1-\alpha_c)\frac{\beta_y M_y}{\left(1-0.8\frac{N}{N_{Ey}}\right)M_{uy}}+\frac{\beta_x M_x}{1.4M_{ux}}\leqslant\frac{1}{\gamma} \tag{9-55}$$

同时应满足下式：

$$\frac{\beta_y M_y}{\left(1-0.8\frac{N}{N_{Ey}}\right)M_{uy}}+\frac{\beta_x M_x}{1.4M_{ux}}\leqslant\frac{1}{\gamma} \tag{9-56}$$

式中，$\beta_x$、$\beta_y$分别为在计算稳定的方向对$M_x$、$M_y$的弯矩等效系数；$M_{ux}$、$M_{uy}$分别为绕主轴$x$轴、$y$轴的受弯承载力设计值，按式（9-44）计算；$\varphi_x$、$\varphi_y$分别为绕主轴$x$轴、$y$轴的轴心受压稳定系数。

⑥弯矩作用在两个主平面内双轴拉弯矩形钢管混凝土构件，应满足下式：

$$\frac{N}{fA_{sn}}+\frac{M_x}{M_{unx}}+\frac{M_y}{M_{uny}}\leqslant\frac{1}{\gamma} \tag{9-57}$$

**例 9-5** 试使用“拟钢理论”对例 9-1 进行计算。

**解** 查《混凝土结构设计规范》（2015 年版）（GB 50010—2010）与《钢结构设计标准》（GB 50017—2017）可得，混凝土抗压强度设计值$f_c=23.1\ \mathrm{N/mm^2}$，弹性模量$E_c=3.45\times10^4\ \mathrm{N/m^2}$。

钢管抗压强度设计值$f=295\ \mathrm{N/mm^2}$，$f_y=325\ \mathrm{N/mm^2}$，弹性模量$E_s=2.06\times10^5\ \mathrm{N/m^2}$。

两种材料截面面积：

$$A_s=400\times20\times2+(500-2\times20)\times20\times2=34\ 400\ (\mathrm{mm^2})$$

$$A_c=(400-40)\times(500-40)=165\ 600\ (\mathrm{mm^2})$$

惯性矩：

$$I_c=\frac{1}{12}\times360\times460^3\approx2.92\times10^9\ (\mathrm{mm^4})$$

$$I_a=\frac{1}{12}\times400\times500^3-I_c\approx1.25\times10^9\ (\mathrm{mm^4})$$

稳定系数：

$$r_0=\sqrt{\frac{I_a+I_cE_c/E}{A_a+A_cf_c/f}}=\sqrt{\frac{1.25\times10^9+2.92\times10^9\times3.45\times10^4/(2.06\times10^5)}{34\ 400+165\ 600\times23.1/295}}\approx191.61\ (\mathrm{mm})$$

$$\lambda=\frac{l_0}{r_0}=\frac{3\ 600}{191.61}\approx18.79$$

$$\lambda_0=\frac{\lambda}{\pi}\sqrt{\frac{f_y}{E}}=\frac{18.79}{3.14}\times\sqrt{\frac{325}{2.06\times10^5}}\approx0.238$$

因为$\lambda_0=0.238>0.215$，所以

$$\varphi=\frac{1}{2\lambda_0^2}\left[0.965+0.3\lambda_0+\lambda_0^2-\sqrt{(0.965+0.3\lambda_0+\lambda_0^2)^2-4\lambda_0^2}\right]\approx0.962\ 9$$

强度验算：

$$N_u=fA_s+f_cA_c=295\times34\ 400+23.1\times165\ 600=13\ 973.36\ (\mathrm{kN})>12\ 000\ (\mathrm{kN})$$

强度验算通过。

稳定验算：

$$\varphi\ (A_sf+A_cf_c)\ =0.962\ 9\times13\ 973.36=13\ 454.95\ (\mathrm{kN})>12\ 000\ (\mathrm{kN})$$

稳定性满足要求。

### 9.6.5 三种计算理论的对比与总结

**(Comparison and Summary of Three Calculation Theories)**

本小节中使用了三种计算理论对例 9-1 进行验算，以达到对比的目的。计算结果显示，从轴心受压承载力值来看，叠加理论和拟钢理论相同，统一理论最大。其原因是统一理论在计算时，考虑了钢管与混凝土之间的约束对承载力的影响，而叠加理论和拟钢理论只考虑了钢管及混凝土自身的抗压强度，故其理论值相对于实际值而言具有较大的安全富余。从轴心受压稳定性系数来看，拟钢理论＞叠加理论＞统一理论，原因主要如下：首先，三个理论均参照《钢结构设计标准》(GB 50017—2017) 中附录 D 取值。拟钢理论和叠加理论均采用附录中表 D. 0. 5 中 b 类截面系数，但正则化长细比的计算中，拟钢理论更大，导致最终稳定性系数更大。而统一理论中，其稳定性系数公式的推导在《钢结构设计标准》(GB 50017—2017) 的基础上，引入了等效初始偏心率系数 $K$，用来综合考虑不同含钢量和形状对稳定性系数的影响，故经系数缩小后其稳定性系数理论计算数值在三种理论中最小，即其理论计算值给实际工程留出的安全富余稍大于另外两种理论。

对于叠加理论而言，学者们的试验研究结果表明，在轴压和小偏压时，其理论结果与试验值基本相同，而在大偏心时理论结果与试验结果相差 6%～7%。故该理论的计算值是相对理想的，且该理论的物理概念明确，计算公式简单明了，易在实际工程中采用，经分析比较后，认为叠加理论较适用于矩形钢管混凝土柱的计算。

对于统一理论而言，因其是建立在基础数据上得出的结论，故对于有大量试验数据的部分而言是可靠的，当面对缺乏试验结果的计算时，单纯依靠数值分析结果得出的理论值准确性较低。

对于拟钢理论而言，其理论结果较为理想，但实际工程中在钢管中浇筑混凝土时会存在一定的缝隙，可能导致实际构件工作时承载力达不到理论计算所得的极限承载力。

总体来说，经分析后笔者认为叠加理论更适用于矩形钢管混凝土柱的设计计算。

除了本节中所述的三种计算理论外，还有一种**拟混凝土计算理论**，该理论是将钢管混凝土构件中的钢管视为分布在核心混凝土周围的等效纵向钢筋。钢筋的面积根据钢管的截面积和形状而定，计算时假定钢材遵循弹塑性应力-应变关系，且最终可用等效的钢筋混凝土柱的轴力-弯矩关系作为钢管混凝土的轴力-弯矩关系。对于矩形钢管混凝土构件，由于钢管壁对管内核心区混凝土约束较小，并且受混凝土浇筑等因素影响较大，故拟混凝土理论不太适用。

## 9.7 小结

(Summary)

①矩形钢管混凝土柱凭借其截面受力合理、承载力高、施工简单、耐火性能好以及塑性、韧性、抗冲击性好的优点在工程领域应用广泛，但在使用时也应考虑到其检测复杂、紧箍力和约束效应偏弱带来的影响。

②设计矩形钢管混凝土柱时，需首先保证满足规范规定的基本构造要求，随后再对其

轴心承载力、偏压承载力、整体稳定性进行计算。

③常用的矩形钢管混凝土柱承载力计算方法主要分为三种，分别为基于叠加理论的计算方法、基于统一理论的计算方法和基于拟钢理论的计算方法。

④矩形钢管混凝土柱轴压构件的 $\sigma$-$\varepsilon$ 曲线可分为弹性阶段、弹塑性阶段、塑性强化段、下降段或强化段。当套箍系数大于临界值时，曲线为强化段；当套箍系数小于临界值时，曲线为下降段。

## 思考题
## （Questions）

9-1　简述矩形钢管混凝土柱在工程应用中相对钢柱和混凝土柱分别有什么优点。

9-2　简述矩形钢管混凝土柱相对圆形钢管混凝土柱有什么优缺点。

9-3　简述矩形钢管混凝土柱的适用条件。

9-4　试分析在矩形钢管混凝土柱中再配置钢筋时的受力特性。

9-5　简述进一步提高矩形钢管混凝土柱抗弯能力的措施（从外部条件考虑）。

9-6　简要分析混凝土的强度对矩形钢管混凝土柱受压强度的影响。

# 第10章 圆形钢管混凝土柱
# (Circular Concrete Filled Steel Tubular Columns)

**本章学习目标**

了解圆形钢管混凝土柱构造;

掌握圆形钢管混凝土柱内钢管和内填混凝土的相互作用机制以及不同约束程度下内填混凝土的材料性能;

熟悉圆形钢管混凝土柱承载力的两种计算理论假定和计算方法。

## 10.1 概述
## (Introduction)

圆形钢管混凝土柱是将混凝土填入圆形钢管中而形成的组合构件。圆形钢管混凝土充分利用钢管和混凝土两种材料的强度特性以及两者在受力过程中的相互作用，具有承载力高、质量轻、塑性和韧性良好、制作及施工方便快捷、耐火性能及经济效益好等独特优点。本章主要介绍圆形钢管混凝土柱的构造、基本性能、优缺点以及计算方法。

### 10.1.1 圆形钢管混凝土柱构造及基本工作机理
### (Configurations and Basic Working Mechanisms of Circular Concrete Filled Steel Tubular Columns)

圆形钢管混凝土柱是将混凝土填入圆形钢管中而形成的组合构件。设计合理的圆形钢管混凝土柱具有承载力高和延性大等优点。混凝土是复杂的非均匀体材料，其内部砂浆和骨料之间存在大量微裂缝，导致其抗拉强度较差，混凝土材料抗压破坏主要源于垂直于轴压方向的拉应力引起微裂缝扩展开裂。如混凝土在受压的同时承受侧向压力作用，则其内部微裂缝的扩展受到限制，使得混凝土材料能表现出更高的抗压强度和变形能力。钢材是各向同性均匀材料，且强度较高，但薄壁钢材在压力作用下容易产生失稳破坏。钢管混凝土充分利用钢管和混凝土两种材料的强度特性以及两者在受力过程中的相互作用，通过钢管对其核心混凝土的约束作用来提高混凝土的强度，改善其塑性和韧性。同时通过内填混凝土可对钢管壁起到平面外支撑作用，延缓或避免钢管发生局部屈曲。该组合模式不仅弥补了两种材料各自的缺点，而且能够充分发挥二者的优点。

圆形钢管混凝土的基本工作性能如图10-1所示：圆形钢管对核心混凝土的套箍约束

作用，使核心混凝土处于三向受压状态，从而使核心混凝土有更高的抗压强度和压缩变形能力；内填混凝土对钢管有支撑作用，增强了钢管壁的局部稳定性，从而提高了其承载力。

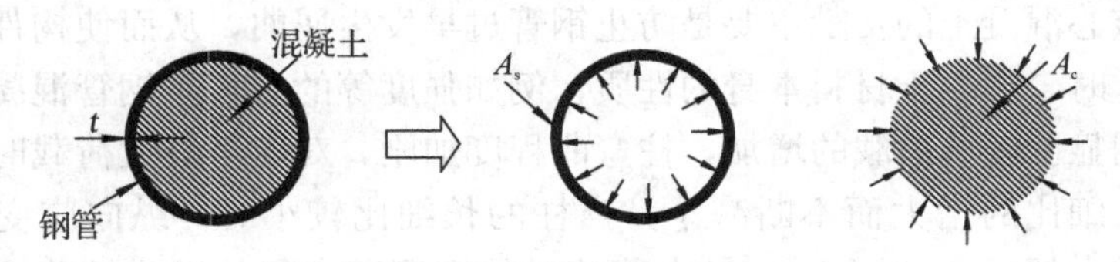


图 10-1　圆形钢管混凝土柱截面及组合作用

钢管混凝土短柱的典型荷载-轴向应变曲线如图 10-2 所示。圆形钢管混凝土短柱在受压的初始阶段，由于外侧的钢材的泊松比（$\mu_s \approx 0.3$）大于内部混凝土的泊松比（$\mu_c \approx 0.167$），因此二者之间不发生挤压作用而分别承受竖向压力。此阶段，荷载-混凝土轴向应变（$N$-$\varepsilon_c$）曲线大致为直线（图中的 $a$ 点之前）。随着荷载的增加，混凝土内部开裂并不断发展，混凝土的泊松比由低应力状态的 0.167 增长到 0.5 左右甚至更大。混凝土的这种膨胀趋势受到钢管的横向约束，并使得钢管壁开始受到环向拉力的作用。此后，钢管壁即处于竖向受压、环向受拉的应力状态，管内的混凝土则处于三向受压的应力状态。

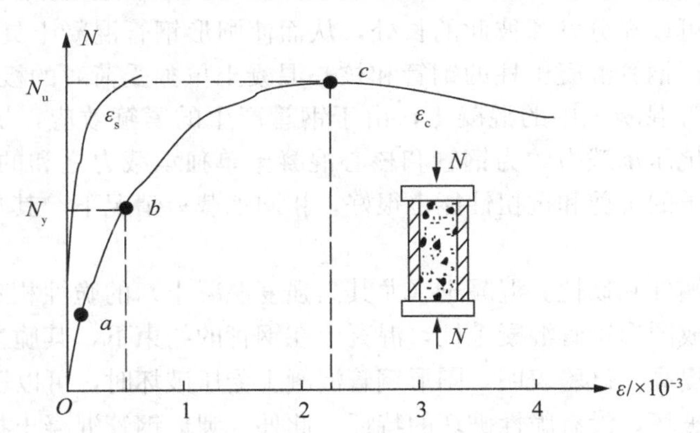


图 10-2　圆形钢管混凝土短柱的典型荷载-应变曲线

由于泊松比的变化，钢管承受的压力减小而混凝土承受的压力增大，同时核心混凝土因受到较大的约束而具有更高的抗压强度。随着钢管环向拉应力不断增大，纵向压应力不断减小，当荷载增长至 $b$ 点时，在钢管与核心混凝土之间产生纵向应力重分布，$N$-$\varepsilon_c$ 曲线偏离其初始的直线，钢管由主要承受纵向压力转变为主要承受环向拉力。最后，当钢管和核心混凝土所能承担的纵向压力之和达到最大值时（图中的 $c$ 点），钢管混凝土即达到承载力极限状态。破坏时钢管处于纵向受压、环向受拉的应力状态，而混凝土则处于三向受压状态。在 $c$ 点之前，钢管混凝土柱应变沿轴向的分布大体均匀，钢管鼓而不曲。之后曲线进入下降段，钢管出现明显鼓曲，其变形程度随钢管壁的厚薄不同而有所差异。对于含钢率较小的薄壁钢管混凝土柱，曲线下降段较陡；对于含钢率较大的厚壁钢管混凝土柱，曲线下降段则较为平缓。

圆形钢管混凝土柱的力学性能不仅与钢管和混凝土材料本身的性质紧密相关，还受到二者的几何特性和物理参数的影响。此外，加载方式、钢管管壁厚度或含钢率、混凝土强度等级以及加载速度等都对 $N$-$\varepsilon_c$ 曲线特征有一定影响。

对于轴心受压的钢管混凝土长柱，其纵向变形从加载初期就不均匀，柱表现出明显的弯曲特征。混凝土的存在使钢管混凝土构件的极限承载力和同等长度的空心钢管相比具有很大的提高，核心混凝土的贡献主要是防止钢管过早发生屈曲，从而使构件的承载力和塑性得到提高。这时，混凝土材料本身的性质，例如强度等的变化对钢管混凝土构件性能的变化影响则不明显。随着荷载的增加，柱弯曲程度加剧，对应于最大荷载时的钢管平均纵向应变随着柱长细比的增大而不断减小。当柱的长细比较小时，纵向应变可进入塑性范围；当长细比增大超过 20 以上时，最大荷载时的钢管通常仍处于弹性范围，并且随着长细比的增大极限应变在减小。随着长细比的增大，柱的承载能力也不断下降。

### 10.1.2 圆形钢管混凝土柱的优缺点

**(Advantages and Disadvantages of Circular Concrete Filled Steel Tubular Columns)**

圆形钢管混凝土柱利用了钢管和混凝土两种材料在受力过程中的相互作用，具有如下优点：

①承载力高、质量轻。在钢管中填充混凝土形成圆形钢管混凝土后，两种材料相互弥补了彼此的弱点，可以充分发挥彼此的长处，从而使圆形钢管混凝土具有很高的承载力，一般都高于组成圆形钢管混凝土柱的钢管和核心混凝土单独受荷时的极限承载力的叠加。分析证明：圆形钢管混凝土中的混凝土，由于钢管产生的紧箍效应，抗压强度可提高一倍；而整个构件的抗压承载力约为钢管和核心混凝土单独承载力之和的 1.7～2.0 倍，此外，圆形钢管混凝土的抗剪和抗扭性能也很好。相同承载力情况下，其自重较钢筋混凝土结构大为减轻。

②具有良好的塑性和韧性。混凝土（尤其高强度混凝土）的脆性相对较大，如果将混凝土灌入钢管中形成圆形钢管混凝土柱，混凝土在钢管的约束下，其脆性可得到有效的改善，塑性性能得到提高。试验表明，圆形钢管混凝土受压破坏时，可以压缩到原长的 2/3，呈多波褶皱鼓曲型破坏，没有脆性破坏的特征。此外，圆形钢管混凝土构件在反复水平荷载下滞回曲线饱满、延性好、耗能能力高、刚度退化小，具有良好的抗震性能。

③制作、施工方便快捷。与钢筋混凝土柱相比，采用圆形钢管混凝土柱时没有绑扎钢筋、支模和拆模等工序，施工简便；与钢结构构件相比，圆形钢管混凝土柱的构造通常更为简单，焊缝少，更易于制作，特别是在圆形钢管混凝土柱中可更为广泛地采用薄壁钢管，因而进行钢管的现场拼接对焊更为简便快捷；与普通钢柱相比，圆形钢管混凝土柱的柱脚零件少，焊缝短，可以直接插入混凝土基础的预留杯口中，柱脚构造更为简单。

④耐火性能好。圆形钢管混凝土构件耐火性能虽不如钢筋混凝土构件，但圆形钢管混凝土构件在火灾作用下，由于核心混凝土可吸收钢管传来的热量，从而使其外包钢管的升温滞后，这样圆形钢管混凝土柱中钢管的承载力损失要比纯钢结构的相对更小；火灾作用后，随着外界温度的降低，圆形钢管混凝土柱已屈服截面处钢管的强度可以得到不同程度的恢复，可为结构的加固补强提供一个较为安全的工作环境，也可减少补强工作量，降低维修费用。

⑤经济效益好。采用圆形钢管混凝土柱可以很好地发挥钢材和混凝土的力学特性，使其优点得到更为充分和合理的发挥，不少工程实际的经验均表明：采用圆形钢管混凝土的

承压构件比普通混凝土承压构件约可节约混凝土50%，减轻结构自重50%左右；和钢结构相比，可节约钢材50%左右；圆形钢管混凝土柱的防锈费用也会较空心钢管柱有所降低。

此外，圆形钢管混凝土结构的强度在任意方向都是等效的，这对于抵抗方向不确定的地震作用是很有效的，在有任意方向交通流的地方，例如公共建筑的大厅、车站、车库等采用圆形钢管混凝土柱更为合理。圆形钢管混凝土结构的阻尼比介于钢结构与混凝土结构之间，在高层建筑结构中具有比钢结构更加优越的动力性能，能减轻风致摆动，增加舒适度。圆形钢管混凝土柱耐腐蚀性与钢结构类似。

钢管混凝土结构由于它自身的构造特性也存在着一些缺点：

①圆形钢管混凝土柱与H型钢梁的接触面为圆弧面，连接节点不便，节点构造较为复杂。

②圆形钢管混凝土柱截面为圆形，在室内使用通常需要通过装修改成矩形，占用较多的室内空间。

## 10.2 圆形钢管混凝土柱的计算方法 (Calculation Methods of Circular Concrete Filled Steel Tubular Columns)

### 10.2.1 圆形钢管混凝土柱的计算理论 (Computation Theory of Circular Concrete Filled Steel Tubular Columns)

基于圆形钢管与混凝土的协同作用，关于圆形钢管混凝土柱出现了两种计算方法，一种是统一理论计算方法，即把钢管混凝土柱视为统一体，基于大量的试验数据和分析数据，拟合得到系列计算参数，形成一套计算方法；另一种是极限平衡理论计算方法，总体上将圆形钢管混凝土柱作为一种套箍约束强化的混凝土柱，并计算其达到极限平衡状态时的承载力大小。

(1) 统一理论

哈尔滨工业大学和福州大学等高校所研究的钢管混凝土柱统一理论是在大量钢管混凝土柱试验的基础上，对试验数据加以汇总分析，通过数学统计和数据拟合的方法得出钢管混凝土柱各影响因素与承载力间的相互关系。

统一理论的含义：把钢管混凝土视为统一的组合材料，用组合性能指标计算其承载力和变形。圆形钢管混凝土柱的性能是随着钢材和混凝土的物理参数，构件的几何参数、应力状态和截面形式的改变而改变的，变化是连续的、相关的和统一的。并且在各种荷载作用下，圆形钢管混凝土柱所产生的应力之间存在着相关性。钢管混凝土统一理论的设计方法被纳入《实心与空心钢管混凝土结构技术规程》(CECS 254：2012)。

(2) 极限平衡理论

极限平衡理论即中国建筑科学院提出的约束混凝土理论。极限平衡理论认为钢管混凝土柱本质上就是由钢管对混凝土实行套箍强化的一种套箍混凝土（即约束混凝土)。钢管对核心混凝土的套箍作用，使核心混凝土处于三向受压状态，从而使核心混凝土具有更高的抗压强度和变形能力；而对于钢管壁，将其视为分布在核心混凝土周围的等效纵向钢筋，钢筋的面积根据钢管的截面积和形状而定。根据上述的等效假定，就可以用等效的钢筋混凝土柱的轴力-弯矩关系作为钢管混凝土的轴力-弯矩关系。极限平衡理论关注钢管混凝土柱整体极限状态时的承载力状态，回避了截面不均匀应力与应变的积分求解，其提出的经验性承载力公式不涉及加载及变形历史，直接根据结构处于极限状态时的平衡条件算出极限状态的荷载值。该理论的优点在于避开了复杂的弹塑性阶段，不需确定材料的本构关系，引入套箍效应指标为主要参数，推导出钢管混凝土极限承载力计算公式。钢管混凝土柱的极限平衡理论设计方法被纳入《钢管混凝土结构技术规程》(CECS 28：2012)。

统一理论和极限平衡理论两种设计方法都可对实心圆形钢管混凝土构件进行设计，长期以来在工程实践中都得到广泛的应用。两种方法均被纳入《钢管混凝土结构技术规范》(GB 50936—2014)。在某些条件下两种方法对圆形钢管混凝土柱承载力的计算会存在一定差异，但在《钢管混凝土结构技术规范》(GB 50936—2014) 中对这两种方法进行了对比分析，表明这种差异是较小的，试验数据和工程实践也证明按这两种方法进行设计都能满足安全性的要求。设计中可根据需要和习惯采用其中一种方法，不必同时采用两种方法进行验算。

### 10.2.2 圆形钢管混凝土柱的设计控制指标 (Critical Design Indexes of Circular Concrete Filled Steel Tubular Columns)

(1) 含钢率

钢管混凝土杆件的含钢率 $\alpha$，是指钢管截面面积 $A_s$ 与内填混凝土截面面积 $A_c$ 的比值 (图 10-3)，即

$$\alpha = A_s/A_c \approx 4t/D \tag{10-1}$$

式中，$D$、$t$ 分别为钢管的外直径和壁厚。

为了确保钢管的局部稳定，含钢率 $\alpha$ 不应小于 4%，它相当于径厚比 $D/t=100$；对于 Q235 钢，宜取 $\alpha=4\%\sim12\%$；一般情况下，比较合适的含钢率为 $\alpha=6\%\sim10\%$。

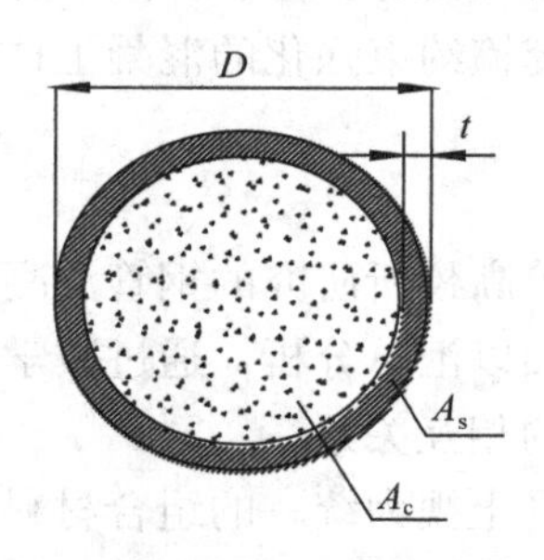


**图 10-3 圆形钢管混凝土截面**

(2) 套箍系数

套箍系数是反映钢管混凝土柱组合作用和受力性能的重要参数，反映钢管混凝土构件中钢管对混凝土约束作用的大小，按式 (10-2) 计算：

$$\theta = \frac{A_s f_y}{A_c f_c} \tag{10-2}$$

式中，$f_y$ 为钢管的抗拉、抗压强度设计值；$f_c$ 为混凝土轴心抗压强度设计值。

对某一特定的截面，套箍系数 $\theta$ 可以反映组成钢管混凝土截面的钢材和混凝土的几何特征及物理特性参数的影响。$\theta$ 值越大，表明钢材所占比重大，混凝土比重相对较小；反

之，$\theta$ 值越小，表明钢材所占比重小，混凝土比重相对较大。

套箍系数宜限制在 0.3～3.0。下限 0.3 是为了防止钢管对混凝土的约束作用不足而引起钢管混凝土构件脆性破坏；上限 3.0 则是为了防止因混凝土强度等级过低而使构件在使用荷载下产生塑性变形。试验表明，当套箍系数为 0.3～3.0 时，钢管混凝土构件在正常使用条件下处于弹性工作阶段，同时在达到极限荷载后仍具有足够的延性。

研究表明，套箍系数 $0.4<\theta<1$ 时，钢管对核心混凝土的约束力不大，曲线有下降段；$\theta\approx 1$ 时，工作分为弹性、弹塑性和塑性阶段；$\theta>1$ 时，工作分为弹性、弹塑性和强化阶段。工程实践中，钢管混凝土柱通常设计为第二、三种类型，即 $\theta\geqslant 1$。三种类型的 $N$-$\varepsilon$ 关系曲线如图 10-4 所示。

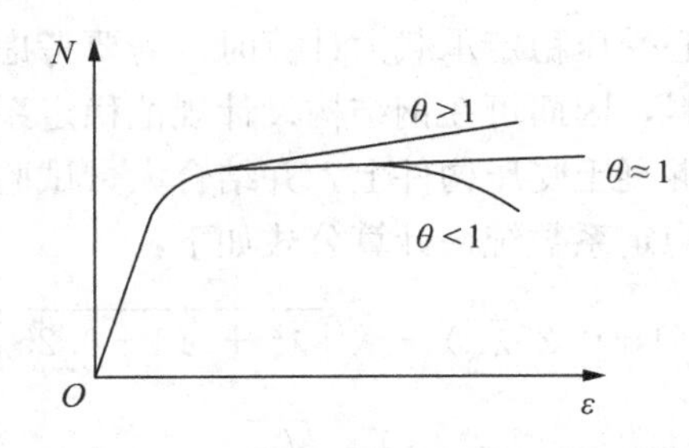


**图 10-4　圆形钢管混凝土柱三种轴压承载类型**

# 10.3　基于统一理论的圆形钢管混凝土柱的计算方法
(Calculations of Mechanical Properties of Circular Concrete Filled Steel Tubular Columns Based on the Unified Theory)

## 10.3.1　圆形钢管混凝土柱在单一受力状态下承载力与刚度计算
**(Bearing Capacity and Stiffness Calculations of the Circular Concrete Filled Steel Tube Column Under Single Stress State)**

圆形钢管混凝土柱在单一受力状态下承载力应满足下列要求：

$$N\leqslant N_u \tag{10-3}$$

$$N_t\leqslant N_{ut} \tag{10-4}$$

$$V\leqslant V_u \tag{10-5}$$

$$T\leqslant T_u \tag{10-6}$$

$$M\leqslant M_u \tag{10-7}$$

式中，$N$、$N_t$、$V$、$T$、$M$ 分别为作用于构件的轴心压力、轴心拉力、剪力、扭矩、弯矩设计值；$N_u$、$N_{ut}$、$V_u$、$T_u$、$M_u$ 分别为圆形钢管混凝土构件的轴心受压稳定、受拉、受剪、受扭、受弯承载力设计值。

(1) 圆形钢管混凝土柱轴心受压承载力与刚度计算

圆形钢管混凝土柱轴心受压稳定承载力设计值按下式计算：

$$N_u=\varphi N_0 \tag{10-8}$$

式中，$N_0$ 为圆形钢管混凝土短柱的轴心受压强度承载力设计值；$\varphi$ 为轴心受压构件的稳定系数。

圆形钢管混凝土短柱的轴心受压强度承载力设计值应按下式计算：

$$N_0 = A_{sc} f_{sc} \tag{10-9}$$

$$f_{sc} = (1.212 + B\theta + C\theta^2) f_c \tag{10-10}$$

式中，$A_{sc}$为圆形钢管混凝土构件截面积，等于钢管面积 $A_s$ 和管内混凝土面积 $A_c$ 之和；$f_{sc}$为圆形钢管混凝土抗压强度设计值；$\theta$ 为圆形钢管混凝土构件的套箍系数，按式（10-2）计算；$f_c$ 为混凝土的抗压强度设计值；$B$、$C$ 为截面形状对套箍效应的影响系数，其中 $B=0.176f/213+0.974$、$C=0.104f_c/14.4+0.031$。

圆形钢管混凝土短柱轴心受压稳定承载力计算时，需要考虑受压失稳破坏。统一理论把钢管混凝土柱视为单一材料，因而可在钢结构设计规范稳定系数计算公式的基础上，将稳定系数的公式扩展到钢管混凝土受压构件上，并结合大量试验数据拟合和对比验证，可得到圆形钢管混凝土构件的稳定系数统一计算公式如下：

$$\varphi = \frac{1}{2\bar{\lambda}_{sc}^2}\left\{\bar{\lambda}_{sc}^2 + (1+0.25\bar{\lambda}_{sc}) - \sqrt{[\bar{\lambda}_{sc}^2 + (1+0.25\bar{\lambda}_{sc})]^2 - 4\bar{\lambda}_{sc}^2}\right\} \tag{10-11}$$

$$\bar{\lambda}_{sc} = \frac{\lambda_{sc}}{\pi}\sqrt{\frac{f_{sc}}{E_{sc}}} \tag{10-12}$$

式中，$\bar{\lambda}_{sc}$为圆形钢管混凝土构件正则化长细比；$\lambda_{sc}$为圆形钢管混凝土构件的长细比，等于构件的等效计算长度 $L_e$ 除以圆形钢管混凝土构件的回转半径 $i_{sc}$；$E_{sc}$为圆形钢管混凝土构件的弹性模量，按下式计算：

$$E_{sc} = 1.3 k_E f_{sc} \tag{10-13}$$

式中，$k_E$ 为圆形钢管混凝土构件轴压弹性模量换算系数，与混凝土强度有关，按表10-1 取值。

**表 10-1　轴压弹性模量换算系数 $k_E$ 的值**

| 钢材 | Q235 | Q345 | Q3100 | Q420 |
|---|---|---|---|---|
| $k_E$ | 918.9 | 719.6 | 657.5 | 626.9 |

因此，仅需通过查询正则化长细比 $\bar{\lambda}_{sc}$就可以得到圆形钢管混凝土构件稳定系数。对于圆形钢管混凝土构件，正则化长细比 $\bar{\lambda}_{sc}$计算中仍涉及钢管混凝土构件强度 $f_{sc}$和弹性模量计算 $E_{sc}$，现场复核计算时较不方便。考虑到钢材强度性能较为稳定，因此为简化计算，可参照钢结构处理方法，将钢管混凝土柱稳定系数计算公式转换为按照钢材的强度和弹性模量表示。考虑到钢材和混凝土强度之间相关关系，式（10-12）可转化为下式：

$$\bar{\lambda}_{sc} \approx 0.01(0.001 f_y + 0.781)\lambda_{sc} \tag{10-14}$$

当计算圆形钢管混凝土柱在复杂受力状态下的欧拉临界荷载时，圆形钢管混凝土柱的轴压弹性刚度 $B_{sc}$按照下列公式计算：

$$B_{sc} = A_{sc} E_{sc} \tag{10-15}$$

（2）圆形钢管混凝土柱轴心受拉承载力计算

圆形钢管混凝土构件的轴心受拉强度承载力设计值 $N_{ut}$应按下式计算：

$$N_{ut}=C_1 A_s f \tag{10-16}$$

式中，$C_1$ 为圆形钢管受拉强度提高系数，取 $C_1=1.1$。

(3) 圆形钢管混凝土柱轴心受剪承载力与刚度计算

圆形钢管混凝土构件的受剪承载力设计值 $V_u$ 应按下式计算：

$$V_u=0.71 f_{sv} A_{sc} \tag{10-17}$$

$$f_{sv}=1.547 f \frac{\alpha_{sc}}{\alpha_{sc}+1} \tag{10-18}$$

式中，$f_{sv}$ 为圆形钢管混凝土构件受剪强度设计值；$\alpha_{sc}$ 为圆形钢管混凝土构件含钢率，按式 (10-1) 计算。

当计算圆形钢管混凝土构件受剪变形时，圆形钢管混凝土构件的剪变刚度 $B_G$ 按下式计算：

$$B_G=G_{ss} A_{sc} \tag{10-19}$$

式中，$G_{ss}$ 为具有相同钢管尺寸的圆形钢管混凝土构件的剪变模量，按表 10-2 取值。

**表 10-2　圆形钢管混凝土构件的剪变模量 $G_{ss}$**　　单位：$N/mm^2$

| 混凝土强度等级 | 圆形钢管混凝土构件的含钢率 | | | | | | | | |
|---|---|---|---|---|---|---|---|---|---|
| | 0.04 | 0.06 | 0.08 | 0.1 | 0.12 | 0.14 | 0.16 | 0.18 | 0.2 |
| C30 | 8 527 | 10 460 | 12 504 | 14 649 | 16 888 | 19 212 | 21 614 | 24 088 | 26 627 |
| C40 | 8 990 | 10 941 | 13 001 | 15 162 | 17 414 | 19 751 | 22 164 | 24 648 | 27 197 |
| C50 | 9 359 | 11 325 | 13 399 | 15 572 | 17 835 | 20 182 | 22 604 | 25 096 | 27 652 |
| C60 | 9 637 | 11 613 | 13 697 | 15 879 | 18 151 | 20 505 | 22 934 | 25 432 | 27 994 |
| C70 | 9 822 | 11 806 | 13 896 | 16 084 | 18 361 | 20 720 | 23 154 | 25 656 | 28 222 |
| C80 | 10 007 | 11 998 | 14 095 | 16 289 | 18 572 | 20 936 | 23 374 | 25 880 | 28 449 |

(4) 圆形钢管混凝土柱轴心受扭承载力与刚度计算

圆形钢管混凝土构件的受扭承载力设计值 $T_u$ 按下式计算：

$$T_u=W_T f_{sv} \tag{10-20}$$

式中，$W_T$ 为圆形钢管混凝土构件的截面受扭模量，按下式计算：

$$W_T=\pi r_0^3/2 \tag{10-21}$$

式中，$r_0$ 为圆形钢管混凝土构件等效圆半径，取钢管外半径。

当计算圆形钢管混凝土构件受扭变形时，圆形钢管混凝土构件的受扭刚度 $B_T$ 按下式计算：

$$B_T=G_{ss} I_T \tag{10-22}$$

式中，$G_{ss}$ 为圆形钢管混凝土构件的剪变模量，同受剪计算中取值；$I_T$ 为具有相同钢管尺寸的圆形钢管混凝土构件的截面受扭模量。

(5) 圆形钢管混凝土柱轴心受弯承载力与刚度计算

圆形钢管混凝土构件的受弯承载力设计值 $M_u$ 应按下式计算：

$$M_u=\gamma_m W_{sc} f_{sc} \tag{10-23}$$

$$W_{sc}=\frac{\pi r_0^3}{4} \tag{10-24}$$

式中，$\gamma_m$ 为塑性发展系数，取 1.2；$W_{sc}$为受弯构件的截面模量。

当计算圆形钢管混凝土构件弯曲状态下的变形时，圆形钢管混凝土构件的弹性受弯刚度 $B_{scm}$按下式计算：

$$B_{scm}=E_{scm}I_{sc} \tag{10-25}$$

$$E_{scm}=\frac{(1+\delta/n)(1+\alpha_{sc})}{(1+\alpha_{sc}/n)(1+\delta)}E_{sc} \tag{10-26}$$

$$n=E_s/E_c；\delta=I_s/I_c \tag{10-27}$$

式中，$E_{scm}$为圆形钢管混凝土构件的弹性受弯模量；$I_s$、$I_c$ 分别为钢管和混凝土部分的惯性矩；$E_s$、$E_c$ 分别为钢材和混凝土的弹性模量；$I_{sc}$为圆形钢管混凝土构件的截面惯性矩，无受拉区时，

$$I_{sc}=I_s+I_c \tag{10-28}$$

当构件截面出现受拉区时，截面惯性矩用下式代替：

$$I_{sc}=(0.66+0.94\alpha_{sc})(I_s+I_c) \tag{10-29}$$

### 10.3.2 圆形钢管混凝土构件在复杂受力状态下承载力计算
**(Capacity Calculations of the Circular Concrete Filled Steel Tube Column Under Complex Stress State)**

承受压、弯、扭、剪共同作用时，圆形钢管混凝土构件的承载力应按下列公式计算：

当$\frac{N}{N_u}\geqslant 0.255\left[1-\left(\frac{T}{T_u}\right)^2-\left(\frac{V}{V_u}\right)^2\right]$时，

$$\frac{N}{N_u}+\frac{\beta_m M}{1.5M_u(1-0.4N/N'_E)}+\left(\frac{T}{T_u}\right)^2+\left(\frac{V}{V_u}\right)^2\leqslant 1 \tag{10-30}$$

当$\frac{N}{N_u}<0.255\left[1-\left(\frac{T}{T_u}\right)^2-\left(\frac{V}{V_u}\right)^2\right]$时，

$$-\frac{N}{2.17N_u}+\frac{\beta_m M}{M_u(1-0.4N/N'_E)}+\left(\frac{T}{T_u}\right)^2+\left(\frac{V}{V_u}\right)^2\leqslant 1 \tag{10-31}$$

$$N'_E=\frac{\pi^2 E_{sc}A_{sc}}{1.1\lambda^2} \tag{10-32}$$

式中，$N$、$V$、$T$、$M$ 分别为作用于构件的轴心压力、剪力、扭矩、弯矩设计值；$N_u$、$V_u$、$T_u$、$M_u$ 分别为圆形钢管混凝土构件的轴心受压稳定、受剪、受扭、受弯承载力设计值；$\beta_m$ 为等效弯矩系数，按《钢结构设计标准》(GB 50017—2017) 的规定采用；$N'_E$为系数，根据式 (10-32)，该系数可进一步简化为 $11.6k_E f_{sc}A_{sc}/\lambda^2$。

计算单层厂房框架柱时，柱的计算长度按《钢结构设计标准》(GB 50017—2017) 的规定采用；计算高层建筑的框架柱、核心筒柱时，柱的计算长度按现行行业标准《高层民用建筑钢结构技术规程》(JGJ 99—2015) 的规定采用。

当只有轴心压力和弯矩作用时的压弯构件，应按下列公式计算：

当$\frac{N}{N_u}\geqslant 0.255$时，

$$\frac{N}{N_u}+\frac{\beta_m M}{1.5M_u(1-0.4N/N'_E)}\leqslant 1 \tag{10-33}$$

当$\dfrac{N}{N_u}<0.255$时，

$$-\frac{N}{2.17N_{\mathrm{u}}}+\frac{\beta_{\mathrm{m}}M}{M_{\mathrm{u}}(1-0.4N/N_E')}\leqslant 1 \tag{10-34}$$

当只有轴心拉力和弯矩作用时的拉弯构件，应按下列公式计算：

$$\frac{N}{N_{\mathrm{ut}}}+\frac{M}{M_{\mathrm{u}}}\leqslant 1 \tag{10-35}$$

式中，$N_{\mathrm{ut}}$为圆形钢管混凝土构件的受拉强度承载力设计值。

### 10.3.3 混凝土徐变对构件承载力的影响 (Influence of Concrete Creep on Column Capacity)

对轴压构件和偏心率不大于0.3的偏心钢管混凝土实心受压构件，当由永久荷载引起的轴心压力占全部轴心压力的50%及以上时，由于混凝土徐变的影响，钢管混凝土柱的轴心受压稳定承载力设计值$N_{\mathrm{u}}$应乘以折减系数0.10。

**例10-1** 设有一根上下端为铰接的圆形钢管混凝土柱，柱的各种参数见下表，试用统一理论计算其轴心受压承载力设计值：

| 直径 D/mm | 壁厚 t/mm | 钢材牌号 | 钢材强度设计值 /MPa | 混凝土强度等级 | 混凝土的抗压强度设计值 /MPa |
| --- | --- | --- | --- | --- | --- |
| 800 | 25 | Q345 | 295 | C40 | 19.1 |

①柱长$L=4$ m，试用统一理论计算轴心受压极限承载力。

②柱长$L=10$ m，试用统一理论计算轴心受压极限承载力。

③柱子的计算长度为10 m，柱子两端受到轴心压力与弯矩的共同作用，轴压力大小为10 000 kN，弯矩大小为2 000 kN·m，试用统一理论验算柱子的承载能力。

**解** ①圆形钢管混凝土柱的轴心受压稳定承载力计算：

$$A_{\mathrm{sc}}=\pi\times\frac{D^2}{4}=\pi\times\frac{800^2}{4}\approx 502\ 400\ (\mathrm{mm}^2)$$

$$A_{\mathrm{c}}=\pi\times\frac{(D-2t)^2}{4}=\pi\times\frac{(800-2\times 25)^2}{4}\approx 441\ 562.5\ (\mathrm{mm}^2)$$

$$A_{\mathrm{s}}=A_{\mathrm{sc}}-A_{\mathrm{c}}=60\ 837.5\ (\mathrm{mm}^2)$$

$$\alpha_{\mathrm{sc}}=\frac{A_{\mathrm{s}}}{A_{\mathrm{c}}}=\frac{60\ 837.5}{441\ 562.5}\approx 0.138$$

$$\theta=\alpha_{\mathrm{sc}}\frac{f}{f_{\mathrm{c}}}=0.138\times\frac{295}{19.1}\approx 2.131$$

$$B=0.176f/213+0.974\approx 1.218$$

$$C=-0.104f_{\mathrm{c}}/14.4+0.031\approx -0.107$$

$$f_{\mathrm{sc}}=(1.212+B\theta+C\theta^2)f_{\mathrm{c}}=(1.212+1.218\times 2.131-0.107\times 2.131^2)\times 19.1$$
$$\approx 63.44\ (\mathrm{N/mm}^2)$$

$$i=\sqrt{\frac{I}{A}}=\sqrt{\frac{\pi\times D^4}{\pi\times D^2\times 16}}=200\ (\mathrm{mm})$$

$$\bar{\lambda}_{sc} \approx 0.01(0.001 f_y + 0.781)\lambda_{sc} = 0.01 \times (0.001 \times 295 + 0.781) \times \frac{4\ 000}{200} \approx 0.22$$

$$\varphi = \frac{1}{2\bar{\lambda}_{sc}^2}\left\{\bar{\lambda}_{sc}^2 + (1+0.25\bar{\lambda}_{sc}) - \sqrt{[\bar{\lambda}_{sc}^2 + (1+0.25\bar{\lambda}_{sc})]^2 - 4\bar{\lambda}_{sc}^2}\right] \approx 0.946\ 7$$

$$N_u = \varphi N_0 = \varphi A_{sc} f_{sc} = 0.946\ 7 \times 502\ 400 \times 63.44 \approx 301\ 73.5\ (\text{kN})$$

② 圆形钢管混凝土长柱的轴心受压稳定承载力计算：

由于截面相同，由①可知

$$N_0 = A_{sc} f_{sc} = 502\ 400 \times 63.44 = 31\ 872\ 256\ (\text{N})$$

柱子的计算长度为 10 m，回转半径为 200 mm，则

$$\bar{\lambda}_{sc} \approx 0.01(0.001 f_y + 0.781)\lambda_{sc} = 0.01 \times \frac{10\ 000}{200}(0.001 \times 295 + 0.781) \approx 0.54$$

$$\varphi = \frac{1}{2\bar{\lambda}_{sc}^2}\left\{\bar{\lambda}_{sc}^2 + (1+0.25\bar{\lambda}_{sc}) - \sqrt{[\bar{\lambda}_{sc}^2 + (1+0.25\bar{\lambda}_{sc})]^2 - 4\bar{\lambda}_{sc}^2}\right\} \approx 0.848\ 2$$

$$N_u = \varphi N_0 = 0.848\ 2 \times 31\ 872\ 256 \approx 27\ 034.0\ (\text{kN})$$

③ 此圆形钢管混凝土长柱的轴心受压稳定承载力设计值 $N_u = 27\ 034.0$ kN，则 $\frac{N}{N_u} = \frac{10\ 000}{27\ 034.0} \approx 0.370 > 0.255$，采用公式 $\frac{N}{N_u} + \frac{\beta_m M}{1.5 M_u (1 - 0.4N/N_E')} \leqslant 1$ 来验算承载力。

由 $\gamma_m = 1.2$，$W_{sc} = \frac{\pi r^3}{4} = 5.024 \times 10^7\ \text{mm}^3$，$f_{sc} = 63.44\ \text{N/mm}^2$，得

$$M_u = \gamma_m W_{sc} f_{sc} \approx 3\ 825\ \text{kN} \cdot \text{m}$$

$$E_{sc} = 1.3 k_E f_{sc} = 1.3 \times 719.6 \times 63.44 \approx 59\ 346.9\ (\text{N/mm}^2)$$

$$N_E' = \frac{\pi^2 E_{sc} A_{sc}}{1.1 \lambda_{sc}^2} = \frac{3.14^2 \times 59\ 346.9 \times 502\ 400}{1.1 \times \left(\frac{10\ 000}{200}\right)^2} = 106\ 899\ (\text{kN})$$

$$\beta_m = 1.0$$

$$0.370 + \frac{1.0 \times 2\ 000}{1.5 \times 3\ 825 \times (1 - 0.4 \times 10\ 000/106\ 899)} \approx 0.732 < 1$$

该圆形钢管混凝土柱承载力验算满足要求。

## 10.4 基于极限平衡理论的圆形钢管混凝土柱的计算方法 (Calculations of Mechanical Properties of Circular Concrete Filled Steel Tubular Columns Based on the Limit Equilibrium Theory)

### 10.4.1 圆形钢管混凝土柱的轴心受压承载力计算 (Axial Compressive Capacity Calculations of the Circular Concrete Filled Steel Tube Column)

实际结构中通常并不存在理想的轴心受压构件，因此设计时应注意荷载偏心、构件初

始缺陷等引起的影响。

圆形钢管混凝土柱轴心受压承载力应满足下式要求：

$$N \leqslant N_u \tag{10-36}$$

式中，$N$ 为轴心压力设计值；$N_u$ 为圆形钢管混凝土柱的轴心受压承载力设计值。

圆形钢管混凝土柱的轴心受压承载力设计值 $N_u$ 按下式计算：

$$N_u = \varphi_l N_0 \tag{10-37}$$

式中，$N_0$ 为圆形钢管混凝土轴心受压短柱的强度承载力设计值；$\varphi_l$ 为考虑长细比影响的承载力折减系数。

(1) 圆形钢管混凝土柱的轴心受压短柱承载力计算

圆形钢管混凝土轴心受压短柱是指有效长径比 $L_e/D \leqslant 4$ 的受压构件，其中 $L_e$ 为柱的等效计算长度，$D$ 为钢管外径，此时 $\varphi_l = 1$。圆形钢管混凝土轴心受压短柱与混凝土强度和套箍系数 $\theta$ 有关。

①当 $\theta \leqslant 1/(\alpha - 1)^2$ 时，

$$N_0 = 0.9 A_c f_c (1 + \alpha\theta) \tag{10-38}$$

②当 $\theta > 1/(\alpha - 1)^2$ 时，

$$N_0 = 0.9 A_c f_c (1 + \sqrt{\theta} + \theta) \tag{10-39}$$

式中，$\alpha$ 为与混凝土强度等级有关的系数，按表 10-3 取值；$A_c$ 为钢管内核心混凝土横截面面积；$f_c$ 为钢管内核心混凝土的抗压强度设计值；$A_s$ 为钢管的横截面面积；$f_y$ 为钢管的抗拉、抗压强度设计值。

**表 10-3 系数 $\alpha$**

| 混凝土等级 | ≤C50 | C55～C80 |
|---|---|---|
| $\alpha$ | 2.00 | 1.80 |

(2) 圆形钢管混凝土柱的轴心受压长柱承载力计算

对于轴心受压长柱，即 $L_e/D > 4$ 的钢管混凝土柱，其受压承载力随着长细比的增加而降低，破坏形态逐渐从强度破坏变为失稳破坏，此时轴心受压承载力需要考虑长细比影响的承载力折减，$\varphi_l$ 应按下列公式计算：

当 $L_e/D > 30$ 时，

$$\varphi_l = 1 - 0.115\sqrt{L_e/D - 4} \tag{10-40}$$

当 $4 < L_e/D \leqslant 30$ 时，

$$\varphi_l = 1 - 0.0226(L_e/D - 4) \tag{10-41}$$

式中，$D$ 为钢管的外直径；$L_e$ 为柱的等效计算长度，应按下式计算：

$$L_e = \mu k L \tag{10-42}$$

式中，$L$ 为柱的实际长度；$\mu$ 为考虑柱端约束条件的计算长度系数，按《钢结构设计标准》(GB 50017—2017) 确定，对于无侧移框架柱按照其附录 E 表 E.0.1 选取，对于有侧移框架柱按照附录 E 表 E.0.2 选取；$k$ 为考虑柱身弯矩分布梯度影响的等效长度系数，应按下列公式计算：

①轴心受压柱和杆件 [图 10-5 (a)]：

$$k=1 \tag{10-43}$$

②无侧移框架柱［图 10-5（b）（c）］：

$$k=0.5+0.3\beta+0.2\beta^2 \tag{10-44}$$

③有侧移框架柱［图 10-5（d）］和悬臂柱［图 10-5（e）（f）］：

当 $e_0/r_c \leqslant 0.8$ 时，

$$k=1-0.625e_0/r_c \tag{10-45}$$

当 $e_0/r_c > 0.8$ 时，

$$k=0.5 \tag{10-46}$$

当自由端有力矩 $M_1$ 作用时，将式（10-47）与式（10-45）或式（10-46）所得 $k$ 值进行比较，取其中之较大值。

$$k=(1+\beta_1)/2 \tag{10-47}$$

在任何情况下均应满足下列条件：

$$\varphi_e\varphi_l \leqslant \varphi_0 \tag{10-48}$$

式中，$r_c$ 为钢管内核心混凝土横截面的半径；$\beta$ 为柱两端弯矩设计值之较小者 $M_1$ 与较大者 $M_2$ 的比值（$|M_1| \leqslant |M_2|$），$\beta=M_1/M_2$，单曲压弯时，$\beta$ 为正值，双曲压弯时，$\beta$ 为负值；$\beta_1$ 为悬臂柱自由端力矩设计值 $M_1$ 与嵌固端弯矩设计值 $M_2$ 的比值，当 $\beta_1$ 为负值（双曲压弯）时，则按反弯点所分割成的高度为 $L_2$ 的子悬臂柱计算［图 10-5（f）］。

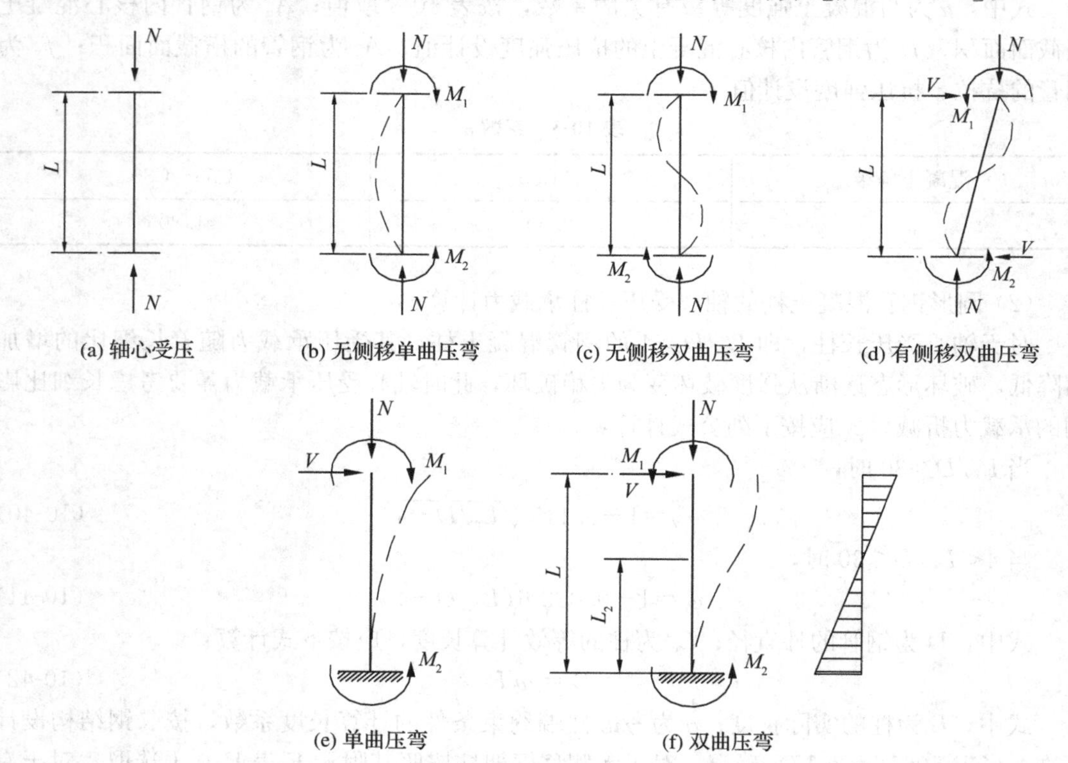


图 10-5　框架柱及悬臂柱计算简图

### 10.4.2 圆形钢管混凝土柱的偏心受压承载力计算

**(Eccentrically Compressive Capacity Calculations of the Circular Concrete Filled Steel Tube Column)**

对于圆形钢管混凝土偏心受压柱，其承载力计算中需要考虑偏心率影响，通过偏心受压承载力折减系数 $\varphi_e$ 来考虑，式（10-37）承载力计算公式进一步修正如下：

$$N_u = \varphi_e \varphi_l N_0 \tag{10-49}$$

式中，$\varphi_l$ 与轴心受压构件中考虑长细比影响的承载力折减系数计算方式相同。考虑偏心率影响的承载力折减系数 $\varphi_e$ 受相对偏心率影响，按下列公式计算：

当 $e_0/r_c \leqslant 1.55$ 时，

$$\varphi_e = \frac{1}{1+1.85\dfrac{e_0}{r_c}} \tag{10-50}$$

$$e_0 = \frac{M_2}{N} \tag{10-51}$$

当 $e_0/r_c > 1.55$ 时，

$$\varphi_e = \frac{1}{3.92-5.16\varphi_l+\varphi_l\dfrac{e_0}{0.3r_c}} \tag{10-52}$$

式中，$e_0$ 为柱端轴心压力偏心距之较大者；$r_c$ 为钢管内的核心混凝土横截面的半径；$M_2$ 为柱端弯矩设计值的较大者；$N$ 为轴心压力设计值。

### 10.4.3 圆形钢管混凝土柱的轴心受拉承载力计算

**(Axial Tension Capacity Calculations of the Circular Concrete Filled Steel Tube Column)**

圆形钢管混凝土柱的轴心受拉构件应满足下列要求：

$$\frac{N}{N_{ut}}+\frac{M}{M_u} \leqslant 1 \tag{10-53}$$

$$N_{ut} = A_s f \tag{10-54}$$

$$M_u = 0.3 r_c N_0 \tag{10-55}$$

式中，$N$ 为轴心拉力设计值；$M$ 为柱端弯矩设计值的较大者；$N_{ut}$ 为圆形钢管混凝土柱的轴心受拉承载力设计值；$M_u$ 为圆形钢管混凝土柱的受弯承载力；$r_c$ 为钢管内核心混凝土横截面的半径；$N_0$ 为圆形钢管混凝土短柱轴心受压承载力设计值，按式（10-38）、式（10-39）设计。

### 10.4.4 圆形钢管混凝土柱受剪承载力计算

**(Shear Capacity Calculations of the Circular Concrete Filled Steel Tube Column)**

当圆形钢管混凝土柱的剪跨 $a$（即横向集中荷载作用点至支座或节点边缘的距离）小于柱子直径 $D$ 的 2 倍时，即需验算柱的横向受剪承载力，并应满足下列要求：

$$V \leqslant V_u \tag{10-56}$$

式中，$V$ 为横向剪力设计值；$V_u$ 为圆形钢管混凝土柱的横向受剪承载力设计值，按下列公式计算：

$$V_u=(V_0+0.1N')\left(1-0.45\sqrt{\frac{a}{D}}\right) \tag{10-57}$$

$$V_0=0.2A_c f_c(1+3\theta) \tag{10-58}$$

式中，$V_0$ 为圆形钢管混凝土柱受纯剪时的承载力设计值；$N'$为与横向剪力设计值 $V$ 对应的轴心力设计值，横向剪力 $V$ 应以压力方式作用于钢管混凝土柱；$a$ 为剪跨，即横向集中荷载作用点至支座或节点边缘的距离。

## 10.4.5　圆形钢管混凝土柱局部受压验算

**(Local Compression Capacity Calculations of the Circular Concrete Filled Steel Tube Column)**

圆形钢管混凝土柱柱顶、柱脚或节点处常受到局部压力作用。局部受压时，压力按一定的规律扩散到整个圆形钢管混凝土截面上。此时如果按整个截面进行受压验算，有可能出现构件局部抗压强度不足而发生破坏。因此，除对整个圆形钢管混凝土构件进行承载力验算外，还要进行局部承压验算。

圆形钢管混凝土柱局部受压时应满足以下条件：

$$N\leqslant N_{ul} \tag{10-59}$$

式中，$N_{ul}$为圆形钢管混凝土在局部压力作用下的承载力设计值。

在局部压力作用下，受压处的混凝土抗压强度受周围混凝土及钢管的约束而提高。试验研究表明，圆形钢管混凝土局部受压承载力按下式计算：

$$N_{ul}=A_l f_c(1+\sqrt{\theta}+\theta)\beta \tag{10-60}$$

$$\beta=\sqrt{A_c/A_l} \tag{10-61}$$

式中，$A_l$ 为局部受压面积，如图 10-6 所示；$\beta$ 为钢管混凝土局部受压强度提高系数，当 $\beta$ 大于 3 时取 $\beta=3$。

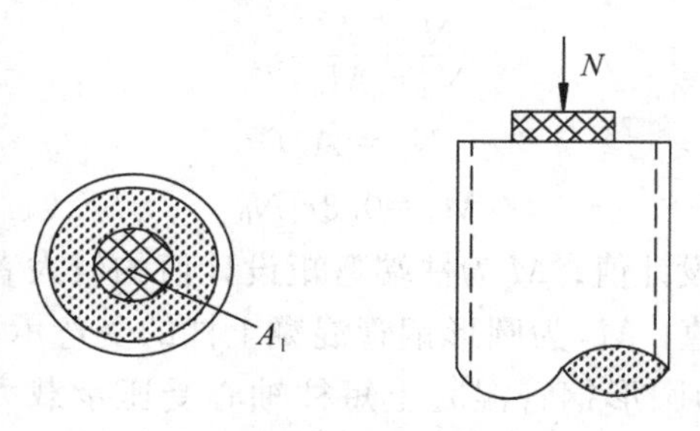


**图 10-6　中央部位局部受压**

**例 10-2**　设计条件同例 10-1，试用极限平衡理论计算或验算极限承载力，并与统一理论进行比较。

① 柱长 $L=4$ m 时轴心受压极限承载力。

② 柱长 $L=10$ m 时轴心受压极限承载力。

③ 柱子的计算长度为 10 m，为无侧移单曲压弯框架柱，柱子两端受到轴心压力与弯矩

的共同作用，轴压力大小为10 000 kN，弯矩大小为2 000 kN·m，验算柱子的承载能力。

**解** ①混凝土C40，$\alpha=2.0$，$1/(\alpha-1)^2=1/(2.0-1)^2=1.0$。

例10-1已经计算出$\theta=2.131$，所以$\theta>1/(\alpha-1)^2$，则

$$N_0=0.9A_cf_c(1+\sqrt{\theta}+\theta)=0.9\times441\ 562.5\times19.1\times(1+\sqrt{2.131}+2.131)\approx34\ 846.2\ (\text{kN})$$

由于是轴心受压柱，所以考虑偏心率影响的承载力折减系数$\varphi_e=1$。

$4<L_e/D=4\ 000/800=5<30$，所以考虑长细比影响的承载力折减系数：

$$\varphi_l=1-0.022\ 6(L_e/D-4)=0.977\ 4$$

则

$$N_u=\varphi_e\varphi_lN_0=1\times0.977\ 4\times34\ 846.2\approx34\ 058.7\ (\text{kN})$$

经过对比，可以看出，统一理论比极限平衡理论承载力设计值小，偏于保守和安全。

②混凝土C40，$\alpha=2.0$，$1/(\alpha-1)^2=1/(2.0-1)^2=1.0$。

例10-1已经计算出$\theta=2.131$，所以$\theta>1/(\alpha-1)^2$，则

$$N_0=0.9A_cf_c(1+\sqrt{\theta}+\theta)=0.9\times441\ 562.5\times19.1\times(1+\sqrt{2.131}+2.131)\approx34\ 846.2\ (\text{kN})$$

由于是轴心受压柱，所以考虑偏心率影响的承载力折减系数$\varphi_e=1$。

$4<L_e/D=10\ 000/800=12.5<30$，所以考虑长细比影响的承载力折减系数：

$$\varphi_l=1-0.022\ 6(L_e/D-4)=0.807\ 9$$

则

$$N_u=\varphi_e\varphi_lN_0=1\times0.807\ 9\times34\ 846.2\approx28\ 152.2\ (\text{kN})$$

经过对比，可以看出，统一理论比极限平衡理论承载力设计值小，偏于保守和安全。

③ 混凝土C40，$\alpha=2.0$，$1/(\alpha-1)^2=1/(2.0-1)^2=1.0$。

例10-1已经计算出$\theta=2.131$，所以$\theta>1/(\alpha-1)^2$，则

$$N_0=0.9A_cf_c(1+\sqrt{\theta}+\theta)=0.9\times441\ 562.5\times19.1\times(1+\sqrt{2.131}+2.131)\approx34\ 846.2\ (\text{kN})$$

由于是偏心受压柱，所以考虑偏心率影响的承载力折减系数：

$$e_0=\frac{M_2}{N}=\frac{2\ 000\times1\ 000}{10\ 000}=200\ (\text{mm})$$

而$e_0/r_c=200/375=0.533<1.55$，则

$$\varphi_e=\frac{1}{1+1.85\dfrac{e_0}{r_c}}=\frac{1}{1+1.85\times0.533}=0.503\ 5$$

由于$4<L_e/D=10\ 000/800=12.5<30$，所以考虑长细比影响的承载力折减系数：

参考式（10-44）无侧移框架柱弯矩分布等效长度系数计算$k=0.5+0.3\beta+0.2\beta^2=1$，该柱计算长度$L_e=\mu kL=10\ 000$ mm，则$\varphi_l=1-0.022\ 6(L_e/D-4)=0.807\ 9$。

则

$$N_u=\varphi_e\varphi_lN_0=0.505\ 3\times0.807\ 9\times34\ 846.2\approx14\ 174.7\ (\text{kN})$$

$$N/N_u=10\ 000/14\ 174.7=0.705\ 5<1$$

满足承载力要求。

统一理论计算得出的结果比值为0.732，大于0.705 5，可见统一理论相较于极限平衡理论偏于保守和安全。

## 10.5 小结
(Summary)

①圆形钢管混凝土柱是将混凝土填入圆形钢管中而形成的组合构件。该组合模式不仅弥补了两种材料各自的缺点，而且能够充分发挥二者的优点。

②基于圆形钢管与混凝土的协同作用，圆形钢管混凝土柱力学性能计算有统一理论计算方法和极限平衡理论计算方法，二者皆考虑钢管和混凝土之间的相互作用，将钢管和混凝土两部分进行折算，并基于试验和分析数据拟合得出。两种设计方法都可对实心圆形钢管混凝土构件进行设计，长期以来在工程实践中都得到广泛的应用。

## 思考题
(Questions)

10-1　圆形钢管混凝土柱中钢管和混凝土相互作用机制是什么？

10-2　统一理论和极限平衡理论各自的含义和计算方法是什么？

10-3　圆形钢管混凝土柱的优缺点是什么？

10-4　套箍系数的含义是什么？不同套箍系数水平对圆形钢管混凝土柱受力状态和破坏模式有什么影响？

# 第11章 型钢混凝土剪力墙
# (Steel-Concrete Composite Shear Walls)

**本章学习目标**

了解无边框和有边框型钢混凝土剪力墙的区别；
熟悉无边框和有边框型钢混凝土偏心受力剪力墙构件承载力计算；
熟悉考虑地震作用组合的型钢混凝土剪力墙；
掌握型钢混凝土剪力墙构造措施。

## 11.1 概述
## (Introduction)

在高层和超高层建筑中，型钢混凝土剪力墙作为一种比较常见的结构水平抗侧力构件，主要承担着高层和超高层建筑的大部分水平荷载，并承担其左、右开间内的半跨竖向荷载。

型钢混凝土剪力墙截面如图 11-1 所示，按其截面形式可分为**无边框型钢混凝土剪力墙**［图 11-1（a)］与**有边框型钢混凝土剪力墙**［图 11-1（b)］。无边框型钢混凝土剪力墙是指型钢混凝土剪力墙两端没有设置明柱的无翼缘或有翼缘的剪力墙，可用于剪力墙及核心筒结构中；有边框型钢混凝土剪力墙是指周边设置框架梁和框架柱的剪力墙，框架梁可为型钢混凝土梁或钢筋混凝土梁，无框架梁时，应在相应位置设置钢筋混凝土暗梁。框架梁、柱与墙体同时浇筑为整体的剪力墙，用于框架-剪力墙结构中。型钢剪力墙端部的型钢可采用 H 型钢、工字形钢或槽钢等。在钢框架-钢筋混凝土核心筒混合结构中，为了提高混凝土核心筒的承载力和变形能力，便于钢梁与核心筒连接，在核心筒的转角和端部设置型钢，型钢周围应配置纵向钢筋和箍筋形成暗柱，核心筒各片墙肢可划分为无边框型钢混凝土剪力墙。

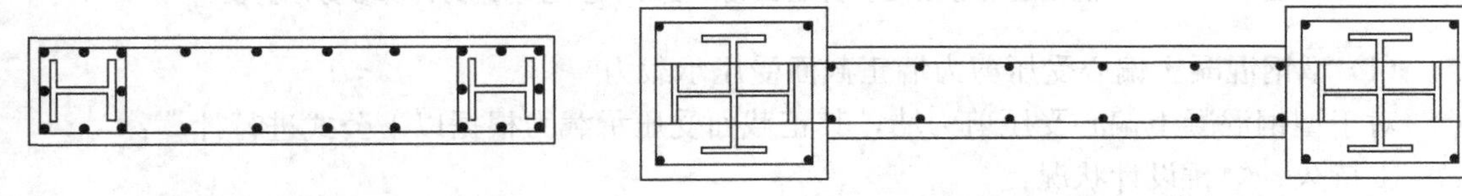

（a）无边框型钢混凝土剪力墙　　（b）有边框型钢混凝土剪力墙

**图 11-1　型钢混凝土剪力墙截面示意图**

在有边框型钢柱、梁现浇钢筋混凝土剪力墙中，为保证现浇混凝土剪力墙与边框型钢柱、梁的整体作用，其水平分布钢筋应绕过或穿过边框柱型钢，且应满足钢筋锚固长度的要求。当间隔穿过时，宜另加补强钢筋。边框柱中的型钢、纵向钢筋、箍筋配置应符合型钢混凝土柱的设计要求，应避免型钢混凝土剪力墙的平面外受弯。无边框剪力墙端部型钢的配置，应使型钢强轴与墙轴线平行，以增强墙板的平面外刚度。剪力墙的厚度、水平和竖向分布钢筋的最小配筋率以及端部暗柱、翼柱的箍筋、拉筋等构造要求，宜符合《混凝土结构设计规范》（2015 年版）（GB 50010—2010）和《高层建筑混凝土结构技术规程》（JGJ 3—2010）的规定。

型钢混凝土剪力墙设计应根据抗震设防要求，符合“强柱弱梁”“强剪弱弯”“强压弱拉”和“强节点弱构件”等抗震设计原则，以确保剪力墙具有良好的变形能力和较大的耗能能力。

## 11.2 型钢混凝土剪力墙承载力计算

(Bearing Capacity Calculation of Steel-concrete Composite Shear Walls)

### 11.2.1 型钢混凝土剪力墙正截面承载力计算

**(Normal Section Bearing Capacity Calculation of Steel-concrete Composite Shear Walls)**

型钢混凝土偏心受压剪力墙正截面受压受拉承载力计算参数如图 11-2 所示。

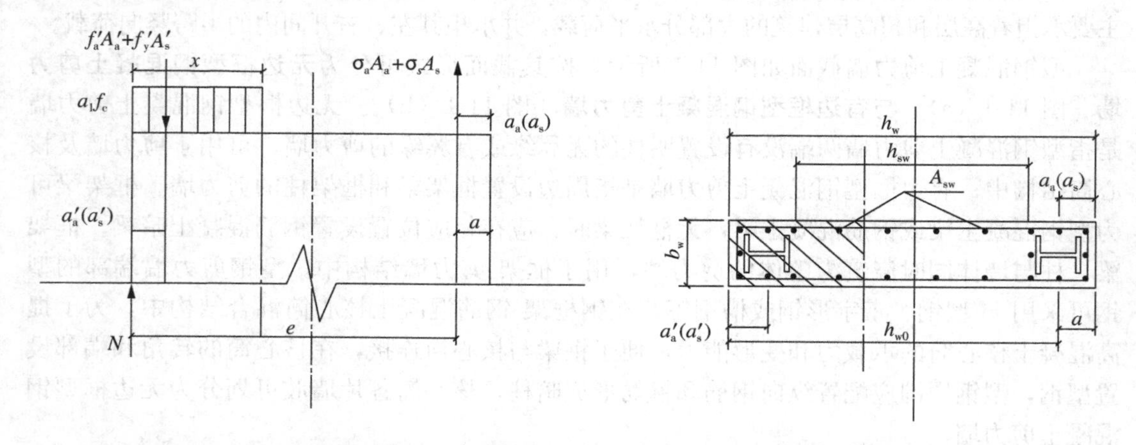


**图 11-2 型钢混凝土偏心受压剪力墙正截面受压、受拉承载力计算参数示意图**

(1) 型钢混凝土偏心受压剪力墙正截面受压承载力

对于型钢混凝土偏心受压剪力墙，其正截面受压承载力根据以下公式进行计算：

①持久、短暂设计状况：

$$N \leqslant \alpha_1 f_c b_w x + f'_a A'_a + f'_y A'_s - \sigma_a A_a - \sigma_s A_s + N_{sw} \tag{11-1}$$

$$Ne \leqslant \alpha_1 f_c b_w x \left(h_{w0} - \frac{x}{2}\right) + f'_a A'_a (h_{w0} - a'_a) + f'_y A'_s (h_{w0} - a'_s) + M_{sw} \tag{11-2}$$

②地震设计状况：

$$N\leqslant\frac{1}{\gamma_{RE}}(\alpha_1 f_c b_w x+f'_a A'_a+f'_y A'_s-\sigma_a A_a-\sigma_s A_s+N_{sw}) \tag{11-3}$$

$$Ne\leqslant\frac{1}{\gamma_{RE}}\left[\alpha_1 f_c b_w x\left(h_{w0}-\frac{x}{2}\right)+f'_a A'_a(h_{w0}-a'_a)+f'_y A'_s(h_{w0}-a'_s)+M_{sw}\right] \tag{11-4}$$

$$e=e_0+\frac{h_w}{2}-a \tag{11-5}$$

$$e_0=\frac{M}{N} \tag{11-6}$$

$$h_{w0}=h_w-a \tag{11-7}$$

③$N_{sw}$、$M_{sw}$应按下列公式计算：

当$x\leqslant\beta_1 h_{w0}$时，

$$N_{sw}=\left(1+\frac{x-\beta_1 h_{w0}}{0.5\beta_1 h_{sw}}\right)f_{yw}A_{sw} \tag{11-8}$$

$$M_{sw}=\left[0.5-\left(\frac{x-\beta_1 h_{w0}}{\beta_1 h_{sw}}\right)^2\right]f_{yw}A_{sw}h_{sw} \tag{11-9}$$

当$x>\beta_1 h_{w0}$时，

$$N_{sw}=f_{yw}A_{sw} \tag{11-10}$$

$$M_{sw}=0.5f_{yw}A_{sw}h_{sw} \tag{11-11}$$

④受拉或受压较小的边的钢筋应力$\sigma_s$和型钢翼缘应力$\sigma_a$可按下列规定计算：

当$x\leqslant\xi_b h_{w0}$时，取$\sigma_s=f_y$，$\sigma_a=f_a$。

当$x>\xi_b h_{w0}$时，

$$\sigma_s=\frac{f_y}{\xi_b-\beta_1}\left(\frac{x}{h_{w0}}-\beta_1\right) \tag{11-12}$$

$$\sigma_a=\frac{f_a}{\xi_b-\beta_1}\left(\frac{x}{h_{w0}}-\beta_1\right) \tag{11-13}$$

$\xi_b$可按下式计算：

$$\xi_b=\frac{\beta_1}{1+\frac{f_y+f_a}{2\times0.003E_s}} \tag{11-14}$$

式中，$f_a$为钢材的抗拉强度设计值；$f'_a$为钢材的抗压强度设计值；$\gamma_{RE}$为承载力抗震调整系数；$e_0$为轴向压力对截面重心的偏心矩；$e$为轴向力作用点到受拉型钢和纵向受拉钢筋合力点的距离；$M$为剪力墙弯矩设计值；$N$为剪力墙弯矩设计值$M$相对应的轴向压力设计值；$a_s$、$a_a$分别为受拉端钢筋、型钢合力点至截面受拉边缘的距离；$a'_s$、$a'_a$分别为受压端钢筋、型钢合力点至截面受压边缘的距离；$a$为受拉端型钢和纵向受拉钢筋合力点至受拉边缘的距离；$h_w$为剪力墙截面高度；$h_{w0}$为剪力墙截面有效高度；$x$为受压区高度；$A_a$、$A'_a$分别为剪力墙受拉、受压边缘构件阴影部分内配置的型钢截面面积；$A_s$、$A'_s$分别为剪力墙受拉、受压边缘构件阴影部分内配置的纵向钢筋截面面积；$A_{sw}$为剪力墙边缘构件阴影部分外的竖向分布钢筋总面积；$f_{yw}$为剪力墙竖向分布钢筋抗拉强度设计值；$N_{sw}$为剪力墙竖向分布钢筋所承担的轴向力；$M_{sw}$为剪力墙竖向分布钢筋的合力对受拉端型钢截面重心的力矩；$h_{sw}$为剪力墙边缘构件阴影部分外的竖向分布钢筋配置高度；$b_w$为剪力墙厚度；$\alpha_1$ 为受压区混凝土压应力影响系数，$\beta_1$ 为受压区混凝土应力图形影响系数，当混凝土强度等级不超过 C50 时，$\alpha_1$ 取为 1.0，$\beta_1$ 取为 0.8，当混凝土强度等级为 C80 时，$\alpha_1$ 取为 0.94，$\beta_1$ 取为 0.74，其间按线性内插法确定。

特一级抗震等级的型钢混凝土剪力墙，底部加强部位的弯矩设计值应乘以 1.1 的增大系数，其他部位的弯矩设计值应乘以 1.3 的增大系数；一级抗震等级的型钢混凝土剪力墙，底部加强部位以上墙肢的组合弯矩设计值应乘以 1.2 的增大系数。

带边框型钢混凝土偏心受压剪力墙，其正截面受压承载力也按本章节所述方法进行计算，计算截面应按工字形截面计算，有关受压区混凝土部分的承载力可按现行国家标准《混凝土结构设计规范》(2015 年版)(GB 50010—2010) 中工字形截面偏心受压构件的计算方法计算。

在钢筋混凝土剪力墙的边缘构件中配置型钢所形成的型钢混凝土剪力墙，试验研究表明，在轴压力和弯矩作用下的压弯承载力提高，延性改善，其压弯承载力计算可采用《混凝土结构设计规范》(2015 年版)(GB 50010—2010) 中截面腹部均匀配置纵向钢筋的偏心受压构件的正截面受压承载力计算公式，计算中把端部配置的型钢作为纵向受力钢筋的一部分考虑。

(2) 型钢混凝土偏心受拉剪力墙正截面受拉承载力

对于型钢混凝土偏心受拉剪力墙，其正截面受拉承载力根据以下公式进行计算：

①持久、短暂设计状况：

$$N \leqslant \frac{1}{\frac{1}{N_{0u}}+\frac{e_0}{M_{wu}}} \tag{11-15}$$

②地震设计状况：

$$N \leqslant \frac{1}{\gamma_{RE}}\left(\frac{1}{1/N_{0u}+e_0/M_{wu}}\right) \tag{11-16}$$

③$N_{0u}$、$M_{wu}$应按下列公式计算：

$$N_{0u}=f_y(A_s+A_s')+f_a(A_a+A_a')+f_{yw}A_{sw} \tag{11-17}$$

$$M_{wu}=f_yA_s(h_{w0}-a_s')+f_aA_a(h_{w0}-a_a')+f_{yw}A_{sw}\left(\frac{h_{w0}-a_s'}{2}\right) \tag{11-18}$$

式中，$N$ 为型钢混凝土剪力墙轴向拉力设计值；$e_0$ 为轴向拉力对截面重心的偏心矩；$N_{0u}$为型钢混凝土剪力墙轴向受拉承载力；$M_{wu}$为型钢混凝土剪力墙受弯承载力。

偏心受拉型钢混凝土剪力墙正截面受弯承载力计算采用《高层建筑混凝土结构技术规程》(JGJ 3—2010) 中有关偏心受拉剪力墙正截面受弯承载力的计算公式，公式中有关剪力墙轴向受拉承载力和受弯承载力计算考虑了端部型钢的作用。

### 11.2.2 型钢混凝土剪力墙斜截面承载力计算

**(Oblique Section Bearing Capacity Calculation of Steel-Concrete Composite Shear Walls)**

(1) 型钢混凝土剪力墙截面尺寸限制条件

型钢混凝土剪力墙的腹板受剪截面应符合以下条件：

①持久、短暂设计状况：

$$V_{cw} \leqslant 0.25\beta_c f_c b_w h_{w0} \tag{11-19}$$

$$V_{cw} = V - \frac{0.4}{\lambda} f_a A_{a1} \tag{11-20}$$

②地震设计状况：

当剪跨比大于 2.5 时，

$$V_{cw} \leqslant \frac{1}{\gamma_{RE}}(0.20\beta_c f_c b_w h_{w0}) \tag{11-21}$$

当剪跨比不大于 2.5 时，

$$V_{cw} \leqslant \frac{1}{\gamma_{RE}}(0.15\beta_c f_c b_w h_{w0}) \tag{11-22}$$

$V_{cw}$应按下式计算：

$$V_{cw} = V - \frac{0.32}{\lambda} f_a A_{a1} \tag{11-23}$$

式中，$V_{cw}$为仅考虑墙肢截面钢筋混凝土部分承受的剪力设计值；$\lambda$为计算截面处的剪跨比，$\lambda = M/(Vh_{w0})$，当$\lambda < 1.5$时应取 1.5，当$\lambda > 2.2$时应取$\lambda = 2.2$，其中，$M$为与剪力设计值$V$对应的弯矩设计值，当计算截面与墙底之间距离小于$0.5h_{w0}$时，应按距离墙底$0.5h_{w0}$处的弯矩设计值与剪力设计值计算；$A_{a1}$为剪力墙一端所配型钢的截面面积，当两端所配型钢截面面积不同时应取较小一端的面积；$\beta_c$为混凝土强度影响系数，当混凝土强度等级不超过 C50 时应取$\beta_c = 1.0$，当混凝土强度等级为 C80 时应取$\beta_c = 0.8$，其间按线性内插法确定。

型钢混凝土剪力墙受剪截面控制条件中剪力设计值可扣除剪力墙一端所配型钢的抗剪承载力。

(2) 型钢混凝土偏心受压剪力墙斜截面受剪承载力

对于型钢混凝土偏心受压剪力墙，其斜面受剪承载力计算参数如图 11-3 所示。

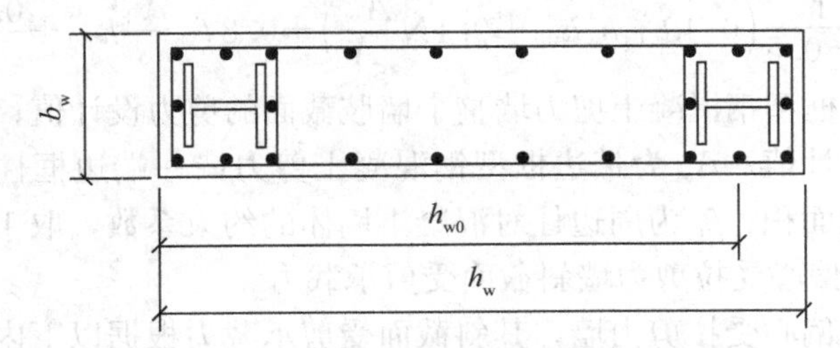


**图 11-3 型钢混凝土剪力墙斜截面受剪承载力计算参数示意图**

①持久、短暂设计状况：

$$V \leqslant \frac{1}{\lambda - 0.5}\left(0.5 f_t b_w h_{w0} + 0.13 N \frac{A_w}{A}\right) + f_{yh}\frac{A_{sh}}{s} h_{w0} + \frac{0.4}{\lambda} f_a A_{a1} \tag{11-24}$$

②地震设计状况：

$$V \leqslant \frac{1}{\gamma_{RE}}\left[\frac{1}{\lambda - 0.5}\left(0.4 f_t b_w h_{w0} + 0.1 N \frac{A_w}{A}\right) + 0.8 f_{yh}\frac{A_{sh}}{s} h_{w0} + \frac{0.32}{\lambda} f_a A_{a1}\right] \tag{11-25}$$

式中，$N$为剪力墙的轴向压力设计值，当$N > 0.2 f_c b_w h_w$时应取$N = 0.2 f_c b_w h_w$；$A$为剪力墙的截面面积，当有翼缘时，剪力墙的翼缘计算宽度可取剪力墙的间距、门窗洞口间翼墙的宽度、剪力墙厚度加两侧各 6 倍翼墙厚度、剪力墙墙肢总高度的 1/10 四者中的最小值；$A_w$ 为剪力墙腹板的截面面积，对矩形截面剪力墙应取 $A_w=A$；$A_{sh}$为配置在同一水平截面内的水平分布钢筋的全部截面面积；$f_{yh}$为剪力墙水平分布钢筋抗拉强度设计值；$s$ 为水平分布钢筋的竖向间距。

两端配有型钢的型钢混凝土剪力墙的受剪性能试验表明，由于型钢的暗销抗剪作用和对墙体的约束作用，受剪承载力大于钢筋混凝土剪力墙，本节所提出的剪力墙在偏心受压时的斜截面受剪承载力计算公式（11-24）和（11-25）中，加入了端部型钢的暗销抗剪和约束作用这一项。

（3）带边框型钢混凝土偏心受压剪力墙斜截面受压承载力

对于带边框型钢混凝土偏心受压剪力墙，其斜截面受压承载力计算参数如图 11-4 所示。

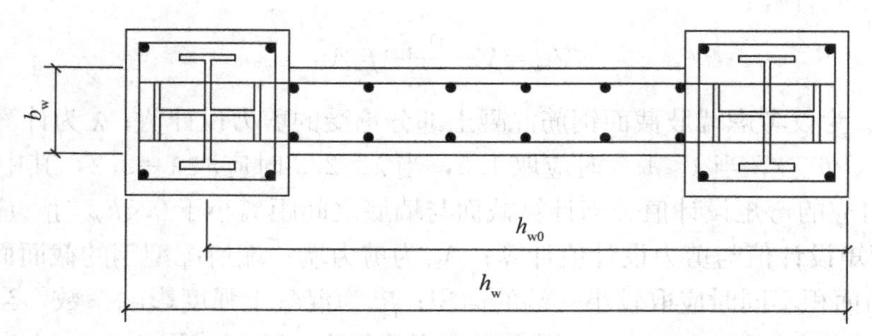


**图 11-4　型钢混凝土剪力墙斜截面受压承载力计算参数示意图**

①持久、短暂设计状况：

$$V\leqslant\frac{1}{\lambda-0.5}\left(0.5\beta_r f_t b_w h_{w0}+0.13N\frac{A_w}{A}\right)+f_{yh}\frac{A_{sh}}{s}h_{w0}+\frac{0.4}{\lambda}f_a A_{a1} \tag{11-26}$$

②地震设计状况：

$$V\leqslant\frac{1}{\gamma_{RE}}\left[\frac{1}{\lambda-0.5}\left(0.4\beta_r f_t b_w h_{w0}+0.1N\frac{A_w}{A}\right)+0.8f_{yh}\frac{A_{sh}}{s}h_{w0}+\frac{0.32}{\lambda}f_a A_{a1}\right] \tag{11-27}$$

式中，$V$ 为带边框型钢混凝土剪力墙整个墙肢截面的剪力设计值；$N$ 为剪力墙整个墙肢截面的轴向压力设计值；$A_{a1}$ 为带边框型钢混凝土剪力墙一端边框柱中宽度等于墙肢厚度范围内的型钢截面面积；$\beta_r$ 为周边柱对混凝土墙体的约束系数，取 1.2。

（4）型钢混凝土偏心受拉剪力墙斜截面受剪承载力

对于型钢混凝土偏心受拉剪力墙，其斜截面受剪承载力根据以下内容进行计算：

①持久、短暂设计状况：

$$V\leqslant\frac{1}{\lambda-0.5}\left(0.5f_t b_w h_{w0}-0.13N\frac{A_w}{A}\right)+f_{yh}\frac{A_{sh}}{s}h_{w0}+\frac{0.4}{\lambda}f_a A_{a1} \tag{11-28}$$

当上式右端的计算值小于 $f_{yh}\frac{A_{sh}}{s}h_{w0}+\frac{0.4}{\lambda}f_a A_{a1}$时，应取 $f_{yh}\frac{A_{sh}}{s}h_{w0}+\frac{0.4}{\lambda}f_a A_{a1}$。

②地震设计状况：

$$V\leqslant\frac{1}{\gamma_{RE}}\left[\frac{1}{\lambda-0.5}\left(0.4f_t b_w h_{w0}-0.1N\frac{A_w}{A}\right)+0.8f_{yh}\frac{A_{sh}}{s}h_{w0}+\frac{0.32}{\lambda}f_a A_{a1}\right] \tag{11-29}$$

当上式右端的计算值小于$\frac{1}{\gamma_{RE}}\left(0.8f_{yh}\frac{A_{sh}}{s}h_{w0}+\frac{0.32}{\lambda}f_aA_{a1}\right)$时，应取$\frac{1}{\gamma_{RE}}\left(0.8f_{yh}\frac{A_{sh}}{s}h_{w0}+\frac{0.32}{\lambda}f_aA_{a1}\right)$。

式中，$N$为剪力墙的轴向拉力设计值。

两端配有型钢的型钢混凝土剪力墙，偏心受拉时的斜截面受剪承载力，基于轴向拉力的存在，降低了剪力墙的抗剪承载力，为此在计算公式中应考虑轴向拉力的不利影响。

(5) 带边框型钢混凝土偏心受拉剪力墙斜截面受剪承载力

对于带边框型钢混凝土偏心受拉剪力墙，其斜截面受剪承载力根据以下内容进行计算：

①持久、短暂设计状况：

$$V\leqslant\frac{1}{\lambda-0.5}\left(0.5\beta_rf_tb_wh_{w0}-0.13N\frac{A_w}{A}\right)+f_{yh}\frac{A_{sh}}{s}h_{w0}+\frac{0.4}{\lambda}f_aA_{a1}\tag{11-30}$$

当上式右端的计算值小于$f_{yh}\frac{A_{sh}}{s}h_{w0}+\frac{0.4}{\lambda}f_aA_{a1}$时，应取$f_{yh}\frac{A_{sh}}{s}h_{w0}+\frac{0.4}{\lambda}f_aA_{a1}$。

②地震设计状况：

$$V\leqslant\frac{1}{\gamma_{RE}}\left[\frac{1}{\lambda-0.5}\left(0.4\beta_rf_tb_wh_{w0}+0.1N\frac{A_w}{A}\right)+0.8f_{yh}\frac{A_{sh}}{s}h_{w0}+\frac{0.32}{\lambda}f_aA_{a1}\right]\tag{11-31}$$

当上式右端的计算值小于$\frac{1}{\gamma_{RE}}\left(0.8f_{yh}\frac{A_{sh}}{s}h_{w0}+\frac{0.32}{\lambda}f_aA_{a1}\right)$时，应取$\frac{1}{\gamma_{RE}}\left(0.8f_{yh}\frac{A_{sh}}{s}h_{w0}+\frac{0.32}{\lambda}f_aA_{a1}\right)$。

式中，$N$为剪力墙整个墙肢截面的轴向拉力设计值。

(6) 考虑地震作用组合的型钢混凝土剪力墙剪力设计值

①底部加强部位：

9 度设防烈度的一级抗震等级：

$$V=1.1\frac{M_{wua}}{M_w}V_w\tag{11-32}$$

其他情况：

特一级抗震等级：

$$V=1.9V_w\tag{11-33}$$

一级抗震等级：

$$V=1.6V_w\tag{11-34}$$

二级抗震等级：

$$V=1.4V_w\tag{11-35}$$

三级抗震等级：

$$V=1.2V_w\tag{11-36}$$

四级抗震等级：

$$V=V_w\tag{11-37}$$

②其他部位：

特一级抗震等级：

$$V=1.4V_{w} \tag{11-38}$$

一级抗震等级：

$$V=1.3V_{w} \tag{11-39}$$

二、三、四级抗震等级：

$$V=V_{w} \tag{11-40}$$

式中，$V$ 为考虑地震作用组合的剪力墙墙肢截面的剪力设计值；$V_{w}$ 为考虑地震作用组合的剪力墙墙肢截面的剪力计算值；$M_{wua}$ 为考虑承载力抗震调整系数 $\gamma_{RE}$ 后的剪力墙墙肢正截面受弯承载力，计算中应按实际配筋面积、材料强度标准值和轴向力设计值确定，有翼墙时应计入墙两侧各一倍翼墙厚度范围内的纵向钢筋；$M_{w}$ 为考虑地震作用组合的剪力墙墙肢截面的弯矩计算值。

考虑地震作用的型钢混凝土剪力墙的弯矩、剪力设计值的确定与《混凝土结构设计规范》（2015 年版）（GB 50010—2010）以及《高层建筑混凝土结构技术规程》（JGJ 3—2010）一致。

### 11.2.3 型钢混凝土剪力墙连梁承载力计算

**(Bearing Capacity Calculation of Steel-Concrete Composite Shear Wall Coupling Beam)**

（1）型钢混凝土剪力墙连梁的剪力设计值

对于型钢混凝土剪力墙连梁的剪力设计值，根据以下内容进行设计：

特一级、一级抗震等级：

$$V=1.3\frac{(M_{b}^{l}+M_{b}^{r})}{l_{n}}+V_{Gb} \tag{11-41}$$

二级抗震等级：

$$V=1.2\frac{(M_{b}^{l}+M_{b}^{r})}{l_{n}}+V_{Gb} \tag{11-42}$$

三级抗震等级：

$$V=1.1\frac{(M_{b}^{l}+M_{b}^{r})}{l_{n}}+V_{Gb} \tag{11-43}$$

四级抗震等级：取地震作用组合下的剪力设计值。

式中，$M_{b}^{l}$、$M_{b}^{r}$ 分别为连梁左、右端考虑地震作用组合的弯矩设计值；$V_{Gb}$ 为重力荷载代表值作用下按简支梁计算的梁端截面剪力设计值；$l_{n}$ 为梁的净跨。

（2）型钢混凝土剪力墙连梁受剪截面

型钢混凝土剪力墙中的钢筋混凝土连梁，其受剪截面应符合下列公式的规定：

①持久、短暂设计状况：

$$V\leqslant 0.25\beta_{c}f_{c}b_{b}h_{b0} \tag{11-44}$$

②地震设计状况：

当跨高比大于 2.5 时，

$$V \leqslant \frac{1}{\gamma_{RE}}(0.20\beta_c f_c b_b h_{b0}) \tag{11-45}$$

当跨高比不大于 2.5 时，

$$V \leqslant \frac{1}{\gamma_{RE}}(0.15\beta_c f_c b_b h_{b0}) \tag{11-46}$$

式中，$V$ 为连梁截面剪力设计值；$b_b$ 为连梁截面宽度；$h_{b0}$ 为连梁截面高度。

型钢混凝土剪力墙连梁的剪力调整、截面限制条件与《高层建筑混凝土结构技术规程》(JGJ 3—2010) 中钢筋混凝土剪力墙连梁相关规定一致。

(3) 型钢混凝土剪力墙连梁斜截面受剪承载力计算

型钢混凝土剪力墙中的钢筋混凝土连梁，其斜截面受剪承载力应符合下列公式的规定：

①持久、短暂设计状况：

$$V \leqslant 0.7 f_t b_b h_{b0} + f_{yv}\frac{A_{sv}}{s}h_{b0} \tag{11-47}$$

②地震设计状况：

当跨高比大于 2.5 时，

$$V \leqslant \frac{1}{\gamma_{RE}}\left(0.42 f_t b_b h_{b0} + f_{yv}\frac{A_{sv}}{s}h_{b0}\right) \tag{11-48}$$

当跨高比不大于 2.5 时，

$$V \leqslant \frac{1}{\gamma_{RE}}\left(0.38 f_t b_b h_{b0} + 0.9 f_{yv}\frac{A_{sv}}{s}h_{b0}\right) \tag{11-49}$$

式中，$V$ 为调整后的连梁截面剪力设计值。

当钢筋混凝土连梁的受剪截面不符合式 (11-47)～式 (11-49) 的规定时，可采取在连梁中设置型钢或钢板等措施。

型钢混凝土剪力墙中的钢筋混凝土连梁斜截面抗剪计算与《高层建筑混凝土结构技术规程》(JGJ 3—2010) 中钢筋混凝土剪力墙连梁相关规定一致。当钢筋混凝土连梁斜截面受剪承载力不符合计算规定时，可采取在连梁中设置型钢或钢板，其斜截面抗剪承载力计算可考虑型钢或钢板的作用。

**例 11-1** 已知型钢混凝土剪力墙偏心受压，其参数如下：

$h_w$=1 800 mm，$b_w$=200 mm，$h_{sw}$=1 200 mm，$a'_s=a'_a$=150 mm，$a_s=a_a$=150 mm，$x$=600 mm，$f_y$=360 N/mm$^2$，$f_a$=235 N/mm$^2$，$f_c$=14.3 N/mm$^2$；混凝土强度等级 C30，钢筋采用 HRB400 级，$A_s$=603.6 mm$^2$，$A'_s$=402.4 mm$^2$，$A_{sw}$=606 mm$^2$，型钢 H150×120×6×8 的种类为 Q235 钢，$A_a=A'_a$=2 724 mm$^2$，$E_s=2.1\times10^5$ N/mm$^2$。

试说明该型钢混凝土偏心受压剪力墙的轴向压力、弯矩设计值为何值时，它的正截面受压承载力能够满足持久、短暂设计要求。

**解** 当混凝土强度等级不超过 C50 时，取 $\alpha_1$=1.0、$\beta_1$=0.8，则

$$\xi_b=\frac{\beta_1}{1+\frac{f_y+f_a}{2\times0.003E_s}}=\frac{0.8}{1+\frac{360+235}{2\times0.003\times2.1\times10^5}}\approx0.54$$

$$h_{w0}=h_w-a=1\ 800-150=1\ 650\ (\text{mm})$$

因 $x=600\ \text{mm}\leqslant\xi_b h_{w0}=0.54\times1\ 650=891\ (\text{mm})$，取 $\sigma_s=f_y$，$\sigma_a=f_a$。

又 $x=600\ \text{mm}\leqslant\beta_1 h_{w0}=0.8\times1\ 650=1\ 320\ (\text{mm})$，故按下列公式计算 $N_{sw}$、$M_{sw}$：

$$N_{sw}=\left(1+\frac{x-\beta_1 h_{w0}}{0.5\beta_1 h_{sw}}\right)f_{yw}A_{sw}=\left(1+\frac{600-0.8\times1\ 650}{0.5\times0.8\times1\ 200}\right)\times360\times606=-109.080\times10^3\ (\text{N})$$

$$M_{sw}=\left[0.5-\left(\frac{x-\beta_1 h_{w0}}{\beta_1 h_{sw}}\right)^2\right]f_{yw}A_{sw}h_{sw}=\left[0.5-\left(\frac{600-0.8\times1\ 650}{0.8\times1\ 200}\right)^2\right]\times360\times606\times1\ 200$$

$$=-16.362\times10^6\ (\text{N}\cdot\text{mm})$$

故其正截面受压承载力满足持久、短暂设计状况的取值为

$$N\leqslant\alpha_1 f_c b_w x+f'_a A'_a+f'_y A'_s-\sigma_a A_a-\sigma_s A_s+N_{sw}$$

$$=1.0\times14.3\times200\times600+235\times2\ 724+360\times402.4-235\times2\ 724-360\times603.6-109\ 080$$

$$=1\ 534.488\ (\text{kN})$$

$$Ne\leqslant\alpha_1 f_c b_w x\left(h_{w0}-\frac{x}{2}\right)+f'_a A'_a(h_{w0}-a'_a)+f'_y A'_s(h_{w0}-a'_s)+M_{sw}$$

$$=1.0\times14.3\times200\times600\times\left(1\ 650-\frac{600}{2}\right)+235\times2\ 724\times(1\ 650-150)+360\times402.4\times(1\ 650-150)-16.362\times10^6$$

$$=3\ 477.744\ (\text{kN}\cdot\text{m})$$

## 11.3 型钢混凝土剪力墙构造措施 (Structural Measures of Steel-Concrete Composite Shear Walls)

### 11.3.1 配筋措施 (Reinforcement Measures)

型钢混凝土剪力墙端部型钢的混凝土保护层厚度不宜小于 150 mm，水平分布钢筋应绕过墙端型钢，且应符合钢筋锚固长度规定。周边有型钢混凝土柱和梁的带边框型钢混凝土剪力墙，为保证现浇混凝土剪力墙与周边柱的整体作用，剪力墙的水平分布钢筋宜全部绕过或穿过周边柱型钢，且应符合钢筋锚固长度规定；当采用间隔穿过时，宜另加补强钢筋。周边柱的型钢、纵向钢筋、箍筋配置应符合型钢混凝土柱的设计规定，周边梁可采用型钢混凝土梁或钢筋混凝土梁。当不设周边梁时，应设置钢筋混凝土暗梁，暗梁的高度可取 2 倍墙厚。

### 11.3.2 边缘构件构造 (Edge Member Construction)

试验表明，**轴压比**是影响剪力墙在地震作用下延性性能的重要因素，剪力墙端部设置

边缘构件，即在端部一定范围内配置纵向钢筋和封闭箍筋，可提高剪力墙在高轴压比情况下的塑性变形能力。

①部分框支剪力墙结构或当剪力墙轴压比超过一定限值时，应在底部加强部位和相邻上一层设置约束边缘构件，其他部位应设置构造边缘构件。轴压比小于限值时，可设置构造边缘构件。

特一、一、二、三级抗震等级的型钢混凝土剪力墙墙肢底截面在重力荷载代表值作用下轴压比大于表 11-1 所示的规定值时，包括部分框支剪力墙结构的剪力墙，其底部加强部位及其上一层墙肢端部应设置约束边缘构件。墙肢截面轴压比不大于表 11-1 所示的规定值时，可设置构造边缘构件。

**表 11-1　型钢混凝土剪力墙可不设约束边缘构件的最大轴压比**

| 抗震等级 | 特一级、一级（9 度） | 一级（6、7、8 度） | 二、三级 |
|---|---|---|---|
| 轴压比限值 | 0.1 | 0.2 | 0.3 |

②对型钢混凝土剪力墙端部约束边缘构件（图 11-5）阴影部分和非阴影部分箍筋体积配筋率、纵向钢筋配筋率等构造有如下规定：

a）型钢混凝土剪力墙约束边缘构件的箍筋配置应符合最小体积配筋率的规定，箍筋体积配筋率的计算可计入箍筋、拉筋、水平分布钢筋，但水平分布钢筋的配置应满足相应的构造要求，且计入的数量不应大于总体积配筋率的 30%。

b）型钢混凝土剪力墙端部约束边缘构件沿墙肢的长度 $l_c$、配箍特征值 $\lambda_v$ 宜符合表 11-2 的规定。在约束边缘构件长度 $l_c$ 范围内，阴影部分和非阴影部分的箍筋体积配筋率 $\rho_v$ 应符合下列公式的规定：

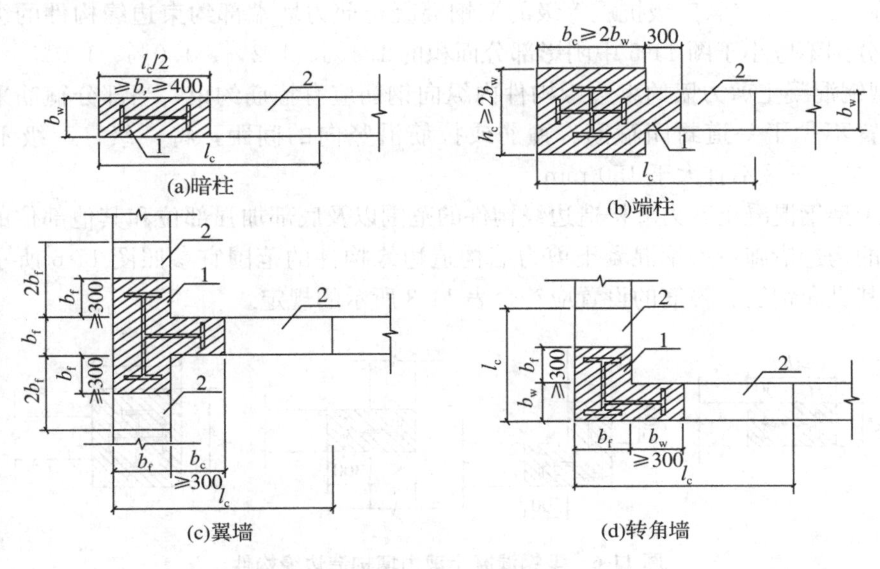


1—阴影部分；2—非阴影部分。

**图 11-5　型钢混凝土剪力墙约束边缘构件**

表 11-2　型钢混凝土剪力墙约束边缘构件沿墙肢长度 $l_c$ 及配箍特征值 $\lambda_v$

| 抗震等级 | 特一级 | | 一级（9 度） | | 一级（6、7、8 度） | | 二、三级 | |
|---|---|---|---|---|---|---|---|---|
| 轴压比 | $n \leqslant 0.2$ | $n > 0.2$ | $n \leqslant 0.2$ | $n > 0.2$ | $n \leqslant 0.3$ | $n > 0.3$ | $n \leqslant 0.4$ | $n > 0.4$ |
| $l_c$（暗柱） | $0.20h_w$ | $0.25h_w$ | $0.20h_w$ | $0.25h_w$ | $0.15h_w$ | $0.20h_w$ | $0.15h_w$ | $0.20h_w$ |
| $l_c$（翼墙或端柱） | $0.15h_w$ | $0.20h_w$ | $0.15h_w$ | $0.20h_w$ | $0.10h_w$ | $0.15h_w$ | $0.10h_w$ | $0.15h_w$ |
| $\lambda_v$ | 0.14 | 0.24 | 0.12 | 0.20 | 0.12 | 0.20 | 0.12 | 0.20 |

注：两侧翼墙长度小于其厚度的 3 倍时，视为无翼墙剪力墙；端柱截面边长小于墙厚的 2 倍时，视为无端柱剪力墙；约束边缘构件沿墙肢长度 $l_c$ 除符合表 11-2 的规定外，也不宜小于墙厚和 400 mm；当有端柱、翼墙或转角墙时，还不应小于翼墙厚度或端柱沿墙肢方向截面高度加 300 mm；$h_w$ 为墙肢长度。

阴影部分：

$$\rho_v \geqslant \lambda_v \frac{f_c}{f_{yv}} \tag{11-50}$$

非阴影部分：

$$\rho_v \geqslant 0.5\lambda_v \frac{f_c}{f_{yv}} \tag{11-51}$$

式中，$\rho_v$ 为箍筋体积配筋率，计入箍筋、拉筋截面积，当水平分布钢筋伸入约束边缘构件，绕过端部型钢后 90°弯折延伸至另一排分布筋并勾住其竖向钢筋时，可计入水平分布钢筋截面积，但计入的体积配箍率不应大于总体积配箍率的 30%；$\lambda_v$ 为约束边缘构件的配箍特征值；$f_c$ 为混凝土轴心抗压强度设计值，当强度等级不高于 C35 时，按 C35 取值；$f_{yv}$为箍筋及拉筋的抗拉强度设计值。

c）特一、一、二、三级抗震等级的型钢混凝土剪力墙端部约束边缘构件的纵向钢筋截面面积分别不应小于图 11-5 中阴影部分面积的 1.4%、1.2%、1.0%、1.0%。

d）型钢混凝土剪力墙约束边缘构件内纵向钢筋应有箍筋约束，当部分箍筋采用拉筋时，应配置不少于一道封闭箍筋。箍筋或拉筋沿竖向的间距，特一级、一级不宜大于 100 mm，二、三级不宜大于 150 mm。

③对于型钢混凝土剪力墙构造边缘构件的范围以及底部加强部位和其他部位的纵向钢筋、箍筋的构造措施：型钢混凝土剪力墙构造边缘构件的范围宜参照图 11-6 所示阴影部分采用，其纵向钢筋、箍筋的设置应符合表 11-3 所示的规定。

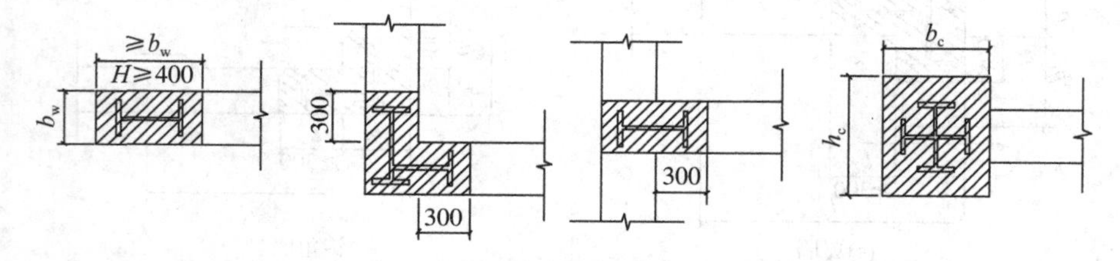


图 11-6　型钢混凝土剪力墙构造边缘构件

表 11-3　型钢混凝土剪力墙构造边缘构件的最小配筋

| 抗震等级 | 底部加强部位 | | | 其他部位 | | |
|---|---|---|---|---|---|---|
| | 竖向钢筋最小量（取最大值） | 箍筋 | | 竖向钢筋最小量（取最大值） | 拉筋 | |
| | | 最小直径/mm | 沿竖向最大间距/mm | | 最小直径/mm | 沿竖向最大间距/mm |
| 一 | $0.010A_c$，$6\phi16$ | 8 | 100 | $0.008A_c$，$6\phi14$ | 8 | 150 |
| 二 | $0.008A_c$，$6\phi14$ | 8 | 150 | $0.006A_c$，$6\phi12$ | 8 | 200 |
| 三 | $0.006A_c$，$6\phi12$ | 6 | 150 | $0.005A_c$，$6\phi12$ | 6 | 200 |
| 四 | $0.005A_c$，$6\phi12$ | 6 | 200 | $0.004A_c$，$6\phi12$ | 6 | 200 |

注：$A_c$ 为构造边缘构件的截面面积，即图 11-6 剪力墙截面的阴影部分；符号 $\phi$ 表示钢筋直径；其他部位的转角处宜采用箍筋。

④在各种结构体系中的剪力墙，为避免剪力墙承载力突变，当下部采用型钢混凝土约束边缘构件，上部采用型钢混凝土构造边缘构件或钢筋混凝土构造边缘构件时，宜在两类边缘构件间设置 1～2 层过渡层，其型钢、纵向钢筋和箍筋配置可低于下部约束边缘构件的规定，但应高于上部构造边缘构件的规定。

⑤为保证分布钢筋对墙体混凝土的约束作用和型钢混凝土剪力墙的整体工作性能，型钢混凝土剪力墙的水平和竖向分布钢筋的最小配筋率应符合表 11-4 所示的规定，分布钢筋间距不宜大于 300 mm，直径不应小于 8 mm，拉结筋间距不宜大于 600 mm。部分框支剪力墙结构的底部加强部位，水平和竖向分布钢筋间距不宜大于 200 mm。

表 11-4　型钢混凝土剪力墙分布钢筋最小配筋

| 抗震等级 | 特一级 | 一级、二级、三级 | 四级 |
|---|---|---|---|
| 水平和竖向分布钢筋 | 0.35% | 0.25% | 0.2% |

注：特一级底部加强部位取 0.4%，部分框支剪力墙结构的剪力墙底部加强部位不应小于 0.3%。

### 11.3.3　连梁构造
### (Coupling Beam Construction)

当型钢混凝土剪力墙采用型钢混凝土连梁或钢板混凝土连梁时，为了保证其与混凝土墙体的可靠连接，规定了型钢和钢板伸入墙体的长度和栓钉设置等构造措施。

①剪力墙洞口连梁中配置的型钢或钢板，其高度不宜小于连梁高度的 70%，型钢或钢板应伸入洞口边，其伸入墙体长度不应小于 2 倍型钢或钢板高度；型钢腹板及钢板两侧应设置栓钉。

② 对于栓钉的配置，抗剪栓钉的直径规格宜选用 19 mm 和 22 mm，其长度不宜小于 4 倍栓钉直径，水平和竖向间距不宜小于 6 倍栓钉直径且不宜大于 200 mm。栓钉中心至型钢翼缘边缘距离不应小于 50 mm，栓钉顶面的混凝土保护层厚度不宜小于 15 mm。

## 11.4 小结
(Summary)

①型钢混凝土剪力墙按其截面形式可分为无边框型钢混凝土剪力墙和有边框型钢混凝土剪力墙，剪力墙的厚度、水平和竖向分布钢筋的最小配筋率以及端部暗柱、翼柱的箍筋、拉筋等构造要求，宜符合《混凝土结构设计规范》(2015 年版)(GB 50010—2010)和《高层建筑混凝土结构技术规程》(JGJ 3—2010)的规定。

②无边框型钢混凝土剪力墙在弯压作用下的受弯性能与有边框型钢混凝土剪力墙基本相同。型钢混凝土剪力墙受剪承载力根据公式计算确定；其在弯压作用下的正截面承载力计算，计算截面应按工字形截面计算，有关受压区混凝土部分的承载力可按《混凝土结构设计规范》(2015 年版)(GB 50010—2010)中工字形截面偏心受压构件的计算方法计算。

③钢筋混凝土剪力墙端部应设置边缘构件，以提高剪力墙正截面受压承载力和改善延性性能。对型钢混凝土剪力墙，考虑地震作用组合，其端部型钢周围应设置纵向钢筋和箍筋组成内配型钢的约束边缘构件或构造边缘构件，端部型钢宜设置在规定的阴影部分中。

轴压比是影响剪力墙在地震作用下延性性能的重要因素，部分框支剪力墙结构或当剪力墙轴压比超过一定限值时，应在底部加强部位和相邻上一层设置约束边缘构件，其他部位应设置构造边缘构件。轴压比小于限值时，可设置构造边缘构件。

④型钢混凝土剪力墙周边柱的型钢、纵向钢筋、箍筋配置应符合型钢混凝土柱的设计规定，周边梁可采用型钢混凝土梁或钢筋混凝土梁，当不设周边梁时，应设置钢筋混凝土暗梁，暗梁的高度可取 2 倍墙厚。当型钢混凝土剪力墙采用型钢混凝土连梁或钢板混凝土连梁时，为了保证其与混凝土墙体的可靠连接，规定了型钢和钢板伸入墙体的长度和栓钉设置等构造措施。

## 思考题
(Questions)

11-1　型钢混凝土剪力墙可分为哪些类型？各类型之间有何区别？

11-2　简要说明型钢混凝土剪力墙的基本构造要求。

11-3　简述型钢混凝土剪力墙抗剪承载力计算方法。

11-4　什么情况下可设置型钢混凝土剪力墙的边缘构件？边缘构件应如何设置？有哪些具体的构造措施？

11-5　简述型钢混凝土剪力墙墙体与连梁连接的构造措施。

# 第12章　钢结构的制作与安装
# (Steel Structure Fabrication and Installation)

**本章学习目标**

了解钢结构的加工制作工艺程序；
了解并掌握钢结构制作各环节的基本内容；
熟悉钢结构制作各环节的工艺标准；
了解钢结构安装的相关条件与要求；
熟悉典型钢结构工程的安装流程、安装方法及质量控制要点。

## 12.1　概述
## (Introduction)

钢结构制作与安装具有精度要求高、工业化程度高的特点，其作业过程中大量采用现代化的施工作业设备和工具，包括数控切割机等加工制作设备、塔式起重机等大型起重设备等，其现场施工劳动力投入较土建等其他专业施工也相对较少。钢结构制作与安装施工与其他建筑结构施工一样，必须遵守相应的具有法律效应的国家现行规范标准。

钢结构工程施工前必须编制施工组织设计，它是指导一个拟建工程进行施工准备和实施作业的基本技术经济文件，其任务是对具体拟建工程的整个施工过程，在人力和物力、时间和空间、组织和技术上，做出一个全面、合理的计划安排。施工组织设计既包含工程项目总体的施工思路和全局部署，也包括局部工程、分部分项工程的施工方法、质量控制措施和安全文明施工措施，以保证拟建工程的工程质量、工程进度以及施工安全，进而取得良好的经济、社会和环境效益。

钢结构的施工组织设计应对钢构件加工制作和现场安装方案进行阐述。重点描述工程钢构件加工制作方法，包括工程钢构件情况介绍，钢板采购、检验、堆放要求以及加工制作设备介绍、构件加工制造工艺、焊接方法、构件包装及运输要求等；还应介绍工程钢结构现场安装方法，包括构件现场堆放要求，施工前技术准备，构件吊装工艺、焊接工艺、测量工艺，以及关键部位施工方法、冬雨季施工作业方案等。加工制作和安装单位应按施工图的要求，编制制作工艺和安装方案，并且在施工过程中认真执行，严格实施。

## 12.2 钢结构的加工制作
(Processing and Production of Steel Structure )

钢结构的加工制作流程包括：制作详图设计，钢材的订购与验收，钢材预处理，钢结构加工制作，构件的预拼装，除锈与涂装，检验，构件标识、包装和发运（图 12-1）。

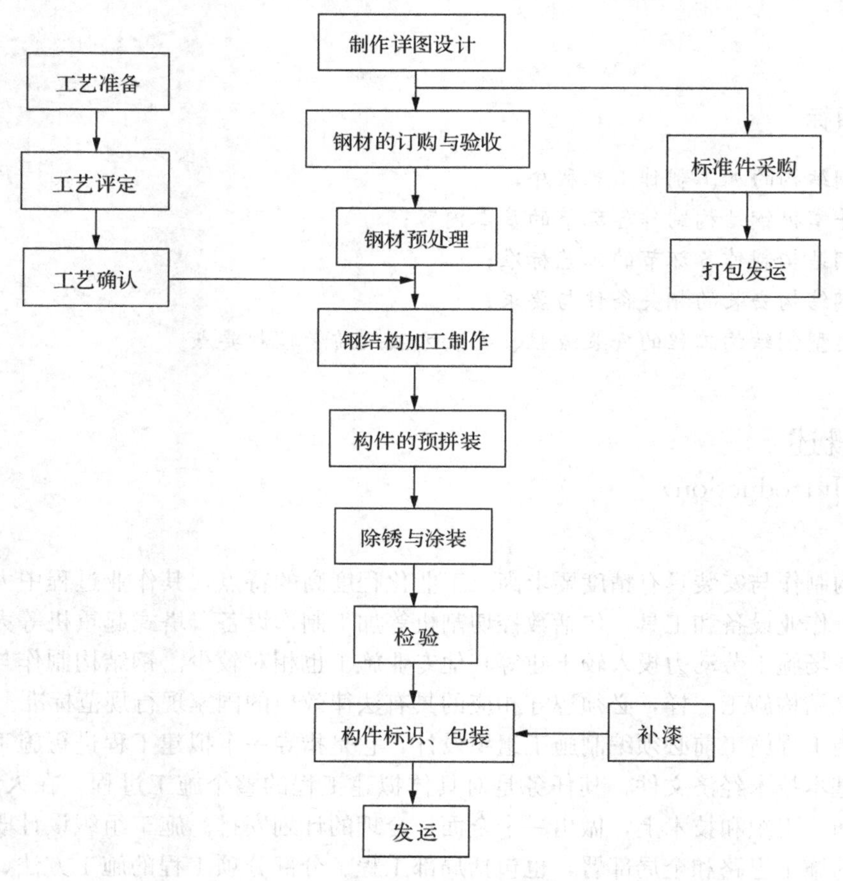


图 12-1 钢结构的加工制作流程图

### 12.2.1 制作详图设计
(Production of Detailed Drawings Design)

钢结构制作详图设计也叫钢结构深化设计、二次设计，是以设计单位设计施工图、计算书及其他相关资料（包括招标文件、答疑补充文件、技术要求、工厂制作条件、运输条件、现场拼装与安装方案、设计分区及土建条件等）为依据，依托专业软件平台，建立三维实体模型，开展施工过程仿真分析，进行施工过程安全验算，计算节点坐标定位调整值，并生成结构安装布置图、构件与零部件下料图和报表清单的过程。作为连接设计与施工的桥梁，钢结构深化设计立足于协调配合其他专业，对施工的顺利进行、实现设计意图具有重要作用。制作详图设计通常按照图 12-2 所示流程图进行。

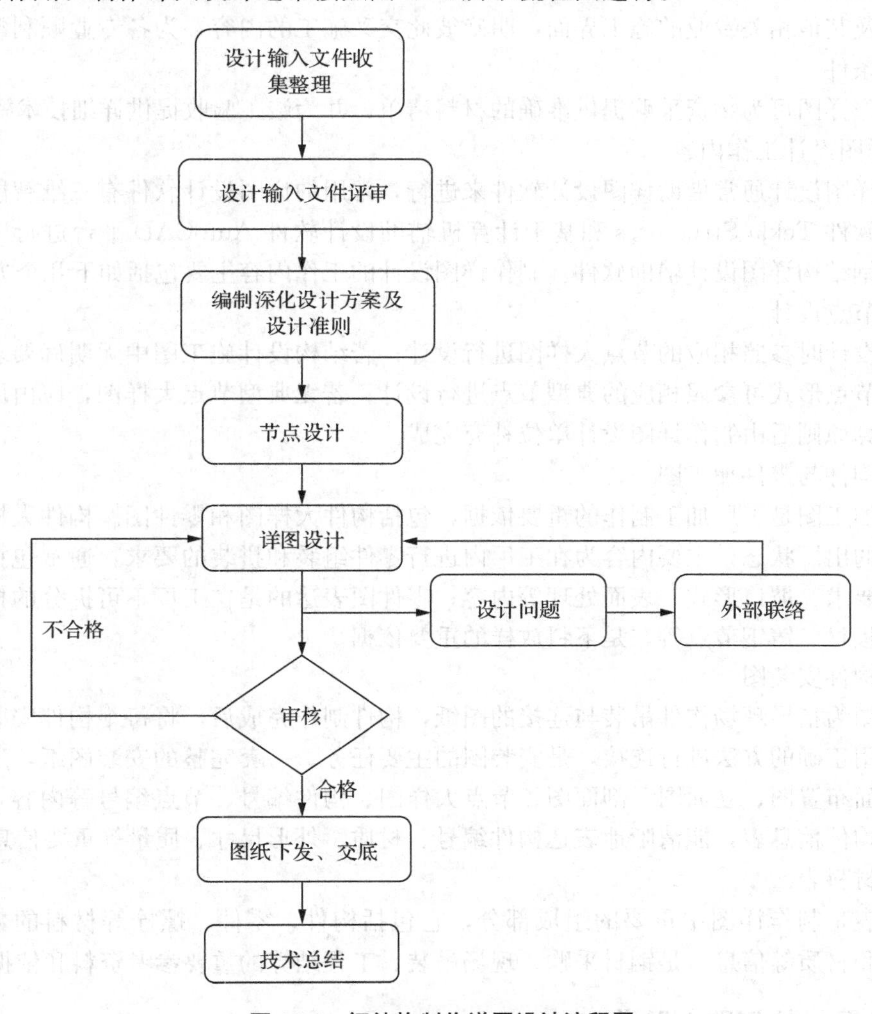


**图 12-2 钢结构制作详图设计流程图**

1）详图设计的重要性

钢结构制作详图设计是工程施工前最重要的环节之一，必须满足钢结构设计施工图的技术要求，并应符合相关设计与施工的国家现行标准规定，达到工厂加工制作、现场安装的要求。其重要性具体表现为如下几个方面：

①通过三维建模，消除构件碰撞隐患；通过施工过程仿真分析和全过程安全验算，消除吊装过程中的安全隐患；通过节点坐标放样调整值计算，将建筑偏差控制在容许范围之内。

②通过对设计施工图纸的继续深化，对具体的构造方式、工艺做法和工序安排进行优化调整，使钢结构制作详图完全具备可实施性，满足钢结构工程按图精确施工的要求。

③通过制作详图设计对设计施工图纸中未表达详尽的构造、节点、剖面等进行优化补充，对工程量清单中未包括的施工内容进行补漏拾遗，准确调整施工预算，为工程结算提供依据。

④通过制作详图设计对设计施工图纸进行补充、完善及优化，进一步明确钢结构与土建、幕墙及其他相关专业的施工界面，明确彼此交叉施工的内容，为各专业顺利配合施工创造有利条件。

⑤制作详图可为物资采购提供准确的材料清单，并为竣工验收提供详细技术资料。

2）详图设计工作内容

制作详图设计通常借助详图设计软件来进行，常用的详图设计软件有三维智能钢结构模拟设计软件 Tekla Structures 和基于计算机辅助设计软件 AutoCAD 平台进行二次开发的一系列钢结构详图设计辅助软件。制作详图设计的工作内容主要包括如下几个方面：

（1）节点设计

详图设计时参照相应的节点大样图进行设计；若结构设计施工图中无明确要求时，同种类型的节点形式可参照相应的典型节点进行设计；若无典型节点大样图，应由原设计单位确定计算原则后由制作详图设计单位补充完成。

（2）构件与零件加工图

构件加工图是工厂加工制作的重要依据，包括构件大样图和零件图。构件大样图主要表达构件的出厂状态，主要内容为在工厂内进行零件组装和拼装的要求，通常包括拼接尺寸、制孔要求、坡口形式、表面处理等内容；零件图表达的是在工厂不可拆分的构件最小单元，如板材、铸钢节点等，是下料放样的重要依据。

（3）构件安装图

安装图为指导现场构件吊装与连接的图纸，构件制作完成后，将每个构件安装至正确位置，并用正确的方法进行连接，是安装图的主要任务。一套完整的安装图纸，通常包括构件的平面布置图、立面图、剖面图、节点大样图、构件编号、节点编号等内容，还应包括详细的构件信息表，能清晰地表达构件编号、材质、外形尺寸、质量等重要信息。

（4）材料表

材料表是制作详图中重要的组成部分，它包括构件、零件、螺栓等材料的数量、尺寸、质量和材质等信息，是钢材采购、现场吊装、工程结算的重要参考资料和依据。

### 12.2.2 钢材的订购与验收 (Steel Ordering and Acceptance)

1）钢材订购

钢材的订购是工程实施的重要环节，是工程质量控制和进度控制的源头。钢材订购前应根据工程设计图纸和深化设计报表清单来制订采购计划并进行考察工作，保证材料按时、保质保量进行供应，满足钢结构制作及现场施工需要。

（1）材料采购计划编制

材料采购计划作为工程备料的依据，直接影响工程用料是否充足、材料是否满足加工制作要求、材料损耗控制效果是否良好，须严格保证采购计划的及时性、准确性以及合理性。

材料采购计划编制的依据包括深化设计的材料清单、深化设计图纸、深化设计总说明以及国家现行相关标准、规范等。为保证工程质量及结构安全，材料必须严格执行设计总说明及国家现行相关标准的要求。责任人员在编制材料采购计划前，必须仔细研读并理解设计总说明及国家现行标准中相关的要求等。在采购计划中须具体、清晰地标出材料的性能要求及其质量标准、质检标准等。

材料采购清单的编制应遵循节约的原则。在满足工程用料的前提下，应尽量减少材料富余量；根据工艺原则进行零件组合排版，尽量减少余量并尽可能使用余量制作较小的零件；尽量采购标准材料，降低采购成本。

为保证材料采购计划的准确性、合理性，须由相关负责人严格校审采购部门编制的采购计划。

在材料采购阶段，责任工艺师及材料库管人员应实时监督，发现问题及时反馈、纠正。在招标期间，当现货采购不能满足定制的板幅要求时，需根据理论需求量和新板幅进行最新采购量换算，避免出现采购量不足的情况；当某种材料对应的材料或规格购买不到时，在征得设计部门同意并得到相关变更通知后进行相应的采购变更；由于实际板幅、损耗控制、下料失误、材料挪用、设计变更等引起材料量增加时，应根据相关要求及时进行增补采购。

采购的材料包括钢材、焊材、栓钉、油漆等所有施工中用到的材料，其中钢材的采购成本占整个制作成本的大部分，其采购存在不确定性，需随着工程进度适时跟进，保证供应。

(2) 考察、确定合格供货商

当业主指定品牌时，须在其范围内进行材料采购。更换业主指定品牌材料将通过商务变更流程，并报业主审批同意后，方可进行采购。

当业主未指定采购品牌时，应根据材料采购和进场计划，对相应材料供货商资质进行审查和实地考察，选定合格供货商。供货商选定后，及时通知供货商，报送相应资料。

在订购各种材料前，应向业主代表、工程监理呈示有关材料样品并附上该材料的材质证明书、出厂合格证及生产厂家资质等相关资料，经业主代表、监理同意后，方与材料供应商签订购货合同。必要时与业主、监理对生产厂家进行实地考察。

采购考察的内容包括生产状况、人员状况、原料来源、机械设备应用情况，对供应商的质量保证能力的审核，对供应商支付能力和提供保险、保函能力的调查。供货商选择的全部记录资料由相关部门负责保存。

2) 钢材验收

钢材根据运输计划运输至工厂后，需进行材料验收。原材料进场后先卸于待检区，由材料管理人员对其进行检查。材料管理员依据合同确定所需钢材的项目名称、规格型号和数量，通知车间成本员、质检人员共同对钢材的规格型号、数量、外观尺寸进行验收，并配合质检人员及时取样送检。若钢材有探伤要求，须经现场探伤合格后方能验收。材料收货后，可建立物资验收记录台账，办理合格品入库手续，不合格品根据合同规定进行退换处理。

钢材物理性能和化学成分需进行复验：物理性能检验包括原材料的拉伸（包括Z向性能）、弯曲、冲击试验、超声等，化学成分分析包括原材料的C、Si、Mn、S、P等元素成分分析试验。试样需送往具有国家相应检验资质的实验室进行相关实验。其检验、试验的方案包括次数、方法及程序等均须符合国家现行标准和设计文件的规定，亦同时须符合合同要求，检验和试验方案必须报业主和监理审核后才能实施。对于采购材料复试检验的批次、组成和频率，制作单位将制定复试方案，报业主和监理并组织专家评审，同时报当地质监站备案。若试验未能达至上述要求，应更换材料及重新试验，直至达标为止。

验收完成的材料即可入库。钢材在存放时，需根据其特性选择合适的存储场所，并保持场地清洁干净，不得与酸、碱、盐、水泥等对钢材有侵蚀性的材料堆放在一起，做好防腐、防潮、防损坏工作。材料进场应根据库房布局合理堆放，尽量减少二次转运。入库钢材必须分类、分批次堆放，做到按产品性能分堆并明确标示。堆垛之间宜根据体积大小和运输机械规格留出大小合适的通道。

材料在领用和发放时，工艺技术人员应依照材料采购计划中定制材料规格进行排版套料，并开具材料领用单，材料发放人员应依照材料领用单发放材料，车间人员应依照材料领用单核对所接收的材料，核实无误后双方签字确认。

下料过程中产生的余料还可能在工程现场施工中继续使用时，余料可对车间退料，并按照规定的流程进行收料、登记，建立专门的台账。余料应按照工程项目、类别进行存放，保证场地布局清晰，材料易查询、易调运，便于工艺技术部门再次发料使用。

### 12.2.3 钢结构加工制作 (Steel Structure Processing and Production)

1）制作工艺流程

钢结构制作工艺流程图如图 12-3 所示。

2）零部件加工

(1) 放样、号料

在钢构件深化设计完成之后，其尺寸只是最终成品的尺寸，由于加工时需要考虑焊接变形、起拱等因素，所用钢板尺寸往往要大于其成品尺寸，将构件成品尺寸换算成加工所用钢板尺寸的过程，即为放样。号料是指将放样号料图上所示零件的外形尺寸、坡口形式与尺寸、加工符号、质量检验线、工艺基准线等绘制在相应的型材或钢板上的工艺过程。

(2) 切割

常用的钢材切割方法有机械切割、火焰切割（气割）、等离子切割等。机械切割指使用机械设备，如剪切机、锯切机、砂轮切割机等，对钢材进行切割，一般用于型材及薄钢板的切割。火焰切割（气割）指利用气体（氧气-乙炔、液化石油气等）火焰的热能将工件切割处预热到一定温度后，喷出高速切割氧流，使材料燃烧并放出热量实现切割的方法，主要用于厚钢板的切割。等离子切割是利用高温等离子电弧的热量使工件切口处的金属局部熔化（和蒸发），并借高速等离子的动量排除熔融金属以形成切口的一种加工方法，通常用于不锈钢、铝、铜、铁、镍钢板的切割。切割时应严格遵守工艺规定。

机械剪切的允许偏差应符合表 12-1 的规定。

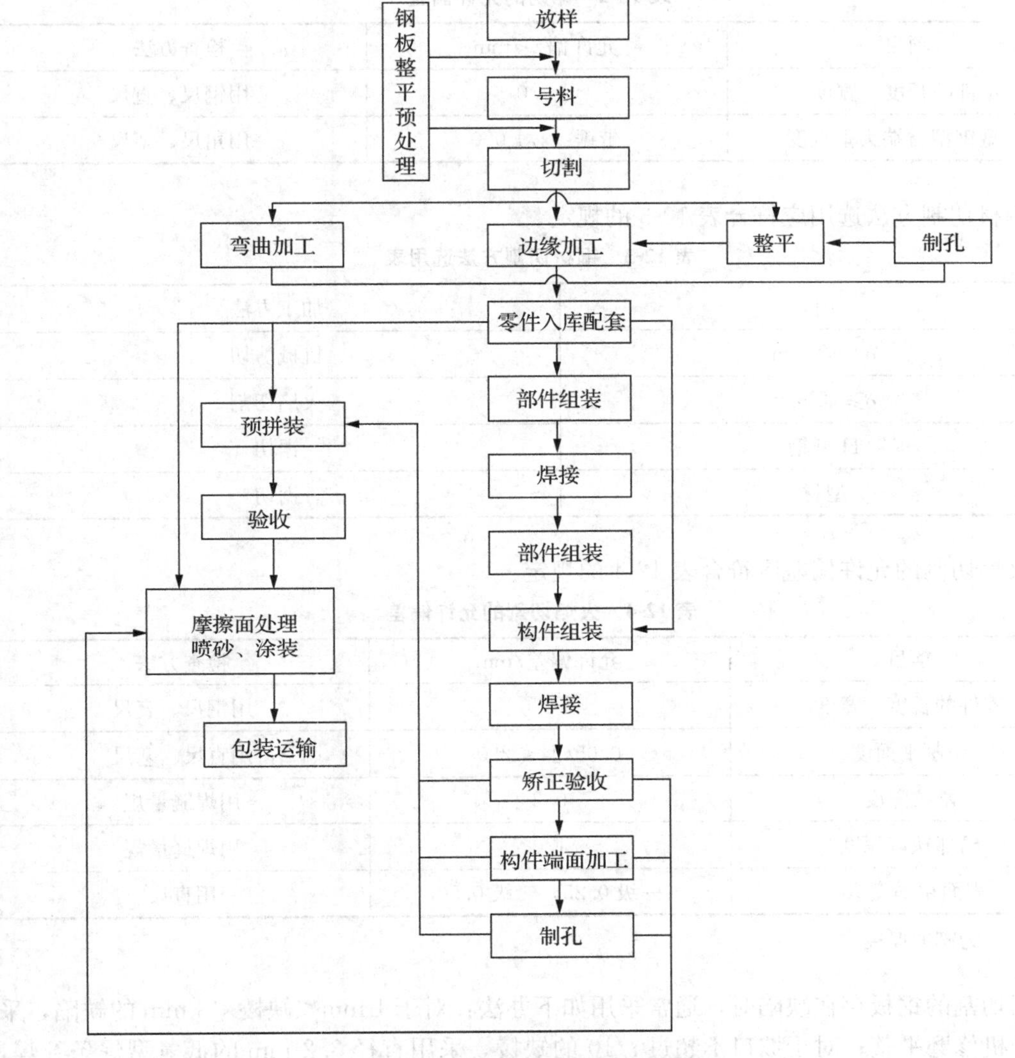


图 12-3　钢结构制作工艺流程图

表 12-1　机械剪切的允许偏差

| 项目 | 允许偏差/mm | 检查方法 |
|---|---|---|
| 零件的长度、宽度 | ±2.0 | 用钢尺、直尺 |
| 边缘缺棱 | 1.0 | 用直尺 |
| 型钢端头垂直度 | 2.0 | 用角尺、塞尺 |

锯切的允许偏差应符合表 12-2 的规定。

**表 12-2　锯切的允许偏差**

| 项目 | 允许偏差/mm | 检查方法 |
| --- | --- | --- |
| 零件的长度、宽度 | ±2.0 | 用钢尺、直尺 |
| H 型钢型材端头垂直度 | 带锯：4/1 000 | 用角尺、塞尺 |

钢材切割方法选用应符合表 12-3 的规定。

**表 12-3　钢材切割方法选用表**

| 项目 | 加工方法 |
| --- | --- |
| $\delta<12$ mm | 机械剪切 |
| $\delta\geqslant12$ mm | 火焰切割 |
| H 型钢 | 锯切 |
| 型材 | 锯切 |

火焰切割的允许偏差应符合表 12-4 的规定。

**表 12-4　火焰切割的允许偏差**

| 项目 | 允许偏差/mm | 检查方法 |
| --- | --- | --- |
| 零件的长度、宽度 | ±2.0 | 用钢尺、直尺 |
| 切割平面度 | $0.05t$ 且$<2.0$ | 用直尺、塞尺 |
| 割纹深度 | 0.2 | 用焊缝量规 |
| 局部缺口深度 | 1.0 | 用焊缝量规 |
| 表面粗糙度 $Ra$ | 一级 0.25，二级 0.50 | 用直尺 |

注：$t$ 为割面厚度。

当切割的钢板存在缺陷时，通常采用如下办法：对于 1 mm<缺棱<3 mm 的缺陷，采用磨光机修磨平整；对于坡口不超过 $t/10$ 的缺棱，采用直径 3.2 mm 的低氢型焊条补焊，焊后修磨平整，断口上不得有裂纹或夹层。

（3）矫正

为保证钢构件的加工制作质量，钢板如有较大弯曲、凹凸不平等问题时，应进行矫平。钢板矫平时优先采用矫平机对钢板进行矫平，当矫平机无法满足要求时采用液压机进行钢板的矫平。

矫正方法包括冷矫正和热矫正。冷矫正一般在常温下进行，热矫正主要是采用火焰矫正法。钢板矫平后的允许偏差如表 12-5 所示。

碳素钢在环境温度低于−16 ℃、低合金钢在环境温度低于 12 ℃时不得进行冷矫正。

**表 12-5　钢材矫正后的允许偏差**

| 项目 | | 允许偏差/mm | 图例 |
|---|---|---|---|
| 钢板的局部平面度 | ≤14 | 1.5 | 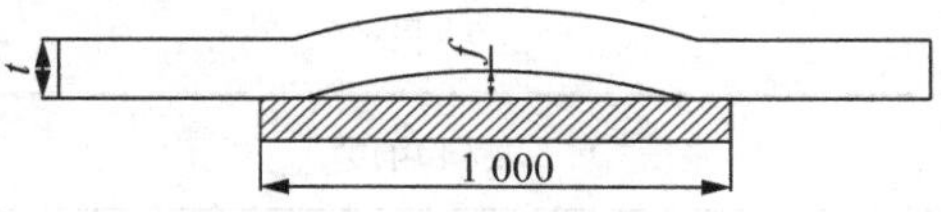 |
| | >14 | 1.0 | |
| 型钢弯曲矢高 | | $l$/1 000 且不大于 5.0 | |
| 工字钢、H 型钢翼缘对腹板的垂直度 | | $b$/100 且不大于 2.0 | 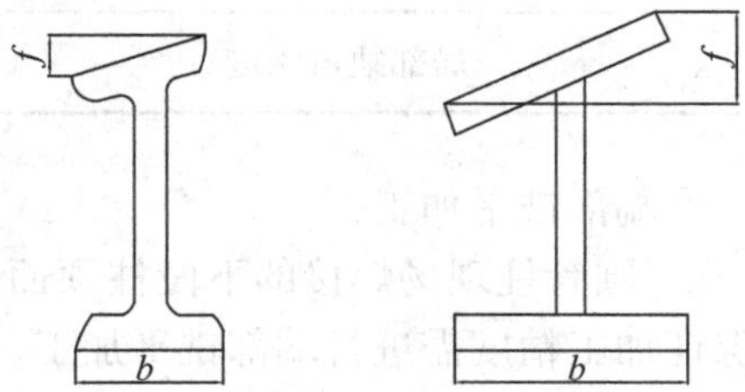 |

采用热矫正时，加热温度、冷却方式应符合表 12-6 的规定。

**表 12-6　热矫正允许偏差**

| 加热温度、冷却方式 | 碳素结构钢 | 低合金结构钢 |
|---|---|---|
| 加热至 800～900 ℃然后水冷 | 不可实施 | 不可实施 |
| 加热至 850～900 ℃然后自然冷却 | 可实施 | 可实施 |
| 加热至 850～900 ℃然后自然冷却到 650 ℃然后水冷 | 可实施 | 不可实施 |
| 加热至 600～650 ℃然后直接水冷 | 可实施 | 不可实施 |

上述温度为钢板表面温度，冷却时当温度下降到 200～400 ℃，需将外力全部解除，使其自然收缩。

矫正后的钢板不应有明显的凹面或损伤，划痕深度不得大于 0.5 mm，且不应大于该钢板厚度允许偏差的 1/2。

（4）弯曲

弯曲成型加工原则在常温下进行（冷弯曲），碳素结构钢在环境温度低于－16 ℃、低合金结构钢在环境温度低于－12 ℃时不应进行冷弯曲。弯曲成型加工后，钢材表面不应有明显的凹面或损伤，划痕深度不得大于 0.5 mm，且不应大于该钢材厚度所允许偏差的 1/2。

（5）坡口与端部铣平加工

①坡口加工：

a）构件的坡口加工，采用半自动火焰切割机进行。

b）坡口面应无裂纹、夹渣、分层等缺陷。坡口加工后，坡口面的割渣、毛刺等应清除干净，并应打磨坡口面露出良好金属光泽。

c）坡口加工的允许偏差应符合表 12-7 的规定。

d）坡口加工质量如割纹深度、缺口深度缺陷等超出上述要求的情况下，须用打磨机打磨平滑。必要时须先补焊，再用砂轮打磨。

**表 12-7　坡口加工允许偏差**

| 项目 | 允许偏差 |
| --- | --- |
| 坡口角度 | ±5° |
| 坡口钝边 | ±1.0 mm |
| 坡口面割纹深度 | 0.3 mm |
| 局部缺口深度 | 1.0 mm |

②端部铣平加工：

a）圆管柱现场焊接的下段柱顶面应进行端部铣平加工，箱形截面内隔板电渣焊衬垫为保证加工精度需进行端部铣平加工。

b）端部铣平加工应在矫正合格后进行。

c）钢柱端部铣平采用端面铣床加工，零件铣平加工采用铣边机加工。

d）端部铣平加工的精度应符合规范要求。

（6）制孔

制孔即采用加工机具在钢板或者型钢上面加工孔的工艺作业。制孔的方法通常分为冲孔和钻孔两种。冲孔是在冲床上进行的，适用于较薄的钢板或非圆孔加工。孔径大于钢材的厚度的钻孔是在钻床上进行的，可应用于各种厚度的钢板，具有精度高、孔壁损伤小的优点。

构件制孔主要包括普通（高强）螺栓连接孔、地脚锚栓连接孔等，孔（A、B 级螺栓孔-I 类孔）的直径应与螺栓公称直径相匹配，孔应有 H12 的精度，孔壁表面的粗糙度不大于 12.5 μm，螺栓孔的允许偏差应符合表 12-8 的规定。孔（C 级螺栓孔-Ⅲ类孔），包括高强螺栓孔等，其直径应比螺栓、柳钉直径大 1.0～3.0 mm，孔壁粗糙度不大于 25 μm，孔的允许偏差应符合表 12-9、表 12-10 的规定。

**表 12-8　精制螺栓孔的允许偏差**

| 螺栓公称直径/mm | 螺栓允许偏差/mm | 孔允许偏差/mm | 检查方法 |
| --- | --- | --- | --- |
| 10～18 | 0.00<br>−0.18 | +0.18<br>0.00 | 用游标卡尺 |
| 18～30 | 0.00<br>−0.21 | +0.21<br>0.00 | 用游标卡尺 |
| 30～50 | 0.00<br>−0.25 | +0.25<br>0.00 | 用游标卡尺 |

**表 12-9　粗制孔的允许偏差**

| 项目 | 允许偏差/mm | 检查方法 |
| --- | --- | --- |
| 直径 | ±1.0<br>0.0 | 用游标卡尺 |
| 圆度 | 2.0 | 用游标卡尺 |
| 垂直度 | 0.03$t$ 且≤2.0 | 用角尺、塞尺 |

**表 12-10　螺栓孔距的允许偏差**

| 项目 | 允许偏差/mm | | | | 检查方法 |
| --- | --- | --- | --- | --- | --- |
| | ≥500 | 501～1 200 | 1 201～3 000 | >3 000 | |
| 同一组内任意两孔间距离 | ±1.0 | ±1.5 | | | 用钢尺 |
| 相邻两孔的端孔间距离 | ±1.5 | ±2.0 | ±2.5 | ±3.0 | 用钢尺 |

(7) 摩擦面处理

①高强螺栓连接构件摩擦面应采用喷砂作表面处理。连接板摩擦面应紧贴，紧贴面不得小于接触面的 70%，边缘最大间隙不应大于 0.8 mm。凡采用高强螺栓连接的构件部位表面不允许涂油漆，待高强螺栓拧紧固定后，外表面用油漆补刷。高强螺栓连接的施工，应按《钢结构高强度螺栓连接技术规程》(JGJ 82—2011) 的规定执行。

②在钢构件制作的同时，按制造批为单位（每 2 000 t 为一批，不足 2 000 t 视为一批）进行抗滑移系数试验，并出具试验报告。同批提供现场安装复验用抗滑移试件。

③高强度螺栓连接摩擦面应保持干燥、整洁，不应有飞边、毛刺、焊接飞溅物、焊疤、氧化铁皮、污垢等。

④加工处理后的摩擦面，应采用塑料薄膜包裹，以防油污和损伤。

(8) 组装

①组装前按施工详图要求检查各零部件的标识、规格尺寸、形状是否与图纸要求一致，并应复核前道工序加工质量，确认合格后按组装顺序将零部件归类整齐堆放。选择基准面作为装配的定位基准。清理零部件焊接区域水分、油污等杂物。

②对于复杂的构件应根据其各部位的结构特点将其整体分解为若干个结构较为简单的部件。

③焊接 H 型钢的翼缘板拼接缝和腹板拼接缝的间距不宜小于 200 mm。翼缘板拼接长度不宜小于 2 倍板宽；腹板拼接宽度不应小于 300 mm，长度不应小于 600 mm。

④箱形构件的翼缘板拼接缝和腹板拼接缝的间距不宜小于 500 mm。翼缘板拼接长度应不小于其本身宽度的 2 倍；腹板拼接缝拼接长度也应不小于其本身宽度的 2 倍，且应大于 600 mm。翼缘板和腹板在宽度方向一般不宜拼接，尽量选择整块宽度板；对宽度超过 2 400 mm 的板，若要拼接，其最小宽度也不宜小于其板宽的 1/4，且至少应大于 600 mm。

⑤圆筒体构件的最短拼接长度应不小于其直径且不小于 1 000 mm。在单节圆筒体中，相邻两条纵缝的最短间距，其弧长应不小于 500 mm；直接对接的两节圆筒体节间，其上、

下筒体相邻两条纵缝间的最短间距，其弧长应大于 $5t$（$t$ 为圆筒管板厚），且不小于 200 mm。

⑥圆管、锥管构件在沿长度方向和圆周方向拼接时，应符合下列规定：管段拼接宜在专用工装上进行；相邻管段的纵向焊缝错开距离应大于 5 倍板厚，且不应小于 200 mm。

⑦部件组装经检验（自检）合格后方可焊接。

⑧构件组装完成后应按现行国家标准《钢结构工程施工质量验收标准》（GB 50205—2020）中相关规定进行验收。

3）钢结构焊接

（1）焊接方法

钢结构工程中使用的焊接方法常见的有焊条电弧焊、气体保护焊、埋弧焊、栓钉焊及电渣焊，每种焊接方法有其适用的范围，如表 12-11 所示。

**表 12-11　焊接方法一览表**

| 序号 | 焊接方法 | 代号 | 适用范围 |
| --- | --- | --- | --- |
| 1 | 焊条电弧焊 | SMAW | 定位焊、返修 |
| 2 | 气体保护焊 | GMAW | 不规则构件的焊接，规则构件的打底，横、立和仰位置的焊接 |
| 3 | 埋弧焊 | SAW | 规则构件主要焊缝的焊接，如桥面板对接焊缝、箱形主焊缝、H 型梁主焊缝等 |
| 4 | 栓钉焊 | SW | 专门用于栓钉（剪力钉）的焊接 |
| 5 | 电渣焊 | ESW | 小截面箱形隔板与箱形壁板间的焊接 |

（2）焊接工艺评定

焊接作业开始前，应首先根据深化设计、工程特点和自身的生产条件制定详细的焊接工艺。对特殊的或首次使用的焊接工艺应进行焊接工艺评定，以确保所采用焊接工艺的可靠性。

①焊接工艺评定程序。

焊接工艺评定根据《钢结构工程施工质量验收标准》（GB 50205—2020）和《钢结构焊接规范》（GB 50661—2011）的具体条文进行。具体的焊接工艺评定流程如图 12-4 所示。

焊接工程师根据现场记录参数、检测报告确定最佳焊接工艺参数，整理编制完整的《焊接工艺评定报告》并报有关部门审批认可。《焊接工艺评定报告》批准后，焊接工程师再根据焊接工艺报告结果制定详细的工艺流程、工艺措施、施工要点等并编制《焊接作业指导书》用于指导实际构件的焊接作业，并对从事工程焊接的人员进行焊接施工技术专项交底。

②确定焊接工艺评定的连接种类。

焊接技术人员要结合具体项目的设计文件和技术要求，并依照《钢结构焊接规范》（GB 50661—2011）的具体规定来确定需要进行焊接工艺评定的焊接连接类型。焊接工艺评定的类型一定要覆盖工程项目所涉及的母材类别、母材厚度、焊接方法、焊接位置和接头形式等。除了符合免除工艺评定条件的连接类型外，制作工厂首次采用的钢材、焊接材料、焊接方法、接头形式、焊接位置、焊后热处理等，均应该在钢构件制作和安装前进行焊接工艺评定。对于焊接难度等级为A、B、C级的钢结构焊接工程，其焊接工艺评定的有效期为5年；对于焊接难度等级为D级的钢结构焊接工程，应对每个工程项目进行独立的焊接工艺评定。

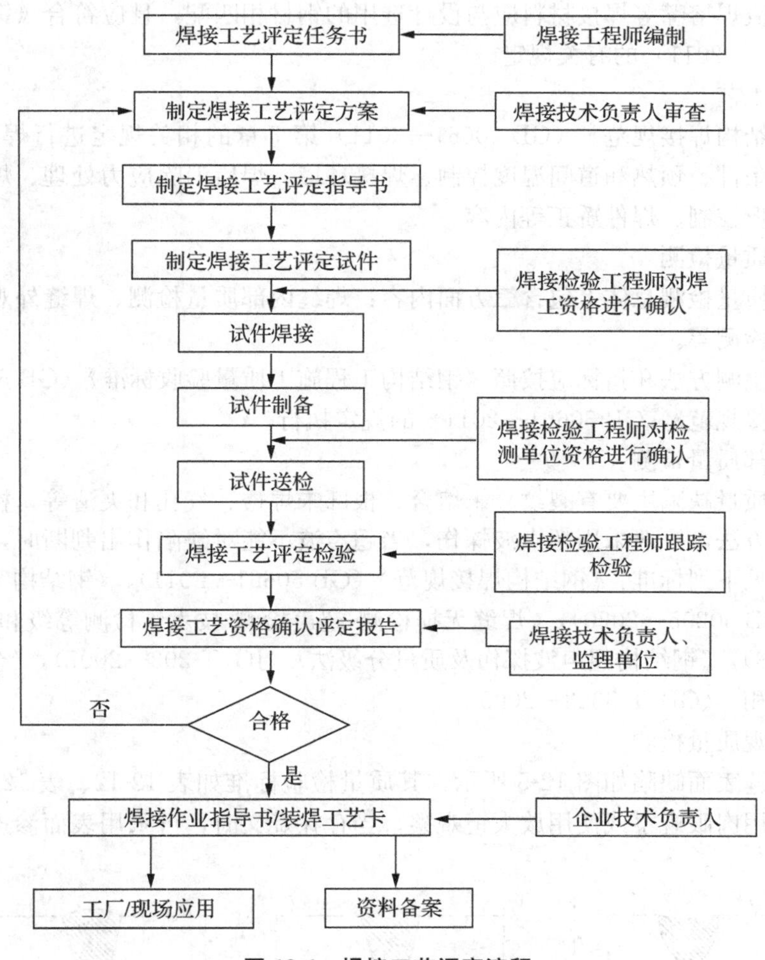


**图12-4 焊接工艺评定流程**

（3）焊工资质要求

从事焊接工作的焊工、焊接操作工及定位焊工，必须经《钢结构焊接从业人员资格认证标准》（T/CECS 331—2021）考试，并取得有效的焊工合格证。焊工所从事的焊接工作须具有对应的资格等级，不允许低资质焊工施焊高级的焊缝。如持证焊工已连续中断焊接6个月以上，必须重新考核。焊接施工前，根据工程特点、材料和接头要求，有针对性地对焊工做好生产工艺技术交底培训，以保证焊接工艺和技术要求得到有效实施，确保接头的焊缝质量。

为了提高车间焊工的技能水平，及时解决车间常见的焊接问题，应定期对车间焊工进行焊接理论和操作技能培训。

(4) 焊接材料

焊接材料主要指在钢结构焊接工程（包括手工电弧焊、埋弧自动焊、电渣焊、气体保护焊等）中所使用的焊条、焊丝、焊剂、电渣焊熔嘴和保护气体等。

焊接材料的品种、规格、性能等应符合国家现行有关产品标准和设计要求。焊条、焊丝、焊剂、电渣焊熔嘴等焊接材料应与设计选用的钢材相匹配，且应符合《钢结构焊接规范》（GB 50661—2011）的有关规定。

(5) 焊接工艺

根据《钢结构焊接规范》（GB 50661—2011）第 7 章的相关规定进行焊接工艺操作，包括接头焊接条件、预热和道间温度控制、焊接环境、焊后消除应力处理、焊接工艺技术要求、焊接变形控制、焊件矫正等内容。

(6) 焊接质量检测

焊缝施工质量检测总体上包含三方面内容：焊缝内部质量检测、焊缝外观质量检测和焊缝尺寸偏差检测等。

焊缝质量检测方法和指标应按照《钢结构工程施工质量验收标准》（GB 50205—2020）和《钢结构焊接规范》（GB 50661—2011）的规定执行。

①焊缝内部质量检测。

焊缝内部质量缺陷主要有裂纹、未熔合、根部未焊透、气孔和夹渣等，检验主要是采用无损探伤的方法，一般采用超声波探伤，当超声波不能对缺陷作出判断时，应采用射线探伤。具体参见下列标准：《钢结构焊接规范》（GB 50661—2011），《钢结构工程施工质量验收标准》（GB 50205—2020），《焊缝无损检测 超声检测 技术、检测等级和评定》（GB/T 11345—2013），《钢结构超声波探伤及质量分级法》（JG/T 203—2007），《金属熔化焊焊接接头射线照相》（GB/T 3323—2005）。

②焊缝外观质量检测。

常见的焊缝表面缺陷如图 12-5 所示，其质量检验标准如表 12-12、表 12-13 所示。外观检验主要采用肉眼观察或使用放大镜观察，当存在疑义时，可采用表面渗透探伤（着色或磁粉）检验。

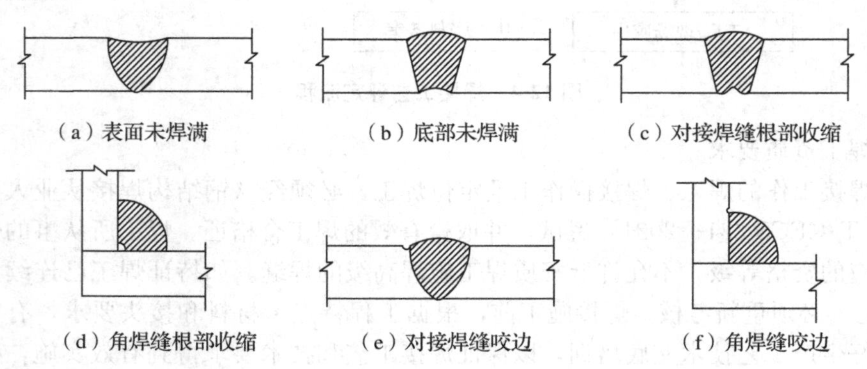

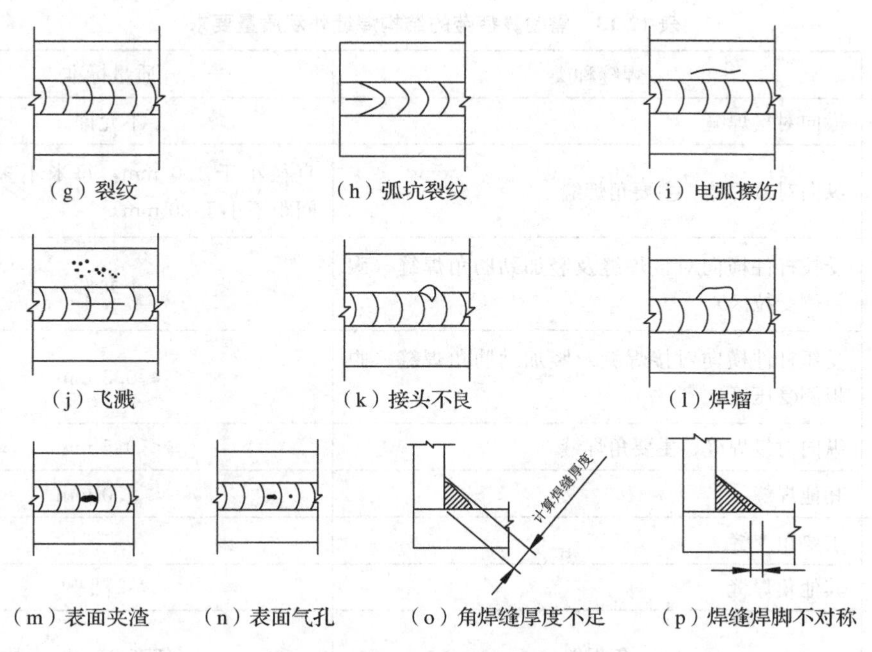


**图 12-5　常见焊缝表面缺陷示意**

**表 12-12　承受静载的结构焊缝外观质量要求**

| 焊缝质量等级检验项目 | 一级 | 二级 | 三级 |
| --- | --- | --- | --- |
| 裂纹 | 不允许 | | |
| 未焊满 | 不允许 | ≤2+0.02$t$ 且≤1 mm，每 100 mm 长度焊缝内未焊满累积长度≤25 mm | ≤0.2+0.04$t$ 且≤2 mm，每 100 mm 长度焊缝内未焊满累积长度≤25 mm |
| 根部收缩 | 不允许 | ≤0.2+0.02$t$ 且≤1 mm，长度不限 | ≤0.2+0.04$t$ 且≤2 mm，长度不限 |
| 咬边 | 不允许 | ≤0.05$t$ 且≤0.5 mm，连续长度≤100 mm，且焊缝两侧咬边总长≤10%焊缝全长 | ≤0.1$t$ 且≤1 mm，长度不限 |
| 电弧擦伤 | 不允许 | | 允许存在个别电弧擦伤 |
| 接头不良 | 不允许 | 缺口深度≤0.05$t$ 且≤0.5 mm，每 1 000 mm长度焊缝内不得超过 1 处 | 缺口深度≤0.1$t$ 且≤1 mm，每 1 000 mm 长度焊缝内不得超过 1 处 |
| 表面气孔 | 不允许 | | 每 50 mm 长度焊缝内允许存在直径＜0.4$t$ 且≤3 mm 的气孔 2 个；孔距应≥6 倍孔径 |
| 表面夹渣 | 不允许 | | 深≤0.2$t$，长≤0.5$t$ 且≤20 mm |

**表 12-13　需验算疲劳的结构焊缝外观质量要求**

| 项目 | 焊缝种类 | 质量标准 |
| --- | --- | --- |
| 气孔 | 横向对接焊缝 | 不允许 |
| | 纵向对接焊缝、主要角焊缝 | 直径小于 1.0 mm，每米不多于 3 个，间距不小于 20 mm |
| 咬边 | 受拉杆件横向对接焊缝及竖加劲肋角焊缝（腹板侧受拉区） | 不允许 |
| | 受压杆件横向对接焊缝及竖加劲肋角焊缝（腹板侧受压区） | ≤0.3 mm |
| | 纵向对接焊缝、主要角焊缝 | ≤0.5 mm |
| | 其他焊缝 | ≤1.0 mm |
| 焊脚尺寸 | 主要角焊缝 | $h_{l}{}_{0}^{+2.0}$ |
| | 其他角焊缝 | $h_{l}{}_{-1.0}^{+2.0}$① |
| 焊波 | 角焊缝 | ≤2.0 mm（任意 25 mm 范围高低差） |
| 余高 | 对接焊缝 | ≤3.0 mm（焊缝宽 $b$≤12 mm） |
| | | ≤4.0 mm（12<$b$≤25 mm） |
| | | ≤4$b$/25（$b$>25 mm） |
| 余高铲磨后表面 | 横向对接焊缝 | 不高于母材 0.5 mm |
| | | 不低于母材 0.3 mm |
| | | 粗糙度 50▽ |

注：焊条电弧焊角焊缝全长的 10%允许$h_{l}{}_{-1.0}^{+3.0}$。

③焊缝尺寸偏差检测。

焊缝尺寸偏差主要是采用焊缝尺寸圆规进行检验，如图 12-6 所示。焊缝焊脚尺寸、焊缝余高及错边等尺寸偏差应满足表 12-14 和表 12-15 的要求。

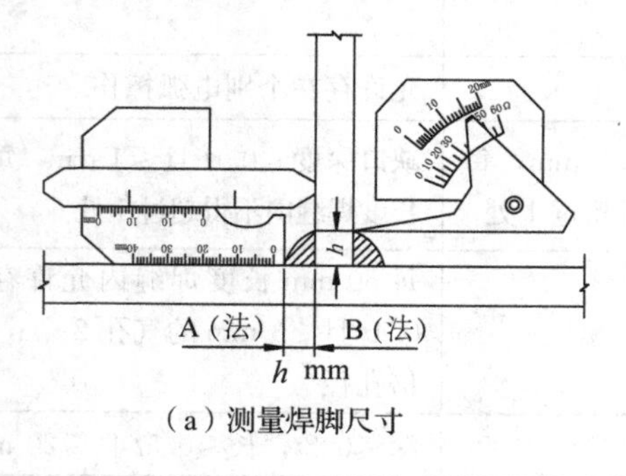

（a）测量焊脚尺寸

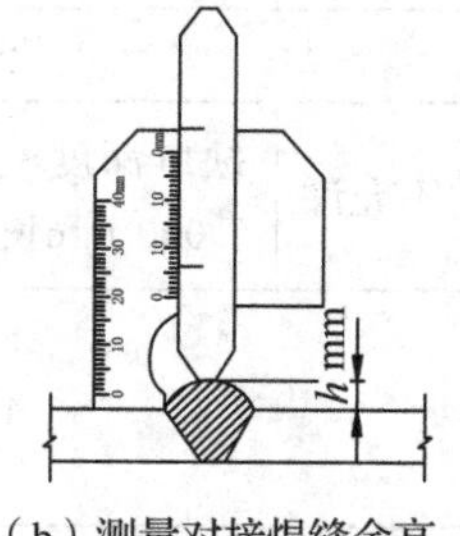

（b）测量对接焊缝余高

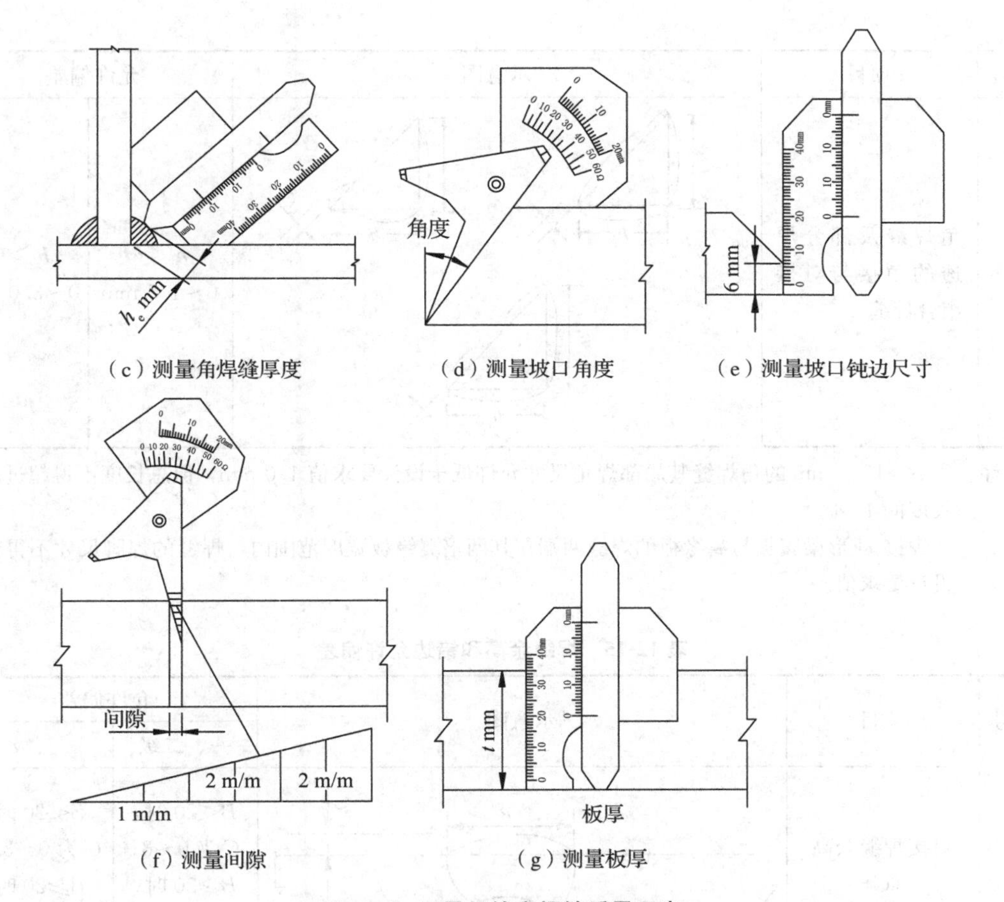


（c）测量角焊缝厚度　（d）测量坡口角度　（e）测量坡口钝边尺寸

（f）测量间隙　（g）测量板厚

**图 12-6　用量规检查焊缝质量示意**

**表 12-14　焊缝焊脚尺寸允许偏差**

| 序号 | 项目 | 示意图 | 允许偏差 |
|---|---|---|---|
| 1 | 一般全焊透的角接与对接组合焊缝 | $t$, $h_f$ | $h_f \geqslant \left(\frac{t}{4}\right)_0^{+4}$ 且$\leqslant 10$ |
| 2 | 需经疲劳验算的全焊透角接与对接组合焊缝 | $t$, $h_f$ | $h_f \geqslant \left(\frac{t}{2}\right)_0^{+4}$ 且$\leqslant 10$ |

续表

| 序号 | 项目 | 示意图 | 允许偏差 | |
|---|---|---|---|---|
| 3 | 角焊缝及部分焊透的角接与对接组合焊缝 | 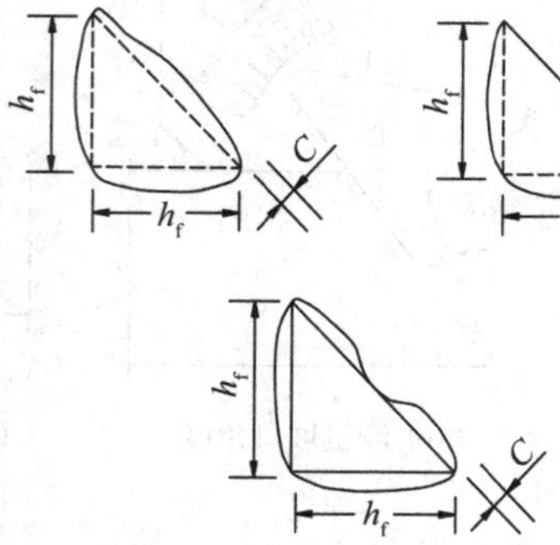 | $h_f \leqslant 6$<br>0～1.5 mm | $h_f > 6$<br>0～3.0 mm |

注：①$h_f > 17.0$ mm 的角焊缝其局部焊角尺寸允许低于设计要求值 1.0 mm，但总长度不得超过焊缝长度的 10%。

②焊接 H 形梁腹板与翼缘板的焊缝两端在其两倍翼缘板宽度范围内，焊缝的焊脚尺寸不得低于设计要求值。

**表 12-15　焊缝余高和错边允许偏差**

| 序号 | 项目 | 示意图 | 允许偏差 | |
|---|---|---|---|---|
| | | | 一、二级 | 三级 |
| 1 | 对接焊缝余高（$C$） | 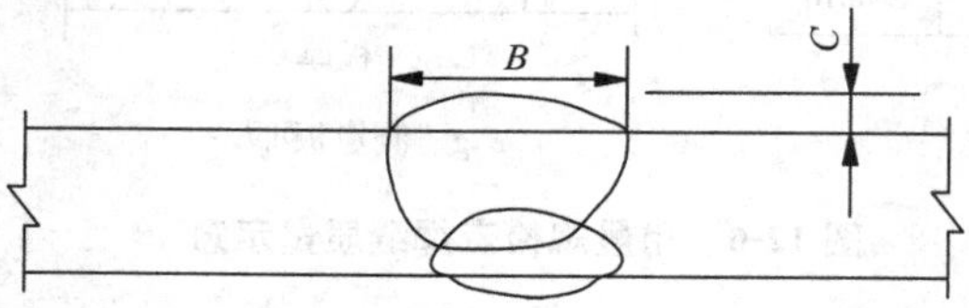 | $B<20$ 时，$C$ 为 0～3；$B \geqslant 20$ 时，$C$ 为 0～4 | $B<20$ 时，$C$ 为 0～3.5；$B \geqslant 20$ 时，$C$ 为 0～5 |
| 2 | 对接焊缝错边（$d$） | 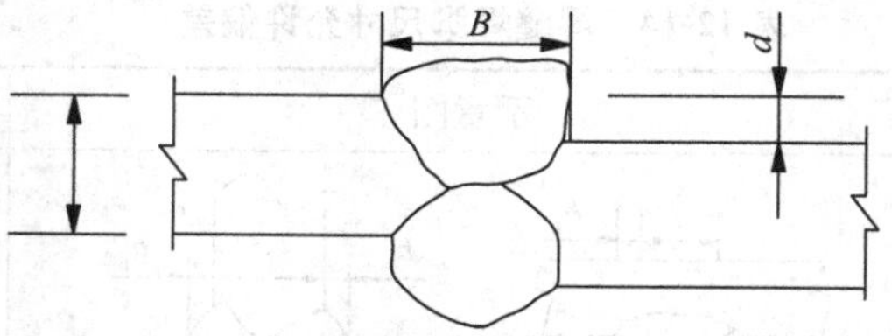 | $d<0.1t$ 且 $\leqslant 2.0$ | $d<0.15t$ 且 $\leqslant 3.0$ |
| 3 | 角焊缝余高（$C$） | 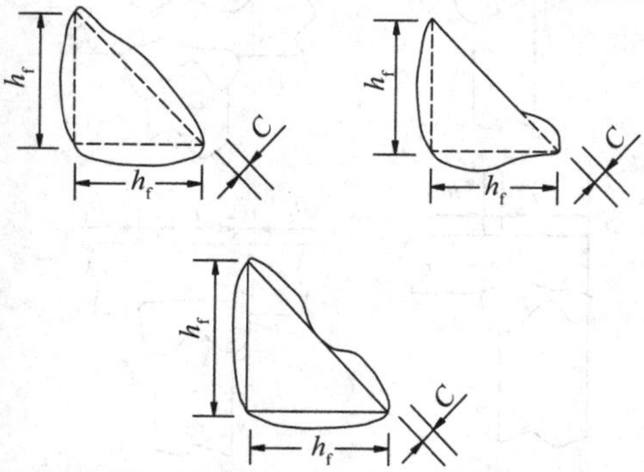 | $h_f \leqslant 6$ 时，$C$ 为 0～1.5；$h_f > 6$ 时，$C$ 为 0～3.0 | |

④栓钉焊机焊接接头的质量检测。

采用专用的栓钉焊机所焊的接头，焊后应进行弯曲试验抽查，具体方法为将栓钉弯曲30°后焊缝及其热影响区不得有肉眼可见的裂纹。对采用其他电弧焊所焊的栓钉接头，可按角焊缝的外观质量和外形尺寸的检测方法进行检查。

焊缝金属和母材的缺陷超过相应的质量验收标准时，可采用砂轮打磨、碳弧气刨、铲凿或机械等方法彻底清除，然后对焊缝进行返修。

### 12.2.4 构件的预拼装 (Pre-assembly of Components)

为检验构件制作精度、保障现场顺利安装，应根据设计要求、构件的复杂程度选定需预拼装的构件，并确定预拼装方案。

构件预拼装方法主要有两种：一种是实体预拼装，一种是用计算机辅助的模拟预拼装。实体预拼装效果直观，被广泛采用，但其费时费力、成本较高。随着科技的进步，模拟预拼装也日趋成熟，由于其具有效率高、成本低等优点，已被逐步推广应用。

（1）实体预拼装

实体预拼装是将构件实体按照图纸要求，依据放样逐一定位，然后检验各构件实体尺寸、装配间隙、孔距等数据，确保满足构件现场安装精度。实体预拼装主要有立式拼装和卧式拼装两种。具体采用哪种方式可依据设计要求及结构整体尺寸等综合确定。由于立式拼装相对施工难度较大，大部分构件选用卧式拼装方式。

实体预拼装基本要求如下：

①构件预拼装应在坚实、稳固的胎架上进行。

②预拼装中所有构件应按施工图控制尺寸，各杆件的重心线应交会于节点中心，并不允许用外力强制交会。单构件预拼时不论柱、梁、支撑均应至少设置两个支承点。

③预拼装构件控制基准、中心线应明确标示，并与平台基线和地面基线相对一致。控制基准应与设计要求基准一致，如需变换预拼装基准位置，应先得到工艺设计认可。

④所有需进行预拼装的构件，制作完毕后必须经质检员验收合格后才能进行预拼装。

⑤高强度螺栓连接件预拼装时，可采用冲钉定位和临时螺栓紧固，不必使用高强度螺栓。

⑥在施工过程中，错孔的现象时有发生。如错孔在 3.0 mm 以内时，一般采用绞刀铣或锉刀锉扩孔。孔径扩大不应超过原孔径的 1.2 倍；如错孔超过 3.0 mm，一般采用焊补堵孔或更换零件，不得采用钢块填塞。

⑦构件露天预拼装的检测时间，建议在日出前和日落后定时进行。所使用卷尺精度应与安装单位相一致。

⑧预拼装检查合格后，对上下定位中心线、标高基准线、交线中心点等应标注清楚、准确；对管结构、工地焊接连接处，除应标注上述标记外，还应焊接一定数量的卡具、角钢或钢板定位器等，以便按预拼装结果进行定位安装。

（2）模拟预拼装

模拟预拼装是采用全站仪对构件关键控制点坐标进行测量，经计算机对测量数据处理后与构件计算模型数据进行对比，得出其偏差值，从而达到检验构件精度的方法。

模拟预拼装的要求如下：

①首先依据构件结构尺寸特征，确定各关键测量点。测量点一般选择在构件各端面、牛腿端面等与其他构件相连的位置，且每端面应选择不少于 3 个测量点。

②构件应放置在稳定的平台上进行测量，并保持自由状态。测量时应合理选择测量仪器架设点，以尽量减小转站带来的测量误差。

③通过计算机，利用测量数据生成实测构件模型。对实测构件模型和计算模型构件进行复模对比，如发现有超过规范要求的尺寸偏差应对实体构件进行修整。构件修整完成后，应重新进行测量、建模、复模等工作，直至构件合格为止。

④所有参与模拟预拼装的构件，必须经验收合格后才能进行预拼。

⑤预拼时应建立构件模拟预拼装坐标系，并根据该坐标系确定各构件定位基准点坐标。预拼时将预拼构件的各制作组件按实测坐标放入模拟预拼装坐标系的指定位置，检验各连接点尺寸是否符合要求，包括装配间隙、定位板位置、连接孔距等。

⑥构件模拟预拼装检查合格后，应对实体构件上下定位中心线、标高基准线、交线中心点等进行标注，以便按预拼装效果进行安装工作。

### 12.2.5 除锈与涂装

**(Descaling and Painting)**

1）除锈

①钢构件表面存在油脂或污物等，应用毛刷、铲刀等进行清扫和清理，具体方法参照《涂覆涂料前钢材表面处理 表面处理方法》(GB/T 18839—2002) 执行。

②在选择表面处理方法时，应考虑所要求的处理等级。必要时，还应考虑与拟用涂料配套体系相适应的表面粗糙度。

③根据构件大小、外形尺寸及表面处理要求等级选择合适的除锈方式。常用的钢材表面处理（除锈）方法及特点如表 12-16 所示。

**表 12-16　常用钢材表面处理（除锈）方法及特点**

| 处理方法 | 工艺特点 | 效果 |
|---|---|---|
| 手工工具除锈 | 手工作业，主要工具为铲刀、钢丝刷、砂纸等 | 只能满足一般涂装要求。保留了无锈的氧化皮，能基本清除浮锈和其他附着物。工具简单、操作方便、费用低，但劳动强度大、效率低、质量较差 |
| 手工动力机械除锈 | 手工采用电动砂轮机、钢丝刷轮或风动除锈机等 | 除锈效果尚可，局部可见表面灰白色金属光泽，适于管型构件或面积不大的钢板以及现场局部涂装修补，施工灵活 |
| 抛丸（喷砂）除锈 | 用多抛头机械抛丸机将钢丸高速抛向钢材表面或用压缩空气把磨料或钢丸高速喷射到钢材表面，通过冲击和磨削作用将表面铁锈和附着物清除干净 | 效率高，除锈彻底，能控制除锈质量，露出粗糙的金属本色，是目前工厂表面处理的首选方法，但表构件凹角部位不易清理 |

④对于已超出抛丸机工作条件的大型或异形构件，采用喷砂机对此类构件进行喷砂除锈。

2）涂装

（1）底漆涂装

①涂装开始：抛丸（喷砂）完成后 4 h 内应进行喷涂作业。

②预涂：对于孔内侧、边缘、拐角处、焊缝、缝隙、不规则面等喷涂难以喷到的部位，可先采用毛刷或滚筒进行预涂装。

③无气喷涂：主要施工区域应采用高压无气喷涂机进行喷涂。每道喷涂厚度要符合油漆使用要求，喷涂过程中，随时监测湿膜厚度（根据说明书要求，可把湿膜厚度换算成干膜厚度），以保证涂层厚度。根据设计要求漆膜厚度，可多层多道喷涂。前一层的油漆必须干后，方可涂下一层油漆。

④涂装过程中，要先涂难涂面，后涂易涂面。

⑤在施工过程中，对调和后油漆要实施机械搅拌以避免沉淀。特别对于锌粉含量较高的易沉淀油漆，要经常搅拌。

（2）中间漆涂装

①按不同中间漆说明书中的使用方法分别进行配制，充分搅拌。

②采用无气喷涂机进行中间漆的喷涂，底漆与中间漆的覆涂时间间隔要符合使用说明书要求，喷涂方法同底漆喷涂。

（3）面漆涂装

除设计有特别要求外，面漆一般在安装现场涂装。涂装按涂料使用说明书施工，涂装方法参考中间漆施工。

### 12.2.6 构件标识、包装和发运
**（Component Identification, Packaging, and Shipping）**

1）钢构件的标识

（1）过程构件标识

①构件组立时应进行构件标识，由组立班组打钢印。

②特殊异形小构件不宜打钢印，应采用悬挂标识牌进行构件标识，悬挂标识牌内容及钢印号应统一。

（2）成品构件标识

成品构件采用油漆喷涂标识，标识位置要与钢印号位置在构件的同一侧，字体、行间距要规范；如构件上有栓钉或构件截面（小型构件和异形构件）不能满足喷涂标识时，采用手写标识，标识应字迹端正、清晰整齐，只标识构件编号；同一工程项目标识颜色一致。

2）包装

产品包装是保护产品性能，提高其使用价值的手段。通过储存、运输等一系列流程使产品完整无损地运到目的地。

①钢结构包装在油漆完全干燥，构件编号、接头标记、焊缝和高强度螺栓连接面保护完成并检查验收后才能进行。

②根据钢结构的特点、储运、装卸条件和客户的要求进行作业，做到包装紧凑、防护周密、安全可靠。

③包装钢结构的外形尺寸和质量应符合公路运输方面的有关规定。

④钢结构的包装方式有包装箱包装、裸装、捆装等形式。

⑤需海运的构件，除大型构件外，均需打捆或装箱。螺栓、螺纹杆及连接板应用防水材料套上后再封装。每个包装箱、裸装件及捆装件的两边均要标明船运所需标志，标明包装件的质量、数量、中心和起吊点。

3）发运

运输时应事先对运输路径进行调查，确保车辆运输时不出现问题。另外，对工程现场及工程现场周边的情况应与吊装单位进行磋商，确保运输道路的宽度、门的高度适合以及不会发生如台阶的斜坡碰到车辆底盘等问题。

①大型构件运输时，要对交通法规中对车辆的限制进行调查，必要时应取得当地相关机关的许可。

②钢结构运输时绑扎必须牢固，防止松动。钢构件在运输车上的支点、两端伸出的长度及绑扎方法均能保证构件不产生变形、不损伤涂层且保证运输安全。

③钢结构配件分类标识打包，各包装体上做好明显标志，零配件应标明名称、数量。螺栓等有可靠的防水、防雨淋措施。

④专人负责汽车装运，专人押车到达构件临时堆场或工地，全面负责装卸质量。

## 12.3 安装作业条件及要求
(Installation Conditions and Requirements)

### 12.3.1 施工作业条件
**(Conditions of Construction Work)**

①编制好钢结构安装施工组织设计，经审批后贯彻执行。钢结构的安装程序，必须确保结构的稳定性和不导致永久性的变形。

②经总包检查，安装支座或基础验收均合格。

③安装前，应按照构件明细表核对进场的构件，查验质量证明书和设计更改文件；工厂预装的大型构件在现场组装时，应根据预组装的合格记录进行；构件交工所必需的技术资料以及大型构件预装排版图应齐备，并注意以下几点：

a）钢结构构件出厂前应进行检查，并应有合格证。

b）运送至现场的钢构件应进行复检，应按照构件明细表核对进场构件的规格、品种和数量，并应依照安装顺序运到安装范围内。

c）安装前应复核工厂预拼装小拼单元的质量验收合格证明书。

d）安装前应去除接头上的污垢和铁锈。

e）安装前应在钢柱的底部和上部标出两个方向的轴线，并应在柱身的四面分别标出中线或安装线，在钢柱底部标出标高基准线，弹线允许偏差应为±1 mm。

④安装施工前应进行下列工艺试验和工艺评定：

a）焊接工艺评定。

b）高强度螺栓连接副摩擦面及扭矩系数或轴力复试。

c）焊接材料复验。

d）特殊构件的安装技术及施工用设备改装调试工艺。

### 12.3.2 文件资料准备
### (Preparation of Documents)

钢结构安装应具备下列设计文件：钢结构设计图；建筑图、相关基础图、钢结构施工总图等。各分部工程钢结构安装前，应进行图纸自审和会审，并符合下列规定：

(1) 图纸自审

①熟悉并掌握设计文件内容。

②发现设计中影响构件安装的问题。

③提出与土建和其他专业工程的配合要求。

(2) 图纸会审

专业工程之间的图纸会审，应由工程总承包单位组织，各专业工程承包单位参加，并符合下列规定：

①基础与柱子的坐标应一致，标高应满足柱子的安装要求。

②与其他专业工程设计文件无矛盾。

③确定与其他专业工程配合施工程序。

钢结构设计、制作与安装单位之间的图纸会审，应符合下列规定：

①设计单位应作设计意图说明和提出工艺要求。

②制作单位介绍钢结构主要制作工艺。

③安装单位介绍施工程序和主要方法，并对设计和制作单位提出具体要求和建议。

(3) 协调设计、制作和安装之间的关系

钢结构安装应编制施工组织设计、施工方案或作业设计。

施工组织设计和施工方案应由总工程师审批，其内容应包括：

①工程概况及特点介绍。

②施工总平面布置，能源、道路及临时建筑设施等的规划。

③施工程序及工艺设计。

④主要起重机械的布置及吊装方案。

⑤构件运输方法、堆放及场地管理。

⑥施工网络计划。

⑦劳动组织及用工计划。

⑧主要机具、材料计划。

⑨技术质量标准。

⑩技术措施降低成本计划。

⑪质量、安全保证措施。

作业设计由专责工程师审批，其内容应包括：

①施工条件情况说明。

②安装方法、工艺设计。

③吊具、卡具和垫板等设计。

④临时场地设计。

⑤质量、安全技术实施办法。

⑥劳动力配合。

施工前应按施工方案（作业设计）逐级进行技术交底。交底人和被交底人（主要负责人）应在交底记录上签字。

对于结构或施工工艺复杂的钢结构，宜使用建筑信息模型（BIM）技术。在正式施工前，宜建立建筑信息模型，并应对施工全过程及关键工艺进行信息化模拟：施工全过程信息化模拟宜综合考量各专业之间的施工界面、施工流程以及施工工期衔接等；施工关键工艺信息化模拟宜综合考量构件安装工序以及节点拼装工艺等。

### 12.3.3 基础质量要求
**(Quality Requirement of Foundation)**

（1）基础及支承面验收

①钢结构安装前应对建筑物的定位轴线、基础轴线和标高、地脚螺栓位置、规格等进行检查，并应进行基础检测和办理交接验收。当基础工程分批进行交接时，每次交接验收不应少于一个安装单元的柱基基础，并应符合下列规定：

a）基础混凝土强度达到设计要求。

b）基础周围回填夯实完毕。

c）基础的轴线标志和标高基准点准确、齐全，其偏差符合设计规定。如无设计规定，依据《钢结构工程施工质量验收标准》（GB 50205—2020）的规定，可参照表 12-17 执行（适用于多层及高层钢结构工程，单层钢结构工程可参考执行）。

表 12-17 建筑物定位轴线、基础上柱的定位轴线和标高、地脚螺栓（锚栓）的允许偏差

| 项目 | 允许偏差/mm | 图例 |
| --- | --- | --- |
| 建筑物定位轴线 | $l$/20 000，且不应大于 3.0 | $l_2$ $l_1$ |
| 基础上柱的定位轴线 | 1.0 | $\Delta_1$ $\Delta_2$ |

续表

| 项目 | 允许偏差/mm | 图例 |
| --- | --- | --- |
| 基础上柱的标高 | ±3.0 | 基准点 |
| 地脚螺栓（锚栓）位移 | 2.0 | $\Delta_1$ $\Delta_2$ |

②基础顶面直接作为柱的支承面和基础顶面预埋钢板或支座作为柱的支承面时，其支承面、地脚螺栓（锚栓）的偏差应符合表12-18的规定。

**表12-18　支承面、地脚螺栓（锚栓）位置的允许偏差**

| 项目 | | 允许偏差/mm |
| --- | --- | --- |
| 支承面 | 标高 | ±3.0 |
| | 水平度 | $t$/1 000 |
| 地脚螺栓（锚栓） | 螺栓中心偏移 | 5.0 |
| 预留孔中心偏移 | | 10.0 |

③钢柱脚采用钢垫板作支承时，应符合下列规定：

a）钢垫板面积应根据基础混凝土和抗压强度、柱脚底板下细石混凝土二次浇灌前柱底承受的荷载和地脚螺栓（锚栓）的紧固拉力计算确定。

b）垫板应设置在靠近地脚螺栓（锚栓）的柱脚底板加劲板下，每根地脚螺栓（锚栓）侧应设1～2组垫板，每组垫板不得多于5块。垫板与基础面和柱底面的接触应平整、紧密。当采用成对斜垫板时，其叠合长度不应小于垫板长度的2/3。二次浇灌混凝土前垫板间应焊接固定。

c）采用座浆垫板时，应采用无收缩砂浆。柱子吊装前砂浆试块强度应高于基础混凝土强度一个等级。座浆垫板的偏差应符合表12-19的规定。

**表12-19　座浆垫板的允许偏差**

| 项目 | 允许偏差/mm |
| --- | --- |
| 顶面标高 | 0<br>−3.0 |
| 水平度 | $t$/1 000 |
| 位置 | 20.0 |

④地脚螺栓（锚栓）尺寸的偏差应符合表12-20的规定。地脚螺栓（锚栓）的螺纹应得到保护。

表 12-20　地脚螺栓（锚栓）尺寸的允许偏差　　单位：mm

| 螺栓（锚栓）直径 | 项目 | |
|---|---|---|
| | 螺栓（锚栓）外露长度 | 螺栓（锚栓）螺纹长度 |
| $d\leqslant30$ | 0<br>$+1.2d$ | 0<br>$+1.2d$ |
| $d>30$ | 0<br>$+1.0d$ | 0<br>$+1.0d$ |

（2）基础标高调整

基础标高的调整必须建立在对应钢柱的预检工作上，根据钢柱的长度、钢牛腿和柱脚距离来决定基础标高的调整数值。基础标高调整时，双肢柱设两个点，单肢柱设一个点，其调整方法如下：

①钢楔调整法：其主要操作方法是根据标高调整数值用相对一组钢楔进行调整，如图 12-7 所示。

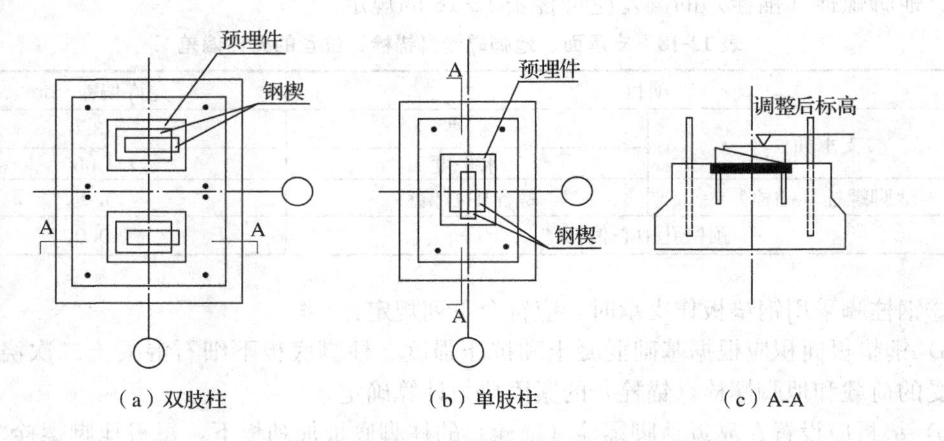


图 12-7　钢楔调整示意图

采用钢楔调整法，钢楔和基础预埋件的用钢量大，钢楔加工精度要求较高，标高调整的精度稍差，但交付吊装的进度较快。

②无收缩水泥砂浆块调整法：其主要操作方法是根据标高调整数值，用压缩强度为 55 MPa的无收缩水泥砂浆制成无收缩水泥砂浆标高控制块（以下简称砂浆标高控制块），进行调整，如图 12-8 所示。

用砂浆标高控制块进行调整，标高调整的精度较高（在±1 mm之内），砂浆强度发展快，用钢量少，但操作要求比较高。

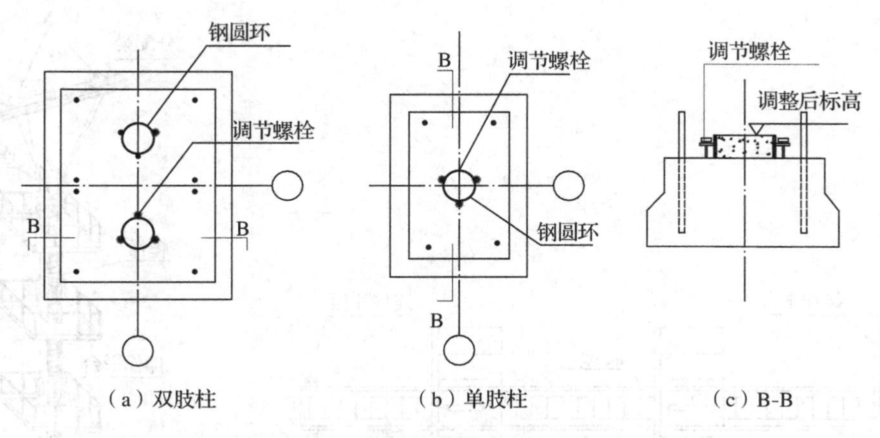


**图 12-8 基础标高调整示意图**

# 12.4 钢结构安装
(Installation of Steel Structure )

## 12.4.1 钢框架结构安装
**(Installation of Steel Frame Structure)**

1）钢柱安装

(1) 首节钢柱吊装程序

钢柱的吊装程序：钢柱进场验收→钢柱基础验收、放线→钢柱吊装→钢柱的标高、垂直度检验→立柱地脚螺栓固定。

钢柱吊装之前，在钢柱地脚螺栓群的每一个螺栓上拧进一个螺母和一个盖板，用于调整钢柱的安装标高。在钢柱吊装之前，通过调整螺母的标高，将所有盖板的标高误差控制在 1.0 mm 以内。

(2) 钢柱吊装工艺

起吊前，在柱身上弹出钢柱纵横向控制轴线，同时将吊索具、操作平台、爬梯、溜绳以及防坠器等固定在钢柱上［图 12-9 (a)］。钢管柱吊装利用专门设计的吊装分配梁进行吊装，自找平稳，分配梁与钢柱上端连接耳板和吊钩连接进行起吊，由塔吊起吊就位［图 12-9 (b)］。

(3) 首节钢柱校正

首节钢柱吊装就位以后对钢柱进行校正，钢柱校正要做三件工作：柱基标高调整、纵横向轴线校准、柱身垂直度调整。柱基标高调整一般是在柱底板下的地脚螺杆上加一个调整螺母，利用调整螺母控制柱子标高（图 12-10）。轴线与垂直度校准方式如图 12-11 所示，在两个方向利用经纬仪或全站仪校核轴线，同时采用缆风绳调整柱子的垂直度。校准完成后拧紧地脚螺栓。柱校准完成后，用比基础混凝土标号高一个等级的细石混凝土，采用压力灌浆的方法进行二次灌浆。

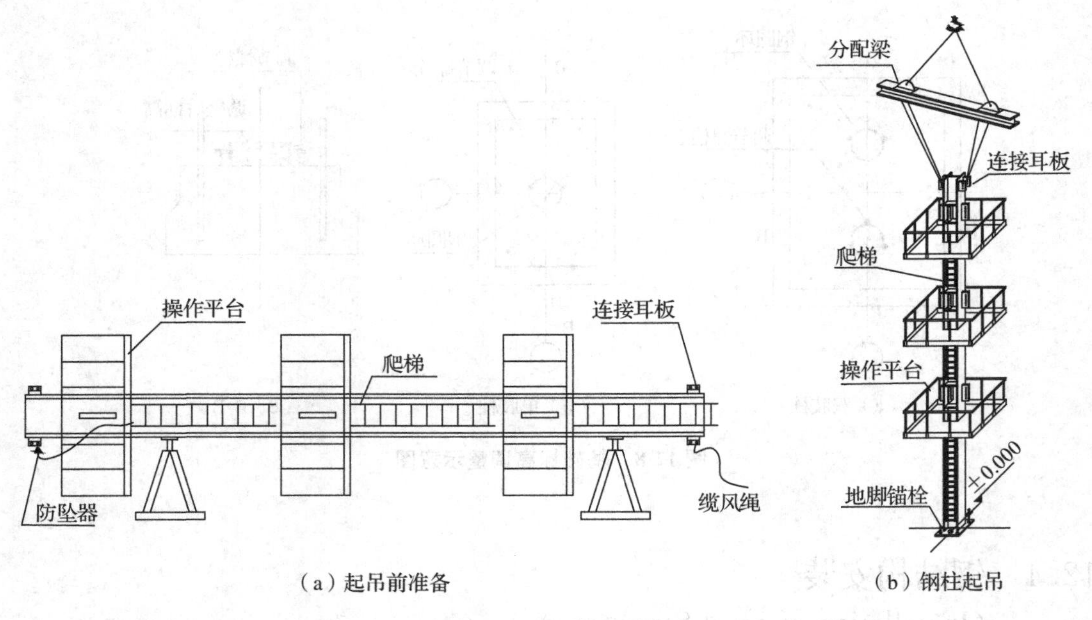


（a）起吊前准备　　（b）钢柱起吊

**图 12-9　钢柱吊装方案**

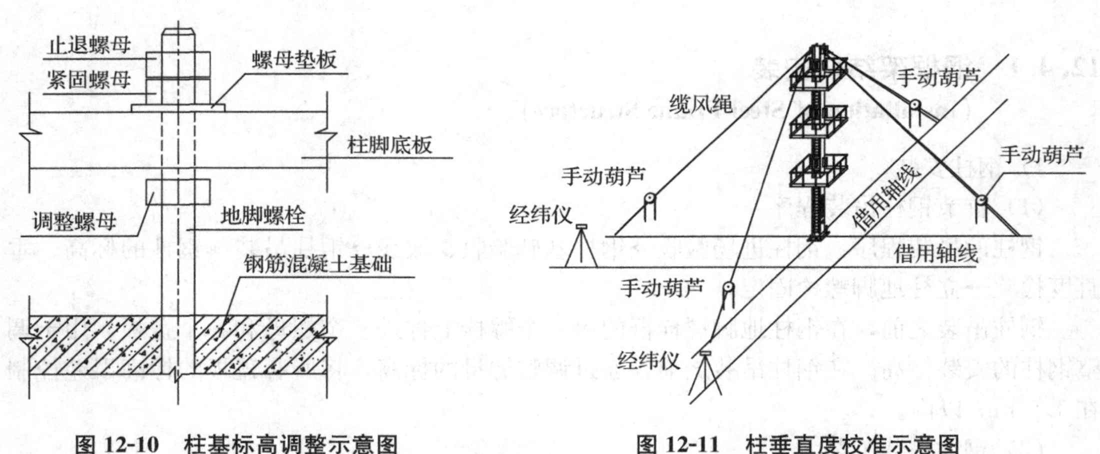


**图 12-10　柱基标高调整示意图**　　**图 12-11　柱垂直度校准示意图**

（4）首节以上钢柱安装与校正

上部钢柱吊装就位后采用连接耳板临时固定，按照先调整标高、再调整扭转、最后调整倾斜度的顺序。采用绝对标高控制方法，利用塔吊、钢楔、垫板、撬棍及千斤顶等工具将钢柱校正准确。形成框架后不再需要进行整体校正。

上部钢柱校正可采用无缆风绳校正方法，如图 12-12 所示。标高调整时利用塔吊吊钩的起落、用撬棍拨动调节上柱与下柱间隙直至符合要求，在上下耳板间隙中打入钢楔。扭转的调整是在上下耳板的不同侧面加垫板，再夹紧连接板即可达到校正扭转偏差的目的。钢柱的倾斜度通过千斤顶与钢楔进行校正，在钢柱偏斜的同侧锤击铁楔或微微顶升千斤顶，便可将倾斜度校正至规范要求。

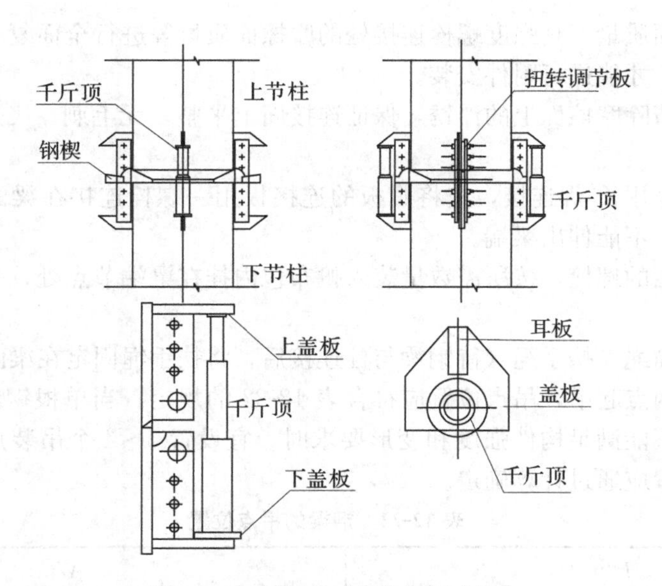


**图 12-12　钢柱的对接与校正方法**

（5）钢柱安装容许尺寸偏差

钢柱安装应控制轴线、标高、垂直度翘曲变形不超过表 12-21 所示的规范容许偏差值。

**表 12-21　钢柱安装的允许偏差和检验方法**

<table>
<tr><th>项次</th><th colspan="3">项目</th><th>允许偏差/mm</th><th>检验方法</th></tr>
<tr><td>1</td><td colspan="3">柱脚底座中心线对定位轴线的偏移</td><td>5.0</td><td>用钢尺检查</td></tr>
<tr><td>2</td><td colspan="3">柱子定位轴线</td><td>1.0</td><td></td></tr>
<tr><td rowspan="2">3</td><td rowspan="2">柱基准点标高</td><td colspan="2">有吊车梁的柱</td><td>+3.0<br>−5.0</td><td rowspan="2">用水准仪检查</td></tr>
<tr><td colspan="2">无吊车梁的柱</td><td>+5.0<br>−8.0</td></tr>
<tr><td>4</td><td colspan="3">弯曲矢高</td><td>$H$/1 200，且≤15.0</td><td>用经纬仪或拉线钢尺检查</td></tr>
<tr><td rowspan="3">5</td><td rowspan="3">柱轴线<br>垂直度</td><td colspan="2">单层柱</td><td>$H$/1 000，且不大于 25.0</td><td rowspan="3">用经纬仪或吊线和钢尺检查</td></tr>
<tr><td rowspan="2">多节柱</td><td>单节柱</td><td>$H$/1 000，且不大于 10.0</td></tr>
<tr><td>柱全高</td><td>35.0</td></tr>
</table>

注：$H$ 为柱全高。

2）钢梁安装

钢梁吊装紧随钢柱吊装之后，与钢柱构成一个单元后，应将该单元的框架梁由下而上，与柱连接组成空间刚度单元，经校正紧固符合要求后，依次向四周扩展。

（1）钢梁吊装前应完成的准备工作

①吊装前，必须对钢梁定位轴线、标高、钢梁的编号、长度、截面尺寸、螺孔直径及

位置、节点板表面质量、高强度螺栓连接处的摩擦面质量等进行全面复核，符合设计施工图和规范规定后，才能进行附件安装。

②用钢丝刷清除摩擦面上的浮锈，保证连接面上平整，无毛刺、飞边、油污、水、泥土等杂物。

③梁端节点采用栓-焊连接，应将腹板的连接板用一螺栓连接在梁的腹板相应的位置处，并与梁齐平，不能伸出梁端。

④节点连接用的螺栓，按所需数量装入帆布包内挂在梁端节点处，一个节点用一个帆布包。

⑤在梁上装溜绳、扶手绳（待钢梁与柱连接后，将扶手绳固定在梁两端的钢柱上）。

钢梁宜采用两点起吊，吊点位置应符合表 12-22 的规定。当单根钢梁长度大于 21 m，且采用两点吊装不能满足构件强度和变形要求时，宜设置 3～4 个吊装点吊装或采用平衡梁吊装，吊点位置应通过计算确定。

**表 12-22　钢梁的吊点位置**

| $L$/m | $A$/m |
| --- | --- |
| $15<L\leqslant21$ | 2.5 |
| $10<L\leqslant15$ | 2.0 |
| $5<L\leqslant10$ | 1.5 |
| $L\leqslant5$ | 1.0 |

注：$L$ 为梁的长度；$A$ 为吊点至梁中心的距离。

(2) 钢梁的起吊、就位与固定

为确保安全，钢梁在工厂制作时，在距梁端（0.21～0.3）$L$（$L$ 为梁的长度）的地方，焊好两个临时吊耳，供装卸和吊装用。起吊时，吊索角度选用 45°～60°，如图 12-13 所示。

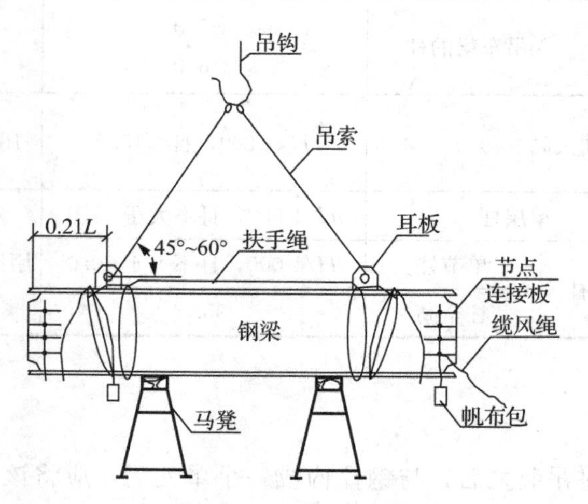


**图 12-13　钢梁的吊装方案**

钢梁起吊到位后，按设计施工图要求进行对位，要注意钢梁的轴线位置和正反方向。

安梁时应用冲钉将梁的孔打紧逼正，每个节点上用不少于两个的临时螺栓连接紧固，在初拧的同时调整好柱子的垂直偏差和梁两端焊接坡口间隙。

### 12.4.2 单层钢结构厂房安装 (Installation of Single-Story Steel Structure Workshop)

单层钢结构厂房一般布置有较大吨位的吊车，采用变阶柱，屋盖采用屋架或管桁架结构，这类型钢排架结构相比多高层钢框架结构，结构的变阶柱、吊车梁、屋架系统的安装较为特殊。

1）排架柱安装

柱子安装前，应依据控制水准点及基础设计标高测量基础预埋板标高。若标高超高，则需处理柱脚；若超低，则用垫铁调至相应标高。钢柱吊装应考虑排架结构未形成空间结构体系前构件的稳定保证措施，整体考虑柱间支撑、系杆的吊装。

排架柱安装基本流程：预埋锚栓交接验收→钢柱就位→钢柱安装→校正→锚拉栓紧固→检验→柱间支撑安装→系杆安装→检验→二次灌浆。

柱子安装操作基本工艺：

①临时平台搭设应平整和稳固，要有临时固定措施，以防钢柱预拼中发生位移变形。

②分别在钢平台和钢柱上弹出中心线，上下柱要垫平、找直，用经纬仪与通线校验后，用夹具定位焊接。

③焊接。为减少焊接变形，一般采用对称焊，未焊好前夹具和临时固定板不要拆除，待两面都焊接完后再拆除临时固定装置。如有变形，用火焰法校正。

④起吊绑扎要选好绑扎点（即吊点）。钢柱绑扎点一般选在重心的上部或牛腿的下部。根据钢柱的长度、质量选择吊车及吊装方法，单机吊装通常用滑移法或旋转法，双机抬吊通常用递送法。

⑤钢柱起吊前，将调节螺母先拧到锚拉栓上，钢柱起吊后，当柱底板距锚拉栓约30～40 cm时，要将柱底板螺栓孔与锚拉栓对正，这时缓慢落钩，就位。同时将钢柱定位线与基础轴线对齐，初步校正，戴上紧固螺母，临时固定后脱钩。

⑥钢柱就位后要用经纬仪或线锤进行校直，并用双螺母进行柱底调平，调节范围超出设计尺寸时，事先要用垫板找平。

⑦固定。钢柱整体校正后，要将紧固螺母拧紧，并做临时加固，待其他钢构件全部安装检查无误后，再浇灌细石混凝土。

⑧钢柱校正固定后，将柱间支撑系杆安装固定。

2）钢吊车梁系统安装

钢吊车梁系统的安装包括吊车梁和制动桁架的安装，两者可以采取单件吊装或组拼后整体吊装的方法，具体根据现场条件进行考虑。安装应从有柱间支撑处开始向两端吊装，安装后立即进行临时固定。安装施工前应完成如下准备工作：

①钢柱吊装完成，经校正固定于基础上并办理预检手续。

②在钢柱牛腿上及柱侧面弹好吊车梁、制动桁架中心轴线、安装位置线及标高线；在钢吊车梁及制动桁架两端弹好中轴线。

③对起重设备进行保养、维修、试运转、试吊，使之保持完好状态；备齐吊装用的工

具、连接料及电气焊设备。

④搭设好供施工人员高空作业上下的梯子、扶手、操作平台、栏杆等。

吊车梁安装应重点控制如下内容：

①钢吊车梁安装前，将两端的钢垫板先安装在钢柱牛腿上，并标出吊车梁安装的中心位置。

②钢吊车梁绑扎一般采用两点对称绑扎，在两端各拴一根溜绳，用以牵引钢梁防止吊装时碰撞钢柱。

③钢吊车梁吊起后，旋转起重臂杆使吊车梁中心线与牛腿的定位轴线对准，并将与柱子连接的螺栓上齐后，方可卸钩。

④钢吊车梁的校正，可按厂房伸缩缝分区分段进行校正，或在全部吊车梁安装完毕后进行一次总体校正。校正内容包括：标高、垂直度、平面位置（中心轴线）和跨距。标高校正采用精密水准仪进行校准，垂直度校正可采用线锤校正（图 12-14），中心线校准采用经纬仪自车间两头将地面上的吊车梁吊装中心线投影到两头的柱上，据此检查两头吊车梁的吊装误差。

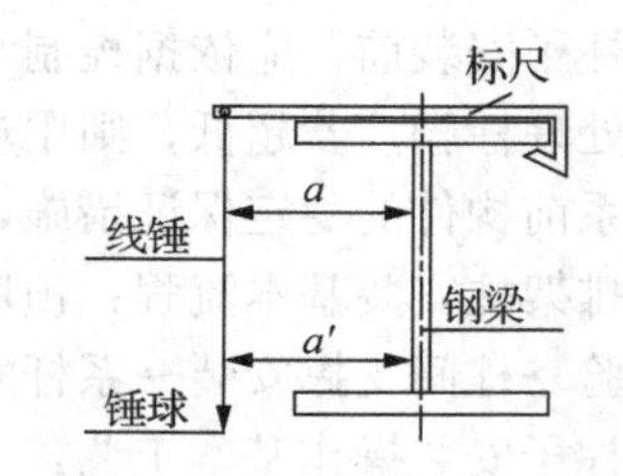


**图 12-14　钢梁垂直度校正示意图**

一般除标高外，应在钢柱校正和屋盖吊装完成并校正固定后进行，以避免因屋架吊装校正而引起钢柱跨间移位。钢吊车梁安装的偏差应控制在表 12-23 规定的范围内。

**表 12-23　钢吊车梁安装的允许偏差和检验方法**

| 项次 | 项目 | | 允许偏差/mm | 检验方法 |
|---|---|---|---|---|
| 1 | 梁的跨中垂直度 | | $h/500$ | 吊线和钢尺检查 |
| 2 | 侧向弯曲矢高 | | $l/1\,500$，且不大于 10.0 | 拉线和钢尺检查 |
| 3 | 垂直上拱矢高 | | 10.0 | 拉线和钢尺检查 |
| 4 | 两端支座中心位移 | 安装在钢柱上时，对牛腿中心的偏移 | 5.0 | 拉线和钢尺检查 |
| | | 安装在混凝土柱上时，对定位轴线的偏移 | 5.0 | |
| 5 | 吊车梁支座加劲板中心与柱子承压加劲板中心的偏移 | | $t/2$ | 吊线和钢尺检查 |
| 6 | 同跨间内同一横截面吊车梁顶面高差 | 支座处 | $l/1\,000$，且不大于 10.0 | 用经纬仪、水准仪和钢尺检查 |
| | | 其他处 | 15.0 | |

续表

| 项次 | 项目 | | 允许偏差/mm | 检验方法 |
|---|---|---|---|---|
| 7 | 同跨间内同一横截面下挂式吊车梁底面高差 | | 10.0 | 用经纬仪、水准仪和钢尺检查 |
| 8 | 同列相邻两柱间吊车梁顶面高差 | | $l/1\,500$，且不应大于 10.0 | 用水准仪或钢尺检查 |
| 9 | 相邻两吊车梁接头部位 | 中心错位 | 3.0 | 用钢尺检查 |
| | | 上承式顶面高差 | 1.0 | 用钢尺检查 |
| | | 下承式底面高差 | 1.0 | 用钢尺检查 |
| 10 | 同跨间任一截面的吊车梁中心跨距 | | ±10.0 | 用经纬仪或钢尺检查 |
| 11 | 轨道中心对吊车梁腹板轴线的偏移 | | $t/2$ | 用吊线和钢尺检查 |

注：$h$ 为吊车梁高度；$l$ 为梁长度；$t$ 为梁腹的厚度。

3）钢屋架的安装

钢屋架的基本安装流程：安装准备→屋架组拼→屋架安装→连接与固定→检查、验收→除锈、刷涂料。

（1）安装准备

①复验安装定位所用的轴线控制点和测量标高使用的水准点。

②放出标高控制线和屋架轴线的吊装辅助线。

③复验屋架支座及支撑系统的预埋件，其轴线、标高、水平度、预埋螺栓位置及露出长度等，超出允许偏差时，应做好技术处理。

④检查吊装机械及吊具，按照施工组织设计的要求搭设脚手架或操作平台。

⑤屋架腹杆设计为拉杆，但吊装时由于吊点位置使其受力改变为压杆时，为防止构件变形、失稳，必要时应采取加固措施，在平行于屋架上、下弦方向采用钢管、方木或其他临时加固措施。

⑥测量用钢尺应与钢结构制造用的钢尺校对，并取得计量法定单位检定证明。

（2）屋架组拼

屋架分片运至现场组装时，拼装平台应平整。组拼时应保证屋架总长及起拱尺寸的要求。焊接时焊完一面检查合格后，再翻身焊另一面，做好施工记录。经验收后方准吊装。屋架及天窗架也可以在地面上组装好一次吊装，但要临时加固，以保证吊装时有足够的刚度（图 12-15）。

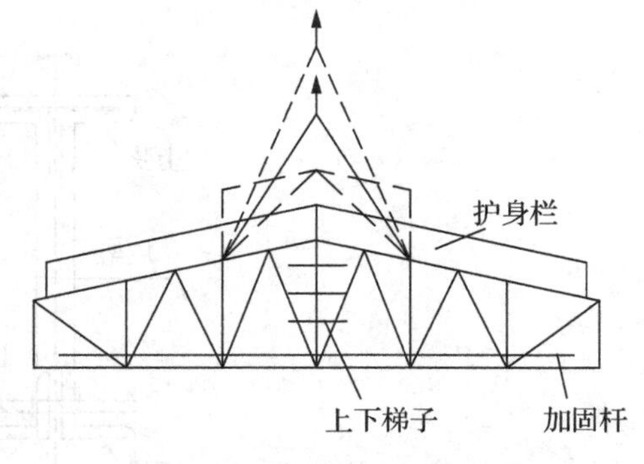

图 12-15　钢屋架吊装示意图

（3）屋架安装

①吊点必须设在屋架三交会节点上。屋架起吊时离地 50 cm 时暂停，检查无误后再继续起吊。

②安装第一榀屋架时，在松开吊钩前初步校正。对准屋架支座中心线或定位轴线就位，调整屋架垂直度，并检查屋架侧向弯曲，将屋架临时固定。

③第二榀屋架用同样的方法吊装就位好后，不要松钩，用杉篙或方木临时与第一榀屋架固定，随后安装支撑系统及部分檩条，最后校正固定，务必使第一榀屋架与第二榀屋架形成一个具有空间刚度和稳定的整体。

④从第三榀屋架开始，在屋脊点及上弦中点装上檀条即可将屋架固定，同时将屋架校正好。

⑤钢屋架安装就位后应进行容许偏差的校核，安装偏差应不超出表 12-24 规定的限值。屋架垂直度的校核可参考图 12-16 所示的方法进行，在屋架下弦的一侧拉一根通长钢丝，同时在屋架上弦中心线挑出一个同等距离的标尺，用线锤校正。也可用一台经纬仪，放柱顶一侧，与轴线平移距离 $a$，在对面柱子上同样有一距离为 $a$ 的点，从屋架中线处用标尺挑出距离 $a$，三点在一直线上，即可使屋架垂直。

**表 12-24　钢屋架安装允许偏差和检验方法**

| 项次 | 项目 | | 允许偏差/mm | 检验方法 |
|---|---|---|---|---|
| 1 | 屋架跨中的垂直度 | | $h$/250，且不应大于 15.0 | 用经纬仪或吊线和钢尺检查 |
| 2 | 屋架侧向弯曲矢高 | $l$≤30 m | $l$/1 000，且不应大于 10.0 | 用拉线和钢尺检查 |
| | | 30 m<$l$≤60 m | $l$/1 000，且不应大于 30.0 | |
| | | $l$>60 m | $l$/1 000，且不应大于 50.0 | |
| 3 | 主体结构的整体垂直度 | | $h$/1 000，且不应大于 25.0 | 用经纬仪或吊线和钢尺检查 |
| 4 | 主体结构的整体平面弯曲 | | $l$/1 500，且不应大于 25.0 | 用拉线和钢尺检查 |
| 5 | 屋架支座中心对定位轴线 | | 10 | 用钢尺检查 |
| 6 | 屋架间距 | | 10 | 用钢进尺检查 |
| 7 | 屋架弦杆在相邻节点间平直度 | | $e$/1 000，且不应大于 5 | 用拉线和钢尺检查 |
| 8 | 檩条间距 | | ±6 | 用钢尺检查 |

注：$h$ 为屋架高度；$l$ 为屋架长度；$e$ 为弦杆在相邻节点间的距离。

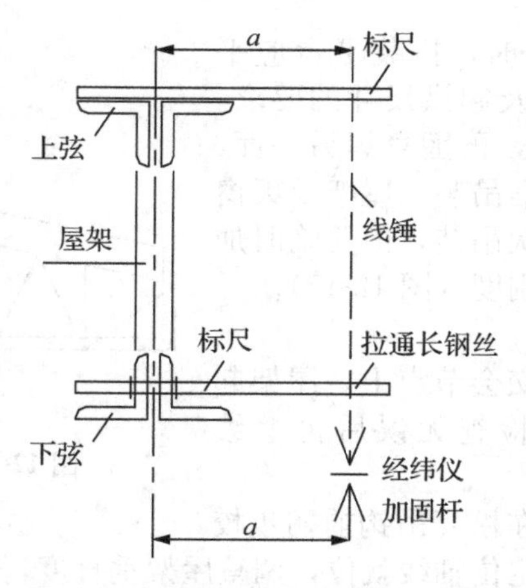


**图 12-16　钢屋架垂直度校正示意图**

## 12.5 小结
(Summary)

①本章重点介绍了钢结构的加工制作和典型钢结构现场安装方法。

②钢结构的制作与安装是钢结构施工组织设计的重要内容，编制合理的钢结构制作加工方案和安装方案，是钢结构能够顺利组织施工的必要条件。

③钢结构的加工制作方案包括钢板采购、检验、堆放要求，加工制作设备介绍，构件加工制造工艺、焊接方法、构件包装及运输要求等内容。

④典型钢结构现场安装方法，包括施工前技术准备及典型钢结构的安装等。

## 思考题
(Questions)

12-1 钢结构的加工制作有哪些流程?

12-2 什么是钢结构的深化设计?

12-3 钢结构零部件加工中切割的方法有哪些?

12-4 简述钢结构焊缝施工质量检测的内容及其检测方法。

12-5 钢结构实体和模拟预拼装的基本要求有哪些?

12-6 钢结构安装应具备哪些设计文件?

12-7 钢结构安装前，图纸自审与会审应符合哪些规定?

12-8 钢框架结构安装中，钢柱的校正是保证结构安装精度的基础，施工过程中如何对柱进行校正?

12-9 钢结构厂房吊车梁安装的重点控制内容有哪些?

12-10 钢屋架安装如何进行位置校正?

# 参考文献


[1] 中华人民共和国住房和城乡建设部. 钢结构设计标准：GB 50017—2017 [S]. 北京：中国建筑工业出版社，2017.

[2] 中华人民共和国住房和城乡建设部. 高层民用建筑钢结构技术规程：JGJ 99—2015 [S]. 北京：中国建筑工业出版社，2015.

[3] 中华人民共和国住房和城乡建设部. 建筑抗震设计规范：GB 50011—2016 [S]. 北京：中国建筑工业出版社，2016.

[4] 中华人民共和国住房和城乡建设部. 建筑结构荷载规范：JGJ 50009—2012 [S]. 北京：中国建筑工业出版社，2012.

[5] 但泽义. 钢结构设计手册 [M]. 4 版. 北京：中国建筑工业出版社，2019.

[6] 王仕统，郑廷银. 现代高层钢结构分析与设计 [M]. 北京：机械工业出版社，2018.

[7] 陈绍藩，顾强. 钢结构（上册）：钢结构基础 [M]. 4 版. 北京：中国建筑工业出版社，2018.

[8] 陈绍藩，郭喜成. 钢结构（下册）：房屋建筑钢结构设计 [M]. 4 版. 北京：中国建筑工业出版社，2018.

[9] 沈祖炎，陈以一，童乐为. 房屋钢结构设计 [M]. 2 版. 北京：中国建筑工业出版社，2020.

[10] 张耀春. 钢结构设计 [M]. 2 版. 北京：高等教育出版社，2023.

[11] 沈世钊，陈昕. 网壳结构的稳定性 [M]. 北京：科学出版社，1999.

[12] 董石麟，罗尧治，赵阳，等. 新型空间结构分析、设计与施工 [M]. 北京：人民交通出版社，2006.

[13] 董石麟，姚谏. 网壳结构的未来与展望 [J]. 空间结构，1994（01）：3－10.

[14] 张毅刚，薛素铎，杨庆山，等. 大跨空间结构 [M]. 2 版. 北京：机械工业出版社，2014.

[15] 陆赐麟，尹思明，刘锡良. 现代预应力钢结构 [M]. 修订版. 北京：人民交通出版社，2007.

[16] 董石麟，赵阳，周岱. 我国空间钢结构发展中的新技术、新结构 [J]. 土木工程学报，1998，31（6）：3－14.

[17] 中华人民共和国住房和城乡建设部. 空间网格结构技术规程：JGJ 7—2010 [S]. 北京：中国建筑工业出版社，2010.

[18] 童根树. 钢结构的平面外稳定 [M]. 修订版. 北京：中国建筑工业出版社，2013.

[19] 陈绍蕃. 钢结构稳定设计指南 [M]. 3 版. 北京：中国建筑工业出版社，2013.

［20］陈骥. 钢结构稳定理论与设计［M］. 5 版. 北京：科学出版社，2011.
［21］中华人民共和国住房和城乡建设部. 拱形钢结构技术规程：JGJ/T 249—2011［S］. 北京：中国建筑工业出版社，2012.
［22］张耀春. 钢结构设计原理［M］. 2 版. 北京：高等教育出版社，2020.
［23］中华人民共和国住房和城乡建设部. 门式刚架轻型房屋钢结构技术规范：GB 51022—2015［S］. 北京：中国建筑工业出版社，2015.
［24］张其林. 轻型门式刚架［M］. 济南：山东科学技术出版社，2004.
［25］周学军，柳峰，王建明，等. 门式刚架轻钢结构设计与施工［M］. 济南：山东科学技术出版社，2001.
［26］魏明钟. 钢结构［M］. 2 版. 武汉：武汉理工大学出版社，2002.
［27］夏志斌，姚谏. 钢结构［M］. 杭州：浙江大学出版社，1996.
［28］王国周，瞿履谦. 钢结构原理与设计［M］. 北京：清华大学出版社，1993.
［29］王肇民. 建筑钢结构设计［M］. 上海：同济大学出版社，2001.
［30］周绥平. 钢结构［M］. 2 版. 武汉：武汉理工大学出版社，2003.
［31］中华人民共和国住房和城乡建设部. 低层冷弯薄壁型钢房屋建筑技术规程：JGJ 227—2011［S］. 北京：中国建筑工业出版社，2011.
［32］中华人民共和国建设部. 冷弯薄壁型钢结构技术规范：GB 50018—2002［S］. 北京：中国计划出版社，2002.
［33］中华人民共和国住房和城乡建设部. 冷弯薄壁型钢多层住宅技术标准：JGJ/T 421—2018［S］. 北京：中国建筑工业出版社，2018.
［34］姚谏，夏志斌. 钢结构：原理与设计［M］. 2 版. 北京：中国建筑工业出版社，2011.
［35］胡习兵，张再华. 钢结构设计［M］. 2 版. 北京：北京大学出版社，2022.
［36］赵熙元，陈东伟，谢国昂. 钢管结构设计［M］. 北京：中国建筑工业出版社，2011.
［37］中华人民共和国住房和城乡建设部. 混凝土结构设计规范：GB 50010—2010［S］. 2015 年版. 北京：中国建筑工业出版社，2015.
［38］聂建国，樊健生. 钢与混凝土组合结构设计指导与实例精选［M］. 北京：中国建筑工业出版社，2008.
［39］聂建国. 钢-混凝土组合结构原理与实例［M］. 北京：科学出版社，2009.
［40］薛建阳. 钢与混凝土组合结构设计原理［M］. 北京：科学出版社，2010.
［41］薛建阳，王静峰. 组合结构设计原理［M］. 北京：机械工业出版社，2019.
［42］王静峰. 组合结构设计［M］. 北京：化学工业出版社，2011.
［43］陈松伟，杨青田，沈希明. 钢管混凝土结构在日本高层建筑中的应用［J］. 钢结构，1989（01）：51—60.
［44］陈志华，蒋宝奇，杜颜胜，等. 矩形钢管混凝土柱及其房屋建筑钢结构研究进展［C］. 钢结构建筑工业化与新技术应用，2016.
［45］郑亮. 配螺旋箍筋方钢管混凝土柱计算方法及试验研究［D］. 天津：天津大学，2013.
［46］龙跃凌，蔡健. 带约束拉杆矩形钢管混凝土研究与应用现状［J］. 混凝土，2010（05）：117—120.
［47］吴隽. 钢管混凝土研究现状综述［J］. 福建建设科技，2021（06）：96—99.

[48] 郑红勇. 钢管混凝土在侧向冲击作用下的耐撞性研究 [J]. 太原大学学报，2009 (03)：127—131.

[49] WEBB J，BEYTON J J. Composite concrete filled steel tube columns [C]. Proceedings of the Structural Engineering Conference. The Institute of Engineers Australia，1990.

[50] INAI E，MUKAI A. Behavior of concrete-filled steel tube beam columns [J]. Journal of Structural Engineering，2004，130 (2)：189—202.

[51] 陈志华，尹越，赵秋红，等. 组合结构 [M]. 天津：天津大学出版社，2017.

[52] 薛建阳. 钢-混凝土组合结构与混合结构设计 [M]. 北京：中国电力出版社，2018.

[53] 中国工程建设标准化协会. 矩形钢管混凝土结构技术规程：CECS 159：2004 [S]. 北京：中国计划出版社，2004.

[54] 荣彬，陈志华. 叠加理论的方矩形钢管混凝土柱计算方法分析 [C]. 第五届全国现代结构工程学术研讨会论文集，2005.

[55] 李喆. 方钢管混凝土柱叠加理论及柱梁节点 [C]. 第九届全国现代结构工程学术研讨会论文集，2009.

[56] 中华人民共和国住房和城乡建设部. 建筑结构可靠性设计统一标准：GB 50068-2018 [S]. 北京：中国建筑工业出版社，2018.

[57] 李黎明. 方矩管混凝土柱计算理论分析及隔板贯通式节点研究 [D]. 天津：天津大学，2004.

[58] 李黎明，姜忻良，陈志华，等. 矩形钢管混凝土计算理论比较 [C]. 第六届全国现代结构工程学术研讨会论文集，2006.

[59] 中国工程建设标准化协会. 实心与空心钢管混凝土结构技术规程：CECS 254：2012 [S]. 北京：中国建筑工业出版社，2012.

[60] 中国工程建设标准化协会. 钢管混凝土结构技术规程：CECS 28：2012 [S]. 北京：中国计划出版社，2012.

[61] 中华人民共和国住房和城乡建设部. 钢管混凝土结构技术规范：GB 50936—2014 [S]. 北京：中国建筑工业出版社，2014.

[62] 钟善桐. 钢管混凝土结构 [M]. 3 版. 北京：清华大学出版社，2003.

[63] 钟善桐. 钢管混凝土统一理论：研究与应用 [M]. 北京：清华大学出版社，2006.

[64] 钟善桐. 高层钢管混凝土结构 [M]. 哈尔滨：黑龙江科学技术出版社，1999.

[65] 蔡绍怀. 钢管混凝土结构 [M]. 北京：人民交通出版社，2003.

[66] 蔡绍怀. 钢管混凝土结构的计算与应用 [M]. 北京：中国建筑工业出版社，1989.

[67] 韩林海. 钢管混凝土结构：理论与实践 [M]. 4 版. 北京：科学出版社，2022.

[68] 韩林海，杨有福. 现代钢管混凝土结构技术 [M]. 北京：中国建筑工业出版社，2004.

[69] 中华人民共和国住房和城乡建设部. 组合结构设计规范：JGJ 138—2016 [S]. 北京：中国建筑工业出版社，2016.

[70] 中华人民共和国住房和城乡建设部. 高层建筑混凝土结构技术规程：JGJ 3—2010 [S]. 北京：中国建筑工业出版社，2011.

[71] 中华人民共和国住房和城乡建设部. 钢结构工程施工质量验收标准：GB 50205—2020 [S]. 北京：中国计划出版社，2020.